Knicken, Biegedrillknicken, Kippen

Knicken, Biegedrillknicken, Kippen

Knicken, Biegedrillknicken, Kippen

Theorie und Berechnung von Knickstäben Knickvorschriften

Von

Curt F. Kollbrunner und **Martin Meister**

Senator h. c., Dr. sc. techn.
Dipl. Bau-Ing. E. T. H. Zürich

Oberingenieur
Dipl. Bau-Ing. E. T. H. Zürich

Zweite umgearbeitete und stark erweiterte Auflage
des Buches „Knicken“

Mit 265 Abbildungen und 30 Tabellen
sowie 20 Knickdiagrammen in einer Tasche

Springer-Verlag
Berlin / Göttingen / Heidelberg
1961

ISBN 978-3-642-52118-8 ISBN 978-3-642-52117-1 (eBook)
DOI 10.1007/978-3-642-52117-1

Softcover reprint of the hardcover 2nd edition 1961

Vorwort zur zweiten Auflage

Nachdem die erste Auflage des Buches „Knicken“ Ende 1959, somit vier Jahre nach dem Erscheinen, vergriffen war und immer noch eine große Nachfrage bestand, stellte sich uns die Frage, ob wir dieses Buch mit kleinen Ergänzungen versehen rasch wieder herausgeben oder aber stark erweitert und vervollkommnet in den Buchhandel bringen wollten. Wir haben uns zur zweiten, bedeutend mühsameren, aber befriedigenderen Konzeption entschlossen und gleichzeitig den früheren Titel in „Knicken, Biegedrillknicken, Kippen“ abgeändert.

Das vorliegende Buch ist noch in vermehrtem Maße ein Leitfaden für den praktisch tätigen Ingenieur. Für das Knicken, Biegedrillknicken und Kippen werden die Begriffe erläutert, die Grundgleichungen hergeleitet und die Ergebnisse so dargestellt, daß sie unmittelbar verwertet werden können. Zudem wird auf das einschlägige, teilweise recht umfangreiche Schrifttum hingewiesen — ohne daß dabei eine Vollständigkeit erreicht werden kann —, und es werden auch die wichtigsten Versuchsergebnisse angeführt.

Da dieses Buch für den praktisch tätigen Ingenieur geschrieben wurde, haben wir uns bemüht, möglichst klar, einfach und leichtverständlich zu sein. Daß über die hier behandelten Stabilitätsprobleme nicht ein einfaches „Kochbuch“ geschrieben werden kann, sollte jedem mit der Materie einigermaßen vertrauten Fachmann klar sein.

Was wir wollten, war eine knappgefaßte historische Übersicht der allgemeinen Entwicklung der Knicktheorien, eine leichtverständliche Wiedergabe der hauptsächlichsten Theorien und die teilweise bis ins Detail gehenden Lösungen der verschiedenen Knickfälle, wobei allerdings, infolge unüberwindbarer Schwierigkeiten, manchmal keine allgemein gültigen Gleichungen und Lösungsformeln angegeben werden können.

Bei dieser zweiten Auflage wurden sämtliche Hauptkapitel ergänzt und die zusätzliche Literatur, welche jedem Leser ein vertieftes Eindringen in Spezialprobleme gestattet, stark erweitert. Zudem wurden ein neues Hauptkapitel „VI. Anhang“ aufgenommen und 20 Knickdiagramme für Stäbe mit sprungweise veränderlichem Trägheitsmoment dem Buche beigelegt.

Für die Rezensoren sei festgehalten, daß dieses Buch nur das Knicken, Biegedrillknicken und Kippen, jedoch nicht das Ausbeulen behandelt. Betreffend „Ausbeulen“ (Theorie und Berechnung von Blechen) verweisen wir auf das von uns im Jahre 1958 im Springer-Verlag herausgegebene Buch.

Dem Springer-Verlag danken wir für die gute Ausstattung des Buches, wie auch für die rasche Drucklegung.

Zürich, im März 1961

Curt F. Kollbrunner **Martin Meister**

Vorwort zur ersten Auflage

Über das Knicken besteht eine umfangreiche und in den verschiedensten Sprachen abgefaßte, weit verstreute Literatur, so daß es fast vermessen erscheint, diese noch durch eine neues Buch zu vermehren. Da jedoch in den letzten Jahren einerseits neue Erkenntnisse gewonnen wurden — wir denken dabei an die grundlegenden Arbeiten von SHANLEY, wie auch an die vermehrte Bedeutung des Drillknickens im Stahlleichtbau — und anderseits verschiedene Staaten neue Knickvorschriften einführten, ist es zweckmäßig, dem praktisch tätigen Ingenieur einen Leitfaden in die Hand zu geben, an Hand dessen er sich über die Bedeutung der neuen Auffassungen und über die bei der Aufstellung der neuen Vorschriften maßgebenden Ideen informieren kann.

Dabei sucht der am Konstruktionstisch sitzende Praktiker wohl weniger komplizierte Rechenmethoden, die umfangreiche mathematische Kenntnisse oder gar elektronische Rechenautomaten erfordern, sondern er möchte vielmehr die Grenzen der für ihn maßgebenden amtlichen Bestimmungen erkennen können und, für kompliziertere Fälle, eine Methode zur Verfügung haben, die sich auf die ihm geläufigen statischen Kenntnisse aufbaut. Eine solche steht ihm glücklicherweise in der Methode ENGESSER-VIANELLO zur Verfügung und erlaubt ihm, auch komplizierte Fälle zahlenmäßig zu lösen. Wir haben deshalb auf deren Anwendungsmöglichkeit immer wieder hingewiesen.

Damit soll selbstverständlich nichts gegen die mathematischen Lösungsmethoden ausgesagt sein. Diese haben infolge ihrer Allgemeinheit für die theoretische Entwicklung nach wie vor eine enorme Bedeutung. Auch der Konstrukteur sollte deshalb von ihnen möglichst viel wissen, sei es auch nur, um dem Mathematiker präzis formulierte Problemstellungen vorlegen zu können.

Das vorliegende Buch wendet sich somit an den Praktiker. Es entwickelt keine neuen Theorien, sondern versucht, diesem die heutigen Erkenntnisse und Erfahrungen so weit zu übermitteln, daß er in der Lage ist, die amtlichen Bestimmungen zu verstehen und — sofern das einmal nötig sein sollte — auch kompliziertere Einzelfälle zahlenmäßig zu lösen.

Wir möchten nicht verfehlen, an dieser Stelle Herrn Dr. sc. techn. P. DUBAS für seine wertvolle Mitarbeit, hauptsächlich bei der Abfassung der schwierigen Kapitel über das Drillknicken und über das Knicken von Stabsystemen, zu danken.

Zürich, im September 1955

Curt F. Kollbrunner Martin Meister

Inhaltsverzeichnis

Bezeichnungen

l Stablänge
F Querschnittsfläche
P Druckkraft
P_{kr} kritische Druckkraft = Knicklast
P_T Drillknicklast
$P_E = \frac{\pi^2 E J}{l^2}$ EULERsche Knicklast
P_{zul} zulässige Druckkraft
P_{Gl} Gleichgewichtslast
Q Querkraft
M Biegemoment
M_T äußeres Drehmoment
m_T auf die Längeneinheit bezogenes äußeres Drehmoment
M_a äußeres Moment
M_i inneres Moment
σ_{kr} kritische Normalspannung = Knickspannung
σ_{zul} zulässige Druckspannung
σ_B Bruchspannung
σ_S Streckspannung
σ_F Fließspannung
$\sigma_g = \frac{P}{F}$ Grundspannung
$\sigma_E = \frac{\pi^2}{\lambda^2} E$ EULERsche Knickspannung
ε Dehnung
ε_F Dehnung bei der Fließgrenze
ε_V Dehnung bei der Verfestigung
γ Schubwinkel
φ Drehwinkel
ξ, η Verschiebungen des Schubmittelpunktes
ν Querkürzungsverhältnis, d. h. reziproker Wert der POISSONschen Zahl
ϱ Krümmungsradius
E Elastizitätsmodul
E_V Verfestigungsmodul
J Trägheitsmoment
EJ Biegesteifigkeit
J_D Drillwiderstand des Stabquerschnittes
T Tangentenmodul
T_K Knickmodul (Für Rechteckquerschnitt $T_K = \frac{4\,T E}{(\sqrt{T} + \sqrt{E})^2}$)
W Widerstandsmoment
G Schubmodul
$i = \sqrt{\frac{J}{F}}$ Trägheitsradius
i_p polarer Trägheitsradius in bezug auf den Schwerpunkt
$\tau = \frac{T}{E}$, $\tau = \frac{T_k}{E}$ Knickzahl
$\lambda = \frac{l}{i}$ Schlankheit
λ_i ideelle Schlankheit
λ_T Drillschlankheit
$m = \frac{p}{k_e}$ Exzentrizitätsmaß
p oder e ursprüngliche Exzentrizität (Hebelarm auf dem unverbogenen Stab)
$k_e = \frac{W}{F}$ Kernweite des Querschnittes
$k_e = \frac{1}{6} h$. Kernweite des rechteckigen Querschnittes
$k^2 = \frac{P}{EJ}$ Abkürzung
f Ausbiegung
C_M Wölbwiderstand bezüglich des Schubmittelpunktes
ν_k, ν_{kr} Knicksicherheitszahl
ν_E Knicksicherheitszahl für den elastischen Bereich, d. h. für die EULERsche Knickspannung σ_E
A_i Arbeit der inneren Kräfte = innere oder Formänderungsarbeit
A_a Arbeit der äußeren Kräfte
ω Knickzahl nach DIN 4114
$\varkappa = \frac{l_k}{l}$ (s. Knickdiagramme für Stäbe mit sprungweise veränderlichem Trägheitsmoment)

Alle Bezeichnungen und Abkürzungen sind jeweils im Text erläutert. Dabei wurden verschiedene der oben angegebenen griechischen Buchstaben auch für Gleichungsabkürzungen verwendet.

I. Einführung

Für die wichtigsten Bauweisen, d. h. den Stahlbau, Leichtmetallbau, Stahlbetonbau, vorgespannten Stahlbetonbau und Holzbau, spielen die Stabilitätsprobleme — *Knicken, Biegedrillknicken, Kippen* und *Ausbeulen* — eine ausschlaggebende Rolle, wobei hauptsächlich im Stahlbau und Leichtmetallbau, wo immer ausgeprägter mit dünneren und schlankeren Profilen konstruiert wird, diese Probleme mehr und mehr an Bedeutung gewannen[1].

Ausschlaggebend für den Erfolg im Stahlbau und Leichtmetallbau sind stets die einwandfreie Theorie, die korrekte statische Berechnung, die fachmännische Werkstattarbeit und die weit vorausgeplante, sinnvolle, neuzeitliche Montage. Dabei ist immer daran zu denken, daß die Theorie wohl *vieles*, aber nur mit wissenschaftlich durchgeführten und peinlich genau ausgewerteten Versuchen zusammen *alles* leisten kann. Nur die Durchführung von Versuchen in kleinem und großem Maßstab, die Beobachtungen, Messungen und Erfahrungen an ausgeführten Bauwerken, gewähren tieferen Einblick in das wirkliche Verhalten der Tragwerke und geben dem konstruierenden Ingenieur die absolute Gewißheit der Übereinstimmung von Theorie und Wirklichkeit.

Da heute durch die zunehmende Verwendung hochwertiger Stahlsorten im Brücken-, Hoch- und Wasserbau das Bestreben dahin geht, die Wandstärken immer mehr zu verringern und in der neuesten Zeit, Hand in Hand mit der Verbesserung des Stahles, nicht nur die zulässigen Spannungen erhöht, sondern auch die erforderliche Sicherheit herabgesetzt wurde, ist es nicht nur äußerst wichtig, sondern ein dringendes Bedürfnis, die oft auf vagen Voraussetzungen aufbauenden Theorien mit einwandfrei und pedantisch durchgeführten Versuchen nachzuprüfen und zu vervollkommnen.

Rückblickend darf festgehalten werden, daß es heute wohl kaum ein Gebiet der Mechanik oder der Physik gibt, das man ohne Benützung der höheren Rechnungsarten hinreichend zu beherrschen vermöchte. Trotzdem sind die oft äußerst komplizierten analytischen Entwicklungen nichts anderes als ein Mittel zur Erkenntnis des inneren Zusammenhanges der Tatsachen. Erst durch einen unvoreingenommenen, strengen Vergleich der theoretischen Resultate mit den Versuchswerten und der Praxis, kann der Berechnung Lebensmöglichkeit und dem Konstrukteur Gewißheit, Vertrauen und Zuversicht für die theoretischen Ableitungen und Erkenntnisse gegeben werden.

Damit die Versuche jedoch auch in allen Punkten mit der Praxis übereinstimmen, müssen die Versuchsmaschinen und -apparate entsprechend entworfen

[1] Kollbrunner, C. F.: Versuchsforschung. Stahlbau-Bericht Nr. 20, August 1947. — Leichtstahlbau. Stahlbau-Bericht Nr. 20, August 1953. — Gedanken zum neuzeitlichen Stahlhochbau. Stahlbau-Bericht Nr. 6, Juni 1956.

und konstruiert werden. Für die Versuchsdurchführungen müssen somit die gleichen Verhältnisse, wie sie in der Wirklichkeit vorhanden sind, geschaffen werden. Stets liegt der Sinn und Zweck der Versuchsforschung darin, die Theorien zu ergänzen, zu korrigieren und zu vervollkommnen. Zudem sollen die Versuche erlauben, den Einfluß der einzelnen Faktoren gegeneinander abzuwägen und abzuklären, die Zusammenwirkung verschiedener Bedingungen besser zu erkennen, auf daß man durch die Analyse zur Synthese vordringe.

Wenn wir 20 Jahre zurückschauen, kann festgehalten werden, daß die Kriegsjahre mit ihrer Materialknappheit beschleunigend auf die Entwicklung des neuzeitlichen Stahlbaues gewirkt haben. Damals mußte, selbst wenn dadurch übermäßig viel Werkstattstunden entstanden, aus Gründen der Materialeinsparung möglichst leicht gebaut werden. Im Bestreben, mit dünneren und schlankeren Profilen auszukommen, ohne die Forderung nach ausreichender Sicherheit zu gefährden, wurden die Stabilitätsprobleme immer wichtiger. Heute können diese theoretisch komplizierten Verhältnisse nicht nur eindeutig erfaßt und berechnet, sondern auch ohne übermäßiges Anschwellen der Ingenieurarbeit klar, logisch und einwandfrei gelöst werden.

Die moderne Tendenz geht heute, dank den verfeinerten Theorien und der Vervollkommnung im Schweißen dahin, bedeutend leichter zu bauen als vor zehn Jahren. Aus diesem „leichter bauen" hat sich der Stahlleichtbau und der dünnwandige Leichtmetallbau entwickelt. Die Fragen der Stabilität sind dadurch in den Vordergrund gerückt.

Dabei gilt als Kriterium für das Vorhandensein eines Stabilitätsproblemes die *Mehrdeutigkeit* in der Beziehung zwischen Last und Verformung[1]. Ein Stabilitätsproblem liegt dann vor, wenn zu einem bestimmten Belastungszustand mehrere Gleichgewichtslagen möglich sind. Die Begriffe des *stabilen, indifferenten* und *labilen* Gleichgewichtes sind in Abb. I 1 festgehalten.

a

b

c
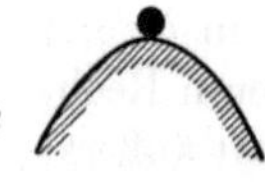

Abb. I 1. a) Stabiles Gleichgewicht, b) indifferentes Gleichgewicht, c) labiles Gleichgewicht

Ein Gleichgewichtszustand ist *stabil*, d. h. beständig, wenn zu einer kleinen Störung dieser Lage ein äußerer positiver Arbeitsaufwand erforderlich ist und wenn nach Wegnahme der störenden Funktion sich der frühere Gleichgewichtszustand wieder einstellt. Der Gleichgewichtszustand ist *labil*, wenn bei einer kleinen Störung diese Lage verlassen wird und das System nicht mehr in die ursprüngliche Gleichgewichtslage zurückkehrt. Das System leistet dabei Arbeit. Beim Grenzzustand des *indifferenten* Gleichgewichts wird bei einer geringen störenden Verformung der Gleichgewichtslage keinerlei

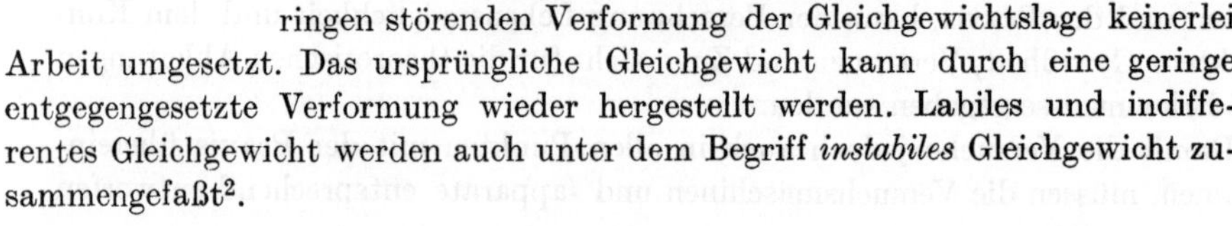
Arbeit umgesetzt. Das ursprüngliche Gleichgewicht kann durch eine geringe entgegengesetzte Verformung wieder hergestellt werden. Labiles und indifferentes Gleichgewicht werden auch unter dem Begriff *instabiles* Gleichgewicht zusammengefaßt[2].

---

[1] KURTH, F.: Grundsätzliches zu Stabilitätsproblemen. Wissenschaftliche Zeitschrift der Hochschule für Schwermaschinenbau Magdeburg, H. 3, Oktober 1958, S. 245ff.

[2] BÜRGERMEISTER, G., u. H. STEUP: Stabilitätstheorie mit Erläuterungen zu DIN 4114. Teil I, Berlin: Akademie-Verlag 1957, S. 2.

Sofern die Beziehung zwischen Last und Verformung eindeutig ist, liegt kein Stabilitätsproblem, sondern ein Spannungsproblem vor, d. h., daß jedem Belastungszustand nur ein Verformungszustand, oder mit anderen Worten, nur eine einzige Gleichgewichtslage zugeordnet ist.

Beim HOOKEschen Idealwerkstoff gilt die lineare Abhängigkeit zwischen Spannung und Dehnung. Diese Annahme stimmt jedoch für Stahl nur dann, wenn die Knickspannung unterhalb der Proportionalitätsgrenze bleibt. Bei Stabilitätsfällen über der Proportionalitätsgrenze muß die Abhängigkeit zwischen Spannung und Dehnung einer dem Spannungs—Dehnungs-Diagrmam angepaßten Gesetzmäßigkeit folgen.

Bei der Festlegung des Spannungszustandes kann man in den meisten Fällen die Verformungen der Stabachse vernachlässigen, somit die Theorie erster Ordnung anwenden; wobei diese Theorie durch die Linearität, die zwischen Last und Verformung besteht, wie auch durch die Gültigkeit des Superpositionsgesetzes gekennzeichnet ist.

Linearität und Superposition gehen bei Anwendung der Theorie zweiter Ordnung verloren. Stabilitätsprobleme können jedoch nur mit der Theorie zweiter Ordnung gelöst werden, wobei immer vom verformten System auszugehen ist (Dehnungen, Krümmungen).

Wenn eine Konstruktion im Sinne der geltenden Vorschriften entworfen und berechnet wird, muß dieselbe im allgemeinen drei Hauptforderungen erfüllen:

1. Die größten örtlichen Anstrengungen des Werkstoffes dürfen bestimmte Werte nicht überschreiten.

2. Die größten örtlichen Verschiebungen der Tragwerkpunkte dürfen bestimmte Werte nicht überschreiten.

3. Das Gleichgewicht, das im untersuchten Ruhezustand zwischen den inneren und äußeren Kräften besteht, muß stabil sein.

Bei der Erfüllung der ersten beiden Forderungen gelangen wir zu einem sog. „Spannungsproblem", bei der Erfüllung der in diesem Buch behandelten dritten Forderung zu einem „Stabilitätsproblem". Bei den Spannungsproblemen besteht das Ziel der Untersuchung in der Festlegung örtlicher Spannungs- und Verschiebungskomponenten, bei den Stabilitätsproblemen jedoch in der Klarstellung der Eigenschaften des untersuchten Gleichgewichtszustandes.

Bei der Lösung von Spannungsproblemen setzen wir in der Mehrzahl der praktisch vorkommenden Fälle voraus, daß die elastischen Verformungen, die das Tragwerk unter der gegebenen Belastung erfährt, *verschwindend klein* sind im Vergleich zu den Abmessungen des Tragwerkes, so daß wir das verformte Tragwerk bei der Bestimmung der Spannungsresultanten durch das unverformte ersetzen dürfen. Man spricht dann von der baustatischen „Theorie erster Ordnung", die zu einem linearen Zusammenhang zwischen Last und baustatischer Wirkungsgröße und damit zum Überlagerungs- oder Superpositionsgesetz führt. Eine doppelt so große Last erzeugt eine genau doppelt so große Spannungsresultante und eine genau doppelt so große Verschiebung. Diesem einfachen Überlagerungsgesetz verdanken wir die mathematische Einfachheit der gewöhnlichen Baustatik mit den Einflußlinien und Elastizitätsgleichungen.

Es gibt jedoch auch Fälle, in denen der Einfluß der Deformation berücksichtigt werden muß. Unter Verzicht auf das Überlagerungsgesetz gelangen wir zur strengeren Theorie, d. h. der baustatischen „Theorie zweiter Ordnung“ oder der „Verformungstheorie“[1].

Wie oben erwähnt, besteht das Ziel der Stabilitätsuntersuchungen in der Sicherstellung der Stabilität des Gleichgewichtes, die zwischen den inneren und äußeren Kräften vorhanden sein muß. Diese Sicherstellung ist grundsätzlich erforderlich, da ein Gleichgewichtszustand, der durch eine zu große Belastung seine Stabilität eingebüßt hat, sich auf die Suche nach einem neuen, stabilen Gleichgewichtszustand begibt, wobei die örtlichen Anstrengungen des Werkstoffes oder die örtlichen Verschiebungen der Tragwerkspunkte unzulässig große Werte annehmen.

Auch in jenen seltenen Fällen, in denen diese Werte noch zulässig erscheinen und selbst der neue Gleichgewichtszustand noch innerhalb des *elastischen* Deformationsbereiches erreicht wird, kann der Wechsel der Gleichgewichtslage nicht gestattet werden, da in der Nähe der Stabilitätsgrenze schon sehr geringe, baupraktisch unvermeidbar kleine Schwankungen im Belastungssystem zu unerträglich großen Änderungen des Verformungszustandes führen können.

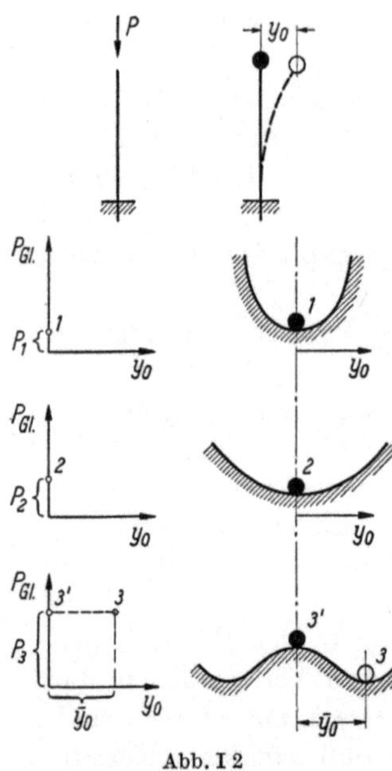

Abb. I 2

Die Untersuchung gerader zentrisch gedrückter Stäbe stellt das älteste und einfachste Stabilitätsproblem dar. Für einen solchen Stab aus dem HOOKEschen Idealwerkstoff sind die Resultate nach CHWALLA[2] in Abb. I 2 festgehalten (P_{Gl} = Gleichgewichtslast).

Der Versuchsstab (Abb. I 2) ist ein extrem schlanker Federstahlstab, dem bekanntlich sehr große örtliche Achsenkrümmungen zugemutet werden können, ohne daß die auftretenden Randspannungen die sehr hoch gelegene Proportionalitätsgrenze überschreiten. Belasten wir diesen Stab mit einer sehr kleinen Last P_1, so stellen wir fest, daß unter dieser Last einzig die geradlinig verlaufende Gleichgewichtsfigur existiert und daß bei jeder Störung dieser Figur, d. h. bei jeder erzwungenen Verbiegung der geraden Stabachse, ein erhebliches Maß an Störungsarbeit aufgewendet werden muß. Lassen wir den Stab jedoch nach der erzwungenen Ausbiegung wieder los, dann strebt er stets zur ursprünglichen geraden Gleichgewichtslage zurück und erreicht diese nach dem Abklingen der Schwingungen.

Unter einer größeren Last P_2 ergeben sich ähnliche Verhältnisse. Der Arbeitsaufwand für die Verbiegung ist jedoch kleiner als früher, so daß auch die Schwingungen, die der belastete Stab nach der erzwungenen, störenden Ausbiegung aus-

[1] CHWALLA, E.: Über die Probleme und Lösungen der Stabilitätstheorie des Stahlbaues. Der Stahlbau 1939, H. 1, S. 1.

[2] CHWALLA, E.: Über die Probleme und Lösungen der Stabilitätstheorie des Stahlbaues. Der Stahlbau 1939, H. 1, S. 1.

führt, eine größere Schwingungsdauer besitzen. Wird der Stab mit der relativ großen Last P_3 belastet, so stellt sich eine *ausgebogene* Gleichgewichtsfigur ein.

Das Kugelgleichnis nach CHWALLA der Abb. I 2 zeigt, daß das Verhalten der Kugel bei einer seitlichen Verschiebung y_0 und das Verhalten des belasteten Stabes bei einer seitlichen Verbiegung y_0 gewisse Ähnlichkeiten besitzen. Die Kugel kennt für P_1 und P_2 nur eine einzige Ruhelage ($y_0 = 0$). Auch bei der Kugel ist zu jeder störenden Verschiebung ein positiver Arbeitsaufwand erforderlich, und auch hier strebt die Kugel bei *1* und *2* nach erfolgter Störung zur ursprünglichen Ruhelage zurück und erreicht diese Lage nach dem Abklingen der Schwingungen.

Beim dritten Versuch stellt sich eine ausgebogene Gleichgewichtsfigur mit dem Endausbiegungswert $\bar{y}_0$ ein. Neben dieser ausgebogenen Figur (*3*) ist jedoch auch die geradlinige Gleichgewichtsfigur (*3'*) theoretisch möglich, obwohl dieselbe beim Versuch nicht mehr erhalten werden kann.

Wird nun die gleiche Untersuchung an mittig gedrückten Stäben aus *Baustahl*, oder an Stäben aus zähplastischen Werkstoffen mit nur beschränktem HOOKEschen Formänderungsbereich durchgeführt, so gelangt für sehr kleine Laststufen $P = P_1$ immer noch eine geradlinig verlaufende Gleichgewichtsfigur zur Ausbildung. Wenn jedoch der belastete Stab sehr stark ausgebogen wird, dann wird zum Unterschied vom HOOKEschen Idealwerkstoff der „Zusammenbruch" des Stabes herbeigeführt. Belasten wir einen solchen Stab zentrisch mit P_1 und verschieben wir das freie Stabende gewaltsam seitwärts um einen größeren Betrag, so biegt sich der Stab, sofern die störende Ausbiegung einen bestimmten Wert erreicht hat, von selbst immer mehr aus, bis er eine äußere Stützung erfährt. Unter der Last P_1 existiert somit, ganz unabhängig von der geschilderten Störung, außer der geradlinigen Gleichgewichtsfigur noch eine zweite stark ausgebogene Gleichgewichtsfigur, die labil ist und daher versuchstechnisch nicht realisiert werden kann. Bezeichnet man die Endausbiegung dieser zweiten unter der Last P_1 theoretisch möglichen Gleichgewichtsfigur mit $\bar{y}_0$, so erhält man den Punkt *1* in Abb. I 3.

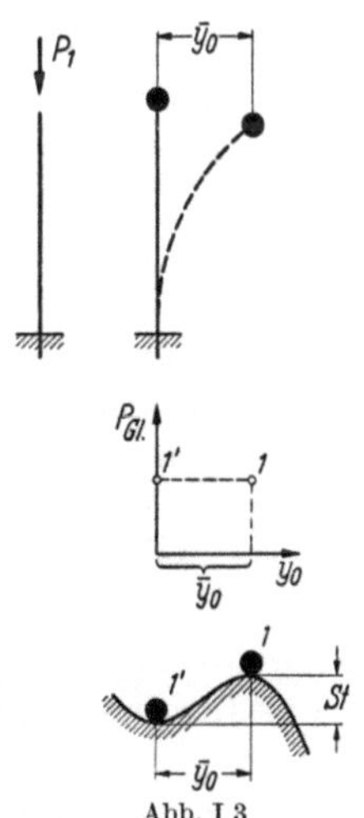

Abb. I 3

Die Tatsache, daß die störende Verbiegung der geradlinigen Gleichgewichtsfigur einer Beschränkung unterworfen werden muß, wenn der Zusammenbruch des mit P_1 belasteten, frei verbiegbar vorausgesetzten Stabes vermieden werden soll, bedeutet, daß die geradlinige Figur nicht schlechtweg als „stabil", sondern genauer als „beschränkt stabil" zu bezeichnen ist. Als Maß dieser Beschränkung (Stabilitätsmaß) soll der Mindestaufwand an Störungsarbeit eingeführt werden (Abb. I 3, *St*), der zur Erzielung des Zusammenbruches erforderlich ist. Ist dieses Stabilitätsmaß (*St*) sehr klein, dann genügen schon ganz geringfügige störende Verbiegungen der Gleichgewichtsfigur, wie sie in der Praxis als Folge von Schwingungen oder zusätzlichen Querbelastungen auftreten können, um den Zusammenbruch einzuleiten.

Auch das Prisma in Abb. I 4a befindet sich in einer stabilen Ruhelage. Da der Prismenschwerpunkt unter Aufwendung eines bestimmten Mindestbetrages an

Störungsarbeit bis über die Kippkante gehoben werden kann, zeigt Abb. I 4c die zweite, labile Gleichgewichtslage, die überschritten werden muß, wenn das Prisma zum Umfallen gebracht werden soll.

Das Tragverhalten des mit P_1 belasteten Baustahlstabes nach Abb. I 3 wird durch das Kugelgleichnis skizziert. Die Ruhelage der Kugel an der Stelle $y_0 = 0$ ist nur eine „beschränkt stabile", weil es gelingt, die Kugel unter Aufwendung eines bestimmten Arbeitsbetrages von der Mulde (*1'*) bis über den Scheitel der Bahn (*1*) zu schieben und damit zum endgültigen Abrollen zu bringen. Das Stabilitätsmaß (*St*) der Ruhelage $y_0 = 0$ ist hier durch die Arbeit zum Heben der Kugel bestimmt und daher dem Höhenunterschied der Bahnpunkte *1'* und *1* unmittelbar proportional. Da jedoch der Baustahl außerhalb des elastischen Formänderungsbereiches bei Entlastungen einem anderen Formänderungsgesetz gehorcht als bei einer Weiterbelastung, gilt das von CHWALLA skizzierte Kugelgleichnis nur für monoton zunehmende Verschiebungen, nicht aber für rückläufige Bewegungen der Kugel[1].

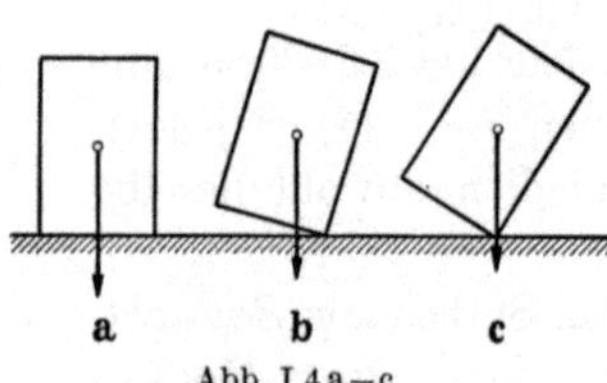

Abb. I 4a—c

Zusammenfassend kann festgehalten werden:

Bei der Betrachtung von Problemen aus der Elastizitätstheorie setzt man im allgemeinen, um die Lösung zu vereinfachen oder überhaupt zu ermöglichen, zwei idealisierte Annahmen voraus.

Die erste Annahme sagt, daß die unter einer Belastung auftretenden Verschiebungen klein sind in bezug auf die Abmessungen des Körpers. Daraus folgt, daß die Größe und die Lage der angreifenden Kräfte praktisch unabhängig von den Deformationen sind. Sämtliche Untersuchungen am deformierten Körper können somit ausgeführt werden, wie wenn derselbe seine ursprüngliche Gestalt beibehalten würde.

Die zweite Annahme ist das HOOKEsche Gesetz[2], welches das elastische Verhalten des Körpers umschreibt. Nach diesem sind die Spannungen und Dehnungen proportional zur aufgebrachten Last.

Es gibt nun aber Fälle, für welche diese Vereinfachungen nicht mehr zulässig sind, sei es, daß die Verschiebungen zu groß werden, sei es, daß diese, immer noch klein bleibend, dieselbe Größenordnung annehmen wie der Querschnitt des Konstruktionsteiles, an welchem die Elastizitätsbetrachtung vorgenommen wird. Werden diese Verschiebungen mit in die Betrachtung einbezogen, so gilt im allgemeinen die Proportionalität zwischen den Deformationen und Spannungen und der aufgebrachten Last nicht mehr. Die Näherung, die sich unter Zugrundelegung der beiden obigen Annahmen ergibt, ist daher nur noch in einem sehr beschränkten Bereich möglich, in welchem die Lasten verhältnismäßig klein bleiben. Außerhalb dieses Bereiches werden die Fehler immer größer; die Deformationen und Spannungen wachsen im allgemeinen viel schneller als die Lasten. Es können sich unter Umständen kritische Werte für die Last einstellen, derart,

---

[1] Weitere Anwendungen des Kugelgleichnisses s. E. CHWALLA: Über die Probleme und Lösungen der Stabilitätstheorie des Stahlbaues. Der Stahlbau 1939, H. 1, S. 1.

[2] HOOKE, R. (1635—1703): Philosophical tracts and collections, 1678. Lectures of Springs, Philosoph. Transactions 1679, London.

daß eine kleine Vergrößerung dieses kritischen Wertes außerordentlich große Deformationen bewirkt: die Konstruktion wird instabil.

Abb. I 5 zeigt einen Fall, bei welchem sich die Wirkungslinie der Kraft in bezug auf einen Stabquerschnitt infolge der Deformation praktisch nicht verändert; die beiden obigen Annahmen sind bei der Untersuchung zulässig.

Bei Abb. I 6 verlagert sich die Wirkungslinie der Kraft in bezug auf einen Stabquerschnitt beträchtlich; die Deformationen sind daher bei der Untersuchung dieses Falles zu berücksichtigen.

Eine weitere Schwierigkeit tritt auf, wenn gewisse Zonen des untersuchten Bauteils über die Proportionalitätsgrenze hinaus beansprucht werden, wo keine Proportionalität mehr zwischen den Spannungen und Dehnungen vorhanden ist. Diese Fälle erfordern eine besondere Betrachtung, welche auf das Spannungs-Dehnungsdiagramm des verwendeten Baustoffes Rücksicht nimmt. Die Untersuchungen können sich unter Umständen recht verwickelt gestalten. Im plastischen Bereich wachsen die Spannungen weniger rasch als die Dehnungen und die Deformationen sind größer, als wenn das Material elastisch geblieben wäre. Es ist augenscheinlich kein Ausgleich vorhanden und man wird im allgemeinen annehmen können, daß die zweite Eigenschaft die erste übertrifft. Jedenfalls ist bei allen Labilitätsfällen auf den Unterschied zwischen elastischem und plastischem Bereich zu achten.

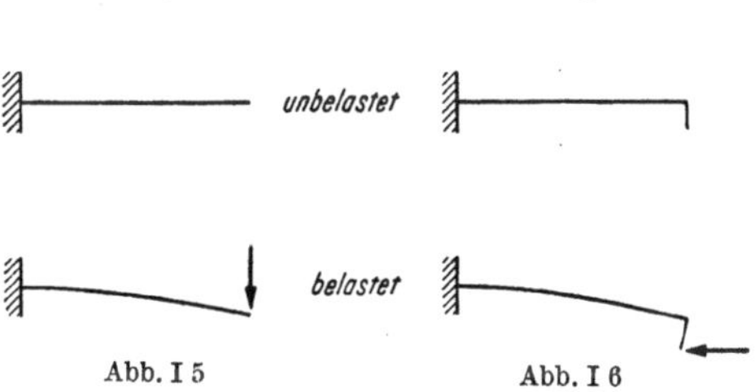

Abb. I 5 Abb. I 6

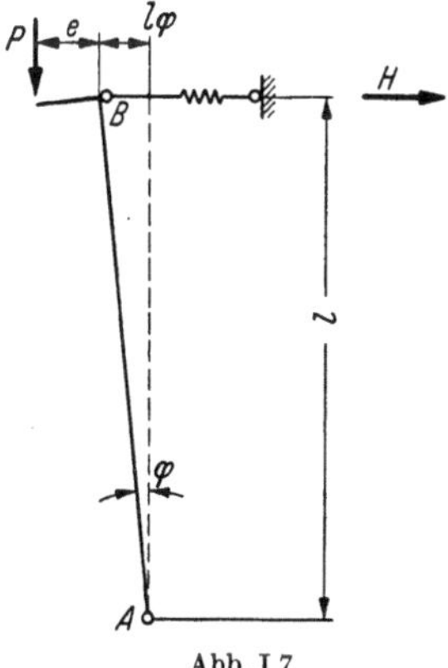

Abb. I 7

Als Einführung in das Wesen von labilen Konstruktionen diene das nachstehende einfache Beispiel:

Eine starre Stütze, welche an ihrem oberen Ende eine starre Konsole trägt, sei an ihrem Fußpunkt gelenkig gelagert und gegen seitliches Ausweichen am obern Ende durch eine Feder mit der Federkonstanten c[1] gestützt. Die Stütze sei auf der Konsole durch die Last P belastet (Abb. I 7). Die Feder sei so eingestellt, daß die unbelastete Stütze lotrecht steht.

Unter der Last P verlängert sich die Feder und die Stütze stellt sich schief. Dadurch vergrößert sich der Hebelarm der Kraft P in bezug auf den gelenkigen Fußpunkt der Stütze und beeinflußt dadurch die Rückhaltekraft H. Diese darf daher nicht aus dem undeformierten Zustand berechnet werden; vielmehr ist die durch die Federverlängerung bewirkte Schiefstellung der Stütze zu berücksichtigen. Es ist somit zuerst die Stützenneigung φ zu berechnen. Mit den in Abb. I 7

[1] Die Federkonstante ist die Kraft, welche die Feder um die Länge „Eins“ verlängert.

angegebenen Bezeichnungen ergibt sich

$$H = c \cdot l \cdot \varphi .$$

Die Momentengleichgewichtsbedingung in bezug auf den Fußpunkt ergibt

$$H = P \frac{e + l\varphi}{l},$$

somit

$$\varphi = \frac{P}{c\,l}\left(\frac{e}{l} + \varphi\right)$$

und daraus folgt

$$\varphi = \frac{\frac{P}{c\,l} \cdot \frac{e}{l}}{1 - \frac{P}{c\,l}} . \tag{I 1}$$

Zwischen P und φ besteht somit keine Proportionalität mehr.

Für den Sonderfall $e = 0$ wird bei beliebigem P der Wert $\varphi = 0$. Erreicht aber P einen gewissen kritischen Wert

$$P_{kr} = c\,l,$$

so wird $\varphi = \frac{0}{0}$ und somit unbestimmt. Mit Hilfe dieses Wertes für P_{kr} kann Gl. (I 1) wie folgt geschrieben werden:

$$\varphi = \frac{\frac{P}{P_{kr}} \cdot \frac{e}{l}}{1 - \frac{P}{P_{kr}}} . \tag{I 2}$$

In Abb. I 8 sind die Werte φ für die Parameter $\frac{e}{l} = 0{,}1,\ 0{,}01$ und $0{,}001$ in Funktion von $\frac{P}{P_{kr}}$ dargestellt.

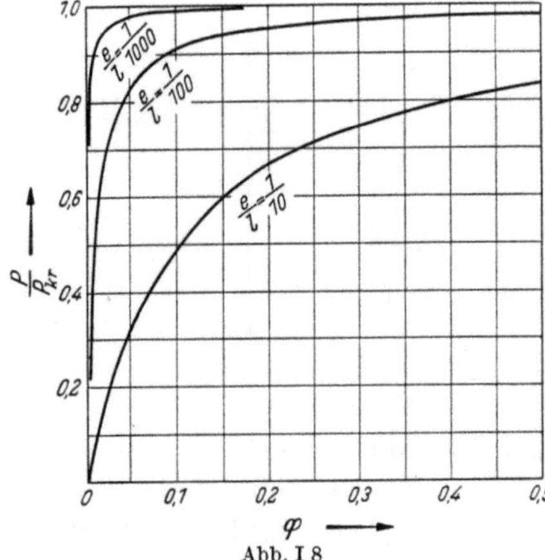

Abb. I 8

Für den Grenzfall $e = 0$ geht die hyperbelähnliche Kurve in einen lotrechten $\left(\text{bis } \frac{P}{P_{kr}} = 1\right)$ und anschließend in einen waagerechten Ast über. Man nennt diesen Fall „labil", weil für $\frac{P}{P_{kr}} = 1$ die Neigung φ unbestimmt bleibt.

Bleibt die Last P kleiner als P_{kr}, so kehrt der Stab, nachdem er durch irgendeinen Einfluß bei B aus der vertikalen Lage ausgelenkt worden sei, durch die Wirkung der Feder wieder in seine vertikale Lage zurück.

Für die Last $P = P_{kr}$ kann aber φ beliebig große Werte annehmen, welche die Sicherheit des Bauwerkes gefährden. Damit dies nicht eintrifft, darf die zulässige Belastung nur einen Bruchteil der kritischen Last betragen. Man setzt also

$$P_{zul} = \frac{1}{\nu_k} P_{kr} \tag{I 3}$$

und nennt ν_k den Sicherheitsgrad gegen das Unstabilwerden. Man wählt ihn im allgemeinen zwischen 2 und 5.

Die zulässige Belastung hängt also nicht von der zulässigen Materialbeanspruchung der Feder, sondern von der kritischen Last ab.

Die obigen Betrachtungen setzen voraus, daß die Feder beim Aufbringen der kritischen Last nicht über die Proportionalitätsgrenze beansprucht wird, da sonst die Deformationen rasch wachsen und die kritische Last dementsprechend abfallen würde.

Je nach Gestalt, Lagerungsform, Art der äußeren Belastung usw., können wir zwei wesentlich verschiedene Fälle für das Unstabilwerden eines elastischen Körpers unterscheiden[1]. Sie sollen im folgenden kurz umrissen werden.

Wir nehmen an, daß an einem Körper eine Kraft P angreift und untersuchen den Zusammenhang zwischen dieser Kraft und der Verschiebung u ihres Angriffspunktes in Richtung der Kraft.

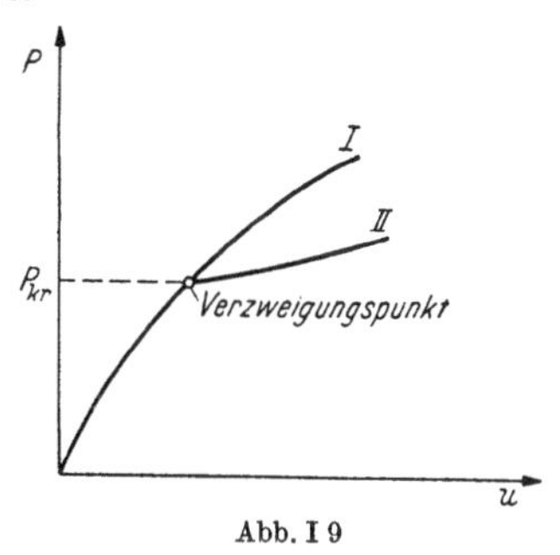

Abb. I 9

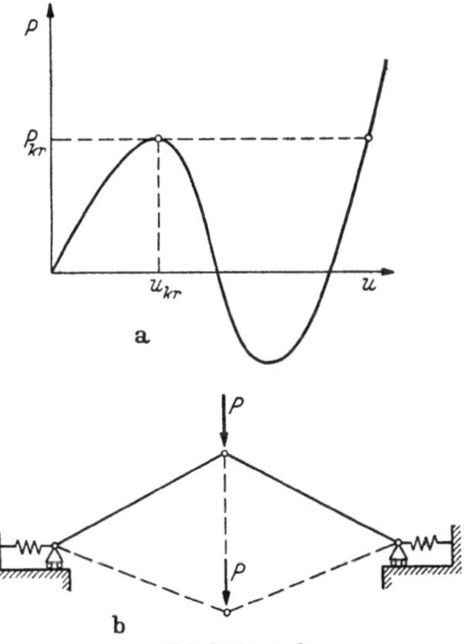

Abb. I 10 a u. b

Wächst die Kraft P monoton, so kann es vorkommen, daß auch die Verschiebung bis zu einem kritischen Wert P_{kr} monoton wächst, jedoch oberhalb P_{kr} kein eindeutiges Verhalten mehr zeigt (Abb. I 9). Der Körper kann in diesem Bereich der natürlichen Verformung folgen (Kurve I), oder auch ein von dieser abweichendes Verhalten zeigen. Dieser (singuläre) Fall umfaßt die *Knick- und Kipperscheinungen.*

Ist P keine monoton steigende, jedoch eine eindeutige Funktion von u, so daß zu einem bestimmten Wert von P mehrere Werte von u und somit mehrere verschiedene Gleichgewichtslagen angehören können, so liegt der zweite Fall vor (Abb. I 10a) und man spricht von sog. *Durchschlagerscheinungen.*

Als anschauliches Beispiel eines solchen Falles diene Abb. I 10b.

Da im vorliegenden Buch nur Knick-, Biegedrillknick- und Kipperscheinungen behandelt werden sollen, verzichten wir darauf, auf weitere Einzelheiten bei Durchschlagerscheinungen einzutreten.

Oben haben wir vorausgesetzt, daß sich die betrachteten Körper rein elastisch verhalten. Liegt jedoch ein Baustoff mit elastisch-plastischem Verformungs-

---

[1] BIEZENO, C. B., u. R. GRAMMEL: Technische Dynamik, Kapitel VII, Ausweichprobleme. Berlin: Springer 1939.

vermögen vor, so ist es möglich, daß der innere Widerstand bei wachsender Belastung begrenzt, und das Gleichgewicht zwischen inneren und äußeren Kräften für eine bestimmte kritische Last nicht mehr möglich ist. Unterhalb der kritischen Last sind zwei Gleichgewichtslagen vorhanden, denen verschiedene Verformungen zugehören. Mit wachsender Last wird der Unterschied zwischen diesen beiden Verformungen immer kleiner, um schließlich für die Last P_{kr} zu verschwinden (Abb. I 11). Man spricht von einem Stabilitätsproblem ohne Verzweigung. Zu dieser Sorte von Stabilitätsproblemen gehört z. B. der exzentrisch gedrückte Stab aus Baustahl[1].

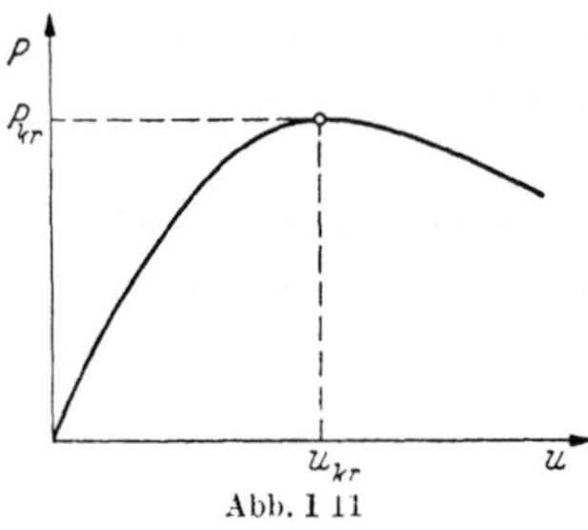

Abb. I 11

Zusätzliche Literatur zum I. Kapitel

BELES, A. A., u. M. SOARE: Probleme de Instabilitate Elastică in Constructiile Metalice. Standardizarea (Bukarest) 10 (Januar 1958) Nr. 1, S. 7.

HARTMANN, F.: Knickung, Kippung, Beulung. Wien: Deuticke 1937.

JEŽEK, K.: Druckstäbe. Wien: Springer 1937.

KRESS, H.: Berechnung von Druckstäben und Stützen im Stahlbau nach DIN 4114. Merkblätter über sachgemäße Stahlverwendung, lfd. Nr. 164, Beratungsstelle für Stahlverwendung, Düsseldorf.

MARGUERRE, K.: Neuere Festigkeitsprobleme des Ingenieurs, VI. Kapitel, Knick- und Beulvorgänge, Berlin/Göttingen/Heidelberg: Springer 1950.

MASSONNET, CH.: Problèmes d'instabilité des éléments de construction. C. E. C. M./B — 10.51 (belgisches Sammelwerk), 1955, mit weiteren Literaturangaben.

PIGEAUD, G.: Résistance des Matériaux et Elasticité, Chapitre XIX, Paris: Gauthier-Villars 1934.

STABILINI, L.: Knicken, Kippen und Beulen im Stahlbau. Schweizer Archiv für angewandte Wissenschaft und Technik 1956, H. 11, S. 363.

—: Instabilitätsprobleme im Stahlbau. Der Bauingenieur 33 (Juni 1958), H. 6.

STÜSSI, F.: Baustatik I, Kapitel IX, Basel: Birkhäuser 1945.

TIMOSHENKO, S.: Theory of Elastic Stability, New York und London: McGraw-Hill 1936.

II. Knicktheorien

A. Euler: Die Knickung des elastischen Stabes

Bereits im Jahre 1744 veröffentlichte der Basler Mathematiker LEONHARD EULER (1707—1783) seine Schrift „De curvis elasticis" als Additamentum des berühmten Werkes „Methodus inveniendi lineas curvas..." (Lausanne und Genf, 1744).

Er behandelt darin das Knicken eines geraden, zentrisch gedrückten Stabes aus homogenem Material, welches unbeschränkt elastisch und bruchsicher ist. Dabei stützt er sich auf den bekannten Satz von BERNOULLI (1654—1705) über die elastische Linie eines gebogenen Stabes[2] mit der Biegesteifigkeit EJ und dem

[1] Ähnliche Fälle von Instabilität treten auch anderorts in der Technik auf, so z. B. bei der Biegung eines dünnwandigen Rohres. Bei diesem Fall gibt es auch ein M_{kr}. Unterhalb desselben sind zwei Gleichgewichtslagen möglich, die verschiedenen Abplattungen des ursprünglichen Kreisquerschnittes entsprechen. — Vgl. E. CHWALLA: Reine Biegung schlanker, dünnwandiger Rohre mit gerader Achse. Z. angew. Math. Mech. 13 (1933) H. 1, S. 48.

[2] STÜSSI, F.: 200 Jahre EULERsche Knickformel. Schweiz. Bauztg. 123 (1944) S. 1.

durch das Biegemoment M verursachten Krümmungsradius ϱ:

$$\frac{E\,J}{\varrho} = -M, \tag{II 1}$$

in welchem er näherungsweise für

$$\frac{1}{\varrho} = \frac{d^2 y}{dx^2} = y''$$

setzt. Daraus folgt:

$$y'' = -\frac{M}{E\,J} \tag{II 2}$$

Er findet für die kritische Knicklast, d. h. für die Last, bei der das stabile Gleichgewicht des Stabes in das labile übergeht, die bekannte Formel

$$\underline{\underline{P_{\text{kr}} = \frac{\pi^2 E\,J}{l^2}}}, \tag{II 3}$$

welche für das elastische Knicken auch heute noch Gültigkeit hat. Da EULER bei seiner Ableitung von der linearisierten Differentialgleichung der elastischen Linie ausgeht, findet er für den Biegepfeil unter der Knicklast einen unbestimmten Wert.

Um auch Näheres über die Ausbiegungen angeben zu können, löste LAGRANGE das Problem, indem er von der ungekürzten Differentialgleichung der elastischen Linie

$$\frac{1}{\varrho} = \frac{y''}{(1 + y'^2)^{3/2}} = -\frac{M}{E\,J}$$

ausging[1]. Später wurde die strenge Lösung auf anderem Wege auch durch SCHNEIDER angegeben[2]. Dieser findet für die größte Ausbiegung

$$y_0 = 4\sqrt{\frac{E\,J}{P}}\sqrt{A - \frac{9}{4}A^2 + \frac{31}{8}A^3 - \frac{185}{32}A^4 + \frac{507}{64}A^5 - \cdots}, \tag{II 4}$$

worin

$$A = \frac{l}{\pi}\sqrt{\frac{P}{E\,J}} - 1$$

bedeutet.

Setzt man $P < P_{\text{kr}}$, so wird $y_0 = 0$; der Stab bleibt gerade. Für $P = P_{\text{kr}}$ wird A und somit auch $y_0 = 0$; wird $P > P_{\text{kr}}$, so ergeben sich für y_0 endliche Werte; das Gleichgewicht des geraden Stabes wird labil. Die kritische Last wird gleich der von EULER gefundenen und gibt an, bei welchem Wert die Ausbiegungen beginnen.

B. Formeln von Navier, Schwarz, Rankine

Die Richtigkeit der EULERschen Theorie wurde lange Zeit angezweifelt, da sie bei gedrungenen Stäben schlecht mit der Erfahrung übereinstimmte. Da EULER ein unbeschränkt elastisches Material voraussetzte, ist diese schlechte Übereinstimmung von Theorie und Praxis auch nicht verwunderlich. Bei gedrungenen Stäben liegt nämlich die kritische Belastung so hoch, daß das Material über die

---

[1] Oeuvres de LAGRANGE, Bd. II, S. 125: Sur la figure de la colonne. Miscellanea Taurinensia 5 (1773).

[2] SCHNEIDER, A.: Zur Theorie der Knickfestigkeit. Z. öst. Ing.- u. Archit.-Ver. 1901, S. 633—638 u. 649—653.

Proportionalitätsgrenze hinaus beansprucht wird: wir kommen in den plastischen Bereich, in welchem die Spannungen und Dehnungen nicht mehr proportional zueinander sind. Die Voraussetzungen der EULERschen Theorie treffen nicht mehr zu und diese kann im plastischen Bereich auch keine brauchbaren Resultate liefern. Im elastischen Bereich ist jedoch ihre Gültigkeit durch Versuche einwandfrei bestätigt worden.

Diese Verhältnisse wurden erst nach dem Bekanntwerden der Versuche von TETMAJER (1896) richtig erfaßt, obschon NAVIER[1] bereits 1826 die Zusammenhänge erkannt und veröffentlicht hatte.

In der Zwischenzeit wurden verschiedene Formeln für die Berechnung der Knickfestigkeit vorgeschlagen. Lange Zeit war eine Formel im Gebrauch, die von verschiedenen Forschern (NAVIER, SCHWARZ, RANKINE u. a.) zu verschiedener Zeit und mit verschiedener Begründung aufgestellt wurde. Sie geht von der Annahme aus, daß die Kraft P in praktischen Fällen immer an einem gewissen Hebelarm e wirkt, da es unmöglich ist, einen Stab mit mathematisch gerader Stabachse herzustellen und die Kraft ohne jede Exzentrizität einzuleiten. Die Abweichungen von der theoretischen Stabachse werden in der Regel um so größer sein, je größer das Verhältnis der Stablänge zum Abstande a der äußersten Faser von der Schwerlinie ist. Man setzte daher

$$e = \varkappa \frac{l^2}{a}, \tag{II 5}$$

darin bedeutet

l die Stablänge,

a den Abstand der äußersten Faser von der Schwerlinie.

Der Koeffizient $\varkappa$ ist eine reine Zahl und muß aus Versuchen bestimmt werden. Mit dem obigen Ansatz ist das Knickproblem zurückgeführt auf den Fall der gewöhnlichen exzentrischen Druckbelastung und man erhält für die größte Randspannung:

$$\sigma = \frac{P}{F} + \frac{P\,e}{J}\,a = \frac{P}{F} + \frac{P}{F} \cdot \frac{\varkappa \frac{l^2}{a}}{i^2} \cdot a = \frac{P}{F}\left(1 + \varkappa \frac{l^2}{i^2}\right). \tag{II 6}$$

Die zulässige Knickspannung ergibt sich danach zu

$$P_{\text{zul}} = \frac{F\,\sigma_{\text{zul}}}{1 + \varkappa \frac{l^2}{i^2}}. \tag{II 7}$$

Der Koeffizient $\varkappa$ ist einmal abhängig vom Baustoff, aber auch, wie die Versuche von TETMAJER zeigten, von der Länge l des Stabes. Er ist also für einen bestimmten Baustoff keine Konstante. Dadurch verliert aber diese Knickformel ihre allgemeine Bedeutung.

C. Die Versuche von Tetmajer

Im Anschluß an das Brückenunglück von Münchenstein bei Basel im Jahre 1891, das auf das Versagen eines gedrückten Diagonalstabes eines Fachwerkhauptträgers zurückzuführen war, wurden von L. VON TETMAJER umfangreiche Knickversuche mit verschiedenen Baustoffen (Bauholz, Gußeisen, Schweißeisen,

---

[1] NAVIER, L.: Résumé des leçons . . . Ziffer 318, Paris 1826.

Flußeisen) vorgenommen[1]. Diese Versuche bestätigten die Richtigkeit der EULER-Formel im elastischen Bereich (schlanke Stäbe). Sie erlaubten auch, den Gültigkeitsbereich der Formel abzugrenzen. Außerdem stellte TETMAJER für den plastischen Bereich (gedrungene Stäbe) Erfahrungsformeln auf, die er aus seinen Versuchen ableitete. Er schlug für diesen Bereich eine Geradenformel vor, da diese in der Handhabung einfach ist und mit den Versuchen eine genügende Übereinstimmung zeigte.

Schon 70 Jahre früher stellte NAVIER[2] fest, daß für kurze Stäbe die Druckfestigkeit maßgebend sein müsse. Auf Grund der wenigen ihm bekannten Versuchsergebnisse legte er für einige besondere Punkte die Werte der Knickspannung für Schmiedeisen fest. Als Knickspannung bezeichnet man dabei den Wert

$$\sigma_{kr} = \frac{P_{kr}}{F}. \tag{II 8}$$

Diese Darstellung erscheint zweckmäßig, da sich dadurch eine einheitliche Darstellung des Spannungsnachweises bei den Festigkeitsproblemen, als auch bei den Stabilitätsproblemen, ergibt. Bei den ersteren werden die vorhandenen Spannungen verglichen mit den zulässigen Spannungen für Druck-Zug-Schub, usw., bei den letzteren mit der kritischen Knickspannung. Bezeichnet man ferner das Verhältnis der Knicklänge zum kleinsten Trägheitsradius

$$\lambda = \frac{l}{i} \qquad \left(\text{wobei } i = \sqrt{\frac{J}{F}}\right) \tag{II 9}$$

als Schlankheitsgrad, *so sind sämtliche möglichen Fälle des zentrischen Knickens lösbar, wenn die kritische Knickspannung als Funktion des Schlankheitsgrades bekannt ist.*

Benützt man die von NAVIER angegebenen Werte zur Aufstellung einer Geradenformel, so erhält man[3]

$$\sigma_{kr} = 3{,}0 - 0{,}0120\lambda, \qquad (\text{NAVIER } 1826) \tag{II 10}$$

wogegen TETMAJER für Schweißeisen findet

$$\sigma_{kr} = 3{,}03 - 0{,}0129\lambda. \qquad (\text{v. TETMAJER } 1896) \tag{II 11}$$

Faßt man die Kenntnisse, die man um die Jahrhundertwende herum vom Knicken besaß, kurz zusammen, so ergibt sich folgendes Bild:

Für schlanke Stäbe gilt die EULER-Formel, wogegen für gedrungene Stäbe die empirische TETMAJER-Formel richtigere Werte ergibt. Die Grenzen des Gültigkeitsbereiches der EULER-Formel sind ebenfalls bekannt.

Die Resultate lassen sich graphisch in der sog. Knickspannungslinie (σ_{kr}-λ-Diagramm) zusammenfassen.

Wir formen dafür die EULER-Formel (II 3) etwas um und schreiben

$$\sigma_{kr} = \frac{P_{kr}}{F} = \frac{\pi^2 E J}{l^2 F}, \tag{II 12}$$

mit $i^2 = \frac{J}{F}$ und $\lambda = \frac{l}{i}$ ergibt sich

$$\underline{\underline{\sigma_{kr} = \frac{\pi^2}{\lambda^2} E.}} \tag{II 13}$$

[1] TETMAJER, L. VON: Die Gesetze der Knickungs- und zusammengesetzten Festigkeit der technisch wichtigsten Baustoffe. Leipzig und Wien 1907.

[2] NAVIER, L.: Résumé des leçons ... Ziffer 318, Paris 1826.

[3] STÜSSI, F.: Baustatik I, Kapitel IX, Stabilitätsprobleme. Birkhäuser 1946.

Diese Formel gilt nur für den elastischen Bereich. Sie gilt bis zu der Grenzschlankheit, für welche die Proportionalität zwischen Spannungen und Dehnungen noch gewährleistet ist, also bis zur Proportionalitätsgrenze, welche für Baustahl 37 mit $\sigma_P = 1{,}9\ \text{t/cm}^2$ anzusetzen ist. Aus

$$\sigma_{\text{kr}} = \frac{\pi^2}{\lambda^2} E = \sigma_P \qquad \text{(II 14)}$$

ergibt sich somit (mit $E = 2130\ \text{t/cm}^2$)

$$\lambda_P = \sqrt{\frac{\pi^2 \cdot 2130}{1{,}9}} = 105. \qquad \text{(II 15)}$$

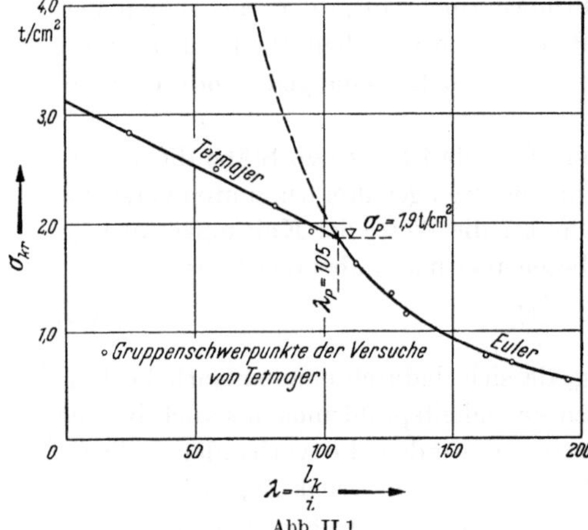

Abb. II 1

Für Schlankheiten $\lambda < \lambda_P$, also im plastischen Bereich, gilt die TETMAJER-Formel, welche für Baustahl 37 (mit $E = 2130\ \text{t/cm}^2$) lautet

$$\underline{\underline{\sigma_{\text{kr}} = 3{,}1 - 0{,}0114\lambda.}} \qquad \text{(II 16)}$$

Für die Grenzschlankheit ergibt sich

$$\lambda_P = \frac{3{,}1 - 1{,}9}{0{,}0114} = 105. \qquad \text{(II 17)}$$

Also der gleiche Wert wie aus der EULER-Formel.

Stellt man die Gl. (II 13) und (II 16) graphisch dar, so ergibt sich die in Abb. II 1 dargestellte Knickspannungslinie, in welcher auch die Versuchswerte von TETMAJER eingetragen sind.

D. Engesser und Kármán

Ungefähr zur selben Zeit, als TETMAJER seine Knickversuche durchführte, stellte ENGESSER seine beiden Theorien des Knickens im plastischen Bereich auf[1].

Die erste Theorie ENGESSERS ging von der Voraussetzung aus, daß für eine gewisse kritische Spannung σ_{kr} eine ausgebogene Gleichgewichtslage möglich ist, bei welcher jedoch keine Abnahme der Spannungen auf der Innenseite des gebogenen Stabes eintritt, wenn der Stab von der geraden in die ausgebogene Lage übergeht.

Trägt man für diesen Übergang die Spannungen im Spannungsdehnungsdiagramm ein, so erkennt man, daß für die zusätzlichen kleinen Biegungsspannungen die Beziehung

$$d\sigma = T\, d\varepsilon \qquad \text{(II 18)}$$

gilt (Abb. II 2), d. h. an Stelle des Elastizitätsmoduls tritt der „Tangentenmodul" T.

Wir erhalten daher, nach der ersten Theorie von ENGESSER, den Wert der Knickspannung σ_{kr}, wenn wir den Elastizitätsmodul durch den Tangentenmodul T ersetzen:

$$\underline{\underline{\sigma_{\text{kr}} = \frac{\pi^2}{\lambda^2} T.}} \qquad \text{(II 19)}$$

[1] ENGESSER, F.: Z. VDI (1889) S. 927. — Z. f. Architekten u. Ingenieurwesen (1889) S. 1054. — Schweiz. Bauztg. 26 (1895) S. 24.

Die Formel wurde bald angefochten. Stellt man sich nämlich den Stab in ausgebogenem Zustande vor, so entstehen infolge der Biegung auf der konkaven Seite Druckspannungen und auf der konvexen Seite Zugspannungen. Die Zugspannungen entlasten jedoch die von der Druckkraft herrührenden Druckspannungen. Entlastungen folgen aber bekanntlich nicht dem Tangentenmodul, sondern dem Elastizitätsmodul (Abb. II 3).

ENGESSER stellte daher seine zweite Theorie auf, die diesem Umstand Rechnung trägt. Aber auch diese Theorie fand nicht die ihr gebührende Beachtung und geriet wieder in Vergessenheit. Im Jahre 1910 veröffentlichte KÁRMÁN dieselbe Theorie[1] und belegte sie durch genaue Versuche.

Nach ENGESSER-KÁRMÁN kann die EULER-Formel auch im plastischen Bereich beibehalten werden, wenn man an Stelle des Elastizitätsmoduls E den „Knick-

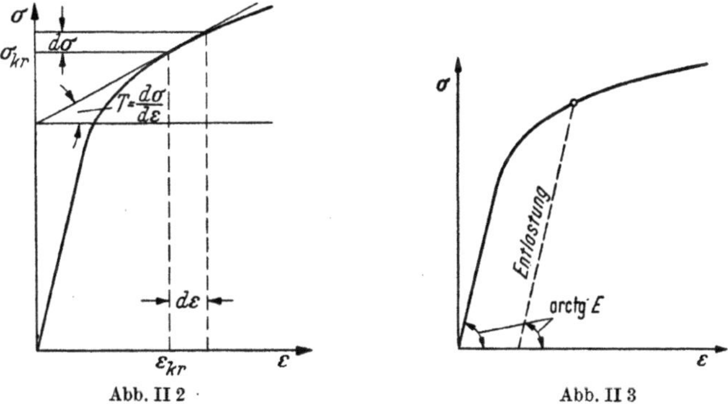

Abb. II 2 Abb. II 3

modul" T_k setzt. Der letztere ist abhängig sowohl vom Spannungsdehnungsdiagramm des verwendeten Materials als auch von der Querschnittsform. Wir können also setzen

$$P_{\mathrm{kr}} = \frac{\pi^2 T_k J}{l^2}. \tag{II 20}$$

Oft wird auch an Stelle des Knickmoduls mit dem Verhältnis $\tau = \frac{T_k}{E}$ gerechnet.

Gl. (II 20) schreibt sich dann wie folgt:

$$P_{\mathrm{kr}} = \frac{\pi^2 \tau E J}{l^2}. \tag{II 21}$$

Für die Knickspannung ergibt sich

$$\sigma_{\mathrm{kr}} = \pi^2 \frac{E \tau}{\lambda^2}. \tag{II 22}$$

Da die Theorie ENGESSER-KÁRMÁN heute allgemeine Anerkennung genießt, soll im folgenden noch näher auf sie eingegangen werden.

Wir gehen aus von einem prismatischen Stab mit der Fläche F, der durch die Kraft P derart belastet wird, daß die Knickspannung in den unelastischen

[1] KÁRMÁN, T. VON: Die Knickfestigkeit gerader Stäbe. Phys. Z. 9 (1908) S. 136 und Untersuchungen über Knickfestigkeit „Mitteilungen über Forschungsarbeiten", herausgegeben vom VDI (1910), H. 81.

Bereich fällt. Da für die Bestimmung der kritischen Last mit kleinen Ausbiegungen gerechnet werden darf, kann angenommen werden, daß die Querschnitte bei der Ausbiegung eben bleiben[1].

Da das Hookesche Gesetz nicht mehr gilt, muß das Spannungsdehnungsdiagramm oder die τ-Linie bekannt sein.

Beim Ausknicken biegt sich der Stab durch; den Druckspannungen aus der Belastung P überlagern sich Biegespannungen. Diese bewirken auf der dem Krümmungsmittelpunkt zugewandten Seite eine Vergrößerung, auf der abgewandten Seite eine Verkleinerung der Druckspannungen. Dabei folgen die Biegedruckspannungen auf der Stabinnenseite der Arbeitslinie im Spannungsdehnungsdiagramm, die Biegezugspannungen auf der Stabaußenseite dagegen der Entlastungsgeraden (Abb. II 4).

Da im Moment des Ausknickens nach wie vor die Gleichgewichtsbedingung $\Sigma V = 0$ erhalten bleiben muß, oder mit anderen Worten, zwischen der äußeren

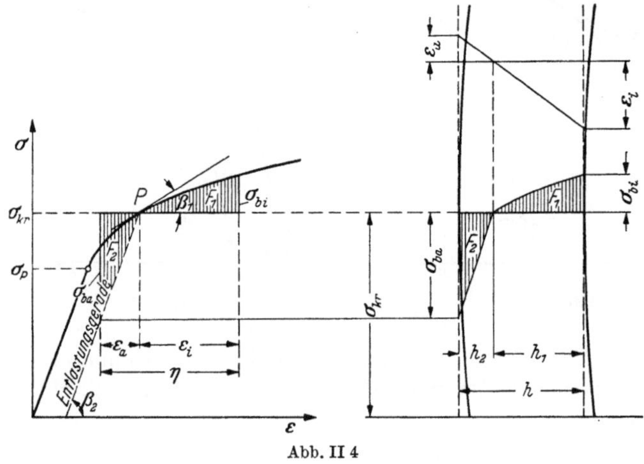

Abb. II 4

Last P_{kr} und den Druckspannungen σ_{kr} Gleichgewicht herrscht, müssen die durch die Ausbiegung bedingten Spannungskörper F_1 und F_2 gleich groß sein. Aus dieser Bedingung läßt sich für ein bestimmtes σ_{kr} und eine angenommene Stauchung ε_i, an Hand des Spannungsdehnungsdiagrammes, das zugehörige ε_a sofort bestimmen. Damit sind auch die Spannungen $\sigma_{b\,i}$ und $\sigma_{b\,a}$ bekannt, welche auf den Querschnitt übertragen werden können, wenn man berücksichtigt, daß $\eta = \varepsilon_a + \varepsilon_i$ der Querschnittshöhe h entsprechen muß (Abb. II 4).

Für kleine Stauchungen ε_i nähert sich das Kurvenstück immer mehr einem Geradenstück und geht für $\varepsilon_i \to 0$ in die Tangente der Spannungsdehnungslinie im Punkt P über. Wir haben also auf der Druckseite den Modul $\tan \beta_1 = T$ und auf der Zugseite den Modul $\tan \beta_2 = E$.

Zwischen den von der Ausbiegung herrührenden Biegespannungen ($\sigma_{b\,i} = \sigma_1$ und $\sigma_{b\,a} = \sigma_2$) und den dazugehörigen Dehnungen bestehen die Beziehungen

$$\sigma_1 = T\,\varepsilon_1 \quad \text{und} \quad \sigma_2 = E\,\varepsilon_2.$$

[1] Meyer, E.: Die Berechnung der Durchbiegung von Stäben, deren Material dem Hookeschen Gesetz nicht folgt. Z. VDI (1908).

Aus Abb. II 5 folgt nun

$$\frac{\varepsilon_1\,dx}{h_1} = \frac{dx}{\varrho} \qquad\qquad \frac{\varepsilon_2\,dx}{h_2} = \frac{dx}{\varrho}$$

und

$$\varepsilon_1 = \frac{h_1}{\varrho} \qquad\qquad \varepsilon_2 = \frac{h_2}{\varrho},$$

somit

$$\sigma_1 = T\,\frac{h_1}{\varrho} \qquad\qquad \sigma_2 = E\,\frac{h_2}{\varrho}. \tag{II 23}$$

Wenden wir die eben skizzierten Gedankengänge auf einen beliebigen Querschnitt an, so folgt zunächst aus der Bedingung $\Sigma\,V = 0$ (Gleichheit der beiden Spannungskörper auf der Biegedruck- und Biegezugseite) nach Abb. II 6

$$\frac{\sigma_1}{h_1}\int\limits_0^{h_1} v\,b\,dv = \frac{\sigma_2}{h_2}\int\limits_0^{h_2} v\,b\,dv.$$

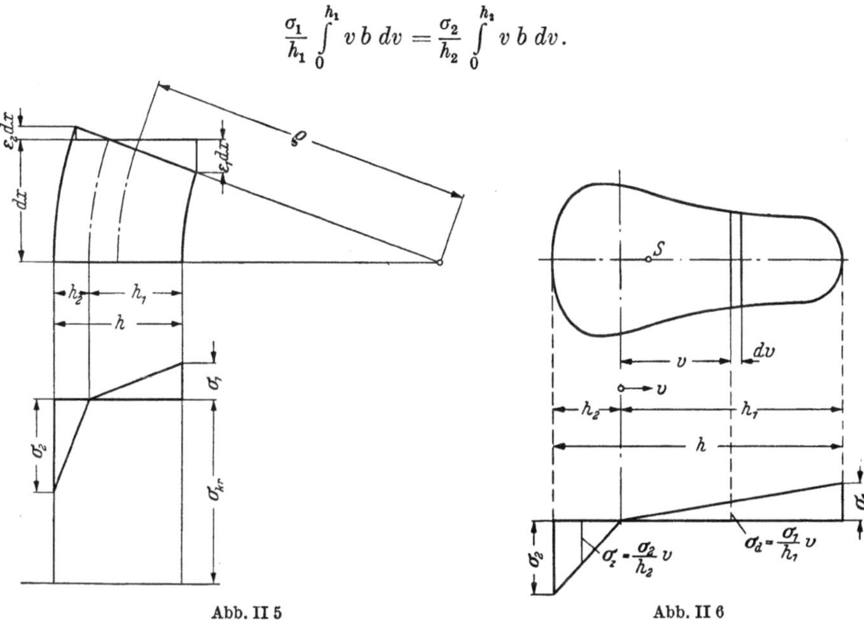

Abb. II 5 Abb. II 6

Da die Integralausdrücke die statischen Momente der Biegedruck- (S_1) und Biegezugflächen (S_2) des Querschnittes in bezug auf die Biegenull-Linie darstellen, ergibt sich unter Berücksichtigung von Gl. (II 23)

$$T\,S_1 = E\,S_2. \tag{II 24}$$

Durch diese Gleichung ist die Lage der Biegenull-Linie festgelegt.

Als zweite Gleichgewichtsbedingung steht uns die Forderung $\Sigma\,M = 0$ oder $M_a = M_i$ zur Verfügung, wenn mit M_a die äußern und mit M_i die innern Momente bezeichnet werden.

Es ergibt sich

$$M_a = \int\limits_0^{h_1} \sigma_d\,b\,v\,dv + \int\limits_0^{h_2} \sigma_z\,b\,v\,dv = \frac{\sigma_1}{h_1}\int\limits_0^{h_1} b\,v^2\,dv + \frac{\sigma_2}{h_2}\int\limits_0^{h_2} b\,v^2\,dv. \tag{II 25}$$

Die Integralausdrücke sind die Trägheitsmomente der Biegedruck- (J_1) und Biegezugfläche (J_2) in bezug auf die Biegenull-Linie.

Man kann daher schreiben

$$M_a = \frac{\sigma_1}{h_1} J_1 + \frac{\sigma_2}{h_2} J_2. \tag{II 26}$$

Setzt man für σ_1 und σ_2 noch die Ausdrücke (II 23) ein, so erhält man

$$M_a = \frac{T\,J_1}{\varrho} + \frac{E\,J_2}{\varrho} = \frac{T\,J}{\varrho} \cdot \frac{J_1}{J} + \frac{E\,J}{\varrho} \cdot \frac{J_2}{J}, \tag{II 27}$$

worin J das Trägheitsmoment des Gesamtquerschnittes in bezug auf die Schwerachse bedeutet. Setzt man als Knickmodul

$$T_k = T\frac{J_1}{J} + E\frac{J_2}{J}, \tag{II 28}$$

so läßt sich die Differentialgleichung der elastischen Linie schreiben

$$M = \frac{T_k\,J}{\varrho}. \tag{II 29}$$

Sie lautet genau gleich wie die Differentialgleichung im elastischen Bereich, nur ist an Stelle des Elastizitätsmoduls E der Knickmodul T_k zu setzen.

Man erhält somit für die Knicklast

$$P_{\text{kr}} = \frac{\pi^2\,T_k\,J}{l^2} \tag{II 30}$$

und für

$$\sigma_{\text{kr}} = \frac{\pi^2}{\lambda^2} T_k. \tag{II 31}$$

Der Knickmodul T_k ist nicht nur vom Spannungsdehnungsdiagramm des Materials, sondern auch von der Querschnittsform abhängig. Daher gelten die vorstehenden Betrachtungen nur für Stäbe mit konstantem Stabquerschnitt. Zur Illustration berechnen wir T_k für den Rechteckquerschnitt und für einen idealisierten I-Querschnitt, bei dem wir die Stegfläche gleich Null setzen.

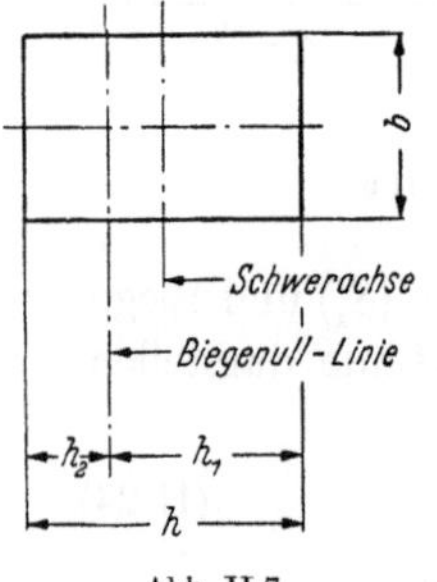

Abb. II 7

1. Rechteckquerschnitt (Abb. II 7).

Für die Trägheitsmomente ergeben sich die Werte

$$J_1 = \frac{b\,h_1^3}{3} \qquad J_2 = \frac{b\,h_2^3}{3} \qquad J = \frac{b\,h^3}{12}.$$

Somit

$$\frac{J_1}{J} = \frac{b\,h_1^3}{3} \cdot \frac{12}{b\,h^3} = 4\frac{h_1^3}{h^3}.$$

$$\frac{J_2}{J} = 4\frac{h_2^3}{h^3}.$$

Um h_1 und h_2 durch h auszudrücken, benützen wir Gl. (II 24)

$$T\,S_1 = E\,S_2$$

$$\frac{1}{2} T\,b\,h_1^2 = \frac{1}{2} E\,b\,h_2^2$$

$$T\,h_1^2 = E\,h_2^2 = E(h - h_1)^2$$

$$h_1\sqrt{T} = (h - h_1)\sqrt{E}$$

und daraus

$$h_1 = \frac{\sqrt{E}}{\sqrt{T} + \sqrt{E}} h.$$

Analog erhält man

$$h_2 = \frac{\sqrt{T}}{\sqrt{T} + \sqrt{E}} h.$$

Somit ergibt sich

$$\frac{J_1}{J} = 4\left(\frac{\sqrt{E}}{\sqrt{T} + \sqrt{E}}\right)^3$$

und

$$\frac{J_2}{J} = 4\left(\frac{\sqrt{T}}{\sqrt{T} + \sqrt{E}}\right)^3.$$

Für den Knickmodul erhält man nun nach Gl. (II 28)

$$T_k = 4T\left(\frac{\sqrt{E}}{\sqrt{T} + \sqrt{E}}\right)^3 + 4E\left(\frac{\sqrt{T}}{\sqrt{T} + \sqrt{E}}\right)^3$$

oder nach einigen kleineren Umformungen:

$$T_k = \frac{4\,T\,E}{(\sqrt{T} + \sqrt{E})^2} = \frac{4\,E}{\left(1 + \sqrt{\frac{E}{T}}\right)^2}. \tag{II 32}$$

2. I-Querschnitt (Abb. II 8).

Für die Trägheitsmomente ergeben sich die Werte

$$J_1 = F_1 h_1^2 \qquad J_2 = F_2 h_2^2 \qquad J = \frac{F_1 F_2}{F_1 + F_2} h.$$

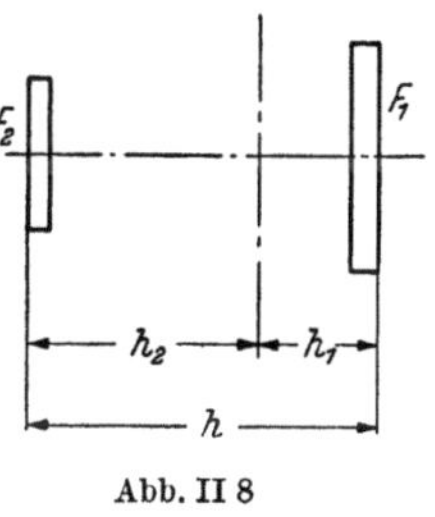

Abb. II 8

Somit

$$\frac{J_1}{J} = \frac{F_1 h_1^2}{\frac{F_1 F_2}{F_1 + F_2} \cdot h^2} = \frac{F_1 + F_2}{F_2} \cdot \frac{h_1^2}{h^2}.$$

$$\frac{J_2}{J} = \frac{F_1 + F_2}{F_1} \cdot \frac{h_2^2}{h^2}.$$

Mittels Gl. (II 24) drücken wir wieder h_1 und h_2 durch h aus

$$T\,S_1 = E\,S_2$$

$$T\,F_1 h_1 = E\,F_2 h_2 = E\,F_2(h - h_1),$$

daraus folgt

$$h_1 = \frac{E\,F_2}{T F_1 + E F_2} h.$$

Analog erhält man

$$h_2 = \frac{T\,F_1}{T F_1 + E F_2} h.$$

Somit wird

$$\frac{J_1}{J} = \frac{F_1 + F_2}{F_2} \frac{(E\,F_2)^2}{(T F_1 + E F_2)^2} = \frac{E^2 F_2 (F_1 + F_2)}{(T\,F_1 + E\,F_2)^2}$$

$$\frac{J_2}{J} = \frac{F_1 + F_2}{F_1} \frac{(T\,F_1)^2}{(T F_1 + E F_2)^2} = \frac{T^2 F_1 (F_1 + F_2)}{(T\,F_1 + E\,F_2)^2}.$$

Für den Knickmodul folgt nach Gl. (II 28)

$$T_K = T\,\frac{E^2 F_2(F_1 + F_2)}{(T F_1 + E F_2)^2} + E\,\frac{T^2 F_1(F_1 + F_2)}{(T F_1 + E F_2)^2}$$

und nach einigen Umformungen

$$T_K = \frac{T\,E(F_1 + F_2)}{T F_1 + E F_2}. \tag{II 33}$$

Setzt man $F_1 = F_2$, so erhält man

$$T_K = \frac{2\,T E}{T + E}. \tag{II 34}$$

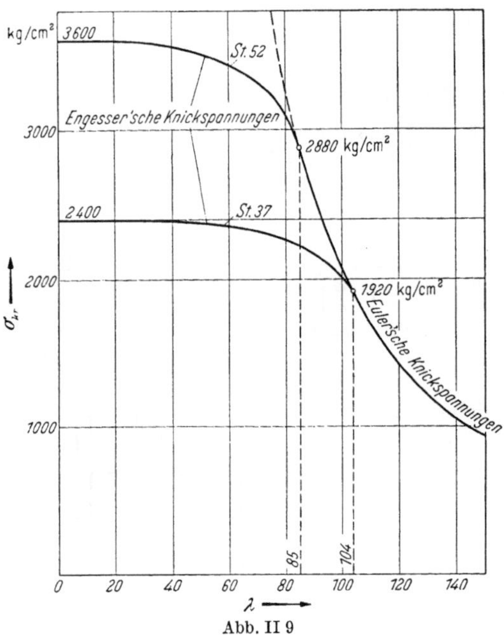

Abb. II 9

Vergleicht man die beiden Werte der Knickmoduli für den Rechteckquerschnitt und den idealisierten I-Querschnitt, so sieht man, daß der letztere die kleineren Werte ergibt[1]. Will man für alle Querschnittsformen nur eine einzige Knickspannungslinie im plastischen Bereich verwenden, so wird man sicherheitshalber als Knickmodul den zweiten Wert wählen.

Mit Hilfe der Theorie von Engesser ist es somit möglich, auch für den plastischen Bereich die Knickspannungslinie für ein bestimmtes Material mit bekanntem Spannungsdehnungsdiagramm und für eine bestimmte Querschnittsform zu berechnen.

Zunächst bestimmt man mit Hilfe von Gl. (II 28) und des Spannungsdehnungsdiagrammes den Wert von T_k in Funktion von σ. Daraus kann der Schlankheitsgrad in Funktion von σ_{kr} an

[1] Wenn wir obige Behauptung als richtig annehmen, können wir setzen

$$\frac{4\,T E}{(\sqrt{T} + \sqrt{E})^2} > \frac{2\,T E}{T + E}$$

$$2\,T E\,\frac{2}{T + E + 2\sqrt{T E}} > 2\,T E\,\frac{1}{T + E}$$

$$\frac{1}{\frac{T + E}{2} + \sqrt{T E}} > \frac{1}{T + E}.$$

Da nach dem Satz von Cauchy das geometrische Mittel $\sqrt{T E}$ immer kleiner ist als das arithmetische Mittel (T und E sind nach Voraussetzung nicht gleich), so ist der Wert des Bruches auf der linken Seite der Ungleichung größer als der Wert des Bruches auf der rechten Seite. Die Behauptung besteht somit zu Recht.

Hand von Gl. (II 31) zu

$$\lambda^2 = \frac{\pi^2 T_k}{\sigma_{kr}} \qquad \text{(II 35)}$$

bestimmt werden. In Abb. II 9 sind die vollständigen Knickspannungslinien für St. 37 und St. 52 dargestellt.

Für die Fließgrenze wird der Knickmodul

$$T_K = T\frac{J_1}{J} + E\frac{J_2}{J} = 0, \qquad \text{(II 36)}$$

da T und E Null werden. Wählt man $\sigma_{kr} = \sigma_F$, so ergibt sich aus Gl. (II 35) für den entsprechenden Schlankheitsgrad ebenfalls der Wert Null. Die Fließgrenze stellt daher den größtmöglichen Wert der Knickspannungen dar. Eine weitere Erhöhung wäre nur durch eine vorübergehende Festhaltung des Stabes beim Durchfahren der Fließgrenze möglich[1].

E. Die T. K. V. S. B.-Versuche von Roš und Brunner

Da vor 40 Jahren drei Viertel aller Einstürze im Stahlbrücken- und Stahlhochbau infolge ungenügender Knicksicherheit entstanden, hat die T. K. V. S. B. — (Technische Kommission des Verbandes Schweizerischer Brückenbau- und Eisenhochbaufabriken; heute T. K. S. S. V., Technische Kommission des Schweizer Stahlbauverbandes) — an der E. M. P. A. (Eidgenössische Materialprüfungs- und Versuchsanstalt für Industrie, Bauwesen und Gewerbe) Versuche mit zentrisch und exzentrisch belasteten Stahlstäben verschiedener Schlankheitsgrade durchführen lassen[2].

Die Versuchsergebnisse wurden denjenigen der Theorie gegenübergestellt, wobei die theoretischen Ableitungen für das Knicken bei zentrischem Kraftangriff sich auf das engste an die Untersuchungen von ENGESSER und KÁRMÁN[3] anlehnen, währenddem diejenigen für die Knickvorgänge bei exzentrischem Kraftangriff von Roš und BRUNNER herrühren[4].

---

[1] Näheres s. F. HARTMANN: Knickung, Kippung, Beulung. Wien: Deuticke 1937, S. 140u. f.

[2] Roš, M., u. J. BRUNNER: Die Knicksicherheit von an beiden Enden gelenkig gelagerten Stäben aus Konstruktionsstahl. Bericht der Gruppe VI der T. K. V. S. B. Selbstverlag der T. K., August 1926. — Roš, M.: Die Bemessung zentrisch und exzentrisch gedrückter Stäbe auf Knickung. Bericht über die II. Internationale Tagung für Brückenbau und Hochbau, Wien, 24.—28. 9. 1928. Wien: Springer 1929, S. 282. — Siehe auch R. KOECHLIN: Berechnung eines auf exzentrischen Druck beanspruchten Stabes. Schweiz. Bauztg. XXXIII (Mai 1899) Nr. 18, S. 159.

[3] CONSIDÈRE, M.: Résistance des pièces comprimées. Congrès International des Procédés de Constructions 1891, S. 371. — ENGESSER, F.: Die Zusatzkräfte und Nebenspannungen eiserner Fachwerkbrücken. II. Teil, Berlin 1892, S. 110. — Über Knickfragen. Schweiz. Bauztg. XXVI (1895) S. 24. — JASINSKI, F.: Annales des Ponts et Chaussées. 1894, S. 296. — Noch ein Wort zu den Knickfragen. Schweiz. Bauztg. XXV (1895) S. 172. — KÁRMÁN, T. VON: Untersuchung über Knickfestigkeit. Mitt. über Forschungsarbeiten des Vereins Deutscher Ingenieure, Berlin (1910) H. 81.

[4] Roš, M., u. J. BRUNNER: Über das Problem der Knickung. Bericht erstattet an der T. K. V. S. B., Baden-Luzern, Februar 1921 und März 1922. — Die Knicksicherheit von an beiden Enden gelenkig gelagerten Stäben aus Konstruktionsstahl. Bericht Nr. 13 der Eidg. Materialprüfungsanstalt an der E. T. H. und der Gruppe VI der T. K. V. S. B., Zürich, August 1926.

Die vor 35 Jahren abgeleiteten T. K. V. S. B.-Kurven für zentrischen und exzentrischen Kraftangriff, mit der Schwerpunkt-Knickspannung als Funktion des Schlankheitsgrades $\lambda = \frac{l}{i}$ und dem Exzentrizitätsmaß

$$m = \frac{p}{k_e} = \frac{\text{Hebelarm auf dem unverbogenen Stab}}{\text{Kernweite des Querschnittes}}$$

können auch heute noch für die Praxis verwendet werden.

Dem Gedanken von ENGESSER-KÁRMÁN folgend, wurde die EULERsche Knickformel für zentrisch gedrückte Stäbe

$$P_{\text{kr}} = \frac{\pi^2 E J}{l^2} \qquad \text{[s. Gl. (II 3)]}$$

in der verallgemeinerten Form:

$$P_{\text{kr}} = \frac{\pi^2 T_k J}{l^2} \qquad \text{[s. Gl. (II 20)]}$$

zugrunde gelegt. Der Elastizitätsmodul E wurde durch den Knickmodul T_k, welcher vom σ-λ-Diagramm abhängig ist, ersetzt.

Nach ROŠ-BRUNNER entspricht die geometrische Form des in der Mitte um den Pfeil f seitlich ausgebogenen und durch die Kraft P axial gedrückten Stabes, welcher beidseitig gelenkig gelagert ist, für die Praxis mit genügender Genauigkeit einer Sinuslinie, deren Gleichung lautet:

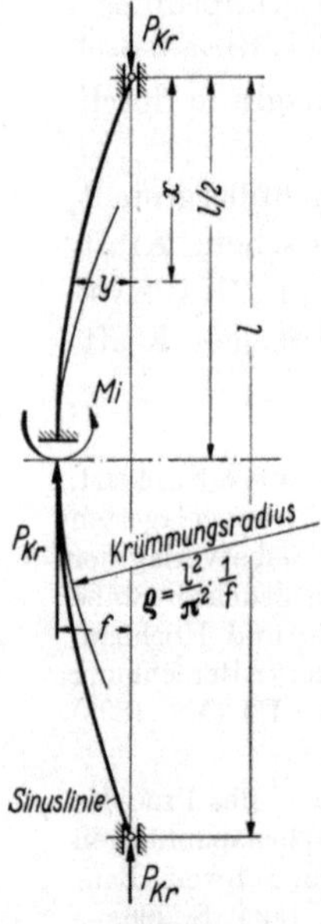

Abb. II 10
Zentrisches Knicken

$$y = f \sin \frac{\pi x}{l}. \tag{II 37}$$

Der Krümmungsradius in Stabmitte nimmt nach Abb. II 10 folgenden Wert an:

$$\varrho = \frac{\left[1 + \left(\frac{dy}{dx}\right)^2\right]^{3/2}}{\frac{d^2 y}{dx^2}} = \frac{l^2}{\pi^2} \cdot \frac{1}{f}. \tag{II 38}$$

Die Größe des inneren aufrichtenden Momentes des in Stabmitte um f seitlich ausgebogenen Stabes beträgt:

$$M_i = \frac{T_k J}{\frac{l^2}{\pi^2} \cdot \frac{1}{f}}. \tag{II 39}$$

Erreicht die äußere Kraft P diejenige Größe P_{kr}, bei welcher das äußere Knickmoment M_a gerade so groß wie das aufrichtende innere Moment M_i ist, so ist P_{kr} die Knickkraft. Die Schwerpunkt-Knickspannung beträgt dabei

$$\sigma_{\text{kr}} = \frac{P_{\text{kr}}}{F} = \frac{\pi^2}{l^2} T_k \frac{J}{F} = \pi^2 \frac{T_k}{\left(\frac{l}{i}\right)^2}. \tag{II 40}$$

Aus Abb. II 11 geht die Abhängigkeit zwischen σ_{kr} und T_k hervor. Aus der Gl. (II 40) läßt sich σ_{kr} als Funktion des Schlankheitsgrades $\lambda = \frac{l}{i}$ darstellen. (Abb. II 12).

In Abb. II 13 ist der Einfluß der Querschnittsform des Stabes auf die Schwerpunkt-Knickspannung σ_{kr} eingetragen. (Rechteck-, I- und T-Querschnitt.)

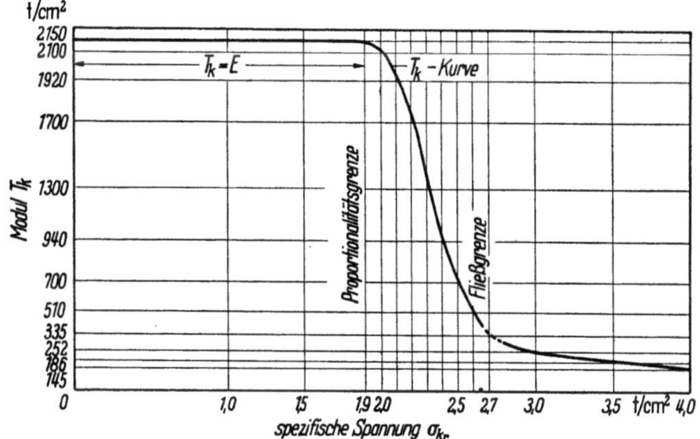

Abb. II 11. Knickmodul T_k als Funktion der Spannung σ_{kr}

Roš-Brunner verzichteten bewußt auf die Einführung des genauen Ausdruckes für den Krümmungsradius, die Berücksichtigung der Stabverkürzung infolge Axialkraft, den Einfluß der Querkräfte, das durch die Querdehnung ver-

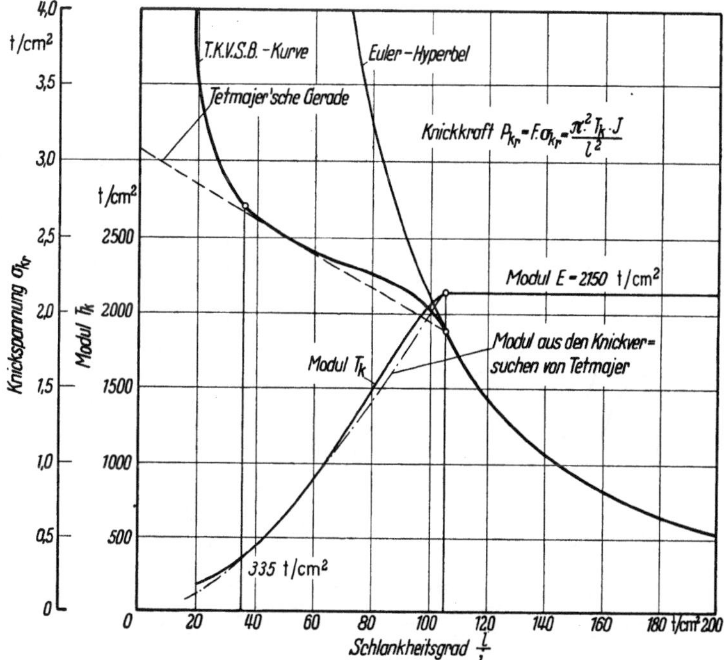

Abb. II 12. Knickmodul T_k und σ_{kr} als Funktion des Schlankheitsgrades $\frac{l}{i}$

größerte Trägheitsmoment des Stabquerschnittes und die aussteifende Wirkung der Lager an den Stabenden, da diese Einflüsse die Knickfestigkeit theoretisch nur unbedeutend und baupraktisch überhaupt nicht beeinflussen.

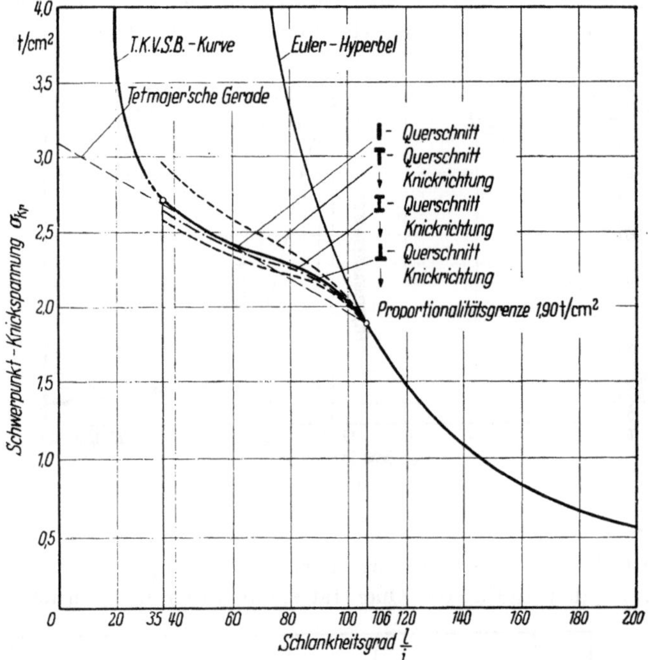

Abb. II 13. Einfluß der Querschnittsform auf die Schwerpunkt-Knickspannung

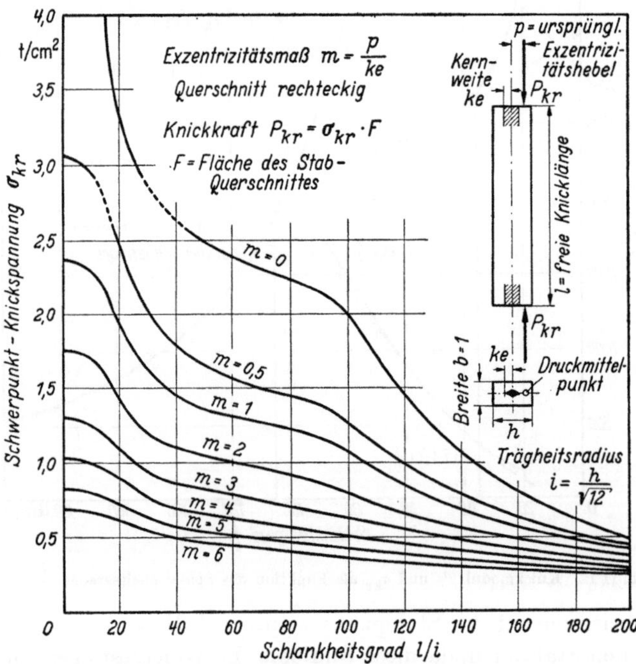

Abb. II 14. T. K. V. S. B.-Kurven der Schwerpunkt-Knickspannungen; Belastung exzentrisch

Bei *exzentrisch* belasteten Stäben erstreckt sich die Prüfung des Gleichgewichtes zwischen dem Angriffsmoment der äußeren Kraft P und dem Moment der inneren, aufrichtenden Kräfte M_i im Knickquerschnitt nicht mehr nur auf den Zustand sehr kleiner, sondern bestimmter, endlicher Ausbiegungen des gedrückten Stabes. Die Randfaserdehnungen infolge des Biegungsmomentes der äußeren exzentrisch wirkenden Kraft P bzw. infolge des Momentes der inneren Kräfte M_i nehmen endliche Werte an.

Trägt man nach Roš-Brunner für verschiedene Spannungen σ_{kr} und für verschiedene Schlankheitsverhältnisse $\frac{l}{i}$ die entsprechenden Exzentrizitätsmaße (Exzentrizitätsmoduli) m

$$m = \frac{p}{k_e} = \frac{\text{ursprüngliche Exzentrizität}}{\text{Kernweite}}$$

k_e: Kernweite des rechteckigen Stabquerschnittes $\left(k_e = \frac{1}{6}\,h\right)$

als Punkte in das Koordinatensystem σ_{kr} (Ordinate) und $\frac{l}{i}$ (Abszisse) ein, so erhält man die m-Kurven (Abb. II 14).

Die T. K. V. S. B. hat in einer 500-t-Presse 28 Knickversuche mit I NP 32 und I NP 22 durchgeführt. Die Lagerung der Knickstäbe erfolgte in abgerundeten Schneiden[1]. Dabei wurden bei allen Versuchen folgende Messungen durchgeführt: Örtliche Dehnungen im Knickquerschnitt (Stabmitte), an den vier äußeren Kanten der Flansche, sowie an zwei Stellen im Steg; seitliche Ausbiegungen in Stabmitte, Auflagerverschiebungen, Neigung der Auflagerplatten.

Aus Abb. II 15 ersieht man das Ergebnis der Knickversuche. Die Übereinstimmung der theoretischen und der durch die Versuche gefundenen Werte ist gut. Die größten Abweichungen erreichen im Mittel $\pm$ 12%; sie liegen somit innerhalb der damaligen Streuungen der Festigkeitsqualität des Stahles.

In Abb. II 16 ist in die Tetmajerschen Versuchsergebnisse die T. K. V. S. B.-Kurve für $m = 0$ (zentrisches Knicken) eingetragen. Die Übereinstimmung ist gut.

Zusammenfassend kann festgehalten werden:

1. Das Knickproblem wurde durch Roš-Brunner als *Gleichgewichtsproblem*, das sich nicht auf das Erreichen einer bestimmten Randfaserspannung zurückführen läßt, von einem einheitlichen Gedanken beherrscht und gelöst[2].

---

[1] Zimmermann, H.: Die Lagerung bei Knickversuchen und ihre Fehlerquellen. Sitzungsberichte der Preußischen Akademie der Wissenschaften. April 1922. — Rein, W.: Über Knickversuche. Bauingenieur (1923) H. 19/20.

[2] Zimmermann, H.: Die Knickfestigkeit vollwandiger Stäbe in neuer, einheitlicher Darstellung. Zentralblatt der Bauverwaltung, Januar 1922. — Der Vollständigkeit halber sollen hier von H. Zimmermann noch folgende Publikationen erwähnt werden: Der Einfluß des Vorzustandes auf das Knicken gerader Stäbe. Sitzungsberichte der Akademie der Wissenschaften, Dezember 1921. — Die Lagerung bei Knickversuchen und ihre Fehlerquellen. Sitzungsberichte der Preußischen Akademie der Wissenschaften, April 1922.

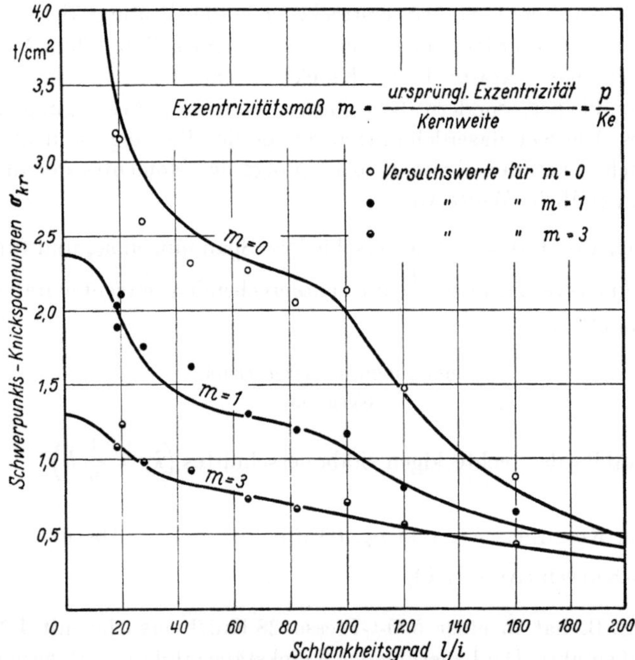

Abb. II 15. T. K. V. S. B.-Kurven für exzentrische Belastungen. $m = 0$, 1 und 3. (Versuchsergebnisse E .M. P. A. 1926)

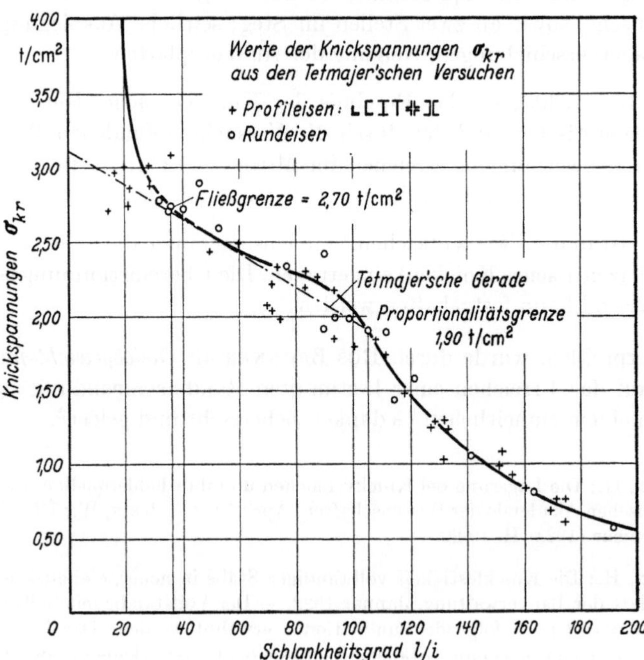

Abb. II 16. T. K. V. S. B.-Kurve für zentrische Belastung $m = 0$. (Versuchsergebnisse von TETMAJER)

2. Die Übereinstimmung der Theorie und der Versuche ist, vom Standpunkt der Praxis aus, eine gute. Die Abweichungen liegen innerhalb des Streuungsbereiches der Festigkeitsqualität des Strahles.

3. Die Querschnittsform des Stabes ist auf die Knicktragkraft von Einfluß, läßt sich jedoch im T. K. V. S. B.-Verfahren berücksichtigen.

4. Bei wachsender Exzentrizität nimmt das Tragvermögen in geringerem Maße ab als das Exzentrizitätsmaß zunimmt.

5. Das T. K. V. S. B.-Verfahren gestattet bei exzentrisch gedrückten Stäben durch Auftragung der M_i-Kurve die Bestimmung des Biegepfeiles und der dabei wirklich auftretenden Randspannungen im Moment des Ausknickens.

6. Der einheitliche, sich auf die vorhandenen Festigkeitseigenschaften des jeweiligen Konstruktionsmaterials aufbauende Gedanke, welcher dem T. K. V. S. B.-Verfahren zugrunde liegt, ermöglicht dieses Verfahren auszudehnen auf:

a) Beurteilung der Gefahr des Ausknickens in der zur Kraftebene winkelrechten Richtung, sofern der Kraftangriff in einer der Hauptachsen exzentrisch erfolgt.

b) Bestimmung der Tragkraft bei nach beiden Achsen exzentrisch gedrückten Stäben.

c) Ermittlung der Knick-Querkraft

$$Q_{\max} = P_{\mathrm{kr}} f_k \frac{\pi}{l}, \qquad \text{(II 41)}$$

d. h. die Bemessung der Verbindungen von gegliederten Knickstäben. (Vergitterungen, Bindebleche.) (Abb. II 17.)

d) Beurteilung des Einflusses einer unveränderlichen Querbelastung auf die Knicksicherheit eines gedrückten Stabes.

e) Uneingeschränkte Anwendung des Verfahrens von Vianello[1].

f) Ermittlung von Durchbiegungen von auf Biegung beanspruchten Balken ohne und mit Axialdruck bei Beanspruchungen über die Proportionalitätsgrenze.

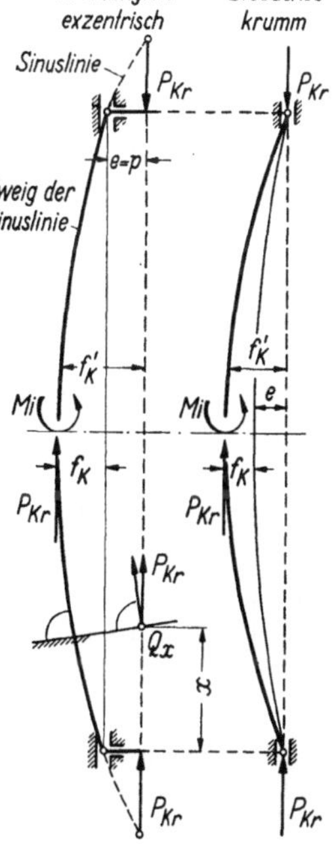

Abb. II 17. Exzentrisches Knicken und ursprünglich krummer Stab

Der verhängnisvolle, in der Praxis nie zu umgehende Einfluß des exzentrischen Kraftangriffes auf das Tragvermögen der Stäbe macht sich bemerkbar, besitzen doch exzentrisch gedrückte oder krumme Stäbe eine geringere Knicktragkraft als zentrisch gedrückte, gerade Stäbe. Da nach Abb. II 17

$$P_{\mathrm{kr}}(p + f_k) = T_k J \frac{\pi^2}{l^2} f_k, \qquad \text{(II 42)}$$

folgt:

$$P_{\mathrm{kr}} = T_k J \frac{\pi^2}{l^2} \cdot \frac{1}{1 + \frac{p}{f_k}}. \qquad \text{(II 43)}$$

[1] Siehe Kap. III D.

Da jedoch

$$\frac{1}{1 + \frac{p}{f_k}} < 1 \qquad \text{(II 44)}$$

und T_k kleiner als T_k für zentrisches Knicken ist, muß P_{kr} für exzentrisch gedrückte Stäbe stets kleiner als P_{kr} für zentrischen Kraftangriff sein[1].

Da Exzentrizitäten des Kraftangriffes infolge in der Praxis nicht absolut gerader Stabachsen, wie auch nie gleichmäßiger Gefügebeschaffenheit (Unhomogenität), praktisch unmöglicher genauer Zentrierung des Kraftangriffes (Einspannungen, Reibungen) und bei Fachwerkstäben infolge von Nebenspannungen der Knotenpunktverbindungen[2] nicht zu vermeiden sind, hat Roš[3] vorgeschlagen, mit einem Exzentrizitätsmaß von $m = 0{,}25$ zu rechnen, entsprechend dem Kraftangriff im Viertel der Kernweite.

Für diejenigen, welche interessehalber die wichtigsten Publikationen betreffend Knicken für die Zeit um 1930 kennen wollen, sei auf den „Bericht über die II. Internationale Tagung für Brückenbau und Hochbau in Wien, 1928"[4,5], und den ersten Kongreß der Internationalen Vereinigung für Brückenbau und Hochbau in Paris, 1932[6,7], hingewiesen.

---

[1] Bei sehr sorgfältigen Elastizitätsmessungen, hauptsächlich für wissenschaftliche Untersuchungen, ist es wegen der störenden Einflüsse von Exzentrizitäten unerläßlich, an vier Seiten bzw. Kanten des untersuchten Stabes die Dehnungen zu messen. — Koechlin, R.: Berechnung eines auf exzentrischen Druck beanspruchten Stabes. Schweiz. Bauztg. XXXIII (1899) Nr. 18, S. 159. — Kayser, H.: Beziehungen zwischen Druckfestigkeit und Biegungsfestigkeit. Forsch.-Arb. Ing.-Wes. (1918) Berlin, H. 207.

[2] Roš, M.: Nebenspannungen infolge vernieteter Knotenpunkte eiserner Fachwerkbrücken. Bericht der Gruppe V der T. K. V. S. B., Juni 1922. — Schweizerische Ingenieurbauten in Theorie und Praxis. September 1926.

[3] Roš, M.: Die Bemessung zentrisch und exzentrisch gedrückter Stäbe auf Knickung. Bericht der II. Internationalen Tagung für Brückenbau und Hochbau. Wien, 24.—28. 9. 1928. Wien: Springer 1929, S. 282.

[4] Roš, M.: Die Bemessung zentrisch und exzentrisch gedrückter Stäbe auf Knickung. S. 282—303. — *Diskussion*: Broszko, M., S. 303—310; Huber, M. T., S. 310—313; Kayser, H., S. 314—316; Ratzersdorfer, I., S. 316—318; Keelhoff, F., S. 318—319; Chwalla, E., S. 319—322; Memmler, S. 322—323; Chaudy, M., S. 323—324; Grüning, S. 324—325; Haegen, J. F. van der, S. 325—330; Fillunger, P., S. 330—331; Broszko, M., S. 331—338; Roš, M., S. 338—346. — Bericht über die II. Internationale Tagung für Brückenbau und Hochbau, Wien, 24.—28. 9. 1928. Wien: Springer 1929.

[5] Karner, L.: Betrachtungen über das Knickproblem unter Berücksichtigung des Spannungsverlaufes im unelastischen Bereich. Bautechn. (1930) H. 48, S. 724.

[6] Karner, L.: Stabilität und Festigkeit von auf Druck und Biegung beanspruchten Bauteilen. S. 17—56. — Roš, M.: La stabilité des Barres Comprimées par des Forces Excentrées. S. 57—105. — Internationale Vereinigung für Brückenbau und Hochbau. Erster Kongreß. Vorbericht. Paris, 19. Mai—25. Mai 1932.

[7] *Diskussion*: Hartmann, F., S. 40—52; Chwalla, E., S. 53—71; Broszko, M., S. 72 bis 87; Spiegel, G., S. 88—97; Hoost, K., S. 97—104; Schleicher, F., S. 104—107; Roš, M., S. 107—119. — Internationale Vereinigung für Brückenbau und Hochbau. Erster Kongreß. Schlußbericht. Paris, 19. Mai—25. Mai 1932.

F. Die Versuche von Karner und Kollbrunner[1]

Das Problem der Stabilitätsgrenze eines zentrisch gedrückten geraden Stabes wurde schon durch ENGESSER-JASINSKI-KÁRMÁN gelöst[2]. Der ungleich schwierigere Fall des Gleichgewichtsproblems exzentrisch gedrückter Stäbe wurde erstmals zu einem übersichtlichen Verfahren (dem T. K. V. S. B.-Verfahren) und zur ingenieurmäßigen Berechnung exzentrisch gedrückter Stäbe durch ROŠ-BRUNNER[3] entwickelt und ausgebaut (siehe Kap. II. E). Um die Lösungen zu vereinfachen, wurden die Gleichgewichtsfiguren des exzentrisch gedrückten Stabes durch Sinushalbwellen ersetzt und für die Spannungsverteilung auf der Biegezugseite die Entlastungsgerade angenommen. HARTMANN[4] verbesserte das Näherungsverfahren von ROŠ-BRUNNER, indem er an Stelle der ganzen Sinushalbwelle nur den dem entsprechenden exzentrischen Kraftangriff zugeordneten Ast der Sinuslinie als Gleichgewichtsfigur einführte und auf der Biegezugseite keine Entlastung annahm. WESTERGAARD-OSGOOD[5] und CHWALLA[6] untersuchten das Gleichgewichtsproblem des exzentrisch gedrückten Stabes unabhängig von den Arbeiten ROŠ-BRUNNERS; erstere setzten gleichfalls sinusförmige Gleichgewichtsfiguren voraus und legten ihren Untersuchungen eine Formänderungskurve zugrunde, die auf der Druckseite aus vier Geraden und einer Parabel und auf der Zugseite aus zwei Geraden zusammengesetzt ist. CHWALLA berücksichtigte die genaue Form der sich einstellenden Gleichgewichtsfiguren, so daß seine Ergebnisse strenge Lösungen des Gleichgewichtsproblems exzentrisch gedrückter Stäbe darstellen.

KOLLBRUNNER führte die Berechnung nach den drei Theorien ROŠ-BRUNNER, HARTMANN und CHWALLA durch, stellte die erhaltenen Ergebnisse einander

---

[1] KOLLBRUNNER, C. F.: Zentrischer und exzentrischer Druck von an beiden Enden gelenkig gelagerten Rechteckstäben aus Avional M und Baustahl. (Vergleich der Theorien von ROŠ-BRUNNER, HARTMANN und CHWALLA mit durchgeführten Versuchen.) Stahlbau 1938 H. 4, 5, 6.

[2] ENGESSER, F.: Über die Knickfestigkeit gerader Stäbe. Zeitschrift des Arch.- und Ing.-Vereins zu Hannover 1889, S. 455. — Knickfragen. Schweiz. Bauztg. 26 (1895) S. 24. — JASINSKI, F.: Zu den Knickfragen. Schweiz. Bauztg. 25 (1895) S. 172. — KÁRMÁN, T. VON: Untersuchungen über Knickfestigkeit. Forsch.-Arb. Ing.-Wes. Z. VDI 1910, Nr. 81.

[3] ROŠ, M., u. J. BRUNNER: Die Knicksicherheit von an beiden Enden gelenkig gelagerten Stäben aus Konstruktionsstahl. Bericht Nr. 13 der EMPA und der Gruppe VI der T.K.V.S.B., Zürich, August 1926. — ROŠ, M.: Verhandlungen des 2. Internationalen Kongresses für technische Mechanik in Zürich, 1926. — Die Bemessung zentrisch und exzentrisch gedrückter Stäbe auf Knickung. Bericht über die II. Internationale Tagung für Brückenbau und Hochbau. Wien 1928, S. 282. — La Stabilité des Barres comprimées par des Forces excentrées. Internationale Vereinigung für Brückenbau und Hochbau. Erster Kongreß. Paris 1932. Vorbericht, S. 57.

[4] HARTMANN, F.: Der einseitige (exzentrische) Druck bei Stäben aus Baustahl. Z. Öst. Ing.- u. Arch.-Ver. 1933, H. 11/12, S. 65. — Internationale Vereinigung für Brückenbau und Hochbau. Erster Kongreß. Paris 1932. Schlußbericht, S. 40.

[5] WESTERGAARD, H. M., u. M. R. OSGOOD: Strength of Steel Columns. Trans. Amer. Soc. mech. Engrs. 49/50 (1927/28), APM—50—9.

[6] CHWALLA, E.: Die Stabilität zentrisch und exzentrisch gedrückter Stäbe aus Baustahl. Sitzungsbericht der Akademie der Wissenschaften in Wien, Abteilung IIa, Juli 1928, S. 469. — Bericht über die II. Internationale Tagung für Brückenbau und Hochbau, Wien 1928, S. 608. — Internationale Vereinigung für Brückenbau und Hochbau. Erster Kongreß. Paris 1932. Schlußbericht, S. 53. — Über die experimentelle Untersuchung des Tragverhaltens gedrückter Stäbe aus Baustahl. Stahlbau 1934, H. 3, S. 17. — Theorie des außermittig gedrückten Stabes aus Baustahl. Stahlbau 1934, H. 21, 22 u. 23.

gegenüber und verglich sie mit den im Institut für Baustatik an der Eidg. Technischen Hochschule, Zürich, durchgeführten Versuchen. Untersucht wurde nur der exzentrische Kraftangriff mit *Knickrichtung in der Kraftebene.*

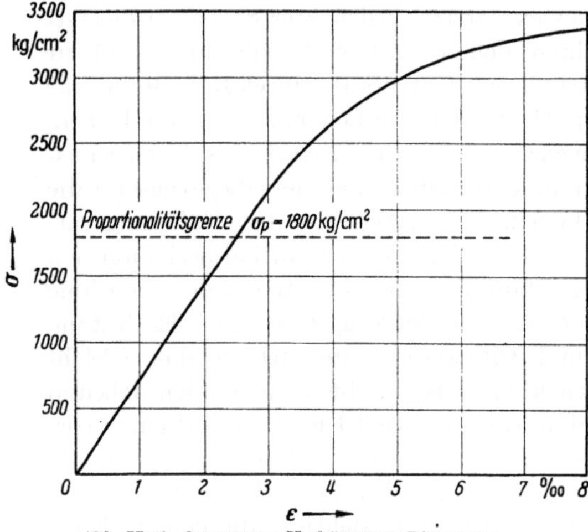

Abb. II 18. Spannungs-Verkürzungs-Diagramm. Avional M. $E = 715\,000$ kg/cm²

Sämtliche Untersuchungen beziehen sich auf die in Abb. II 18 und Abb. II 19 dargestellten Spannungs-Verkürzungs-Diagramme. (Die Diagramme wurden nur so weit bestimmt, wie sie für die ausgeführten Versuche notwendig waren.)

Die EULERsche Knickformel (zentrisches Knicken) für beiderseitig gelenkig gelagerte Stäbe

$$P_{\text{kr}} = \frac{\pi^2}{l^2} E J \qquad \text{(II 3)}$$

geht nach ENGESSER-JASINSKI-KÁRMÁN in die auch oberhalb der Proportionalitätsgrenze gültige Formel

$$P_{\text{kr}} = \frac{\pi^2}{l^2} T_k J \qquad \text{(II 20)}$$

über. Dabei wird der Knickmodul T_k für Rechteckquerschnitte

$$T_k = \frac{4E}{\left(1 + \sqrt{\frac{E}{T}}\right)^2} \quad \text{[s. a. Gl. (II 32)]}.$$

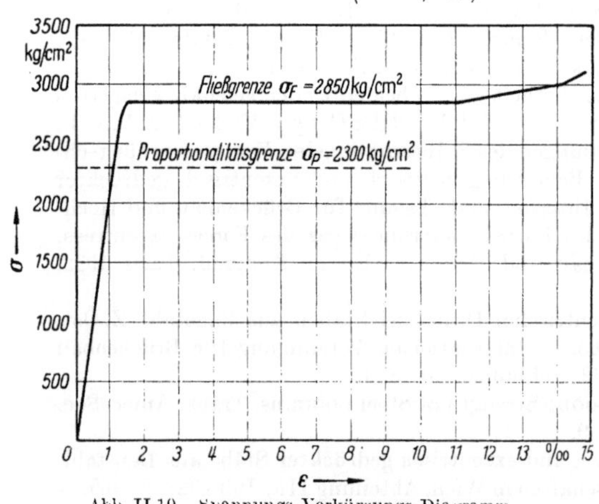

Abb. II 19. Spannungs-Verkürzungs-Diagramm. Stahl. $E = 2150000$ kg/cm²

Dabei bedeuten:

E: Elastizitätsmodul,

$T = \frac{d\sigma}{d\varepsilon}$ veränderlicher Elastizitätsmodul im Bereich der bleibenden Formänderungen (Tangentenmodul),

T_k: Knickmodul,

J: Trägheitsmoment in der Knickrichtung $= J_{\min}$,

l: Stablänge.

Die Knickmoduli T_k für Avional M und Baustahl sind in Abb. II 20 und Abb. II 21 in Funktion von σ dargestellt.

Zahlreiche Arbeiten behandeln das Problem des exzentrisch gedrückten Stabes als gewöhnliches „Spannungsproblem“ und sehen das Tragvermögen des Stabes als erschöpft an, wenn die größte auftretende Randspannung einen bestimmten Wert erreicht. Dieser Auffassung stehen die hier besprochenen Behandlungen des Problems als „Gleichgewichtsproblem" gegenüber, wobei das Gleichgewicht — das in den einzelnen Stabquerschnitten zwischen dem äußeren Moment (Moment der angreifenden Kräfte) und dem inneren aufrichtenden Moment (Spannungsmoment) besteht — für ein bestimmtes Formänderungsgesetz ziffernmäßig erfaßt

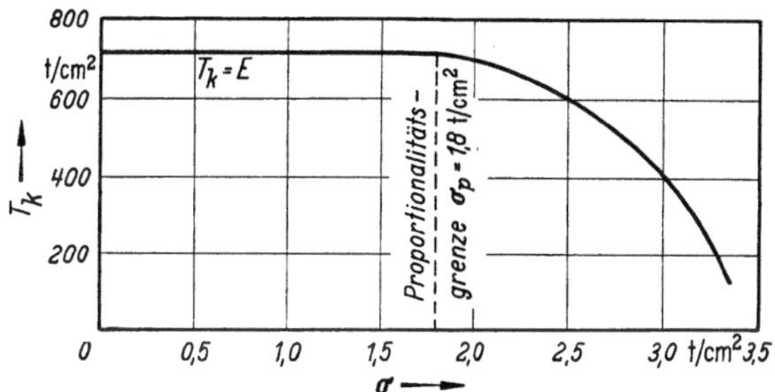

Abb. II 20. Zentrisches Knicken. T_k-σ-Diagramm. Avional M. $E = 715\,000$ kg/cm²

werden kann. Unter der wachsenden Belastung bildet sich ein theoretisch genau bestimmbarer „kritischer" Gleichgewichtszustand aus, in welchem der in der Wirkungslinie der Druckkraft gemessene Stabwiderstand seinen Höchstwert erreicht. Ihm unmittelbar benachbart ist ein instabiler, den „Zusammenbruch" des

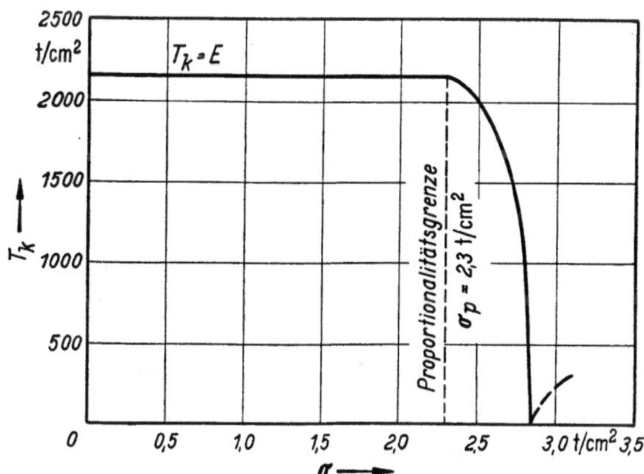

Abb. II 21. Zentrisches Knicken. T_k-σ-Diagramm. Stahl. $E = 2\,150\,000$ kg/cm²

Stabes einleitender Zustand. Der Gleichgewichtswechsel ist durch das „zugrunde gelegte" Formänderungsgesetz des betreffenden Baustoffes und die dadurch bestimmte Normalspannungsverteilung bedingt.

Es gibt kritische Gleichgewichtszustände, in denen die maximale Randspannung nur wenig, als auch solche, in denen sie bedeutend oberhalb der Proportionalitätsgrenze liegt; sie liegt jedoch immer oberhalb der Proportionalitätsgrenze.

Das „zugrunde gelegte" Formänderungsgesetz ist bei Stäben mit dünnwandigen Querschnitten mit dem aus dem einachsigen Zug- und Druckversuch ermittelten Formänderungsgesetz identisch. Bei Stäben mit rechteckigem oder kreisförmigem Querschnitt (d. h. bei Stäben mit relativ großer Masse um die neutrale Achse), tritt infolge des inhomogenen Spannungszustandes eine Erhöhung der Fließgrenze ein[1]. Sie ist sicherlich erheblich geringer als im Falle reiner Biegung, da die Inhomogenität des Spannungszustandes durch die gleichmäßig verteilte Grundspannung σ_g stark gemildert wird. Bei den ausgeführten Versuchen wurde auf diese Erscheinung nicht eingetreten, sondern das aus dem einachsigen Druckversuch verwendete Spannungs-Verkürzungs-Diagramm verwendet.

CHWALLA legte seiner Theorie die folgenden Voraussetzungen zugrunde:

1. Die Querschnitte bleiben eben und senkrecht auf der Achse (Hypothese von J. BERNOULLI).

2. Die Querschnittsfigur erfährt während der Belastung des Stabes keine merkbare Veränderung. (Diese Voraussetzung ist bei Stäben mit Vollquerschnitten praktisch immer erfüllt.)

3. In jenen Stabfasern, in denen die spezifische Längenänderung monoton anwächst, gehorchen die Faserspannungen dem „zugrunde gelegten" Formänderungsgesetz.

4. In jenen Fasern, in denen die spezifische Längenänderung nach Erreichen eines endlich großen Wertes einen Abbau erfährt, gilt das lineare Formänderungsgesetz der Entlastung. (CHWALLA beschränkte sich in der Folge darauf, die Fälle $\frac{p}{k_e} \geqq \frac{1}{8}$, bei denen das Entlastungsgesetz im untersuchten Belastungsfall [Druckkraft wächst in ihrer exzentrischen Lage von Null an] praktisch nicht mehr zur Geltung kommt, zu untersuchen; d. h. für alle Grundspannungen σ_g folgen die Spannungen auf der Biegezugseite dem „zugrunde gelegten" Formänderungsgesetz.)

5. Der Einfluß der Schubverzerrung auf die Gleichgewichtsfigur wird vernachlässigt.

6. Die Differentialgleichung der Biegelinie wird mit Rücksicht darauf, daß die gesuchten Grenzen des Tragvermögens schon bei verhältnismäßig kleinen Ausbiegungen der Stabachse erreicht werden, in bekannter Weise linearisiert. Aus dem gleichen Grunde wird die Normalkraft in allen Querschnitten des ausgebogenen Stabes der angreifenden Druckkraft gleichgesetzt.

HARTMANN legte seiner Theorie die gleichen Voraussetzungen wie CHWALLA zugrunde, begnügte sich jedoch mit einer nur näherungsweisen Ermittlung der Grundkurvenlängen, indem er sie durch Sinushalbwellen ersetzte. (Biegelinie des Stabes = Ast einer Sinuslinie.)

[1] EISELIN, O.: Untersuchungen am einfach gelochten Zugstab. (Ein Beitrag zum Problem der Spannungsstörungen in Eisenbauten.) Bauingenieur 1924, H. 8, S. 247; H. 9, S. 281. — BIERETT, O.: Ein Beitrag zur Frage der Spannungsstörungen in Bolzenverbindungen. (Experimentelle Untersuchung eines Augenstabes.) Mitt. dtsch. Mat.-Prüf.-Anst., Sonderheft XV, 1931. — THUM, A., u. F. WUNDERLICH: Die Fließgrenze bei behinderter Formänderung. Forsch. Ing.-Wes. 1932, Nr. 6, S. 261. — PRAGER, W.: Die Fließgrenze bei behinderter Formänderung. Forsch. Ing.-Wes. 1933, Nr. 2, S. 95. — CHWALLA, E.: Über die Erhöhung der Fließgrenze in prismatischen Balken aus Baustahl. Stahlbau 1933, H. 19/20. — KUNTZE, W.: Ermittlung des Einflusses ungleichförmiger Spannungen und Querschnitte auf die Streckgrenze. Stahlbau 1933, H. 7.

ROŠ-BRUNNER leiteten ihre Theorie unter folgenden Vereinfachungen ab:

1. Biegelinie des Stabes = Sinushalbwelle.
2. Entlastung der gedrückten Fasern folgt dem E-Gesetz. (Die Spannungen auf der Biegezugseite folgen der Entlastungsgeraden.)

Im übrigen gelten die Voraussetzungen CHWALLAS.

Die erhaltenen σ_{kr}-λ-Diagramme für Avional M und Stahl sind nach ROŠ-BRUNNER in Abb. II 22 und Abb. II 23, nach HARTMANN in Abb. II 24 und Abb. II 25 und nach CHWALLA in Abb. II 26 und Abb. II 27 dargestellt.

(Mit σ_{Ri} sind die maximalen Randspannungskurven eingetragen.)

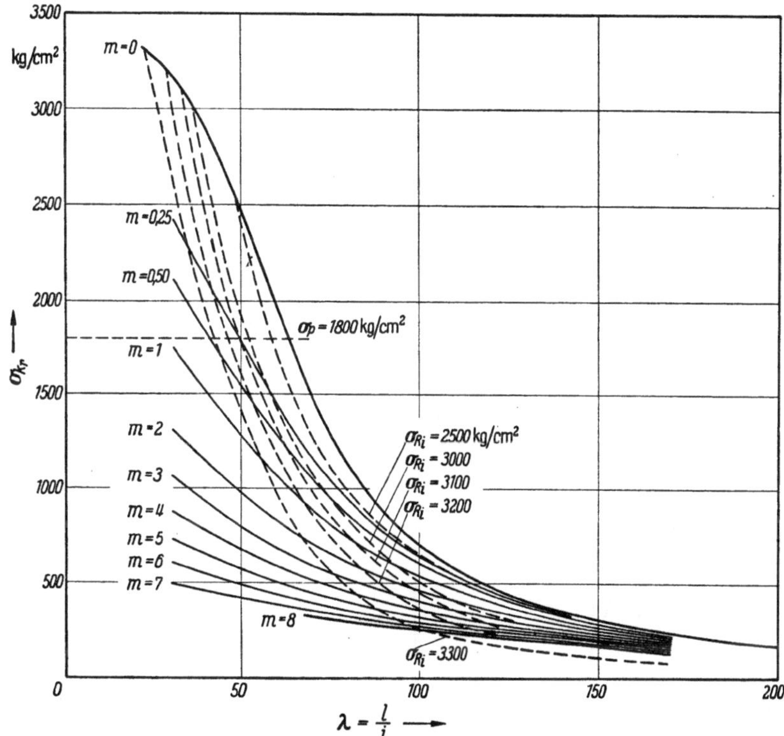

Abb. II 22. Exzentrischer Druck. σ_{kr}-λ-Diagramm (T. K. V. S. B,-Kurven. ROŠ-BRUNNER). Avional M. $E = 715\,000$ kg/cm²

In den Abb. II 28 und II 29 sind die theoretisch ermittelten σ_{kr}-λ-Diagramme nach ROŠ-BRUNNER, HARTMANN und CHWALLA aufgetragen und die erhaltenen Versuchsresultate eingezeichnet. Die σ_{kr}-Werte nach ROŠ-BRUNNER und HARTMANN weichen im Maximum um 5% von denjenigen nach CHWALLA ab. Bei Avional M liegen die Resultate nach ROŠ-BRUNNER stets etwas oberhalb und diejenigen nach HARTMANN stets etwas unterhalb der Resultate nach CHWALLA. Beim Baustahl, wo die Unterschiede zwischen den einzelnen Theorien infolge des stark ansteigenden Spannungs-Verkürzungs-Diagramms kleiner als bei Avional M sind, überschneiden sich die theoretisch ermittelten Kurven stellenweise, was jedenfalls auf die typischen Fließerscheinungen zurückzuführen ist. (Die Unterschiede sind oft so klein, daß sie von den dem graphischen Verfahren

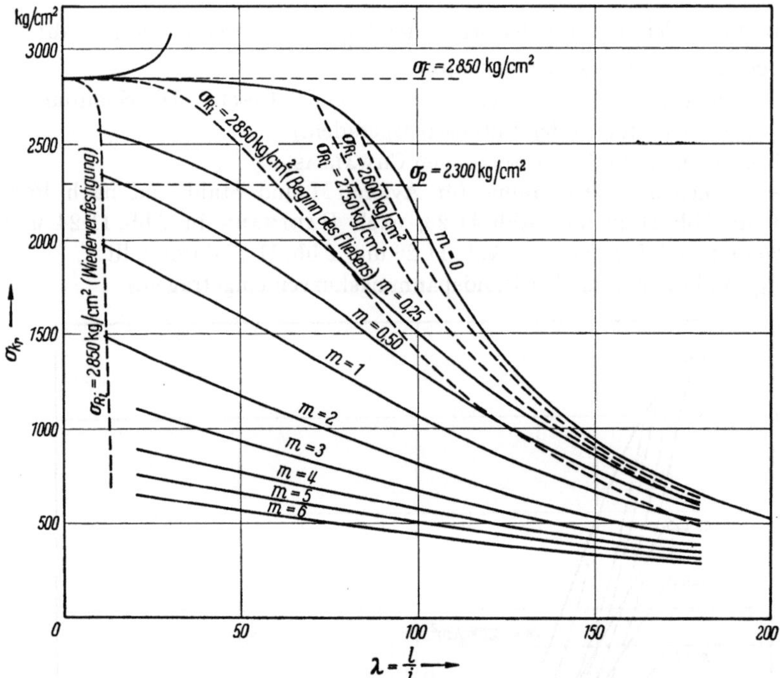

Abb. II 23. Exzentrischer Druck. σ_{kr}-λ-Diagramm (T. K. V. S. B.-Kurven. Roš-Brunner). Stahl. $E = 2\,150\,000$ kg/cm²

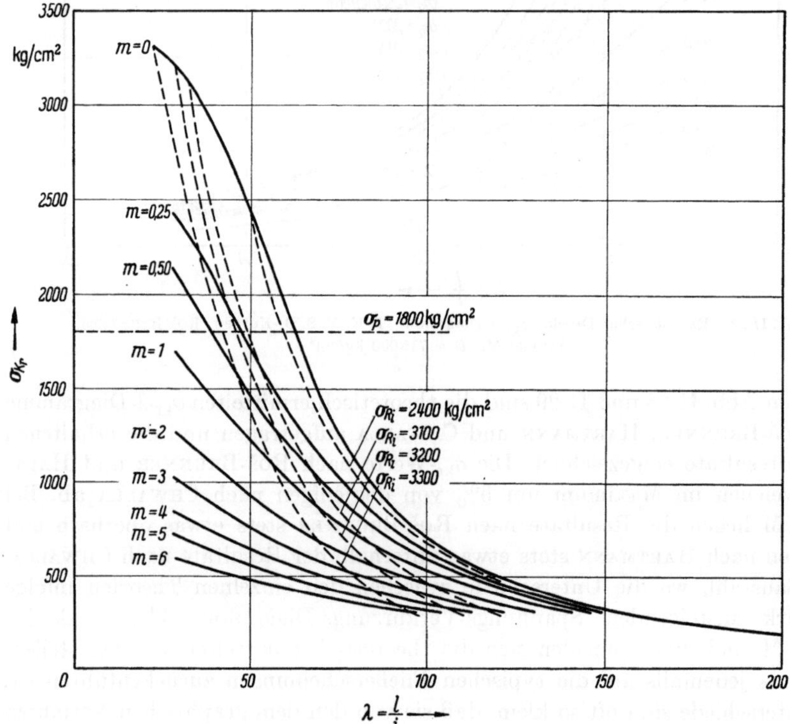

Abb. II 24. Exzentrischer Druck. σ_{kr}-λ-Diagramm (Hartmann). Avional M. $E = 715\,000$ kg/cm²

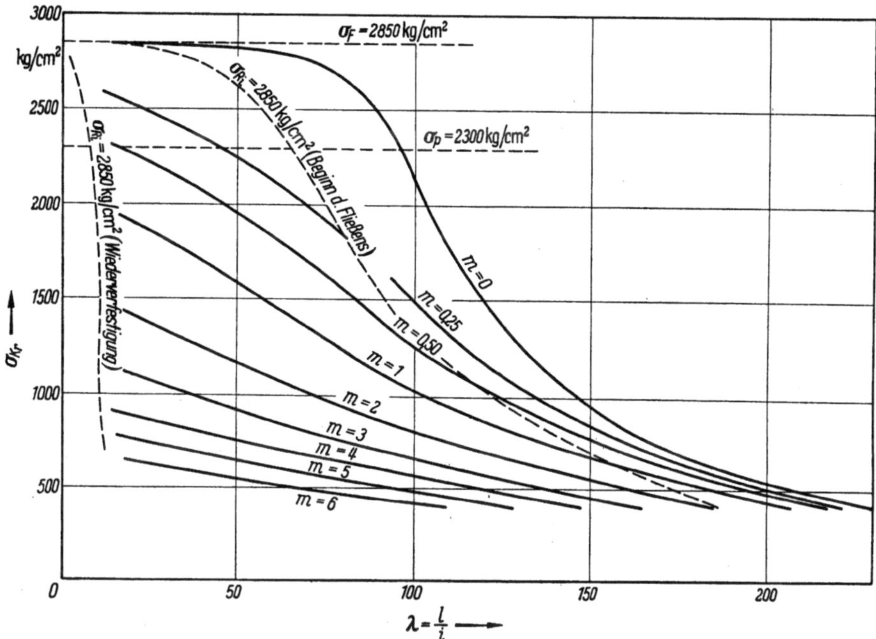

Abb. II 25. Exzentrischer Druck. σ_{kr}-λ-Diagramm (HARTMANN). Stahl. $E = 2150000$ kg/cm²

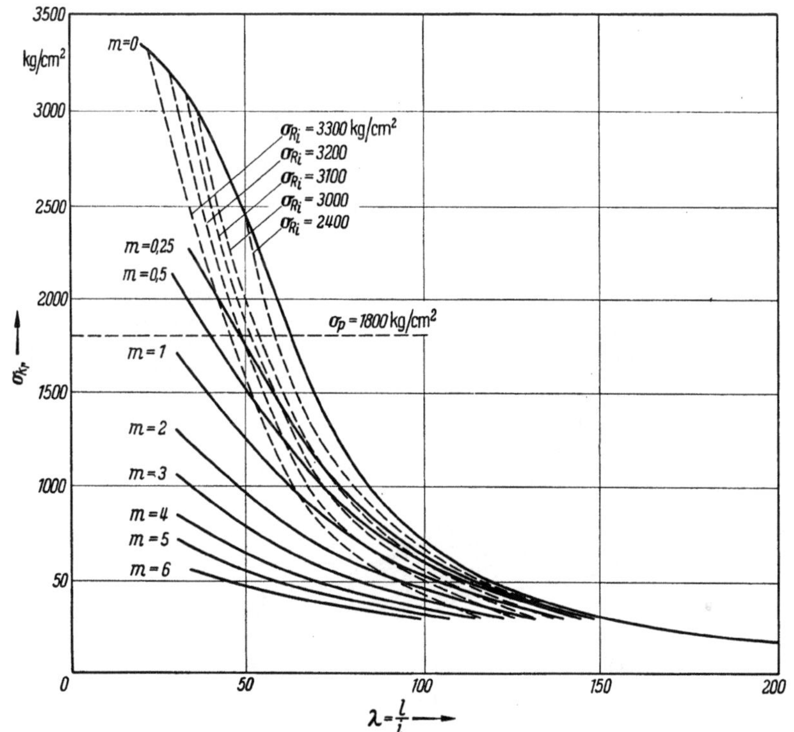

Abb. II 26. Exzentrischer Druck. σ_{kr}-λ-Diagramm (CHWALLA). Avional M. $E = 715000$ kg/cm²

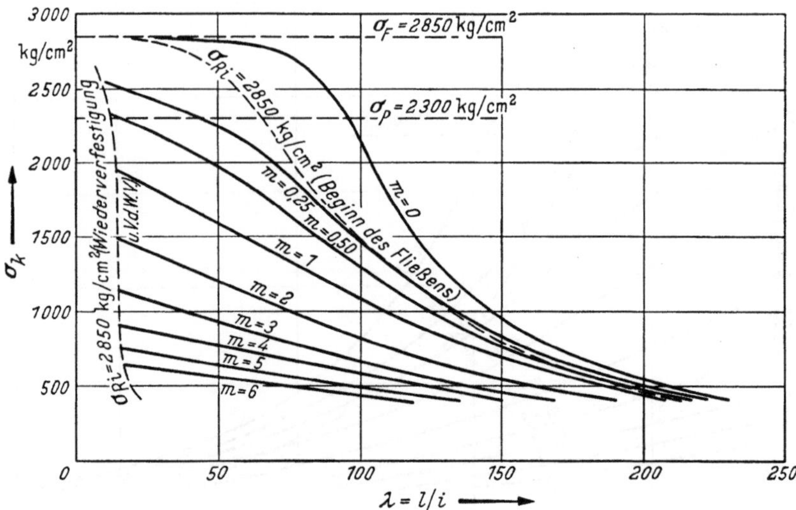

Abb. II 27. Exzentrischer Druck. σ_{kr}-λ-Diagramm (CHWALLA). Stahl. $E = 2\,150\,000$ kg/cm²

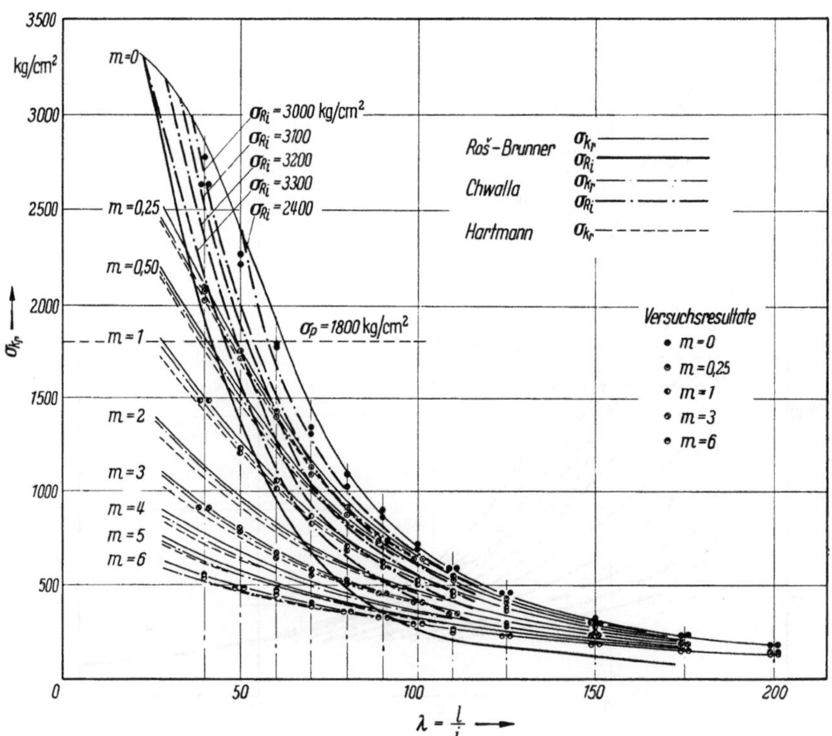

Abb. II 28. Vergleich der drei Theorien mit den Versuchen. Zentrischer und exzentrischer Druck. σ_{kr}-λ-Diagramm. Avional M. $E = 715\,000$ kg/cm²

anhaftenden Ungenauigkeiten herrühren können.) Die ermittelten maximalen Randspannungen σ_{Ri} variieren bedeutend.

Die Versuche wurden am Institut für Baustatik an der E. T. H. mit einer nach dem Prinzip der Hebelübertragung konstruierten Maschine durchgeführt. Eine solche Maschine hat gegenüber den allgemein üblichen hydraulischen Pressen den Vorteil, daß die Kraft P ohne Verringerung ihrer Größe den Stabdeformationen folgen kann. (Man hat so die gleichen Verhältnisse wie in der Praxis.)

Die Spannungs-Verkürzungs-Diagramme für Avional M und für Baustahl wurden mit je vier zentrisch gedrückten Versuchsstäben, die in den Knickköpfen

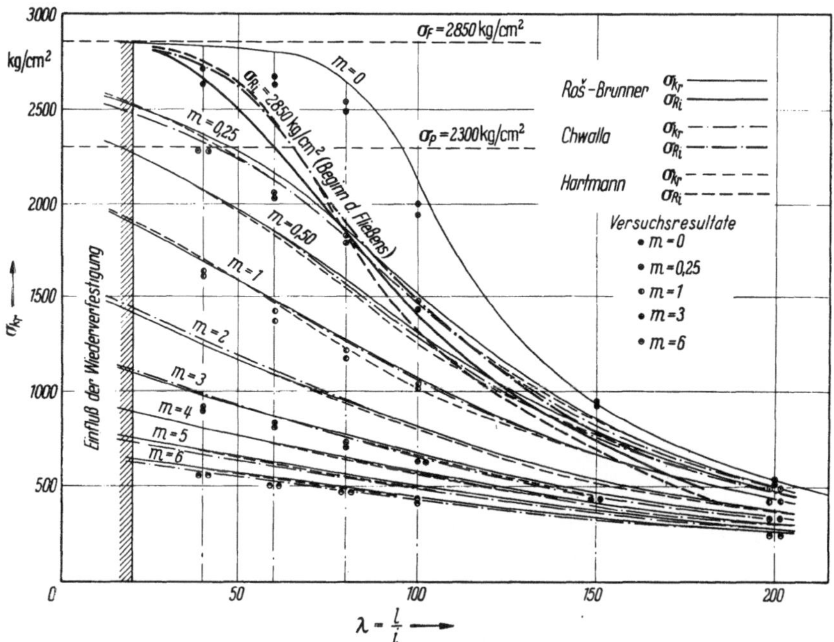

Abb. II 29. Vergleich der drei Theorien mit den Versuchen. Zentrischer und exzentrischer Druck. σ_{kr}-λ-Diagramm. Stahl. $E = 2\,150\,000$ kg/cm²

befestigt waren, und mit je zwei zwischen festen Preßplatten zentrisch gedrückten Versuchsstäben bestimmt (Abb. II 18 und II 19).

Als Versuchsstäbe wurden durchweg Rechteckstäbe verwendet. Avional M: $1{,}5 \times 1{,}0$ cm. Baustahl: $1{,}4 \times 1{,}0$ cm. Exzentrizitäten in Richtung $J_{\min}$. Zur einwandfreien Übertragung des bei exzentrischem Lastangriff auftretenden Momentes wurden die Versuchsstäbe mit einem Kopf ausgebildet (Abb. II 30). Da die Enden der Versuchsstäbe mit den Drehachsen zusammenfallen, ist die freie Knicklänge gleich der Stablänge. (Infolge des am Versuchsstab angebrachten Kopfes ergeben sich im ungünstigsten Fall [kleinster Stab] infolge der Festhaltung dieser Köpfe bei der Berechnung von σ_{kr} mit der totalen Stablänge als freie Knicklänge Fehler $< 1{,}2\%$, die vernachlässigt werden können.)

Die Exzentrizitäten wurden mit einem eigens konstruierten Exzentrizitätsmesser auf $^1/_{100}$ mm genau bestimmt. Untersucht wurden folgende Exzentrizitäten:

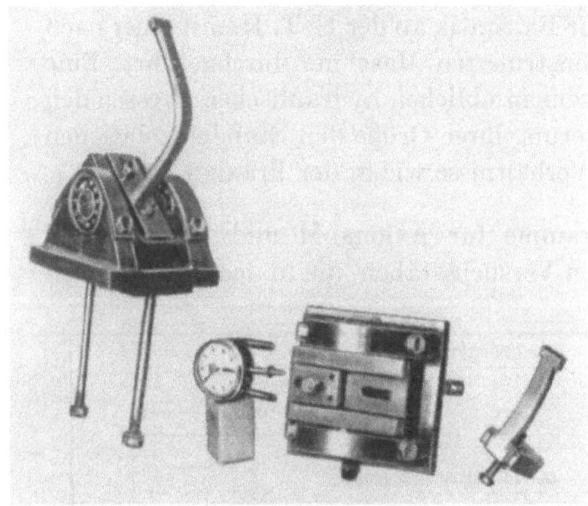

Abb. II 30

$m = \frac{p}{k_e}$	p in cm
0	0,0000
0,25	0,0417
1	0,1667
3	0,5000
6	1,0000

$$k_e = \frac{h}{6} = 0{,}1667 \text{ cm}.$$

Die Durchbiegungen wurden mit Huggenberger Meßuhren (Teilung $^1/_{100}$ mm), die Dehnungen mit Huggenberger Tensometer Modell B (Übersetzung $^1/_{1000}$, Meßstrecke = 2 cm) bestimmt.

Abb. II 30 zeigt die Versuchseinrichtung zur Befestigung der Stäbe, Abb. II 31 einen Stab aus Avional M von der Länge $l = 36{,}06$ cm, ($\lambda = 125$) mit dem Exzentrizitätsmaß $m = 6$, und Abb. II 32 einen Stab aus Stahl von der Länge 17,31cm, ($\lambda = 60$) mit dem Exzentrizitätsmaß $m = 6$.

Abb. II 31. Avional M. $l = 36{,}06$ cm; $\lambda = 125$; $m = 6$

Alle Versuchsstäbe wurden bis etwa $^3/_4$ ihrer kritischen Last belastet und darauf 10mal entlastet und wiederbelastet. Dann wurde die Kraft langsam gesteigert, bis der Stab ausknickte. Aus den Abb. II 28 und II 29 ersieht man, daß die Versuche äußerst gut mit der Theorie von CHWALLA übereinstimmen. Die Versuchspunkte befinden sich infolge der stets vorhandenen Störungsfunktionen, wie zu erwarten war, vorwiegend unterhalb der theoretisch ermittelten Kurven. Diese Er-

Abb. II 32. Stahl $l = 17{,}31$ cm; $\lambda = 60$; $m = 6$

scheinung ist besonders bei zentrischem Druck ($m = 0$) gut zu beobachten. Die größten Abweichungen der Versuche von der Theorie sind kleiner als minus 10%.

Die Untersuchungen zeigen, daß die nach HARTMANN gerechneten Knickkräfte nur wenig von den genauen der CHWALLAschen Theorie abweichen, und daß die nach ROŠ-BRUNNER bestimmten Resultate für die Praxis genügend große Genauigkeiten ergeben.

Die vorgenommenen Versuche mit über 170 Rechteckstäben aus Avional M und Baustahl haben die Theorie in äußerst befriedigender Weise bestätigt.

Die theoretischen Resultate von CHWALLA erlaubten es erst, die Fehlerprozente der Näherungslösungen von ROŠ-BRUNNER und HARTMANN zu bestimmen. Da diese Näherungslösungen jedoch im Maximum um $\pm$ 5% von den genauen Resultaten abweichen, können sie zur Bestimmung der σ_{kr}-λ-Diagramme stets verwendet werden.

G. Shanley

Im Jahre 1946 wies SHANLEY[1] nach, daß die ENGESSER-KÁRMÁNsche Theorie das tatsächliche Verhalten von Knickstäben im plastischen Bereich nicht richtig wiedergibt, und gab eine Erklärung für die Tatsache, daß die Knicklasten von sorgfältig durchgeführten Versuchen tiefer liegen als sie die erwähnte Theorie angibt. Die ENGESSER-KÁRMÁNsche Theorie setzt, in Analogie mit der Ableitung der EULER-Knicklast im elastischen Bereich, voraus, daß der Stab gerade bleibt, bis die kritische Last erreicht ist. Wie nachstehende Betrachtungen zeigen, führt diese Annahme sowohl für die erste als auch für die zweite ENGESSERsche Theorie zu Widersprüchen[2]. Zeichnen wir für den Querschnitt in Stabmitte die Verteilung der Stauchungen in Funktion der wachsenden Last P auf, so erhalten wir Abb. II 33a.

Bis zur Laststufe $P = 8$ sei der Stab gerade, er ist somit durch reinen Druck beansprucht und die zu den einzelnen Laststufen gehörenden Stauchungen werden durch parallele Geraden dargestellt. Wir nehmen an, daß die Last P_8 der Knicklast $P'_{kr} = \frac{\pi^2 T J}{l^2}$ nach der ersten ENGESSER-Theorie entspreche.

Die Gerade, welche in Abb. II 33a die Stauchungen während des Knickens darstellt, müßte ebenfalls der Last P_8 entsprechen, würde also aus Gleichgewichtsgründen die P_8 entsprechende — Linie des geraden Stabes schneiden. Es würden also gewisse Fasern eine Entlastung erfahren. Für diese Entlastungen sind aber die Spannungen mit Hilfe des Elastizitätsmoduls E zu berechnen, was aber wieder zur ENGESSER-KÁRMÁNschen Theorie führt und die kritische Last von P'_{kr} auf P''_{kr} steigen läßt. Die erste ENGESSER-Hypothese führt somit zu einem Widerspruch.

Wäre anderseits die ENGESSER-KÁRMÁNsche Hypothese gültig, so ergäbe die Auftragung der den einzelnen Laststufen entsprechenden Dehnungen das in Abb. II 33b dargestellte Bild. Der Stab müßte gerade bleiben für eine Last

[1] SHANLEY, F. R.: J. Aeron. Sci. 13 (1946) S. 678 u. 14 (1947) S. 261—268.

[2] MASSONET, CH.: Réflexions concernant l'établissement de prescriptions rationelles sur le flambage des barres en acier. Ossature Métallique, Juni 1950. — GIRKMANN, K.: SHANLEY-Effekt und österreichische Knickform. Öst. Stahlbau 1952, H. 1/2, S. 31.

$P''_{kr} > P'_{kr}$. Das ist aber nur möglich, wenn die Spannungen in keinem Punkt des Querschnittes abnehmen, was wieder zur ersten ENGESSER-Hypothese mit der kritischen Last P'_{kr} führt; der Stab wäre also für die Last P''_{kr} bereits instabil. Auch die zweite ENGESSER-Hypothese führt somit zu einem Widerspruch.

Das führt notgedrungen zur folgenden Hypothese: Die kritische Last des Stabes liegt höher als P'_{kr}. Der Stab beginnt sich jedoch auszubiegen, sobald P'_{kr} überschritten wird, und zwar nimmt die Ausbiegung mit zunehmender Druckkraft zu. Dies kann allerdings nicht geschehen, wie in Abb. II 33c dargestellt, da in diesem Fall der T-Modul auf den ganzen Querschnitt anzuwenden wäre und die Last deshalb den Wert P'_{kr} nach der ersten ENGESSER-Hypothese nicht übersteigen könnte. Es bleibt daher nur noch die Möglichkeit, daß nach dem Überschreiten von P'_{kr} eine

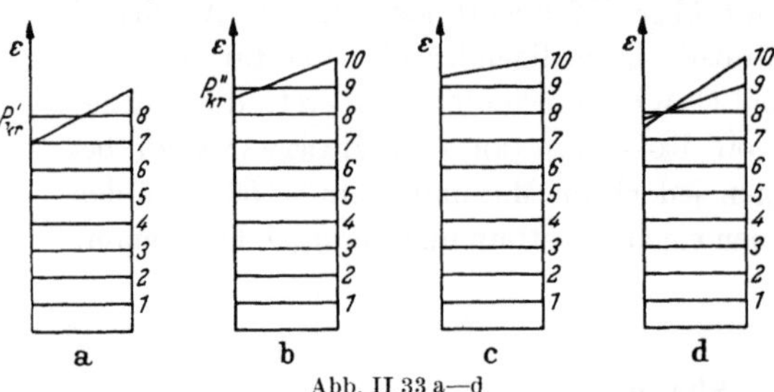

Abb. II 33 a—d

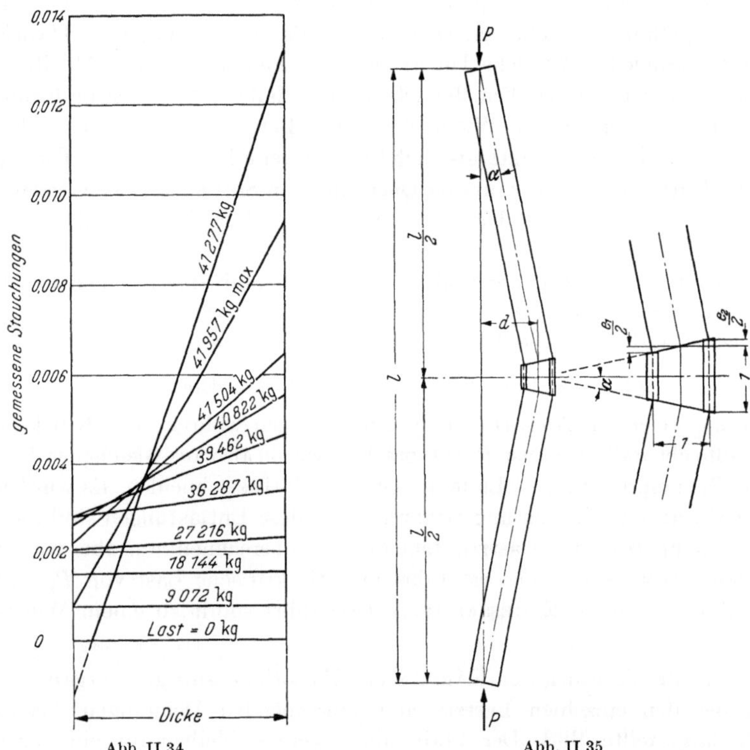

Abb. II 34

Abb. II 35

Verminderung der Dehnungen in einem Teil des Querschnittes eintritt. Die Darstellung für die Laststufen 8, 9 und 10 ergibt daher das in Abb. II 33d dargestellte Bild.

Wenn die Last von P'_{kr} gegen P''_{kr} ansteigt, nehmen die Ausbiegungen somit kontinuierlich zu und haben für jeden Wert $P\,(P'_{kr} < P < P''_{kr})$ einen *bestimmten* Wert. Dieser ist für $P'_{kr} = 0$ und für $P''_{kr} = \infty$[1].

Die obigen Überlegungen werden durch Abb. II 34 bestätigt, welche die Dehnungen in Stabmitte eines rechteckigen Aluminiumstabes von 31 × 51 mm Querschnitt darstellt, die von SHANLEY anläßlich eines Knickversuches gemessen wurden.

Um das Verhalten eines Knickstabes im plastischen Bereich theoretisch zu erklären, benutzte SHANLEY ein idealisiertes Stabmodell. Dieses besteht aus einem starren geraden Stab, welcher in der Mitte ein elastisches Gelenk besitzt. Dieses besteht aus zwei an den Randfasern liegenden Längselementen (Abb. II 35).

SHANLEY untersuchte dieses Gedankenmodell unter der Annahme, daß sich der Stab auszubiegen beginnt, sobald P'_{kr} überschritten wird. Er erhält für die Beziehung zwischen der Last P und den Ausbiegungen y unter der Bedingung $P'_{kr} < P < P''_{kr}$ den folgenden Ausdruck:

$$P = P'_{kr}\left(1 + \frac{1}{\dfrac{b}{2y} + \dfrac{1+\tau}{1-\tau}}\right). \qquad \text{(II 45)}$$

Darin ist b die Stabbreite und $\tau = \dfrac{T}{E}$. Dabei wird angenommen, daß τ den Wert, welcher P'_{kr} entspricht, beibehält.

Jedem Wert von P entspricht nun ein eindeutiger bestimmter Wert von y; der ausgebogene Stab ist somit stabil.

Die Änderungen der Dehnungen in den beiden Längselementen drückt SHANLEY in Funktion des Verhältnisses $R = \dfrac{P}{P'_{kr}}$ aus und erhält:

$$\text{Konkave Seite:}\quad \frac{\Delta\varepsilon_1}{\varepsilon_T} = \frac{2\left(\dfrac{1}{\tau} - R\right)}{\dfrac{1-\tau}{R-1} - (1+\tau)} \qquad \text{(II 46a)}$$

$$\text{Konvexe Seite:}\quad \frac{\Delta\varepsilon_2}{\varepsilon_T} = \frac{2(R-1)}{\dfrac{1-\tau}{R-1} - (1+\tau)}. \qquad \text{(II 46b)}$$

In Abb. II 36 ist R als Funktion von $\dfrac{\Delta\varepsilon}{\varepsilon_T}$ dargestellt für ein angenommenes $\tau = 0{,}75$. Auf der konkaven Seite nimmt die Stauchung rasch zu, nachdem P'_{kr} überschritten ist, wogegen auf der konvexen Seite die Dehnuhgen bedeutend langsamer zunehmen.

Die Gln. (II 46) wurden für einen stark vereinfachten Stabtyp gewonnen und geben nur ein rohes Bild der tatsächlichen Verhältnisse. Daß für letztere aber ein noch rascheres Ansteigen der zusätzlichen Stauchung $\Delta\varepsilon_1$ zu erwarten ist, ergibt sich aus der Überlegung, daß alle Stabelemente einen Beitrag an die Ausbiegung liefern. Die rasche Zunahme der Druckspannungen bedingt zudem eine beträchtliche Reduktion von T. Daraus läßt sich schließen, daß in den meisten praktischen Fällen die kritische Last die Last P'_{kr} nur wenig übersteigt[2].

---

[1] Vgl. auch F. SCHLEICHER: Über die Grundlagen der Plastizitätstheorie und des plastischen Knickens. Abh. Stahlbau 1951, H. 10.

[2] Siehe auch A. PFLÜGER: Zur plastischen Knickung gerader Stäbe. Ing.-Arch. 1952, H. 5. — MÜLLERSDORF, U.: Zur Theorie der plastischen Knickung. Bauingenieur 1952, H. 2.

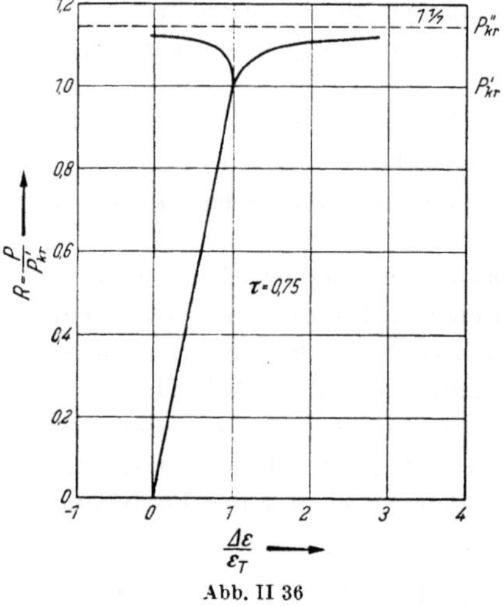

Abb. II 36

Die erste ENGESSER-Formel bestimmt also die Knicklast nicht genau. Sie gibt aber einen *untern Grenzwert* für die Knickkraft, wogegen die Knicklast nach ENGESSER-KÁRMÁN einen obern Grenzwert darstellt, der jedoch nicht erreicht werden kann. Der Vorschlag von STÜSSI[1], die erste ENGESSER-Theorie in Zukunft nach ENGESSER-SHANLEY zu benennen, erscheint daher gerechtfertigt.

Zur Arbeit SHANLEYS äußerte sich auch Altmeister KÁRMÁN in einem Kommentar zu SHANLEYS Arbeit, den auch F. BLEICH[2] im unten aufgeführten Werk auszugsweise aufführt. Da dieser Kommentar die ganze Frage mit klassischer Klarheit beleuchtet, sei er auch hier auszugsweise wiedergegeben:

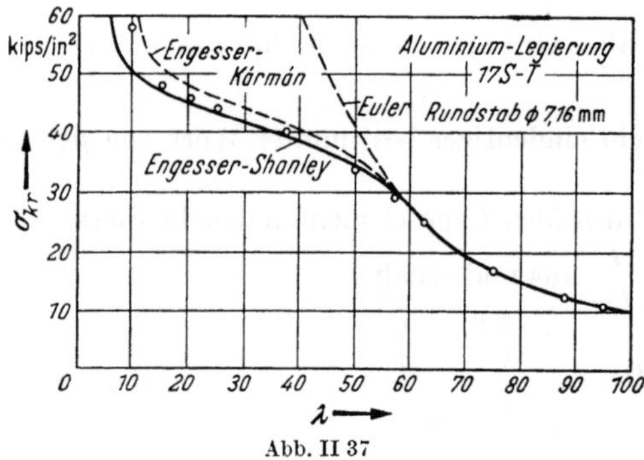

Abb. II 37

Sowohl ENGESSERS als auch meine eigene Arbeit über das Problem nahmen an, daß das Gleichgewicht des geraden Stabes unstabil wird, wenn neben der geraden Gleichgewichtslage noch unendlich benachbarte, ausgebogene Gleichgewichtslagen unter der gleichen Last möglich sind. Die korrekte Antwort auf diese Frage wird gegeben, wenn man in der EULER-Gleichung den Elastizitätsmodul E durch den Knickmodul T_k ersetzt. SHANLEYS Untersuchung stellt eine Verallgemeinerung dieser Frage dar. Seine Fragestellung kann wie folgt formuliert werden: Welches ist der

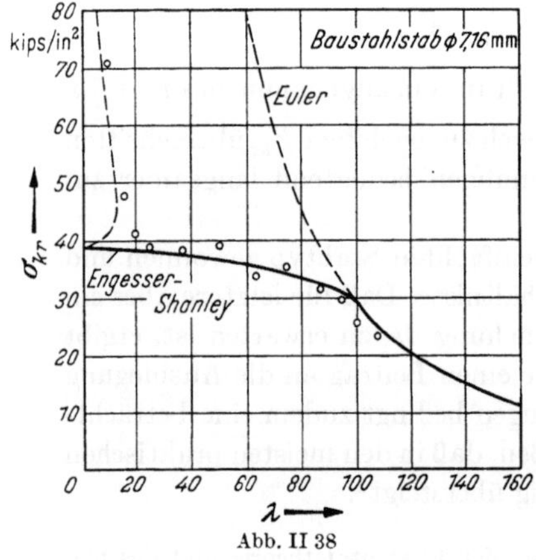

Abb. II 38

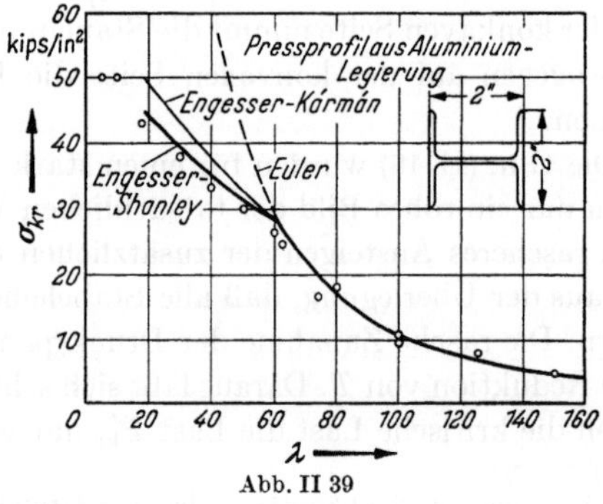

Abb. II 39

[1] STÜSSI, F.: Über einige Knickfragen. Mitt. der Technischen Kommission des Verbandes Schweiz. Brückenbau- und Stahlhochbau-Unternehmungen 1953, H. 8.

[2] BLEICH, F.: Buckling Strength of Metal Structures. New York: McGraw-Hill 1952.

kleinste Wert einer zentrischen Drucklast, bei welcher eine Verzweigung des Gleichgewichtes erfolgen kann, und zwar ohne Rücksicht darauf, ob der Übergang in die ausgebogene Lage ein Ansteigen der Druckkraft bedingt oder nicht? Die Antwort auf diese Frage ist folgende: Die erste Verzweigung des Gleichgewichts aus der geraden Lage tritt ein für eine Last, welche durch die EULER-Formel gegeben ist, in welcher der Elastizitätsmodul durch den Tangentenmodul ersetzt wird. In der Tat ist es möglich, für Lasten, die zwischen P_{kr} und P''_{kr} liegen, aufeinanderfolgende Gleichgewichtslagen zu erhalten.

Meine Originalarbeit, und ebenso diejenige ENGESSERS, ist eine Verallgemeinerung der Beweisführung des elastischen Knickens. Warum umschließt diese nicht alle möglichen Fälle des unelastischen Knickens? Augenscheinlich nicht wegen des nicht linearen Zusammenhanges zwischen Spannungen und Dehnungen im plastischen Bereich, sondern wegen dem irreversiblen Charakter des Vorganges. Es gibt unendlich viele bleibende Dehnungen, welche derselben Spannung entsprechen können, entsprechend den verschiedenen möglichen Arten der Be- und Entlastung. Daher muß die Definition der Stabilitätsgrenze für irreversible Vorgänge revidiert werden. Diese Notwendigkeit wurde von SHANLEY intuitiv erkannt, und das ist, glaube ich, das große Verdienst seiner Arbeit.

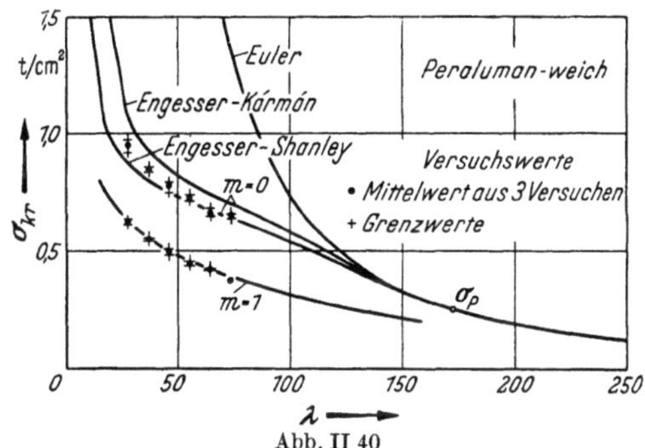

Abb. II 40

Als Abschluß seien noch einige neuere Versuchsergebnisse mitgeteilt, welche die Theorie ENGESSER-SHANLEY sehr schön bestätigen.

Abb. II 37 zeigt die Versuchsresultate eines Rundstabes einer Aluminiumlegierung, wogegen sich Abb. II 38 auf einen Baustahl bezieht.

Abb. II 39[1] zeigt die Versuchsresultate, die mit einem Aluminiumpreßprofil in Form eines Breitflanschträgers erhalten wurden und Abb. II 40[2] die Ergebnisse, die STÜSSI mit Peralumanstäben von 15 × 16 mm Querschnitt erhalten hat.

Alle diese Versuche bestätigen, daß der Bemessung von zentrisch belasteten Knickstäben im plastischen Bereich die Formel von ENGESSER-SHANLEY zugrunde zu legen ist.

H. Rück- und Ausblick

Die große Linie in der Entwicklung der Theorien für die Berechnung von Knickstäben geht also von EULER (elastischer Bereich), TETMAJER (Versuche im elastischen und plastischen Bereich) zu ENGESSER und KÁRMÁN (plastischer Bereich) und endet, wenigstens heute, bei SHANLEY.

Selbstverständlich wären, um eine vollständige Geschichte der Entwicklung des Knickens zu geben, noch viele namhafte Forscher aufzuführen. Wir erwähnen nur kurz JEŽEK und CHWALLA, die sich eingehend mit dem exzentrischen Knicken befaßten, VIANELLO, der ein anschauliches Iterationsverfahren entwickelte, TIMOSHENKO, der sich durch Anwendung der sog. Energiemethode einen Namen machte, ferner MÜLLER-BRESLAU (Knicken von Stabverbindungen), OSTENFELD, OSGOOD,

[1] Die Abb. II 37, II 38 und II 39 stammen aus F. BLEICH: Buckling Strength of Metal Structures, S. 20 u. 21. New York: McGraw-Hill 1952.

[2] Abb. II 40 stammt aus F. STÜSSI: Über einige Knickfragen. Erste Schweiz. Stahlbautagung, Zürich 1953, S. 241. Zürich: Leemann 1953.

Roš-Brunner (bekannt durch ihre Versuche), Hartmann, Girkmann, Klöppel und Lie und viele andere[1].

Gerade das Beispiel von Shanley ist ein sprechendes Beispiel dafür, daß eine theoretische Entwicklung nie als abgeschlossen betrachtet werden sollte. Genau wie Shanley eine seit einem halben Jahrhundert als endgültig angesehene Theorie als überholungsbedürftig nachwies, werden spätere Generationen unsere Berechnungsmethoden immer weiter ausbauen und dem tatsächlichen Verhalten immer näher bringen[2]. Es ist aber wertvoll, sich von Zeit zu Zeit einen Überblick über das bereits Erreichte zu verschaffen, um eine Ausgangslage für weitere Entwicklungen zu haben.

Wir wissen heute, wo wir stehen und was noch untersucht und abgeklärt werden muß. Zusammenfassend darf festgehalten werden, daß die Knicktheorien mit für die Praxis genügender Genauigkeit entwickelt, publiziert und durch Versuche überprüft worden sind. Der praktisch tätige Ingenieur besitzt somit die für seine Berechnungen notwendigen Unterlagen; Unterlagen, welche ihm auch für die komplizierteren Probleme des Ausbeulens von Blechen zur Verfügung stehen[3].

Was jedoch dem in der Praxis stehenden Ingenieur für die Zukunft noch in vermehrtem Maße in die Hand gegeben werden muß, sind Tabellen, Diagramme und Nomogramme, welche seine reine Rechenarbeit erheblich abkürzen. — Trotzdem oft von verantwortungsbewußten Ingenieuren solche „Vereinfachungen" abgelehnt werden, muß heute, wo die Ingenieure überdurchschnittlich beansprucht sind, ein Weg gefunden und verwirklicht werden, der die Routinearbeit vereinfacht. Auf diesem Gebiet hat die *Europäische Konvention der Stahlbauverbände* eine große Vorarbeit geleistet. In den nächsten Jahren sollten die Stabilitätsnormen auf alle Fälle in Europa vereinheitlicht werden.

Zusätzliche Literatur zum II. Kapitel

Joint Report of WRC and ASCE: Commentary on Plastic in Steel. Progress Report 5: Compression Members. Lehigh University of Research. Fritz Engineering Laboratory. Reprint from the Journal of the Engineering Mechanics Division, Proceedings of the American Society of Civil Engineers, Proc. Paper 2342. Vol. 86, EM 1, January, 1960.

König, H.: Die Knickkraft beim einseitig eingespannten Stab unter nichtrichtungstreuer Kraftwirkung. Stahlbau 1960, H. 5, S. 150.

Rosmann, R.: Beitrag zur Ermittlung der Knicklängenbeiwerte elastisch eingespannter Kragträger unter dem Einfluß poltreuer Belastung. Österreichische Ingenieur-Zeitschrift 1960, H. 2, S. 74.

—: Knickuntersuchung des elastisch eingespannten Kragträgers mit veränderlichem Trägheitsmoment unter dem Einfluß poltreuer Belastung. Österreichische Ingenieur-Zeitschrift 1960, H. 5, S. 173.

Schleicher, F.: Der Shanley-Effekt. Bauingenieur 1957, H. 12, S. 449.

---

[1] Siehe auch C. F. Kollbrunner: Zentrischer und exzentrischer Druck von an beiden Enden gelenkig gelagerten Rechteckstäben aus Avional M und Baustahl. Stahlbau 1938, H. 4, 5 u. 6.

[2] So verfeinerte z. B. Thürlimann in jüngster Zeit die Theorie, indem er den Einfluß von Eigenspannungen auf das Knicken von Stahlstützen untersuchte. Siehe B. Thürlimann: Der Einfluß von Eigenspannungen auf das Knicken von Stahlstützen. Schweizer Arch. angew. Wiss. Techn. 1957, H. 12, S. 388.

[3] Kollbrunner, C. F., u. M. Meister: Ausbeulen. Theorie und Berechnung von Blechen. Berlin/Göttingen/Heidelberg: Springer 1958.

SCHMIED, W.: Neuere Erkenntnisse aus Knickversuchen. Der Bauingenieur, 1955, H. 4, S. 156.

SUTTER, K.: Die Anpassung der allgemeinen Knickformeln an die Berechnung von Aluminium-Bauteilen. Aluminium 1955, H. 4 u. 5.

THÜRLIMANN, B.: New Aspects concerning Inelastic Instability of Steel Structures. Lehigh University Institute of Research. Reprint from the Journal of the Structural Division, Proceedings of the American Society of Civil Engineers, Proc. Paper 2351, Vol. 86, ST 1, January, 1960.

WEGNER, U.: Ein Beitrag zu den Stabilitätskriterien der Elastizitätstheorie. Ing.-Arch. XXVII (1959) Festschrift RICHARD GRAMMEL.

III. Methoden zur Berechnung von Knickstäben

A. Einleitung

Nachdem im zweiten Kapitel, an Hand der geschichtlichen Entwicklung, die Problemstellung der Stabilität stabförmiger Körper generell beleuchtet wurde, sollen im vorliegenden Kapitel die heute zur Verfügung stehenden Methoden zur Berechnung von Knickstäben umrissen werden.

Der zur Verfügung stehende Raum erlaubt es nicht, in diesem Kapitel eine erschöpfende Darstellung sämtlicher Methoden zu geben. Da ein Teil derselben auch beträchtliche, das übliche Maß des konstruierenden Ingenieurs übersteigende mathematische Kenntnisse erfordert, beschränken wir uns auf das Wesentliche. Neben der klassischen Methode, welche von der Differentialgleichung der elastischen Linie ausgeht, sei auch einiges erwähnt über die Energiemethoden, welche zum Teil von der Variationsrechnung Gebrauch machen.

Es ist zu erwarten, daß die mathematischen Methoden im Zeitalter der elektronischen Rechenautomaten vermehrte Bedeutung erlangen werden[1]. Allerdings wird diese Möglichkeit vom konstruierenden Ingenieur kaum benützt werden können, vielmehr werden sich damit Spezialisten zu befassen haben.

Eine wichtige Rolle in der Ingenieurpraxis spielen die Iterationsmethoden, die mit verhältnismäßig einfachen Mitteln erlauben, schwierige Probleme zu meistern. Das gleiche gilt auch von den hauptsächlich durch STÜSSI entwickelten baustatischen Methoden. Daß auch die Methoden der Differenzenrechnung auf Knickprobleme angewandt werden können, sei lediglich am Rande erwähnt.

B. Klassische Methode (Differentialgleichung der elastischen Linie)

Im zweiten Kapitel, Abschnitt A, haben wir gesehen, wie bei einem geraden Stab mit gelenkig gelagerten Enden die Knicklast mit Hilfe der vereinfachten Differentialgleichung der elastischen Linie (Gl. (II 2))

$$E J y'' = -M \qquad \text{(III 1)}$$

ermittelt werden kann. Die vorliegende Differentialgleichung genügt, um für diesen Fall mit seinen einfachen Randbedingungen das Problem zu lösen. Für

[1] WALTHER, A.: Moderne mathematische Maschinen und Instrumente und ihre Anwendungsmöglichkeit auf Probleme des Stahlbaues. Abh. Stahlbau, herausgegeben vom Deutschen Stahlbau-Verband, Köln 1952, H. 12, S. 144.

beliebige Randbedingungen ist die Gleichung jedoch zu erweitern, indem die Schnittkräfte am deformierten Stabelement durch Verformungen ausgedrückt werden.

Die Schnittkräfte sind in Abb. III 1 eingetragen, und wir beginnen mit dem Aufstellen der Gleichgewichtsbedingungen $\Sigma H = 0$ und $\Sigma V = 0$.

Bei der Bedingung $\Sigma H = 0$ ist zu beachten, daß für kleine Ausbiegungen y gesetzt werden kann:

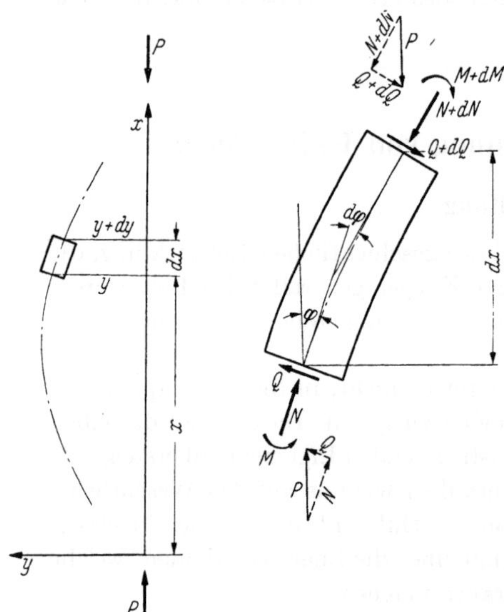

Abb. III 1

$$N = P \quad \text{und} \quad \sin \varphi = \varphi$$

$$dN = 0 \text{ und } \sin(\varphi + d\varphi) = \varphi + d\varphi.$$

Damit ergibt sich

$$Q + dQ = P \cdot (\varphi + d\varphi)$$

$$Q = P \cdot \varphi.$$

Somit erhalten wir

$$dQ = P\, d\varphi. \qquad \text{(III 2)}$$

Die Gleichgewichtsbedingung $\Sigma M = 0$ ergibt

$$dM = Q\, dx. \qquad \text{(III 3)}$$

Ferner ist

$$\varphi = \frac{dy}{dx}$$

und somit

$$d\varphi = \frac{d^2 y}{dx^2} dx.$$

M läßt sich ausdrücken durch

$$M = -E J_x y''.$$

Aus Gl. (III 3) folgt somit

$$\frac{dM}{dx} = Q \quad \text{und} \quad \frac{d^2 M}{dx^2} = \frac{dQ}{dx}.$$

Aus Gl. (III 2) ergibt sich

$$\frac{dQ}{dx} = P \frac{d\varphi}{dx} = P \frac{d^2 y}{dx^2}.$$

Ersetzt man M noch durch den oben angegebenen Wert, so erhält man als Differentialgleichung des Knickproblems

$$\frac{d^2}{dx^2}\left(E J_x \frac{d^2 y}{dx^2}\right) + P \frac{d^2 y}{dx^2} = 0$$

oder

$$(E J_x y'')'' + P y'' = 0. \qquad \text{(III 4)}$$

In dieser Gleichung ist J_x längs der Stabachse veränderlich.

Es ist zweckmäßig, ein konstantes Vergleichsträgheitsmoment J einzuführen und für J_x zu setzen

$$J_x = J\, \psi(x),$$

worin die dimensionslose Funktion $\psi(x)$ die Veränderlichkeit des Trägheitsmomentes umschreibt. Dividiert man Gl. (III 4) noch durch EJ und setzt

$$\underline{\underline{k^2 = \frac{P}{EJ}}}, \tag{III 5}$$

so ergibt sich

$$\underline{\underline{[\psi(x)\, y'']'' + k^2\, y'' = 0.}} \tag{III 6}$$

Die allgemeine Lösung dieser linearen, homogenen Differentialgleichung vierter Ordnung ist bekannt:

$$y = C_1 \cdot \varphi_1(k, x) + C_2 \cdot \varphi_2(k, x) + C_3 \frac{x}{l} + C_4. \tag{III 7}$$

Die Funktionen $\varphi_1(k, x)$ und $\varphi_2(k, x)$ sind dimensionslose transzendente Funktionen von x und des Parameters k. Die vier konstanten C sind aus den Randbedingungen zu bestimmen. Für die hauptsächlichsten Lagerungsarten erhält man:

$$\left.\begin{array}{lll} \text{Gelenk} \;.\;.\;.\;.\;.\;.\;. & y = 0; & y'' = 0 \\ \text{starre Einspannung} \;. & y = 0; & y' = 0 \\ \text{freies Ende} \;.\;.\;.\;.\;. & y'' = 0; & [\psi(x)\, y'']' + k^2\, y' = 0. \end{array}\right\} \tag{III 8}$$

$y'' = 0$	bedeutet, daß im betreffenden Lagerpunkt kein Moment auftritt
$y' = 0$	bedeutet, daß der Einspannungsquerschnitt keine Verdrehung erleidet
$[\psi(x)\, y'']' + k^2\, y' = 0$	bedeutet, daß die Horizontalkraft verschwindet.

Führt man Gl. (III 7) in die für ein bestimmtes Problem vorliegenden vier Randbedingungen ein, so erhält man ein System von vier linearen homogenen Gleichungen, die allgemein wie folgt angeschrieben werden können:

$$\begin{aligned} a_{11}\, C_1 + a_{21}\, C_2 + a_{31}\, C_3 + a_{41}\, C_4 &= 0 \\ a_{12}\, C_1 + a_{22}\, C_2 + a_{32}\, C_3 + a_{42}\, C_4 &= 0 \\ a_{13}\, C_1 + a_{23}\, C_2 + a_{33}\, C_3 + a_{43}\, C_4 &= 0 \\ a_{14}\, C_1 + a_{24}\, C_2 + a_{34}\, C_3 + a_{44}\, C_4 &= 0. \end{aligned} \tag{III 9}$$

Ein solches System hat, außer dem trivialen Fall, daß alle C Null sind, (d. h. der Stab bleibt gerade), nur dann eine Lösung, wenn seine Koeffizientendeterminante Null wird.

Die Ausrechnung der *Knickdeterminanten*

$$\varDelta = \begin{vmatrix} a_{11} & a_{21} & a_{31} & a_{41} \\ a_{12} & a_{22} & a_{32} & a_{42} \\ a_{13} & a_{23} & a_{33} & a_{43} \\ a_{14} & a_{24} & a_{34} & a_{44} \end{vmatrix} \tag{III 10}$$

führt zu einer transzendenten Gleichung mit unendlich vielen Wurzeln (den sog. Eigenwerten des Parameters) für die einzige Unbekannte k. Die kleinste Wurzel dieser Gleichung erlaubt mit Hilfe von Gl. (III 5) die Bestimmung der Knicklast. Den übrigen Wurzeln der Gl. (III 10) entsprechen ebenfalls mögliche Knickfiguren, mit höheren Knicklasten, die aber für die technische Anwendung keine Rolle spielen.

Führt man einen Eigenwert k_i in das Gleichungssystem (III 9) ein, so erhält man für die Bestimmung der vier Konstanten C vier Gleichungen. Aus diesem linearen homogenen System lassen sich jedoch nur die Verhältnisse

$$C_{2i}^* = \frac{C_{2i}}{C_{1i}} \qquad C_{3i}^* = \frac{C_{3i}}{C_{1i}} \qquad C_{4i}^* = \frac{C_{4i}}{C_{1i}}$$

bestimmen[1].

Gl. (III 7) kann daher geschrieben werden

$$y_i = C_{1i}\left[\varphi_1(k_i, x) + C_{2i}^* \cdot \varphi_2(k_i, x) + C_{3i}^* \frac{x}{l} + C_{4i}^*\right]. \tag{III 11}$$

C_{1i} ist eine beliebige Konstante. Man nennt y_i die Eigenfunktionen der homogenen Differentialgleichung (III 6).

Wie man sieht, ergibt sich zu jedem Eigenwert k_i eine Knickfigur nach Gl. (III 11), die jedoch nur der Form, nicht aber der Größe nach bestimmt ist. Zu jeder Knickfigur gehört eine Knicklast P_i, von denen jedoch nur die kleinste eine praktische Bedeutung hat.

Mathematisch gesprochen, haben wir es hier mit einem Eigenwertproblem zu tun. Die Differentialgleichung enthält einen Parameter k, der nicht beliebig gewählt werden kann, sondern durch die Randbedingungen bestimmte Werte (die Eigenwerte) zugeschrieben erhält.

C. Energie-Methoden

Die praktische Berechnung von Knickaufgaben mit Hilfe der im vorherigen Unterkapitel behandelten Lösung der Differentialgleichung der elastischen Linie als Eigenwertproblem führt in komplizierten Fällen oft zu beträchtlichen, wenn nicht zu unüberwindlichen, mathematischen Schwierigkeiten.

Um auch diesen schwierigen Fällen beizukommen, wurden verschiedene Näherungsmethoden entwickelt, die sich meist auf energetische Betrachtungen stützen.

Da über diese Methoden bereits eine ausgezeichnete Literatur vorhanden ist[2], beschränken wir uns darauf, dieselben kurz zu skizzieren.

---

[1] Vgl. z. B. H. von Mangoldt u. K. Knopp: Einführung in die höhere Mathematik, Bd. 1, 8. Aufl., Leipzig: Hirzel 1944, S. 92.

[2] Siehe z. B. P. Usinger: Beiträge zur Knicktheorie. Eisenbau 1918, sowie die Originalliteratur: Ritz, W.: Über eine neue Methode zur Lösung gewisser Variationsprobleme der mathematischen Physik, Z. f. reine u. angew. Mathematik 1909. — Derselbe: Theorie der Transversalschwingungen einer quadratischen Platte mit freien Rändern. Ann. Phys. 28 (1909) S. 737. — Trefftz, E.: Die Bestimmung der Knicklast gedrückter rechteckiger Platten. Z. f. angew. Math. u. Phys. 15 (1935). — Timoshenko, S.: Theory of elastic Stability. New York: McGraw-Hill 1936. — Ferner: Biezeno, C. B., u. R. Grammel: Technische Dynamik. Berlin: Springer 1953. — Marguerre, K.: Neuere Festigkeitsprobleme des Ingenieurs. Berlin/Göttingen/Heidelberg: Springer 1950. — Bleich, F.: Buckling Strength of Metal Structures. New York: McGraw-Hill 1952. — Pflüger, A.: Stabilitätsprobleme der Elastostatik. Berlin/Göttingen/Heidelberg: Springer 1950. — Zurmühl, R.: Praktische Mathematik für Physiker und Ingenieure. Berlin/Göttingen/Heidelberg: Springer 1950.

Am allgemeinsten ist wohl die RITZsche Methode. Sie geht aus vom Prinzip der virtuellen Verschiebungen[1].

$$\delta A - \Sigma P_i \, \delta\xi_i = 0. \qquad \text{(III 12)}$$

Durch Einführung des Begriffs der potentiellen Energie können wir auch schreiben

$$\delta A + \delta V_P = \delta(A + V_P) = 0. \qquad \text{(III 13)}$$

δA stellt die Änderung der Deformationsarbeit A für virtuelle Verschiebungen der Formänderungskomponenten dar, wobei sich die Angriffspunkte der Kräfte um $\delta\xi_i$ verschieben.

$\delta V_P = -\Sigma P_i \, \delta\xi_i$ ist die Änderung der potentiellen Energie der äußeren Lasten bei einer virtuellen Verschiebung.

Die Gl. (III 13) besagt, daß sich die potentielle Energie V des Systems nicht ändert bei einer virtuellen Verschiebung, oder mit anderen Worten

$$V = A + V_P = \text{konstant}. \qquad \text{(III 14)}$$

Die Anwendung des durch den Ausdruck (III 14) dargestellten Prinzips sei an Hand des zentrisch belasteten, gelenkig gelagerten Druckstabes erläutert (Abb. III 2).

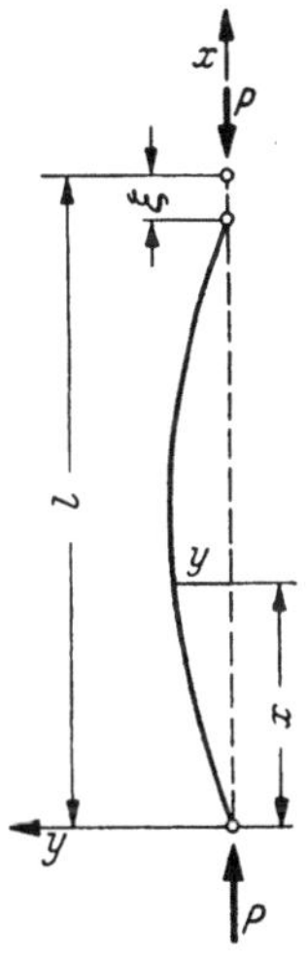

Ausgangslage ist der geade, gedrückte Stab, für welchen die potentielle Energie

$$V = 0 \qquad \text{(III 15)}$$

ist. Für den ausgebogenen Stab erhält man für die Deformationsarbeit[2]

Abb. III 2

$$A = -\frac{1}{2}\int_0^l M\, y''\, dx = \frac{E}{2}\int_0^l J_x\, y''^2\, dx. \qquad \text{(III 16)}$$

Für die potentielle Energie der Last ergibt sich[3]

$$V_P = -P\xi = -\frac{P}{2}\int_0^l y'^2\, dx, \qquad \text{(III 17)}$$

wobei ξ als Unterschied zwischen Kurven- und Sehnenlänge ermittelt wurde.

Setzt man die Ausdrücke (III 16) und (III 17) in Gl. (III 13) ein, so erhält man

$$\delta(A + V_P) = \delta\left[\frac{E}{2}\int_0^l J_x\, y''^2\, dx - \frac{P}{2}\int_0^l y'^2\, dx\right] = 0. \qquad \text{(III 18)}$$

[1] FÖPPL, A., u. L.: Drang und Zwang. 3. Aufl., Bd. 1, München und Berlin: R. Oldenbourg 1941, S. 64.

[2] Siehe z. B. A. u. L. FÖPPL: Drang und Zwang. 3. Aufl., Bd. 1, München und Berlin: R. Oldenbourg 1941, S. 68.

[3] Siehe z. B. C. B. BIEZENO u. R. GRAMMEL: Technische Dynamik, Berlin: Springer 1939, S. 509.

Ritz führt nun für die Ausbiegung y den Ansatz

$$y = a_1 u_1 + a_2 u_2 + \cdots + a_n u_n \tag{III 19}$$

die sog. Koordinatenfunktion ein.

u_k sind passend gewählte Funktionen, welche die geometrischen Randbedingungen, d. h. die Randbedingungen der Verschiebungen erfüllen.

Führt man den Ansatz (III 19) in die Energiegleichungen (III 16) und (III 17) ein, so ergibt sich ein Ausdruck von der Form:

$$A + V_P = F_1(a_1, a_2, \ldots, a_n) - P\,F_2(a_1, a_2, \ldots, a_n). \tag{III 20}$$

In diesem sind $A + V_P$ als Funktion der n Parameter a_k ausgedrückt. Falls der Ansatz (III 19) tatsächlich eine Lösung des Extremalproblems darstellen soll, so muß er Gl. (III 14) erfüllen, die ja gleichbedeutend mit Gl. (III 18) ist.

Es muß also gelten

$$A + V_P = F_1(a_k) - P\,F_2(a_k) = \text{konstant}, \tag{III 21}$$

d. h. die Parameter a_k sind so zu bestimmen, daß $F_1(a_k) - P\,F_2(a_k)$ ein Extremum wird. Die Bedingungen dafür lauten

$$\frac{\partial[F_1(a_k) - P\,F_2(a_k)]}{\partial a_k} = 0 \qquad (k = 1, 2, \ldots, n). \tag{III 22}$$

Da nach Gl. (III 18) die Funktion $F_1(a_k)$ und $F_2(a_k)$ quadratische Ausdrücke der n Parameter a, deren erste Ableitungen somit lineare Funktionen sind, ergibt der Ausdruck (III 22) ein System von n linearen homogenen Gleichungen, aus welchen sich die Parameter a bestimmen lassen. Sehen wir vom trivialen Fall $a_k = 0$ ab, so kann dieses Gleichungssystem nur bestehen, wenn seine Koeffizientendeterminante

$$\Delta = 0 \tag{III 23}$$

ist.

Gl. (III 23) stellt somit die Stabilitätsbedingung dar, aus welcher sich eine Gleichung n-ten Grades für die Unbekannte P ergibt, deren kleinste Wurzel die Knicklast P_{kr} ist.

Als Beispiel für die fruchtbringende Anwendung des Ritzschen Verfahrens seien die beiden unten aufgeführten Arbeiten erwähnt[1].

Nach Timoshenko kann die Gleichheit der Deformationsarbeit A infolge Biegung und der durch die äußeren Lasten P geleisteten Arbeit V_P als Kriterium für den Beginn des Unstabilwerdens eines Systemes angesehen werden. Auf unser in Abb. III 2 angewandtes Problem erhält man daher als Knickbedingung

$$\frac{E}{2}\int_0^l J_x\, y''^2\, dx = \frac{P}{2}\int_0^l y'^2\, dx, \tag{III 24}$$

woraus sich für die Knicklast P_{kr} ergibt

$$P_{\text{kr}} = \frac{\int_0^l E\,J_x\, y''^2\, dx}{\int_0^l y'^2\, dx} \tag{III 25}$$

[1] Bleich, F. u. H.: Beitrag zur Stabilität des punktweise elastisch gestützten Stabes. Stahlbau 1937, H. 3 u. 4, S. 17. — Schleusner, A.: Die Stabilität des mehrfeldrigen elastisch gestützten Stabes, Berlin: Springer 1938.

Genau wie RITZ führt auch TIMOSCHENKO eine endliche Reihe von der Art der Gl. (III 19) ein, und erhält aus der Bedingung, daß P_{kr} ein Minimum werden muß, eine Knickdeterminante.

An Stelle des beschriebenen rein mathematischen Vorgehens ist auch eine Behandlung mit baustatischen Methoden möglich[1]. Zu diesem Zwecke wird Gl. (III 25) etwas umgeformt:

Nach Gl. (III 16) kann, da das äußere Moment $M = P\,y$ ist, geschrieben werden[2]:

$$A = -\frac{P}{2}\int_0^l y\,y''\,dx. \tag{III 26}$$

Damit ergibt sich an Stelle von Gl. (III 25)

$$P_{kr} = \frac{\int_0^l E\,J_x\,y''^2\,dx}{-\int_0^l y\,y''\,dx} \tag{III 27}$$

Da wir für $y'' = -\frac{M}{E\,J_x}$ setzen dürfen, erhalten wir somit

$$P_{kr} = \frac{\int_0^l \frac{M_i^2}{E\,J_x}\,dx}{\int_0^l y\,\frac{M_i}{E\,J_x}\,dx} \tag{III 28}$$

Die praktische Durchführung der Berechnung gestaltet sich nun wie folgt:

Es wird eine Ausbiegung y_0 angenommen und an Hand dieser die Momente $M = P\,y_0$ bestimmt, mit welchen ihrerseits die Ausbiegungen y_1 berechnet werden. Der Vergleich der beiden Ordinaten y_0 und y_1 an einer beliebigen Stelle, z. B. der Stabmitte ergibt einen ersten Näherungswert. Einen zweiten Näherungswert erhält man durch Anwendung der Formel (III 27) oder (III 28). Liegen die beiden Näherungswerte für die Knicklast nahe beieinander, stimmt also die angenommene mit der gerechneten Kurve genügend genau überein, so kann die Rechnung abgebrochen werden. Andernfalls ist sie, mit den Ordinaten y_1 als Ausgangslage, zu wiederholen.

Im nächsten Abschnitt wird der Rechnungsgang und zugleich ein Vergleich der Energiemethode mit der Methode ENGESSER-VIANELLO gezeigt.

Die GALERKINsche Methode beruht ebenfalls auf der Anwendung der Variationsrechnung. Während jedoch bei der RITZschen Methode die Koordinatenfunktion nur die geometrischen Randbedingungen zu erfüllen hat, müssen bei der GALERKINschen Methode alle Randbedingungen, also auch die dynamischen (die Randbedingungen der Kräfte) erfüllt sein. Auch diese Methode führt letzten

[1] STÜSSI, F.: Vorlesungen über Baustatik, Bd. 1, 2. Aufl., Basel/Stuttgart: Birkhäuser 1953, S. 326.

[2] Bei statisch unbestimmten Konstruktionen sind noch die überzähligen Größen zu berücksichtigen (s. Zahlenbeispiel zu Abb. III 3).

Endes in ähnlicher Weise zu einer Knickdeterminanten, aus welcher die Knicklast bestimmt werden kann[1].

Die skizzierten Methoden wurden verschiedentlich weiter entwickelt und speziellen Anwendungen besser angepaßt. So entwickelte GRAMMEL[2] ein Gegenstück zur GALERKINschen Methode. Die RITZsche Methode wurde verbessert durch TREFFTZ[3]. Sein Verfahren erlaubt die Bestimmung eines tiefern Grenzwertes der kritischen Last. Speziell geeignet für die Lösung von Stabilitätsproblemen von Platten ist der weitere Ausbau des Verfahrens durch BUDIANSKY und HU[4].

Alle Energiemethoden liefern um so kleinere Werte für die kritische Last P_{kr}, je genauer die durch die Koordinatenfunktion umschriebene Ausbiegung mit der wahren Ausbiegung übereinstimmt, oder anders ausgedrückt: Die durch die Energiemethode ermittelten Knicklasten sind immer größer als die exakten Werte.

D. Methode Engesser-Vianello

Die in den vorhergehenden Abschnitten beschriebenen mathematischen Methoden führen bei komplizierteren praktischen Aufgaben, z. B. sprungweise veränderlichem Trägheitsmoment oder sprungweise veränderlicher Druckkraft usw., häufig nur mit großem Aufwand oder überhaupt nicht zum Ziel.

Für die Lösung solcher Fälle ist ein von ENGESSER[5] erstmals angegebenes und durch VIANELLO bekannt gewordenes Iterations-Verfahren außerordentlich leistungsfähig.

Die Differentialgleichung des Knickproblems

$$y'' = -\frac{M}{E\,J_x} = -\frac{P}{E\,J_x} \cdot y \tag{III 29}$$

verlangt, daß die zweite Ableitung der Knickfigur proportional zur Knickfigur selbst ist. Nehmen wir nun eine Knickfigur an, die dem zu behandelnden Problem möglichst entspricht und dessen Randbedingungen erfüllt, so sind wir sofort in der Lage, die Momente $P\,y$ und daraus die Biegelinie, sei es graphisch[6], sei es nach MOHR oder einem anderen Verfahren zu bestimmen. Ergibt eine Kontrolle, daß die so berechnete Biegelinie an allen Stellen des Stabes der gewählten Knick-

---

[1] Siehe C. B. BIEZENO u. R. GRAMMEL: Technische Dynamik, Berlin: Springer 1953. — MARGUERRE, K.: Neuere Festigkeitsprobleme des Ingenieurs, Berlin/Göttingen/Heidelberg: Springer 1950.

[2] GRAMMEL, R.: Ein neues Verfahren zur Lösung technischer Eigenwertprobleme. Ing.-Arch. 10 (1939) S. 35. Siehe auch die beiden Bücher: BIEZENO, C. B., u. R. GRAMMEL: Technische Dynamik, Berlin: Springer 1953, und K. MARGUERRE: Neuere Festigkeitsprobleme des Ingenieurs, Berlin/Göttingen/Heidelberg: Springer 1950.

[3] TREFFTZ, E.: Die Bestimmung der Knicklast gedrückter, rechteckiger Platten. Z. f. angew. Math. u. Mech. 15 (1935) S. 339.

[4] BUDIANSKY, B., u. C. HU: The Lagrangian Multiplier Method of finding upper and lower limits to the critical Stresses. N. A. C. A. Techn. Note 1103 (1946).

[5] ENGESSER, F.: Über die Berechnung auf Knickfestigkeit beanspruchter Stäbe aus Schweiß- und Gußeisen, Z. öst. Ing.- u. Archit.-Ver. 1893, H. 38, S. 506. — VIANELLO, L.: Graphische Untersuchung der Knickfestigkeit gerader Stäbe. Z. VDI 42 (1898) S. 36. — ENGESSER, F.: Über die Knickfestigkeit von Stäben veränderlichen Trägheitsmomentes. Z. öst. Ing.- u. Archit.-Ver. 1909, S. 544—548.

[6] Dies wurde seinerzeit von VIANELLO vorgeschlagen.

figur proportional ist, so ist das Problem bereits gelöst. Der Proportionalitätsfaktor

$$\nu_k = \frac{y \text{ angenommen}}{y \text{ gerechnet}} = \frac{y_a}{y_g} \tag{III 30}$$

stellt die Knicksicherheit ν_k dar.

Meist wird man kaum das Glück haben, mit der angenommenen Knickfigur die tatsächliche Knickfigur zu treffen. Der Faktor ν_k wird dann an jeder Stabstelle einen etwas anderen Wert annehmen. Sind die Abweichungen nicht groß, so kann man, anstatt den Vergleich auf eine einzige Stabstelle zu beschränken, eine Mittelwertbildung vornehmen[1], andernfalls ist die Rechnung mit der gerechneten Knickfigur als neuer Näherung zu wiederholen. Die Mittelwertbildung kann in verschiedenster Weise erfolgen. So kann z. B. ν_{k_i} an einer Anzahl äquidistanter Stellen des Stabes bestimmt und dann das arithmetische Mittel $\nu_{k_{\text{mittel}}} = \frac{\sum_{i=1}^{n} \nu_{k_i}}{n}$ ermittelt werden. Eine ähnliche Mittelbildung ergibt sich durch den Vergleich der Summen der angenommenen Ordinaten mit den gerechneten Ordinaten, also

$$\nu_{k_{\text{mittel}}} = \frac{\sum_{i=0}^{n} y_{a_i}}{\sum_{i=0}^{n} y_{g_i}}. \tag{III 31}$$

Wählt man für diesen Fall die Distanz zwischen den einzelnen Stabstellen unendlich klein, so läuft diese Mittelwertbildung auf einen Flächenvergleich hinaus, welcher zweckmäßig unter Anwendung der Trapezformel oder SIMPSONschen Regel erfolgt. Auch die nach der Energiemethode ermittelten Ausdrücke in den Gl. (III 27) bzw. (III 28) können als Mittelwertbildungen aufgefaßt werden, wenn man sich die Ordinaten mit den Gewichten y'' behaftet denkt.

Die Erfahrung zeigt, daß die Konvergenz dieses Iterations-Verfahrens außerordentlich gut ist[2]. In vielen Fällen kann man sich sogar auf den ersten Schritt beschränken, dem zweiten kommt dann nur noch die Rolle einer Kontrolle zu.

HARTMANN[3] nimmt für die Knickfigur eine Regelkurve mit einfacher Gleichung an und ermittelt die Biegemomente für die Stabkraft $P = 1$. Er zerlegt dann die Momentenfläche in ein Rechteck und eine Differenzenfläche. Die elastische Linie kann nun aus der Rechteckfläche und der Differenzenfläche ermittelt werden. Das Verfahren erlaubt nun für weitere Näherungen nur noch mit der Differenzenfläche zu operieren, was eine gewisse Vereinfachung mit sich bringt.

HARTMANN wendet das Verfahren auch für den plastischen Bereich an, indem er an Stelle von E den mit der Knickspannung σ_{kr} veränderlichen Knickmodul T_k (heute wird man nach ENGESSER-SHANLEY den Tangentenmodul T vorziehen) setzt. Faßt man die entsprechenden Werte T_m und J_m z. B. für die Stabmitte,

---

[1] CHWALLA, E., u. F. JOKISCH: Über das Ausknicken statisch unbestimmt gelagerter Kreisbogenträger von veränderlichem Querschnitt. Stahlbau 1941, S. 33.

[2] POHL, K.: Näherungslösungen für besondere Fälle von Knickbelastung. Stahlbau 1933, S. 137. — SCHLEUSNER, A.: Zur Konvergenz des ENGESSER-VIANELLO-Verfahrens, Leipzig: Teubner 1938.

[3] HARTMANN, F.: Knickung, Kippung, Beulung, Leipzig und Wien: Deuticke 1937.

als Vergleichswerte auf, so kann die Differentialgleichung (III 29) geschrieben werden

$$y'' = -\frac{M\left(\frac{T_m J_m}{T_x J_x}\right)}{T_m J_m}, \tag{III 32}$$

welche weiter wie bisher behandelt werden kann, wenn man die Momente M ersetzt durch die reduzierten Momente

$$M_{\text{red}} = M\frac{T_m J_m}{T_x J_x},$$

wobei der Index x andeuten soll, daß T_x und J_x längs der Stabachse x veränderlich sind. Die Werte T_x sind allerdings a priori nicht bekannt, da man die Knicklast nicht kennt. Diese ist zunächst zu schätzen und aus der Knickspannungskurve sind die Werte

$$T_x = \left(\frac{\lambda}{\pi}\right)^2 \sigma_{\text{kr}x} \tag{III 33}$$

zu ermitteln. Die weitere Rechnung deckt sich nun mit dem oben angegebenen Vorgehen. Deckt sich die berechnete Knickkraft nicht mit dem angenommenen Wert, so ist die Rechnung zu wiederholen.

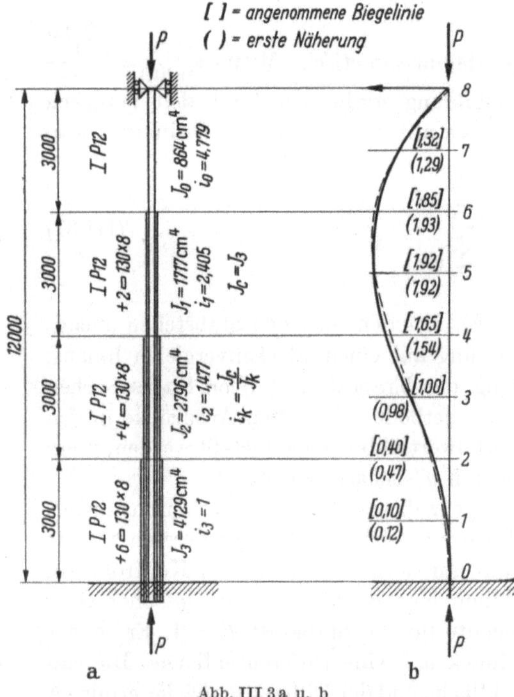

Abb. III 3 a u. b

Das Verfahren von Vianello sei an einem Beispiel noch kurz erläutert.

Wir suchen die Knicklast eines Knickstabes mit sprungweise veränderlichem Trägheitsmoment, der unten eingespannt und oben gelenkig gelagert ist. Senkrecht zur Knickebene sei der Stab gegen Ausknicken gesichert. Die Daten des Stabes sind aus Abb. III 3a zu entnehmen. Zunächst haben wir eine passende Biegelinie zu wählen. Wir wissen, daß sie an der Einspannstelle eine vertikale Tangente haben muß, ferner, daß sie einen Wendepunkt besitzt. Für konstantes Trägheitsmoment würde der Wendepunkt in einem Abstand 0,7 l vom obern Ende liegen (s. IV. Kapitel, A, 1, Tab. IV 1); für beidseitige Einspannung und konstantes Trägheitsmoment beträgt der Abstand zwischen den Wendepunkten 0,5 l. Im vorliegenden Fall wird er deshalb zwischen diesen beiden Werten liegen. Berücksichtigen wir noch, daß die Krümmung der Stabteile mit kleinem Trägheitsmoment (oberer Teil) größer sein wird als bei denjenigen mit großem Trägheitsmoment, so können wir überzeugt sein, eine passende Wahl für die Biegelinie getroffen zu haben.

An Hand der angenommenen Biegelinie lassen sich die Momente $M_0 = Py$ sofort angeben. Infolge der statisch unbestimmten Lagerung des Stabes wirkt am untern Ende noch ein unbestimmtes Einspannmoment auf den Stab ein, dessen Einfluß ebenfalls zu berücksichtigen ist. Die Größe dieser statisch Unbestimmten wird in bekannter Weise aus der Elastizitätsbedingung ermittelt, daß der Einspannquerschnitt sich nicht verdrehen darf. Bezeichnet α_{10} den Auflagerdrehwinkel infolge der Last P, α_{11} denjenigen infolge des Momentes $X = 1$, so ergibt sich X zu

$$X = \frac{\alpha_{10}}{\alpha_{11}}.$$

Die Werte α_{10} und α_{11} ermitteln wir als EJ-fache Auflagerdrücke der entsprechenden Momentenflächen; die EJ-fache Biegelinie als Momentenlinie der als Belastung aufgefaßten Momentenfläche $M = M_0 + X \cdot M_{x=1}$. Dabei bedienen wir uns des Verfahrens der Knotenlasten[1], und zwar benutzen wir die „Parabelformel". Für die erste Näherung wird nachstehend die Rechnung im Detail durchgeführt, für die zweite Näherung nur das Resultat angegeben.

Formeln für die Knotenlasten in den ungeraden Punkten[2]

$$\overline{K_m} = \frac{24EJ_c}{\Delta x} K_m = (2M_{m-1} \cdot i_m + 20M_m \cdot i_m + 2M_{m+1}\, i_m).$$

In den geraden Knoten ist die Formel für Endpunkte anzuwenden. Die Knotenlasten k_2, k_4 und k_6 setzen sich jeweils aus einem Anteil links und einem Anteil rechts zusammen:

rechter Anteil[3]

$$\overline{K^r_m} = \frac{24EJ_c}{\Delta x} K^r_m = (7M_m i_{m+1} + 6M_{m+1}\, i_{m+1} - M_{m+2}\, i_{m+1});$$

linker Anteil[3]

$$\overline{K^l} = \frac{24EJ_c}{\Delta x} K^l_m = (7M_m\, i_{m-1} + 6M_{m-1}\, i_{m-1} - M_{m-2}\, i_{m-1})$$

$$\frac{24EJ_c}{\Delta x} = \frac{24 \cdot 2100 \cdot 4129 \cdot}{150} = 1387344.$$

Wir wählen den Sicherheitsfaktor so, daß die Ordinate 5 der Annahme mit der Ordinate 5 der Näherung übereinstimmt und erhalten

$$\nu_1 = \frac{1{,}92}{0{,}0369} = 52{,}03.$$

Da wir unsere Rechnung für $P = 1$ t ausgeführt haben, ergibt sich daher für die Knicklast

$$\underline{P_{1\mathrm{kr}} = 52{,}03\ \mathrm{t}.}$$

Zur Kontrolle wurde der Rechnungsgang wiederholt, indem die Ordinaten $\nu_1\, y_1$ als Biegelinie zugrunde gelegt wurden. Die Resultate $\nu_2\, y_2$ dieser zweiten Näherung sind in der letzten Spalte der Tab. III 3 eingetragen. Für die Knickkraft ergab sich

$$\underline{P_{2\mathrm{kr}} = 52{,}35\ \mathrm{t}.}$$

An Hand des vorliegenden Beispiels sei auch noch die Behandlung mittels der im vorigen Abschnitt angegebenen baustatischen Form der Energiemethode

[1] STÜSSI, F.: Vorlesungen über Baustatik, Bd. 1, 2. Aufl., Basel/Stuttgart: Birkhäuser 1953, S. 242.

[2] STÜSSI, F.: Vorlesungen über Baustatik, Bd. I, 2. Aufl., Basel/Stuttgart: Birkhäuser 1953, S. 244.

[3] STÜSSI, F.: Vorlesungen über Baustatik, Bd. II, 1. Aufl., Basel/Stuttgart: Birkhäuser 1954, S. 32.

Tabelle III 1. *Bestimmung von* α_{10}

m	$M_0 = P \cdot y_m$ t cm	i_m	$M_{0m} \cdot i_m$ t cm	$\overline{K_{0m}}$	$\sum_{m=8}^{1} \overline{K_{0m}}$	$\sum_{m=0}^{7} \overline{K_{0m}}$
8	0	4,779	0	29,02	29,02	565,84
7	1,32	4,779	6,31	143,88	172,90	536,83
6	1,85		8,84	154,64	327,54	392,94
		2,405	4,45			
5	1,92	2,405	4,62	109,24	436,78	238,30
4	1,65		3,97	76,43	513,21	129,06
		1,477	2,44			
3	1,00	1,477	1,48	35,66	548,87	52,63
2	0,40		0,59	13,97	562,84	16,97
		1	0,40			
1	0,10	1	0,10	2,80	565,64	3,00
0	0		0	0,20	565,84	0,20
					$\sum_{8}^{1} = 3156{,}80$	$\sum_{0}^{7} = 1369{,}93$

$$\text{Auflagerdruck } A_8 = \frac{1{,}5 \cdot 3156{,}80}{12} = 394{,}60$$

$$\text{Auflagerdruck } A_0 = \frac{1{,}5 \cdot 1369{,}93}{12} = 171{,}24 = E\,J_c\,\alpha_{10}.$$

Tabelle III 2. *Bestimmung von* α_{11}

m	$M_x =$ „1“m	$M_x =$ „1“$m \cdot i_m$	$\overline{K_m}$	$\sum_{m=8}^{1} \overline{K_{xm}}$	$\sum_{m=0}^{7} \overline{K_{xm}}$
8	0	0	2,387	2,387	158,272
7	0,125	0,597	14,330	16,717	155,885
		1,195			
6	0,250	0,601	20,263	37,080	141,555
5	0,375	0,902	21,648	58,728	121,192
		1,203			
4	0,500	0,739	22,835	81,563	99,544
3	0,625	0,923	22,154	103,717	76,709
		1,108			
2	0,750	0,750	22,055	125,772	54,555
1	0,875	0,875	21,000	146,772	32,500
0	1,000	1,000	11,500	158,272	11,500
				$\sum_{8}^{1} = 572{,}736$	$\sum_{0}^{7} = 693{,}440$

$$\text{Auflagerdruck } A_8 = \frac{1{,}5 \cdot 572{,}736}{12} = 71{,}592$$

$$\text{Auflagerdruck } A_0 = \frac{1{,}5 \cdot 693{,}440}{12} = 86{,}680 = E\,J_c\,\alpha_{11}$$

$$X = \frac{E\,J_c\,\alpha_{10}}{E\,J_c\,\alpha_{11}} = \frac{171{,}24}{86{,}680} = 1{,}9755.$$

Tabelle III 3. *Bestimmung der ersten Näherung der Biegelinie*

m	$\overline{K_m} = \overline{K_{0m}} - X\,\overline{K_{xm}}$	Q_{km}	$\Sigma Q_m \lambda = \frac{\Delta x}{24\,E J_c} \cdot y_m$	y für $P = 1$	$\nu_1 y_1$	$\nu_2 y_2$
A_8		253,17				
8	24,30	228,87	0	0	0	0
7	115,57	113,30	343,31	0,0247	1,29	1,29
6	114,41	− 1,11	513,26	0,0370	1,93	1,94
5	66,47	−67,58	511,59	0,0369	1,92	1,92
4	31,32	−98,90	410,22	0,0296	1,54	1,52
3	− 8,10	−90,80	261,87	0,0189	0,98	0,97
2	−29,60	−61,20	125,67	0,0091	0,47	0,47
1	−38,68	−22,52	33,87	0,0024	0,12	0,13
0	−22,52		0	0	0	0
A_0		0				

gezeigt. Dabei ist zu berücksichtigen, daß ein statisch unbestimmtes System vorliegt und für das Moment

$$M = M_0 + X\,M_{x=1} \qquad \text{(III 34)}$$

geschrieben werden muß. Einige Umformungen führen dann zu folgender Formel für die Bestimmung der Knicklast.

$$P_{\text{kr}} = \frac{\int_0^l M_0\,y''\,dx}{\int_0^l y\,y''\,dx} = \frac{\int_0^l M_0 \frac{M}{E J}\,dx}{\int_0^l y \frac{M}{E J}\,dx}\,. \qquad \text{(III 35)}$$

Dabei ist $M_0 = P y$, wogegen für M der Wert der Gl. (III 34) eingesetzt werden muß.

Die Berechnung ist in der nachstehenden Tab. III 4 durchgeführt.

Tabelle III 4

m	M_{0m}	$M_{xm} = X\,M_{x-1_m}$	y''	y	$y\,y''$	$y''\,M_{0m}$
8	0	0	0	0	0	0
7	1,3200	−0,2469	+1,0731	0,0247	+0,02651	+1,4165
6	1,8500	−0,4939	+1,3561	0,0370	+0,05018	+2,5088
5	1,9200	−0,7408	+1,1792	0,0369	+0,04351	+2,2641
4	1,6500	−0,9878	+0,6622	0,0296	+0,01960	+1,0926
3	1,0000	−1,2347	−0,2347	0,0189	−0,00444	−0,2347
2	0,4000	−1,4816	−1,0816	0,0091	−0,00984	−0,4326
1	0,1000	−1,7286	−1,6286	0,0024	−0,00391	−0,1629
0	0	−1,9755	−1,9755	0	0	0
					+0,36656	+19,4696

Die Integralausdrücke der Gl. (III 27) $\int_0^l M_0 y'' dx$ und $\int_0^l y y'' dx$ werden mit der SIMPSONschen Formel ermittelt

$$F = \int_0^l u\,dx = \frac{\Delta x}{3}(u_0 + 4u_1 + 2u_2 + 4u_3 + \cdots + u_n).$$

Die Summen in der Klammer wurden in Tab. III 4 ermittelt und wir erhalten für die Knickkraft

$$P_{kr} = \frac{\frac{\Delta x}{3}\cdot 19{,}4696}{\frac{\Delta x}{3}\cdot 0{,}36656} = 53{,}11\ \text{t}.$$

Eine zweite Näherung ergab den Wert $P_{kr} = 52{,}32$ t.

Wie Abb. III 3b zeigt, fällt bereits die erste Näherung nach VIANELLO recht befriedigend aus. Die zweite Näherung nach VIANELLO unterscheidet sich nicht mehr von der zweiten Näherung nach der Energiemethode, ein Ergebnis, das für die Leistungsfähigkeit beider Methoden spricht. Da wir wissen, daß die nach der Energiemethode erhaltene Knicklast etwas zu groß ist, wird man in der Praxis mit $P_{kr} = 52{,}3$ t rechnen.

Das beschriebene Iterations-Verfahren ist sehr leistungsfähig, wenn man die Form der Knickfigur einigermaßen kennt. Ist dies nicht der Fall, so kann die Konvergenz in Frage gestellt sein, oder, was noch schlimmer ist, man wird zu falschen Schlußfolgerungen verleitet. Dies sei am Beispiel der Knickung des Druckgurtes oben offener Fachwerkbrücken kurz erläutert. Für diesen Fall ist die zu erwartende Halbwellenzahl der Knickfigur, welche die kleinste Knickkraft liefert, nicht zum vorneherein bekannt.

Wird das Verfahren für eine beliebige Halbwellenzahl durchgeführt, so ist es ohne weiteres möglich, daß dieses Verfahren ausgezeichnet konvergiert, wenn sich die angenommene Halbwellenzahl mit einer möglichen Knickfigur deckt. Man hat jedoch keine Gewähr dafür, daß diese Halbwellenzahl auch wirklich die *kleinste* Knicklast liefert.

Will man keine andere Methode zu Hilfe ziehen, so ist man genötigt, das Verfahren für verschiedene Halbwellenzahlen zu wiederholen und aus den Ergebnissen diejenige Knickfigur auszuwählen, welche zur kleinsten Knicklast führt[1]. Der dafür benötigte Arbeitsaufwand kann dann denjenigen, der für eine exakte Methode aufzuwenden wäre, bedeutend übersteigen.

Zusätzliche Literatur zum III. Kapitel

BIJLAARD, P. P.: Method of Split Rigidity and its Application to various Buckling Problems. N. A. C. A. Technical Note 4085, Washington, July 1958.

BUCKENS, F.: Décomposition des coefficients d'influence dans les problèmes de vibration et de flambage. Abh. I. V. B. H., Bd. VII, Zürich: Leemann 1943/44, S. 61.

CHWALLA, E.: Zur Berechnung gedrungener Knickstäbe mit beliebig veränderlichem Querschnitt. Stahlbau 1934, S. 121.

COURANT, R.: Problems of Equilibrum and Variations. Bull. Amer. math. Soc. 49 (1943) S. 1.

---

[1] BAŽANT, Z.: Die Knicksicherheit der Druckgurte offener Brücken. Abhandlungen der Internationalen Vereinigung für Brückenbau und Hochbau. Siebenter Band. Zürich: Leemann 1944.

DEUTSCH, E.: Einfache Berechnung der Knicklast gerader Stäbe mit beliebig veränderlichem Trägheitsmoment. Stahlbau 1953, S. 224.

EVERTS, G.: Näherungsweise Bestimmung von Knicklasten. Schweiz. Bauztg. 118 (1941) S. 261.

GALERKIN, B. G.: Balken und Platten (russisch). Wjestnik Ingenerow 1915, H. 19.

GRAMMEL, R.: Ein neues Verfahren zur Lösung technischer Eigenwertprobleme. Ing.-Arch. 10 (1939) S. 35.

HARTMANN, F.: Der allgemeine Fall der Knickung des geraden Baustahlstabes mit veränderlichem Querschnitt. Abh. I. V. B. H. Bd. IV, Zürich: Leemann 1936, S. 319.

HOFF, N. J.: Stable and Unstable Equilibrum of Plane Frameworks. J. Aeronaut. Sci. 8 (1941) S. 115.

—: The idealized column. Ing.-Arch. XXVIII (1959) (Festschrift RICHARD GRAMMEL).

LANGENDONCK, T. VAN: Eine numerische Lösung des Knickproblems. Abh. I. V. B. H. Bd. XIV, Leemann Zürich: 1954, S. 111.

MARGUERRE, K.: Über die Behandlung von Stabilitätsproblemen mit Hilfe der energetischen Methode. Z. angew. Math. Mech. 18 (1938) S. 57.

MISES, R. VON: Ausbiegung eines auf Knicken beanspruchten Stabes. Z. angew. Math. Mech., Nach. 4 (1924) W. 435.

NOCKKENTVED, CH.: Elastisch eingespannte Säulen. Abh. I. V. B. H. Bd. III, Zürich: Leemann 1935, S. 355.

PARIS, A.: Encastrement élastique et flambage des colonnes. Abh. I. V. B. H. Bd. VII. Zürich: Leemann 1943/44, S. 277.

PRAGER, W.: The General Variational Principle of the Theory of Structural Stability Quart. Applied Math. 4 (1947) S. 378.

REINITZHUBER, F.: Näherungsformeln für das Knicken von Stäben mit linear veränderlicher Längskraft. Abh. I. V. B. H. Bd. XIII, Zürich: Leemann 1953, S. 309.

SHIELDS, J. H., u. R. H. MACNEAL: The Solution of Elastic Stability Problems with the Electric Analog Computer. J. Appl. Mech., Dezember 1959, S. 635.

SOARE, M.: Asupra posibilitătii Stabilirii unor formule de dimensionare la flambaj. (Die Möglichkeit der Aufstellung von Dimensionierungsformeln für Knickstäbe.) Akademie der Rumänischen Volksrepublik, 1959.

SUTTER, K.: Die theoretischen Knickspannungen von Aluminium Bauteilen. VDI-Zeitschrift. 160, Nr. 35, S. 1715.

TIMOSHENKO, S.: Sur la stabilité des systèmes élastiques. Ann. Ponts Chauss. 83, 9. Reihe, Nr. 15, S. 496; 83, 9. Reihe, Nr. 16, S. 73 u. 83, 1913 und 83, 9. Reihe, Nr. 17, S. 372, 1913.

WESTERGAARD, H. M.: On the Method of Complementary Energy. Trans. Amer. Soc. civ. Engrs. 107 (1942) S. 765.

WOERNLE, H. T.: Eine Matrizenmethode für mehrfeldrige Balken. (Knicken und Schwingungen). Stahlbau 1956, H. 6, S. 140.

IV. Die verschiedenen Knickfälle

A. Knicken gerader vollwandiger Stäbe mit konstantem Querschnitt

1. Zentrischer Druck

Wir betrachten einen geraden Stab mit konstantem Querschnitt, der durch eine axiale Druckkraft belastet wird. Für die Lagerbedingungen der Stabenden seien die in Abb. IV 1 dargestellten Fälle betrachtet, d. h. die klassischen „EULER-Fälle“.

Fall II wurde schon im II. Kapitel besprochen. Auch die übrigen drei Fälle lassen sich in elementarer Weise lösen. Es sollen jedoch alle vier Fälle gleichzeitig mit Hilfe der in Kapitel III angegebenen mathematischen Formulierung als Eigenwertproblem, behandelt werden.

Die dort angegebene Differentialgleichung (III 6) lautet für konstantes Trägheitsmoment

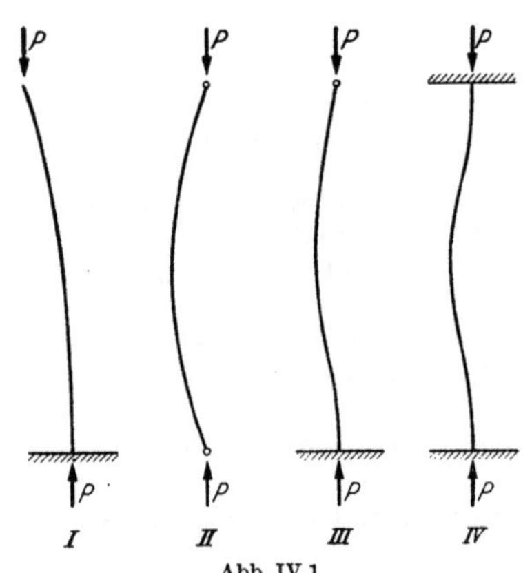

Abb. IV 1

$$y'''' + k^2 y'' = 0 \tag{IV 1}$$

mit

$$k = \sqrt{\frac{P}{EJ}}. \tag{IV 2}$$

Die bekannte Lösung dieser Differentialgleichung lautet

$$y = C_1 \cos(k x) + C_2 \sin(k x) + C_3 \frac{x}{l} + C_4. \tag{IV 3}$$

Daraus erhält man:

$$\left.\begin{aligned} y' &= -C_1 k \sin(k x) + C_2 k \cos(k x) + C_3 \frac{1}{l} \\ y'' &= -C_1 k^2 \cos(k x) - C_2 k^2 \sin(k x) \\ y''' &= C_1 k^3 \sin(k x) - C_2 k^3 \cos(k x) \\ k^2 y' &= -C_1 k^3 \sin(k x) + C_2 k^3 \cos(k x) + C_3 \frac{k^2}{l} \\ y''' + k^2 y' &= C_3 \frac{k^2}{l}. \end{aligned}\right\} \tag{IV 4}$$

Durch Einführung dieser Gleichungen in die Randbedingungen erhält man ein lineares homogenes Gleichungssystem, dessen Determinante die Knickdeterminante darstellt. Der ganze Berechnungsgang ist in der folgenden Tab. IV 1 dargestellt.

Die Formeln sind abgeleitet für unbegrenzt elastisches Material. Spielt sich der Knickvorgang im plastischen Bereich eines Materials ab, so ist nach ENGESSER-KÁRMÁN E durch den Knickmodul T_k, oder nach neueren Erkenntnissen, durch den Tangentenmodul T nach ENGESSER-SHANLEY, zu ersetzen.

Zu EULER-Fall IV sei noch folgendes bemerkt:

Als Knickbedingung erhält man

$$\sin\frac{k l}{2}\left(\sin\frac{k l}{2} - \frac{k l}{2}\cos\frac{k l}{2}\right) = 0. \tag{IV 5}$$

Sie zerfällt in zwei Teile.

Die kleinste Knickkraft liefert $\sin\frac{k l}{2} = 0$. Für $k l$ ergibt sich 2π.

Setzen wir den Klammerausdruck gleich Null, so ergibt sich

$$\sin\frac{k l}{2} - \frac{k l}{2}\cos\frac{k l}{2} = 0 \tag{IV 6}$$

oder

$$\tan\frac{k l}{2} - \frac{k l}{2} = 0. \tag{IV 7}$$

Vergleichen wir diese Bedingung mit derjenigen des EULER-Falles III, so erkennen wir, daß $k l = 8{,}986$ wird. Das ist aber größer als 2π.

Tabelle IV 1

Eulerfall	I	II	III	IV
Randbedingungen	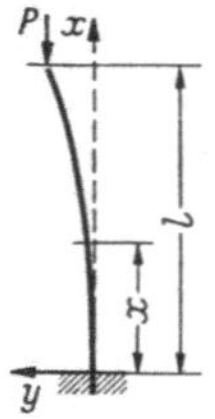 $y''=0$, $y'''+k^2y'=0$; $y=0$, $y'=0$	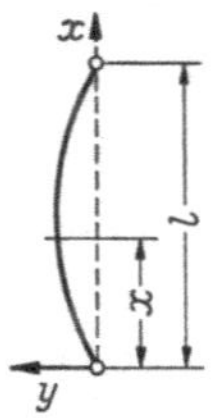 $y=0$, $y''=0$; $y=0$, $y''=0$	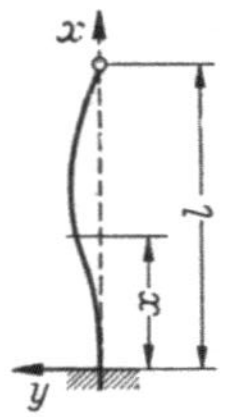 $y=0$, $y''=0$; $y=0$, $y'=0$	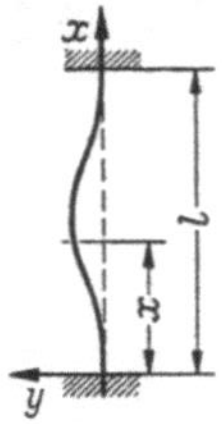 $y=0$, $y'=0$; $y=0$, $y'=0$
Knickdeterminante	$\begin{vmatrix} 1 & 0 & 0 & 1 \\ 0 & k & \frac{1}{l} & 0 \\ -k^2\cos kl & -k^2\sin kl & 0 & 0 \\ 0 & 0 & \frac{k^2}{l} & 0 \end{vmatrix}$	$\begin{vmatrix} 1 & 0 & 0 & 1 \\ -k^2 & 0 & 0 & 0 \\ \cos kl & \sin kl & 1 & 1 \\ -k^2\cos kl & -k^2\sin kl & 0 & 0 \end{vmatrix}$	$\begin{vmatrix} 1 & 0 & 0 & 1 \\ \cos kl & \sin kl & 1 & 1 \\ 0 & k & \frac{1}{l} & 0 \\ -k^2\cos kl & -k^2\sin kl & 0 & 0 \end{vmatrix}$	$\begin{vmatrix} 1 & 0 & 0 & 1 \\ 0 & k & \frac{1}{l} & 0 \\ \cos kl & \sin kl & 1 & 1 \\ -k^2\sin kl & -k^2\cos kl & \frac{1}{l} & 0 \end{vmatrix}$
Knickgleichung	$\cos k l = 0$	$\sin k l = 0$	$\tan k l - kl = 0$	$\sin \frac{k l}{2}\left(\tan \frac{k l}{2} - \frac{k l}{2}\right) = 0$
Kleinster Wert von $k l = l\sqrt{\frac{P}{E J}} =$	$\frac{\pi}{2}$	π	4,493	2π
Knickkraft $P_{kr} =$	$\frac{\pi^2 E J}{4 l^2} = \frac{\pi^2 E J}{(2 l)^2}$	$\frac{\pi^2 E J}{l^2}$	$\frac{4{,}493^2 E J}{l^2} \approx \frac{\pi^2 E J}{(0{,}7 l)^2}$	$\frac{4 \pi^2 E J}{l^2} = \frac{\pi^2 E J}{\left(\frac{l}{2}\right)^2}$

Die Bedingung $\sin \frac{k\,l}{2} = 0$ liefert also tatsächlich die maßgebende kleinste Knickkraft.

Der zweiten Bedingung würde eine Knickfigur nach Abb. IV 2a entsprechen. Da sie jedoch einer größeren Knickkraft entspricht, spielt sie praktisch keine Rolle. Ist jedoch das Trägheitsmoment derart veränderlich, daß der Stab an einem eingespannten Ende wesentlich steifer ist als am andern Ende, so kann auch die gegensymmetrische Beulform maßgebend werden. Der mittlere Wendepunkt verschiebt sich nach der steifern Seite und der Abstand zwischen zwei benachbarten Wendepunkten kann, wie Abb. IV 2b zeigt, größer als $\frac{l}{2}$ werden. Bei der Aufstellung der Kurventafeln in Kap. IV E 3bβ war dieser Fall in Betracht zu ziehen.

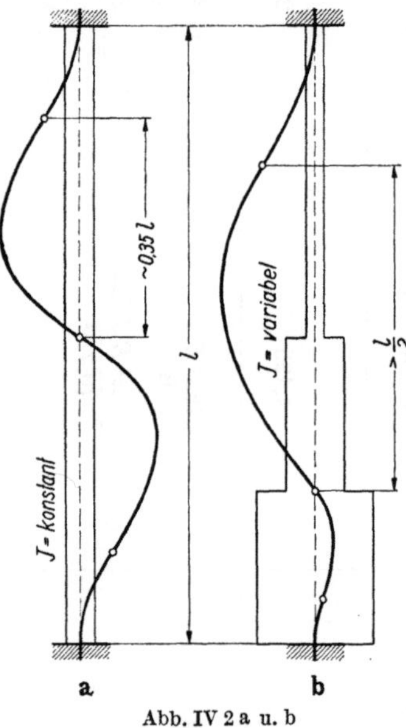

Abb. IV 2 a u. b

2. Exzentrischer Druck

a) Einleitung. In diesem Abschnitt werden Stäbe behandelt, bei denen die Druckkraft nicht im Schwerpunkt der Endquerschnitte, sondern außerhalb desselben an greift. Ferner wird vorausgesetzt, daß die Kraftangriffspunkte in einer Symmetrieebene liegen, die sich einstellende Knickfigur ebenfalls in dieser Symmetrieebene liegt[1] und daß die Druckkraft während des Ausknickens ihre Richtung beibehält.

Setzt man ein ideal-elastisches Material mit unbeschränkter Gültigkeit des Hookeschen Gesetzes voraus, so liegt kein eigentliches Stabilitätsproblem, sondern ein Spannungsproblem zweiter Ordnung vor. Zu jeder Last P gehört eine eindeutig bestimmte Ausbiegung. Dabei wachsen allerdings die Ausbiegungen rascher an als die Last, so daß der Stab infolge zu großer Ausbiegungen unbrauchbar werden kann. Bei plastisch verformbaren Materialien liegt jedoch wieder ein Stabilitätsproblem vor, da für eine kritische Last das Gleichgewicht zwischen innern und äußern Momenten infolge der Plastifizierung nicht mehr möglich ist. Auf diese Zusammenhänge werden wir in Abschnitt G noch näher eintreten.

Außer der Tatsache, daß dieses sog. exzentrische oder außermittige Knicken in der Praxis häufig vorkommt, hat es eine erhöhte Bedeutung erlangt, indem die ω-Zahlen der neuen deutschen Knickvorschriften DIN 4114 darauf aufgebaut sind.

Bei der praktischen Ausführung von Knickstäben wird nie eine genau zentrische Belastung des Stabes zu erreichen sein, sondern die Druckkraft wird an „unvermeidbaren" Angriffshebeln wirken, d. h. wir haben es mit einem exzentrisch gedrückten Stab zu tun. Dieser Fall wird nun in den neuen Vorschriften

[1] Allgemeinere Fälle werden im Abschn. D, Biegedrillknicken und Kippen, behandelt.

DIN 4114, neben der EULER-Formel, bei der Bestimmung der zulässigen Druckspannung berücksichtigt[1].

b) Ideal-elastisches Material. Wir betrachten einen im unbelasteten Zustand geraden Stab, an welchem die Kraft P an den Hebelarmen e angreifen soll (Abb. IV 3). Im übrigen gelten die in der Einleitung erwähnten Bedingungen. Für den verformten Stab können zunächst die folgenden Differentialbeziehungen angeschrieben werden:

$$dx = ds\cos\varphi \qquad \text{oder} \qquad \frac{dx}{ds} = \cos\varphi \tag{IV 8}$$

$$dy = ds\sin\varphi \qquad \text{oder} \qquad \frac{dy}{ds} = \sin\varphi. \tag{IV 9}$$

Für das Biegungsmoment M_x ergibt sich

$$M_x = Py. \tag{IV 10}$$

Vernachlässigt man die Längenänderung der neutralen Faser, so kann für den Biegewinkel der bekannte Ausdruck

$$d\varphi = -\frac{M}{EJ}\,ds = -\frac{P}{EJ}\,y\,ds \tag{IV 11}$$

gesetzt werden. Zur Vereinfachung der Schreibweise setzen wir

$$\frac{P}{EJ} = k^2 \qquad k\,l = a. \tag{IV 12}$$

Mit stetig wachsender Kraft P wächst auch der Wert k stetig. Daher kann Gl. (IV 11) wie folgt geschrieben werden

$$\frac{d\varphi}{ds} = -k^2 y = -\frac{a^2}{l^2}\,y \tag{IV 13}$$

a b

Abb. IV 3 a u. b

Wir nehmen weiterhin an, der Winkel φ, dessen Maximum φ_0 ist, sei so klein, daß näherungsweise $\varphi = \sin\varphi$ gesetzt werden darf. Diese Näherung erscheint im Bereich der Stabmitte ohne weiteres gerechtfertigt, trifft jedoch weniger gut für die Stabenden zu. Auf alle Fälle wird man die nachstehenden Ergebnisse mit Vorbehalt zu betrachten haben für den Fall, daß sich φ dem Wert $\frac{\pi}{2}$ nähert.

Unter diesen Voraussetzungen kann Gl. (IV 9) wie folgt geschrieben werden

$$\varphi = \frac{d\,y}{d\,s}. \tag{IV 14}$$

Differenziert man beidseitig nach ds, so erhält man

$$\frac{d\varphi}{ds} = \frac{d}{ds}\left(\frac{dy}{ds}\right) = \frac{d^2y}{ds^2} \tag{IV 15}$$

und Gl. (IV 13) kann geschrieben werden

$$\frac{d^2y}{ds^2} + \frac{a^2}{l^2}\,y = 0. \tag{IV 16}$$

[1] DIN 4114, Blatt 2, S. 8.

Das ist aber die bekannte Differentialgleichung des Knickproblems, bei der allerdings an Stelle von dx das Bogendifferential ds steht. Gl. (IV 16) wird daher innerhalb eines gewissen Bereiches auch bei endlichen Verformungen Anwendung finden dürfen. Ihre allgemeine Lösung lautet

$$y = A \sin\left(\frac{a}{l}\, s\right) + B \cos\left(\frac{a}{l}\, s\right), \tag{IV 17}$$

woraus folgt

$$\frac{dy}{ds} = \sin\varphi = \frac{a}{l} A \cos\left(\frac{a}{l}\, s\right) - \frac{a}{l} B \sin\left(\frac{a}{l}\, s\right). \tag{IV 18}$$

Es werden nun noch die Konstanten A und B aus den Randbedingungen bestimmt.

Für $s = 0$ hat man

$$y = e \cos\varphi_0 \qquad \text{und} \qquad \frac{dy}{ds} = \sin\varphi_0$$

und aus Gl. (IV 17) folgt

$$B = e \cos\varphi_0 . \tag{IV 19}$$

Aus Gl. (IV 18) ergibt sich

$$A = \frac{l}{a} \sin\varphi_0 . \tag{IV 20}$$

Setzt man anderseits $s = l$, so hat man

$$y = e \cos\varphi_l \qquad \text{und} \qquad \frac{dy}{ds} = \sin\varphi_l$$

und daher

$$\frac{l}{a} \sin\varphi_0 \sin a + e \cos\varphi_0 \cos a = e \cos\varphi_l \tag{IV 21}$$

$$\frac{l}{a} \sin\varphi_0 \cos a - e \cos\varphi_0 \sin a = \frac{l}{a} \sin\varphi_l . \tag{IV 22}$$

Beachtet man noch, daß aus Symmetriegründen $\varphi_l = -\varphi_0$ ist, so erhält man

$$\left.\begin{aligned} \frac{l}{a} \sin\varphi_0 \sin a + e \cos\varphi_0 \cos a - e \cos\varphi_0 = 0 \\ \frac{l}{a} \sin\varphi_0 \cos a - e \cos\varphi_0 \sin a + \frac{l}{a} \sin\varphi_0 = 0 \end{aligned}\right\} \tag{IV 23}$$

und nach einigen Umformungen ergibt sich

$$\left.\begin{aligned} 2 \sin\left(\frac{a}{2}\right) \left[\frac{l}{a} \sin\varphi_0 \cos\left(\frac{a}{2}\right) - e \cos\varphi_0 \sin\left(\frac{a}{2}\right)\right] = 0 \\ 2 \cos\left(\frac{a}{2}\right) \left[\frac{l}{a} \sin\varphi_0 \cos\left(\frac{a}{2}\right) - e \cos\varphi_0 \sin\left(\frac{a}{2}\right)\right] = 0. \end{aligned}\right\} \tag{IV 24}$$

Daraus erhält man die folgende Bestimmungsgleichung für

$$\tan\varphi_0 = \frac{e}{l}\, a \tan\left(\frac{a}{2}\right) \tag{IV 25}$$

oder, wenn wir für $a = l\sqrt{\frac{P}{EJ}}$ einsetzen

$$\tan\varphi_0 = e\sqrt{\frac{P}{EJ}} \tan\left(\frac{l}{2}\sqrt{\frac{P}{EJ}}\right). \tag{IV 26}$$

Führt man noch die Euler-Knicklast $P_E = \frac{\pi^2 E J}{l^2}$ ein, so läßt sich Gl. (IV 26) auch wie folgt schreiben

$$\tan\varphi_0 = \frac{e}{l}\,\pi \sqrt{\frac{P}{P_E}} \tan\left(\frac{\pi}{2}\sqrt{\frac{P}{P_E}}\right) \tag{IV 27}$$

oder

$$\tan \varphi_0 = \frac{\frac{e}{l}\,\pi \sqrt{\frac{P}{P_E}}}{\cot\left(\frac{\pi}{2}\sqrt{\frac{P}{P_E}}\right)}. \tag{IV 28}$$

Diese Formel, welche den Zusammenhang zwischen der Last P und dem Auflagerdrehwinkel φ_0 zeigt, hat einen ähnlichen Aufbau wie die im I. Kapitel, Einführung, betrachtete Formel (I 1). Auch hier wird für den Sonderfall $e = 0$ bei beliebigem Wert von $P < P_E$ der Auflagerdrehwinkel $\varphi_0 = 0$.

Erreicht P jedoch den Wert $\frac{\pi^2 E J}{l^2}$, so wird $\tan \varphi_0 = \frac{0}{0}$, also unbestimmt, d. h. für $P = P_E = \frac{\pi^2 E J}{l^2}$ liegt eine Unstabilität vor. Damit haben wir den Wert der kritischen Last für den EULER-Fall II erneut abgeleitet.

Für Werte $e \neq 0$ besteht zwischen P und φ_0 kein linearer Zusammenhang mehr. Der Auflagerdrehwinkel nimmt, für jedes Verhältnis $\frac{e}{l}$, rascher zu als das Verhältnis $\frac{P}{P_E}$. Für kleine Werte von $\frac{e}{l}$ ist die Zunahme von φ_0 zunächst gering, steigt jedoch in der Nähe von $\frac{P}{P_E} = 1$ plötzlich rapid an. Es liegt jedoch, so lange wir $P < P_E$ und ein Material mit unbeschränkter Gültigkeit des HOOKEschen Gesetzes voraussetzen, kein Stabilitätsproblem, sondern ein Spannungsproblem zweiter Ordnung vor. Für Werte $P \geqq P_E$ sind unsere Untersuchungen infolge der bei der Ableitung getroffenen Vereinfachungen nicht mehr gültig. Dazu ist vom praktischen Standpunkt aus zu bemerken, daß in einem Bauwerk ein Stab mit einem Auflagerdrehwinkel $\varphi_0 = \frac{\pi}{2}$ immer unzulässig sein wird. Für Fälle mit praktisch zulässigen Auflagerdrehwinkeln ist jedoch unsere Ableitung ohne weiteres brauchbar. In Abb. IV 4 ist der Zusammenhang zwischen dem Auflagerdrehwinkel φ_0 und dem Verhältnis $\frac{P}{P_E}$ für verschiedene Parameter $\frac{e}{l}$ graphisch dargestellt.

Die Dimensionierung derartiger exzentrisch gedrückter Stäbe ist sofort möglich, wenn wir die Ausbiegungen der Stabachse kennen. Diese ergeben sich aus Gl. (IV 17), welche nach Einführung der Ausdrücke (IV 19) und (IV 20) für die Integrationskonstanten wie folgt geschrieben werden kann:

$$y = \frac{l}{a} \sin \varphi_0 \sin\left(\frac{a}{l}\, s\right) + e \cos \varphi_0 \cos\left(\frac{a}{l}\, s\right). \tag{IV 29}$$

Setzen wir für e nach Gl. (IV 25)

$$e = \frac{l}{a} \cdot \frac{\sin \varphi_0}{\cos \varphi_0} \cdot \frac{\cos\left(\frac{a}{2}\right)}{\sin\left(\frac{a}{2}\right)},$$

so ergibt sich

$$y = \frac{l}{a} \sin \varphi_0 \left[\sin\left(\frac{a}{l}\, s\right) + \frac{\cos\left(\frac{a}{2}\right)}{\sin\left(\frac{a}{2}\right)} \cos\left(\frac{a}{l}\, s\right)\right] \tag{IV 30}$$

und wir erhalten nach einigen weiteren Umformungen

$$y = \frac{l}{a} \frac{\sin \varphi_0}{\sin\left(\frac{a}{2}\right)} \cos\left[\frac{a}{2}\left(1 - \frac{2s}{l}\right)\right]. \tag{IV 31}$$

Beachten wir, daß

$$\sin \varphi_0 = \frac{\tan \varphi_0}{\sqrt{1 + \tan^2 \varphi_0}} \tag{IV 32}$$

und daß für $\tan \varphi_0$ der Ausdruck (IV 25) gesetzt werden kann, so ergibt sich

$$y = \frac{e \cos\left[\frac{a}{2}\left(1 - \frac{2s}{l}\right)\right]}{\sqrt{\cos^2\left(\frac{a}{2}\right) + \left(\frac{e}{l}\right)^2 a^2 \sin^2\left(\frac{a}{2}\right)}}. \tag{IV 33}$$

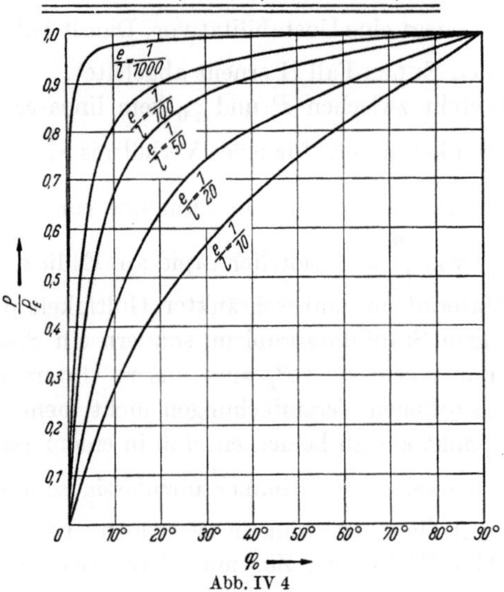

Abb. IV 4

Die größte Ausbiegung f (Abb. IV 3) ergibt sich in Stabmitte für $s = \frac{l}{2}$ zu

$$f = \frac{e}{\sqrt{\cos^2\left(\frac{a}{2}\right) + \left(\frac{e}{l}\right)^2 a^2 \sin^2\left(\frac{a}{2}\right)}} \tag{IV 34}$$

oder

$$f = \frac{e}{\sqrt{\left(1 - \frac{e^2}{l^2} a^2\right) \cos^2\left(\frac{a}{2}\right) + \frac{e^2}{l^2} a^2}}. \tag{IV 35}$$

Für kleine Ausbiegungen und kleine Exzentrizitäten kann der Ausdruck $\frac{e^2}{l^2} a^2$ vernachlässigt werden und wir erhalten die einfache Formel

$$f = \frac{e}{\cos\left(\frac{a}{2}\right)} = e \sec\left(\frac{a}{2}\right). \tag{IV 36}$$

Das maximale Biegungsmoment beträgt

$$M_{\max} = P f = P e \sec \frac{a}{2}. \tag{IV 37}$$

Die maximale Randspannung wird somit:

$$\sigma_{\max} = \frac{P}{F} + \frac{P f}{W} = \frac{P}{F} + \frac{P e \sec \frac{a}{2}}{W}. \tag{IV 38}$$

Führen wir die Kernweite

$$k_e = \frac{W}{F} \tag{IV 39}$$

ein und bezeichnen wir als Exzentrizitätsmaß

$$m = \frac{e}{k_e}, \tag{IV 40}$$

so können wir Gl. (IV 38) wie folgt schreiben:

$$\underline{\underline{\sigma_{\max} = \frac{P}{F}\left(1 + m \sec\left(\frac{a}{2}\right)\right)}}. \tag{IV 41}$$

Das ist die sog. *Sekantenformel,* die oft zur Bestimmung des Tragvermögens exzentrisch gedrückter Stäbe verwendet wird. Da sie aber unter Annahme eines unbeschränkt elastischen Materials abgeleitet wurde, ist sie natürlich nicht in der Lage, die bei elastisch-plastischen Baustoffen auftretende Instabilität zu erfassen. Sie liefert für diesen Fall, hauptsächlich bei gedrungenen Stäben und für gewisse Querschnittsformen, von den exakten Resultaten abweichende Werte.

Gl. (IV 41) kann jedoch benutzt werden für Baustoffe, die bis zum Bruch ein elastisches Verhalten zeigen, also z. B. für Holz.

Bei der Anwendung von Formel (IV 41) ist jedoch zu beachten, daß zwischen der Spannung $\sigma_{\max}$ und der Last P kein proportionaler Zusammenhang besteht; die Spannungen wachsen rascher an als die Last P. Es geht deshalb nicht an, zunächst in $\frac{a}{2}$ die Gebrauchslast P einzusetzen und die sich daraus ergebene Spannung mit der zulässigen Spannung zu vergleichen, da dadurch eine zu große Sicherheit vorgetäuscht würde.

Wir haben deshalb die Gebrauchslast P mit dem gewünschten Sicherheitsfaktor ν_k zu multiplizieren und in Gl. (IV 41) $\nu_k P$ an Stelle von P zu setzen. Ergibt sich $\sigma_{\max}$ kleiner als die Bruchspannung σ_B, so ist der Stab genügend stark bemessen. Allerdings kennen wir, wenn nicht zufälligerweise $\sigma_{\max} = \sigma_B$ wird, die tatsächliche Sicherheit nicht. Wir wissen nur, daß sie größer als der gewählte Sicherheitsgrad ist.

Wollen wir die tatsächliche Sicherheit berechnen, so müssen wir in Gl. (IV 41) $\sigma_{\max} = \sigma_B$ setzen und die zugehörige, maximal mögliche Tragkraft ermitteln, die wir auch in diesem Fall P_{kr} nennen wollen. An Stelle von P_{kr} kann natürlich auch $\sigma_{kr} = \frac{P_{kr}}{F}$ bestimmt werden. Die Sicherheit ergibt sich nun zu $\nu_k = \frac{P_{kr}}{P}$ oder zu $\nu_k = \frac{\sigma_{kr}}{\sigma_0}$, wenn wir $\sigma_0 = \frac{P}{F}$ setzen.

Um σ_{kr} zu bestimmen, wird Gl. (IV 41) zweckmäßigerweise noch etwas umgeformt. Es ist

$$\frac{a}{2} = \frac{l}{2}\sqrt{\frac{P_{kr}}{EJ}} = \frac{l}{2}\sqrt{\frac{F\sigma_{kr}}{F i^2 E}} = \frac{\lambda}{2}\sqrt{\frac{\sigma_{kr}}{E}}. \tag{IV 42}$$

Darin bedeutet λ wie üblich den Schlankheitsgrad $\frac{l}{i}$. Gl. (IV 41) kann nun wie folgt geschrieben werden:

$$\sigma_B = \sigma_{\text{kr}}\left(1 + m \sec\left(\frac{\lambda}{2}\sqrt{\frac{\sigma_{\text{kr}}}{E}}\right)\right). \qquad \text{(IV 43)}$$

Aus ihr kann σ_{kr} durch Probieren bestimmt werden.

c) Elastisch-plastisch verformbares Material. Im vorhergehenden Abschnitt haben wir gesehen, daß die Behandlung des exzentrisch gedrückten Stabes für ein Material mit unbeschränkt gültigem HOOKEschen Gesetz auf ein reines Spannungsproblem führt. Anders liegen die Verhältnisse für Stäbe aus Material mit plastischem Verformungsvermögen. Bei solchen Stäben wird das Tragvermögen begrenzt durch den Eintritt eines instabilen Gleichgewichtszustandes. Es liegt also ein Stabilitätsproblem vor. Dieses unterscheidet sich allerdings prinzipiell vom Stabilitätsproblem des zentrischen Knickens. Bei letzterem sind für die kritische Last zwei Gleichgewichtslagen möglich, eine gerade, indifferente und eine benachbarte, ausgebogene, labile. Man spricht hier von einem Gleichgewichtsproblem mit Verzweigung. Beim exzentrisch gedrückten Stab sind die Ausbiegungen unter der kritischen Last von endlicher Größe und *eindeutig* bestimmt. Diese Gleichgewichtslage ist labil und man spricht von einem Gleichgewichtsproblem ohne Verzweigung. Wir werden auf diese Zusammenhänge im Unterkapitel G noch näher eintreten.

Die Stabilitätsuntersuchung exzentrisch gedrückter Stäbe aus Material mit plastischem Verformungsvermögen ist bedeutend langwieriger als für zentrisch gedrückte Stäbe, da nicht nur der Verlauf des Spannungsdehnungsdiagrammes, sondern auch die Querschnittsform die kritische Last beeinflußt. Für den allgemeinen Fall läßt sich denn auch keine geschlossene Lösung angeben.

Für kleine Exzentrizitäten entwickelte VON KÁRMÁN[1] eine strenge Lösung. Im Auftrage der Technischen Kommission des Verbandes Schweizerischer Brückenbau- und Eisenhochbaufabriken veröffentlichten ROŠ und BRUNNER[2] eine auch für große Exzentrizitäten gültige Näherungsmethode. Sie nahmen dabei für die ausgebogene Stabachse eine halbe Sinuswelle an. Sie überprüften ihre Theorie an Hand zahlreicher Versuche und stellten eine zufriedenstellende Übereinstimmung fest. Die von ihnen ermittelten σ_{kr}-λ-Diagramme können auch heute noch bei der Lösung praktischer Aufgaben benutzt werden. Obschon bald darauf CHWALLA[3] eine umfassende, strenge Lösung bekanntgab, wurden noch zahlreiche

---

[1] KÁRMÁN, T. VON: Die Knickfestigkeit gerader Stäbe. Phys. Z. 9 (1908) S. 136 und Untersuchungen über Knickfestigkeit. Mitt. über Forschungsarbeiten auf dem Gebiete des Ingenieurwesens, Nr. 81, Berlin 1910.

[2] ROŠ, M., u. J. BRUNNER: Die Knicksicherheit von an beiden Enden gelenkig gelagerten Stäben aus Konstruktionsstahl. Bericht der Techn. Kommission des Verbandes Schweiz. Brücken- und Eisenhochbaufabriken. Verhandl. des zweiten Intern. Kongresses für Technische Mechanik, Zürich 1926 und Bericht über die zweite Internationale Tagung für Brückenbau und Hochbau, Wien 1929, S. 282.

[3] CHWALLA, E.: Die Stabilität zentrisch und exzentrisch gedrückter Stäbe aus Baustahl. Sitzungsberichte der Akademie der Wissenschaften in Wien. Abt. IIa, 1928, S. 469.

Näherungsmethoden entwickelt. So nahmen WESTERGAARD und OSGOOD[1] und HARTMANN[2] für die ausgebogene Stabachse passend gewählte mathematische Kurven an, wogegen JEŽEK[3] mit einem vereinfachten Spannungsdehnungsdiagramm arbeitet und außerdem für die ausgebogene Stabachse eine einfache Kurvenform wählt.

KOLLBRUNNER[4] erbrachte den Nachweis, daß die nach HARTMANN gerechneten Knickkräfte nur wenig von der genauen CHWALLAschen Theorie abweichen, und daß die nach ROŠ-BRUNNER bestimmten Resultate für die Praxis genügend große Genauigkeiten ergeben. In seinem Buche vergleicht JEŽEK[5] sein Verfahren mit der exakten Theorie von CHWALLA und findet eine gute Übereinstimmung. WÄSTLUND und BERGSTRÖM[6] vergleichen die Resultate von Laboratoriumsversuchen mit Rechteckstäben aus einem hochwertigen Stahl mit der Näherungstheorie von JEŽEK und finden eine sehr gute Übereinstimmung.

Im folgenden seien die Theorien von CHWALLA und JEŽEK kurz dargelegt.

α) *Das Verfahren von* KÁRMÁN *und* CHWALLA. Das Verfahren geht von denselben Voraussetzungen aus, die bei der Behandlung des plastischen Knickens des zentrisch belasteten Stabes im II. Kapitel, Abschnitt D, gemacht wurden[7].

[1] WESTERGAARD, H. M., u. W. R. OSGOOD: Strength of Steel Columns. Trans. Amer. Soc. mech. Engrs. 49/50 APM 50-9 (1927/28) S. 65.

[2] HARTMANN, F.: Der einseitige Druck bei Stäben aus Baustahl. Z. öst. Ing.- u. Archit.-Ver. 1933, H. 11/12. Ferner: Knickung, Kippung, Beulung, S. 40 u. f.

[3] JEŽEK, K.: Die Tragfähigkeit des exzentrisch beanspruchten und des querbelasteten Druckstabes aus einem ideal-plastischen Material. Sitzungsberichte der Akademie der Wissenschaften in Wien, Abt. IIa 143 (1934). — Näherungsberechnung der Tragkraft exzentrisch gedrückter Stahlstäbe. Stahlbau 1915, S. 89. — Die Tragfähigkeit axial gedrückter und auf Biegung beanspruchter Stahlstäbe. Stahlbau 1936, S. 12. — Die Festigkeit von Druckstäben aus Stahl. Wien: Springer 1937.

[4] KOLLBRUNNER, C. F.: Zentrischer und exzentrischer Druck von an beiden Enden gelenkig gelagerten Rechteckstäben aus Avional M und Baustahl. Stahlbau 1938, H. 4, 5 und 6 (s. a. Kap. II F).

[5] JEŽEK, K.: Die Festigkeit von Druckstäben aus Stahl. Wien: Springer 1937.

[6] WÄSTLUND, G., u. S. BERGSTRÖM: Buckling of compressed Steel Members. Trans. of the Royal Institute of Technology, Stockholm, Nr. 30, S. 80. Göteborg: Elander 1949.

[7] Dabei sei allerdings erwähnt, daß z. B. die Hypothese vom Ebenbleiben der Querschnitte und die Gültigkeit der Übertragung des aus dem einachsigen Zug- und Druckversuch ermittelten Spannungsdiagrammes auf andere Spannungszustände, verschiedentlich angezweifelt wurden. Siehe z. B.: EISELIN, O.: Untersuchungen am einfach gelochten Zugstab. Ein Beitrag zum Problem der Spannungsstörungen in Eisenbauten. Bauingenieur H. 8 1924, S. 247, H. 9, S. 281. — BIERETT, G.: Ein Beitrag zur Frage der Spannungsstörungen in Bolzenverbindungen. Experimentelle Untersuchung eines Augenstabes. Mitt. dtsch. Mat.-Prüf.-Anst., Sonderheft XV, 1931. — THUM, A., u. F. WUNDERLICH: Die Fließgrenze bei behinderter Formänderung. Forsch. Ing.-Wes. Nr. 6 (1932) S. 261. — PRAGER, W.: Die Fließgrenze bei behinderter Formänderung. Forsch. Ing.-Wes. Nr. 2 (1933) S. 95. — CHWALLA, E.: Über die Erhöhung der Fließgrenze in prismatischen Balken aus Baustahl. Stahlbau 1933, H. 19/20. — KUNTZE, W.: Ermittlung des Einflusses ungleichförmiger Spannungen und Querschnitte auf die Streckgrenze. Stahlbau 1933, H. 7. Neuzeitliche Festigkeitsfragen Stahlbau 1935, H. 2. — FRITSCHE, J.: Näherungsverfahren zur Berechnung der Tragfähigkeit außermittig gedrückter Stäbe aus Baustahl. Stahlbau 1935, H. 18. — Grundsätzliches zur Plastizitätstheorie. Stahlbau 1936, H. 9, S. 65. — Der Einfluß der Querschnittsform auf die Tragfähigkeit außermittig gedrückter Stahlstützen. Stahlbau 1936, H. 12, S. 90. — Ein Beitrag zum Verständnis der „neuen Fließbedingung". Stahlbau 1936, H. 18, S. 137. — KOLLBRUNNER, C. F.: Schichtenweises Fließen in Balken aus Baustahl. III. Bd. der Abh. der I. V. B. H., Zürich: Leemann 1935, S. 222. — RINAGL, F.: Über die Fließgrenze bei Zug- und Biegebeanspruchungen. Bauingenieur 1936, S. 431.

Wir setzen im folgenden einen geraden Stab mit *Rechteckquerschnitt* voraus, der in der Schwerachse 1—1 durch die Last P exzentrisch beansprucht ist (Abb. IV 5).

Der Stab beginnt sich bei von Null anwachsender Last sofort auszubiegen. Bei wachsender Last wird die Proportionalitätsgrenze zuerst auf der Biegedruckseite in Stabmitte erreicht und dehnt sich bei weiter ansteigender Last immer mehr über den Querschnitt und gegen die Stabenden hin aus. Bei einer bestimmten kritischen Last P_{kr} ist die Plastifizierung soweit fortgeschritten, daß kein Gleichgewicht mehr zwischen innern und äußern Momenten möglich ist; der Gleichgewichtszustand wird labil und der Stab knickt bei einer weitern geringen Erhöhung der Last aus.

Bei sehr kleinen Exzentrizitäten $\left(\frac{e}{i} < 0{,}01 \text{ bei } \lambda = 60\right)$[1] ist die Spannungsverteilung ähnlich wie in Abb. II 4, d. h., es tritt auf der Biegezugseite eine Entlastung ein, die einer Entlastungsgeraden folgt. Bei größern Exzentrizitäten liegen die Entlastungen jedoch ausschließlich im elastischen Bereich, die

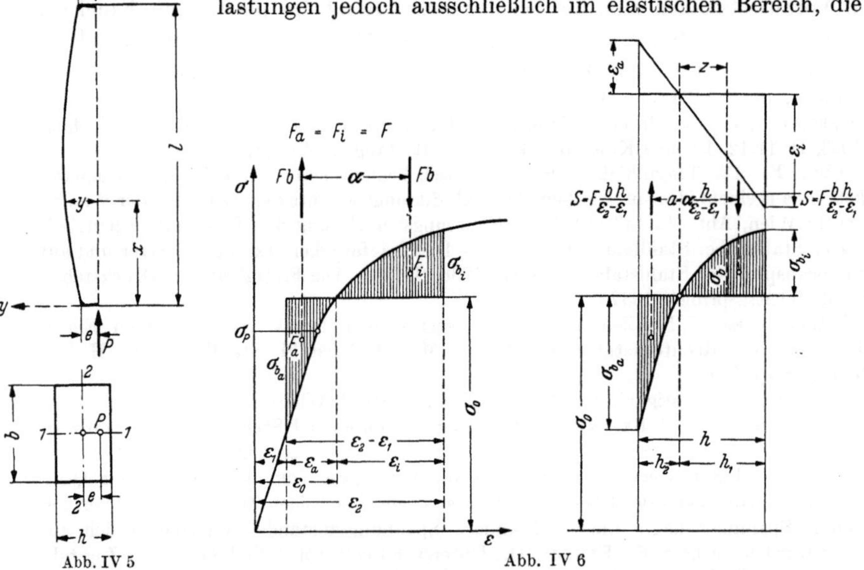

Abb. IV 5 Abb. IV 6

Spannungen folgen daher ganz dem Spannungsdehnungsdiagramm. KÁRMÁN beschränkt sich bei seinen Untersuchungen auf kleine Exzentrizitäten und rechnet ganz mit der Entlastungsgeraden; CHWALLA untersucht auch größere Exzentrizitäten und stützt sich dabei ausschließlich auf das Spannungsdehnungsdiagramm, was auch für die folgenden Ableitungen angenommen werden soll.

Für den ausgebogenen Stab ergibt sich eine Querschnittsspannungsverteilung nach Abb. IV 6. Daraus lesen wir die folgenden Gleichgewichtsbedingungen ab:

$$b \int_{h_1}^{h_2} \sigma_b \, dz = 0 \tag{IV 44}$$

[1] HARTMANN, F.: Knickung, Kippung, Beulung, Leipzig und Wien: Deuticke 1937, S. 47.

und

$$b \int_{h_1}^{h_2} \sigma_b \, z \, dz = P y. \tag{IV 45}$$

Darin ist σ_b eine durch das Spannungsdehnungsdiagramm gegebene und zwischen ε_1 und ε_2 liegende Funktion der Dehnung ε.

Wie im Abschnitt D des zweiten Kapitels führen wir die den Spannungen entsprechenden Dehnungen ein und ersetzen mit Hilfe derselben die Werte z und dz in den obigen Gleichungen.

Aus Abb. IV 7, welche ein verformtes Stabelement von der Länge dx darstellt, ergibt sich zunächst, wenn wir den Krümmungsradius ϱ einführen:

$$\frac{z}{(\varepsilon - \varepsilon_0)\, dx} = \frac{\varrho}{(1 - \varepsilon_0)\, dx} \tag{IV 46}$$

oder, da wir ε_0 gegenüber Eins vernachlässigen dürfen

$$\varepsilon - \varepsilon_0 = \frac{z}{\varrho} \tag{IV 47}$$

und entsprechend

$$\varepsilon_2 - \varepsilon_1 = \frac{h}{\varrho}. \tag{IV 48}$$

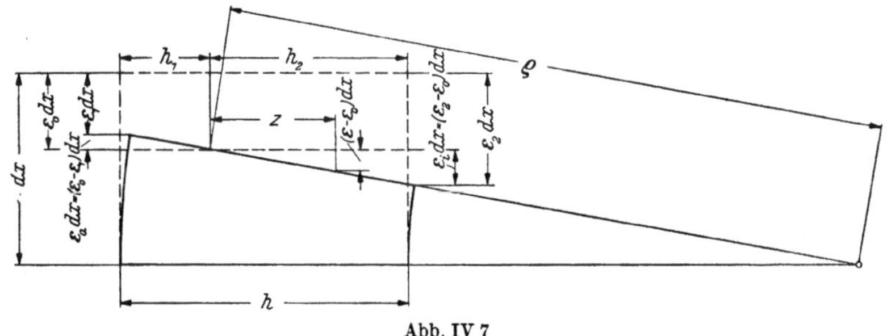

Abb. IV 7

Eliminieren wir ϱ aus den Gln. (IV 47) und (IV 48), so ergibt sich

$$\varepsilon - \varepsilon_0 = \frac{z}{h} (\varepsilon_2 - \varepsilon_1) \tag{IV 49}$$

und

$$z = h \, \frac{\varepsilon - \varepsilon_0}{\varepsilon_2 - \varepsilon_1}. \tag{IV 50}$$

Durch Differentiation von Gl. (IV 49) erhalten wir

$$d\varepsilon = \frac{\varepsilon_2 - \varepsilon_1}{h} \, dz. \tag{IV 51}$$

Mit Hilfe von Gl. (IV 50) und (IV 51) können wir nun die Gleichgewichtsbedingungen (IV 44) und (IV 45) wie folgt schreiben:

$$\frac{b\,h}{\varepsilon_2 - \varepsilon_1} \int_{\varepsilon_1}^{\varepsilon_2} \sigma_b \, d\varepsilon = 0 \tag{IV 52}$$

$$\frac{b\,h^2}{(\varepsilon_2 - \varepsilon_1)^2} \int_{\varepsilon_1}^{\varepsilon_2} \sigma_b (\varepsilon - \varepsilon_0)\, d\varepsilon = P y. \tag{IV 53}$$

Die linke Seite der Gl. (IV 53) stellt das Moment der innern Kräfte M_i dar, das mit dem äußern Moment $P y$ im Gleichgewicht stehen muß.

Wählt man für eine konstante Grundspannung $\sigma_0 = \frac{P}{F}$ eine Dehnung ε_2, so kann aus Gl. (IV 52) die dazu gehörende minimale Dehnung ε_1 bestimmt werden, indem wir in Abb. IV 6, $F_i = F_a = F$ machen.

Zu den Werten $\varepsilon_2 - \varepsilon_1 = \frac{h}{\varrho}$ läßt sich der Ausdruck

$$\frac{1}{(\varepsilon_2 - \varepsilon_1)^2} \int_{\varepsilon_1}^{\varepsilon_2} \sigma_b (\varepsilon - \varepsilon_0)\, d\varepsilon = \frac{M_i}{b\,h^2} \tag{IV 54}$$

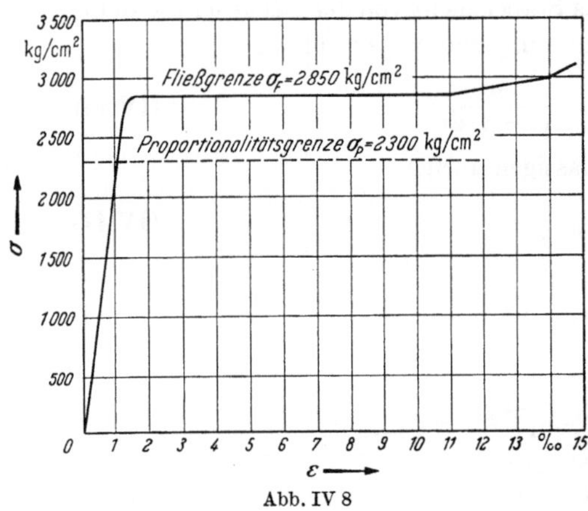

Abb. IV 8

ausrechnen und so $\frac{M_i}{b\,h^2}$ als Funktion von $\frac{h}{\varrho}$ darstellen. Die Größe des innern Momentes kann direkt aus dem Spannungsdiagramm (Abb. IV 6) zu $M_i = a\,S$ bestimmt werden. Dabei ist $S = F\,\frac{h}{\varepsilon_2 - \varepsilon_1}$ und $a = \alpha\,\frac{h}{\varepsilon_2 - \varepsilon_1}$, wenn a den Schwerpunktsabstand der Zug- und Druckflächen F_i und F_a bedeutet.

Aus Gleichgewichtsgründen ist $\frac{M_i}{b\,h^2} = \frac{P\,y}{b\,h^2}$. Somit kann auch $\frac{h}{\varrho} = f\left(\frac{P\,y}{b\,h^2}\right)$ oder da $\frac{P}{b\,h} = \sigma_0$ ist, $\frac{h}{\varrho} = f\left(\sigma_0\,\frac{y}{h}\right)$ gesetzt werden.

Da wir bei den obigen Beziehungen immer mit einer konstanten Grundspannung gerechnet haben, gilt für jedes σ_0 der Zusammenhang

$$\frac{h}{\varrho} = f_1\left(\frac{y}{h}\right). \tag{IV 55}$$

Beachten wir noch, daß für kleine Ausbiegungen $\frac{1}{\varrho} = -\frac{d^2 y}{dx^2}$ gesetzt werden darf, so erhalten wir die folgende Differentialgleichung

$$h\,y'' = f_1\left(\frac{y}{h}\right). \tag{IV 56}$$

In Abb. IV 9 ist dieser Zusammenhang für einen Baustahl, dessen Spannungsdehnungsdiagramm in Abb. IV 8 gegeben ist, dargestellt. Dabei wurde als Querschnitt ein Quadrat mit der Seitenlänge „eins" angenommen. CHWALLA bezeichnet diese Kurven mit „Kurven des innern Widerstandes".

Aus Gl. (IV 56) kann durch zweimalige Integration die gesuchte Gleichgewichtsfigur $y = f(x)$ bestimmt werden. CHWALLA[1] führte diese Operation analog KÁRMÁN[2] in zwei Quadraturstufen durch und erhielt als Endresultat für verschie-

---

[1] CHWALLA, E.: Theorie des außermittig gedrückten Stabes aus Baustahl. Stahlbau 1934, H. 21, S. 164.

[2] KÁRMÁN, T. VON: Untersuchungen über Knickfestigkeit. Forsch. Ing.-Wes. Z. VDI 1910, Nr. 81.

dene Exzentrizitätsmasse m die Knickspannungen σ_{kr} in Funktion des Schlankheitsgrades λ (s. a. Absch. γ_3).

In Abb. IV 10 ist eine solche von CHWALLA[1] berechnete Kurvenschar für einen Baustahl „durchschnittlicher Qualität“ dargestellt.

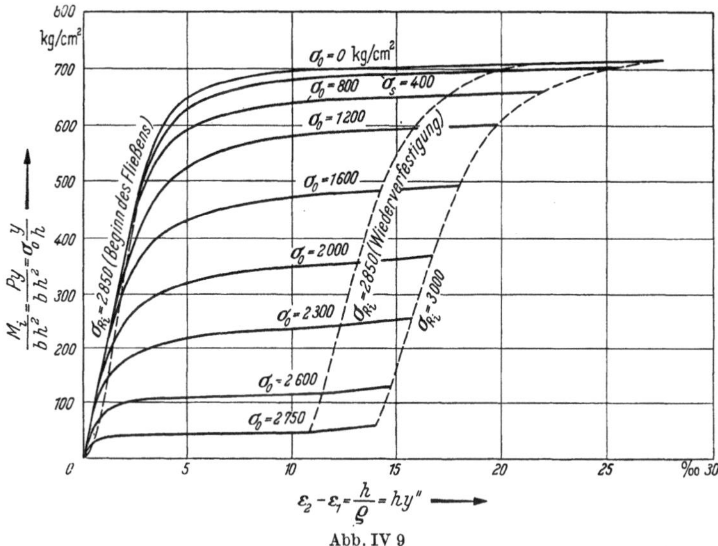

Abb. IV 9

Nachstehend betrachten wir noch die auf den gleichen Grundlagen aufgebaute, baustatische Berechnungsweise nach STÜSSI[2].

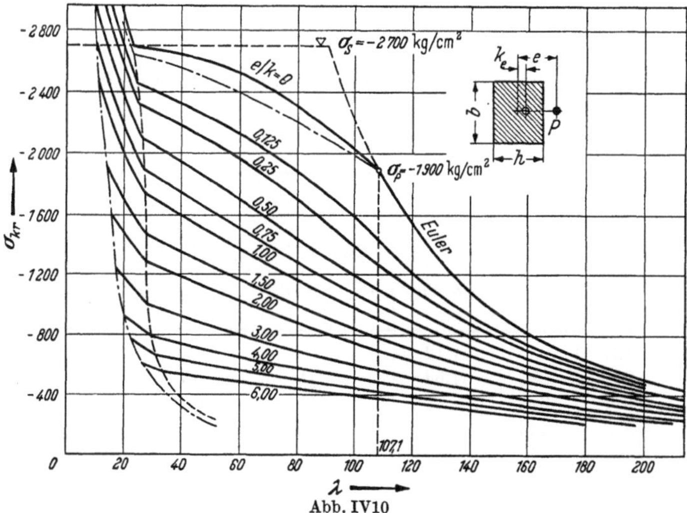

Abb. IV 10

---

[1] CHWALLA, E.: Theorie des außermittig gedrückten Stabes aus Baustahl. Stahlbau 1934, H. 23, S. 181.

[2] STÜSSI, F.: Über einige Knickfragen. Mitt. d. T. K. V. S. B., Nr. 8, Erste schweizerische Stahlbautagung, Zürich. Zürich: Leemann 1953.

In enger Anlehnung an die Methode ENGESSER-VIANELLO für das zentrische Knicken wird eine Knickfigur angenommen. Da die Exzentrizität e bekannt ist, genügt es, $y - e$ zu schätzen. Im Unterschied zum Falle des zentrischen Knickens muß hier aber neben dem Verlauf auch die Größe der Ordinaten $y - e$ festgelegt werden. Aus den angenommenen Werten y $\left(\text{oder } \frac{y}{h}\right)$ ergeben sich aus der Abb. IV 9 für eine gewählte Grundspannung σ_0 die zugehörigen Werte $h\,y''$ oder auch $h(y-e)''$, da e eine konstante Größe ist. Eine zweimalige Integration, die hier natürlich als Bestimmung der Momente zur Belastung $h(y-e)''$ ausgeführt wird, führt dann zu neuen Werten $y - e$. Stimmen angenommene und berechnete Ordinaten $y - e$ in ihrem Verlauf überein, dann ist Gl. (IV 56) befriedigt und eine mögliche Gleichgewichtsfigur gefunden.

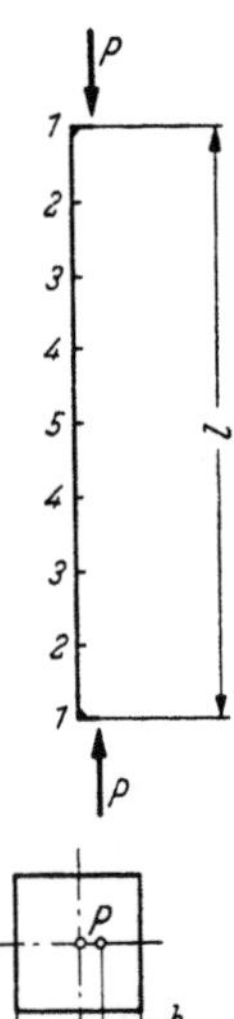
Abb. IV 11

Als Beispiel wird nun die Berechnung mit einem Quadrat der Seitenlänge „eins" für ein Exzentrizitätsmaß

$$m = \frac{e}{k_e} = 1, \quad \sigma_0 = 1{,}2\ \text{t/cm}^2$$

und dem Stahl der Abb. IV 8 durchgeführt. Für ein Rechteck ist die Kernweite $k_e = \frac{h}{6}$, also muß in unserem Fall $e = 0{,}167\,h$ sein. Die Stablänge l wird in acht gleiche Intervalle Δx geteilt (Abb. IV 11), und in jedem Knoten 1—5 wird die Größe von $y - e$ geschätzt und y ermittelt (Tab. IV 2). Die Werte $y'' = (y-e)''$ werden Abb. IV 9 entnommen und die Momente dieser Belastung ermittelt. Dabei bedienen wir uns des Verfahrens der Knotenlasten, und zwar benutzen wir die Parabelformel[1]

$$K_m[(y-e)''] = \frac{\Delta x}{12}[(y-e)''_{m-1} + 10(y-e)''_m + (y-e)''_{m+1}].$$

Wegen der vorhandenen Symmetrie gestaltet sich die Berechnung besonders einfach, wie Tab. IV 2 zeigt:

Tabelle IV 2

$\sigma_0 = 1{,}2$ t/cm², $\frac{e}{h} = \frac{1}{6}$, $m = 0$

	$\frac{y-e}{h}$	$\frac{y}{h}$	$\sigma_0 \frac{y}{h}$ kg/cm²	$(y-e)'' \cdot h \cdot 10^3$	$K[(y-e)''] \cdot \frac{h}{\Delta x} \cdot 12 \cdot 10^3$	$Q_{(K)} \cdot \frac{h}{\Delta x} \cdot 12 \cdot 10^3$	$\frac{y-e}{h} \cdot \frac{h^2}{\Delta x^2}\, 12 \cdot 10^3$	$\frac{y-e}{h}$
1	0	0,167	200	1,12			0	0
2	0,080	0,247	296	1,68	20,2	98,8	98,8	0,0802
3	0,144	0,311	373	2,31	27,6	78,6	177,4	0,1441
4	0,186	0,353	423	2,78	33,1	51,0	228,4	0,1855
5	0,200	0,367	440	3,03	2 · 17,9	17,9	246,3	0,2000

Die geschätzten und berechneten Ordinaten $\frac{y-e}{h}$ müssen übereinstimmen. Die letzte Kolonne der Tabelle, welche die im Verhältnis $\frac{0{,}200}{246{,}3}$ reduzierten Werte

[1] STÜSSI, F.: Vorlesungen über Baustatik, Bd. I, 2. Aufl., Basel/Stuttgart: Birkhäuser, S. 71.

der vorletzten Kolonne enthält, zeigt, daß der angenommene Verlauf genau genug war. Wäre dies nicht der Fall, so müßte man, wie bei der Methode ENGESSER-VIANELLO das Verfahren wiederholen. Jetzt ist noch zu prüfen, ob auch die Größe der Ordinaten stimmt. Es genügt dabei, eine einzige Ordinate, zum Beispiel die mittlere, zu untersuchen, weil die anderen durch den angenommenen und richtig gefundenen Verlauf bestimmt sind. In Stabmitte gibt uns Tab. IV 2

$$\frac{y-e}{h} = 246{,}3 \cdot \frac{\Delta x^2}{h^2} \frac{1}{12 \cdot 10^3}.$$

Da $\Delta x = \frac{l}{8}$, $i = \frac{h}{\sqrt{12}}$ und $\lambda = \frac{l}{i}$ sind, erhält man

$$\frac{y-e}{h} = 246{,}3 \left(\frac{l}{8\, i \sqrt{12}}\right)^2 \frac{1}{12 \cdot 10^3} = 0{,}2463 \left(\frac{\lambda}{96}\right)^2.$$

Dieser gerechnete Wert muß mit dem angenommenen übereinstimmen, daher wird

$$0{,}200 = 0{,}2463 \left(\frac{\lambda}{96}\right)^2$$

oder

$$\lambda = 96 \sqrt{\frac{0{,}200}{0{,}2463}} = 86{,}5.$$

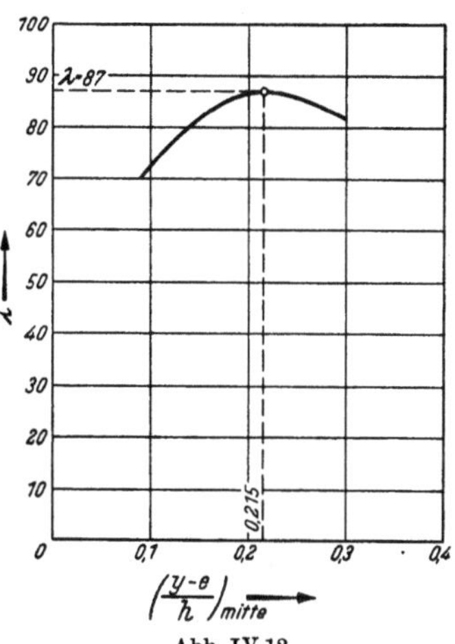

Abb. IV 12

Für den untersuchten Querschnitt und eine Exzentrizität $e = \frac{h}{6}$, $(m = 1)$, stellt also die angenommene Knickfigur mit der Ordinate $(y - e)_{\text{mitte}} = 0{,}2\, h$ in der Mitte eine mögliche Gleichgewichtslage bei einer Grundspannung $\sigma_0 = 1{,}2\ \text{t/cm}^2$ und einer Spannungsdehnungslinie nach Abb. IV 8 dar, wenn der Stab eine Schlankheit[1] $\lambda = 86{,}5$ aufweist. Die Eigenschaften dieser Gleichgewichtslage sind aber noch unbekannt und insbesondere wissen wir nicht, ob die Lage stabil, labil oder indifferent ist.

Um dies festzusetzen, wird die obige Rechnung für verschiedene Werte der mittleren Ordinate wiederholt (wobei auch der entsprechende Verlauf der Knickfigur ändert). Für $(y - e)_{\text{mitte}} = 0{,}23\, h$ würde man z. B. $\lambda = 86{,}4$ bekommen. Sind genügende gekoppelte Werte $(y - e)_{\text{mitte}} - \lambda$ bestimmt, dann können sie in einer Kurve eingetragen werden (Abb. IV 12)[2]. Diese Kurve weist bei $(y - e)_{\text{mitte}} = 0{,}215\, h$ eine Extremalstelle mit $\lambda \cong 87$ auf. Schlankheiten $\lambda < 87$ gehören zu stabilen, $\lambda > 87$ zu labilen Gleichgewichtslagen und die Schlankheit $\lambda = 87$ bezeichnet den kritischen Gleichgewichtszustand.

Werden jetzt andere Grundspannungen gewählt, so ist es durch Wiederholung des Verfahrens möglich, die ganze Kurve $\sigma - \lambda$ für $m = 1$ und auch für verschiedene Werte von m zu bestimmen (Abb. IV 13).

Werden für verschiedene Werte σ_0 und bei festem m der Abb. IV 12 ähnliche Kurven aufgestellt, so können zum Schluß auch Kurven $(y - e)_{\text{mitte}} - \sigma_0$ mit λ als Parameter gezeichnet werden. Abb. IV 14 stellt eine solche Kurve, also den

[1] Diese Schlankheit wird von CHWALLA als „Gleichgewichtsschlankheit" bezeichnet.
[2] Diese Kurve nennt CHWALLA „Kurve der Gleichgewichtszustände".

Zusammenhang zwischen der Grundspannung σ_0 und der Ausbiegung y_{mitte} in Stabmitte dar.

Im Abschnitt G werden wir auf die Unterschiede der Stabilitätsprobleme mit und ohne Verzweigung des Gleichgewichtes zurückkommen und in diesem Zusammenhang die Eigenschaften der Abb. IV 14 näher untersuchen.

Es sei erwähnt, daß die Größe von σ_0 am grundsätzlichen Verlauf der Kurven der Abb. IV 13 nichts ändert[1]. Im Gegensatz zum Fall des zentrischen Knickens spielt das Erreichen der Proportionalitätsgrenze keine Rolle, weil das Instabilwerden vom ganzen Verlauf des Spannungsdehnungsdiagrammes abhängt.

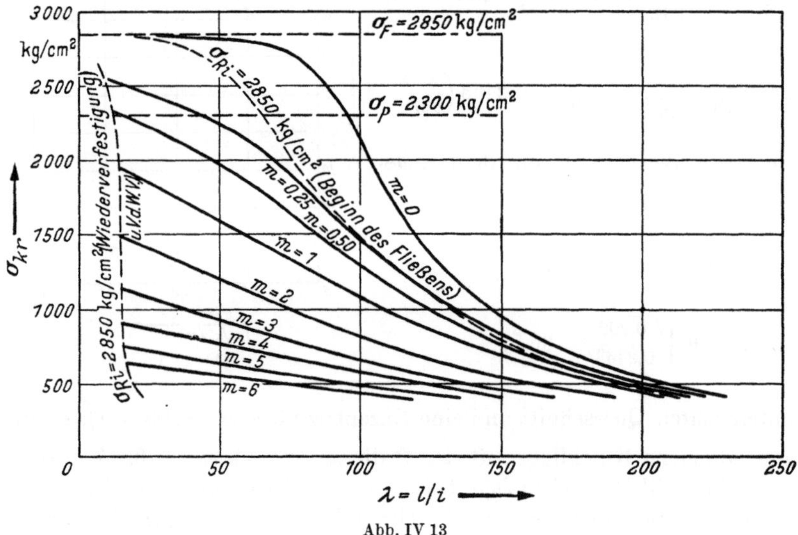

Abb. IV 13

Die Darstellung wurde bis jetzt auf den Rechteckquerschnitt beschränkt. Es ist aber ohne weiteres möglich, sie auf andere, zur Knickrichtung symmetrische Querschnittsformen auszudehnen. Der einzige Unterschied liegt in der Aufstellung der unserer Abb. IV 9 entsprechenden Kurvenschar, welche die Beziehung zwischen $h\,y''$ und $\frac{y}{h}$ darstellt. Dabei wird mit h die gesamte Querschnittshöhe bezeichnet (Abb. IV 15).

Ausgang der Berechnung sind, wie zuvor, die Gleichgewichtsbedingungen. Es ist hier aber zweckmäßig, nicht mehr mit einer konstanten Grundspannung zu rechnen, sondern einfach die Randdehnungen ε_1 und ε_2 anzunehmen[2]. Da die Dehnungen linear verlaufen, sind sie alle gegeben und somit sind nach dem Span-

---

[1] Nur bei sehr kleinen Schlankheiten ($\lambda < 20$) beginnt die Wiederverfestigung eine Rolle zu spielen; es sind dann neue Gleichgewichtsformen möglich. Siehe in dieser Hinsicht E. Chwalla: Theorie des außermittig gedrückten Stabes aus Baustahl. Stahlbau 7 (1934) S. 174.

[2] Siehe F. Stüssi: Über einige Knickfragen. Mitt d. T. K. V. S. B. Nr. 8. Zürich: Leemann 1953. Eine andere Möglichkeit, die sich dem dargestellten Verfahren beim Rechteckquerschnitt anschließt, findet sich bei E. Chwalla: Der Einfluß der Querschnittsform auf das Tragvermögen außermittig gedrückter Baustähle. Stahlbau 8 (1935) S. 193.

nungsdehnungsdiagramm auch alle Spannungen über dem Querschnitt bekannt (Abb. IV 15c).

Nun ist es eine leichte Aufgabe, die Spannungsresultierende $P = \int_F \sigma\, dF$ und ihr Moment $P y = \int_F \sigma\, \xi\, dF$ graphisch oder rechnerisch zu bestimmen. Nach Gl. (IV 48) ist

$$\varepsilon_2 - \varepsilon_1 = \frac{h}{\varrho} = h\, y''.$$

Wird für eine konstant gehaltene Randdehnung ε_2 die andere Randdehnung ε_1 gewählt, so ist direkt $h\, y''$ bestimmt und $\sigma_0 = \frac{P}{F}$, sowie $\frac{y}{h}$ lassen sich, wie oben erklärt, ermitteln. Daraus ergeben sich zwei Kurven, $\sigma_0 - h\, y''$ und $\sigma_0 - \frac{y}{h}$ (Abb. IV 16), worin die zur Spannung σ_0 gekoppelten Werte $\frac{y}{h}$, $h\, y''$ herausgelesen werden können. Werden solche Kurven für verschiedene Werte von ε_2 aufgestellt, so kann am Schluß die unserer Abb. IV 9 entsprechende Kurvenschar gezeichnet werden.

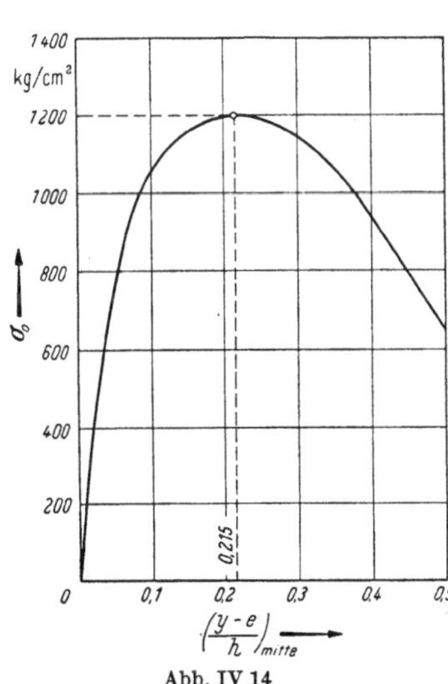

Abb. IV 14

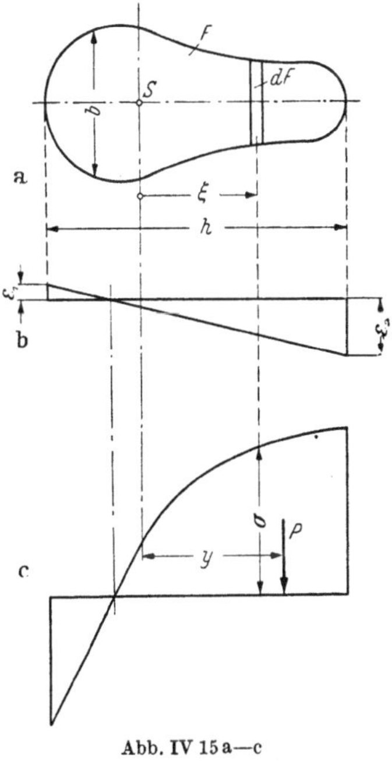

Abb. IV 15a—c

β) Das Verfahren von Jezek. Wie wir am Anfang dieses Abschnittes (IV. Kapitel, A, 2, c) bereits erwähnten, wurden neben der strengen Behandlung des exzentrischen Knickens durch Kármán und Chwalla verschiedene Näherungsmethoden entwickelt. Roš und Brunner wählten für die deformierte Stabachse eine vollständige Sinushalbwelle und nahmen an, daß die Spannungen auf der Biegezugseite der Entlastungsgeraden folgen. Westergaard und Osgood dagegen arbeiten mit einem Teilstück einer Sinushalbwelle und einer Ersatzformänderungskurve, die auf der Druckseite aus vier Geraden und einer Parabel und auf der Zugseite aus zwei Geraden zusammengesetzt ist. Hartmann nimmt ebenfalls ein Teilstück einer Sinushalbwelle für die ausgebogene Stabachse an, arbeitet aber mit dem genauen Spannungsdehnungsdiagramm, wobei er annimmt, daß die Entlastung auf der Biegezugseite der Formänderungskurve und nicht der Entlastungsgeraden folgt.

Um zu einer geschlossenen Lösung zu kommen, arbeitet JEŽEK, wie ROŠ-BRUNNER, mit einer vollständigen Sinushalbwelle und außerdem mit einem idealisierten Spannungsdehnungsdiagramm nach Abb. IV 17.

Die neuen deutschen Knickvorschriften DIN 4114 für zentrisch belastete Stäbe sind auf diesen Verfahren aufgebaut. Bei praktischen Ausführungen wird nie eine rein zentrische Belastung vorliegen. Die Druckkraft wird immer, sei es, daß die Stabachse nicht ganz gerade ist, sei es, daß die Krafteinleitung nicht genau im Schwerpunkt erfolgt, an einem unvermeidlichen Hebelarm wirken. Für diesen letztern wird das willkürliche Gesetz

$$e = \frac{i}{20} + \frac{l}{500} \tag{IV 57}$$

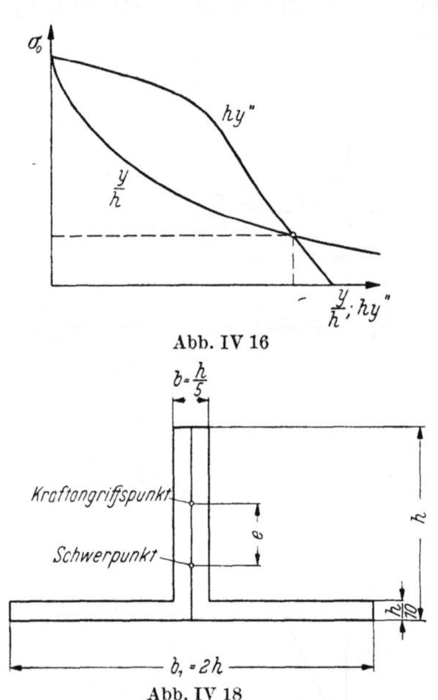

Abb. IV 16

Abb. IV 18

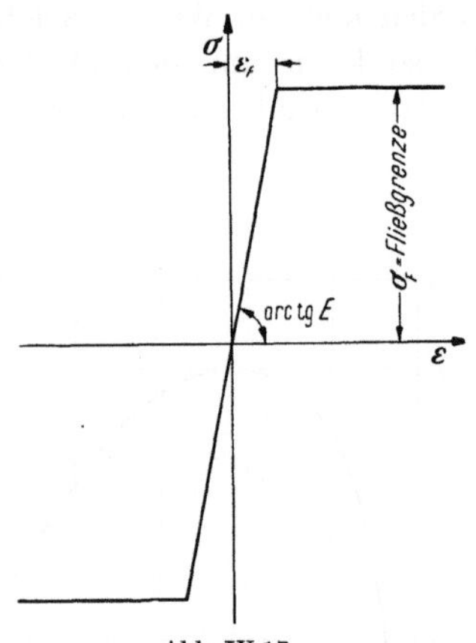

Abb. IV 17
σ_F = Fließgrenze: σ_S = Streckgrenze: $\sigma_F = \sigma_S$

angenommen. (i = maßgebender Trägheitsradius des Querschnittes, l = Stablänge.) Die Tragfähigkeit wird nun für diese Annahme nach dem Verfahren von JEŽEK bestimmt.

Der Vorschrift wurde ein einstegiger ⊥-Querschnitt nach Abb. IV 18 zugrunde gelegt, bei dem der exzentrische Lastangriffspunkt eine Ausbiegung nach der Flanschseite erzwingt. Diese Querschnittsform wurde gewählt, weil sie, verglichen mit anderen im Stahlbau üblichen Querschnittsformen, die niedrigsten Werte für die kritische Last liefert. Man konnte sich daher auf diese eine Querschnittsform beschränken und nahm gerne in Kauf, daß günstigere Querschnittsformen nicht vollständig ausgenützt werden.

Zunächst haben wir uns zu überlegen, was für Verzerrungszustände beim exzentrisch gedrückten Stab auftreten können. Bei anwachsender Last wird die Fließgrenze zuerst im Mittelquerschnitt erreicht werden, und zwar, bei der angenommenen Querschnittsform und der angenommenen Lage des Kraftangriffpunktes, auf der Biegedruckseite (Abb. IV 19).

Der Fall, daß die Plastifizierung auf der Biegezugseite beginnt, ist bei den getroffenen Annahmen nicht möglich. Dagegen wäre auch dieser Fall in Betracht zu ziehen, wenn der Lastangriffspunkt auf der Flanschseite liegen würde. Lassen wir in unserem Beispiel die Kraft P nach Beginn der Plastifizierung auf der Biegedruckseite noch weiter anwachsen, so ist es denkbar, daß auch auf der Biegezugseite eine Plastifizierung eintritt (Abb. IV 20).

Betrachten wir die möglichen Spannungszustände für unseren Querschnitt noch etwas genauer, so können wir folgende vier Fälle unterscheiden (Abb. IV 21):

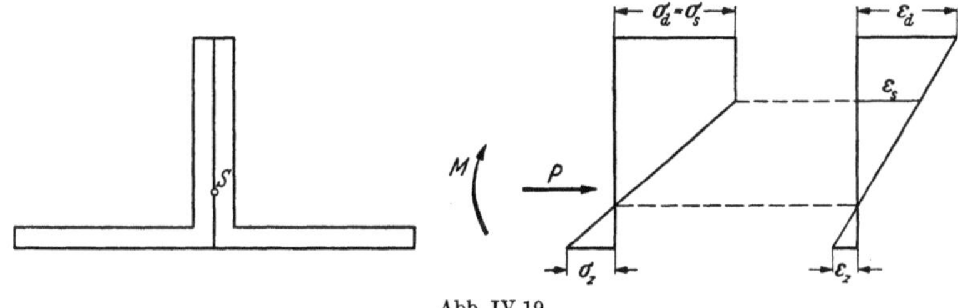

Abb. IV 19

Fall 1: Die Plastifizierung auf der Biegedruckseite reicht nicht über die ganze Stegfläche; die Biegezugseite ist noch nicht plastifiziert.

Fall 2: Der ganze Steg und ein Teil des Flansches sind plastifiziert, jedoch hat die Plastifizierung an der Randfaser der Biegezugseite noch nicht eingesetzt.

Fall 3: Plastifizierung auf Biegezug- und Biegedruckseite; es ist weder der ganze Steg noch der ganze Flansch plastifiziert.

Fall 4: Plastifizierung auf Biegezug- und Biegedruckseite; der Steg ist ganz plastifiziert, die Plastifizierung der Biegedruckseite reicht sogar noch bis in den Flansch.

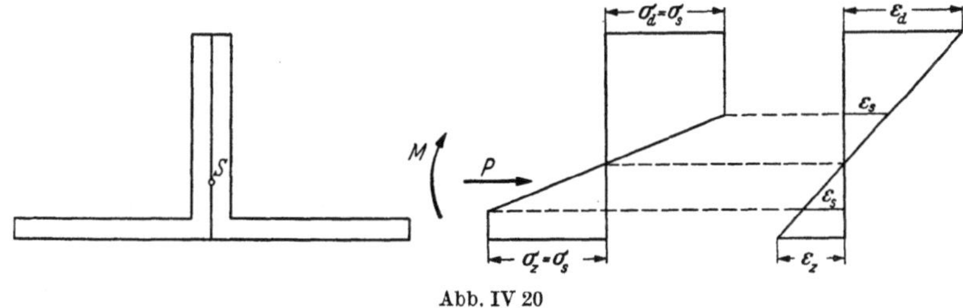

Abb. IV 20

Wie die Untersuchungen JEŽEKS zeigen, kommen die Fälle 2, 3 und 4 nur für Schlankheiten $\lambda < 20$ und Exzentrizitäten $m > 5$ in Betracht. Wir können uns daher für die in der Praxis vorkommenden Verhältnisse ganz auf den Fall 1 beschränken.

In Abb. IV 22 ist dieser Fall noch einmal für einen beliebigen Querschnitt dargestellt.

Aus Abb. IV 22b können wir sofort die Beziehung

$$\frac{1}{\varrho} = -\frac{\varepsilon_s}{\eta} = y'' = \frac{\sigma_s}{E\,\eta} \qquad \text{(IV 58)}$$

ablesen. Ferner lautet die Gleichung der ausgebogenen Stabachse bei Annahme einer Sinushalbwelle (Abb. IV 22d)

$$y = e + (y_m - e)\sin\left(\frac{\pi x}{l}\right). \qquad \text{(IV 59)}$$

Durch zweimalige Differentiation ergibt sich

$$y'' = -\frac{\pi^2}{l^2}(y_m - e)\sin\left(\frac{\pi x}{l}\right). \tag{IV 60}$$

Für den meistbeanspruchten *Mittelquerschnitt* $\left(\text{d. h. für } x = \frac{l}{2}\right)$ erhalten wir somit

$$y'' = -\frac{\pi^2}{l^2}(y_m - e). \tag{IV 61}$$

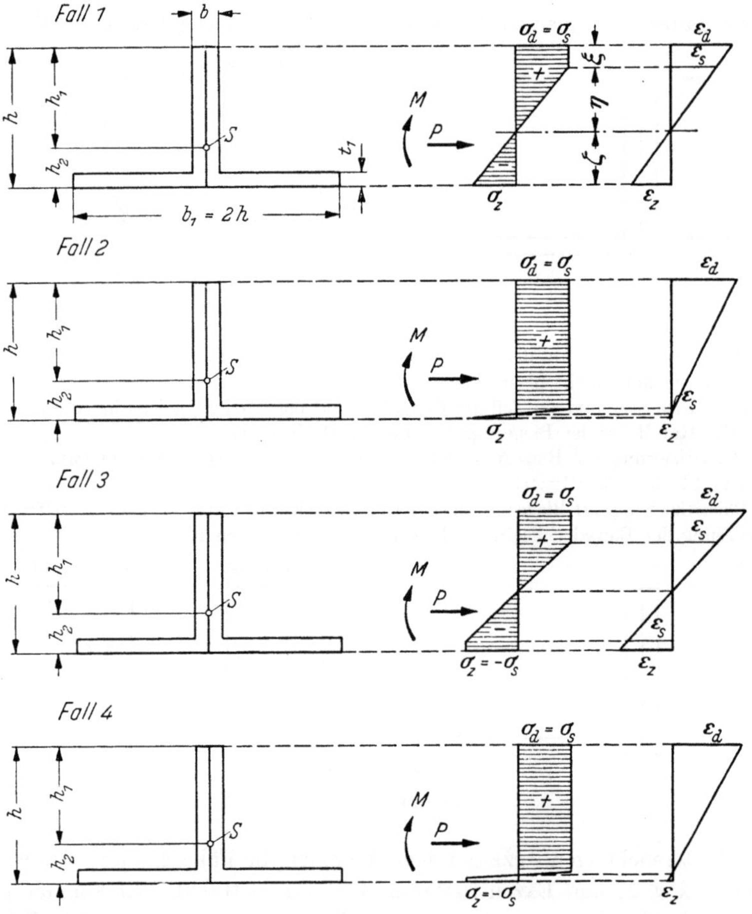

Abb. IV 21

Aus den Gln. (IV 58) und (IV 59) läßt sich folgende Näherungsfunktion für die mittlere Ausbiegung y_m des Stabes gewinnen:

$$\Phi = \eta(y - e) - \frac{l^2}{\pi^2}\frac{\sigma_s}{E}. \tag{IV 62}$$

Aus den *Gleichgewichtsbedingungen* haben wir nun noch die Werte von η und y_m zu bestimmen. Das Gleichgewicht sämtlicher Kräfte in Richtung der Stabachse kann wie folgt angeschrieben werden

$$F\sigma_s - \int_0^{h-\xi} \sigma\, dF = P = F\sigma_0. \tag{IV 63}$$

Das Momentengleichgewicht in bezug auf den Biegezugrand ergibt unter Beachtung von $M = P y_m$

$$(P y_m + P h_2) - F h_2 \sigma_s + \int_0^{h-\xi} \sigma (h - \xi - u)\, dF. \qquad \text{(IV 64)}$$

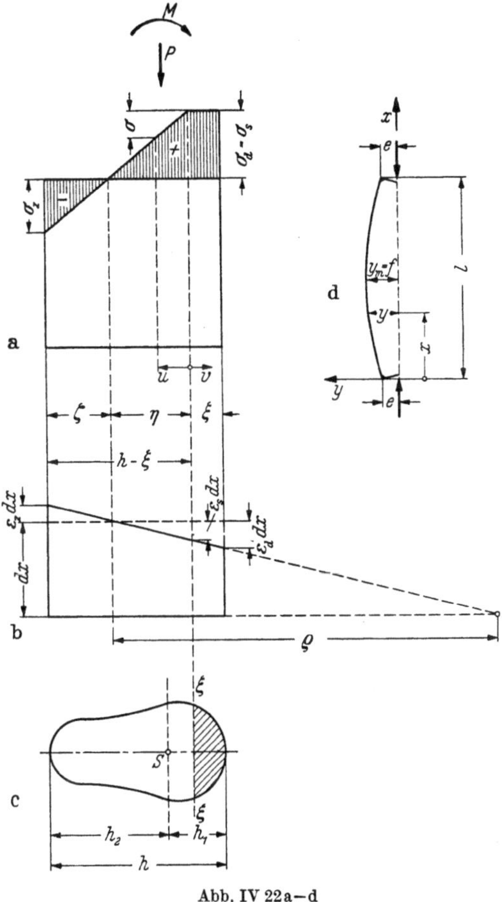

Abb. IV 22a–d

Es ist zweckmäßig, noch die statischen Momente und die Trägheitsmomente der Flächenteile unterhalb und oberhalb der Achse $(\xi\xi)$ (Trennungslinie zwischen dem vollplastischen und dem elastischen Gebiet) einzuführen:

Flächenteile links der Achse $\xi\,\xi$

$$\text{Statisches Moment} \quad S_{2\xi} = \int_0^{h-\xi} u\, dF \qquad \text{(IV 65)}$$

$$\text{Trägheitsmoment} \quad J_{2\xi} = \int_0^{h-\xi} u^2\, dF. \qquad \text{(IV 66)}$$

Flächenteile rechts der Achse $\xi\,\xi$

Statisches Moment $S_{1\xi} = \int\limits_0^\xi v\,dF = S_{2\xi} - F\,(h_1 - \xi)$ (IV 67)

Trägheitsmoment $J_{1\xi} = \int\limits_0^\xi v^2\,dF = J - J_{2\xi} + F(h_1 - \xi)^2.$ (IV 68)

Bezeichnet man das Trägheitsmoment des Querschnittes in bezug auf die Schwerachse mit J, so erhält man aus den Gleichgewichtsbedingungen (IV 63) und (IV 64)

$$\eta = \frac{S_{1\xi} + F(h_1 - \xi)}{F(\sigma_s - \sigma_0)}\,\sigma_s \qquad \text{(IV 69)}$$

und

$$y_m = \frac{\sigma_s}{F\,\sigma_a\,\eta}\,[J - J_{1\xi} - (h_1 - \xi)\,S_{1\xi}]. \qquad \text{(IV 70)}$$

Wir führen Gln. (IV 69) und (IV 70) in Gl. (IV 62) ein und erhalten so eine Beziehung zwischen ξ und σ_0.

Für die Ermittlung der kritischen Spannung σ_{kr} ist ξ nun so zu bestimmen, daß die Axialspannung σ_0 ein Maximum wird, was zur Extremalbedingung

$$\frac{d\Phi}{d\xi} = \left[h_1 - \xi_{kr} + \frac{e\,\sigma_{kr}}{\sigma_s - \sigma_{kr}}\right]\frac{\partial S_{1\xi}}{\partial \xi} - \frac{F\,e\,\sigma_{kr}}{(\sigma_s - \sigma_{kr})} - S_{1\xi} + \frac{\partial J_{1\xi}}{\partial \xi} = 0 \qquad \text{(IV 71)}$$

führt, aus welcher die kritische Breite des Fließgebietes ξ_{kr} bestimmt werden kann.

Für den betrachteten ⊥-Querschnitt erhält man nach Gln. (IV 69) und (IV 70)

$$\eta = \frac{b\,\xi^2 - 2F\,\xi + 2F\,h_1}{2F(\sigma_s - \sigma_0)}\,\sigma_s \qquad \text{(IV 72)}$$

und

$$y_m = \frac{b\,\xi^3 - 3b\,h_1\,\xi^2 + 6J}{3(b\,\xi^2 - 2F\,\xi + 2F\,e_1)}\left(\frac{\sigma_s}{\sigma_0} - 1\right). \qquad \text{(IV 73)}$$

Damit läßt sich die Bestimmungsgleichung (IV 71) für die kritische Breite ξ_{kr} wie folgt schreiben:

$$\xi_{kr}^2 - 2\xi_{kr}\left[h_1 + \frac{e\,\sigma_{kr}}{\sigma_s - \sigma_0}\right] + \frac{2F\,e\,\sigma_{kr}}{b(\sigma_s - \sigma_{kr})}. \qquad \text{(IV 74)}$$

Wenn wir das Exzentrizitätsmaß

$$m = \frac{e}{k_e} = \frac{e\,F}{W_1} \qquad \text{(IV 75)}$$

einführen, wobei $W_1 = \frac{J}{h_1}$ das Widerstandsmoment auf der Biegedruckseite bedeutet, so können wir in Gl. (IV 74) e durch m ausdrücken. Mit den Abkürzungen

$$p = h_1 + \frac{m\,W_1\,\sigma_{kr}}{F(\sigma_s - \sigma_{kr})} \qquad \text{(IV 76)}$$

$$q = \frac{2m\,W_1\,\sigma_{kr}}{b(\sigma_s - \sigma_{kr})}, \qquad \text{(IV 77)}$$

ergibt sich dann für Gl. (IV 74)

$$\xi_{kr} = p - \sqrt{p^2 - q}. \qquad \text{(IV 78)}$$

Dividiert man Gl. (IV 62) noch durch das Quadrat des Trägheitsradius $i = \frac{J}{F}$ und führt den Schlankheitsgrad $\lambda = \frac{l}{i}$ ein, so kann aus ihr, unter Berücksichtigung der Gln. (IV 72) und (IV 73), in welche der Wert von ξ_{kr} nach Gl. (IV 78) eingeführt wird, die der kritischen Spannung σ_{kr} zugeordnete *Gleichgewichtsschlankheit* ermittelt werden zu

$$\lambda^2 = \frac{\pi^2 E}{\sigma_{kr}} \left\{1 - \frac{b}{3J}\left[p^3 - \frac{3b\,q^2}{4F} - \sqrt{p^2 - q^2}\right]\right\}. \qquad \text{(IV 79)}$$

Führt man vorübergehend die Abkürzung

$$w = \frac{W_1\, m\, \sigma_{kr}}{F\, e_1(\sigma_s - \sigma_{kr})} \qquad \text{(IV 80)}$$

ein und entwickelt die in Gl. (IV 79) enthaltene Wurzel in eine Reihe, so kann Gl. (IV 79) in die folgende Form gebracht werden

$$\lambda^2 = \frac{\pi^2 E}{\sigma_{kr}}\left\{1 - \frac{m\,\sigma_{kr}}{\sigma_s - \sigma_{kr}} + \frac{W_1}{2b\,h_1^2}\left(\frac{m\,\sigma_{kr}}{\sigma_s - \sigma_{kr}}\right)^2 \right. \qquad \text{(IV 81)}$$

$$\left. - \frac{W_1^2(3b\,h_1 - F)}{6F\,b^2\,e_1^4}\left(\frac{m\,\sigma_{kr}}{\sigma_s - \sigma_{kr}}\right)^3 + \frac{W_1^3(2b\,h_1 - F)^2}{8F^2\,b^3\,h_1^6}\left(\frac{m\,\sigma_{kr}}{\sigma_s - \sigma_{kr}}\right)^4 - \cdots\right\}.$$

Der Gültigkeitsbereich dieser Formel ist durch die beiden folgenden Bedingungen gegeben:

1. Der Steg des Querschnittes ist voll-plastisch verformt

$$(\xi_{kr} = t).$$

2. Am Biegezugrand wird gerade die Streckgrenze erreicht

$$(\sigma_z = -\sigma_s).$$

Damit ergibt sich für den betrachteten $\perp$-Querschnitt

$$\max\left(\frac{m\,\sigma_{kr}}{\sigma_s - \sigma_{kr}}\right) = \frac{F\,b\,t\,(2h_1 - t)}{2W_1(F - b\,t)} = 1{,}78. \qquad \text{(IV 82)}$$

Führen wir diesen Wert in Gl. (IV 81) ein, so erhalten wir für die Gleichgewichtsschlankheit

$$\lambda_{kr}^2 = \frac{\pi^2 E}{\sigma_{kr}}\left\{1 - \frac{m\,\sigma_{kr}}{(\sigma_s - \sigma_{kr})} + 0{,}25\left(\frac{m\,\sigma_{kr}}{\sigma_s - \sigma_{kr}}\right)^2 - 0{,}005\left(\frac{m\,\sigma_{kr}}{\sigma_s - \sigma_{kr}}\right)^3\right\}. \qquad \text{(IV 83)}$$

Aus Gl. (IV 83) läßt sich für jeden Parameter m der Zusammenhang zwischen der Schlankheit λ und der kritischen Spannung $\sigma_{kr} = \frac{P_{kr}}{F}$ ermitteln. Abb. IV 23 zeigt das $\sigma_{kr} - \lambda$-Diagramm für Exzentrizitätsmaße $m = 0{,}01$ bis $m = 5$[1].

Führt man in Gl. (IV 75) für das Exzentrizitätsmaß m den unvermeidlichen Hebelarm nach Gl. (IV 57) ein, so ergibt sich

$$m = \left(\frac{i}{20} + \frac{l}{500}\right)\frac{F}{J}\,h_1 = \left(\frac{i}{20} + \frac{l}{500}\right)\frac{h_1}{i^2}$$
$$= \left(\frac{1}{20} + \frac{\lambda}{500}\right)\frac{h_1}{i}. \qquad \text{(IV 84)}$$

[1] Diese Abbildung wurde entnommen aus K. JEŽEK: Die Festigkeit von Druckstäben aus Stahl. Wien: Springer 1937, S. 200.

Für den betrachteten Querschnitt wird

$$\frac{h_1}{i} = 2{,}317$$

und wir erhalten

$$m = 2{,}317 \left(\frac{1}{20} + \frac{\lambda}{500}\right). \tag{IV 85}$$

Die Gln. (IV 83) und (IV 85) bilden die Grundlage für die Ermittlung der Tragspannungen in der Vorschrift DIN 4114 (s. Kap. V).

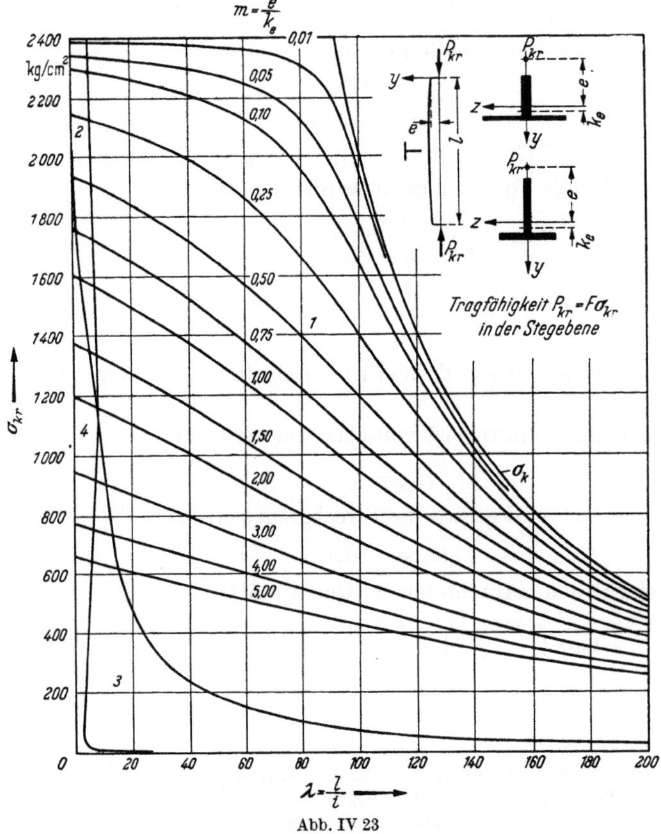

Abb. IV 23

Ježek behandelt in seinem Buche noch eine ganze Reihe anderer Querschnitte und gibt deren $\sigma_{kr} - \lambda$-Diagramme an. Er stellt damit dem Konstrukteur einen umfassenden Arbeitsbehelf zur Verfügung für die Bemessung von exzentrisch gedrückten Stäben.

γ) *Vergleich der Verfahren* Roš-Brunner, Hartmann *und* Chwalla. Um dem Ingenieur zu zeigen, wie man die im Kap. II F publizierten $\sigma_{kr} - \lambda$-Diagramme (Abb. II 22 bis II 27) findet, soll untenstehend der Rechnungsgang angegeben werden[1]. Das Spannungs-Verkürzungs-Diagramm für Avional M ist in Abb. II 18

[1] Kollbrunner, C. F.: Zentrischer und exzentrischer Druck von an beiden Enden gelenkig gelagerten Rechteckstäben aus Avional M und Baustahl. (Vergleich der Theorien von Roš-Brunner, Hartmann und Chwalla mit durchgeführten Versuchen.) Stahlbau 1938, H. 4, 5 u. 6.

und dasjenige für den untersuchten Stahl in Abb. II 19 dargestellt. Die $T_k - \sigma$-Diagramme für zentrisches Knicken ersieht man aus den Abb. II 20 und II 21.

γ_1) Roš-Brunner. Nach der Theorie von Roš-Brunner des exzentrisch gedrückten Stabes geht man folgendermaßen vor:

1. Bestimmung der inneren Momente M_i für verschiedene willkürlich angenommene Werte der Summe der Randfaserdehnungen Δ. Für eine bestimmte Grundspannung $\sigma_g = \frac{P}{F}$ werden für verschiedene endliche Werte der Summe der Randfaserdehnungen Δ (praktisch für verschiedene σ_{Ri}) an Hand des Druck-Verkürzungs-Diagramms die inneren Momente M_i bestimmt.

a) Annahme der Grundspannung σ_g. (Für die weitere Berechnung [b bis d] bleibt diese angenommene Grundspannung konstant; sie wird erst variiert, wenn die M_i-Kurve [$M_i - \Delta$-Diagramm] bestimmt ist.)

b) Annahme der inneren Randspannung σ_{Ri} in Stabmitte (= max. Druckspannung). Durch geeignete Wahl von σ_{Ri} (z. B. von 100 kg/cm² zu 100 kg/cm²) kann man später im $M_i - \Delta$-Diagramm die Randspannungskurven ohne Interpolation sofort einzeichnen.

c) Zu den gewählten σ_{Ri} bestimmt man das zugehörige ε_i und F_i. Aus der Gleichgewichtsbedingung

$$\int_F \sigma_b \, dF = 0 \qquad \text{(IV 86)}$$

folgt

$$F_i = F_a. \qquad \text{(IV 87)}$$

ε_a ist so zu wählen, daß diese Bedingung erfüllt ist.

Solange die Biegezugspannungen σ_{Ra} die Proportionalitätsgrenze P überschreiten, wird dies praktisch am leichtesten durch graphische Darstellung ermöglicht, indem die den Dehnungen ε_a entsprechenden Flächen F_a in einem Dehnungs-Flächen-Diagramm aufgetragen werden.

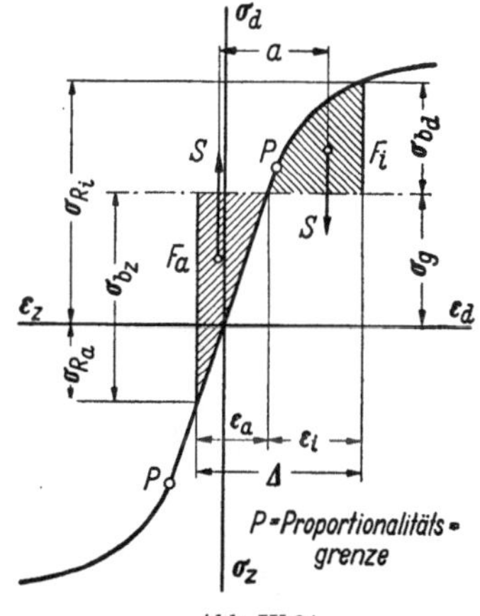

Abb. IV 24
Spannungs-Dehnungs-Diagramm

Das Spannungsbild ($F_i = F_a$) ist nun über der gegebenen Querschnittshöhe h affin abzubilden, indem die Ordinaten unverändert gelassen und die Abszissen im Verhältnis $\frac{h}{\Delta}$ verkleinert werden. Die Resultierenden der Biegedruck- und Biegezugspannungen (S) betragen dann im Stab von der Breite $b = 1$ cm

$$S = F \frac{h}{\Delta}. \qquad \text{(IV 88)}$$

d) Bestimmung des inneren Momentes M_i.

$$M_i = S\, a^* \qquad \text{(IV 89)}$$

$\left(a^* = a \frac{h}{\Delta}\right.$ Schwerpunkt der Flächen F_i und $\left.F_a\right)$. M_i wird für verschiedene σ_{Ri} im $M_i - \Delta$-Diagramm aufgetragen.

e) Nun wird für eine andere Grundspannung σ_g die Rechnung (a bis d) wiederholt. Die, gleichen Randspannungen entsprechenden Punkte im $M_i - \Delta$-Diagramm werden miteinander verbunden; so erhält man die max. Randspannungskurven σ_{Ri} (Abb. IV 25 und IV 26).

Gewählte Grundspannungen bei Avional M:

$$\sigma_g = 0,\ 300,\ 600,\ 900,\ 1200,\ 1500,\ 1800,\ 2100,\ 2400,\ 2700,\ 3000,\ 3100,\ 3200,\ 3300\ \text{kg/cm}^2.$$

Gewählte Grundspannungen bei Baustahl:

$$\sigma_g = 0,\ 400,\ 800,\ 1200,\ 1600,\ 2000,\ 2300,\ 2600,\ 2750\ \text{kg/cm}^2.$$

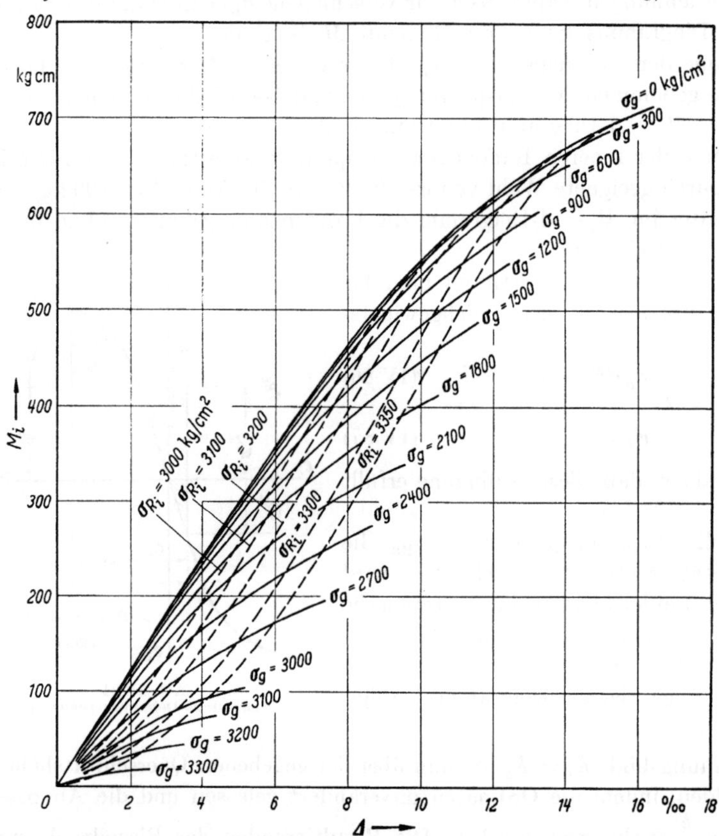

Abb. IV 25. Exzentrischer Druck. M_i-Δ-Diagramm (Roš-Brunner). Avional M. $E = 715\,000$ kg/cm²

Roš-Brunner nehmen an, daß die Spannungsverteilung auf der Biegezugseite der Entlastungsgeraden folge. Dies trifft genau zu für den Fall, daß die Grundspannung die Proportionalitätsgrenze nicht überschreitet oder, bei Überschreitung der Proportionalitätsgrenze, wenn zuerst die volle Längskraft auftritt und erst nachher das der Exzentrizität des Kraftangriffs entsprechende Moment dazukommt. Wenn hingegen, wie in den praktisch wichtigen Fällen, die exzentrisch wirkende Längskraft allmählich auf den Höchstwert anwächst, gilt dies nur als Annäherung.

2. *Bestimmung der maximal möglichen Exzentrizität p, für welche bei gewählter Grundspannung σ_g und gewählter Schlankheit λ noch Gleichgewicht möglich ist.*

Damit Gleichgewicht herrscht, muß in jedem Zeitpunkt dem äußeren Moment M_a das innere Moment M_i entgegenwirken. $M_a = M_i$. Erst wenn das innere Moment nicht mehr rascher oder gleich rasch wie das äußere zunehmen kann, ist die Tragkraft erschöpft, d. h. es ist keine Gleichgewichtsform mehr möglich.

Die Durchbiegung f in Stabmitte wird bei Annahme einer Sinushalbwelle als Gleichgewichtsfigur:

$$f = \frac{l^2}{\pi^2}\frac{\Delta}{h}\,. \qquad \text{(IV 90)}$$

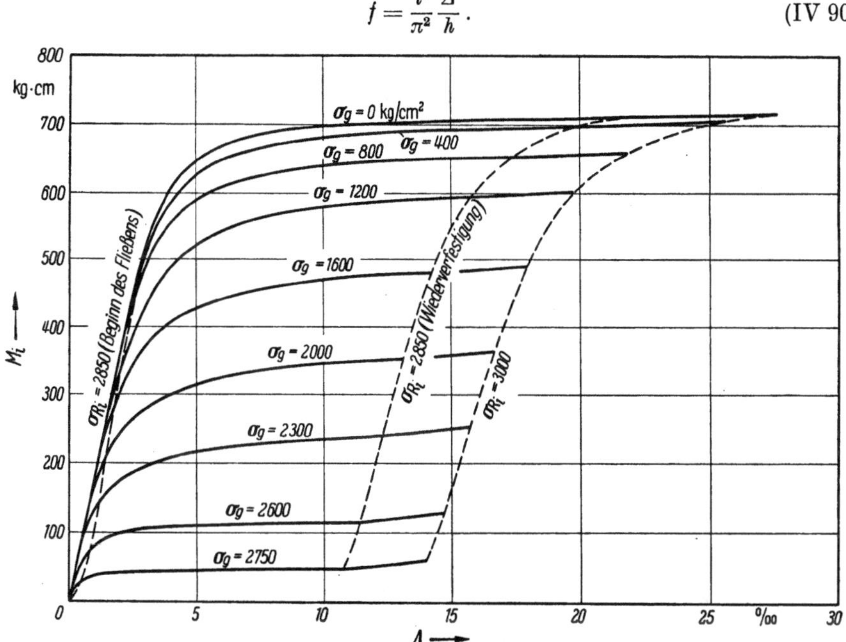

Abb. IV 26. Exzentrischer Druck. M_i-Δ-Diagramm (Roš-Brunner). Stahl. $E = 2150000$ kg/cm²

(Diese Annahme ergibt an den Stabenden die Krümmung 0, währenddem sie in Wirklichkeit, infolge des Momentes Pp, bei großer Exzentrizität recht beträchtlich sein kann [Abb. IV 27].)

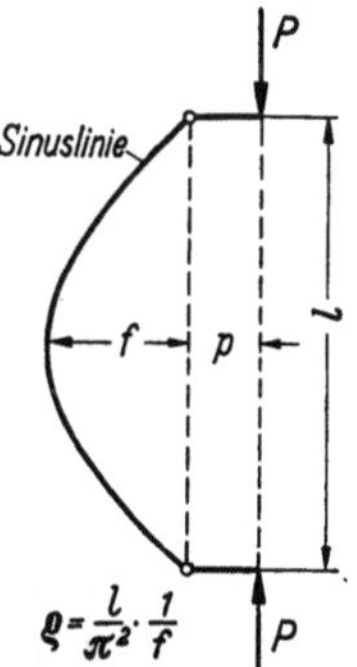

Abb. IV 27. Biegelinie nach Roš-Brunner

Bestimmt man die Strahlen der M_a-Strahlenbüschel $\left(M_a = P\,f = \sigma_g\,h \cdot 1 f = \sigma_g\,\frac{l^2}{\pi^2}\Delta\right.$, für die Breite $\left. b = 1\text{ cm}\right)$ für verschiedene Grundspannungen σ_g und zieht entsprechend den Strahlenbüscheln an die M_i-Kurven Tangenten, so geben die so bestimmten Berührungspunkte die Gleichheit der Momente der äußeren exzentrisch wirkenden Kraft $P = \sigma_g\,h\,1$ und des inneren aufrichtenden Momentes M_i (Abb. IV 28 und IV 29).

λ wird für die einzelnen Strahlenbüschel jeweils konstant gehalten, da man auf diese Weise zur Aufzeichnung der TKVSB-Kurven ($\sigma_{kr} - \lambda$-Diagramm) besser interpolieren kann, als wenn man wie Roš-Brunner für eine bestimmte Grundspannung das Strahlenbüschel für verschiedene Schlankheiten aufzeichnet.

Wäre die Exzentrizität für die gewählte Grundspannung und die gewählte Schlankheit (Abb. IV 28 und IV 29, $\sigma_g = 1200\,\text{kg/cm}^2$, $\lambda = 60$) kleiner als p, so würde der M_a-Strahl die M_i-Kurve schneiden, d. h. Gleichgewicht wäre selbst für größere Exzentrizitäten noch möglich. Wäre die Exzentrizität größer als p, so würde der M_a-Strahl die M_i-Kurve nicht mehr treffen, Gleichgewicht wäre somit unmöglich. Wenn der M_a-Strahl die M_i-Kurve berührt, erhält man die größte Exzentrizität, bei der das innere Moment M_i dem äußeren Moment M_a gerade noch Gleichgewicht halten kann; für eine unendlich kleine Vergrößerung von p knickt der Stab aus.

Die für eine bestimmte Schlankheit λ und eine bestimmte Grundspannung σ_g sich ergebende maximale Exzentrizität p wird graphisch bestimmt (Abb. IV 28 und IV 29).

$$p = \frac{l^2}{\pi^2}\frac{\Delta}{h}. \qquad \text{(IV 91)}$$

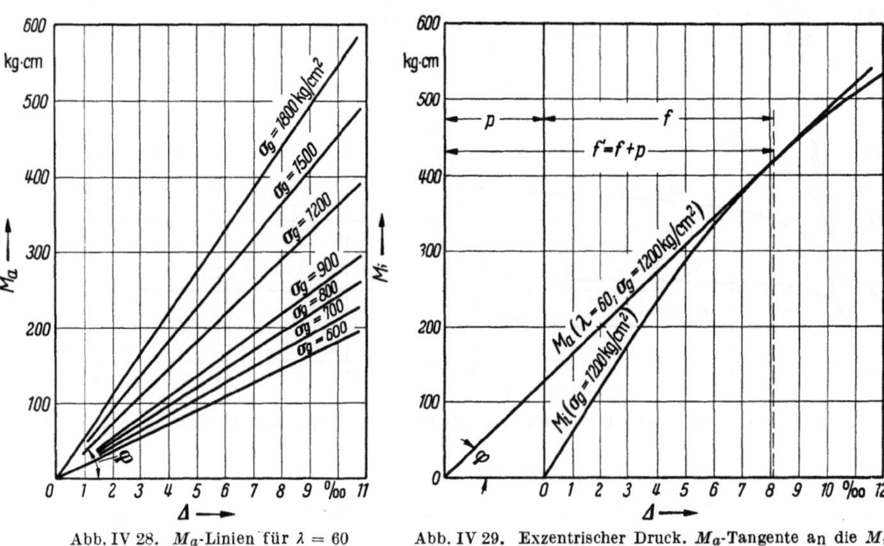

Abb. IV 28. M_a-Linien für $\lambda = 60$

Abb. IV 29. Exzentrischer Druck. M_a-Tangente an die M_i-Kurve. $\sigma_g = 1200\,\text{kg/cm}^2$ (Roš-Brunner). Avional M. $E = 715000\,\text{kg/cm}^2$

3. Bestimmung des $\sigma_{\text{kr}} - \lambda$-Diagramms (TKVSB-Kurven). Die Exzentrizität des Kraftangriffs wird durch das Exzentrizitätsmaß $m = \frac{p}{k_e}$ ausgedrückt (p = Anfangsexzentrizität, k_e = verschränkt gemessene Kernweite).

Aus der Gleichgewichtsbedingung $M_a = M_i$ erhält man zu bestimmten Schlankheiten λ und bestimmten Grundspannungen σ_g keine ganzzahligen Werte der Exzentrizitätsmasse m. Um ganzzahlige Werte von m zu erhalten, interpoliert man für festgehaltenes λ graphisch und bekommt so die ganzzahligen, m zugeordneten Grundspannungen σ_g. (Aufzeichnung des $m - \sigma_g$-Diagramms für verschiedene λ [Abb. IV 30 und IV 31[1]].)

[1] Für $m = 0$ treffen die λ-Kurven die Ordinatenachse in den σ_g-Werten des zentrischen Knickens. (Beim zentrischen Knicken ist die Grundspannung gleich der Randspannung.)

Die so erhaltenen Werte m werden im Koordinatensystem $\sigma_{\text{kr}} - \lambda$ eingetragen und die Punkte gleichen Exzentrizitätsmaßes m miteinander verbunden. So er-

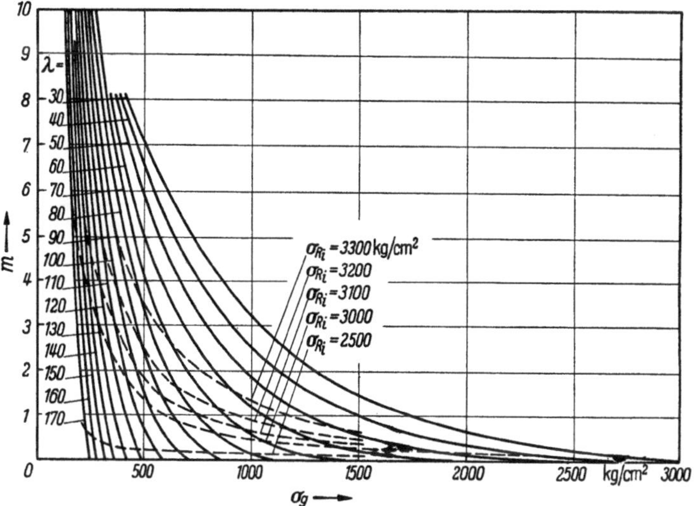

Abb. IV 30. Exzentrischer Druck. m-σ_g-Diagramm (Roš-Brunner). Avional M. $E = 715000$ kg/cm²

hält man die TKVSB-Kurven (Abb. II 22 u. II 23). ($\sigma_{\text{kr}} - \lambda$-Diagramm. Die Grundspannung σ_g wird hier als kritische Knickspannung mit σ_{kr} benannt [s. Kap. II F].)

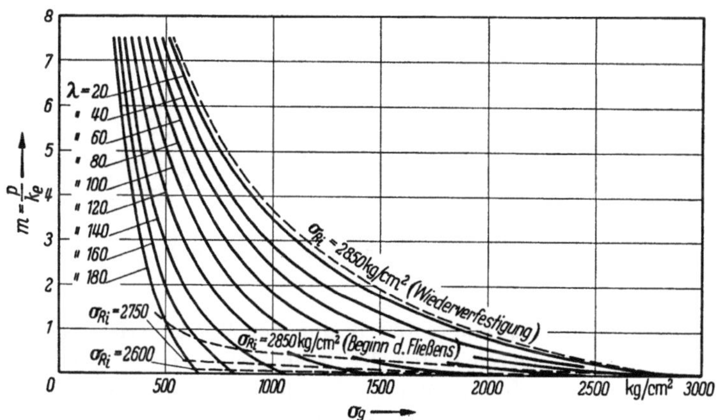

Abb. IV 31. Exzentrischer Druck. m-σ_g-Diagramm (Roš-Brunner). Stahl. $E = 2150000$ kg/cm²

4. Eintragung der Randspannungen. Damit $M_i = M_a$ ist, wurden an die M_i-Kurven die M_a-Strahlen als Tangenten gelegt. Die Berührungspunkte ergaben für eine bestimmte Grundspannung σ_g und eine bestimmte Schlankheit λ die kritischen inneren Momente $M_{i_{\text{kr}}}$. Im $M_{i_{\text{kr}}} - \sigma_g$-Diagramm werden für bestimmte λ die erhaltenen Werte eingetragen (Abb. IV 32 u. IV 33). (Da die M_a-Strahlenbüschel jeweils für ein bestimmtes λ aufgezeichnet wurden, entspricht in diesen Diagrammen jedem Strahlenbüschel eine λ-Kurve.)

Um in den Berührungspunkten der M_a-Strahlen an die M_i-Kurven die genauen Randspannungen zu kennen, muß graphisch interpoliert werden. Weil zur Eintragung ins $\sigma_{\mathrm{kr}} - \lambda$-Diagramm ganzzahlige Randspannungen benötigt werden, werden für bestimmte Randspannungen σ_{Ri} die inneren Momente M_i als Funktion der Grundspannung σ_g ins gleiche Diagramm eingetragen (aus $M_i - \Delta$-Diagramm entnommen). So erhält man für bestimmte Randspannungen σ_{Ri} und für bestimmte Schlankheiten λ die entsprechenden σ_g. Aufgetragen im $\sigma_{\mathrm{kr}} - \lambda$-Diagramm ($\sigma_{\mathrm{kr}} = \sigma_g$) ergeben sich die Randspannungskurven σ_{Ri}[1].

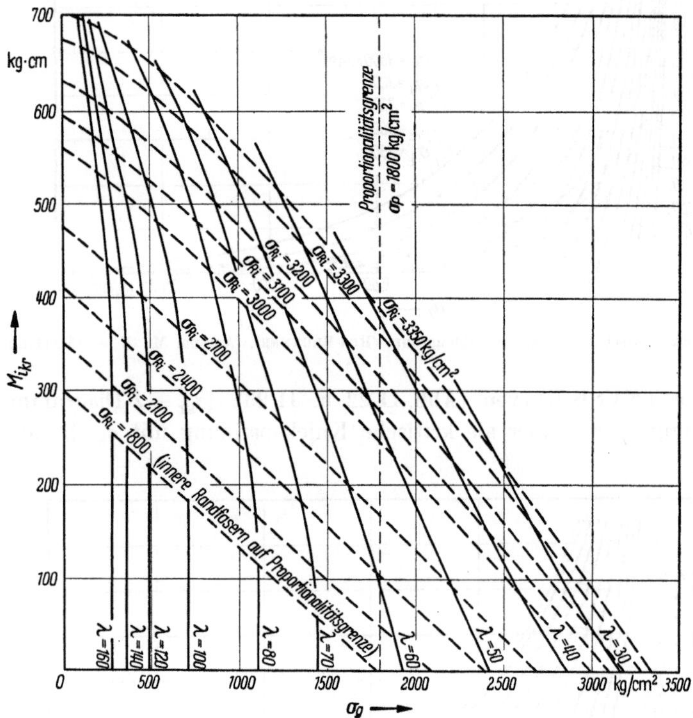

Abb. IV 32. Exzentrischer Druck. $M_{i_{\mathrm{kr}}}$-σ_g-Diagramm (Roš-Brunner). Avional M. $E = 715000$ kg/cm²

Damit bei Baustahl die σ_{Ri}-Kurve für Beginn der Wiederverfestigung, die keine in der Abb. IV 33 aufgezeichneten λ-Kurven mehr schneidet, bestimmt werden kann, werden die M_i für bestimmte Grundspannungen σ_g als Funktion von λ aufgetragen ($M_i - \lambda$-Diagramm, Abb. IV 34). Zur gesuchten Randspannung (Beginn der Wiederverfestigung) und einer bestimmten Grundspannung σ_g gehört ein bestimmter Wert des inneren Momentes M_i. Durch Extrapolation, d. h. durch Verlängerung der Grundspannungskurven bis zu diesem Werte M_i, erhält man im $M_i - \lambda$-Diagramm Punkte der Randspannungskurve bei Beginn der Wiederverfestigung; somit zu bestimmten σ_g die zugehörigen Werte λ dieser Randspannungskurve, die nun im $\sigma_{\mathrm{kr}} - \lambda$-Diagramm eingetragen werden können. Die

[1] Auf der Abszissenachse ($M_i = 0$) befinden sich die Werte für zentrisches Knicken. ($\sigma_g = \sigma_{\mathrm{Ri}}$, σ_g zum betreffenden λ aus dem $\sigma_{\mathrm{kr}} - \lambda$-Diagramm für $m = 0$ entnommen.)

so erhaltenen Randspannungen im $\sigma_{kr} - \lambda$-Diagramm treffen die $m = 0$-Kurve in den entsprechenden σ_{kr}-Werten (zentrisches Knicken $\sigma_{kr} = \sigma_{Ri}$).

Aus dem $\sigma_{kr} - \lambda$-Diagramm kann man rückwärts ins $m - \sigma_g$-Diagramm (Abb. IV 30 u. IV 31) die Kurven für ganzzahlige Randspannungen σ_{Ri} eintragen und analog in ein $\sigma_{Ri} - \sigma_g$-Diagramm Kurven für ganzzahlige Schlankheiten λ und ganzzahlige Exzentrizitätsmaße m (Abb. IV 35 u. IV 36). Für $m = 0$ werden die $\sigma_{Ri} = \sigma_g$ (zentrisches Knicken). Die λ-Kurven endigen auf einer Geraden.

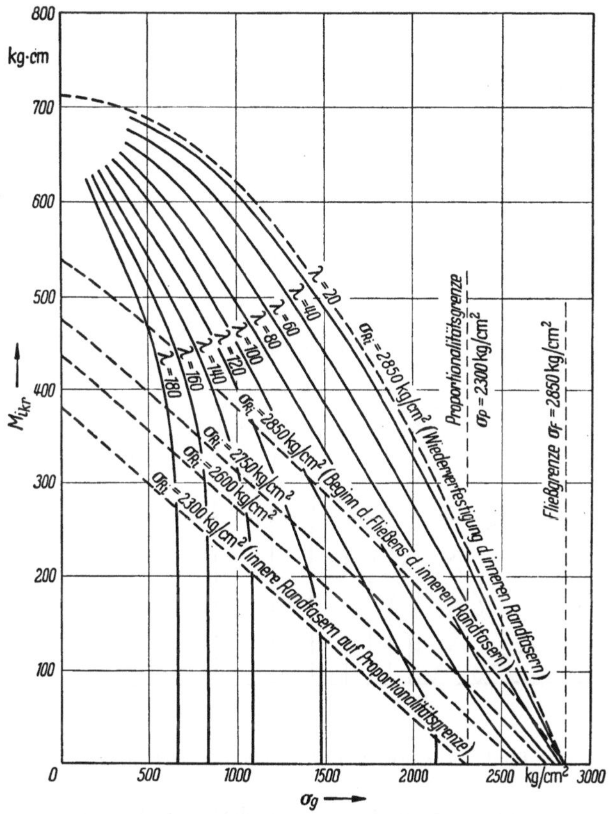

Abb. IV 33. Exzentrischer Druck. $M_{i_{kr}}$-σ_g-Diagramm (Roš-Brunner). Stahl. $E = 2\,150\,000$ kg/cm²

Auf diese Weise hat man drei Diagramme, die die gegenseitige Beziehung der vier Größen $\sigma_g = \sigma_{kr}$, λ, m und σ_{Ri} ausdrücken:

1. $\sigma_{kr} - \lambda$-Diagramm (Abb. II 22 u. II 23),
   Kurven für ganzzahlige m und ganzzahlige σ_{Ri}.
2. $m - \sigma_g$-Diagramm (Abb. IV 30 u. IV 31),
   Kurven für ganzzahlige λ und ganzzahlige σ_{Ri}.
3. $\sigma_{Ri} - \sigma_g$-Diagramm (Abb. IV 35 u. IV 36),
   Kurven für ganzzahlige λ und ganzzahlige m.

γ_2) Hartmann. Nach der Theorie von Hartmann des exzentrisch gedrückten Stabes geht man folgendermaßen vor:

1. Bestimmung der inneren Momente M_i für verschiedene willkürlich angenommene Werte der Summe der Randfaserdehnungen Δ. Die M_i werden analog Roš-Brunner bestimmt. Wenn $\sigma_g > \sigma_p$, folgen die Spannungen auf der Biegezugseite jedoch nicht der Entlastungsgeraden, sondern dem Spannungs-Verkürzungs-Diagramm. Die berechneten M_i sind zum Vergleich mit den nach Roš-Brunner erhaltenen in Abb. IV 37 eingetragen.

Die $M_i - \Delta$-Diagramme nach Hartmann sind für sämtliche Grundspannungen $\sigma_g \leqq \sigma_p$ mit den $M_i - \Delta$-Diagrammen nach Roš-Brunner identisch; für $\sigma_g > \sigma_p$ liegen die Werte nach Hartmann unterhalb der Roš-Brunnerschen. Bei dem

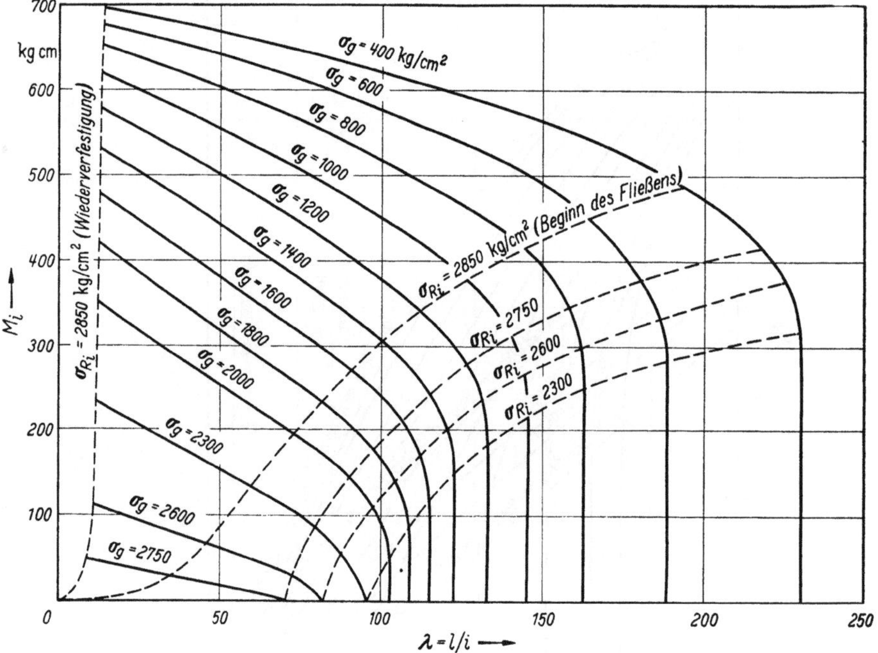

Abb. IV 34. Exzentrischer Druck. M_i-λ-Diagramm (Roš-Brunner). Stahl. $E = 2150000$ kg/cm²

hier verwendeten Baustahl liegen bis knapp unterhalb der Fließgrenze — infolge dem stark ansteigenden Spannungs-Verkürzungs-Diagramm — die den gleich Δ entsprechenden M_i (für eine bestimmte Grundspannung σ_g) nach Hartmann nur verschwindend wenig unterhalb der Roš-Brunnerschen Werte.

2. Bestimmung möglicher Gleichgewichtsfiguren für bestimmte Grundspannungen σ_g. (Ermittlung von y_0, l und λ.)

$$M_a = P\, y_0 \quad \text{(Abb. IV 38)} \tag{IV 92}$$

$$= (\sigma_g\, b\, h)\, y_0 \quad \text{und für} \quad b = 1 \text{ cm und } h = 1 \text{ cm}$$

$$M_a = \sigma_g\, y_0 \cdot 1 \cdot 1. \tag{IV 93}$$

Aus der Gleichgewichtsbedingung $M_i = M_a$ erhält man die totale Exzentrizität in Stabmitte zu

$$y_0 = \frac{M_i}{\sigma_g \cdot 1 \cdot 1}. \tag{IV 94}$$

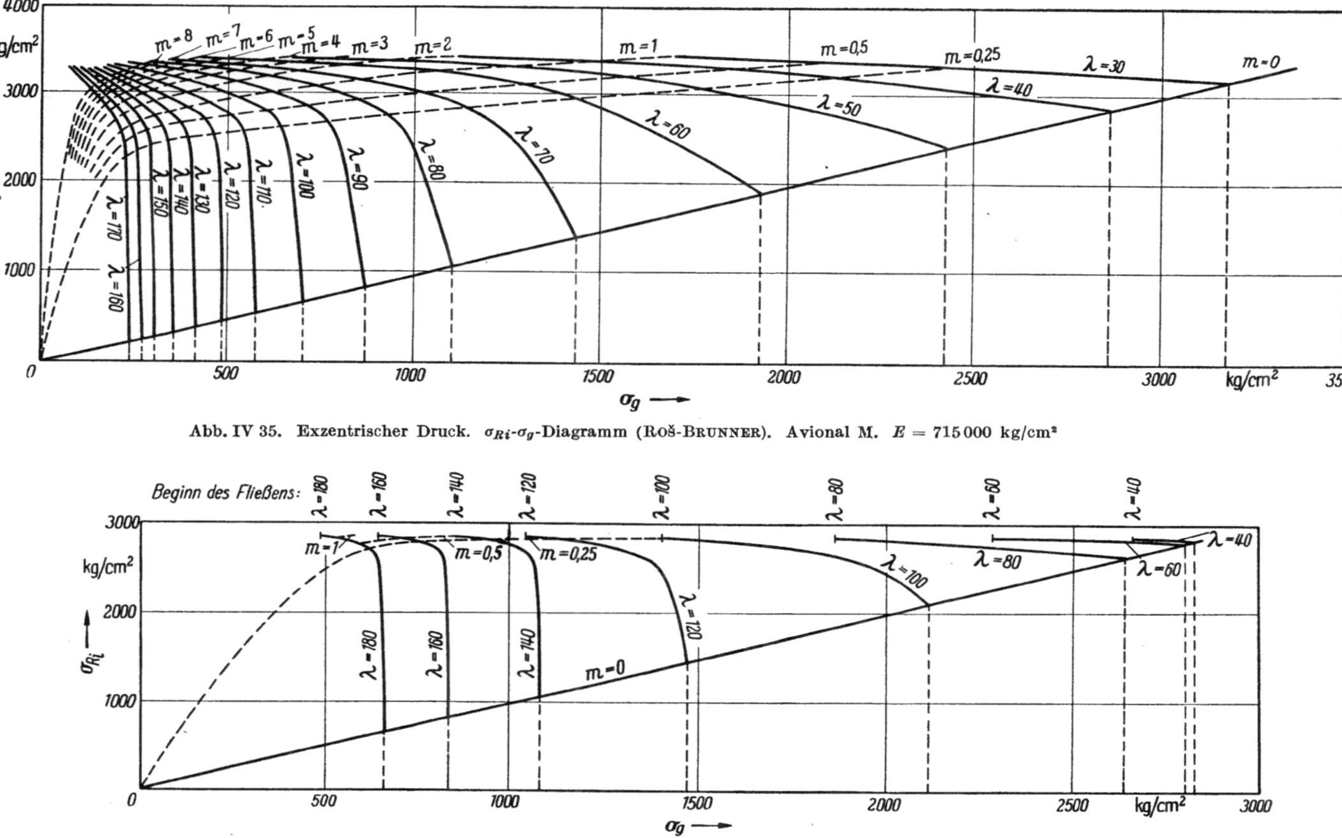

Abb. IV 35. Exzentrischer Druck. σ_{Ri}-σ_g-Diagramm (Roš-Brunner). Avional M. $E = 715\,000$ kg/cm²

Abb. IV 36. Exzentrischer Druck. σ_{Ri}-σ_g-Diagramm (Roš-Brunner). Stahl. $E = 2\,150\,000$ kg/cm²

Aus der bekannten Beziehung

$$\frac{\varepsilon_i + \varepsilon_a}{h} = \frac{\Delta}{h} = \frac{1}{\varrho_0} \tag{IV 95}$$

folgt für $h = 1$ cm

$$\varrho_0 = \frac{1}{\Delta} \quad \text{(Krümmungsradius in Stabmitte).} \tag{IV 96}$$

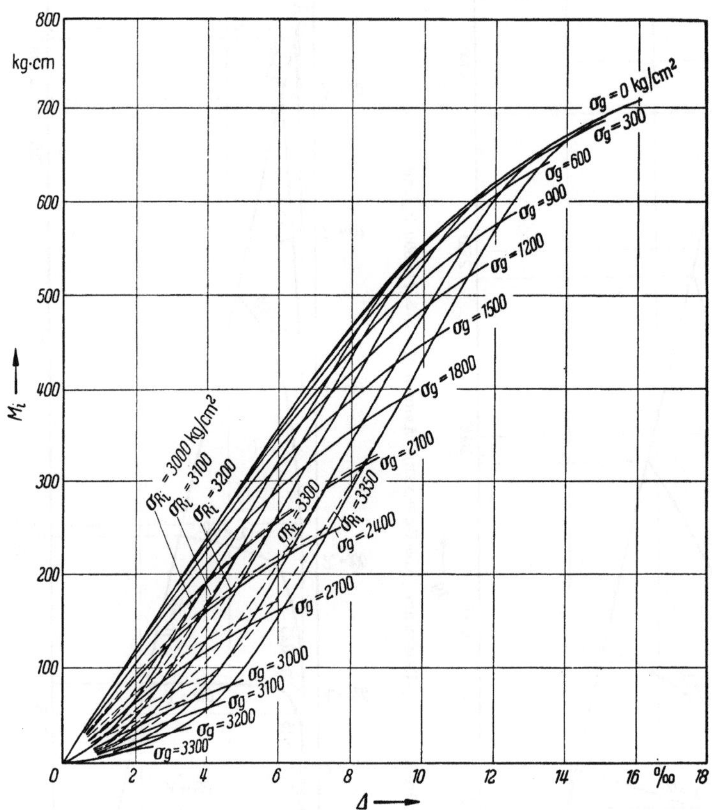

Abb. IV 37. Exzentrischer Druck. M_i-Δ-Diagramm (HARTMANN —— in Vergleich mit ROŠ-BRUNNER ----). Avional M. $E = 715\,000$ kg/cm²

Nimmt man wie HARTMANN für zentrisches Knicken eine Sinuslinie als Gleichgewichtsfigur an, so folgt

$$y = y_0 \sin \frac{\pi x}{l}. \tag{IV 97}$$

Aus der Beziehung $y'' = \frac{1}{\varrho}$ erhält man für $x = \frac{l}{2}$, $\frac{1}{\varrho_0} = y_0 \frac{\pi^2}{l^2}$ und somit

$$l = \pi \sqrt{y_0 \varrho_0}. \tag{IV 98}$$

Die Schlankheit für den Rechteckquerschnitt ergibt sich zu

$$\lambda = \frac{l}{i} = l \sqrt{\frac{12}{h^2}} = \pi \sqrt{\frac{12 y_0 \varrho_0}{h^2}} \tag{IV 99}$$

und für $h = 1$ cm

$$\lambda = \pi \sqrt{12 y_0 \varrho_0}. \tag{IV 100}$$

Die durch Gl. (IV 97) bestimmten Sinuslinien entsprechen möglichen Gleichgewichtsfiguren des ausgebogenen Stabes; sie werden so aufgetragen, daß y_0 immer in die Abszissenachse fällt (halbe Sinuslinie). Als Ordinaten werden nicht die Längen l, sondern die Schlankheiten λ gewählt (Abb. IV 39).

3. Ermittlung der maximalen Schlankheiten $\lambda_{0\,\max}$ für bestimmte Grundspannungen σ_g und bestimmte Exzentrizitätsmaße m.

Für eine bestimmte Grundspannung σ_g werden verschiedene mögliche Gleichgewichtsformen des ausgebogenen Stabes aufgetragen (Abb. IV 39). Schneidet man diese Kurven mit einer bestimmten Exzentrizität p durch, so ergeben sich die Schlankheiten λ_0 des exzentrisch belasteten Stabes. $\lambda_{0\,\max}$ ist die Knickschlankheit für die Grundspannung σ_g (sie ist gerade noch imstande, der Grundspannung σ_g Gleichgewicht zu halten). Zeichnet man die Umhüllende der Sinuslinien, so ergeben die Schnittpunkte mit den Lotrechten durch die Exzentrizität p sofort die $\lambda_{0\,\max}$ ($p = k_e\, m$ wird für bestimmte Exzentrizitätsmaße m aufgetragen).

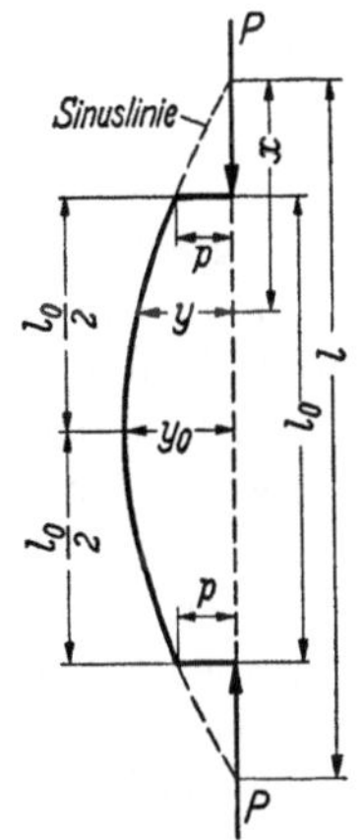

Abb. IV 38
Biegelinie nach HARTMANN

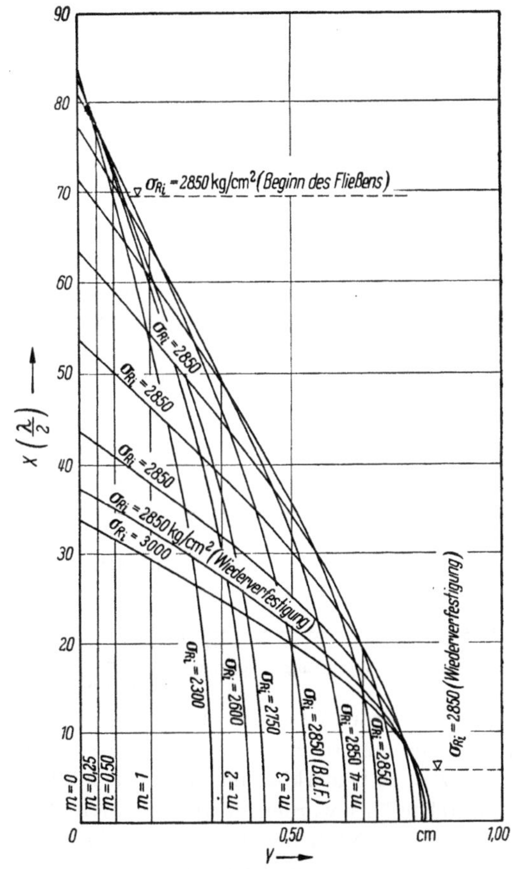

Abb. IV 39. Exzentrischer Druck. Biegelinien für $\sigma_g = 800$ kg/cm² (HARTMANN). $y = y_0 \cdot \sin\left(\frac{\pi x}{l}\right)$. Stahl. $E = 2150000$ kg/cm²

Die Rechnung wurde für die in Abschn. γ_1 angegebenen Grundspannungen durchgeführt.

4. Aufzeichnung des σ_{kr} — λ-Diagrammes. Die für die gewählten Exzentrizitätsmaße m erhaltenen Knickschlankheiten $\lambda_{0\,\max}$ werden im Koordinatensystem

$\sigma_{kr} - \lambda$ eingetragen und die Punkte gleicher Exzentrizität miteinander verbunden (Abb. II 24 u. II 25).

5. Eintragung der Randspannungen. Den für eine bestimmte Grundspannung σ_g möglichen Gleichgewichtsfiguren entsprechen bestimmte maximale Randspannungen σ_{Ri}. Jedem σ_{Ri} entspricht eine bestimmte Sinuslinie. Ausnahme: Der Fließgrenzspannung entsprechen verschiedene mögliche Gleichgewichtsfiguren. Die Berührungspunkte der Umhüllenden ergeben somit die gleichen σ_{Ri} wie die Sinuslinien. Aus diesen Berührungspunkten erhält man die zugehörigen Schlankheiten λ, kann somit im $\sigma_{kr} - \lambda$-Diagramm diese Punkte einzeichnen, und die gleichen Randspannungen entsprechenden Punkte miteinander verbinden, und erhält so die σ_{Ri}-Kurven (Abb. II 24 u. II 25).

Die Kurve $\sigma_{Ri} = 2850$ kg/cm² (Wiederverfestigung) ist nur unter Vernachlässigung der Wiederverfestigung richtig. Sie gilt nur für den in Abb. IV 40 gestrichelt angegebenen Verlauf des Spannungs-Verkürzungs-Diagrammes. Berücksichtigt man die Wiederverfestigung, so erhält man für $\sigma_g > \sigma_p$ neue mögliche Gleichgewichtsformen. Dabei sind die zugehörigen $\lambda_{0\,max}$ stets sehr klein und folgen einem anderen Gesetz als die übrigen $\lambda_{0\,max}$. Dies kommt dadurch zum Ausdruck, daß man zwei Umhüllende der Sinuslinien erhält, die sich durchschneiden, womit ihr Geltungsbereich begrenzt ist. Im $\sigma_{kr} - \lambda$-Diagramm erhält man so für sehr kleine Schlankheiten besondere Kurven mit steilem Anstieg. Aus Abb. IV 39 ersieht man, daß der Berührungspunkt der Umhüllenden an die σ_{Ri}-Kurve bei Beginn der Wiederverfestigung unterhalb der $\sigma_{Ri} = 3000$ kg/cm²-Kurve liegt, somit in Wirklichkeit nicht existiert, da in jenem Gebiet die zweite Umhüllende maßgebend ist. (Bei größeren Grundspannungen kommt dies noch in weit stärkerem Maße zum Ausdruck.) Da sich die Wiederverfestigung beim verwendeten Baustahl und den untersuchten Exzentrizitätsmaßen erst bei kleineren Schlankheiten als $\lambda = 20$ bemerkbar macht und keine Versuche mit so kleinen Schlankheiten durchgeführt wurden, wurde die zweite Umhüllende nicht berücksichtigt.

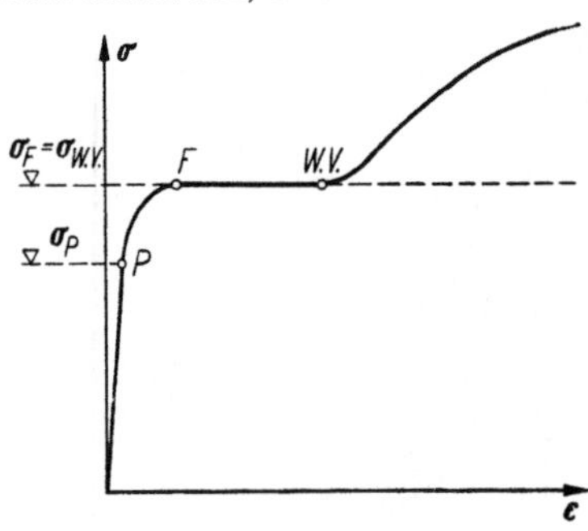

Abb. IV 40. Spannungs-Verkürzungs-Diagramm

γ_3) Chwalla. Nach der Theorie von Chwalla des exzentrisch gedrückten Stabes geht man folgendermaßen vor:

1. Bestimmung der inneren Momente M_i für verschiedene willkürlich angenommene Werte der Summe der Randfaserdehnungen Δ.

Die M_i werden analog Hartmann bestimmt.

2. Bestimmung möglicher Gleichgewichtsfiguren für bestimmte Grundspannungen σ_g.

Die „Kurven des inneren Widerstandes“ nach Chwalla

$$\left(\frac{h}{\varrho} - \frac{M_i}{b\,h^2}\right)\text{-Diagramm}$$

sind für $b = 1$ cm und $h = 1$ cm identisch mit dem $M_i - \Delta$-Diagramm nach Hartmann.

Aus den „Kurven des inneren Widerstandes“

$$\frac{h}{\varrho} = \psi\left(\frac{M_i}{b\,h^2}\right) = \psi\left(\frac{P\,y}{b\,h^2}\right) = \psi\left(\sigma_g\,\frac{y}{h}\right) = \psi_1\left(\frac{y}{h}\right) \tag{IV 101}$$

folgt, wenn man für $\frac{1}{\varrho} = -\,y''$ (IV 102)

einsetzt:

$$-\,h\,y'' = \psi_1\left(\frac{y}{h}\right). \tag{IV 103}$$

Daraus kann durch zweimalige Integration die gesuchte Gleichgewichtsfigur $y = f(x)$ bestimmt werden. CHWALLA führte diese Operation analog KÁRMÁN in zwei Quadraturstufen durch[1]. Die erhaltenen Gleichgewichtsfiguren wurden im $\frac{x}{h}$-$\frac{y}{h}$-Diagramm als „Grundkurven“ eingetragen (Abb. IV 41).

Mit Hilfe der Beziehung

$$\frac{y}{h} = -\frac{M_i}{P\,h} = \frac{1}{\sigma_g}\,\frac{M_i}{b\,h^2} \tag{IV 104}$$

werden die Kurven des inneren Widerstandes in der affinen Form

$$-\,h\,y'' = \psi_1\left(\frac{y}{h}\right) \tag{IV 105}$$

dargestellt. Die erste Stufe der Quadratur wird auf Grund der Beziehung

$$(y')^2 = 2\int\limits_{y/h}^{y_0/h} (-\,h\,y'')\,d\left(\frac{y}{h}\right) \tag{IV 106}$$

durchgeführt. Die zweite Stufe der Quadratur schließt an die Kurve

$$\frac{1}{y'} = f_2\left(\frac{y}{h}\right) \tag{IV 107}$$

an und erfolgt auf Grund der Beziehung

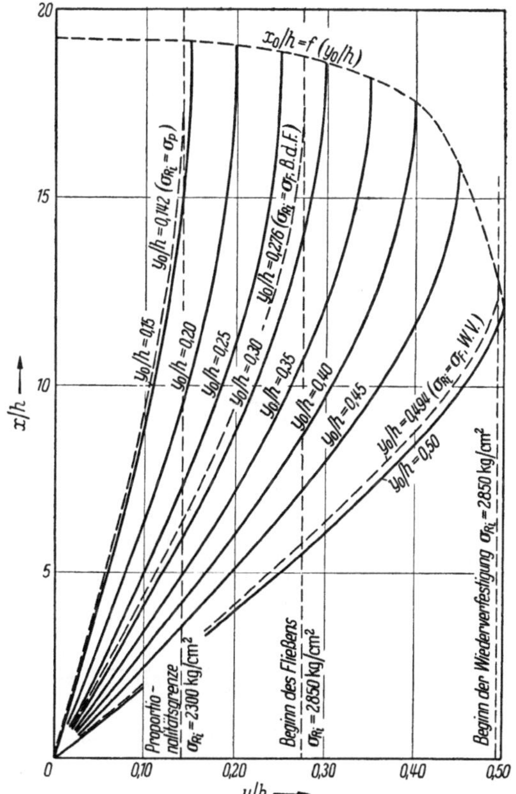

Abb. IV 41. Exzentrischer Druck. $\frac{x}{h}$-$\frac{y}{h}$-Diagramm (Grundkurven CHWALLA) $\sigma_g = 1200$ kg/cm². Stahl. $E = 2150000$ kg/cm²

$$\frac{x}{h} = \int\limits_0^{y/h} \left(\frac{1}{y'}\right) d\left(\frac{y}{h}\right). \tag{IV 108}$$

Daraus werden die Werte $\frac{x}{h} = f_3\left(\frac{y}{h}\right)$ ermittelt. (Die Kurve $f_3\left(\frac{y}{h}\right)$ ist identisch

[1] CHWALLA, E.: Theorie des außermittig gedrückten Stabes aus Baustahl. Stahlbau 1934, H. 21, S. 164.

mit der gesuchten Gleichgewichtsfigur.) In der näheren Umgebung des Scheitels versagt diese Methode jedoch, da dann $\frac{1}{y'}$ unendlich groß wird.

Chwalla half sich hier mit der Beziehung

$$\frac{\bar{x}}{h} = \int_{y'}^{0} \left(\frac{1}{-h\,y''}\right) d\,(y'), \qquad \text{(IV 109)}$$

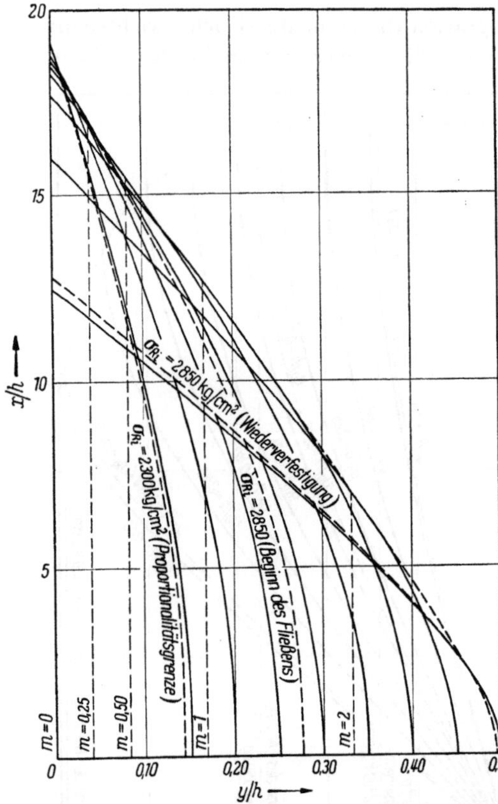

Abb. IV 42. Exzentrischer Druck. $\frac{x}{h}$ - $\frac{y}{h}$ -Diagramm. (Grundkurven Chwalla) $\sigma_g = 1200\,\text{kg/cm}^2$. Stahl. $E = 2\,150\,000\,\text{kg/cm}^2$

die die vom Scheitel ($y' = 0$) gemessenen Entfernungen $\bar{x}$ der Punkte der gesuchten Gleichgewichtsfigur liefert.

Die Grundkurven wurden bei Avional M für $\sigma_g = 300$, 600, 900, 1500, 2100 und 2700 kg/cm² und bei Baustahl für $\sigma_g = 400$, 800, 1200, 2000, 2300 und 2600 kg/cm² bestimmt.

3. Ermittlung der maximalen Schlankheiten λ_k für bestimmte Grundspannungen σ_g und bestimmte Exzentrizitätsmaße m.

Anstatt wie Chwalla für bestimmte Exzentrizitätsmaße $m\,\frac{p}{k_e}$ zu bestimmten Ausbiegungen $\frac{y_0}{h}$ die Schlankheiten λ zu bestimmen, und die „Kurven der Gleichgewichtszustände" $\left(\lambda_{\text{Gl.}} - \frac{y_0}{h}\text{-Diagramm}\right)$ aufzutragen, aus denen die Maximalwerte die kritischen Gleichgewichtszustände, somit λ_k ergeben, kann man analog Hartmann an die mit y_0 auf der Abszissenachse aufgetragenen Grundkurven $\left(\frac{x}{h} - \frac{y}{h}\text{-Diagramm}\right)$ die Umhüllende zeichnen (Abb. IV 42). Die Schnittpunkte mit den Lotrechten durch die Exzentrizitätsmaße m ergeben so die Stablängen $\frac{x_{\max}}{h}$, aus denen die λ_k berechnet werden können.

Die im kritischen Zustand auftretende Scheitelausbiegung y_0 bleibt dabei, da sie baupraktisch nicht von Interesse ist, außer Betracht. (Chwalla brachte den Zusammenhang zwischen effektiver seitlicher Aubiegung des Stabscheitels im kritischen Zustande und kritischer Last in den „Lastkurven" in übersichtlicher Weise zur Darstellung.)

4. *Aufzeichnung des $\sigma_{kr} - \lambda$-Diagramms.* Analog Abschn. γ_2 (s. Abb. II 26 u. II 27).

5. *Eintragung der Randspannungen.* Analog Abschn. γ_2.

3. Knicken schwach gekrümmter und querbelasteter Stäbe

In diesem Abschnitt betrachten wir Stäbe, die von Haus aus eine gekrümmte Stabachse besitzen, oder durch eine Querbelastung von Anfang an eine seitliche Ausbiegung aufweisen. Diese Fälle zeigen eine große Ähnlichkeit mit exzentrisch gedrückten Stäben, denn auch hier gehört zu jeder Last eine *eindeutig* bestimmte Ausbiegung und auch hier haben wir zu unterscheiden zwischen ideal-elastischen und plastischen Baustoffen. Bei den erstern liegt wieder ein Spannungsproblem zweiter Ordnung, bei den letztern ein Stabilitätsproblem vor.

a) Ideal-elastisches Material. Wir betrachten zunächst einen Stab von der Länge l mit gelenkig gelagerten Enden und einer Stabachse, die in einer Sinushalbwelle nach dem Gesetz

$$y_0 = f_0 \sin\left(\pi \frac{x}{l}\right) \tag{IV 110}$$

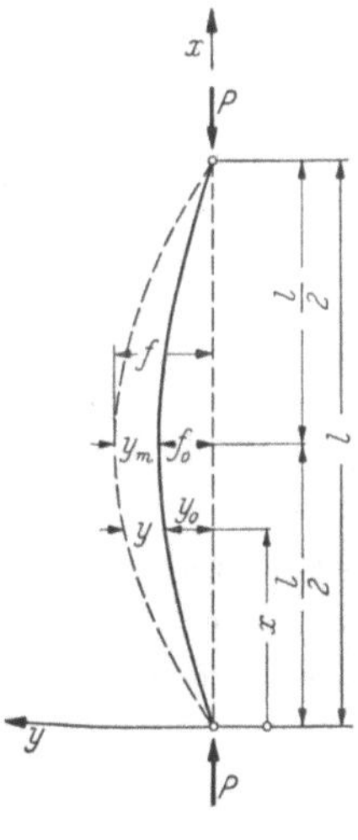

gekrümmt ist (Abb. IV 43). Die Differentialgleichung der elastischen Linie lautet somit

$$E\,J\,y'' = -P\left(y + f_0 \sin\left(\pi \frac{x}{l}\right)\right) \tag{IV 111}$$

oder, wenn wir wieder die Abkürzung $k^2 = \frac{P}{E\,J}$ einführen,

$$y'' + k^2 y = -k^2 f_0 \sin\left(\pi \frac{x}{l}\right). \tag{IV 112}$$

Die allgemeine Lösung dieser Differentialgleichung lautet, wenn $a = l\,k$ gesetzt wird,

$$y = A \sin k\,x + B \cos k\,x + \frac{1}{\frac{\pi^2}{a^2} - 1} f_0 \sin\left(\frac{\pi\,x}{l}\right). \tag{IV 113}$$

Um die Konstanten A und B zu bestimmen, führen wir die Randbedingungen an den Stabenden ein:

Zunächst muß für $x = 0$ auch $y = 0$ sein, woraus $B = 0$ folgt.
Ebenso muß auch y für $x = l$ verschwinden, was zu $A = 0$ führt.
Somit lautet die Lösung für den vorliegenden Fall

$$y = \frac{f_0}{\frac{\pi^2}{a^2} - 1} \sin\left(\frac{\pi\,x}{l}\right). \tag{IV 114}$$

Für $x = \frac{l}{2}$ erhalten wir den maximalen Wert von y zu

$$\underline{\underline{y_m}} = \frac{f_0}{\frac{\pi^2}{a^2} - 1} = \frac{f_0}{\frac{\pi^2 E\,J}{P\,l^2} - 1} = \frac{f_0}{\frac{P_E}{P} - 1} = \underline{\underline{\frac{P}{P_E - P} f_0}}, \tag{IV 115}$$

wenn $\frac{\pi^2 E J}{l^2} = P_E$, also gleich der EULER-Last gesetzt wird. Damit läßt sich Gl. (IV 114) in der folgenden Form schreiben

$$y = \frac{P}{P_E - P} f_0 \sin\left(\frac{\pi x}{l}\right). \tag{IV 116}$$

Die totale Ausbiegung f in Stabmitte beträgt

$$f = y_m + f_0 = \frac{P_E}{P_E - P} f_0, \tag{IV 117}$$

wofür sich nach Division von Zähler und Nenner durch die Querschnittsfläche F auch schreiben läßt

$$f = \frac{\sigma_E}{\sigma_E - \sigma_0} f_0, \tag{IV 118}$$

wenn $\frac{P}{F} = \sigma_0$ gesetzt wird.

Für die größte Randspannung erhalten wir

$$\sigma_{\max} = \frac{P}{F} + \frac{P f_0 \frac{\sigma_E}{\sigma_E - \sigma_0}}{W}. \tag{IV 119}$$

Führen wir wieder die Kernweite $k_e = \frac{W}{F}$ und das Exzentrizitätsmaß $m = \frac{f_0}{k_e}$ ein, so kann an Stelle von Gl. (IV 119) auch geschrieben werden

$$\sigma_{\max} = \sigma_0 \left[1 + m \frac{\sigma_E}{\sigma_E - \sigma_0}\right]. \tag{IV 120}$$

Die Ähnlichkeit mit Formel (IV 41) für das exzentrische Knicken ist augenscheinlich.

Als weiteres Beispiel betrachten wir einen an den Stabenden gelenkig gelagerten Stab, der außer der Längskraft P in Stabmitte zusätzlich durch eine senkrecht zur Stabachse wirkende Kraft Q belastet ist (Abb. IV 44). Die Differentialgleichung der elastischen Linie lautet

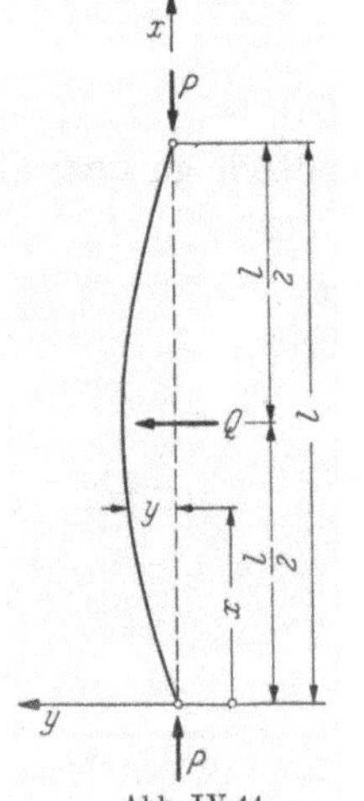

Abb. IV 44

$$E J y'' + P y + \frac{Q x}{2} = 0 \tag{IV 121}$$

oder wenn wir wieder $k^2 = \frac{P}{E J}$ setzen:

$$y'' + k^2 y = -\frac{Q}{2 E J} x. \tag{IV 122}$$

Die allgemeine Lösung und deren erste Ableitung lauten:

$$y = A \cos k x + B \sin k x - \frac{Q}{2 P} x, \tag{IV 123}$$

$$y' = -A k \sin k x + B k \cos k x - \frac{Q}{2 P}. \tag{IV 124}$$

Aus den Randbedingungen

$$x = 0 \rightarrow y = 0$$

und

$$x = \frac{l}{2} \rightarrow y' = 0$$

ergeben sich die Integrationskonstanten zu

$$A = 0 \quad \text{und} \quad B = \frac{Q}{2 P k \cos\left(\frac{k l}{2}\right)}. \tag{IV 125}$$

Wir erhalten daher als Gleichung der elastischen Linie

$$y = \frac{Q}{2 P}\left[\frac{\sin k x}{k \cos\left(\frac{k l}{2}\right)} - x\right] \tag{IV 126}$$

und für die größte Ausbiegung in Stabmitte

$$y_m = \frac{Q l}{4 P}\left[\frac{\tan\left(\frac{k l}{2}\right)}{\frac{k l}{2}} - 1\right]. \tag{IV 127}$$

Die größte Randspannung ergibt sich wieder analog Gl. (IV 119) zu

$$\sigma_{\max} = \frac{P}{F} + \frac{\frac{Q l}{4} \frac{\tan\left(\frac{k l}{2}\right)}{\frac{k l}{2}}}{W}. \tag{IV 128}$$

Setzen wir $W = k_e F$ und $\frac{Q l}{4 P} = e$ und führen das Exzentrizitätsmaß $m = \frac{e}{k_e}$ ein, so läßt sich Gl. (IV 128) auch wie folgt schreiben:

$$\sigma_{\max} = \sigma_0\left[1 + m \frac{\tan\left(\frac{k l}{2}\right)}{\frac{k l}{2}}\right]. \tag{IV 129}$$

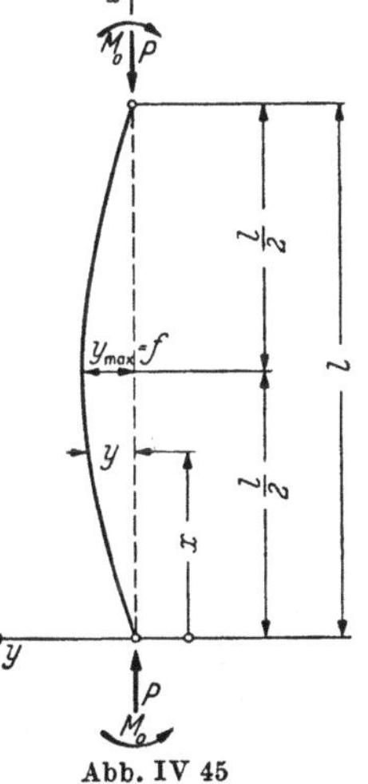

Abb. IV 45

Bei den beiden behandelten Beispielen sind wir von der Differentialgleichung der elastischen Linie ausgegangen. Nachstehend sei noch der Fall des gedrückten, gelenkig gelagerten Stabes, der außerdem durch die Endmomente M_0 belastet ist (Abb. IV 45), mittels eines Iterationsverfahrens behandelt[1]. (Setzt man $M_0 = P e$, so liegt der Fall des exzentrisch gedrückten Stabes vor.)

Zunächst bestimmen wir die Durchbiegung infolge der Momente M_0 in üblicher Weise zu:

$$f_0 = \frac{M_0 l^2}{8 E J}. \tag{IV 130}$$

Infolge dieser Ausbiegung erzeugt die Last P Zusatzmomente $M_1 = P y_0$, deren Momentenfläche durch eine Parabel mit der größten Ordinate $P f_0$ dargestellt wird. Die durch diese Zusatzmomente bedingte Vergrößerung der Durchbiegung

[1] DISCHINGER, F.: Verformung und Kriechen des Betons bei Bogenbrücken. Bauingenieur 1937, H. 33/34, S. 487. — DIMITROV, N.: Einflußlinie der Theorie II. Ordnung und einige Formeln. Bauingenieur 1953, H. 1, S. 19. — LJUNGBERG, K.: Probleme beim Entwurf von Kraftleitungsmasten aus Stahl. Bauingenieur 1934, H. 43/44, S. 430. — MASSONNET, CH.: Réflexions concernant l'établissement de prescriptions rationnelles sur le flambage des barres en acier. L'Ossature Métallique 1950, H. 7 u. 8. — CHWALLA, E.: Einführung in die Baustatik. 2. Aufl., Köln: Stahlbau-Verlags-GmbH. 1954, S. 46.

ist gegeben durch die bekannte Formel

$$f_1 = \frac{5}{48} \frac{P l^2}{E J} f_0. \tag{IV 131}$$

Daraus ergeben sich wieder „Zusatzmomente" $M_2 = P y_1$, aus welchen sich die zugehörige Durchbiegung f_2 bestimmen läßt:

$$f_2 = \frac{61}{600} \frac{P l^2}{E J} f_1. \tag{IV 132}$$

Auf diese Art nähern wir uns den Biegemomenten und der Biegelinie der Theorie zweiter Ordnung immer mehr und erhalten für das gesamte maximale Biegungsmoment in Stabmitte

$$\begin{aligned} M &= M_0 + P f_0 + P f_1 + \cdots \\ &= M_0 + P \frac{M_0 l^2}{8 E J} + P \frac{5}{48} \frac{P l^2}{E J} \frac{M_0 l^2}{8 E J} + \cdots \\ &= M_0 \left[1 + P \frac{l^2}{8 E J} + P \frac{P l^2}{8 E J} \cdot \frac{5}{48} \frac{l^2}{E J} + \cdots \right]. \end{aligned} \tag{IV 133}$$

Beachten wir, daß $\frac{l^2}{E J} = \frac{\pi^2}{P_E}$ ist, so läßt sich Gl. (IV 133) auch wie folgt schreiben

$$M = M_0 \left[1 + \frac{\pi^2}{8} \frac{P}{P_E} + \frac{5\pi^4}{384} \left(\frac{P}{P_E}\right)^2 + \frac{61\pi^6}{46080} \left(\frac{P}{P_E}\right)^3 + \frac{1385}{10321920} \left(\frac{P}{P_E}\right)^4 + \cdots \right] \tag{IV 134}$$

oder

$$M = M_0 \left[1 + 1{,}234 \left(\frac{P}{P_E}\right) + 1{,}268 \left(\frac{P}{P_E}\right)^2 + 1{,}273 \left(\frac{P}{P_E}\right)^3 + 1{,}273 \left(\frac{P}{P_E}\right)^4 + \cdots \right]. \tag{IV 135}$$

Wie wir sehen, nehmen die Koeffizienten von $\left(\frac{P}{P_E}\right)^n$ schon bald den konstanten Wert von 1,273 an.

Die Reihe in der eckigen Klammer der Gl. (IV 135) kann durch eine Abspaltung wie folgt in eine geometrische Reihe verwandelt werden. Schreiben wir für das

$$\begin{aligned} &\text{erste Glied:} && 1 = 1{,}273 - 0{,}273; \\ &\text{zweite Glied:} && 1{,}234 \left(\frac{P}{P_E}\right) = 1{,}273 \left(\frac{P}{P_E}\right) - 0{,}039 \left(\frac{P}{P_E}\right); \\ &\text{dritte Glied:} && 1{,}268 \left(\frac{P}{P_E}\right)^2 = 1{,}273 \left(\frac{P}{P_E}\right)^2 - 0{,}005 \left(\frac{P}{P_E}\right)^2, \end{aligned}$$

so kann die Reihe folgendermaßen geschrieben werden

$$\begin{aligned} &\left[-0{,}273 - 0{,}039 \left(\frac{P}{P_E}\right) - 0{,}005 \left(\frac{P}{P_E}\right)^2 + 1{,}273 + 1{,}273 \left(\frac{P}{P_E}\right) + 1{,}273 \left(\frac{P}{P_E}\right)^2 + \cdots \right] \\ &= \left[-0{,}273 - 0{,}039 \left(\frac{P}{P_E}\right) - 0{,}005 \left(\frac{P}{P_E}\right)^2 + 1{,}273 \left(1 + \left(\frac{P}{P_E}\right) + \left(\frac{P}{P_E}\right)^2 + \cdots \right)\right]. \end{aligned}$$

Für $0 < \frac{P}{P_E} < 1$ ergibt sich als Summe der geometrischen Reihe in der runden Klammer

$$\frac{1}{1 - \frac{P}{P_E}} = \frac{P_E}{P_E - P}, \tag{IV 136}$$

so daß wir an Stelle von Gl. (IV 135) folgende Gl. (IV 137) erhalten:

$$M = M_0\left[-0{,}273 - 0{,}039\left(\frac{P}{P_E}\right) - 0{,}005\left(\frac{P}{P_E}\right)^2 + 1{,}273\,\frac{P_E}{P_E - P}\right] \quad \text{(IV 137)}$$

oder, wenn wir das erste und letzte Glied in der eckigen Klammer zusammenfassen:

$$M = M_0\left[\frac{\frac{P_E}{P} + 0{,}273}{\frac{P_E}{P} - 1} - 0{,}039\left(\frac{P}{P_E}\right) - 0{,}005\left(\frac{P}{P_E}\right)^2\right]. \quad \text{(IV 138)}$$

Vernachlässigen wir die beiden letzten Glieder der eckigen Klammer, so erhalten wir die Näherungsformel

$$M = M_0\,\frac{\frac{P_E}{P} + 0{,}273}{\frac{P_E}{P} - 1}. \quad \text{(IV 139)}$$

Sie liefert den Wert von M für alle Verhältnisse $0 < \frac{P}{P_E} < 1$ mit einem Fehler, der kleiner ist als 1%, verglichen mit dem exakten Wert der Gl. (IV 37).

Wendet man das Verfahren auch auf andere Fälle an, so wird man das Moment immer näherungsweise in der Form

$$M = M_0\,\frac{\frac{P_E}{P} + \delta}{\frac{P_E}{P} - 1} = \alpha\,M_0 \quad \text{(IV 140)}$$

schreiben können. Ist P eine Zugkraft, so lautet die entsprechende Formel

$$M = M_0\,\frac{\frac{P_E}{P} - \delta}{\frac{P_E}{P} + 1} = \alpha\,M_0. \quad \text{(IV 141)}$$

In der Tab. IV 3 haben wir die Werte von δ, sowie auch diejenigen der maximalen Ausbiegung f für verschiedene Lastfälle zusammengestellt. Für die maximale Randspannung ergibt sich

$$\sigma_{\max} = \frac{P}{F} + \frac{\alpha\,M_0}{W}. \quad \text{(IV 142)}$$

Basler[1] entwickelte ein graphisches Verfahren zur Berechnung querbelasteter Druckstäbe, welches nachstehend wegen seiner Neuheit und Wichtigkeit ausführlich dargestellt werden soll.

[1] Basler, K.: Der exzentrisch gedrückte und querbelastete, prismatische Druckstab. Schweiz. Bauztg. 74 (1956) Nr. 39 u. 41. In dieser Arbeit wird eine graphische Lösung des nicht-linearen Spannungsproblemes beschrieben. Der Vorzug der dargestellten Methode gegenüber dem analytischen Verfahren liegt vor allem darin, daß die Frage nach dem Ort und dem Betrag des größten Biegemomentes gleichzeitig und daher sehr anschaulich beantwortet wird, während die analytische Formulierung dieser Extremwertaufgabe in allen jenen Fällen mühsam wird, in denen die Lage des größten Momentes nicht mit Sicherheit an singulären oder Randpunkten vorausgesagt werden kann. — Siehe auch: Meissner, E.: Graphische Analysis vermittels des Linienbildes einer Funktion. Schweiz. Bauztg. 98 (1931) Nr. 23, S. 287, Nr. 26, S. 333; 99 (1932) Nr. 3, S. 27, Nr. 4, S. 41, Nr. 6, S. 67. — Howard, H. B.: The Stresses in Aeroplane Structures. Sir Isaac Pitman and Sons Ltd., London 1933. — Amstutz, E.: Graphische Statik der Formänderungsprobleme. Schweiz. Bauztg. 122 (1943) Nr. 4, S. 37.

Tabelle IV 3

Lastfall	M_0	f	δ
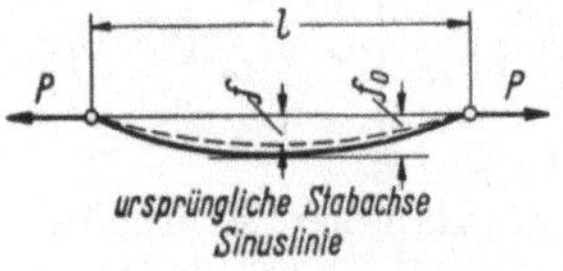 l P P f f₀ ursprüngliche Stabachse Sinuslinie	$P f_0$	$f_0 \dfrac{P_E}{P_E + P}$	0
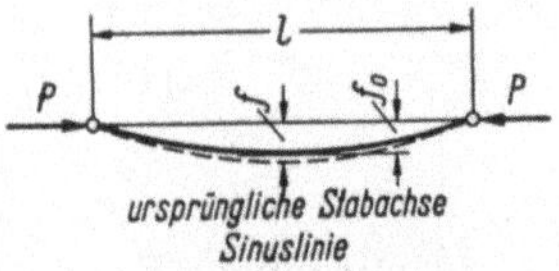 l P P f f₀ ursprüngliche Stabachse Sinuslinie	$P f_0$	$f_0 \dfrac{P_E}{P_E - P}$	0
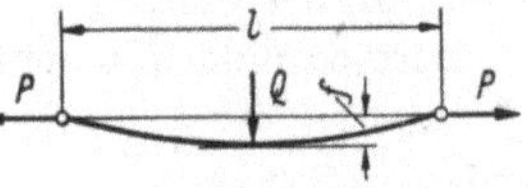 l P P Q f	$\dfrac{Q\,l}{4}$	$\dfrac{M_0}{P}\left[1 - \dfrac{\operatorname{th}\dfrac{a}{2}}{\left(\dfrac{a}{2}\right)}\right]$	$-0{,}189$
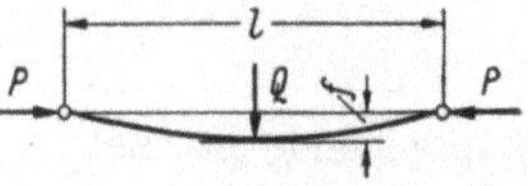 l P P Q f	$\dfrac{Q\,l}{4}$	$\dfrac{M_0}{P}\left[\dfrac{\tan\dfrac{a}{2}}{\left(\dfrac{a}{2}\right)} - 1\right]$	$-0{,}189$
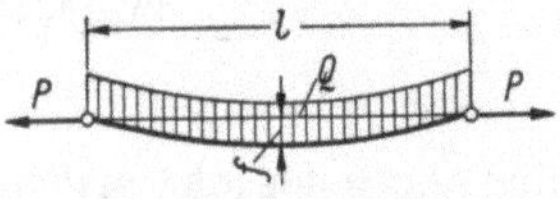 l P P Q f	$\dfrac{Q\,l}{8}$	$\dfrac{M_0}{P}\left[1 - \dfrac{2\left(\operatorname{ch}\dfrac{a}{2} - 1\right)}{\left(\dfrac{a}{2}\right)^2 \operatorname{ch}\dfrac{a}{2}}\right]$	$+0{,}0324$
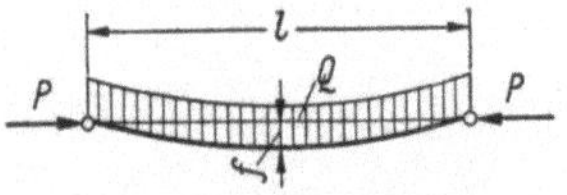 l P P Q f	$\dfrac{Q\,l}{8}$	$\dfrac{M_0}{P}\left[\dfrac{2\left(1 - \cos\dfrac{a}{2}\right)}{\left(\dfrac{a}{2}\right)^2 \cos\dfrac{a}{2}} - 1\right]$	$+0{,}0324$
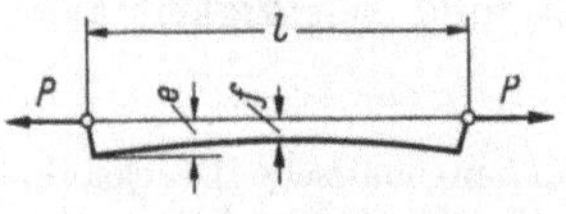 l P P e f	$P\,e$	$\dfrac{e}{\operatorname{ch}\dfrac{a}{2}}$	$+0{,}273$
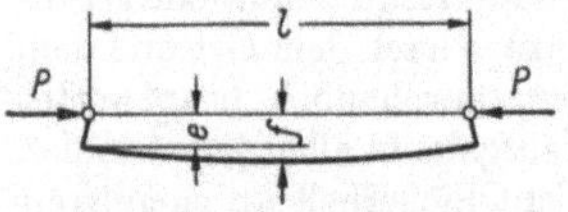 l P P e f	$P\,e$	$\dfrac{e}{\cos\dfrac{a}{2}}$	$+0{,}273$

$$P_E = \frac{\pi^2 E J}{l^2} \qquad \frac{a}{2} = \frac{l}{2}\sqrt{\frac{P}{E J}} = \frac{\pi}{2}\sqrt{\frac{P}{P_E}}$$

Aus Gl. (IV 142) erhält man mit

$$\alpha = \frac{1}{1 - \frac{\nu_k P}{P_E}} \tag{IV 143}$$

(ν_k = Sicherheitsgrad)

$$\sigma_{\max} = \frac{P}{F} + \frac{M_0}{W} \frac{1}{1 - \frac{\nu_k P}{P_E}} < \sigma_{\text{zul}}\,. \tag{IV 144}$$

Das Beispiel der Abb. IV 46 zeigt, daß mindestens begrifflich die Gl. (IV 144) nicht zutreffen kann.

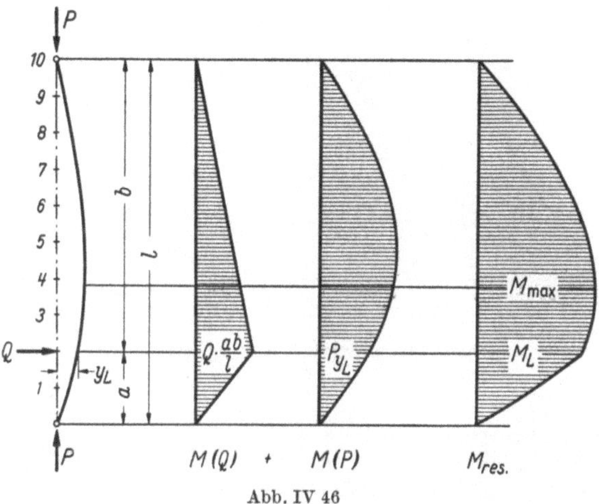

Abb. IV 46

Da wir das Biegemoment an allen Stabstellen mit dem konstanten Faktor α multiplizieren, so erwarten wir insbesondere, daß die größte Beanspruchung unter der Last zu suchen wäre und daß dort der Bruch eintreten werde. In Abb. IV 46 ist nun die effektive Momentenfläche aufgetragen worden. Sie setzt sich im Fall des mit einer Einzellast Q querbelasteten und unter P axial gedrückten Stabes aus zwei Anteilen $M(Q)$ und $P \cdot y$ zusammen. Eine Ähnlichkeit der resultierenden Momentenfläche mit derjenigen infolge Q ist nicht mehr vorhanden, und die größte Beanspruchung kurz vor dem Bruch liegt nicht mehr unter der Last Q. Demnach können diese Näherungswerte auch nicht sehr genau sein.

Dagegen stimmt Gl. (IV 144) genau, wenn überhaupt keine Querbelastung, sondern lediglich eine dem Knickfall entsprechende, sinusförmige Ausbiegung vorliegt. Wenn wir das Störmoment M_0 aus dem zweiten Term herausziehen und nur noch den Momentenanteil $P \cdot y(M_0)$ entsprechend vergrößern — wobei $y(M_0)$ die Ausbiegung infolge des Störmomentes allein bedeutet —, so kommen wir der Wirklichkeit wesentlich näher:

$$\sigma = \frac{P}{F} + \frac{M_0}{W} + \frac{P \cdot y(\nu_k M_0)}{W} \frac{1}{1 - \frac{\nu_k P}{P_E}}\,. \tag{IV 145}$$

Um die Genauigkeit der Gl. (IV 145) zu veranschaulichen, hat BASLER den in Abb. IV 46 dargestellten Belastungsfall nach Gl. (IV 145) berechnet und mit den genauen Lösungswerten verglichen. Die dimensionslose Zahl α ist durch die in Tab. IV 4 zusammengestellten Formeln bestimmt und in Abb. IV 47 eingetragen.

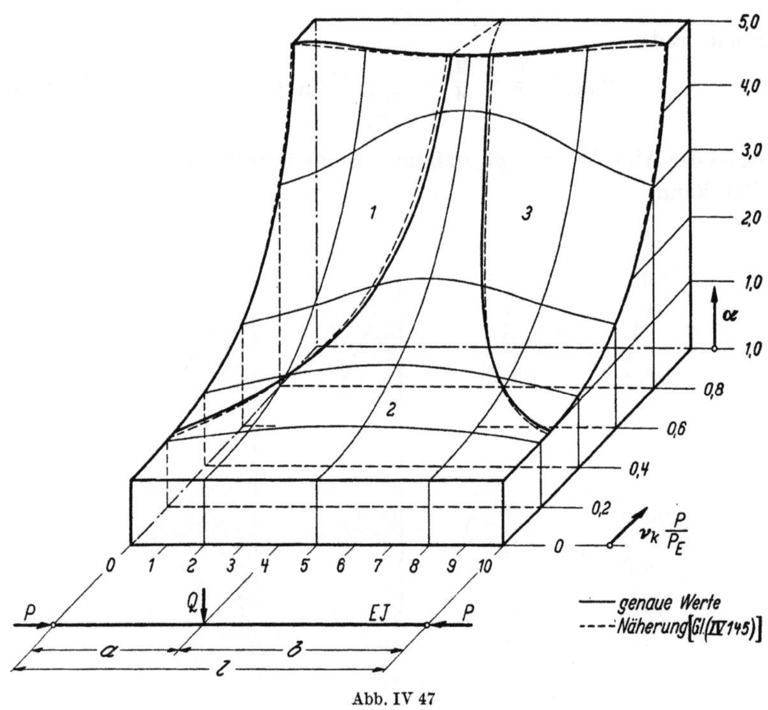

Abb. IV 47

Tabelle IV 4. *Werte* α (s. Abb. IV 47)

$M_{\max}$ rechts der Einzellast Q Fläche 1	nach Gl. (IV 145)	$\left[\frac{2}{3}+\frac{\pi^2}{9}\frac{\nu_k P}{P_E-\nu_k P}\left(1-\frac{a^2}{l^2}\right)\right] \times \sqrt{\frac{1}{3}+\frac{2}{3}\frac{a}{b}+\frac{2}{\pi^2}\frac{P_E-\nu_k P}{\nu_k P}\frac{l^2}{b^2}}$
	analytische Lösung	$\frac{l}{a\,b\,\omega}\frac{\sin\omega a}{\sin\omega l}$
$M_{\max}$ unter der Einzellast Q Fläche 2	nach Gl. (IV 145)	$1+\frac{\pi^2}{3}\frac{\nu_k P}{P_E-\nu_k P}\frac{a\,b}{l}$
	analytische Lösung	$\frac{l}{a\,b\,\omega}\frac{\sin\omega a\sin\omega b}{\sin\omega l}$
$M_{\max}$ links der Einzellast Q Fläche 3	nach Gl. (IV 145)	$\left[\frac{2}{3}+\frac{\pi^2}{9}\frac{\nu_k P}{P_E-\nu_k P}\left(1-\frac{b^2}{l^2}\right)\right] \times \sqrt{\frac{1}{3}+\frac{2}{3}\frac{b}{a}+\frac{2}{\pi^2}\frac{P_E-\nu_k P}{\nu_k P}\frac{l^2}{a^2}}$
	analytische Lösung	$\frac{l}{a\,b\,\omega}\frac{\sin\omega b}{\sin\omega l}$

Für die analytische Methode bedeutet

$$\omega = \frac{\pi}{l}\sqrt{\frac{\nu_k P}{P_E}} = \sqrt{\frac{\nu_k P}{E J}}$$

Dabei zeigt sich eine derart gute Übereinstimmung der in Tab. IV 4 zusammengestellten Näherungswerte mit den exakt berechneten Ausdrücken, daß in Abb. IV 47 praktisch nur noch die Unterschiede in den Gültigkeitsbereichen der Formeln zum Ausdruck kommen.

Basler löste das graphische Verfahren mit Polarkoordinaten.

Nach Abb. IV 46 greift die Einzellast Q im Abstand a vom unteren Stabende an. Gesucht ist das durch Längs- und Querbelastung verursachte Biegemoment M an der Stelle x. Es ist zweckmäßig, dieses in die Last Q und einen Hebelarm η aufzuteilen. η ist dann eine Länge, die in demselben Maßstab aus der Abbildung herauszumessen ist, in welchem der Stab als Kreisbogen aufgezeichnet wurde. Der Spannungsnachweis lautet somit:

$$\frac{P}{F} + \frac{Q\,\eta}{W} < \sigma_{zul}. \qquad \text{(IV 146)}$$

Der Stab erscheint beim graphischen Verfahren nach Basler nicht mehr als gerade Strecke (karthesische Koordinaten), sondern als Stück eines Kreisbogens (Polarkoordinaten). Die Abbildungsgesetze lauten nun:

1. Die Metrierung bleibt erhalten und damit auch die Stablänge.

2. Der Öffnungswinkel des Kreisbogens soll durch den „Grad des Formänderungsproblemes" nach folgender Beziehung gewählt werden:

$$\varphi = \pi\sqrt{\frac{\nu_k P}{P_E}} \equiv 180^\circ \sqrt{\frac{\nu_k P}{P_E}}. \qquad \text{(IV 147)}$$

Dabei bedeuten:

ν_k = Sicherheitsgrad,

P = effektive Längskraft,

$P_E = \pi^2 \frac{E J}{l^2}$ = Eulersche Knicklast.

Zur Vervollständigung der Ausgangsfigur gehören zwei Punkte P_1 und P_2, die auf denjenigen Radien liegen, die den Kreisausschnitt begrenzen.

Im Falle einer Einzellast Q erhalten wir den Punkt P auf der einen Sektorbegrenzungsgeraden, indem wir vom Angriffspunkt der Last die Parallele zur andern Begrenzungsgeraden ziehen. Dadurch wird ein charakteristisches Parallelogramm erhalten (Abb. IV 48 u. IV 49). Mit dem Festlegen dieser beiden Punkte P_1 und P_2 ist die Abbildungsarbeit beendet, und es gilt folgende Aussage: Die Abstände des Fahrstrahles von den beiden Punkten P_1 und P_2 stellen Hebelarme der Momente am Ort des Fahrstrahles im Längenmaßstab l dar. Das kürzere der beiden Lote ist reell. Dieser Satz besagt also, daß aus der beschriebenen Figur sofort *jedes* mögliche Moment am Stab abgelesen werden kann und bemerkenswert ist, daß die Darstellung zugleich aussagt, wo das Moment effektiv auftritt.

In Abb. IV 50 ist der Fall dargestellt, in dem $\nu_k\, P = 0{,}174\, P_E$ und die Störkraft Q im Punkt 4 steht. Wenn wir an der Stabstelle 2 das Moment kennen wollen, so fällen wir von den Punkten P_1 und P_2 das Lot auf den Fahrstrahl durch 2. Das kürzere hat die Länge $0{,}15\, l$, das Moment beträgt demnach $0{,}15\, Q\, l$. Die gesamte Momentenfläche ist für $Q = 1$ in Abb. IV 50 rechts aufgezeichnet.

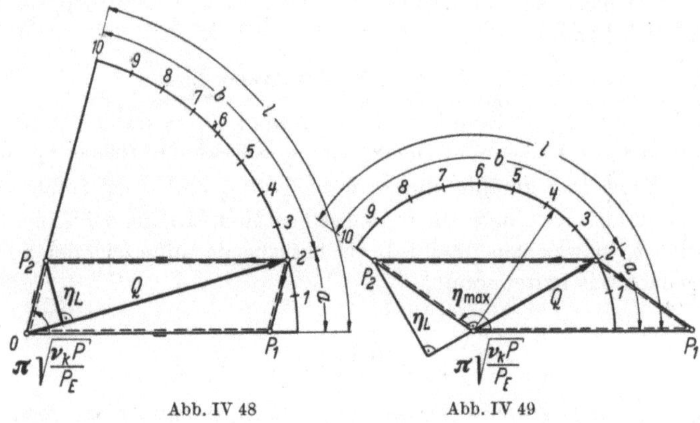

Abb. IV 48 Abb. IV 49

Aus Abb. IV 48 erkennen wir, daß im charakteristischen Parallelogramm das Lot von einem der beiden Punkte P_1 oder P_2 auf die Diagonale Q den gesuchten Hebelarm η_2 für das Biegemoment unter der Last darstellt. Dieses Moment ist

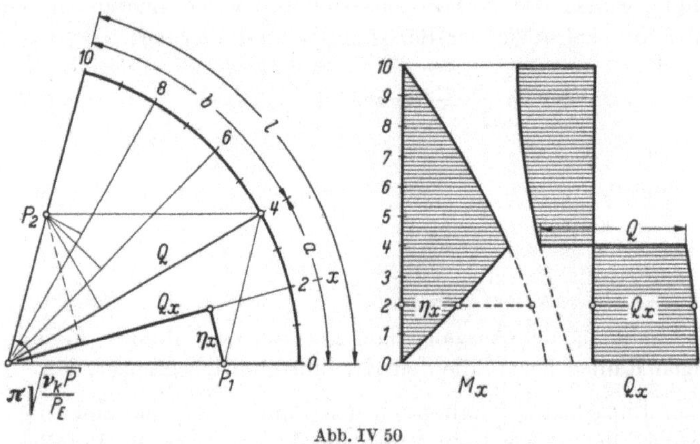

Abb. IV 50

das größte am Stab, wenn der Höhenfußpunkt noch innerhalb des Parallelogrammes liegt; fällt er jedoch außerhalb, so existieren noch größere Momente.

Der größte, überhaupt mögliche Wert $\eta_{\max}$ wird dargestellt durch die kürzere Parallelogrammseite, und den Ort, an welchem dieses Maximum auftritt, zeigt der Radiusvektor, der senkrecht auf dieser Seite steht (Abb. IV 49).

Für Bruchlasten, die kleiner als ein Viertel der Eulerschen Knicklast sind, ist der Formänderungseinfluß so klein, daß die Gültigkeit des aus der Baustatik bekannten Satzes, wonach das Moment am einfachen Balken unter einer Einzellast stets am Angriffspunkt der Last den größten Wert annimmt, gewährleistet ist

Die Grenze zwischen diesen beiden Bereichen läßt sich aus Abb. IV 49 direkt ablesen:

$$\frac{b}{l} = \frac{\frac{\pi}{2}}{\pi \sqrt{\frac{\nu_k P}{P_E}}} \qquad \text{(IV 148)}$$

oder

$$b = \frac{l}{2} \sqrt{\frac{P_E}{\nu_k P}}\,. \qquad \text{(IV 149)}$$

Da an diesem Stab, wie BASLER beweist, und wie wir später sehen werden, auch für Querbelastung das Superpositionsgesetz gilt, so ist die dargestellte Momentenlinie nach dem Satz von MAXWELL zugleich die Einflußlinie für das Stabmoment im Punkte 4, wenn der Stab unter der Last $\nu_k P = 0{,}174\, P_E$ steht (Abb. IV 50). Aus diesem Grunde bietet es keine Schwierigkeit, den beliebig querbelasteten, prismatischen Druckstab zu bemessen.

In den beschriebenen Kreissektor lassen sich aber noch weitere Deutungen hineinprojizieren. Wenn man den Radien des Kreisbogens einen Kräftemaßstab auferlegt, so daß die Störkraft Q durch die Länge des Kreisradius dargestellt wird, dann gilt folgender Satz: Die Strecken vom Kreiszentrum zu den Fußpunkten des Lotes von P_1 bzw. P_2 auf den Fahrstrahl stellen die Querkräfte am Ort des Fahrstrahles dar. Nach unserer Vorzeichenkonvention über die Querkräfte sind diese auf der rechten Seite der Last Q positiv, auf der andern negativ zu messen.

In Abb. IV 50 ist die Querkraftfläche ebenfalls dargestellt. Man beachte, daß wiederum beim Durchlaufen eines Fahrstrahles durch den Kreissektor sämtliche Querkraftwerte erzeugt werden, und zwar tritt dann, wenn der Fahrstrahl durch den Vektor Q hindurchgeht, ein Sprung in der Querkraftfläche von der Größe Q auf.

Beispiele. In Abb. IV 48 hat BASLER folgendes Beispiel berechnet: Auf einer Eisenbetonstütze aus hochwertigem Beton von der Länge $l = 5{,}00$ m und dem Querschnitt 30×30 cm² ruht eine zentrische Last von $P = 46$ t. Außerdem besteht die Möglichkeit, daß die Stütze von Fahrzeugen gestreift oder angefahren wird. Aus diesem Grunde ist vereinbart worden, eine zusätzliche Stoßkraft $Q = 3$ t im Abstand 1 m über Boden für die Bemessung einzuführen.

Die EULERsche Knicklast beträgt:

$$P_E = \pi^2 \frac{EJ}{l^2} = \frac{9{,}87 \cdot 200 \cdot 67000}{500^2} = 534 \text{ t},$$

somit der Zentriwinkel

$$\varphi = \pi \sqrt{\frac{\nu P}{P_E}} = 180^\circ \sqrt{\frac{2 \cdot 46}{534}} = 75^\circ$$

und der Kreisradius

$$r = \frac{l}{\operatorname{arc} \varphi} = \frac{5{,}00}{1{,}309} = 3{,}82 \text{ m}.$$

Aus der Abb. IV 48 erhalten wir

$$\eta_L = 89 \text{ cm}$$

$$M_{\max} = Q\, \eta_L = 3 \cdot 89 = 267 \text{ cmt}$$

$$\sigma_{\max} = \frac{P}{F} + \frac{M}{W} = \frac{46000}{900} + \frac{267000}{4500} = 51 + 59 = \underline{110 \text{ kg/cm}^2}.$$

In Abb. IV 49 ist ein Fachwerkpfosten berechnet.

Aus den Daten: $l = 5{,}00$ m Profil DIE 10

$a = 1{,}00$ m $P_{max} = 7{,}9$ t

$b = 4{,}00$ m $Q_{max} = 0{,}5$ t

errechnen wir

$$P_E = \pi^2 \frac{2100 \cdot 327}{500^2} = 27 \text{ t}$$

$$\nu_k = 1{,}5 + 2{,}5 \frac{7{,}9}{27} = 2{,}23$$

$$\varphi = 180° \sqrt{\frac{2{,}23 \cdot 7{,}9}{27}} = 145°$$

$$r = \frac{5{,}00}{2{,}53} = 1{,}98 \text{ m},$$

womit sich Abb. IV 49 zeichnen läßt, aus der wir ablesen:

$\eta_{max} = 1{,}67$ m

$$\sigma_{max} = \frac{P}{F} + \frac{Q\,\eta_{max}}{W} = \frac{7{,}9}{20{,}8} + \frac{0{,}5 \cdot 167}{69{,}7} = 0{,}38 + 1{,}20 = \underline{1{,}58 \text{ t/cm}^2} \quad \sigma_{zul} = \underline{1{,}60 \text{ t/cm}^2}.$$

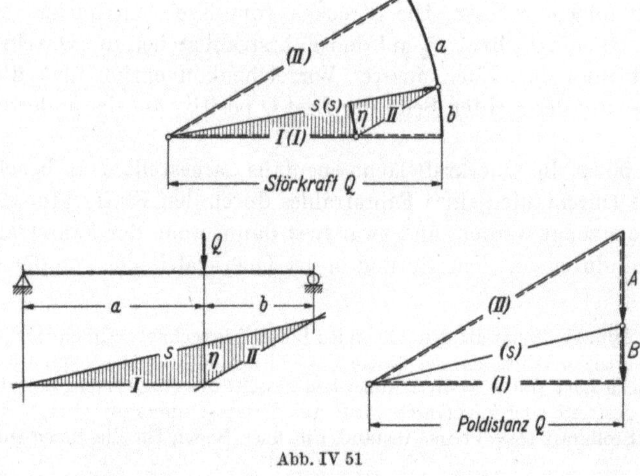

Abb. IV 51

Zur Aufstellung der Beweise untersuchte BASLER zuerst die beiden Grenzfälle zentrisches Knicken und reine Biegung. Sie sind dadurch gekennzeichnet, daß der Zentriwinkel φ unserer Stababbildung gegen 180° bzw. 0° geht. Bei der Diskussion des ersten Grenzüberganges: $\lim\limits_{P \to P_E} \eta(\varphi)$ zeigt die Konstruktion ein Abwandern der Punkte P_1 und P_2 gegen unendlich.

Sämtliche Lote werden ebenfalls unendlich groß und bei noch so kleiner Querbelastung Q kann doch ein beliebig großer Hebelarm η entstehen und damit ein beliebig großes Biegemoment, was in unserem Fall das Signal für Instabilität bzw. Knicken darstellt.

Der zweite Grenzübergang: $\lim\limits_{P \to 0} \eta(\varphi)$ zeigt uns einen verschwindenden Zentriwinkel φ, und wir erkennen aus Abb. IV 51, daß das oben skizzierte Abbildungsverfahren fähig ist, die Kraft- und Seilecke des Biegeträgers zu vereinen. Der Ingenieur hat damit auch die Möglichkeit, zu entscheiden, ob praktisch ein Formänderungsproblem vorliegt oder nicht.

Um zwischen linearem und nichtlinearem Spannungsnachweis Unterschiede von mehr als 5% zu bewirken, muß der Zentriwinkel φ stets größer als 35° sein.

Damit der allgemeine Beweis der graphischen Konstruktion gleichzeitig die Gültigkeit des Superpositionsgesetzes nachweisen kann, hat BASLER die Berechnung für zwei Einzellasten Q_1 und Q_2 durchgeführt (Abb. IV 52).

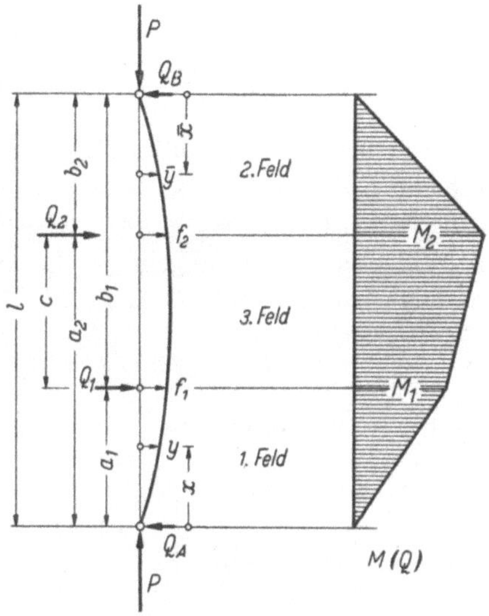

Abb. IV 52

Die Differentialgleichung des Problems

$$y'' = -\frac{M}{EJ} \qquad \text{(IV 150)}$$

kann für Einzellasten nur feldweise geschlossen angeschrieben werden und lautet mit den Bezeichnungen nach Abb. IV 52:

$$\left.\begin{aligned} &\text{1. Feld:} \quad y'' = -\frac{P}{EJ}\,y - \frac{Q_A}{EJ}\,x \\ &\text{2. Feld:} \quad \bar{y}'' = -\frac{P}{EJ}\,\bar{y} - \frac{Q_B}{EJ}\,\bar{x} \\ &\text{3. Feld:} \quad y'' = -\frac{P}{EJ}\,y - \frac{1}{EJ}\left[M_1 + \frac{M_2 - M_1}{c}\,(x - a_1)\right]. \end{aligned}\right\} \qquad \text{(IV 151)}$$

Da

$$\left.\begin{aligned} Q_A &= Q_1\,\frac{b_1}{l} + Q_2\,\frac{b_2}{l} \\ Q_B &= Q_1\,\frac{a_1}{l} + Q_2\,\frac{a_2}{l} \\ \frac{M_2 - M_1}{c} &= Q_2\,\frac{b_2}{l} - Q_1\,\frac{a_1}{l}, \end{aligned}\right\} \qquad \text{(IV 152)}$$

so können wir mit den Abkürzungen:

$$\left.\begin{aligned} \omega^2 &= \frac{P}{EJ} \\ k_A &= \frac{1}{P}\left(Q_1\,\frac{b_1}{l} + Q_2\,\frac{b_2}{l}\right) \\ k_B &= \frac{1}{P}\left(Q_1\,\frac{a_1}{l} + Q_2\,\frac{a_2}{l}\right) \\ k_C &= \frac{1}{P}\left(Q_2\,\frac{b_2}{l} - Q_1\,\frac{a_1}{l}\right) \\ k_1 &= \frac{Q_1}{P} \qquad\qquad k_2 = \frac{Q_2}{P} \end{aligned}\right\} \qquad \text{(IV 153)}$$

die Differentialgleichungen (IV 151) auch so schreiben:

$$\begin{aligned} &1.\ \text{Feld:} \quad y'' + \omega^2 y = -\omega^2 k_A x \\ &2.\ \text{Feld:} \quad \bar{y}'' + \omega^2 \bar{y} = -\omega^2 k_B \bar{x} \\ &3.\ \text{Feld:} \quad y'' + \omega^2 y = -\omega^2 k_C x - \omega^2 k_1 a_1 \end{aligned} \qquad \text{(IV 154)}$$

(dabei wurde hier für die frühere Abkürzung k die Abkürzung ω eingeführt, $k = \omega$. Siehe z. B. Gl. (IV 122). Dies geschah, damit diese Gleichungen mit den Abkürzungen k_A, k_B, k_C, k_1, k_2 übersichtlicher werden).

Für Feld 1 lautet die allgemeine Lösung der linearen, aber inhomogenen Differentialgleichung zweiter Ordnung:

$$y = A \sin \omega x + B \cos \omega x - k_A x \qquad \text{(IV 155)}$$

und aus den Randbedingungen

$$\left.\begin{aligned} y(x = 0) \\ y(x = a_1) \end{aligned}\right\} \quad \text{folgt} \quad \left\{\begin{aligned} B &= 0 \\ A &= \frac{f_1 + k_A a_1}{\sin \omega a_1}. \end{aligned}\right.$$

Analoge Ausdrücke finden wir für Feld 2.

Die Lösung für das Feld 3 lautet:

$$y = A \sin \omega x + B \cos \omega x - k_C x - k_1 a_1. \qquad \text{(IV 156)}$$

Die Integrationskonstanten ergeben sich aus:

$$\begin{aligned} y(x = a_1) = f_1 &\rightarrow A \sin \omega a_1 + B \cos \omega a_1 \qquad \text{(IV 157)} \\ &= f_1 + k_1 a_1 + k_C a_1 = f_1 + k_A a_1 \\ y(x = a_2) = f_2 &\rightarrow A \sin \omega a_2 + B \cos \omega a_2 \qquad \text{(IV 158)} \\ &= f_2 + k_1 a_1 + k_C a_2 = f_2 + k_B b_2 \end{aligned}$$

und mit

$$\begin{aligned} \Delta &= \sin \omega a_1 \cos \omega a_2 - \cos \omega a_1 \sin \omega a_2 \qquad \text{(IV 159)} \\ &= \sin (\omega a_1 - \omega a_2) = -\sin \omega c \end{aligned}$$

zu:

$$\begin{aligned} A &= \frac{-1}{\sin \omega c} \left[(f_1 + k_A a_1) \cos \omega a_2 - (f_2 + k_B b_2) \cos \omega a_1\right] \\ B &= \frac{-1}{\sin \omega c} \left[(f_2 + k_B b_2) \sin \omega a_1 - (f_1 + k_A a_1) \sin \omega a_2\right]. \end{aligned} \qquad \text{(IV 160)}$$

Mit diesen Abkürzungen entstehen folgende Lösungen:

$$\begin{aligned} &1.\ \text{Feld:} \quad y = \frac{f_1 + k_A a_1}{\sin \omega a_1} \sin \omega x - k_A x \\ &2.\ \text{Feld:} \quad \bar{y} = \frac{f_2 + k_B b_2}{\sin \omega b_2} \sin \omega \bar{x} - k_B \bar{x} \\ &3.\ \text{Feld:} \quad y = A \sin \omega x + B \cos \omega x - k_C x - k_1 a_1. \end{aligned} \qquad \text{(IV 161)}$$

Die Bedingung, daß an den Feldübergängen keine Knicke in der Biegelinie vorkommen dürfen, bestimmt uns die beiden Unbekannten f_1 und f_2

$$y'(a_1)\Big|_{\text{Feld 3}} = y'(a_1)\Big|_{\text{Feld 1}} \tag{IV 162}$$

$$y'(a_2)\Big|_{\text{Feld 3}} = -\bar{y}'(b_2)\Big|_{\text{Feld 2}} \tag{IV 163}$$

$$\omega A \cos\omega a_1 - \omega B \sin\omega a_1 - k_C = \frac{f_1 + k_A a_1}{\sin\omega a_1}\,\omega\cos\omega a_1 - k_A \tag{IV 164}$$

$$\omega A \cos\omega a_2 - \omega B \sin\omega a_2 - k_C = -\frac{f_2 + k_B b_2}{\sin\omega b_2}\,\omega\cos\omega b_2 + k_B. \tag{IV 165}$$

Setzen wir in Gl. (IV 164) und Gl. (IV 165) die Ausdrücke (IV 160) ein und ordnen nach den Unbekannten $(f_1 + k_A a_1)$ bzw. $(f_2 + k_B b_2)$, so finden wir nach einigen goniometrischen Umformungen

$$(f_1 + k_A a_1)\sin\omega a_2 - (f_2 + k_B b_2)\sin\omega a_1 = \frac{k_1}{\omega}\sin\omega a_1 \sin\omega c \tag{IV 166}$$

$$(f_1 + k_A a_1)\sin\omega b_2 - (f_2 + k_B b_2)\sin\omega b_1 = -\frac{k_2}{\omega}\sin\omega b_2 \sin\omega c. \tag{IV 167}$$

Die Determinante dieses Systems:

$$-\sin\omega(a_1 + c)\sin\omega(b_2 + c) + \sin\omega a_1 \sin\omega b_2 \tag{IV 168}$$

kann auf die Form: $-\sin\omega c \sin\omega l$ gebracht werden.

Somit ergibt sich

$$(f_1 + k_A a_1) = -\frac{1}{\sin\omega l}\left(-\frac{k_1}{\omega}\sin\omega a_1 \sin\omega b_1 - \frac{k_2}{\omega}\sin\omega a_2 \sin\omega b_2\right). \tag{IV 169}$$

Nach Gl. (IV 161) finden wir demnach folgenden Ausdruck für das Biegemoment im ersten Feld:

$$M(x) = Q_A x + P y, \tag{IV 170}$$

wobei

$$y = \frac{\sin\omega a_1}{\omega \sin\omega l \cdot \sin\omega a_1}(k_1 \sin\omega b_1 + k_2 \sin\omega b_2)\sin\omega x - k_A x \tag{IV 171}$$

ist.

Damit wird

$$\underline{\underline{M(x) = Q_1 \frac{\sin\omega b_1}{\omega \sin\omega l}\sin\omega x + Q_2 \frac{\sin\omega b_2}{\omega\sin\omega l}\sin\omega x,}} \tag{IV 172}$$

womit das Superpositionsgesetz bewiesen ist.

Um die beschriebene Konstruktion beweisen zu können, müssen wir die Biegemomente infolge einer Einzellast Q kennen. Wir gewinnen diese Werte aus Gl. (IV 172) durch Nullsetzen von Q_2 und für das Feld 2 durch Vertauschen der Buchstaben a und b:

$$\underline{\underline{M(x) = \begin{cases} Q\,\dfrac{l}{\omega l}\,\dfrac{\sin\omega b}{\sin\omega l}\sin\omega x & (0 \leqq x \leqq a) \\ Q\,\dfrac{l}{\omega l}\,\dfrac{\sin\omega a}{\sin\omega l}\sin\omega \bar{x} & (0 \leqq \bar{x} \leqq b). \end{cases}}} \tag{IV 173}$$

Aus Abb. IV 53 geht die Herleitung der Konstruktion unmittelbar hervor. Als Öffnungswinkel des Kreissektors ist

$$\omega\, l = \sqrt{\frac{P}{E\,J}}\, l = \pi \sqrt{\frac{P\, l^2}{E\, J\, \pi^2}} = \pi \sqrt{\frac{P}{P_E}}$$

zu deuten.

Die Querkräfte erhalten wir aus Gl. (IV 173):

$$Q(x) = \frac{dM(x)}{dx} = \begin{cases} Q \dfrac{\sin \omega\, b}{\sin \omega\, l} \cos \omega\, x & (0 \leqq x < a) \\ -Q \dfrac{\sin \omega\, a}{\sin \omega\, l} \cos \omega\, (l - x) & (a < x \leqq l). \end{cases} \qquad \text{(IV 174)}$$

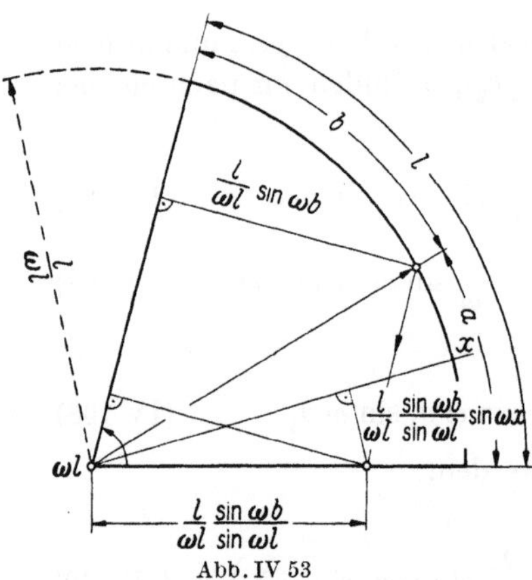

Abb. IV 53

Basler[1] erweitert sein oben angegebenes graphisches Verfahren auch auf den exzentrisch gedrückten Stab.

In dem Verfahren schlummern noch viele Möglichkeiten, die erschlossen werden können. Es läßt sich z. B. aus der Form der Differentialgleichung erkennen, daß auch eine einfache Konstruktion für Stäbe existieren muß, bei denen das Trägheitsmoment sprunghaft ändert. Der wesentliche graphische Unterschied gegenüber dem Fall mit konstanter Biegesteifigkeit wird sich darin äußern, daß Kreisbogen mit verschiedenen Krümmungsradien aneinandergesetzt werden müssen.

b) Elastisch-plastisch verformbares Material. Schwach gekrümmte, gedrückte Stäbe und Druckstäbe mit Querbelastung aus elastisch-plastischem Material verhalten sich grundsätzlich gleich wie exzentrisch gedrückte Stäbe. Es liegt also wieder ein Stabilitätsproblem vor, dessen Behandlung mit den gleichen Lösungsmethoden möglich ist, wie sie beim exzentrischen Knicken beschrieben wurden. Chwalla[2] entwickelte die exakte Lösung für Stäbe mit gekrümmter Stabachse mit Rechteckquerschnitt und gab auch eine Näherungslösung für solche Stäbe, sowie für Stäbe mit Querbelastung an. Auch Ježek[3] behandelte diese Fälle, und zwar unter Annahme eines idealisierten Spannungsdehnungsdiagrammes nach Abb. IV 17. Beide erhalten als Resultat $\sigma_{kr} - \lambda$-Diagramme, aus welchen die kritische Spannung in Funktion des Schlankheitsgrades für den entsprechenden Lastfall abgelesen werden kann.

---

[1] Basler, K.: Der exzentrisch gedrückte und querbelastete, prismatische Druckstab Schweiz. Bauztg. 74 (1956) Nr. 39 u. 41. Siehe H. 41, S. 630.

[2] Chwalla, E.: Das Tragvermögen gedrückter Baustahlstäbe mit krummer Achse und zusätzlicher Querbelastung. Stahlbau 1935, H. 6 u. 7, S. 43 u. 53.

[3] Ježek, K.: Die Tragfähigkeit des exzentrisch beanspruchten und des querbelasteten Druckstabes aus einem ideal-plastischen Material. Sitzungsberichte der Akademie der Wissenschaften in Wien, Math.-naturwiss. Kl., Abt. IIa, 143 (1934). — Die Tragfähigkeit des gleichmäßig querbelasteten Druckstabes aus einem ideal-plastischen Stahl. Stahlbau 8 (1935) S. 33. — Die Festigkeit von Druckstäben aus Stahl. Wien: Springer 1937.

Da der Arbeitsaufwand, auch für Näherungsverfahren, noch beträchtlich ist, beschränkt man sich oft darauf, diese Stabilitätsaufgaben als Spannungsprobleme zweiter Ordnung zu behandeln. Dabei setzt man auch wieder ein idealisiertes Spannungsdehnungsdiagramm nach Abb. IV 17 voraus und stellt die Bedingung, daß die maximale Randspannung die Fließgrenze nicht überschreiten darf. Für diesen Fall gelten aber bis zur Fließgrenze die Beziehungen, die wir für idealelastische Baustoffe aufgestellt haben.

Wie wir von der Behandlung exzentrisch gedrückter Stäbe für plastisch verformbare Materialien her wissen, ist durch die Bedingung

$$\sigma_{max} = \sigma_F \tag{IV 175}$$

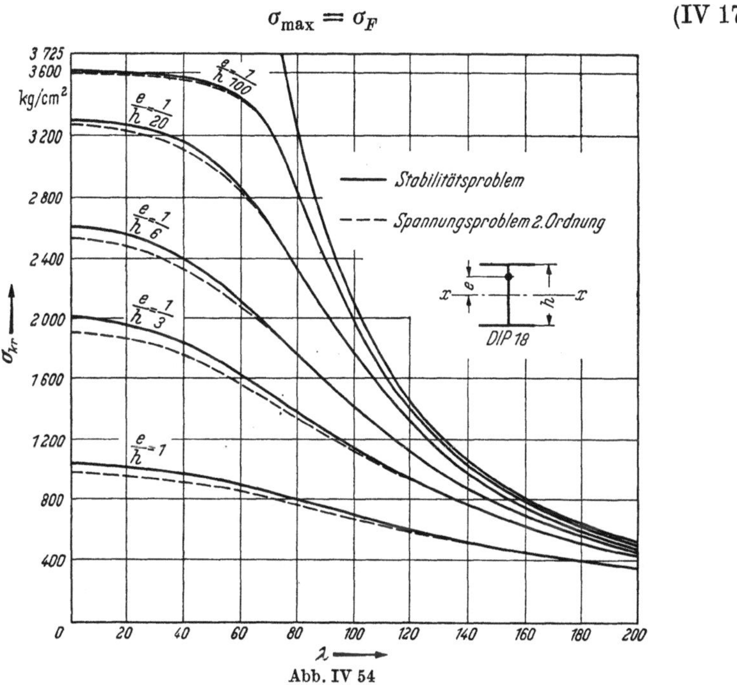

Abb. IV 54

das Tragvermögen noch nicht erschöpft. Die nach der Spannungstheorie zweiter Ordnung ermittelten Traglasten weichen zum Teil von den exakten Werten, seien sie nach CHWALLA oder JEŽEK ermittelt, wesentlich ab. Der Unterschied zwischen beiden Theorien ist abhängig von der Querschnittsform, der Exzentrizität und, sofern nach CHWALLA gerechnet wird, auch vom Verlauf des Spannungsdehnungsdiagrammes. So ist er z. B. für IP-Träger, die in einer Symmetrieebene senkrecht zum Steg ausbiegen, wesentlich größer als bei solchen, welche in der Stegebene ausgebogen werden[1]. (Vgl. Abb. IV 54 u. Abb. IV 55.)

Mit Hilfe der Spannungstheorie zweiter Ordnung wird die Aufstellung von σ_{kr} — λ-Diagrammen ziemlich einfach, wie am Beispiel eines Stabes mit gekrümmter Stabachse gezeigt werden soll. Zunächst haben wir die größte Randspannung

[1] WÄSTLUND, G., u. S. BERGSTRÖM: Buckling of compressed Steel Members. Trans. of the Royal Institute of Technology, Nr. 30, Stockholm, S. 59 u. 60. A. B. Henrik Lindståhls Bokhandel i Distribution. Stockholm 1949.

nach Gl. (IV 120) der Fließgrenze gleichzusetzen, also

$$\sigma_{\max} = \sigma_F = \sigma_0 \left(1 + m \frac{\sigma_E}{\sigma_E - \sigma_0}\right). \tag{IV 176}$$

Die Auflösung dieser Gleichung nach σ_0 ergibt denjenigen Wert von $\frac{P}{F}$, für den die größte Randspannung gerade die Fließgrenze erreicht und den wir auch mit σ_{kr} bezeichnen wollen. Zunächst erhalten wir die quadratische Gleichung

$$\sigma_{kr}^2 - \sigma_{kr} [\sigma_F + (1 + m) \sigma_E] + \sigma_F \sigma_E = 0, \tag{IV 177}$$

deren Lösung lautet

$$\sigma_{kr} = \frac{\sigma_F + (1 + m) \sigma_E}{2} - \sqrt{\frac{[\sigma_F + (1 + m) \sigma_E]^2}{4} - \sigma_F \sigma_E}. \tag{IV 178}$$

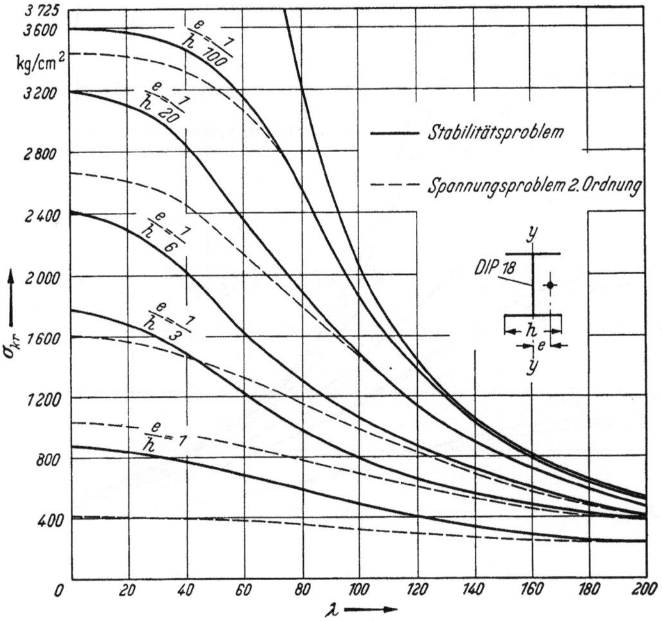

Abb. IV 55

Führen wir noch den Schlankheitsgrad $\lambda = \frac{l}{i}$ ein, und setzen wir $\sigma_E = \frac{\pi^2}{\lambda^2} E$, so kann Gl. (IV 178) auch wie folgt geschrieben werden

$$\sigma_{kr} = \frac{\sigma_F + (1 + m) \frac{\pi^2}{\lambda^2} E}{2} - \sqrt{\frac{\left[\sigma_F + (1 + m) \frac{\pi^2}{\lambda^2} E\right]^2}{4} - \sigma_F \frac{\pi^2}{\lambda^2} E}. \tag{IV 179}$$

Fassen wir m als Parameter auf, so können wir mit Hilfe von Gl. (IV 179) für jedes Exzentrizitätsmaß die $\sigma_{kr} - \lambda$-Kurve sofort berechnen.

Die gleichen Überlegungen können wir auch mit Hilfe der Näherungsformeln (IV 140) und (IV 149) vornehmen. Mit ihrer Hilfe erhalten wir

$$\sigma_{\max} = \sigma_0 + \frac{M_0 \dfrac{\frac{P_E}{P} + \delta}{\frac{P_E}{P} - 1}}{W}. \tag{IV 180}$$

Bezeichnen wir

$$\frac{M_0}{P} = f_0 \tag{IV 181}$$

und setzen $W = F\,k_e$, so können wir wieder das Exzentrizitätsmaß

$$m = \frac{f_0}{k_e} = \frac{M_0}{k_e P} \tag{IV 182}$$

einführen. Gl. (IV 180) kann dann wie folgt angeschrieben werden:

$$\sigma_{\max} = \sigma_0 \left[1 + m \frac{\frac{P_E}{P} + \delta}{\frac{P_E}{P} - 1}\right]. \tag{IV 183}$$

Führen wir die Bedingung (IV 175) ein und dividieren Zähler und Nenner des Ausdruckes $\frac{P_E}{P}$ durch F, so folgt

$$\sigma_F = \sigma_{kr}\, 1 + m \left[\frac{\sigma_E + \delta\,\sigma_{kr}}{\sigma_E - \sigma_{kr}}\right]. \tag{IV 184}$$

Wenn wir noch berücksichtigen, daß $\sigma_E = \frac{\pi^2}{\lambda^2} E$ ist, so ergibt die Auflösung von Gl. (IV 184) nach σ_{kr}

$$\sigma_{kr} = \frac{\sigma_F + (1+m)\frac{\pi^2}{\lambda^2} E}{2(1 - m\,\delta)} - \sqrt{\frac{\left[\sigma_F + (1+m)\frac{\pi^2}{\lambda^2} E\right]^2}{4(1 - m\,\delta)^2} - \frac{\sigma_F \frac{\pi^2}{\lambda^2} E}{1 - m\,\delta}}. \tag{IV 185}$$

Diese Gleichung setzt uns in die Lage, die $\sigma_{kr} - \lambda$-Diagramme für die in Tab. IV 3 angegebenen Lastfälle, aus welcher die entsprechenden δ-Werte entnommen werden können, zu berechnen.

Als Beispiel ist in der Abb. IV 54 und Abb. IV 55 der Verlauf der $\sigma_{kr} - \lambda$-Diagramme für exzentrisch gedrückte IP-Träger dargestellt[1]. In diesen Abbildungen sind auch die exakten, mit einem idealisierten Spannungsdehnungsdiagramm nach Abb. IV 17 ermittelten Werte eingetragen (Ausgezogene Kurven: Stabilitätsproblem).

c) Näherungsformeln. Um dem praktisch tätigen Ingenieur die weitläufigen Untersuchungen bei der Berechnung von schwach gekrümmten, querbelasteten und exzentrisch gedrückten Stäben zu ersparen, wurde verschiedentlich die Anwendung von Näherungsformeln vorgeschlagen. Diese lassen sich auf die folgenden drei Formen bringen:

$$\frac{\omega P}{F} + \frac{M}{W} \leqq \sigma_{zul} \tag{IV 186}$$

$$\frac{P}{F} + \frac{\alpha_n M}{W} \leqq \sigma_{zul} \tag{IV 187}$$

$$\frac{\omega P}{F} + \frac{\alpha M}{W} \leqq \sigma_{zul}. \tag{IV 188}$$

[1] Die Abb. IV 54 und IV 55 wurden dem Werk G. Wästlund u. S. Bergström: Buckling of compressed Steel Members. Trans. of the Royal Institute of Technology, Stockholm Nr. 30 A. B. Henrik Lindstähls Bokhandel i Distribution, Stockholm 1949, entnommen. (Dabei ist $\sigma_F = 3725$ kg/cm².)

Die alten deutschen Knickvorschriften (DIN 1050) rechneten noch mit Formel (IV 186).

Die Berechnungsformel (IV 187) zeigt den gleichen Aufbau, wie die Näherungsformel (IV 142). Es ist jedoch zu beachten, daß wir in Gl. (IV 187) nicht einfach den Wert α aus Gl. (IV 140) entnehmen dürfen; denn in Gl. (IV 142) darf nicht $\sigma_{\max} = \sigma_{\text{zul}}$ gesetzt werden, da α mit wachsender Last schneller wächst als die Last selbst. Wünscht man gegenüber der Fließgrenze eine ν_k-fache Sicherheit, so ist in Gl. (IV 142) zu setzen

$$\sigma_F = \frac{\nu_k P}{F} + \frac{\alpha_n \nu_k M_0}{W} \tag{IV 189}$$

oder, da $\sigma_{\text{zul}} = \frac{\sigma_F}{\nu_k}$ ist

$$\sigma_{\text{zul}} = \frac{P}{F} + \frac{\alpha_n M_0}{W}, \tag{IV 190}$$

worin für

$$\alpha_n = \frac{\frac{P_E}{\nu_k P} + \delta}{\frac{P_E}{\nu_k P} - 1} = 1 + \frac{1 + \delta}{\frac{P_E}{\nu_k P} - 1} \tag{IV 191}$$

zu setzen ist.

Die neuen deutschen Knickvorschriften (DIN 4114) schlagen die Verwendung der Formel (IV 188) vor. Dabei sind die für das zentrische Knicken maßgebenden ω-Zahlen (s. Kap. V) und für α der Wert

$$\alpha = 0{,}9 \tag{IV 192}$$

oder

$$\alpha = \frac{300 + 2\lambda}{1000} \tag{IV 193}$$

zu setzen.

Für symmetrische Querschnitte und für Querschnitte, deren Schwerpunkt dem Biegezugrand näher liegt als dem Biegedruckrand, ist $\alpha = 0{,}9$ zu setzen, d. h.

$$\frac{\omega P}{F} + 0{,}9 \frac{M}{W_d} \leqq \sigma_{\text{zul}}. \tag{IV 194}$$

Liegt der Schwerpunkt des Querschnittes dem Biegedruckrand näher als dem Biegezugrand, so müssen die beiden folgenden Bedingungen erfüllt sein:

$$\frac{\omega P}{F} + 0{,}9 \frac{M}{W_d} \leqq \sigma_{\text{zul}} \tag{IV 195}$$

und

$$\frac{\omega P}{F} + \frac{300 + 2\lambda}{1000} \frac{M}{W_z} \leqq \sigma_{\text{zul}}. \tag{IV 196}$$

W_d und W_z sind die Widerstandsmomente der Biegedruck-, bzw. der Biegezugseite.

4. Einfluß der Querkräfte

Bei allen unseren bisherigen Untersuchungen haben wir uns immer auf den Einfluß der Biegemomente auf die Ausbiegung des Stabes beim Übergang von der stabilen in die labile Gleichgewichtslage beschränkt. Im folgenden soll noch der Einfluß der Querkräfte auf die Knickfestigkeit untersucht werden[1].

Die Differentialgleichung der elastischen Linie unter Berücksichtigung der Querkräfte lautet[2]:

$$\frac{d^2y}{dx^2} = -\frac{M}{EJ} + \frac{d}{dx}\left(\frac{\varkappa Q}{GF}\right). \tag{IV 197}$$

Darin bedeutet G den Schubmodul und $\varkappa$ ein von der Querschnittsform abhängiger Faktor, der für den Rechteckquerschnitt 1,2 beträgt und für IP-Träger etwa den Wert 2 annimmt.

In unserem Fall ist $M = Py$, ferner ist nach Gl. (III 3)

$$Q = \frac{dM}{dx} = P\frac{dy}{dx}. \tag{IV 198}$$

Setzen wir diese Werte in Gl. (IV 197) ein, so erhalten wir

$$\begin{aligned}\frac{d^2y}{dx^2} &= -\frac{Py}{EJ} + \frac{d}{dx}\left(\frac{\varkappa P}{GF}\cdot\frac{dy}{dx}\right)\\ &= -\frac{Py}{EJ} + \frac{\varkappa P}{GF}\frac{d^2y}{dx^2}\end{aligned}$$

oder

$$\frac{d^2y}{dx^2} + \frac{P}{EJ\left(1-\frac{\varkappa P}{GF}\right)}\,y = 0. \tag{IV 199}$$

Diese Gleichung ist aber mit der schon wiederholt gebrauchten Differentialgleichung der elastischen Linie identisch, wenn wir an Stelle von $k^2 = \frac{P}{EJ}$ den Wert

$$\bar{k}^2 = \frac{P}{EJ\left(1-\frac{\varkappa P}{GF}\right)} \tag{IV 200}$$

setzen.

Für den an beiden Enden gelenkig gelagerten Stab erhalten wir daher die Knickkraft $\overline{P}_{\text{kr}}$, indem wir $\bar{k}\,l = \pi$ setzen:

$$\overline{P}_{\text{kr}} = \frac{\pi^2 EJ}{l^2}\left(1-\frac{\varkappa \overline{P}_{\text{kr}}}{GF}\right). \tag{IV 201}$$

Lösen wir diese Gleichung nach $\overline{P}_{\text{kr}}$ auf, so ergibt sich

$$\overline{P}_{\text{kr}} = \frac{\pi^2 EJ}{l^2}\,\frac{1}{1+\frac{\pi^2 EJ}{l^2}\,\frac{\varkappa}{GF}}. \tag{IV 202}$$

---

[1] Vgl. auch R. G. Olsson: Über den Einfluß der Querkraft auf die Knicklast eines Stabes. Bauingenieur 1937, H. 33/34, S. 520.

[2] Stüssi, F.: Vorlesungen über Baustatik, erster Band zweite Aufl., Basel/Stuttgart: Birkhäuser 1953, S. 247.

Führen wir noch die Poisson-Zahl ν ein, so können wir setzen[1]

$$\frac{E}{G} = 2(1+\nu) \tag{IV 203}$$

und mit $J = F\,i^2$ und dem Schlankheitsgrad $\lambda = \frac{l}{i}$ ergibt sich endlich

$$\overline{P_{\text{kr}}} = \frac{\pi^2 E J}{l^2} \frac{1}{1+2(1+\nu)\varkappa\frac{\pi^2}{\lambda^2}}$$

$$= P_E \frac{1}{1+2(1+\nu)\varkappa\frac{\pi^2}{\lambda^2}}. \tag{IV 204}$$

Führt man noch die Knickspannung $\overline{\sigma_{\text{kr}}} = \frac{\overline{P_{\text{kr}}}}{F}$ ein, so läßt sich die Formel (IV 204) auch wie folgt schreiben:

$$\overline{\sigma_{\text{kr}}} = \frac{\pi^2}{\lambda^2\left[1+2(1+\nu)\varkappa\frac{\pi^2}{\lambda^2}\right]} E = \frac{\pi^2}{\bar{\lambda}^2} E. \tag{IV 205}$$

Man kann daher sagen, daß sich der Einfluß der Querkräfte in einer Vergrößerung des Schlankheitsgrades auswirkt. Dies bedingt aber eine Verkleinerung der Knickspannung bzw. der Knickkraft.

Im plastischen Bereich ist in obiger Formel (IV 205) an Stelle des Elastizitätsmoduls E der Tangentenmodul T zu setzen.

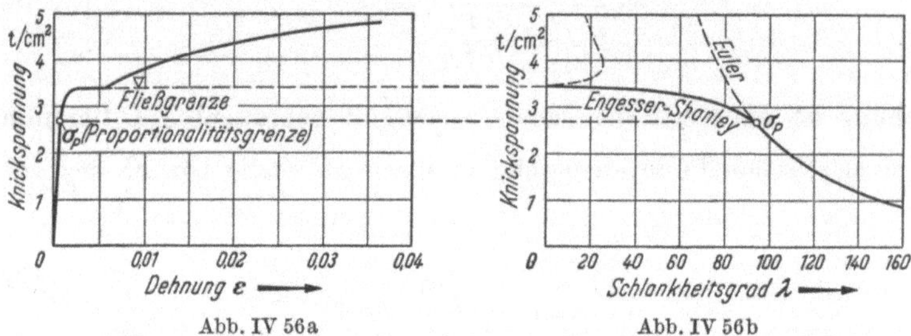

Abb. IV 56a Abb. IV 56b

Die Abminderung der Knickkraft ist jedoch für alle Schlankheitsgrade gering. Für große Schlankheitsgrade wird der Ausdruck in der eckigen Klammer der Gl. (IV 205) nur unwesentlich größer als eins und für kleine Schlankheitsgrade verläuft die Knickspannungslinie derart flach (s. Abb. IV 56b), daß die Reduktion ebenfalls gering ausfällt.

F. Bleich[2] gibt für einen hochwertigen Konstruktionsbaustahl mit einem Knickspannungsdiagramm nach Abb. IV 56a, der Poisson-Zahl $\nu = \frac{1}{3}$, und für $\varkappa = 2$, die in Tab. IV 5 angegebenen Werte für das Verhältnis $\frac{\overline{P_{\text{kr}}}}{P_E}$ an.

[1] Siehe z. B. F. Stüssi: Vorlesungen über Baustatik, erster Band, zweite Aufl., Basel/Stuttgart: Birkhäuser 1953, S. 246.

[2] Bleich, F.: Buckling Strength of Metal Structures, New York/Toronto/London: McGraw-Hill 1952, S. 25.

Tabelle IV 5

$\lambda =$	20	30	40	50	100	150
$1 + 2(1+\nu)\varkappa\frac{\pi^2}{\lambda^2}$	1,130	1,057	1,032	1,020	1,006	1,004
$\frac{P_{kr}}{P_E}$	0,995	0,997	0,998	0,998	0,997	0,998

Wie man daraus ersieht, ist der Einfluß der Querkräfte bei der Bestimmung der Knicklast von vollwandigen Stäben vernachlässigbar klein. Bei gegliederten Stäben, wie wir sie im nächsten Kapitel behandeln werden, nimmt der Einfluß der Querkraft auf die Verformung Werte an, die bei der Bestimmung der Knicklast nicht mehr vernachlässigt werden dürfen.

Zusätzliche Literatur zum Unterkapitel A

BELIAKOW, TH.: Über einige schwierige Knickaufgaben. Bauingenieur 1931, H. 11, S. 188.

BERGSTRÖM, S.: Approximate Calculation of Additional Moments in Members subjected to Simultaneous Compression and Bending. Beton 1947, H. 1.

BIJLAARD, P. P., u. H. A. B. WISEMAN: On Theories of Plasticity and the Plastic Stability of Cruciform Sections. J. Aeronaut. Sci. 20 (November 1953) Nr. 11.

BROECK, J. A., VAN DEN: Columns subject to Uniformly Distributed Transverse Loads. Illustrating a new Method of Column Analysis. Engng. J., Montreal 24 (1941) S. 115.

BRUNNER, J.: Knickstabilität. Schweiz. Bauztg. 126 (1947) S. 379.

BUCHHOLZ, E.: Die Knickfestigkeit von Druckstäben aus I-Profilen. Bautechn. 1960, H. 7, S. 271.

CAMPUS, F.: Réflexions sur la méthode de M. DUTHEIL pour le calcul des pièces comprimées et fléchies. Ossature Métallique 1951, H. 1, S. 33.

CAMPUS, F., et CH. MASSONNET: Recherches sur le flambement des colonnes en acier, à profil en I, sollicitées obliguement. Publication de l'Institut pour l'Encouragement de la Recherche scientifique de Belgique, 53, rue de la Concorde, Bruxelles und C. E. R. E. S., Tome VII, 1955.

—: Flambement de Colonnes en acier A 37, à profil en double té, sollicitées obliguement. V. Kongress I. V. B. H., Schlußbericht, Portugal 1957.

CARLSON, R. L.: Time-Dependent Tangent Modulus Applied to Column Creep Buckling. J. appl. Mech. 23 (Sept. 1956) Nr. 3, S. 390.

CASSENS, J.: Buckling Tests on Eccentrically Loaded Beam Columns. N. A. C. A. Techn. Mem. 989. 1941.

CASSENS, J.: Biegung und Längskraft im Stahlbau. Die Bautechnik, 1961, H. 1, S. 22.

CORNELIUS, W.: Der elastisch gebettete Druckstab als Spannungsproblem. Stahlbau 1944, H. 21/24, S. 91.

DUTHEIL, J.: Discussion sur le flambement des pièces comprimées axialement. Ossature Métallique 1951, H. 6, S. 315.

—: Théorie de l'instabilité par divergence d'équilibre. Vorbericht zum vierten Kongreß der I. V. B. H., Cambridge und London 1952, S. 275.

—: Ergänzung zu: Theorié de l'instabilité par divergence d'équilibre. Schlußbericht zum vierten Kongreß der I. V. B. H., Cambridge und London 1952, S. 199.

—: Discussion sur l'équilibre des barres comprimées axialement en phase élastoplastique. Ann. Institut Technique du Batiment et des Travaux publics, Juni 1956, Nr. 102.

FRANDSEN, P. M.: Berechnung zentrisch und exzentrisch gedrückter Säulen. Abh. I. V. B. H. Bd. I, S. 195, Zürich: Leemann 1932.

GAEDE, K.: Knicken von Stahlbetonstäben unter Kurz- und Langzeitbelastung. Versuche und Berechnung. Deutscher Ausschuß für Stahlbeton, H. 129, Berlin: Wilhelm Ernst & Sohn 1958, S. 80.

GERCKE, M. J.: Die Verallgemeinerung der Eulerschen Knickformel. Der Bauingenieur, 1952, H. 12. S. 433.

GIANGRECO, E.: Association d'équilibres instables en présence de charges excentrées. Abh. I. V. B. H. Bd. XIV, Zürich: Leemann 1954, S. 37.

GIRKMANN, K.: Traglasten gedrückter und zugleich querbelasteter Stäbe und Platten. Stahlbau 1942, H. 17/18, S. 57.

GÖHL, K.: Beitrag zur Vorbemessung von ein- und mehrteiligen Knickstäben aus Stahl und Holz nach dem ($\zeta\ \sqrt{\omega}$)-Verfahren. Bautechn. 1956, H. 4, S. 123.

GRÜNING, G.: Knickversuche mit außermittig gedrückten Stahlstützen. Stahlbau 1936, S. 17.

HABEL, A.: Die Knicklasten von Stahlbetonsäulen mit veränderlichem Querschnitt, zusätzlicher Querbelastung oder von Haus aus schwach gekrümmter Achse. Bauingenieur 1949, H. 5, S. 135.

HARTMANN, F.: Der allgemeine Fall der Knickung des geraden Baustahlstabes mit unveränderlichem Querschnitt. Abh. I. V. B. H. Bd. IV, Zürich: Leemann 1936, S. 319.

HOLT, M.: Study of the Beam Column Problem. Doctor's Thesis. University of Pittsburgh, Pittsburgh, Pa., 1947.

HUBER, A. W., u. R. L. KETTER: The Influence of Residuel Stress on the Carrying Capacity of Eccentrically Loaded Columns. Abh. I. V. B. H. 18. Bd., Zürich: Leemann 1958, S. 37.

JANSER, K.: Durchbiegung schlanker Stäbe bei außermittigem Kraftangriff. Bauingenieur 1930, H. 45, S. 776.

KARNER, L.: Stabilität von auf Druck und Biegung beanspruchten Bauteilen. Vorbericht zum zweiten Kongreß der I. V. B. H., Paris 1932.

KASARNOWSKY, S.: Design of Beams submitted to Simultaneous Bending and Axial Loads. Tekn. Skrifter, 1944, Nr. 106.

KETTER, R. L.: Stability of Beam Columns above the Elastic Limit. Proc. Amer. Soc. civ. Engrs. 81 (September 1955) Nr. 692. Siehe auch Stahlbau 1957, H. 7, S. 202.

KIRSTE, L.: Druckstäbe geringsten Gewichts. Öst. Ing.-Arch. 1958, H. 1/2, S. 36.

KLÖPPEL, K. und W. GODER: Näherungsweise Berechnung der Biegemomente nach Spannungstheorie II. Ordnung zur Bemessung von außermittig gedrückten Stäben nach DIN 4114 Ri 10.2. Der Stahlbau, 1957. H. 7, S. 188.

KYÖSTI, A.: Über die Knickung und Tragfähigkeit eines exzentrisch gedrückten Pfeilers ohne Zugfestigkeit unter- und oberhalb der Proportionalitätsgrenze mit besonderer Berücksichtigung des rechteckigen Querschnittes. Valtion Teknillinen Tukkimuslaitos, Helsinki 1954 (Staatl. Techn. Forschungsanstalt).

LANGENDONCK, T. VAN: Flambagem de postes e estacas parcialmente enterradas. São Paulo 1957.

LJUNGBERG, K.: Sicherheit bei Druck, Knickung und Biegung. Bauingenieur 1939, H. 26/27, S. 347.

MASSONNET, CH.: Flambement plan des pièces comprimées et fléchies. C. E. C. M. Notes techniques B — 10.59, September 1957.

MERRIAM, K. G.: Eccentricity in Columns. J. Aeronaut. Sci. 9 (1942) S. 135.

OSGOOD, W. R.: Eccentric Loads on Columns. Engng. News Rec. 101 (1928) S. 30.

OSTENFELD, A.: Exzentrische und zentrische Knickfestigkeit. Z. VDI 94 (1898) S. 1462.

OUVRIER, E.: Die Bemessung von gedrückten Stahlbetonsäulen mit besonderer Berücksichtigung der zweiachsigen Biegung. Bautechn. 1957, H. 7, S. 261.

PÖSCHL. T.: Zur Theorie der plastischen Knickung gerader Stäbe. Bauingenieur 1938, H. 35/36, S. 499.

RATZERSDORFER, J.: Berechnung axial- und gleichförmig querbelasteter Träger. Z. öst. Ing.- u. Archit.-Ver. 71 (1919) H. 43—46.

—: Durchgehende Balken mit beliebig vielen Öffnungen bei Beanspruchung durch längs- und querwirkende Kräfte. Eisenbau 10 (1919).

—: Die Knickfestigkeit von Stäben und Stabwerken, Wien: Springer 1936.

ROIK, K.: Stabilität von Stützen im plastischen Bereich. Der Stahlbau, 1957, H. 7, S. 202. Siehe auch KETTER.

ROŠ, M.: Knickung exzentrisch belasteter Stäbe. Vorbericht zum zweiten Kongreß der I. V. B. H., Paris 1932, S. 57.

SCHATZ, E.: Zur direkten Bemessung von Druckstäben. Stahlbau 1959, H. 6, S. 173.

SCHLEUSNER, A.: Näherungsverfahren für die Biegung und Knickung eines geraden Stabes bei Überschreiten der EULER-Last. Stahlbau 1932, H. 20, S. 155.

—: Stäbe, die auf Knicken und durch Einzellasten auf Biegung beansprucht sind. Stahlbau 1930, H. 1, S. 7.

SFINTESCO, M. D.: Eléments comprimés, pièces planes à section constante comprimées axialement flambement simple. Supplément aux Annales de l'Institut technique du bâtiment et des travaux publics, manual de la construction métallique (14), März—April 1960.

SZÉCSI, A.: Flambage excentrique. Ossature Métallique 1951, H. 5, S. 235.

TREFFTZ, E.: Zur Frage der Holmfestigkeit. Z. Flugtechn. 9 (1919) S. 100.

WICKA, B.: Zur Berechnung elastisch eingespannter Druckstäbe mit poltreuer Belastung. Bautechn. 1959, H. 7, S. 260.

YLINEN, A.: A Method of Determining the Buckling Stress and the Required Cross — Sectional Area for Centrally Loaded Straight Columns in Elastic and Inelastic Range. Abh. I. V. B. H. Bd. 16, Zürich: Leemann 1957, S. 529.

YOUNG, D. H.: Stresses in Eccentrically Loaded Steel Columns. Abh. I. V. B. H. Bd. I, Zürich: Leemann 1932, S. 507.

ŻYCZKOWSKI, M.: Wplyw Zmniejszania Się Mimośrodu Na Ugięcia Prętów Mimośrodowo Ściskanych. (The Influence of Decreasing Eccentricity on the Deflections of a Bar Subjected to Eccentric Compression.) Rozprawy, Inzynierskie, LXXXIV, 1956.

—: Theory of Finite Deflections of Elastic-plastic Beams. Proceedings of the Second Congress on Theoretical and Applied Mechanics, New Delhi, October 15—16, 1956 S. 24—32.

—: Finite Deflections of Bars with Initial Curvature, Subjected to Eccentric Compression. Bulletin de l'Académie Polonaise des Sciences. Série des sciences techniques, Bd. VII, Nr. 1, 1959.

B. Knicken gegliederter Stäbe

1. Einführung

Gitter- und Rahmenstäbe nahmen um die Jahrhundertwende in der Konstruktionspraxis eine wichtige Stelle ein. Einige Unglücksfälle[1] lenkten die Aufmerksamkeit der technischen Welt auf die Besonderheiten dieser Systeme, die daraufhin eingehender[2] behandelt wurden. Da Gitter- und Rahmenstäbe heute viel von ihrer Wichtigkeit eingebüßt haben und durch die Vollprofile (IP-Träger, geschweißte Stäbe) teilweise verdrängt worden sind, wird hier nur Grundsätzliches gebracht und für nähere Auskunft auf die einschlägige Literatur verwiesen.

Genaugenommen stellt ein Rahmen- oder Gitterstab ein *Stabsystem* dar. Im Unterkapitel E werden diese Stabsysteme untersucht und es wird sich zeigen, daß die strenge Lösung auf erhebliche Schwierigkeiten stößt. Wenn die Anzahl der Unterteilungen des Stabes nicht zu klein, d. h. wenn der Stab stark unterteilt ist, können mit guter Näherung die Ergebnisse der Untersuchung vollwandiger Stäbe herangezogen werden. Nur darf beim Ersatzvollstab der *Einfluß der Querkräfte* nicht mehr vernachlässigt werden, weil dieselben beim Gitter- und besonders beim Rahmenstab größere Verformungen verursachen. Als Grundformel

[1] Siehe z. B. M. FOERSTER: Die Gründe des Einsturzes des großen Gasbehälters am Großen Grasbrook zu Hamburg vom 7. Dez. 1909. Eisenbau (1911) Nr. 4, S. 178. — ENGESSER, F.: Zum Einsturz der Brücke über den St. Lorenzstrom bei Quebeck. Zbl. Bauverw. (1907), S. 609.

[2] Vor den Katastrophen sind zwar schon bedeutende Arbeiten erschienen (z. B. die von ENGESSER). Sie wurden leider von der Fachwelt kaum beachtet.

dient daher die im Unterkapitel A, 4 entwickelte Gl.[1] (IV 202), wenn wir uns auf ideal zentrisch gedrückte, gerade, homogene Stäbe beschränken; die Gleichung lautet

$$\overline{P_{\mathrm{kr}}} = \frac{\pi^2 E J}{l^2} \frac{1}{1 + \frac{\pi^2 E J}{l^2} \frac{\varkappa}{G F}}.$$

An Stelle des Faktors $\frac{\varkappa}{G F}$ muß dabei im Nenner ein entsprechender Ausdruck eingesetzt werden.

Aus der klassischen Biegungslehre ist bekannt, daß der Schubwinkel

$$\gamma = Q \frac{\varkappa}{G F} \tag{IV 206}$$

ist.

Der Faktor $\frac{\varkappa}{G F}$ stellt also den Schubwinkel für $Q = 1$ dar. Wir müssen jetzt diesen Winkel für den Gitter- und Rahmenstab bestimmen.

2. Gitterstäbe

Untersucht wird ein zweiteiliger Gitterstab mit einer Ausfachung nach Abb. IV 57. Es bedeuten

F: unverschwächter Querschnitt des Gesamtstabes,
J: Trägheitsmoment des Gesamtquerschnittes, bezogen auf die stofffreie Achse $y - y$,
J_1: auf die Achse $1 - 1$ bezogenes Trägheitsmoment des Einzelquerschnittes,
s_1: größte Feldweite des Stabes,
d: Netzlänge der Diagonale,
e: Abstand der Einzelstab-Achsen,
F_D: unverschwächte Querschnittsfläche einer einzelnen Diagonale. (Bei Anordnung mehrerer, in parallelen Ebenen nebeneinanderliegender Querverbände bedeutet F_D die Fläche aller Diagonalen in einem Feld.)
F_P: entsprechende Querschnittsfläche des Pfostens.

Für J ergibt sich

$$J = e^2 \frac{F}{4} + 2 J_1. \tag{IV 207}$$

Es wird angenommen, daß alle Knotenpunkte gelenkig sind und daß die Diagonalen auf die Netzlinien zentriert sind.

Es muß nun der Winkel γ eines Stabfeldes unter dem Einfluß der Querkraft bestimmt werden. Im Diagonalstab (Abb. IV 58) wird eine Stabkraft

$$D = Q \frac{d}{e} \tag{IV 208}$$

erzeugt und die entsprechende Längenänderung des Stabes wird

$$Q \frac{d}{e} \frac{d}{E F_D}. \tag{IV 209}$$

Nach Abb. IV 58 gehört dazu eine waagerechte Verschiebung

$$\delta_D = Q \frac{d^2}{e E F_D} \frac{d}{e}. \tag{IV 210}$$

[1] Es wird stillschweigend angenommen, daß die Knickfigur gleich verläuft wie die des entsprechenden Vollstabes. Für einen gelenkig gelagerten Stab sollte die Knickfigur eine Sinushalbwelle sein.

Mit der Stabkraft Q wird die Längenänderung im Pfosten, und zugleich die entsprechende waagerechte Verschiebung

$$\delta_P = Q \frac{e}{E F_P}. \qquad \text{(IV 211)}$$

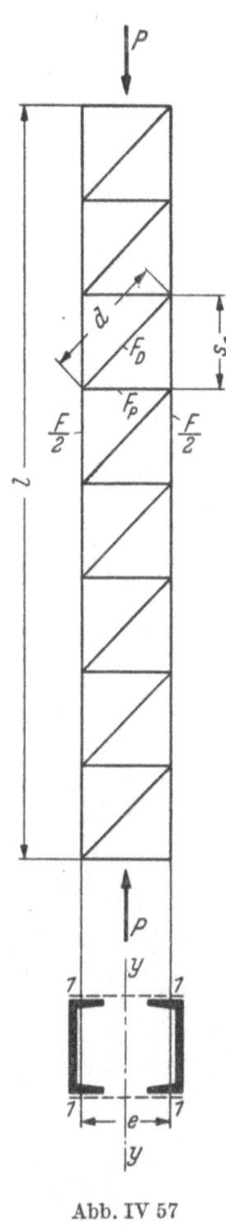

Abb. IV 57

Der Schubwinkel ergibt sich dann zu

$$\gamma = \frac{\delta_D + \delta_P}{s_1} = Q\left(\frac{d^3}{s_1 \cdot e^2 \cdot E F_D} + \frac{e}{s_1 \cdot E F_P}\right)$$
$$\gamma = \frac{Q}{E s_1 \cdot e^2}\left(\frac{d^3}{F_D} + \frac{e^3}{F_P}\right). \qquad \text{(IV 212)}$$

Vergleicht man Gln. (IV 206) und (IV 212) und setzt dabei in der Gl. (IV 202) anstatt $\frac{\varkappa}{GF}$ den entsprechenden Wert aus der Gl. (IV 212) ein, so findet man[1] für die kritische Last[2]

$$\overline{P_{\text{kr}}} = \frac{\pi^2 E J}{l^2} \frac{1}{1 + \frac{\pi^2 E J}{l^2} \frac{1}{E s_1 \cdot e^2}\left(\frac{d^3}{F_D} + \frac{e^3}{F_P}\right)}. \qquad \text{(IV 213)}$$

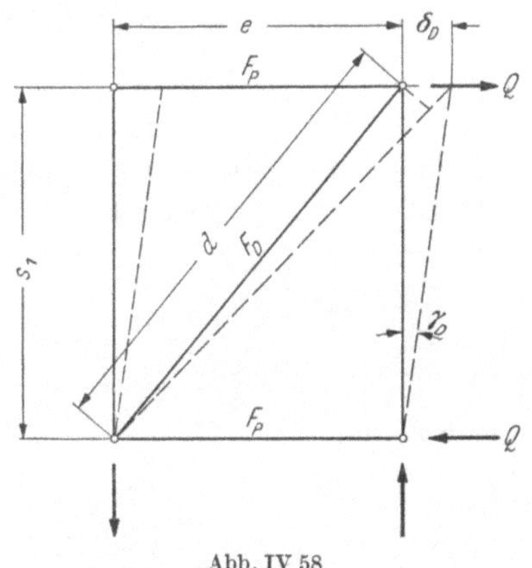

Abb. IV 58

Sind die Diagonalen genietet oder geschraubt, so kann die Nachgiebigkeit der Verbindung eine zusätzliche horizontale Verschiebung δ verursachen. Die Klammer im Nenner wird dann um ein Glied erweitert[3].

---

[1] Dieses Vorgehen ist nicht streng, weil sich Formel (IV 206) auf ein Differentialelement bezieht, währenddem Gl. (IV 212) für ein endliches Feld entwickelt wird. Es handelt sich um eine Näherungslösung, die um so genauer ist, je größer die Anzahl der Felder ist.

[2] Diese Formel wurde zum ersten Male von ENGESSER aufgestellt: Die Knickfestigkeit gerader Stäbe. Z. Bauverw. 1891, S. 483 oder Z. Archit. u. Ing.-Ver. zu Hannover 1889, S. 455.

[3] Siehe z. B. E. CHWALLA: Genaue Theorie der Knickung von Rahmenstäben. HDI-Mitt. 1933, S. 170, oder G. WÄSTLUND u. F. BERGSTRÖM: Buckling of Compressed Steel Members. Kungl. Tekn. Högskolans Handlingar, Nr. 30, Göteborg 1949, S. 141.

Ist die Ausfachung nach Abb. IV 59 ausgebildet, dann verschwindet praktisch der Pfosteneinfluß und Gl. (IV 213) vereinfacht sich zu

$$\overline{P_{\text{kr}}} = \frac{\pi^2 E J}{l^2} \frac{1}{1 + \frac{\pi^2 E J}{l^2} \frac{d^3}{E s_1 \cdot e^2 \cdot F_D}}. \tag{IV 214}$$

Bei den Beispielen a) und c) muß für F_D die Summe der Flächen beider Diagonalen eingesetzt werden. Bei K-Fachwerken ist $D = \frac{Q}{2} \frac{2d}{e} = Q \frac{d}{e}$ und nicht $Q \frac{d}{2e}$ wie bei der Kreuzausfachung. Für F_D ist dann die Fläche *einer* Diagonale einzusetzen.

Wenn das Verhältnis $\frac{F_P \cdot d}{F_D \cdot e}$ groß ist, kann die Formel (IV 214) an Stelle der genaueren Formel (IV 213) auch für die Ausfachung nach Abb. IV 57 gebraucht werden. Geht man zur kritischen Spannung über, dann wird Gl. (IV 214) zu

a b c d

Abb. IV 59

$$\overline{\sigma_{\text{kr}}} = \frac{\pi^2 E J}{F l^2} \frac{1}{1 + \frac{\pi^2 E J}{l^2} \frac{d^3}{E s_1 \cdot e^2 \cdot F_D}}. \tag{IV 215}$$

Um den Anschluß an die Formel des Vollstabes

$$\sigma_{\text{kr}} = \frac{\pi^2 E}{\lambda^2} \tag{IV 216}$$

herzustellen, wird eine ideelle Schlankheit λ_i eingeführt, so daß

$$\overline{\sigma_{\text{kr}}} = \frac{\pi^2 E}{\lambda_i^2} \tag{IV 217}$$

ist.

Setzt man wie gewöhnlich

$$\lambda = l \sqrt{\frac{F}{J}} \tag{IV 218}$$

und als Hilfsgröße

$$\lambda_1 = \pi \sqrt{\frac{F}{F_D} \frac{d^3}{s_1 \cdot e^2}}, \tag{IV 219}$$

so wird Gl. (IV 215)

$$\overline{\sigma_{\text{kr}}} = \frac{\pi^2 \cdot E}{\lambda^2} \frac{1}{1 + \frac{\lambda_1^2}{\lambda^2}} = \frac{\pi^2 E}{\lambda^2 + \lambda_1^2} \tag{IV 220}$$

und

$$\lambda_i = \sqrt{\lambda^2 + \lambda_1^2}. \tag{IV 221}$$[1]

Die kritische Spannung eines Gitterstabes ist also gleich der kritischen Spannung eines Vollstabes mit dem gleichen Querschnitt und einer nach Gl. (IV 221) berechneten Schlankheit λ_i.

---

[1] Diese Formel ist in der DIN 4114,8.1,8.212, angegeben. Sie ist allerdings allgemeiner aufgefaßt. Gl. (IV 221) entspricht dem Normalfall $m = 2$ (zweiteiliger Stab).

Im plastischen Bereich muß E durch den ENGESSER-SHANLEYschen Modul T ersetzt werden. Die Füllstäbe dagegen werden sich am Anfang des Knickvorganges (Stab infinitesimal verbogen) noch elastisch verformen. Gl. (IV 215) nimmt folgende Form an:

$$\overline{\sigma_{\mathrm{kr}}} = \frac{\pi^2 T J}{F l^2} \frac{1}{1 + \frac{\pi^2 T J}{l^2} \frac{d^3}{E s_1 \cdot e^2 \cdot F_D}}. \qquad \text{(IV 222)}$$

Man steht auf der sicheren Seite, wenn man auch im Nenner E durch den immer kleineren T-Modul ersetzt. In diesem Fall kann auch im plastischen Bereich die Schlankheit mit der Formel (IV 221) ermittelt werden.

Die ideelle Schlankheit λ_i ist von der Schlankheit λ des Vollstabes nicht sehr verschieden. Bei schlanken Stäben allerdings kann eine kleine Vergrößerung von λ_i eine schon merkbare Herabsetzung der Knickspannung verursachen.

3. Rahmenstäbe

Das Verfahren ist prinzipiell das gleiche wie im vorherigen Abschn. 2 beschrieben. Nur ist ein Rahmenstab ein hochgradig statisch unbestimmtes System im Gegensatz zum untersuchten statisch bestimmten, gelenkigen Fachwerk. Aus Symmetriegründen müssen aber die Mittelpunkte der Riegel Wendepunkte der Knickfigur sein. Man nimmt an, daß auch die Wendepunkte der Gurtungen in der Mitte der Felder s_1 liegen[1]. Eine genaue Untersuchung zeigt, daß diese Voraussetzung bei nicht zu kleiner Felderzahl mindestens im mittleren Bereich gut erfüllt ist. Wir gelangen so zum statisch bestimmten Rahmensystem der Abb. IV 60. Es muß jetzt der Schubwinkel γ dieses Systemes ermittelt werden.

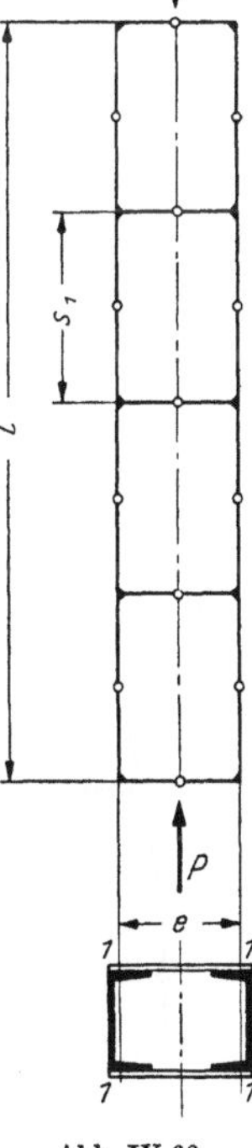

Abb. IV 60

Nach Abb. IV 61 ist

$$\gamma = \frac{2\delta}{s_1}. \qquad \text{(IV 223)}$$

δ ist die waagerechte Verschiebung des Mittelpunktes m der Gurtung. Will man die Verschiebung 2δ mit Hilfe der Arbeitsgleichung bestimmen, so muß man als Belastungszustand zwei waagerechte Kräfte $P = 1$ angreifen lassen (Abb. IV 62). Die Momentenfläche der gegebenen Belastung ist in Abb. IV 61 dargestellt, diejenige der virtuellen Belastung in Abb. IV 62. Man erhält ohne weiteres

$$2\delta = Q \frac{\left(\frac{s_1}{2}\right)^3}{3 E J_1} + \frac{Q}{2} \frac{s_1^2 \cdot e}{6 E J_2}. \qquad \text{(IV 224)}$$

Dabei bedeuten

J_1: Trägheitsmoment des Einzelstabes,

J_2: Trägheitsmoment des Bindeblechquerschnittes (bei zweiwandigen Stäben, beide Bindebleche).

[1] Diese Annahme ist, wie F. BLEICH vermerkt, bei weitem zutreffender als die übliche Annahme gelenkiger Knoten bei genieteten Fachwerken.

Bei einer normalen Ausführung der Bindebleche ist ihr Verhältnis Länge/Höhe klein, so daß der Einfluß der Querkräfte auf die Verformung in Betracht gezogen werden muß. Die Arbeitsgleichung liefert

$$2\,\delta_{Q\,\text{Bindeblech}} = Q\,\frac{s_1}{e}\cdot\frac{2\,s_1}{e}\,\frac{e}{2\,G\,F'}\,, \tag{IV 225}$$

wobei F' die „reduzierte“ Fläche des Bindebleches bedeutet.

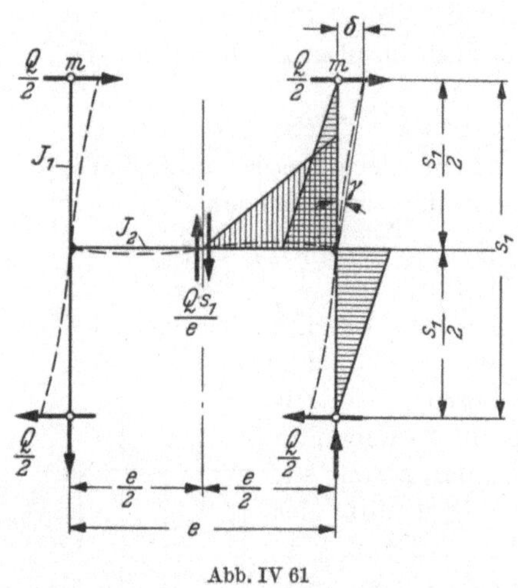

Abb. IV 61

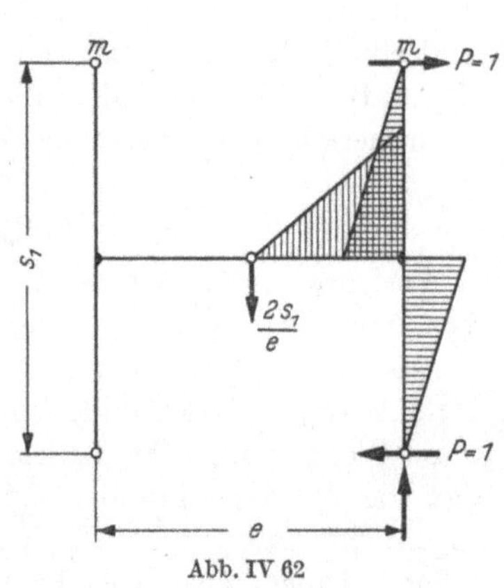

Abb. IV 62

Abschließend findet man

$$\gamma = Q\left(\frac{s_1^2}{24\,E\,J_1} + \frac{s_1\cdot e}{12\,E\,J_2} + \frac{s_1}{e\,G\,F'}\right) \tag{IV 226}$$

und für die kritische Last

$$\overline{P}_{\text{kr}} = \frac{\pi^2\,E\,J}{l^2}\;\frac{1}{1+\dfrac{\pi^2\,E\,J}{l^2}\left(\dfrac{s_1^2}{24\,E\,J_1}+\dfrac{s_1\cdot e}{12\,E\,J_2}+\dfrac{s_1}{e\,G\,F'}\right)}\,.^{1} \tag{IV 227}$$

Wie im Abschn. 2, kann auch der Einfluß der Nachgiebigkeit der Anschlüsse durch ein Zusatzglied berücksichtigt werden.

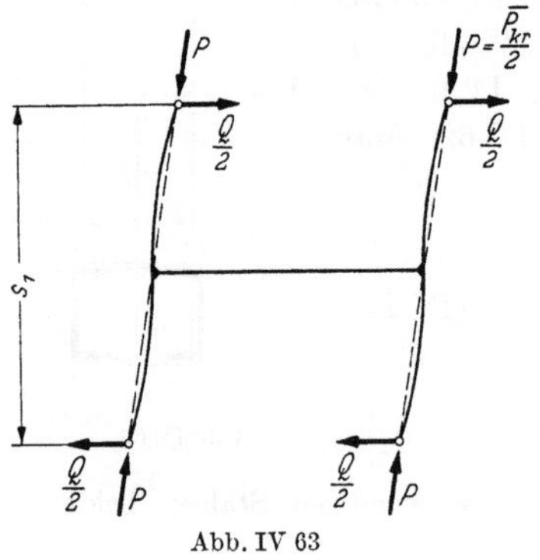

Abb. IV 63

Die Durchbiegung $\frac{s_1^2}{24\,E\,J_1}$ des Einzelstabes wurde nach den Methoden der Statik erster Ordnung ermittelt. Nun stellt dieser Gurt einen auf Druck $\left(\frac{\overline{P}_{\text{kr}}}{2}\right)$ und Biegung beanspruchten Stab der Länge s_1 (Abb. IV 63) dar. Ist dieser Stab schlank, dann kann der Einfluß der Druckkraft auf die Durchbiegung nicht mehr vernachlässigt werden. Ist die Biegelinie infolge der Momente affin zur Knickfigur, so vergrößert sich die Durchbiegung nach

[1] Diese Formel stammt von ENGESSER (allerdings fehlt bei ihm das letzte Glied im Nenner): Über die Knickfestigkeit von Rahmenstäben. Z. Bauverw. 1909, S. 136.

Gl. (IV 117)

$$\delta = \delta_0 \frac{P_E}{P_E - P} = \delta_0 \frac{1}{1 - \frac{P}{P_E}}. \tag{IV 228}$$

Diese Formel stellt auch bei grober Übereinstimmung der Knickfigur mit der Biegelinie eine gute Näherung[1] dar.

In unserem Fall ist $P = \frac{\overline{P_{kr}}}{2}$ und $P_E = 4\pi^2 \frac{E J_1}{s_1^2}$ [2]. Statt $\frac{s_1^2}{24 E J_1}$ muß man genau schreiben

$$\frac{s_1^2}{24 E J_1} \frac{1}{1 - \frac{\overline{P_{kr}} \cdot s_1^2}{8\pi^2 E J_1}}. \tag{IV 229}$$

Gl. (IV 227) enthält in diesem Falle auch rechts $\overline{P_{kr}}$ und kann durch Probieren gelöst werden.

Bei normaler Ausführung sind die Glieder $\frac{s_1 \cdot e}{12 E J_2} + \frac{s_1}{e G F'}$ der Gl. (IV 227) klein gegenüber $\frac{s_1^2}{24 E J_1}$ und können gestrichen werden. Gl. (IV 227) lautet dann

$$\overline{\sigma_{kr}} = \frac{\pi^2 E J}{F l^2} \frac{1}{1 + \frac{\pi^2 E J}{l^2} \frac{s_1^2}{24 E J_1}}. \tag{IV 230}$$

Führt man die Hilfsgröße $\lambda_1 = \frac{s_1}{i_1}$ ein, so gilt zunächst $\frac{F s^2}{2 J_1} = \lambda_1^2$, denn der Trägheitsradius des Einzelstabes beträgt $i_1 = \sqrt{\frac{2 J_1}{F}}$. Beachtet man noch, daß $\frac{J}{F l^2} = \frac{1}{\lambda^2}$ so erhält man

$$\overline{\sigma_{kr}} = \frac{\pi^2 E}{\lambda^2} \frac{1}{1 + \frac{\pi^2 \lambda_1^2}{12 \lambda^2}} = \frac{\pi^2 E}{\lambda^2 + \frac{\pi^2}{12} \lambda_1^2}. \tag{IV 231}$$

Nimmt man, um die Vernachlässigung der Verformung der Bindebleche teilweise auszugleichen, $\frac{\pi^2}{12} \cong 1$, so ergibt sich die einfache Formel

$$\overline{\sigma_{kr}} = \frac{\pi^2 E}{\lambda^2 + \lambda_1^2}. \tag{IV 232}$$

Die kritische Spannung eines normal ausgeführten Rahmenstabes ist als annähernd gleich der kritischen Spannung eines Vollstabes mit demselben Querschnitt und einer ideellen Schlankheit $\lambda_i = \sqrt{\lambda^2 + \lambda_1^2}$ (vereinfachte Engesser-Formel).

Die Anwendung dieser Formel setzt einerseits voraus, daß die Bindebleche nicht übermäßig nachgiebig sind (Spreizung der Einzelstäbe nicht allzu groß, Anschluß steif genug) und andrerseits die Schlankheit λ_1 nicht zu groß wird, da sonst der Vergrößerungsfaktor

$$\frac{1}{1 - \frac{\overline{P_{kr}} \cdot s_1^2}{8\pi^2 E J_1}} = \frac{1}{1 - \frac{\overline{P_{kr}} \cdot \lambda_1^2}{4\pi^2 E F}} = \frac{1}{:- \frac{\lambda_1^2}{4 \lambda_i^2}} \tag{IV 233}$$

[1] Siehe Unterkapitel A 3c.

[2] Voraussetzungsgemäß wird die äußere Kraft in eine zur Knicklinie senkrecht stehende Querkraft [Gl. (IV 198)] und eine dazu tangentiale Komponente zerlegt. Die Größe dieser Komponente ist praktisch gleich $\overline{P_{kr}}$ und ihre Richtung ungefähr sehnentreu (Abb. IV 63).

sehr stark anwächst und nicht mehr vernachlässigt werden darf. Die DIN 4114 schreibt daher $\lambda_1 < 50$ vor[1].

Im plastischen Bereich muß in der Gl. (IV 227) E für den Vollstab und die Gurtung durch den ENGESSER-SHANLEYschen Modul T ersetzt werden. Für die Bindebleche dagegen bleiben E und G gültig, weil σ_P noch nicht erreicht ist.

Die Gleichung lautet daher

$$\overline{P_{\text{kr}}} = \frac{\pi^2 T J}{l^2} \frac{1}{1 + \frac{\pi^2 T J}{l^2}\left(\frac{s_1^2}{24 T J_1} + \frac{s_1 \cdot e}{12 E J_2} + \frac{s_1}{e G F'}\right)}. \qquad \text{(IV 234)}$$

In Gl. (IV 232) muß E durch T ersetzt werden.

4. Bemessung der Verstrebung und der Bindebleche

Die Verstrebung und die Bindebleche müssen die Querkräfte aufnehmen, die beim Knickvorgang entstehen. Wie Abb. IV 64 zeigt, ist die Größe der Querkraft von der Größe der Durchbiegung abhängig. Diese Durchbiegung ist aber unbekannt. Nun wird als maßgebende Durchbiegung diejenige betrachtet, bei welcher die Spannung des Innengurtes die Fließgrenze erreicht. In diesem Augenblick darf auch die größte Spannung aus der Querkraft in der Verstrebung oder im Bindeblech die Fließgrenze erreichen[2].

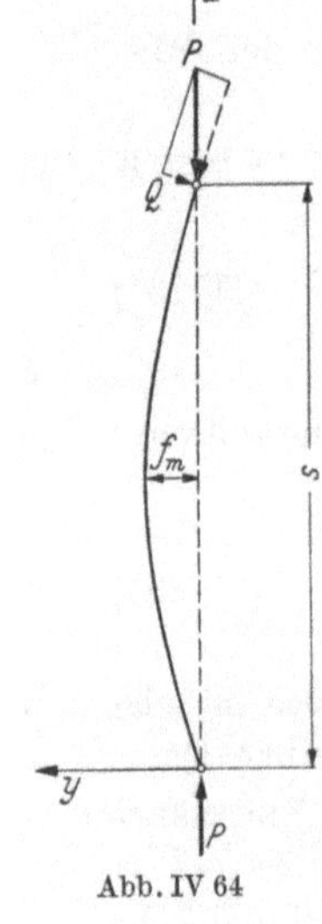

Abb. IV 64

Die mittlere Spannung des Innengurtes bei einer Durchbiegung f_m in der Mitte beträgt

$$\sigma = \frac{\overline{P_{\text{kr}}}}{F} + 2\,\frac{\overline{P_{\text{kr}}} \cdot f_m}{e F}. \qquad \text{(IV 235)}$$

Setzt man diese Spannung gleich σ_F, so erhält man

$$\sigma_F = \overline{\sigma_{\text{kr}}}\left(1 + \frac{2 f_m}{e}\right) \qquad \text{(IV 236)}$$

oder

$$f_m = \left(\frac{\sigma_F}{\overline{\sigma_{\text{kr}}}} - 1\right)\frac{e}{2}. \qquad \text{(IV 237)}$$

Die Durchbiegungen f gehorchen dem Sinusgesetz[3]

$$f = f_m \cdot \sin\frac{\pi x}{l}. \qquad \text{(IV 238)}$$

Nach Gl. (IV 198) wird

$$Q = \overline{P_{\text{kr}}}\, f_m \frac{\pi}{l} \cos\frac{\pi x}{l}. \qquad \text{(IV 239)}$$

---

[1] Bei exzentrisch gedrückten Stäben (auch bei ungewollten Exzentrizitäten) wird die Gefahr noch größer, weil sich die Kraft nicht mehr gleichmäßig auf beide Stäbe verteilt. Siehe E. CHWALLA: Ergänzende Bemerkungen zu den „Erläuterungen zur Begründung des Normalblattentwurfes DIN E 4114 „Beilage zum H. 16/18 des Jahrganges 1940 der Zeitschrift „Stahlbau". Siehe auch G. WÄSTLUND u. S. BERGSTRÖM: Buckling of Compressed Steel Members. Kungl. Tekn. Högskolans Handlingar, Nr. 30, Göteborg 1949, S. 159.

[2] Dieses Prinzip stammt von ENGESSER.

[3] Siehe Abschn. 1.

also

$$Q_{\max} = \overline{P_{\text{kr}}}\, f_m \frac{\pi}{l} = \overline{\sigma_{\text{kr}}} \cdot F\, f_m \frac{\pi}{l} \tag{IV 240}$$

$$Q_{\max} = \frac{\pi}{2l}\,(\sigma_F - \overline{\sigma_{\text{kr}}})\, e\, F. \tag{IV 241}$$

Da $J \cong F\,\frac{e^2}{4}$ (Abschn. 2) ist, wird $i \cong \frac{e}{2}$ und $\frac{l}{e} = \frac{\lambda}{2}$. Man erhält

$$Q_{\max} = \pi(\sigma_F - \overline{\sigma_{\text{kr}}})\,\frac{F}{\lambda}. \tag{IV 242}$$

Wird im plastischen Bereich die TETMAJER-Gerade als gültig erachtet, dann ist [Gl. (II 16])

$$Q_{\max} = \pi\,(3.1 - 3{,}1 + 0{,}0114\lambda)\,\frac{F}{\lambda} = 0{,}0114\pi\, F \cong \frac{F}{28}\,^{1}. \tag{IV 243}$$

Diese Querkraft bezieht sich auf die kritischen Spannungen, ohne Sicherheit. Will man bei den Verstrebungen und Bindeblechen den Spannungsnachweis mit σ_{zul} durchführen, so muß die Querkraft im Verhältnis $\frac{\sigma_{\text{zul}}}{\sigma_F}$ reduziert werden. Nach TETMAJER würde man erhalten

$$\underline{\underline{Q_{\max}}} = \frac{F}{28}\,\frac{\sigma_{\text{zul}}}{3{,}1} = \frac{F\,\sigma_{\text{zul}}}{86} \cong \underline{\underline{\frac{F\,\sigma_{\text{zul}}}{80}}}. \tag{IV 244}$$

Dieser Wert ist auch in der DIN 4114 vorgeschrieben[2]. Ist die Querkraft bekannt, dann ist der Spannungsnachweis der Bindebleche oder Vergitterung eine rein statische Angelegenheit, auf die wir nicht näher eingehen müssen.

5. Genauere Untersuchungen und zusätzliche Einflüsse

Sowohl für Gitter-[3] als auch für Rahmenstäbe[4] liegen genaue Untersuchungen vor, die auf den im Unterkapitel E entwickelten Prinzipien fußen. Wir können hier auf diese Arbeiten nicht näher eingehen und müssen uns mit den Literatur-

---

[1] Diese Berechnung wurde von R. KROHN aufgestellt: Beitrag zur Untersuchung der Knickfestigkeit gegliederter Stäbe. Z. Bauverw. 1908, S. 559.

[2] Es muß aber betont werden, daß sich diese Vorschrift auch auf Ergebnisse genauer Untersuchungen und Versuche stützt.

[3] LJUNGBERG, K.: Berechnung der Knickbelastung von Gitterwerkskonstruktionen. Eisenbau 1920, S. 322. — Auf Knickung beanspruchte Gitterstäbe. Eisenbau 1922, S. 100. — MISES, R. VON, u. J. RATZERSDORFER: Die Knicksicherheit von Fachwerken. Z. angew. Math. Mech. 1925, S. 218. — WENTZEL, W.: Über die Stabilität des Gleichgewichtes ebener elastischer Stabwerke und die Knickfestigkeit des Gitterträgers. Inaug.-Dissert., Berlin 1929. — RATZERSDORFER, J.: Die Knickfestigkeit von Stäben und Stabwerken, Wien: Springer 1936, S. 182.

[4] MANN, L.: Die Berechnung steifer Vierecknetze. Z. Bauw. 1909, S. 539. — LJUNGBERG, K.: Beitrag zur Berechnung auf Knickung beanspruchter Rahmengebilde. Eisenbau 1920, S. 243. — MISES, R. VON, u. J. RATZERSDORFER: Die Knicksicherheit von Rahmentragwerken. Z. angew. Math. Mech. 1926, S. 181. — CHWALLA, E.: Die Stabilität des Rahmenstabes. Sitzungsberichte der Akademie der Wissenschaften in Wien, IIa 136 (1927) S. 487. — Genaue Theorie der Knickung von Rahmenstäben. HDI-Mitt. (Hauptverein Deutscher Ing. i. d. Tschechoslowak. Rep.) 1933, H. 19/20, S. 170. — Das Problem der Stabilität gedrückter Rahmenstäbe. Abh. I. V. B. H. 1933—1934, zweiter Band, S. 80. — RATZERSDORFER, J.: Die Knickfestigkeit des Rahmenstabes. Z. öst. Ing.- u. Archit.-Ver. 1935, H. 49/50. — Die Knickfestigkeit von Stäben und Stabwerken. Wien: Springer 1936, S. 210. — MELAN, E.: Eine einfache Näherungsformel zur Berechnung gedrückter Rahmenstäbe. Stahlbau 1942, S. 81.

angaben begnügen. Immerhin ist festzustellen, daß sowohl die genauen Untersuchungen als auch die Versuche[1] die einfachen Ergebnisse von ENGESSER [Gl. (IV 221) und Gl. (IV 232)] in der Regel bestätigen. Bei Ausnahmekonstruktionen ist aber Vorsicht geboten, da in diesen Fällen naturgemäß Unstimmigkeiten vorkommen können.

Das *exzentrische Knicken* gegliederter Stäbe wurde bis jetzt noch nicht streng untersucht. Wohl wurde dieses Problem als Spannungsproblem zweiter Ordnung aufgefaßt[2]. Wie beim Vollstab kann aber eine solche Lösung nicht die tatsächliche Traglast angeben. Der noch jetzt benützte Weg besteht in der Anwendung derselben Verminderung wie beim Vollstab mit der ideellen Schlankheit λ_i. Dabei ist zu beachten, daß die Schlankheit λ_1 des Einzelstabes nicht zu hoch, etwa < 35, liegen muß, damit die schon erwähnte Gefahr des frühzeitigen Versagens der Gurte nicht auftritt.

Bei Gitterstäben ist auf den Einfluß des exzentrischen Anschlusses der Diagonalen und der Nebenspannungen der Gurtungen und Diagonalen bei gewissen Ausfachungen Rücksicht zu nehmen. Ein exzentrischer, aber gelenkiger Anschluß der Streben verursacht Biegung in den Gurtungen, daher größere Verformungen und eine entsprechend kleinere kritische Last[3]. Wie bei den Brückenwindverbänden schon bekannt, erhalten die Diagonalen, besonders beim Kreuzverband (Abb. IV 59a) große Beanspruchungen infolge der Längenänderungen der Gurtungen. Bei der Dimensionierung der Verstrebung muß dies in Berücksichtigung gezogen werden. Bei einfachem Strebenverband dagegen müssen sich die Gurtungen verbiegen (Abb. IV 65), was die Tragfähigkeit empfindlich vermindert[4].

---

[1] EMPERGER, F.: Drei Versuche mit Eisensäulen. Beton u. Eisen 1907, S. 101. — Welchen Querverband bedarf eine Eisensäule? Beton u. Eisen 1908, S. 71. — KROHN, R.: Beitrag zur Untersuchung der Knickfestigkeit gegliederter Stäbe. Z. Bauverw. 1908, S. 559. — Knickversuche mit gegliederten Druckstäben aus Nickelstahl. Eisenbau 1911, S. 309. — SCHALLER, L.: Die TETMAJER-KROHNschen Knickformeln und Knickformeln für Nickelstahl-Stäbe. Eisenbau 1912, S. 172. — RUDELOFF, H.: Knickversuche mit einer Strebe des eingestürzten Hamburger Gasbehälters. Eisenbau 1913, S. 41. — GRÜNING, G.: Versuche mit Druckstäben. Bauingenieur 1921. — MAYER, R.: Die Knickfestigkeit, Berlin 1921. — VOSS, F.: Prüfung von Druckstäben für Brücken des Kaiser-Wilhelm-Kanals. Z. Bauverw. 1922, S. 26. — RÜHL, D.: Gegliederte Stäbe. Bauingenieur 1924, S. 671. — PETERMANN, A.: MÜLLER-BRESLAUS Knickversuche mit Rahmenstäben. Bauingenieur 1926, S. 979. — Knickversuche mit Rahmenstäben aus St. 48. Bauingenieur 1931, S. 509. — KAYSER, H.: Knickversuche mit doppelteiligen Rahmenstäben. Bautechn. 12 (1930). — ROŠ, M.: La stabilité des barres comprimées par des forces excentrées. I. V. B. H., erster Kongreß, Paris 1932, Vorbericht, S. 57. — MEMMLER, K., G. BIERETT u. G. GRÜNING: Tragfähigkeiten von Stahlstützen mit Betonkern bei verschiedenen Betoneigenschaften und bei außermittigem Druck. Stahlbau 1935, S. 99.

[2] MÜLLER-BRESLAU, H.: Über exzentrisch gedrückte gegliederte Stäbe. Sitzungsberichte der Königl. Preuss. Akademie der Wissenschaften 1910, X. — Über exzentrisch gedrückte Stäbe und über Kniekfestigkeit. Eisenbau 1911, S. 339. — Über Knickfestigkeit und einseitig gedrückte Stäbe. Eisenbau 1913, S. 35. — GRÜNING, G.: Untersuchung gegliederter Druckstäbe. Eisenbau 1913, S. 403. — YOUNG, H.: Shearing Stresses in Steel Golumns. Abh. I. V. B. H. 1933/34, zweiter Band, S. 180.

[3] AMSTUTZ, E.: Die Knicklast gegliederter Stäbe. Sehweiz. Bauztg. 118 (1941) S. 97.

[4] MÜLLER-BRESLAU, H.: Die neueren Methoden der Festigkeitslehre. 5. Aufl., Leipzig 1924, S. 380. — HARTMANN, E.: Knickung, Kippung, Beulung. Leipzig und Wien: Deutieke 1937, S. 84. Diese Abhandlungen geben nur die Größe der Nebenspannungen, aber nieht die Höhe der Traglast.

Wir haben bis jetzt nur zweiteilige gegliederte Stäbe untersucht. Dabei ist zu beachten, daß ein Stab nach Abb. IV 66 sowohl für das Knicken in die x- wie y-Richtung als zweiteiliger Stab aufzufassen ist, weil ja die Verbände in der anderen Richtung dabei ohne Beanspruchung bleiben. Dagegen stellt der Stab nach Abb. IV 67 für das Knicken in die x-Ebene einen dreiteiligen Stab dar. Die genauere Untersuchung eines solchen Systems ist recht mühsam[1]. Nach einem

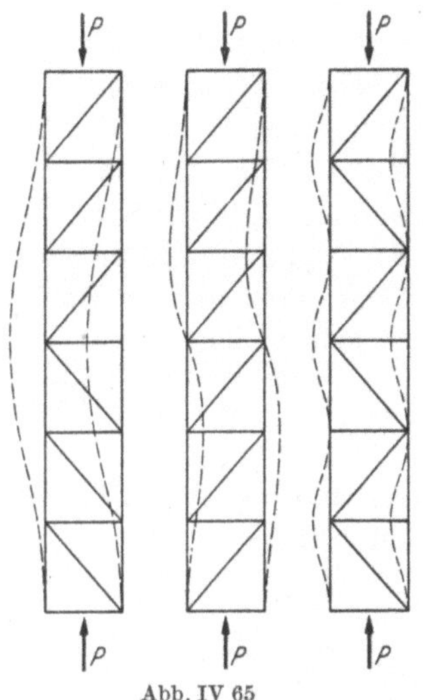

Abb. IV 65

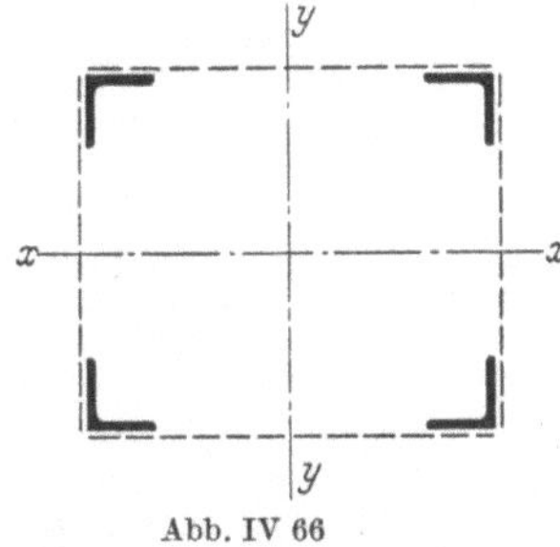

Abb. IV 66

Vorschlag von Klöppel wurden die Formeln (IV 221) und (IV 232) erweitert und die ideelle Schlankheit λ_i lautet allgemein

$$\lambda_i = \sqrt{\lambda^2 + \frac{m}{2} \lambda_1^2}, \qquad \text{(IV 245)}$$

wobei m die Anzahl der Einzelstäbe für die untersuchte Knickrichtung ist.

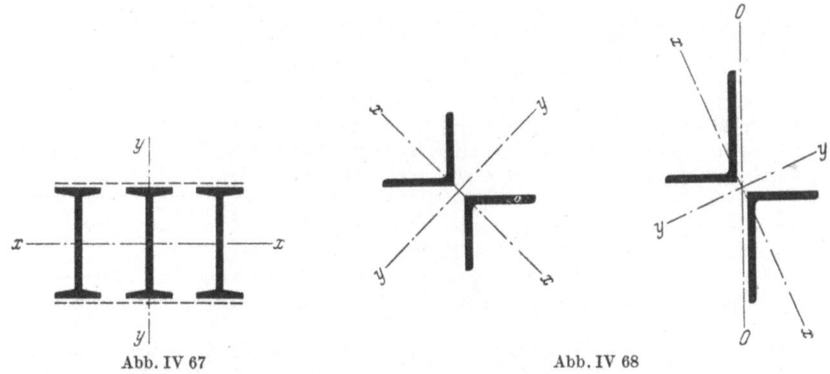

Abb. IV 67 Abb. IV 68

Rahmenstäbe, die aus zwei übereck gestellten Winkeln (Abb. IV 68) mit kreuzweise verlegten Bindeblechen bestehen, knicken räumlich aus, weil die Hauptachsen nicht mit den Verband- (Bindeblech) und Auflagerebenen (Knotenblech) zusammenfallen.

[1] Jokisch, F.: Zur ebenen Stabilitätstheorie des zweifeldrigen Stockwerkrahmens und des dreiteiligen Druckstabes. Dissertation Technische Hochschule Brünn, 1940.

Eine Untersuchung von SELTENHAMMER[1] zeigt, daß sich die Knickspannung σ_{kr} mit genügender Genauigkeit ergibt zu

$$\sigma_{kr} \cong \frac{1}{2}(\sigma_{kx} + \sigma_{ky}). \tag{IV 246}$$

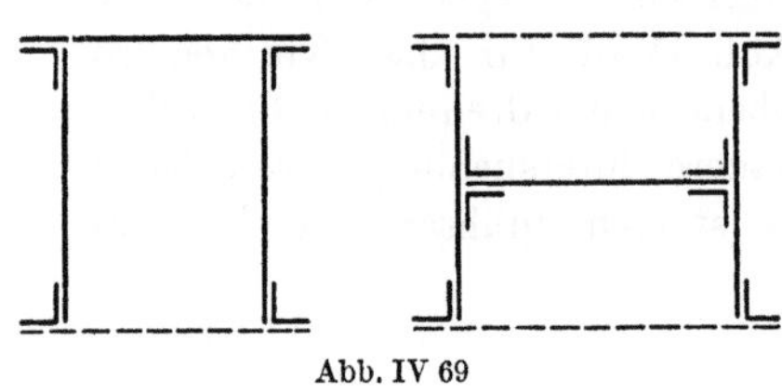

Abb. IV 69

Bei der Bestimmung der Knickspannung σ_{kx} für das Ausknicken um die Hauptachse x, verhält sich der Stab wie ein Vollstab. σ_{ky} ist wie beim zweiteiligen Rahmenstab zu bestimmen. Da praktisch σ_{ky} immer größer als σ_{kx} ausfällt, bleibt man auf der sicheren Seite, wenn man verlangt, daß

$$\sigma_{kr} < \sigma_{kx}, \tag{IV 247}$$

wie dies die DIN 4114, 8.221, vorschreibt.

Kastengurte, die neben Rahmen- oder Fachwerkverband auch ein vollwandiges Gurt- oder Stegblech erhalten (Abb. IV 69), bilden ein besonderes Problem[2], das wir hier nur erwähnen können.

Zusätzliche Literatur zum Unterkapitel B

BIJLAARD, P.: Some Contributions to the Theory of Elastic and Plastic Stability. Abh. I. V. B. H. 1947, achter Band, S. 17.

EB, VAN DER W. J.: Some Special Cases of Buckling. I. V. B. H., vierter Kongreß, Cambridge und London 1952, Vorbericht, S. 219.

ELWITZ, E.: Berechnung der Knickkraft gegliederter Stäbe. Z. VDI 1919.

Die Lehre der Knickfestigkeit. Hannover 1920.

ENGESSER, F.: Über Knickfestigkeit und Knicksicherheit. Eisenbau 1911, S. 385.

Über die Bestimmung der Knickfestigkeit gegliederter Stäbe. Z. öst. Ing.- u. Archit.-Ver. Wien 1913.

GÉRARD, G. L.: Théorie physique de la résistance des pièces comprimées en treillis. Rev. univ. Mines, Paris 1913.

GRÜNING, G.: Die Statik des ebenen Tragwerkes. Berlin 1925, S. 686.

HIBA, M., u. K. CEDERWALL: Flambement élastique d'une barre en bois lamellée et clouée avec le module de déplacement du moyen de liaison constant K. Transactions of Chalmers University of Technology, Gothenburg, Sweden 1960, H. 230.

KAYSER, H.: Die Knickversteifung doppelwandiger Druckquerschnitte. Eisenbau 1910, S. 141.

KEELHOF, F.: Les treillis raidisseurs des pièces chargées de bout. Ann. de l'Assoc. des Ing. sortis des Ecoles spéciales de Gand. Gand 1893.

MARNEFFE, A.: Influence de la déformabilité aux efforts tranchants sur la résistance au flambage des poutres à âme pleine ou à treillis. Abh. I. V. B. H. 1943/44, siebenter Band, S. 263.

MASON, E., G. P. FISHER u. G. WINTER: Excentrically Loaded, Hinged Steel Columns. Proc. Amer. Soc. civ. Engrs., J. Engin. Mechan. Div., Oktober 1958 (Proc. Paper 1792).

MAYER-MITA, R.: Zur Knickfestigkeit gegliederter Stäbe. Z. öst. Ing.- u. Archit.-Ver., Wien 1914.

MÜLLER-BRESLAU, H.: Zur Berechnung gegliederter Druckstäbe. Bauingenieur 1923.

[1] SELTENHAMMER, L.: Die Stabilität des in Schneiden gelagerten und zentrisch gedrückten Rahmenstabes. Sitzungsberichte Akad. Wiss., Wien, IIa 142 (1933) S. 75.

[2] HARTMANN, F.: Stahlbrücken. Wien: Deuticke 1946, S. 152.

PETERMANN, A.: Zur Berechnung von Rahmenstäben. Stahlbau 1931, S. 217.
PRANDTL, L.: Knicksicherheit von Gitterstäben. Z. VDI 1907, S. 1867.
RITTER, W.: Schweiz. Bauztg. 1 (1889).
RÜHL, D.: Berechnung gegliederter Knickstäbe. Berlin: VDI-Verlag 1932.
TIMOSHENKO, S.: Annales de l'Institut Polytechnique, Kiew 1908.
THULLIE, M.: Berechnung der Gitterstäbe auf Knickfestigkeit. Wschr. öst. Ing.- u. Archit.-Ver., Wien 1890.
VIERENDEEL, A.: Pièces en treillis chargées de bout. Ann. Trav. publ. Belg., Bruxelles 1904.
WANSLEBEN, F.: Kritische Gedanken zur Bemessung der Querverbindungen mehrteiliger Druckstäbe. Stahlbau 1958, H. 1, S. 15.

C. Knicken gerader Stäbe mit stetig veränderlichem Querschnitt und stetig veränderlicher Druckkraft

1. Einführung

Das Trägheitsmoment eines Stabes kann entweder stetig oder sprunghaft veränderlich sein. Stäbe mit sprunghaft veränderlichen Trägheitsmomenten und in den Zwischenpunkten angreifenden Einzelkräften werden im Unterkapitel E (Knicken von Stabsystemen) untersucht. Wir wollen uns hier auf den Fall der stetigen Veränderlichkeit beschränken.

Die Differentialgleichung der elastischen Linie eines durch eine konstante Druckkraft P beanspruchten Stabes mit dem Trägheitsmoment $J_x = J \cdot \psi(x)$ wurde im dritten Kapitel aufgestellt; sie heißt: [Gl. (III 6)]

$$[\psi(x) \cdot y'']'' + k^2 y'' = 0,$$

wobei

$$k^2 = \frac{P}{EJ}$$

ist [s. Gl. (III 5)].

Ist auch die Druckkraft P längs der Stabachse veränderlich, dann erhält man

$$[\psi(x) \cdot y'']'' + \frac{P(x)}{EJ} y'' = 0.$$

Man erkennt unschwer, daß die Integration dieser Differentialgleichung in allgemeiner Form nicht möglich ist; nur wenn die Veränderlichkeit von J_x und P einfachen Gesetzen gehorcht, ist die Integration durchführbar. Sonst müssen Näherungsmethoden angewandt werden.

Als solche seien besonders die Energiemethoden erwähnt, wie sie im dritten Kapitel, Unterabschnitt C, dargestellt wurden. Für den Ingenieur dürften sie aber nicht so sehr in Betracht kommen wie das Verfahren ENGESSER-VIANELLO[1]

[1] In dieser Hinsicht sind andere ähnliche Methoden zu erwähnen, z. B. das graphische Krümmungskreisverfahren von LORD KELVIN oder die entsprechende numerische Differenzenmethode; s. E. CHWALLA: Zur Berechnung gedrungener Stäbe mit beliebig veränderlichem Querschnitt. Stahlbau 1934, S. 121. Ferner: Einführung in die Baustatik. Köln: Stahlbau-Verlags-GmbH. 1954, S. 51. Auch können Rechenautomaten herangezogen werden; s. A. WALTHER: Moderne mathematische Maschinen und Instrumente und ihre Anwendungsmöglichkeit auf Probleme des Stahlbaues. Abh. aus dem Stahlbau, Deutscher Stahlbau-Verband. Köln 1952, H. 12, S. 151.

(drittes Kapitel, Unterabschnitt D), welches auf bekannten Methoden der Baustatik beruht, keine besonderen mathematischen Kenntnisse voraussetzt und im elastischen und plastischen Bereich anwendbar ist.

Wir wollen uns hier auf die strenge Untersuchung des Einzelfalles eines Stabes mit stetig veränderlichem Querschnitt und konstanter Druckkraft und des Stabes mit konstantem Querschnitt und stetig veränderlicher Druckkraft beschränken.

Damit haben wir dem praktisch tätigen Ingenieur den Weg gezeigt, wie er auch für schwierigere Probleme die Lösung finden kann, handelt es sich doch nur noch um eine Kombination zwischen Stäben mit veränderlichem Querschnitt und Stäben mit veränderlicher Druckkraft.

2. Stetig veränderlicher Querschnitt und konstante Druckkraft

Symmetrischer Stab mit parabolisch gekrümmten Gurtungen

Wir untersuchen einen Stab nach Abb. IV 70. Die Normalkraft sei konstant und die Gurtung nach einer Parabel gekrümmt. Vernachlässigt man den Einfluß des Steges auf die Größe des Trägheitsmomentes[1], so lautet das Gesetz für das Trägheitsmoment[2]

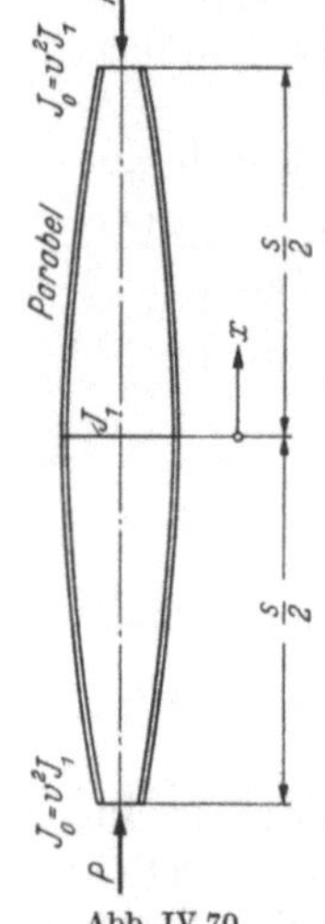

Abb. IV 70

$$J_x = J_1 \left(\frac{h_x}{h_1}\right)^2 = J_1 \left(1 - \frac{x^2}{a^2}\right)^2, \qquad \text{(IV 248)}$$

wobei

$$\frac{1}{a^2} = \frac{4}{s^2}\left(1 - \sqrt{\frac{J_0}{J_1}}\right). \qquad \text{(IV 249)}$$

Bei gelenkiger Lagerung an den Stabenden lautet die Differentialgleichung des Problems

$$E\,J_x \cdot y'' + P\,y = 0, \qquad \text{(IV 250)}$$

und in unserem Fall

$$E\,J_1 \left(1 - \frac{x^2}{a^2}\right)^2 y'' + P\,y = 0. \qquad \text{(IV 251)}$$

Mit der Abkürzung

$$b^2 = \frac{P\,a^4}{E\,J_1} \qquad \text{(IV 252)}$$

ergibt sich

$$(a^2 - x^2)^2 \cdot y'' + b^2 \cdot y = 0. \qquad \text{(IV 253)}$$

Die allgemeine Lösung lautet[3]

$$y = \sqrt{a^2 - x^2}\,(C_1 \cdot \cos u + C_2 \cdot \sin u) \qquad \text{(IV 254)}$$

---

[1] Bei einem Gitter- oder Rahmenstab ist dies annähernd genau, nur muß auch der Einfluß der Querkräfte nach Unterkapitel B berücksichtigt werden.

[2] Dieser Fall wurde von A. Lockschin untersucht: Über die Knickung eines doppelwandigen Druckstabes mit parabolisch veränderlicher Querschnittshöhe. Z. angew. Math. Mech. 10 (1930) S. 160; s. a. F. Bleich: Stahlhochbauten, 1. Bd., Berlin: Springer 1932, S.170. — Ratzersdorfer, J.: Die Knickfestigkeit von Stäben und Stabwerken, Wien: Springer 1936, S. 100.

[3] Kamke, E.: Differentialgleichungen. I. Gewöhnliche Differentialgleichungen, Leipzig: Becker und Erler 1942, S. 494.

mit

$$u = \frac{\sqrt{b^2 - a^2}}{2a} \ln \frac{a + x}{a - x}. \tag{IV 255}$$

Die Randbedingungen sind

$$y = 0 \qquad \text{für} \qquad x = \pm \frac{s}{2} \tag{IV 256}$$

und liefern mit

$$u_0 = \frac{\sqrt{b^2 - a^2}}{2a} \ln \frac{2a + s}{2a - s} \tag{IV 257}$$

die Gleichungen

$$\left.\begin{aligned} C_1 \cdot \cos u_0 + C_2 \cdot \sin u_0 &= 0, \\ C_1 \cdot \cos u_0 - C_2 \cdot \sin u_0 &= 0. \end{aligned}\right\} \tag{IV 258}$$

Die Knickbedingung ist durch die Nullsetzung der Koeffizientendeterminante gegeben (s. drittes Kapitel, Unterabschnitt B) und lautet

$$2 \sin u_0 \cdot \cos u_0 = \sin 2 u_0 = 0. \tag{IV 259}$$

Ihre kleinste Wurzel $2u_0 = \pi$ geht nach Einführung des Wertes u_0 in folgende Beziehung über:

$$\frac{\sqrt{b^2 - a^2}}{a} \ln \frac{2a + s}{2a - s} = \pi. \tag{IV 260}$$

Schreiben wir die kritische Last in der Form

$$P_{kr} = \pi^2 E \frac{c J_1}{s^2}, \tag{IV 261}$$

dann wird nach Gl. (IV 252)

$$b^2 = c \pi^2 \frac{a^4}{s^2}.$$

Nach einigen Umformungen erhält man aus der Bedingung (IV 260)

$$c = \frac{s^2}{a^2} \left(\frac{1}{\ln^2 \dfrac{2a + s}{2a - s}} + \frac{1}{\pi^2} \right). \tag{IV 262}$$

Für einige Verhältnisse $\sqrt{\frac{J_0}{J_1}}$, wobei $\frac{1}{a^2} = \frac{4}{s^2} \left(1 - \sqrt{\frac{J_0}{J_1}}\right)$, sind in Tab. IV 6 die Werte c angegeben. Der untersuchte Stab darf dann nach Gl. (IV 261) wie ein Stab mit dem konstanten Trägheitsmoment $c J_1$[1] berechnet werden.

---

[1] Das Ersatzträgheitsmoment cJ_1 kann auch näherungsweise als das konstante Trägheitsmoment jenes geraden Stabes angesehen werden, der die Länge s hat, balkenartig gelagert ist und unter einer in Balkenmitte wirkenden Querlast P dieselbe Durchbiegung y wie der untersuchte Stab erfährt, wenn dieser mit derselben Last P querbelastet ist. Die Durchbiegung des Ersatzstabes beträgt $\frac{P s^3}{48 E c J_1}$, so daß $c = \frac{1}{y} \frac{P s^3}{48 E J_1}$ ist.

Diese Methode ist schon früh angewandt worden; s. H. KAYSER: Knickwiderstand von Druckstäben mit veränderlichem Querschnitt. Eisenbau 1910, S. 451 und 1916, S. 1; sie ist auch in der DIN 4114, Ri 13.12 empfohlen. Ihre Genauigkeit ist jedoch nicht sehr gut, weil die Momentenfläche und die elastische Linie unter der untersuchten Last P auch nicht annähernd mit der Knickfigur affin verlaufen.

Tabelle IV 6

$\sqrt{\frac{J_0}{J_1}} = v$	0	0,1	0,2	0,3	0,4	0,5	0,6	0,7	0,8	0,9	1,0
c	0,405	0,637	0,708	0,762	0,807	0,846	0,882	0,914	0,945	0,973	1,0

Wenn man $\sqrt{\frac{J_0}{J_1}} = v$ setzt, können die Werte c mit guter Näherung für $v \geqq 0{,}1$ durch die Formel

$$c = 0{,}48 + 0{,}02v + 0{,}5\sqrt{v} \qquad \text{(IV 263)}$$

ausgedrückt werden, die in der DIN 4114, Ri. 7,6 angegeben ist. Daneben enthält die Norm auch Werte für Stäbe mit einem anderen Verlauf der Gurtungen und für Fälle mit veränderlicher Normalkraft bei konstantem Trägheitsmoment.

Diese Fälle können prinzipiell wie in unserem Beispiel gelöst werden. Die Integration läßt sich aber im allgemeinen nur mit Besselschen Funktionen durchführen und die Auflösung der Knickbedingung wird recht mühsam. Da die analytische Behandlung dieser Probleme, wie schon erwähnt, vorteilhaft durch die Methode Engesser-Vianello ersetzt werden kann, werden wir uns mit einem Hinweis auf die Literatur begnügen. Siehe: Zusätzliche Literatur zum Unterkapitel C.

3. Stetig veränderliche Druckkraft und konstanter Querschnitt

Reinitzhuber[1] behandelte die Stabilitätstheorie von Stäben mit *linear* veränderlicher Längskraft im elastischen und unelastischen Bereich. Da seine Näherungsformeln genauere und zum Teil auch wirtschaftlichere Ergebnisse als die bisher gebräuchlichen Näherungsformeln der DIN 4114 liefern, wird im folgenden seine Theorie skizziert.

Da bei vielen Stäben der Praxis eine linear veränderliche Längskraft vorkommt, z. B. bei Säulen, die unter der Einwirkung von Eigengewicht und axialen Einzellasten stehen, bei Gurtungen von Fachwerk- und Blechträgern, die auf Biegung beansprucht sind, soll auch in diesem Buch kurz auf die neuesten Berechnungsmethoden eingegangen werden[2].

Wie Reinitzhuber zeigt, haben die in der DIN 4114 enthaltenen Näherungsformeln den Nachteil, daß sie beim Knicken im unelastischen Bereich, d. h. wenn

[1] Reinitzhuber, F.: Über die Stabilität gerader Stäbe mit linear veränderlicher Längskraft. Jahrbuch 1940 der deutschen Luftfahrtforschung, S. 820. — Die Stabilität gerader Stäbe mit linear veränderlicher Längskraft im unelastischen Bereich. A. Leon-Gedenkschrift, Wien 1951, S. 18. — Näherungsformeln für das Knicken von Stäben mit linear veränderlicher Längskraft. Abh. I. V. B. H. 13 (1953) S. 309. — Formeln für das Knicken von Stäben mit linear veränderlicher Längskraft. Techn. Mitt. Krupp 15 (1957) H. 8, S. 226.

[2] Siehe auch: J. Dondorff: Die Knickfestigkeit des geraden Stabes mit veränderlichem Querschnitt und veränderlichem Druck, ohne und mit Querstützen. Dissertation Aachen, Düsseldorf 1907. — Karas, K.: Über die Knickung gerader Stäbe durch ihr Eigengewicht. Z. Bauw. 75 (1925) S. 86. — Über die Knickung gerader Stäbe durch ihr Eigengewicht und Einzellasten. Z. Bauw. 78 (1928) S. 246. — Willers, F. A.: Das Knicken schwerer Gestänge. Z. angew. Math. Mech. 21 (1941) S. 43; Z. VDI 85 (1941) S. 814. — Bültmann, W.: Die Knickfestigkeit des geraden Stabes mit veränderlicher Druckkraft bei elastischer Einspannung. Stahlbau 1944, H. 17, S. 49 u. 1951, H. 20, S. 50.

ein Teil des Stabes mit linear veränderlicher Längskraft Spannungen aufweist, die über der Proportionalitätsgrenze liegen, zum Teil zu ungünstige Werte ergeben, während sie im elastischen Bereich, in den angegebenen Grenzen, gute Resultate liefern. Die Verbesserung der Näherungsformel von REINITZHUBER beruht darauf, daß in der DIN 4114 für die Plastizierung im unelastischen Bereich die Maximallast am Stabende zugrunde gelegt wurde (d.h., daß für die ganze Stablänge unelastisches Knicken vorliegt), währenddem die neuen Näherungsformeln die Tatsache berücksichtigen, daß bei linear veränderlicher Normalkraft meist nur ein Teil des Stabes im unelastischen Knickbereich liegt. Daraus ergibt sich jedoch, daß für die Beurteilung der Knickgefahr nicht die maximale Kraft P_1 am Stabende, sondern eine mittlere Kraft P^* maßgebend ist.

$$P_2 < P^* < P_1. \tag{IV 264}$$

Die Richtung der angreifenden Einzellasten P_1 und P_2, wie auch der über die Stablänge gleichmäßig verteilten Belastung $p = \frac{P_1 - P_2}{l}$ wird dabei immer parallel zur ursprünglich gerade verausgesetzten Stabachse angenommen. Dies gilt auch für den Fall nach dem Knicken.

Die trapezförmige Normalkraftverteilung der Stäbe nach Abb. IV 71 kann nach Abb. IV 72 in einen rechteckigen und einen dreieckigen Anteil zerlegt werden.

Für die dreieckförmige Normalkraftverteilung sind die genauen Knicklasten ΔP_{kr} in Tab. IV 7 zusammengestellt.

Tabelle IV 7. *Strenge Lösungen für die Knickwerte bei dreieckförmiger Normalkraftverteilung*

Lagerfall	β^2
Ia	0,7942
Ib	0,3523
II	1,8819
IIIa	5,321
IIIb	3,042
IV	7,563

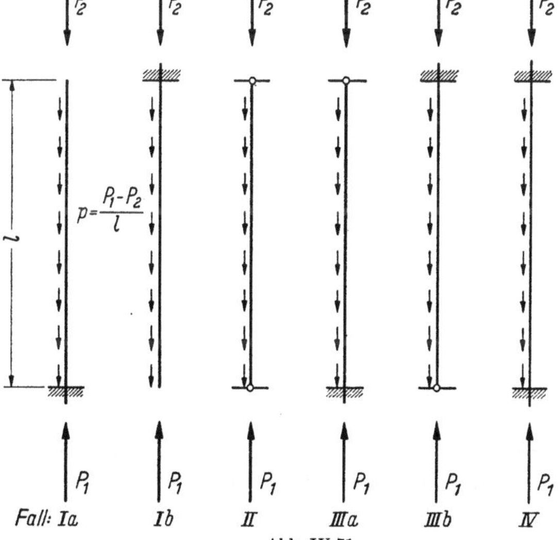

Abb. IV 71

Es ist:

$$\underline{\underline{\Delta P_{kr} = \beta^2 P_E}} \tag{IV 265}$$

mit

$$P_E = \frac{\pi^2 E J}{l^2} \quad \text{(EULERsche Knicklast).}$$

Die Knicklast ΔP_{kr} kann auch als Vielfaches der EULER-Last

$$\overline{P}_E = \frac{\pi^2 E J}{L^2} \tag{IV 266}$$

des entsprechenden Lagerfalles dargestellt werden.

Dabei bedeutet $L = \gamma\, l$ die Knicklänge des an beiden Enden gelenkig gelagerten Stabes mit konstanter Längskraft.

$$\left.\begin{aligned} &\text{Fall I:} && \gamma = 2{,}0 \\ &\text{Fall II:} && \gamma = 1{,}0 \\ &\text{Fall III:} && \gamma = 0{,}699 \\ &\text{Fall IV:} && \gamma = 0{,}50. \end{aligned}\right\} \qquad \text{(IV 267)}$$

Aus den Gl. (IV 265) und (IV 266) folgt mit

$$\varphi = (\gamma\,\beta)^2 \qquad \text{(IV 268)}$$

$$\varDelta P_{\text{kr}} = \varphi\, \overline{P}_E. \qquad \text{(IV 269)}$$

Die dreieckförmige, am Stab von der Länge l wirkende Normalkraftverteilung mit dem Endwert $\varDelta P = P_1 - P_2$ ist hinsichtlich der Knickgefahr gleichwertig

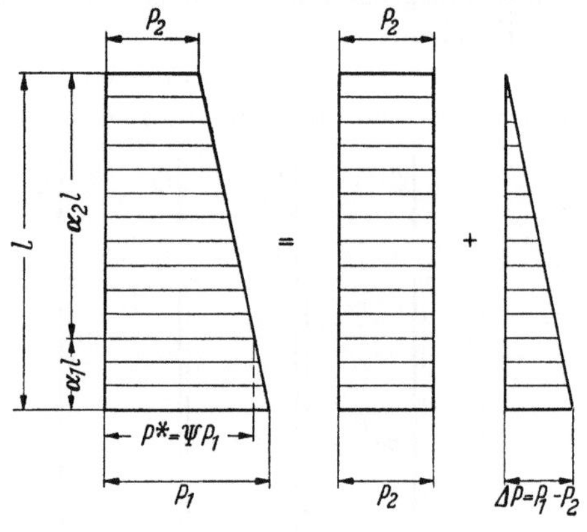

Abb. IV 72

einer an den *beiden* Stabenden eines gelenkig gelagerten Stabes von der Länge L wirkenden Druckkraft der Größe $\dfrac{\varDelta P}{\varphi}$.

Wenn man zur Dreiecklösung nach Abb. IV 72 noch die bekannte Rechtecklösung mit der an den beiden Enden wirkenden Druckkraft P_2 hinzufügt, so darf mit guter Näherung erwartet werden, daß der Stab ausknickt, wenn

$$P_2 + \frac{\varDelta P}{\varphi} = \overline{P}_E, \qquad \text{(IV 270)}$$

d. h.

$$P_2 + \frac{P_1 - P_2}{\varphi} = \overline{P}_E \qquad \text{(IV 271)}$$

ist.

Mit

$$l_k = \gamma\, l \sqrt{\frac{1 + \frac{P_2}{P_1}(\varphi - 1)}{\varphi}} \qquad \text{(IV 272)}$$

folgt

$$\underline{\underline{P_{1\text{kr}} = \frac{\pi^2 E J}{l_k^2}}}. \qquad \text{(IV 273)}$$

Diese Formel (IV 273) besagt, daß ein beidseitig gelenkig gelagerter Stab von der Länge l_k nach Gl. (IV 272), der mit der Druckkraft $P_{1_{kr}}$ an den beiden Enden beansprucht wird, in den Lagerfällen I bis IV hinsichtlich der Knickgefahr gleichwertig einem Stab von der Länge l mit trapezförmiger Normalkraftverteilung ist.

Aus Gl. (IV 272) ergeben sich mit den Werten (IV 267) und der Tab. IV 7 folgende Formeln:

$$\left.\begin{aligned}
&\text{Fall Ia:} && l_k = l\sqrt{\frac{1 + 2{,}176\,\frac{P_2}{P_1}}{0{,}794}}\\
&\text{Fall Ib:} && l_k = l\sqrt{\frac{1 + 0{,}409\,\frac{P_2}{P_1}}{0{,}352}}\\
&\text{Fall II:} && l_k = l\sqrt{\frac{1 + 0{,}881\,\frac{P_2}{P_1}}{1{,}881}}\\
&\text{Fall IIIa:} && l_k = l\sqrt{\frac{1 + 1{,}599\,\frac{P_2}{P_1}}{5{,}319}}\\
&\text{Fall IIIb:} && l_k = l\sqrt{\frac{1 + 0{,}486\,\frac{P_2}{P_1}}{3{,}041}}\\
&\text{Fall IV:} && l_k = l\sqrt{\frac{1 + 0{,}891\,\frac{P_2}{P_1}}{7{,}564}}
\end{aligned}\right\} \qquad \text{(IV 274)}$$

Nahezu die gleichen Näherungsformeln sind auch in der DIN 4114, Blatt 2, S. 13, Tafel 5, für vier der hier untersuchten Lagerfälle enthalten.

Die Näherungsgleichungen (IV 274) gelten in den Grenzen

$$1{,}0 \geqq \frac{P_2}{P_1} \geqq -0{,}2 \qquad \text{(Zugkraft!)} \qquad \text{(IV 275)}$$

gut im elastischen Bereich, liefern jedoch im unelastischen Bereich zu ungünstige Werte.

Überschreitet die Stabspannung an einer Stelle die Proportionalitätsgrenze, so gelten die Voraussetzungen der bisherigen Überlegungen nicht mehr, da dann im Bereich des Stabes, der über der Proportionalitätsgrenze liegt, an Stelle des Elastizitätsmoduls E der Knickmodul T_k oder nach Shanley der Tangentenmodul T tritt.

Um die Anwendung der Näherungsgleichungen (IV 274) auch im unelastischen Bereich zu ermöglichen, ist in der DIN 4114 festgesetzt, daß bereits beim Überschreiten der Proportionalitätsgrenze am Stabende ($\sigma_1 > \sigma_P$) unabhängig vom Lagerfall I bis IV und vom Verlauf der trapezförmigen Normalkräfte, somit unabhängig vom Verhältnis $\frac{P_2}{P_1}$ voll nach der Knickspannungslinie abzumindern ist.

Da jedoch in den meisten Lagerfällen I bis IV einem Überschreiten der Proportionalitätsgrenze am Stab*ende* nicht dieselbe Bedeutung zukommt wie in der Stab*mitte*, wird nach DIN 4114 das Knicken im unelastischen Bereich zu ungünstig beurteilt.

Damit im elastischen Bereich im Prinzip die in der DIN 4114 angegebene Näherungslösung beibehalten werden kann, und damit im unelastischen Bereich zu einer günstigeren Beurteilung des Knickproblems gelangt werden kann, schlägt Reinitzhuber[1] vor, nicht die Kraft P_1, sondern die kleinere Normalkraft P^*, nach Abb. IV 72 im Abstande $\alpha_1 l$ bzw. $\alpha_2 l$ von den Stabenden als maßgebend für die Bemessung anzusehen. Bei dieser Änderung der Größe der Vergleichsnormalkraft von P_1 zu P^* ist zu beachten, daß dann neben der Knickuntersuchung noch der Nachweis zu erbringen ist, daß σ_1 genügend Sicherheit gegenüber der Fließspannung hat

$$\sigma_1 \leqq \left(\frac{\sigma_F}{\nu_k} = \sigma_{\text{zul}}\right). \qquad \text{(IV 276)}$$

Die Werte α_1 und α_2 werden dabei so festgelegt, daß die genauen von Reinitzhuber ermittelten Knickspannungslinien der strengen Lösung möglichst gut angenähert werden.

Wird für

$$P_1 = \frac{P^*}{\psi} \qquad \text{(IV 277)}$$

eingeführt, so folgt nach Abb. IV 72 und mit $\alpha_1 + \alpha_2 = 1$:

$$\psi = 1 - \left(1 - \frac{P_2}{P_1}\right)\alpha_1 = \alpha_1 \frac{P_2}{P_1} + \alpha_2. \qquad \text{(IV 278)}$$

Aus Gl. (IV 273) erhält man:

$$P_{\text{kr}}^* = \frac{\pi^2 E J}{l_k^{*2}}. \qquad \text{(IV 279)}$$

Dabei bedeutet

$$l_k^* = \frac{l_k}{\sqrt{\psi}} = \gamma\, l \sqrt{\frac{1 + \frac{P_2}{P_1}(\varphi - 1)}{\varphi\, \psi}}. \qquad \text{(IV 280)}$$

Nach Gl. (IV 279) ist ein Stab von der Länge l mit trapezförmiger Normalkraftverteilung für die Lagerfälle I bis IV hinsichtlich der Knickgefahr gleichwertig einem beidseitig gelenkig gelagerten Stab von der Länge l_k^*, der an den beiden Enden mit der Druckkraft P_{kr}^* beansprucht ist.

---

[1] Reinitzhuber, F.: Näherungsformeln für das Knicken von Stäben mit linear veränderlicher Längskraft. Abh. I. V. B. H. 13 (1953) S. 316. — Formeln für das Knicken von Stäben mit linear veränderlicher Längskraft. Techn. Mitt. Krupp 15 (1957) H. 8, S. 227.

Aus den Gl. (IV 274) und (IV 280) folgt:

$$\left.\begin{aligned}
&\text{Fall Ia:} && l_k^* = l\sqrt{\frac{1+2{,}176\dfrac{P_2}{P_1}}{0{,}794\psi}}\\
&\text{Fall Ib:} && l_k^* = l\sqrt{\frac{1+0{,}409\dfrac{P_2}{P_1}}{0{,}352\psi}}\\
&\text{Fall II:} && l_k^* = l\sqrt{\frac{1+0{,}881\dfrac{P_2}{P_1}}{1{,}881\psi}}\\
&\text{Fall IIIa:} && l_k^* = l\sqrt{\frac{1+1{,}599\dfrac{P_2}{P_1}}{5{,}319\psi}}\\
&\text{Fall IIIb:} && l_k^* = l\sqrt{\frac{1+0{,}486\dfrac{P_2}{P_1}}{3{,}041\psi}}\\
&\text{Fall IV:} && l_k^* = l\sqrt{\frac{1+0{,}891\dfrac{P_2}{P_1}}{7{,}564\psi}}.
\end{aligned}\right\} \quad \text{(IV 281)}$$

Für den kritischen Zustand gilt nach Gl. (IV 277)

$$P_{1\mathrm{kr}} = \frac{P_{\mathrm{kr}}^*}{\psi}. \qquad \text{(IV 282)}$$

Der Wert ψ wird aus Gl. (IV 278) berechnet.

Der Wert ψ wird durch die Annahme von α_1 so festgelegt, daß die neuen Knickspannungslinien sich möglichst gut den strengen Lösungen anpassen. Reinitzhuber schlägt für α_1 folgende Näherungswerte vor:

$$\left.\begin{aligned}
&\text{Fall Ia:} && \alpha_1 = \frac{0{,}089}{1-\dfrac{P_2}{P_1}} \leqq 0{,}30\\
&\text{Fall Ib:} && \alpha_1 = \frac{0{,}140}{1-\dfrac{P_2}{P_1}} \leqq 0{,}70\\
&\text{Fall II:} && \alpha_1 = \frac{0{,}150}{1-\dfrac{P_2}{P_1}} \leqq 0{,}50\\
&\text{Fall IIIa:} && \alpha_1 = \frac{0{,}104}{1-\dfrac{P_2}{P_1}} \leqq 0{,}52\\
&\text{Fall IIIb:} && \alpha_1 = \frac{0{,}096}{1-\dfrac{P_2}{P_1}} \leqq 0{,}48\\
&\text{Fall IV:} && \alpha_1 = \frac{0{,}100}{1-\dfrac{P_2}{P_1}} \leqq 0{,}50.
\end{aligned}\right\} \quad \text{(IV 283)}$$

Diese Näherungswerte sind nicht konstant, sondern von $\frac{P_2}{P_1}$ abhängig.

Mit den Gl. (IV 278), (IV 281) und (IV 283) sind die Knicklängen l_k^* und Knicklasten P_{kr}^* für Stäbe mit linear veränderlicher Längskraft näherungsweise für den elastischen und unelastischen Bereich festgelegt.

Als Grenze der Näherungsberechnung gilt auch hier die Gl. (IV 275). Zudem ist ebenfalls nach Gl. (IV 276) nachzuweisen, daß

$$\sigma_1 = \frac{P_1}{F} \leqq \sigma_{zul}. \tag{IV 284}$$

Ein Vergleich der strengen Lösung mit der Näherungslösung für den Fall II zeigt, daß im allgemeinen die neuen Näherungsformeln von REINITZHUBER kleinere kritische Werte ergeben als die genauen Ermittlungen. Ausnahmen sind vorhanden beim Übergang vom elastischen zum unelastischen Bereich, wo in einem kleinen Abschnitt die neuen Näherungswerte um etwa 2— 3% größer als die genauen Werte sind.

Die von REINITZHUBER[1] durchgerechneten fünf Zahlenbeispiele zeigen, wie man mit den von ihm entwickelten Näherungsformeln wirtschaftlicher bemessen und konstruieren kann als bisher. Die Unterschiede zwischen der üblichen Rechnungsmethode nach DIN 4114 und dem neuen Verfahren können über 14% betragen.

Zusätzliche Literatur zum Unterkapitel C

Stäbe mit stetig veränderlichem Querschnitt

ABBASSI, M. M.: The second Approximation for Buckling Loads of Tapered Struts. J. Appl. Mech., March 1960, S. 211.

BAIRSTOW, L., u. E. W. STEDMAN: Critical Loads for Long Struts of Varying Sections. Engineering 98 (1914) S. 403.

BARLING, W. H., u. H. A. WEBB: Design of Aeroplane Struts. J. roy. aeron. Soc. 22 (1918) S. 313.

BELJAKOW, TH.: Das Prinzip der „virtuellen" Biegelinie als Grundlage des Knickproblems. Charkow: Staatsverlag f. Technik 1932. — Über einige schwierige Knickaufgaben. Bauingenieur 1931, S. 181.

BLASIUS, H.: Träger kleinster Durchbiegung und Stäbe größter Knickfestigkeit bei gegebenem Materialverbrauch. Z. Math. Phys. 62 (1914) S. 182; Techn. Ber. d. Flugzeugmeisterei 1917/18.

BOYD, J. E.: Tapered Struts, a Theoretical and Experimental Investigation. Ohio State Univ. Eng. Exp. Sta. Bull. Nr. 25, 1923.

CLAUSEN: Bulletin physico-mathématique de l'Académie de St. Pétersbourg 9 (1851) S. 368.

COWLEY u. LEVY: Critical Loading of Struts and Structures. Proc. roy. Soc., Lond. 1918, S. 405.

DEUTSCH, E.: Einfache Berechnung der Knicklast gerader Stäbe mit beliebig veränderlichem Trägheitsmoment. Stahlbau 1953, S. 224.

DIMITROV, N.: Ermittlung konstanter Ersatzträgheitsmomente für Druckstäbe mit veränderlichen Querschnitten. Bauingenieur 1953, S. 208.

DINNIK, A. N.: Iswestia Gornogo Instituta, Ekaterinoslav 1914. — Die Knickfestigkeit der Stäbe, deren mittlerer Teil prismatisch ist und die sich nach beiden Seiten verengen. Westnik Ingenerow 1927. — Design of Columns of Varying Cross Sections. Trans. Amer. Soc. mech. Engrs. 51 (1929) Teil 1, APM—51—11 und 54 (1932) APM—54—16. Siehe auch: Handbuch der physikalischen und technischen Mechanik, 4, 1. Hälfte, S. 103.

[1] REINITZHUBER, F.: Formeln für das Knicken von Stäben mit linear veränderlicher Längskraft. Techn. Mitt. Krupp 15 (1957) H. 8, S. 228.

Euler, L.: Additamentum I der Abhandlung „Methodus inveniendi...“, 1744, S. 245, auf deutsch in Ostwalds Klassikern der exakten Wissenschaften, Nr. 175, Leipzig 1910.

Kiessling, F.: Eine Methode zur approximativen Berechnung einseitig eingespannter Druckstäbe mit veränderlichem Querschnitt. Z. angew. Math. Mech. 1930, S. 594.

Lagrange, J. L.: Sur la figure des colonnes. Miscellanea Taurinensia, Bd. 5, 1770—1773, oder: Oeuvres de Lagrange, Bd. 2, Paris: Gauthier-Villars 1868, S. 125.

Langendonck, T. van: Tabelas para o cálculo da carga axial de flambagem de barras retas de secção variabel. Revista Politécnica, no. 169 und 171, São Paulo 1952 und 1953.

Miesse, C. C.: Determination of the Buckling Load for Columns of Variable Stiffness. J. Appl. Mech. 1949, H. 4.

Morley, A.: Engineering 97 (1914) S. 566. — Critical Loads for Long Tapering Struts. Engineering 104 (1917) S. 295.

Nicolái, E. L.: Bull. Polyt. St. Pétersbourg 8 (1907) S. 255.

Ono, A.: On the Stability of Long Struts of Variable Section. Mem. Coll. Engng., Kyushu, Fukuoka 1 (1919) Nr. 5.

Passer, W.: Beitrag zur Berechnung von Knickstäben mit veränderlichem Querschnitt. Bautechn. 1936, S. 418.

Pöschl, T.: Ing.-Arch. 9 (1938) S. 34.

Tölke, F.: Über die Bemessung von Druckstäben mit veränderlichem Querschnitt. Bauingenieur 1930, S. 500.

Webb, H. A., u. E. D. Long: Struts of Conical Taper. J. roy. aeron. Soc. 23 (1919) S. 179.

Wilcken, J. A.: The Bending of Columns of Varying Cross Sections. Phil. Mag. 3 (1927) Series 7, S. 418 u. 13 (1932) S. 845.

Życzkowski, M.: W Sprawie Doboru Optymalnego Kształtu Prętów Osiowo Ściskanych. (The Problem of the Most suitable Form for Axially Compressed Bars.) Rozprawy Inżynierskie, LIII, 1955.

—: Elastisch-plastische Knickung einiger nichtprismatischer Stäbe. Bulletin de l'Académie Polonaise des Sciences. Cl. IV, Bd. III, Nr. 3, 1955.

—: Computation of the Critical Forces of Non-Prismatic Elastic Bars by the Method of Partial Interpolation. Bulletin de l'Académie Polonaise des Sciences. Cl. IV, Bd. IV, Nr. 4, 1956.

—: Some Problems of Creep Buckling of Homogeneous and Non-Homogeneous Bars. Reprinted from Non-homogeneity in Elasticity and Plasticity. (Proceedings of an I. U. T. A. M. Symposium held in Warsaw, Sept. 1958.) Pergamin Press London, New York, Paris, Los Angeles.

—: Creep Buckling of a Bar under Concentrated and Distributed Load. Bulletin de l'Académie Polonaise des Sciences. Série des sciences techniques, Bd. VIII, No. 6, 1960.

Stäbe mit stetig veränderlicher Druckkraft

Engelhardt, H.: Die einheitliche Behandlung der Stabknickung mit Berücksichtigung des Stabeigengewichtes in den Euler-Fällen 1 bis 4 als Eigenwertproblem. Stahlbau 1954, S. 80.

Gran Olson, R.: Elastische Knickung gerader Stäbe, die als Säulen von konstanter Druckspannung ausgebildet sind. Forschungshefte aus dem Gebiet des Stahlbaues H. 6, Berlin: Springer 1943, S. 92; Ing.-Arch. 13 (1942) S. 162.

Greenhill, A. G.: Determination of the Greatest Height. Consistent with Stability that a Vertical Pole or Mast Can Be Made, and of the Greatest Height to which a Tree of Given Proportions Can Grow. Proc. Cambridge Phil. Soc. 4 (1881) S. 65.

Grischoff, N.: Bull. Acad. Sci., Kiew 1930.

Heim, J. P. G. von: Über Gleichgewicht elastischer fester Körper, Stuttgart und Tübingen 1838, S. 209.

Jasinski, F. S.: Recherches sur la flexion des pièces comprimées. Ann. Ponts Chauss. 8 (1894) S. 256.

Pohl, K.: Näherungslösungen für besondere Fälle von Knickbelastung. Stahlbau 1933, S. 137.

Reinitzhuber, F.: Das Knicken gerader Stäbe mit linear veränderlicher Längskraft im elastischen und unelastischen Bereich. Bautechnik-Archiv H. 11, Berlin 1955.

Allgemeine Literatur in Buchform

BLEICH, F.: Buckling Strength of Metal Structures, New York/Toronto/London: McGraw-Hill 1952.

PFLÜGER, A.: Stabilitätsprobleme der Elastostatik, Berlin/Göttingen/Heidelberg: Springer 1950. Anhang: Formelzusammenstellung für kritische Werte von Verzweigungsproblemen.

RATZERSDORFER, J.: Die Knickfestigkeit von Stäben und Stabwerken, Wien: Springer 1936.

TIMOSHENKO, S.: Theory of Elastic Stability, New York und London: McGraw-Hill 1936.

D. Biegedrillknicken und Kippen

1. Einleitung

Bis jetzt wurde stillschweigend vorausgesetzt, daß beim Knicken das seitliche Ausweichen des Stabes nicht mit einer gleichzeitigen Verdrehung verknüpft ist (*Biegeknicken*). Daß dies nicht immer der Fall zu sein braucht, sieht man gut am Beispiel eines [-Profils. Bei einem solchen Querschnitt fallen bekanntlich Schwerpunkt S und Schubmittelpunkt M nicht zusammen (Abb. IV 73). Knickt der zentrisch gedrückte Stab in der y-Ebene aus, so bedingt die Ausbiegung durch den Schwerpunkt gehende Ablenkungskräfte $P\eta''$ (Abb. IV 74; s. auch Kap. III B), welche ein Drehmoment in bezug auf den Schubmittelpunkt erzeugen; der Stab wird verdrillt und zugleich gebogen (*Biegedrillknicken*). Dabei ist wegen der gleichzeitigen Parallelverschiebung der Schubmittelpunkt gewöhnlich nicht der Drehpunkt.

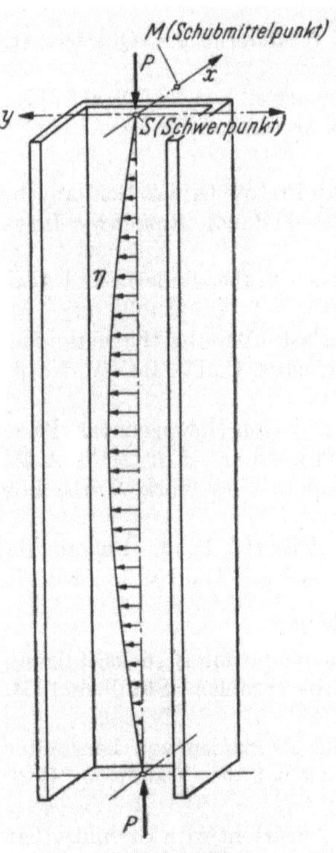

Abb. IV 73

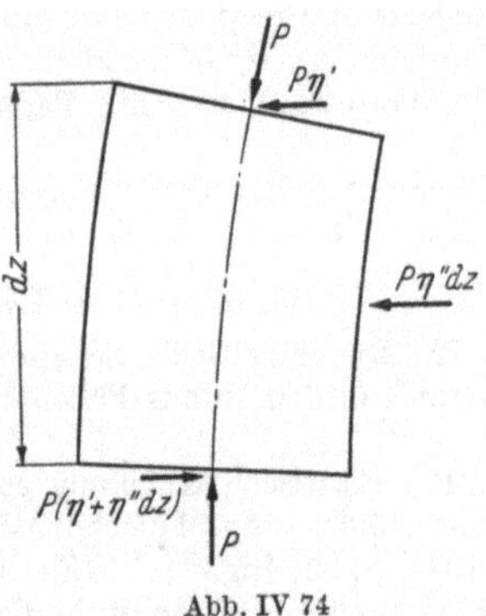

Abb. IV 74

Die erste Untersuchung auf dem Gebiete des Drehknickens[1] fußte zwar auf der Annahme, daß Schubmittelpunkt und Drehpunkt zusammenfallen. Nachher

[1] WAGNER, H.: Verdrehung und Knickung von offenen Profilen. Festschrift „Fünfundzwanzig Jahre Technische Hochschule Danzig", Danzig: Kafermann 1929, S. 329.

wurde die Theorie verbessert und weiterentwickelt[1] und zu einem gewissen Abschluß gebracht. Es bleiben allerdings noch zahlreiche Fragen offen, auf die wir am Schluß der Darstellung kurz zurückkommen werden.

Eng verwandt mit dem Problem des Biegedrillknickens ist dasjenige des *Kippens*. Unter Kippen versteht man das Unstabilwerden eines auf Biegung

[1] Ostenfeld, A.: Politecknisk Laereanstalts Laboratorium for Bygningsstatik. Meddelelse Nr. 5, Kopenhagen 1931. — Bleich, F.: Stahlhochbauten. Zweiter Band, Anhang, Berlin: Springer 1933, S. 925. — Wagner, H., u. W. Pretschner: Verdrehung und Knickung von offenen Profilen. Luftfahrt-Forsch. 11 (1934) S. 174. — Schlippe, B. v.: Jb. 1935 der Ver. f. Luftfahrtforsch., S. 158. — Bleich, F. u. H.: Biegung, Drillung und Knickung von Stäben aus dünnen Wänden. Vorbericht zum 2. Kongreß der I. V. B. H., Berlin-München 1936, S. 885. — Lundquist, E. E., u. C. M. Fligg: A Theory for Primary Failure of Straight Centrally Loaded Columns. National Advisory Committee for Aeronautics. Tech. Rept., Nr. 582, 1937. — Lundquist, E. E.: On the Strength of Columns that Fail by Twisting. J. aeron. Sci. 4 (1937) Nr. 6, S. 249. — Kappus, R.: Drillknicken zentrisch gedrückter Stäbe mit offenem Profil im elastischen Bereich. Luftfahrtforsch. 14 (1937) S. 444. — Drillknicken von Stäben mit offenem Profil. Jb. d. dtsch. Luftfahrtforsch. 1937, I. Teil, S. 409. — Marneffe, A. de: Flambage par torsion. Rev. univ. Mines, Octobre 1939, S. 501. — Massonnet, Ch.: Théorie du flambement par torsion. Abh. I. V. B. H. 1940/41, sechster Band, S. 211. — Goodier, J. N.: The Buckling of Compressed Bars by Torsion and Flexure. Cornell University Eng. Exp. Station. Bull. Nr. 27, 1941. — Torsional and Flexural Buckling of Bars of Thin-Walled Open Section Under Compressive and Bending Loads. Trans. Amer. Soc. mech. Engrs., J. Appl. Mech., September 1942, A—103. — Flexural-Torsional Buckling of Bars of Open Section Under Bending, Eccentric Thrust, or Torsional Loads. Cornell University Eng. Exp. Station. Bull. Nr. 28, 1942. — Chwalla, E.: Einige Ergebnisse der Theorie des außermittig gedrückten Stabes mit dünnwandigem, offenem Querschnitt. Forschungshefte aus dem Gebiete des Stahlbaues, H. 6, Berlin: Springer 1943, S. 12. — Nylander, H.: Vippning av I-balk med enkelsymmetrisk I-sektion, Tekn. skrifter Nr. 111, Stockholm, 1944. — Timoshenko, S.: Theory of Bending, Torsion and Buckling of Thin-Walled Members of Open Cross Section. J. Franklin Inst. 239 (1945) S. 349, oder die französische Übersetzung: L'Ossature Métallique, juillet-août, septembre 1947, S. 328. — Glaser, F.: Praktischer Anwendungsfall der Drillknickung im Stahlbau. Öst. Bauzeitschr. H. 5/6 (1946) S. 98. — Massonnet, Ch.: Le flambage des barres à section ouverte et à parois minces. Extrait de l'ouvrage „Hommage de la Faculté des Sciences appliquées à l'Association des Ingénieurs sortis de l'Ecole de Liège à l'occasion de son centenaire", Liège: Thone 1947. — Applications de la théorie du flambage des barres à parois minces à quelques types particuliers de sections droites. L'Ossature Métallique, décembre 1947, S. 524. — Wansleben, F.: Die Theorie der Drehfestigkeit von Stahlbauteilen. Abh. aus dem Stahlbau, H. 3, Bremen-Horn: Industrie- und Handelsverlag W. Dorn GmbH. 1948. — Kindem, S. E.: Biegung, Drehung und Knickung gerader Stäbe mit offenem Profil im elastischen Bereich. Trondhjem: Tapirs Verlag 1949. — Glaser, F.: Die Stabilität des einstegigen Gurtes. Öst. Bauzeitschr. H. 7 (1949) S. 109. — Nylander, H.: Torsional and Lateral Buckling of Eccentrically Compressed I and T Columns. Acta Polytechn. 54 (1949); oder Kungl. Tekn. Högskolans Handlingar Nr. 28, 1949. — Chwalla, E.: Über die Kippstabilität querbelasteter Druckstäbe mit einfachsymmetrischem Querschnitt. Beiträge zur angew. Mech. (Federhofer-Girkmann-Festschrift), Wien: F. Deuticke 1950, S. 125. — Girkmann, K.: Drillknicken in elementarer Darstellung. Öst. Bauzeitschr. H. 4 (1951) S. 57. — Polsoni, G.: Aste rettilinee presso-inflesse e soggette a torsione secondaria. Costruzioni Metalliche, Nr. 6 (1951) S. 3. — Bleich, F.: Buckling Strength of Metal Structures. New York, London, Toronto: McGraw-Hill 1952. — Kirste, L.: Eine Grenzbedingung für das Drillknicken. Öst. Bauzeitschr. 1952, H. 2, S. 29. — Klöppel, K.: Zur Einführung der neuen Stabilitätsvorschriften. Abh. aus dem Stahlbau H. 12 (1952) S. 84. — Kappus, R.: Zentrisches und exzentrisches Drehknicken von Stäben mit offenem Profil. Stahlbau 1953, S. 6. — Chwalla, E.: Über die Behandlung der Stabilitätsfragen in den deutschen und österreichischen Stahlbaunormen. Stahlbau 1953, S. 73. — Stüssi, F.: Baustatik Bd. I, 2. Aufl., Basel: Birkhäuser 1953, S. 348. — Über einige Knickfragen. Mitt. T. K. V. S. B., Nr. 8, Zürich: Leemann 1953, S. 229.

beanspruchten Trägers. Dabei wird der Träger seitlich ausgebogen und gleichzeitig verdrillt. Wird er dazu noch gedrückt, so spricht man von Kippen mit Längskraft. Dies ist aber auch der allgemeinste Fall des Biegedrillknickens: Der Stab weist eine beliebig gerichtete Querbelastung, eine Belastung durch Endmomente und eine exzentrische Normalkraft auf.

Für den schmalen Rechteckquerschnitt wurden die einfacheren Kippprobleme schon sehr früh gelöst[1]. Die erste Erweiterung bezog sich auf den I-Träger[2]. Auf derselben Grundlage folgten viele Arbeiten[3]. Dabei wurde der Einfluß, den die Normalspannungen auf die Drillverformungen ausüben, vernachlässigt oder näherungsweise ermittelt. Im Zusammenhang mit der erweiterten Theorie des Drehknickens wurde dann die strenge Lösung entwickelt[4].

Nachfolgend wollen wir die strenge Lösung, welche sich sowohl auf das Drehknicken wie auf das Kippen bezieht, kurz darstellen, sowie einige Anwendungen betrachten.

2. Biegung und Verdrehung von Stäben mit beliebigem, offenem Profil

Gegenstand dieser Untersuchung ist ein prismatischer Stab mit beliebigem, offenem, aus scheibenförmigen Flächen bestehendem Querschnitt. Der Werkstoff sei ideal elastisch und folge dem HOOKEschen Gesetz. Die z^*-Achse des rechtwinkligen Koordinatensystems geht durch den *Schubmittelpunkt*; die x^*- und y^*-Achsen sind zu den Hauptschwerachsen x und y parallel (Abb. IV 75). Der Schubmittelpunkt ist bekanntlich sowohl Lastangriffspunkt bei verdrehungsfreier Biegung als auch Drehpunkt bei reiner Verdrehung. Bei offenen Querschnitten läßt sich seine Lage leicht bestimmen[5]. Sie ist allerdings nur eindeutig, wenn man

---

[1] PRANDTL, L.: Kipperscheinungen. Ein Fall von instabilem elastischem Gleichgewicht, Nürnberg 1899. — MICHELL, A. G. M.: Elastic Stability of Long Beams under Transverse Forces. Phil. Mag. 48 (1899) S. 298.

[2] TIMOSHENKO, S.: Einige Stabilitätsprobleme der Elastizitätstheorie. Z. Math. u. Phys. 58 (1910) S. 337. — Sur la stabilité des systèmes élastiques. Ann. Ponts Chauss. 1913.

[3] Einige seien hier angeführt: FEDERHOFER, K.: Neue Beiträge zur Berechnung der Kipplasten gerader Stäbe. S.-B. Akad. Wiss., Wien 140 (1931). — BLEICH, F.: Stahlhochbauten, Berlin: Springer 1933. — STÜSSI, F.: Die Stabilität des auf Biegung beanspruchten Trägers. Abh. I. V. B. H., dritter Band, Zürich 1935, S. 401. — TIMOSHENKO, S.: Theory of Elastic Stability, New York und London: McGraw-Hill 1936. — HARTMANN, F.: Knickung, Kippung, Beulung. Leipzig und Wien: F. Deuticke 1937. — CHWALLA, E.: Die Kippstabilität gerader Träger mit doppelt-symmetrischem I-Querschnitt. Forschungshefte aus dem Gebiete des Stahlbaues, H. 2. Berlin: Springer 1939.

[4] Außer der im Zusammenhang mit dem Biegedrillknicken schon erwähnten Arbeiten seien noch folgende genannt: NYLANDER, H.: Die Einwirkung von Aussteifungen auf die Drehungsvorgänge und gebundene Kippung im elastischen Bereich bei geraden Trägern mit konstantem, doppelt-symmetrischem I-Querschnitt. Dissert. Stockholm 1942; auch erschienen als: Drehungsvorgänge und gebundene Kippung bei geraden, doppelt-symmetrischen I-Trägern. Ing. Vetensk. Akad. Handl. Nr. 174, Stockholm 1943. — CHWALLA, E.: Kippung von Trägern mit einfach-symmetrischen, dünnwandigen und offenen Querschnitten. S.-B. Akad. Wiss., Wien, IIa 153 (1944) S. 25. — MEISSNER, F.: Beiträge zum Kippproblem gerader Träger mit konstantem Querschnitt. Dissertation der Deutschen Techn. Hochschule in Brünn 1944.

[5] Siehe z. B. F. STÜSSI: Zur Biegung und Verdrehung des dünnwandigen schlanken Stahlstabes. Abh. I. V. B. H., sechster Band, Zürich 1940/41, S. 277.

von der Schubverzerrung absieht[1]. Bei offenen Querschnitten ist dieser Einfluß jedoch meistens bedeutungslos.

Unter der Belastung soll die Querschnittsgestalt erhalten bleiben; unter Umständen kann diese Bedingung durch konstruktive Maßnahmen (Querschotte, usw.) erzwungen werden. Die Blechdicke darf man sowieso nicht zu klein wählen, wenn man Beulerscheinungen[2] ausschalten will. Anderseits wird vorausgesetzt, daß die einzelnen Scheiben des Querschnitts genügend dünn sind und somit praktisch keine Quersteifigkeit besitzen, ferner, daß sie schlank sind und daher den Gesetzen der klassischen NAVIERschen Biegungslehre folgen. Es sei ausdrücklich bemerkt, daß diese Annahme des Ebenbleibens der Querschnitte (BERNOULLI-NAVIER) nur für die einzelnen Scheiben gültig sein soll und nicht etwa für den Querschnitt als Ganzes.

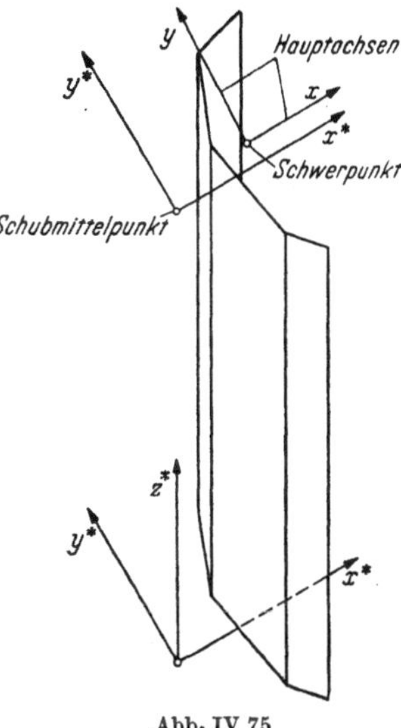

Abb. IV 75

Für die *verdrehungsfreie Biegung* — Kraftangriff durch den Schubmittelpunkt — kann man allerdings leicht beweisen, daß der ganze Querschnitt nach der Formänderung eben bleibt, wenn die beiden erwähnten Bedingungen (Erhalten der Querschnittsform, Ebenbleiben der einzelnen Scheiben) erfüllt sind. Der Vorgang folgt den Gesetzen der klassischen Biegelehre. Wenn also ξ und η die Verschiebungen in der x^*- bzw. y^*-Richtung bezeichnen, J_x und J_y die Hauptträgheitsmomente in bezug auf den Schwerpunkt und p_{x^*}, p_{y^*} die durch den Schubmittelpunkt gehenden, jedoch beliebig verteilten Querbelastungen sind, kann man die bekannten folgenden Beziehungen anschreiben:

$$E\,J_y \cdot \xi'''' = p_{x^*} \qquad \text{(IV 285)}$$

$$E\,J_x \cdot \eta'''' = p_{y^*}. \qquad \text{(IV 286)}$$

ξ, η, p_{x^*}, p_{y^*} werden als positiv bezeichnet, wenn sie dieselbe Richtung wie die entsprechende Achse x^*, resp. y^* aufweisen. Die Striche bedeuten Ableitungen nach z^*. Alle Punkte des Querschnittes erleiden bei der Biegung die gleichen Verschiebungen ξ und η.

Strenggenommen, gilt die BERNOULLI-NAVIERsche Hypothese und die darauf aufgebaute klassische Theorie nur, wenn die Biegemomente konstant sind. Querkräfte verursachen nämlich Schubspannungen, die eine Verwölbung der Querschnitte hervorrufen. Bei schlanken Stäben tritt dieser Einfluß zurück und kann vernachlässigt werden.

Bei der *Drehbeanspruchung* dagegen liegen die Verhältnisse anders; die Schubverzerrung ist maßgebend und die Verformung der Querschnittsebene entspricht im allgemeinen nicht mehr der BERNOULLI-NAVIERschen Hypothese. Betrachten

[1] STÜSSI, F.: Schubmittelpunkt und Torsion. Abh. I. V. B. H., zwölfter Band, Zürich 1952, S. 259.

[2] KOLLBRUNNER, C. F., u. M. MEISTER: Ausbeulen, Berlin/Göttingen/Heidelberg: Springer 1958.

wir zuerst den Grundfall der SAINT-VENANTschen (wölbkraftfreien) Torsion; der Stab sei an seinen Endquerschnittsflächen von zwei gleich großen entgegengesetzt gerichteten Drehmomenten belastet und die Endquerschnitte können sich frei verwölben (Abb. IV 76). In diesem Falle entstehen in jedem Querschnitt nur Schubspannungen, ihre Verteilung bleibt auf die ganze Länge unverändert. Wird der Drehwinkel mit φ und das Drehmoment mit M_T bezeichnet, so lautet die bekannte Beziehung[1]

$$\frac{d\varphi}{dz^*} = \varphi' = \frac{M_T}{G\,J_D}. \qquad \text{(IV 287)}$$

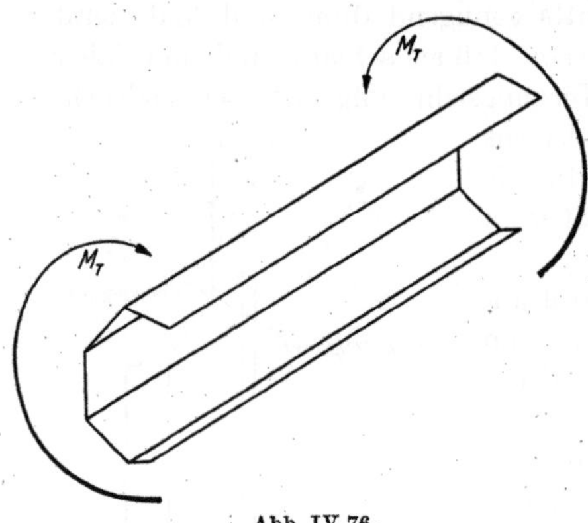

Abb. IV 76

φ' ist der Drehwinkel je Längeneinheit oder der bezogene Drehwinkel, J_D der Drillwiderstand des Stabquerschnittes, G der Schubmodul des Werkstoffes. Bei Querschnitten aus zusammengesetzten rechteckigen schmalen Scheiben kann man mit guter Näherung schreiben

$$J_D = \alpha \sum \frac{b\,t^3}{3}, \qquad \text{(IV 288)}$$

wobei b und t Länge und Dicke der einzelnen Rechtecke bedeuten. α ist ein Vergrößerungsfaktor; er ist von der Form der Ausrundung zwischen den Scheiben abhängig[2].

Das Drehmoment ruft nicht nur eine Verdrehung, sondern auch eine Querschnittsverwölbung hervor, also eine der Belastung M_T proportionale Verschiebung in Richtung der Stabachse. Bei der SAINT-VENANTschen freien Torsion ist diese Verwölbung gleich für entsprechende Punkte aller Querschnitte.

Wenn der Querschnitt stark verwölbt ist, erhalten die Schubspannungen Komponenten in der Längsrichtung. Die genaue Gleichung für die SAINT-VENANTsche Torsion lautet dann[3]

$$G\,J_D \cdot \varphi' + \varkappa\,E(\varphi')^3 = M_T. \qquad \text{(IV 289)}$$

$\varkappa$ ist eine Querschnittskonstante. Das Korrekturglied $(\varphi')^3$ wurde in der vorstehenden Ableitung vernachlässigt, weil beim Knick- und Kippproblem nur sehr kleine Verdrehungen berücksichtigt werden.

Ist das Drehmoment über die Stablänge veränderlich oder wird die Verwölbung irgendwie behindert, dann muß die Verwölbung benachbarter Querschnitte verschieden groß ausfallen. Diese verschieden großen Verwölbungen sind nur verträglich untereinander, wenn die Längsfasern Verlängerungen erleiden, denen Längsspannungen zugeordnet sind. Das Gleichgewicht der Drehmomente wird nicht nur durch Schub-, sondern auch durch diese Normalspannungen, resp.

---

[1] Siehe z. B. A. u. L. FÖPPL: Drang und Zwang. Zweiter Band, München und Berlin: R. Oldenbourg 1944, S. 67. — TIMOSHENKO, S.: Theory of Elasticity, New York und London: McGraw-Hill 1934, S. 243.

[2] Für I NP und für parallelflanschige I P liegt α nach FÖPPL bei 1,3; s. a. R. J. ROARK: Formulas for Stress and Strain, New York und London: McGraw-Hill 1943, S. 172.

[3] TIMOSHENKO, S.: Strength of Materials, Part II, Second. Edition, New York: Van Nostrand Company 1941, S. 302.

die ihnen zugeordneten Zusatzschubspannungen, gewährleistet[1]. Man spricht daher von *Wölbkrafttorsion*. Für die einfacheren [- und ⊤-Querschnitte finden sich in der einschlägigen Literatur genügend Hinweise auf diese Besonderheit. Bei beliebigen offenen Profilen dürfte die Theorie weniger bekannt sein und darum wollen wir sie kurz skizzieren[2].

Das äußere Drehmoment wird sowohl von Torsionsschubspannungen (Torsionsanteil M_T^τ) als auch von Zusatzschubspannungen, welche den Wölbspannungen zugeordnet sind (Wölbkraftanteil M_T^σ), aufgenommen. Die Gleichgewichtsbedingung lautet:

$$M_T = M_T^\tau + M_T^\sigma. \tag{IV 290}$$

Für den Torsionsanteil ist die SAINT-VENANTsche Theorie gültig und man erhält nach Gl. (IV 287)

$$M_T^\tau = G\, J_D \cdot \varphi'. \tag{IV 291}$$

Die Annahme der Erhaltung der Querschnittsform führt nach Abb. IV 77 zu folgenden Elastizitätsbedingungen:

$$\frac{u_i}{a_i} = \varphi = \text{konstant}$$

oder

$$u_i''' = a_i \cdot \varphi'''. \tag{IV 292}$$

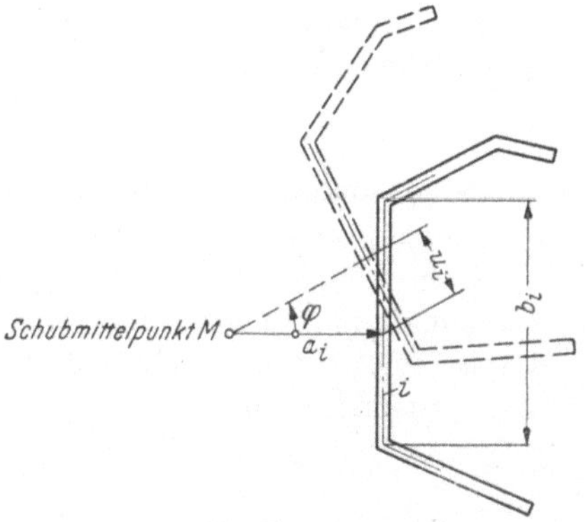

Abb. IV 77

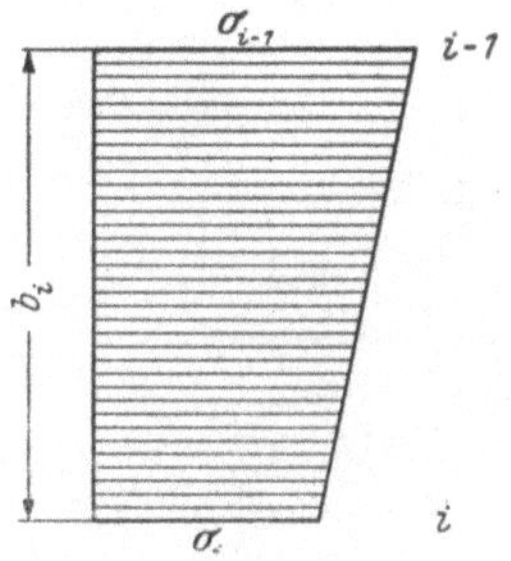

Abb. IV 78

Hierin bedeuten u_i die Durchbiegung der Scheibe i in ihrer Ebene und φ den gemeinsamen Verdrehungswinkel um den Schubmittelpunkt.

Wie früher erwähnt, setzen wir voraus, daß die einzelnen Scheiben, aber nicht etwa der Gesamtquerschnitt, den Gesetzen der klassischen Biegelehre gehorchen. Die Dehnungen und die Normalspannungen sind somit linear verteilt und es folgt (Abb. IV 78):

$$\frac{\sigma_{i-1} - \sigma_i}{E\, b_i} = \frac{\varepsilon_{i-1} - \varepsilon_i}{b_i} = \frac{1}{\varrho}\text{[3]}. \tag{IV 293}$$

---

[1] Die nach der klassischen Biegungslehre übliche Einteilung in zwei unabhängige Gleichungsgruppen für die Berechnung der Normalspannungen einerseits und der Schubspannungen anderseits ist somit nicht mehr vorhanden.

[2] Die Darstellung folgt im wesentlichen den nachstehenden Aufsätzen: F. STÜSSI: Zur Biegung und Verdrehung des dünnwandigen, schlanken Stahlstabes. Abh. I. V. B. H., sechster Band, Zürich 1940/41, S. 277. — Der dünnwandige schlanke Stahlstab mit Kastenquerschnitt. Abh. I. V. B. H., elfter Band, Zürich 1951, S. 375.

[3] Siehe Gl. (IV 48) und Abb. IV 7.

Da bekanntlich $\frac{1}{\varrho} = u''$ ist[1], kann man schreiben:

$$\frac{\sigma_{i-1} - \sigma_i}{E\, b_i} = u_i'' \qquad \text{(IV 294)}$$

oder auch nach Gl. (IV 292)

$$\frac{\sigma'_{i-1} - \sigma'_i}{E\, b_i} = a_i \cdot \varphi'''. \qquad \text{(IV 295)}$$

Eine solche Differenzengleichung läßt sich für jede der n Scheiben anschreiben. Außerdem ist keine äußere Normalkraft vorhanden und ihre Änderung ist daher null; es wird also

$$\int_F \sigma\, dF = 0 \qquad \text{(IV 296)}$$

und auch

$$\int_F \sigma'\, dF = 0, \qquad \text{(IV 297)}$$

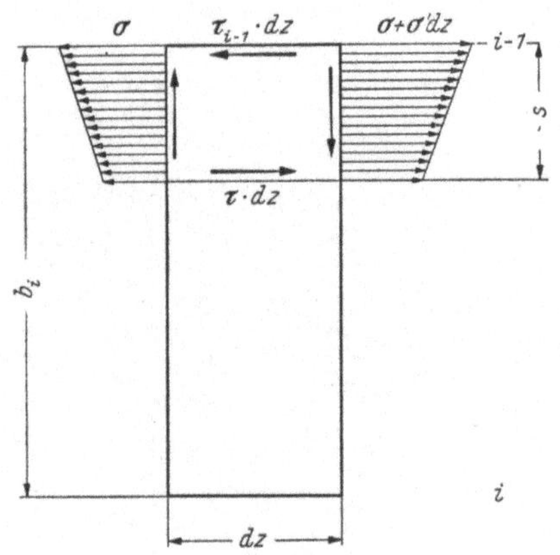

Abb. IV 79

was die fehlende Integrationskonstante liefert. Wir erhalten somit $n + 1$ Gleichungen, um die $n + 1$ unbekannten Werte σ' an den $n + 1$ Kanten zu bestimmen. Allgemein ergibt sich aus der numerischen Auswertung Gl. (IV 298)

$$\sigma_i' = \gamma_i \cdot E \cdot a_i \cdot b_i \cdot \varphi''', \qquad \text{(IV 298)}$$

wobei γ_i durch die Auflösung des Gleichungssystems gegeben ist.

Nach Abb. IV 79 ist die Schubspannung τ im Schnitt s der Scheibe i durch eine Gleichgewichtsbedingung bestimmt und es gilt

$$\tau = -\int_0^s \sigma' \cdot ds + \tau_{i-1} \qquad \text{(IV 299)}$$

für eine Scheibe mit konstanter Dicke t_i.

Da der Gesamtquerschnitt offen ist, muß an den freien Kanten τ_0 verschwinden und aus den bekannten σ' lassen sich von Scheibe zu Scheibe alle τ im ganzen Querschnitt leicht bestimmen (Abb. IV 80). An der Kante $i - 1$ der Scheibe i berechnet man die Schubspannung τ_{i-1} wie folgt

$$(\tau_{i-1})_{\text{Scheibe } i} = (\tau_{i-1})_{\text{Scheibe } i-1} \left(\frac{t_{i-1}}{t_i}\right). \qquad \text{(IV 300)}$$

Die Schubspannungen werden zu Scheibenquerkräften $\mathfrak{Q}$ zusammengefaßt. Es ergibt sich

$$\mathfrak{Q}_i = \int_0^{b_i} \tau\, dF = t_i \int_0^{b_i} \tau\, ds. \qquad \text{(IV 301)}$$

---

[1] Der Einfluß der den Längsspannungen zugeordneten Schubspannungen auf die Durchbiegung wird also wie gewöhnlich vernachlässigt.

Da die Normalspannungen σ und ihre Ableitungen σ' linear[1] und die Schubspannungen τ daher parabolisch über die Scheibenbreite verlaufen (Abb. IV 80), so wird nach zweimaliger Integration

$$\mathfrak{Q}_i = t_i \cdot b_i \left[\tau_{i-1} - \frac{b_i}{6}(2\sigma'_{i-1} + \sigma'_i)\right] \tag{IV 302}$$

oder allgemein nach Gl. (IV 298)

$$\mathfrak{Q}_i = -k_i \cdot E \cdot \varphi'''. \tag{IV 303}$$

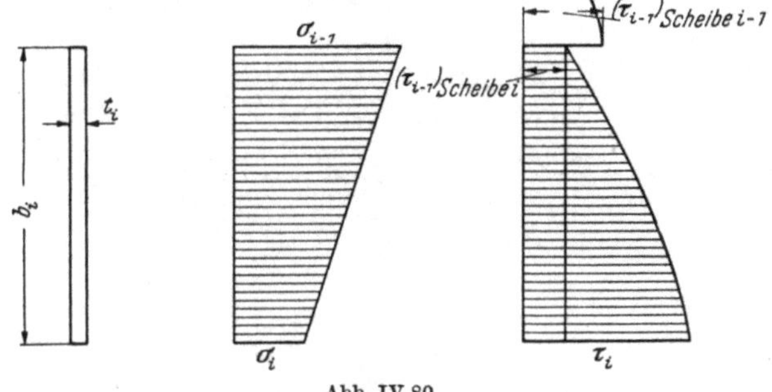

Abb. IV 80

Jede Scheibenquerkraft $\mathfrak{Q}_i$ liefert einen Anteil $\mathfrak{Q}_i \cdot a_i$ an den Wölbkraftanteil M_T^σ (Abb. IV 81) und im Ganzen ist

$$M_T^\sigma = \sum_{i=1}^{n} \mathfrak{Q}_i \cdot a_i = -E\varphi''' \sum_{i=1}^{n} k_i \cdot a_i \tag{IV 304}$$

$$M_T^\sigma = -E \cdot C_M \cdot \varphi'''. \tag{IV 305}$$

Bei jeder Querschnittsform müssen die Werte a_i, γ_i, k_i und daraus C_M, der *Wölbwiderstand* bezüglich des Schubmittelpunktes, numerisch bestimmt werden. Im Abschn. 8 werden einige Werte für gebräuchliche Querschnittsformen angegeben.

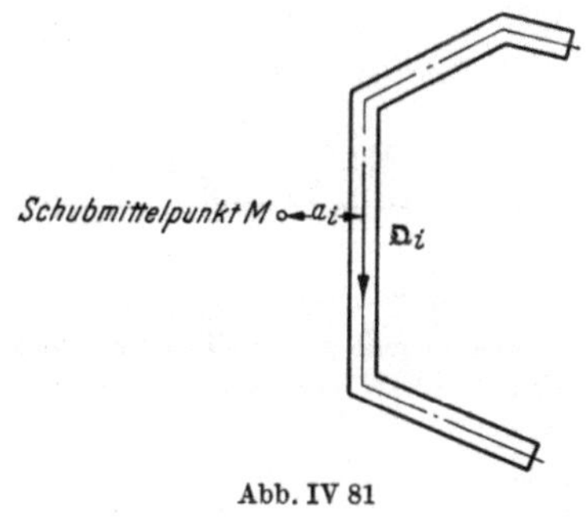

Abb. IV 81

Gl. (IV 290) läßt sich jetzt schreiben:

$$M_T = G\,J_D \cdot \varphi' - E\,C_M \cdot \varphi''' \tag{IV 306}$$

oder

$$m_T = -G\,J_D \cdot \varphi'' + E\,C_M \cdot \varphi''''. \tag{IV 307}$$

$m_T = -\dfrac{dM_T}{dz^*}$ ist das auf die Längeneinheit bezogene Drehmoment.

Enthält der Querschnitt krumme Flächen, so schreibt sich Gl. (IV 295) in der Form

$$\frac{d(\sigma')}{ds} = a_i \cdot E\,\varphi''', \tag{IV 308}$$

[1] Wenn die Normalspannungen σ über die Scheibenbreite linear verlaufen, dann weisen sie die allgemeine Form $\sigma = \sigma_{i-1} + \dfrac{\sigma_i - \sigma_{i-1}}{b_i}\,s$ auf; ihre Ableitungen nach z^* sind $\sigma' = \sigma'_{i-1} + \dfrac{\sigma'_i - \sigma'_{i-1}}{b_i}\,s$, verlaufen also wieder linear mit s.

wobei s die längs des Querschnittsumfanges gemessene Koordinate darstellt. Gl. (IV 297) behält ihre Gültigkeit bei und die σ' können durch Flächenberechnung bestimmt werden[1].

3. Grundgleichungen der Biegedrillknickung

Gegenstand der folgenden Untersuchung ist ein prismatischer Stab mit offenem Querschnitt. Der Stab wird durch eine exzentrisch angreifende, als Druckkraft positiv bezeichnete Axialkraft belastet. Das Koordinatensystem wird gleich wie in Abschnitt 2 gewählt, die z^*-Achse geht also durch den Schubmittelpunkt (Abb. IV 82). Die Exzentrizitäten e_x^* und e_y^* in bezug auf den *Schubmittelpunkt* sind auf der ganzen Stablänge konstant. Für die übrigen Voraussetzungen verweisen wir auf Abschnitt 2.

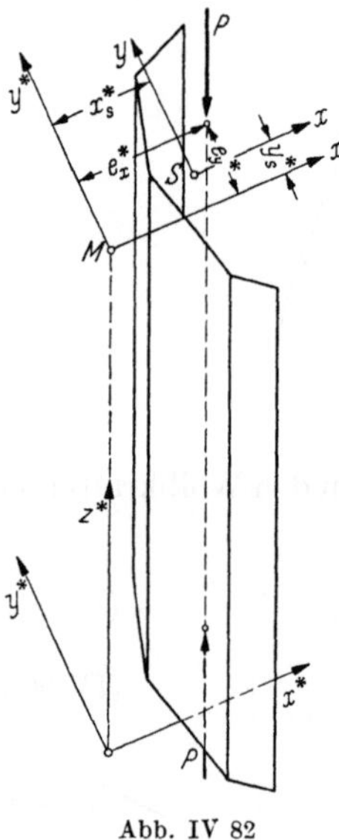

Abb. IV 82

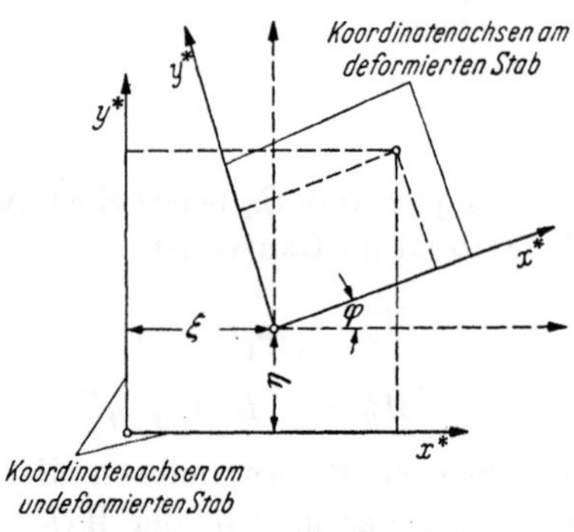

Abb. IV 77

Unter dem Einfluß der Last wird im allgemeinen der Stab auf Druck und Biegung beansprucht und es entsteht eine *endlich große* Verformung der Stab-

[1] In diesem Zusammenhang sei erwähnt, daß die meisten im Abschn. 1 angegebenen Arbeiten den Begriff des Wölbwiderstandes in anderer Weise einführen. Es wird von der, zuerst von WAGNER betrachteten „Einheitsverwölbung"

$$w = w_0 + \int_0^s r_t \cdot ds$$

(r_t Abstand der Umfangstangente zum Schubmittelpunkt) Gebrauch gemacht. Bei der SAINT-VENANTschen Torsion haben die Querschnittsverwölbungen den Wert $W = w\,\varphi'$. Bei der Wölbkrafttorsion bleibt diese Beziehung nur dann richtig, wenn man die Verzerrungen der durch die Veränderlichkeit der Normalspannungen verursachten Zusatzschubspannungen vernachlässigt. Man macht also genau dieselbe Annahme, wie die klassische Biegetheorie, die wir ja für die einzelne Scheibe als gültig betrachtet haben. Da die Voraussetzungen gleich sind, müssen die Resultate übereinstimmen. Dieselbe Darstellung der Wölbkrafttorsion findet sich auch in den folgenden Abhandlungen: BORNSCHEUER, F. W.: Systematische Darstellung des Biege- und Verdrehungsvorganges unter besonderer Berücksichtigung der Wölbkrafttorsion. Stahlbau 1952, S. 1. — KLÖPPEL, K.: Die Bedeutung des Schubmittelpunktes bei Biegung und Torsion gerader, prismatischer Stäbe mit dünnwandigen, offenen Querschnitten. Stahl im Hochbau, 12. Aufl., Düsseldorf: Verlag Stahleisen mbH. 1953, S. 879. — CHWALLA, E.: Einführung in die Baustatik, Köln: Stahlbau Verlags GmbH. 1954, S. 172.

achse. Trotzdem wird vorausgesetzt, daß diese Verformung von derselben Größenordnung ist wie die beim Knickvorgang betrachteten überlagerten Verschiebungen.

Da die Querschnittsform erhalten bleiben soll, genügt die Angabe der *Verschiebungen* ξ *und* η *des Schubmittelpunktes* und des Drehwinkels φ, um den Verformungszustand des ganzen Querschnittes zu bestimmen. Die Verschiebungen eines beliebigen Punktes (x^*, y^*) sind:

$$\xi - y^* \cdot \varphi, \tag{IV 309}$$

$$\eta + x^* \cdot \varphi. \tag{IV 310}$$

(Abb. IV 83; die eingetragenen Richtungen von ξ, η und φ sind positiv.) Gln. (IV 309) und (IV 310) gelten, wenn φ sehr klein bleibt.

Für die Bestimmung der drei Unbekannten ξ, η, φ stehen uns die drei Gln. (IV 285), (IV 286), (IV 306) zur Verfügung; nur sind keine äußeren Belastungen p_{x^*}, p_{y^*}, m_T vorhanden. Bei infinitesimalen Verformungen ξ, η und φ treten aber Ablenkungskräfte p_{x^*} und p_{y^*} und entsprechende Torsionsmomente m_T auf. Diese Belastungen werden nach der Theorie zweiter Ordnung ermittelt.

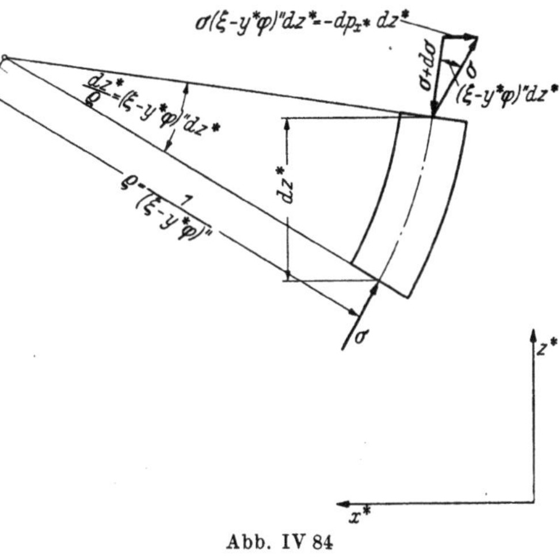

Abb. IV 84

Aus den Formeln (IV 309) und (IV 310) erhält man durch zweimaliges Differenzieren nach z^* die Krümmung einer beliebigen Faser der Fläche „eins" und daher die entsprechende Ablenkungskraft pro Flächeneinheit (Abb. IV 84) der inneren Kräfte zu

$$dp_{x^*} = -\sigma \frac{d^2}{dz^{*2}}(\xi - y^* \varphi) = -\sigma(\xi'' - y^* \cdot \varphi'') \tag{IV 311}$$

$$dp_{y^*} = -\sigma \frac{d^2}{dz^{*2}}(\eta + x^* \varphi) = -\sigma(\eta'' + x^* \cdot \varphi''), \tag{IV 312}$$

dabei wird eine Druckspannung als positiv bezeichnet.

In bezug auf den Schubmittelpunkt bewirken diese Seitenkräfte einen Zuwachs des Drehmomentes

$$dm_T = -dp_{x^*} \cdot y^* + dp_{y^*} \cdot x^*$$

$$dm_T = \sigma \cdot y^* (\xi'' - y^* \cdot \varphi'') - \sigma \cdot x^* (\eta'' + x^* \cdot \varphi''). \tag{IV 313}$$

Die positiven Richtungen von p_{x^*}, p_{y^*}, m_T sind dieselben wie diejenige von ξ, η, φ (Abb. IV 83).

Wenn man den Einfluß der primären Verformungen auf die Spannungsverteilung vernachlässigt, kann man nach der klassischen Biegetheorie schreiben:

$$\sigma = \frac{P}{F} + \frac{P(e_y^* - y_s^*)(y^* - y_s^*)}{J_x} + \frac{P(e_x^* - x_s^*)(x^* - x_s^*)}{J_y}. \tag{IV 314}$$

x_s^* und y_s^* sind die Koordinaten des Schwerpunktes in bezug auf den Schubmittelpunkt, und J_x, J_y die normalen, auf den Schwerpunkt bezogenen Hauptträgheitsmomente.

Die Seitenkräfte und den Drehmomentenzuwachs für den ganzen Querschnitt erhält man zu

$$\left.\begin{aligned} p_{x^*} &= \int_F dp_{x^*} \cdot dF \\ p_{y^*} &= \int_F dp_{y^*} \cdot dF \\ m_T &= \int_F dm_T \cdot dF. \end{aligned}\right\} \quad \text{(IV 315)}$$

Durch Einsetzen von σ aus Gl. (IV 314) in die Gln. (IV 311), (IV 312), (IV 313) und Integration erhält man nach einigen Zwischenrechnungen:

$$p_{x^*} = - P\,\xi'' + P\,e_y^* \cdot \varphi'' \quad \text{(IV 316)}$$

$$p_{y^*} = - P\,\eta'' - P\,e_x^* \cdot \varphi'' \quad \text{(IV 317)}$$

$$m_T = P\,e_y^* \cdot \xi'' - P\,e_x^* \cdot \eta'' \quad \text{(IV 318)}$$

$$- \left[P\,(e_y^* - y_s^*)\,\frac{k_{x^*}}{J_x} + P(e_x^* - x_s^*)\,\frac{k_{y^*}}{J_y} + P\,i_M^2\right]\varphi''.$$

Dabei bedeuten

$$i_M = \sqrt{\frac{\int_F (x^{*2} + y^{*2})\,dF}{F}} \quad \text{(IV 319)}$$

$$k_{x^*} = \int_F y^*(x^{*2} + y^{*2})\,dF - y_s^* \cdot i_M^2 \cdot F \quad \text{(IV 320)}$$

$$k_{y^*} = \int_F x^*(x^{*2} + y^{*2})\,dF - x_s^* \cdot i_M^2 \cdot F. \quad \text{(IV 321)}$$

i_M ist der auf den Schubmittelpunkt bezogene polare Trägheitsradius. Es sind:

$$\int_F \sigma \cdot dF = P; \quad \int_F \sigma \cdot y^* \cdot dF = P\,e_y^*; \quad \int_F \sigma \cdot x^* \cdot dF = P \cdot e_x^*. \quad \text{(IV 322)}$$

Die Differentialgleichungen für ξ, η und φ lauten:

$$E\,J_y \cdot \xi'''' + P\,\xi'' - P\,e_y^* \cdot \varphi'' = 0 \quad \text{(IV 323)}$$

$$E\,J_x \cdot \eta'''' + P\,\eta'' + P\,e_x^* \cdot \varphi'' = 0 \quad \text{(IV 324)}$$

$$E\,C_M \cdot \varphi'''' + \left[P \cdot i_M^2 - G\,J_D + P(e_y^* - y_s^*)\,\frac{k_{x^*}}{J_x} + P(e_x^* - x_s^*)\,\frac{k_{y^*}}{J_y}\right]\varphi''$$

$$- P\,e_y^* \cdot \xi'' + P\,e_x^* \cdot \eta'' = 0. \quad \text{(IV 325)}$$

Es sei ausdrücklich bemerkt, daß sowohl die Verschiebungen ξ und η wie auch die Exzentrizitäten e_x^* und e_y^* sich auf den *Schubmittelpunkt* beziehen. Auch die Koordinaten x^* und y^* haben ihren Ursprung im Schubmittelpunkt. Nur die Hauptträgheitsmomente J_x und J_y werden wie gewöhnlich auf den Schwerpunkt bezogen, dagegen der polare Trägheitsradius i_M auf den Schubmittelpunkt.

Werden als z-Achse die Stabachse und als x- und y-Achsen die Hauptschwerachsen bezeichnet, dann ergeben sich nach einfachen Umrechnungen mit $x^* = x - x_M$, $y^* = y - y_M$ die drei folgenden Gleichungen für die Verschiebung

ξ und η des *Schubmittelpunktes* und den Drehwinkel φ

$$E J_y \cdot \xi'''' + P \xi'' + P(y_M - e_y) \varphi'' = 0 \qquad \text{(IV 326)}$$

$$E J_x \cdot \eta'''' + P \eta'' - P(x_M - e_x) \varphi'' = 0 \qquad \text{(IV 327)}$$

$$\begin{aligned} E C_M \cdot \varphi'''' &+ [P(i_p^2 + x_M^2 + y_M^2) - G J_D \\ &+ P e_y(r_x - 2 y_M) + P e_x(r_y - 2 x_M)] \varphi'' \\ &+ P(y_M - e_y) \xi'' - P(x_M - e_x) \eta'' = 0. \end{aligned} \qquad \text{(IV 328)}$$

Es bedeuten:

$$i_p = \sqrt{\frac{\int_F (x^2 + y^2)\, dF}{F}} \qquad \text{(IV 329)}$$

(polarer Trägheitsradius in bezug auf den Schwerpunkt)

$$r_x = \frac{1}{J_x} \int_F y(x^2 + y^2)\, dF, \qquad \text{(IV 330)}$$

$$r_y = \frac{1}{J_y} \int_F x(x^2 + y^2)\, dF^{1}. \qquad \text{(IV 331)}$$

Um die drei Differentialgleichungen vierter Ordnung eindeutig lösen zu können, müssen zuerst die zwölf Randbedingungen vorgeschrieben werden. Dabei können die Verschiebungen der einzelnen Scheiben der Endquerschnitte nicht ganz frei gewählt werden, denn die Bedingung der Erhaltung der Querschnittsform muß befriedigt sein.

Die drei Gleichungen und die zugeordneten Randbedingungen sind homogen. Vom mathematischen Standpunkte aus liegt also, wie bei den EULER-Fällen, ein Eigenwertproblem vor (s. Kap. III B). Die kritische Belastung ist durch den kleinsten Eigenwert bestimmt.

4. Biegedrillknickung zentrisch gedrückter Stäbe

Greift die Last zentrisch (Lastangriff im Schwerpunkt S) an, dann werden die Exzentrizitäten in bezug auf den Schubmittelpunkt $e_x^* = x_s^*$, $e_y^* = y_s^*$, wobei x_s^* und y_s^* die Koordinaten des Schwerpunktes in bezug auf den Schubmittelpunkt bedeuten.

Die Grundgleichungen (IV 323), (IV 324), (IV 325) vereinfachen sich zu

$$E J_y \cdot \xi'''' + P \xi'' - P y_s^* \cdot \varphi'' = 0 \qquad \text{(IV 332)}$$

$$E J_x \cdot \eta'''' + P \eta'' + P x_s^* \cdot \varphi'' = 0 \qquad \text{(IV 333)}$$

$$E C_M \cdot \varphi'''' + (P i_M^2 - G J_D) \varphi'' - P y_s^* \cdot \xi'' + P x_s^* \cdot \eta'' = 0. \qquad \text{(IV 334)}$$

a) Querschnitt mit zusammenfallendem Schwer- und Schubmittelpunkt. Bei doppeltsymmetrischen und punktsymmetrischen Querschnitten (z. B. ‾|_) fallen Schwer- und Schubmittelpunkt zusammen[2]. Die Koordinaten x_s^* und y_s^* werden

[1] CHWALLA nennt diese Größen Querschnittstrecken, sie stimmen mit dem doppelten Wert der Koordinaten des KINDEMschen Torsionspunktes überein (s. Literaturangaben, Abschn. 1).

[2] Das Achsenkreuz x^*, y^* ist mit dem Achsenkreuz x, y identisch.

zu Null und das Gleichungssystem (IV 332), (IV 333), (IV 334) vereinfacht sich zu

$$E J_y \cdot \xi'''' + P \xi'' = 0 \tag{IV 335}$$

$$E J_x \cdot \eta'''' + P \eta'' = 0 \tag{IV 336}$$

$$E C_M \cdot \varphi'''' + (P i_M^2 - G J_D) \varphi'' = 0. \tag{IV 337}$$

Die zwei ersten Gleichungen sind identisch mit den klassischen EULERschen Gleichungen für das Biegeknicken in der x- bzw. y-Richtung. Die dritte Gleichung (IV 337) kommt neu hinzu; sie beschreibt den Vorgang des *Drillknickens*. Dabei verliert der Stab seine Stabilität durch reines Drillen, ohne Translationen.

Als Randbedingungen seien diejenigen der Gabellagerung angenommen. Der Stab ist an beiden Enden so gelagert, daß die Verschiebungen ξ und η, sowie der Drehwinkel φ in diesen Querschnitten gleich null sind. Dagegen sind die Stabenden um die x- und y-Achsen frei drehbar und verwölbungsfähig. Die Randbedingungen lauten:

für $z = 0$ und $z = l$

$$\xi = \eta = \varphi = 0; \quad \xi'' = \eta'' = \varphi'' = 0, \tag{IV 338}$$

wobei l die Stablänge bedeutet[1].

Den Gln. (IV 335), (IV 336), (IV 337) und den Randbedingungen (IV 338) genügen folgende Lösungsansätze:

$$\left.\begin{aligned} \xi &= C_1 \cdot \sin \frac{n \pi z}{l} \\ \eta &= C_2 \cdot \sin \frac{n \pi z}{l} \\ \varphi &= C_3 \cdot \sin \frac{n \pi z}{l}. \end{aligned}\right\} \tag{IV 339}$$

Man erhält aus den Gln. (IV 335), (IV 336), (IV 337):

$$\left.\begin{aligned} C_1 \left(P - E J_y \frac{n^2 \pi^2}{l^2}\right) &= 0 \\ C_2 \left(P - E J_x \frac{n^2 \pi^2}{l^2}\right) &= 0 \\ C_3 \left(P i_M^2 - G J_D - E C_M \frac{n^2 \pi^2}{l^2}\right) &= 0 \end{aligned}\right\} \tag{IV 340}$$

oder

$$P_y = n^2 \frac{\pi^2 E J_y}{l^2} \tag{IV 341}$$

$$P_x = n^2 \frac{\pi^2 E J_x}{l^2} \tag{IV 342}$$

$$P_T = \frac{1}{i_M^2} \left(G J_D + n^2 \frac{\pi^2 E C_M}{l^2}\right). \tag{IV 343}$$

Die kritischen Lasten P_y, P_x, P_T werden am kleinsten, wenn der Stab in einer Halbwelle, $n = 1$, ausknickt. P_y und P_x sind die klassischen EULERschen Knicklasten, P_T die Drillknicklast.

---

[1] Damit die Wölbspannungen verschwinden, muß $\varphi'' = 0$ sein, denn aus Gl. (IV 298) folgt $\sigma = \gamma E a b \varphi''$.

In der Baupraxis rechnet man gewöhnlich nicht mit kritischen Lasten, sondern mit Schlankheiten λ. Die Schlankheiten in den Hauptrichtungen sind

$$\lambda_y = \frac{l}{i_y} \qquad \text{(IV 344)}$$

$$\lambda_x = \frac{l}{i_x}. \qquad \text{(IV 345)}$$

Die Drillschlankheit ergibt sich entsprechend zu

$$\underline{\underline{\lambda_T = \frac{i_M}{\sqrt{\frac{1}{F}\left(\frac{C_M}{l^2} + \frac{G\,J_D}{E\,\pi^2}\right)}}}}. \qquad \text{(IV 346)}$$

Für Stahl mit der POISSONschen Zahl $\nu = 0{,}3$ und daher $\frac{G}{E} = \frac{1}{2(1+\nu)} = \frac{1}{2{,}6}$ wird Gl. (IV 346) zu

$$\underline{\underline{\lambda_T = \frac{i_M}{\sqrt{\frac{1}{F}\left(\frac{C_M}{l^2} + 0{,}039\,J_D\right)}}}}. \qquad \text{(IV 347)}$$

Für die Dimensionierung ist natürlich die größte Schlankheit λ maßgebend.

Als Beispiel nehmen wir jetzt den häufig in der Konstruktionspraxis vorkommenden Breitflansch-I-Stahl (IP) an. Für einen solchen Querschnitt ist $C_M = J_y \frac{h^2}{4}$, wo J_y das seitliche Trägheitsmoment und h den Abstand der Flanschmittellinien bedeuten. Da Schubmittelpunkt und Schwerpunkt zusammenfallen, ist

$$i_M = i_P = \sqrt{\frac{J_x + J_y}{F}} \qquad \text{(IV 348)}$$

und

$$\underline{\underline{\lambda_T = \sqrt{\frac{J_x + J_y}{J_y\left(\frac{h}{2l}\right)^2 + 0{,}039\,J_D}}}}. \qquad \text{(IV 349)}$$

Für einen IP 28 z. B. gibt Abb. IV 85 den Verlauf der λ_y, λ_x, λ_T an[1]. Man sieht daraus, daß λ_T nur bei kleinen Längen maßgebend wird. Für IP $>$ 38 und für I NP ist sogar immer λ_y maßgebend. Für zentrisch gedrückte doppeltsymmetrische I-Träger braucht man somit das Drillknicken nicht zu berücksichtigen. Eine Ausnahme davon macht der Fall, bei welchem durch konstruktive Maßnahmen (Verband) die Knicklänge in der x-Richtung wesentlich kleiner wird als die für die Drillknickung maßgebende Länge (Abb. IV 86).

Bei anderen doppeltsymmetrischen Profilen ist Vorsicht geboten. Beim Kreuzquerschnitt z. B. ist $C_M \cong 0$ und $\lambda_T = \sqrt{\frac{J_p}{0{,}039\,J_D}}$ konstant. Wenn die zwei Flanschen dünn sind, wird J_D klein und λ_T entsprechend groß.

Werden andere Randbedingungen vorgeschrieben, z. B. derart, daß die Bedingungen für die Verschiebungen ξ und η und den Winkel φ sich entsprechen, dann hat man an Stelle der Stablänge l in den Formeln (IV 344), (IV 345), (IV 346) die Knicklänge $l_k = \beta \cdot l$ einzusetzen. Bei totaler Einspannung z. B. wird $\beta = \frac{1}{2}$.

[1] GLASER, F.: Praktischer Anwendungsfall der Drillknickung im Stahlbau. Öst. Bauzeitschr. 1946, S. 98. (Entsprechende Angaben sind hier für alle Profile enthalten.)

b) Stab mit beliebigem Querschnitt und Gabellagerung. Das Problem ist durch die Gln. (IV 332), (IV 333), (IV 334) bestimmt. Diese Gleichungen enthalten die Unbekannten ξ, η, φ in gekoppelter Form. Ihre Lösung ist daher nicht einfach.

Eine Ausnahme davon macht der wichtige Fall der Gabellagerung mit den Randbedingungen (IV 338)

$$\text{für } z = 0 \text{ und } z = l$$

$$\xi = \eta = \varphi = 0; \quad \xi'' = \eta'' = \varphi'' = 0.$$

(Siehe auch obigen Unterabschnitt a.)

Mit den Ansätzen (IV 339)

$$\xi = C_1 \cdot \sin \frac{n \pi z}{l}$$

$$\eta = C_2 \cdot \sin \frac{n \pi z}{l}$$

$$\varphi = C_3 \cdot \sin \frac{n \pi z}{l}$$

werden die Gln. (IV 332), (IV 333), (IV 334) zu

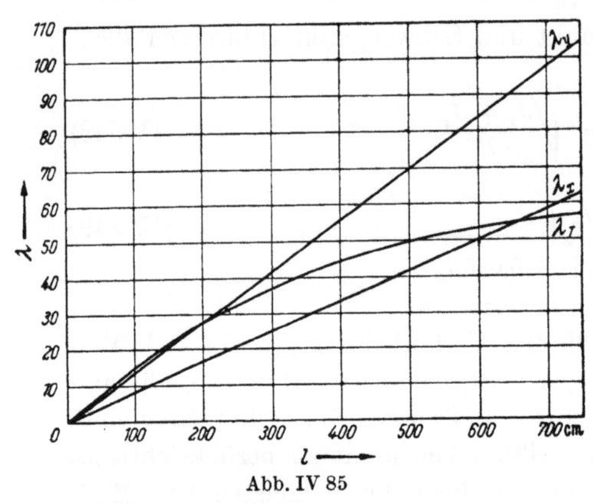

Abb. IV 85

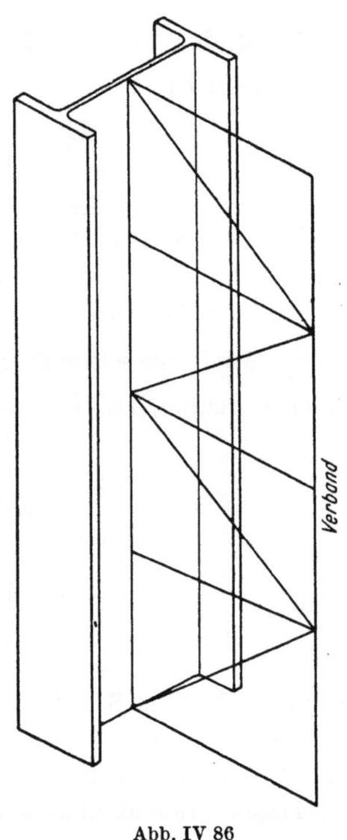

Abb. IV 86

$$\left.\begin{aligned} &\left(P - E\,J_y \frac{n^2 \pi^2}{l^2}\right) C_1 - P\, y_s^* \cdot C_3 = 0 \\ &\left(P - E\,J_x \frac{n^2 \pi^2}{l^2}\right) C_2 + P\, x_s^* \cdot C_3 = 0 \\ &\left(-E\,C_M \frac{n^2 \pi^2}{l^2} - G\,J_D + P\, i_M^2\right) C_3 - P\, y_s^* \cdot C_1 + P\, x_s^* \cdot C_2 = 0 \end{aligned}\right\} \quad \text{(IV 350)}$$

Die Randbedingungen sind erfüllt.

Die Werte $C_1 = C_2 = C_3 = 0$ befriedigen die Gln. (IV 350). In diesem trivialen Fall haben wir es einfach mit der ungebogenen Gleichgewichtslage zu tun. Damit der Stab ausknickt, muß daneben noch eine ausgebogene Gleichgewichtslage vorhanden sein. Dies ist nur möglich, wenn die Determinante der homogenen linearen Gln. (IV 350) verschwindet. Diese Bedingung lautet

$$\begin{vmatrix} +P-P_y & 0 & -y_s^*\cdot P \\ 0 & +P-P_x & +x_s^*\cdot P \\ -y_s^*\cdot P & +x_s^*\cdot P & +i_M^2(P-P_T) \end{vmatrix} = 0. \qquad \text{(IV 351)}$$

Dabei sind P_x, P_y und P_T durch die Gln. (IV 341), (IV 342), (IV 343) bestimmt und lauten

$$P_y = n^2\frac{\pi^2 E J_y}{l^2} \qquad \text{(IV 341)}$$

$$P_x = n^2\frac{\pi^2 E J_x}{l^2} \qquad \text{(IV 342)}$$

$$P_T = \frac{1}{i_M^2}\left(G J_D + n^2\frac{\pi^2 E C_M}{l^2}\right). \qquad \text{(IV 343)}$$

Gewöhnlich muß $n = 1$ gesetzt werden, um die kleinste kritische Last P_{kr} zu bekommen.

Die Auflösung dieser Knickdeterminante ergibt für die Bestimmung von P_{kr} folgende Gleichung dritten Grades

$$\left(1-\frac{P_y}{P_{\mathrm{kr}}}\right)\left(1-\frac{P_x}{P_{\mathrm{kr}}}\right)\left(1-\frac{P_T}{P_{\mathrm{kr}}}\right)-\left(1-\frac{P_y}{P_{\mathrm{kr}}}\right)\left(\frac{x_s^*}{i_M}\right)^2-\left(1-\frac{P_x}{P_{\mathrm{kr}}}\right)\left(\frac{y_s^*}{i_M}\right)^2 = 0. \qquad \text{(IV 352)}$$

Einige einfache Betrachtungen zeigen, daß Gl. (IV 352) immer eine Lösung hat, die kleiner ist als P_x und P_y. Die kritische Last P_{kr} ist somit immer kleiner als die Eulersche Knicklast.

Die numerische Auswertung der Gl. (IV 352) liefert uns drei Lösungen für P_{kr}, wobei selbstverständlich die kleinste maßgebend ist. Dazu ergeben sich durch Einsetzen im System (IV 350) die Verhältnisse $\frac{C_1}{C_2}$, $\frac{C_2}{C_3}$ oder anders gesagt, die Verhältnisse zwischen den Verschiebungen und der Drehung, also die Lage der Drehachse, welche, wie schon erwähnt, im allgemeinen nicht durch den Schubmittelpunkt geht.

c) Stab mit einfach-symmetrischem Querschnitt. Bei Symmetrie zur y^*-Achse müssen Schwer- und Schubmittelpunkt auf dieser Achse liegen. Die Abszisse x_s^*, wird dann zu Null und die Gln. (IV 332), (IV 333), (IV 334) lauten

$$E J_y\cdot\xi'''' + P\xi'' - P y_s^*\cdot\varphi'' = 0 \qquad \text{(IV 353)}$$

$$E J_x\cdot\eta'''' + P\eta'' = 0 \qquad \text{(IV 354)}$$

$$E C_M\cdot\varphi'''' + (P i_M^2 - G J_D)\varphi'' - P y_s^*\cdot\xi'' = 0. \qquad \text{(IV 355)}$$

Die Unbekannte η kommt nur in der zweiten Gl. (IV 354) des Systems vor, welche die gewöhnliche Gleichung für das Eulersche Biegeknicken in der y-Richtung darstellt. Die entsprechende kritische Last ist

$$P_x = n^2\frac{\pi^2 E J_x}{l^2}. \qquad \text{(IV 356)}$$

Dagegen enthalten die erste (IV 353) und die letzte (IV 355) Gleichung beide Unbekannten ξ und φ. Der Knickvorgang in der x-Richtung ist also ein Biegedrillknicken, das seitliche Verschieben ist mit Drillen gekoppelt.

Für Gabellagerung machen wir dieselben Ansätze (IV 339), wie bei den Unterabschnitten a und b und erhalten folgendes Gleichungssystem

$$C_1(P - P_y) - P\,y_s^* \cdot C_3 = 0 \tag{IV 357}$$

$$-P\,y_s^* \cdot C_1 + C_3(P - P_T)\,i_M^2 = 0. \tag{IV 358}$$

Die Nullsetzung der entsprechenden Determinante führt zu folgender Gleichung zweiten Grades für P_{kr}

$$i_M^2(P_{\text{kr}} - P_y)(P_{\text{kr}} - P_T) - y_s^{*2} \cdot P_{\text{kr}}^2 = 0. \tag{IV 359}$$

In anderer Form kann man schreiben

$$\frac{P_{\text{kr}}}{P_y} = \frac{P_T - P_{\text{kr}}}{P_T - \left[1 - \left(\frac{y_s^*}{i_M}\right)^2\right] P_{\text{kr}}} \tag{IV 360}$$

$$\frac{P_{\text{kr}}}{P_T} = \frac{P_y - P_{\text{kr}}}{P_y - \left[1 - \left(\frac{y_s^*}{i_M}\right)^2\right] P_{\text{kr}}} \tag{IV 361}$$

oder auch

$$\frac{1}{P_{\text{kr}}} = \frac{1}{2}\left[\frac{1}{P_y} + \frac{1}{P_T} \pm \sqrt{\left(\frac{1}{P_y} - \frac{1}{P_T}\right)^2 + \frac{4}{P_y \cdot P_T}\left(\frac{y_s^*}{i_M}\right)^2}\,\right]. \tag{IV 362}$$

Die zwei Lösungen dieser Gleichung und P_x sind die drei kritischen Lasten; maßgebend ist die kleinste. Wie bei Unterabschnitt a ist es auch hier möglich, die entsprechenden Schlankheiten zu bestimmen.

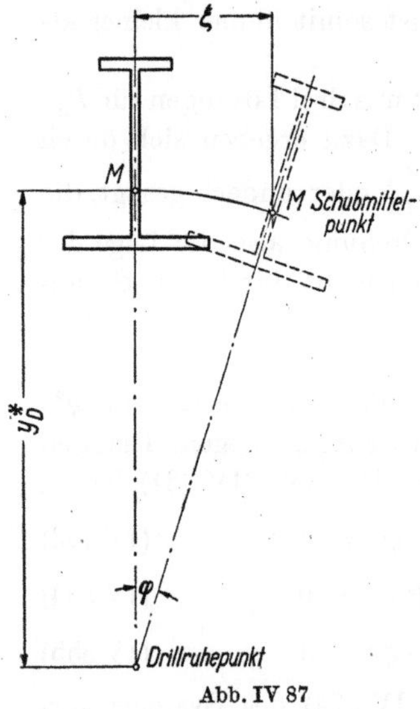

Abb. IV 87

Die Betrachtung der Gl. (IV 362) läßt erkennen, daß die kleinste Wurzel stets kleiner, die größere stets größer als P_y und P_T ausfallen. Die kleinste Wurzel nähert sich dem kleineren Wert von P_y oder P_T um so mehr, je größer der andere dieser beiden Werte ist.

Die Lage des Drehpunktes oder des sogenannten Drillruhepunktes D ist gegeben aus Gl. (IV 357) durch das Verhältnis (Abb. IV 87)

$$\frac{\xi}{\varphi} = \frac{C_1}{C_3} = \frac{y_s^* \cdot P_{\text{kr}}}{P_{\text{kr}} - P_y} = y_D^* \tag{IV 363}$$

oder

$$y_D^* = \frac{y_s^*}{1 - \frac{P_y}{P_{\text{kr}}}}. \tag{IV 364}$$

Da P_{kr}, wie vorher gesagt, immer kleiner ist als P_y, $\frac{P_y}{P_{\text{kr}}}$ also verschieden von eins, bleibt y_D^* immer endlich groß, der Stab wird immer verdrillt bei seitlicher Ausweichung. Der Drillruhepunkt liegt natürlich auf der Symmetrieachse und es wird $x_D = 0$.

Wenn der Stab dünnwandig und kurz ist, zeigt Gl. (IV 343), daß P_T klein ist gegenüber P_y. In diesem Fall liegt die kleinste Wurzel P_{kr} von Gl. (IV 359), wie oben gezeigt, nahe an P_T. $\frac{P_y}{P_{kr}}$ ist groß und y_D^* klein; Schubmittelpunkt und Drillruhepunkt fallen fast zusammen, der Vorgang ist praktisch ein Drillknicken.

Ist dagegen der Stab dickwandig oder sehr lang, so wird P_T groß gegenüber P_y und $P_{kr} \cong P_y$. Der Drillruhepunkt liegt also sehr weit weg vom Schubmittelpunkt; das Ausknicken ist fast ein drillfreies Biegeknicken.

Zusammenfassend kann gesagt werden: Ein zentrisch gedrückter Stab mit einfach-symmetrischem Querschnitt kann seine Stabilität auf zwei Arten verlieren, entweder durch Biegeknicken in der Richtung der Symmetrieachse (EULERsche Knickung) oder durch Biegedrillknicken in der zur Symmetrieachse senkrechten Richtung. Bei dieser letzten Art können, je nach dem Verhältnis der Drill- zur Biegesteifigkeit, alle Stufen vom Drillknicken bis zum Biegeknicken vorkommen; das Biegeknicken in dieser Richtung ist aber ein Grenzfall und die kritische Last ist immer kleiner als die EULERsche Knicklast.

Bei anderen Randbedingungen als die untersuchte Gabellagerung ist ein sinngemäßes Verfahren anzuwenden. Ist z. B. die Endquerschnittsverwölbung vollkommen behindert, etwa durch dicke Endplatten, und sind die Scheiben eingespannt, dann lauten die Randbedingungen

$$\text{für } z = 0 \text{ und } z = l$$

$$\xi = \varphi = 0; \quad \xi' = \varphi' = 0. \tag{IV 365}$$

Folgende Ansätze führen zum Ziel

$$\left.\begin{aligned} \xi &= C_1\left(1 - \cos\frac{2\pi z}{l}\right) \\ \varphi &= C_3\left(1 - \cos\frac{2\pi z}{l}\right). \end{aligned}\right\} \tag{IV 366}$$

Wir erhalten aus dem Gleichungssystem (IV 353), (IV 355) dieselbe Bestimmungsgleichung (IV 359) für P_{kr}, wobei l durch $\frac{l}{2}$ zu ersetzen ist. Allgemein führt man für die Berechnung von P_y und P_T einfach eine Ersatzlänge $\beta \cdot l$ ein (s. a. Unterabschnitt a). Dieses Verfahren bleibt auch näherungsweise gültig, wenn die Grenzbedingungen für ξ und φ verschieden sind (z. B. Stabenden gelenkig, aber wölbverhindert). P_y und P_T sind dann entsprechend ihren Grenzbedingungen zu bestimmen.

Abschließend seien die praktischen Folgerungen gezogen. Sie lauten: Bei einfach-symmetrischen Querschnitten ist die klassische Berechnungsweise (Biegeknicken) für Knicken um die Symmetrieachse nicht mehr zulässig. Es kommt immer ein Biegedrillknicken vor und die kritische Last kann erheblich kleiner ausfallen als die EULERsche Biegeknicklast. Als Beispiel sei Abb. IV 88 angegeben[1]. Dabei bedeutet $\alpha_x = \frac{P_{kr}}{P_x}$ das Verhältnis der Biegedrillknicklast P_{kr} [Gl. (IV 362)] zu der EULERschen Last $P_x = \frac{\pi^2 E J_x}{l^2}$ für das Biegeknicken in Richtung der Symmetrieachse. Trotzdem bei den vorliegenden gleichschenkligen Winkelprofilen das Trägheitsmoment J_y bezüglich der Symmetrieachse bedeutend größer ausfällt als J_x, ist bei kleiner Schlankheit nicht die Biegeknicklast P_x

[1] Die Abb. IV 88 ist entnommen aus: G. POLSONI: Aste rettilinee presso-inflesse e soggette a torsione secondaria. Costruzioni Metalliche 1951, Nr. 6, S. 3.

maßgebend, sondern die Biegedrillknicklast P_{kr} in der x-Richtung. Dabei ist gewöhnlich die Drillknicklast P_T klein gegenüber P_y, und als kritische Last kann mit guter Näherung P_T gesetzt werden.

Für die [-Profile sind die entsprechenden Verhältnisse in Abb. IV 89 dar gestellt[1]. Im Gegensatz zu Abb. IV 88 ist hier als Verhältnis $\alpha_y = \frac{P_{kr}}{P_y}$ dargestellt, wobei $P_y = \frac{\pi^2 E J_y}{l^2}$ ist und P_{kr} sich aus Gl. (IV 362) berechnet.

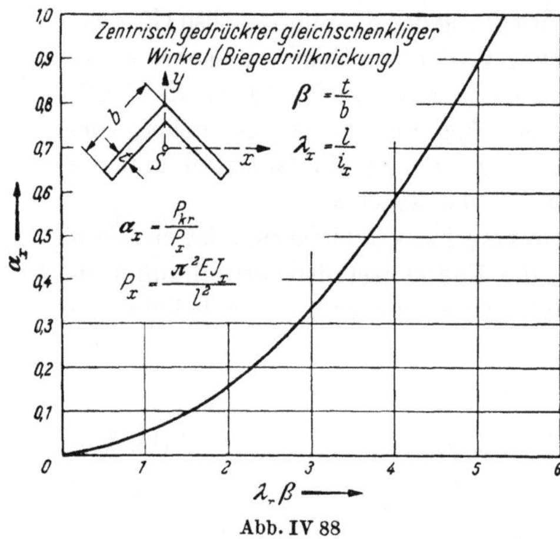

Abb. IV 88

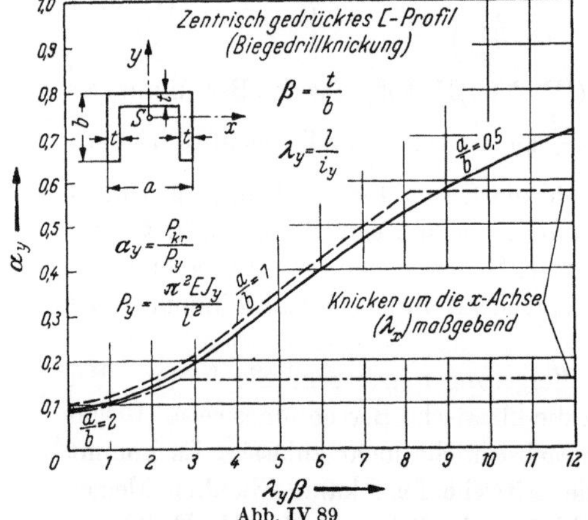

Abb. IV 89

Bei zweiwandigen, offenen Querschnitten][ist die Abminderung der kritischen Last beträchtlich. Wenn aber die freien Flächen durch Verbände (Vergitterung, Rahmenverband) gesichert sind, entsteht eine Art Kastenprofil mit großer Drillfestigkeit. Der Unterschied gegenüber der Biegeknickung wird dann gering.

d) Biegedrillknickung eines planmäßig zentrisch gedrückten Stabes mit elastischen Querstützungen und elastischer Drehbettung. Wir nehmen jetzt an, daß die Verschiebungen ξ und η und die Drehung φ des Stabes nicht frei erfolgen können, sondern daß dabei den Verschiebungen und der Drehung verhältnisgleiche Widerstände entgegenwirken. Die Koordinaten des Angriffspunktes H dieser Widerstände seien h_x^* und h_y^* in bezug auf den Schubmittelpunkt. Die entsprechenden Verschiebungen lauten:

$$\xi - h_y^* \cdot \varphi$$
$$\eta + h_x^* \cdot \varphi .$$

Wenn man die spezifischen Widerstände (Widerstand für die Einheitsverschiebung) parallel zu den Hauptachsen durch B_x und B_y bezeichnet, lauten die Widerstände

$$- B_x (\xi - h_y^* \cdot \varphi) \quad \text{(IV 367)}$$
$$- B_y (\eta + h_x^* \cdot \varphi) . \quad \text{(IV 368)}$$

[1] Die Abb. IV 89 ist entnommen aus CH. MASSONNET: Applications de la théorie du flambage des barres à parois minces à quelques types particuliers de sections droites. Ossature Métallique 1947, S. 524.

Diese Widerstände summieren sich mit den Ablenkungskräften p_{x^*} und p_{y^*} [Gln. (IV 316), (IV 317)] und man erhält in diesem Fall

$$p_{x^*} = -P\,\xi'' + P\,y_s^* \cdot \varphi'' - B_x(\xi - h_y^* \cdot \varphi) \tag{IV 369}$$

$$p_{y^*} = -P\,\eta'' - P\,x_s^* \cdot \varphi'' - B_y(\eta + h_x^* \cdot \varphi). \tag{IV 370}$$

Ferner wirkt ein zusätzliches Drehmoment pro Längeneinheit

$$m_T = B_x(\xi - h_y^* \cdot \varphi)\,h_y^* - B_y(\eta + h_x^* \cdot \varphi)\,h_x^* - B_\varphi \cdot \varphi, \tag{IV 371}$$

wobei B_φ den spezifischen Drehwiderstand einer elastischen Drehbettung darstellt.

Das totale Moment m_T wird nach Gl. (IV 318) für zentrischen Kraftangriff ($e_y^* = y_s^*$, $e_x^* = x_s^*$) zu

$$\begin{aligned} m_T &= P\,y_s^* \cdot \xi'' - P\,x_s^* \cdot \eta'' - P\,i_M^2 \cdot \varphi'' \\ &\quad + B_x(\xi - h_y^* \cdot \varphi)\,h_y^* - B_y(\eta + h_x^* \cdot \varphi)\,h_x^* - B_\varphi \cdot \varphi \end{aligned} \tag{IV 372}$$

und das der Gleichungsgruppe (IV 332), (IV 333), (IV 334) entsprechende Gleichungssystem für die Unbekannten ξ, η, φ[1] lautet:

$$E\,J_y \cdot \xi'''' + P\,\xi'' - P\,y_s^* \cdot \varphi'' + B_x(\xi - h_y^* \cdot \varphi) = 0 \tag{IV 373}$$

$$E\,J_x \cdot \eta'''' + P\,\eta'' + P\,x_s^* \cdot \varphi'' + B_y(\eta + h_x^* \cdot \varphi) = 0 \tag{IV 374}$$

$$\begin{aligned} &E\,C_M \cdot \varphi'''' + (P\,i_M^2 - G\,J_D)\,\varphi'' - P\,y_s^* \cdot \xi'' + P\,x_s^* \cdot \eta'' \\ &- B_x(\xi - h_y^* \cdot \varphi)\,h_y^* + B_y(\eta + h_x^* \cdot \varphi)\,h_x^* + B_\varphi \cdot \varphi = 0. \end{aligned} \tag{IV 375}$$

Bei Gabellagerung führen die Ansätze (IV 339) zur Lösung des Gleichungssystemes. Die Knickdeterminante liefert eine Gleichung dritten Grades für P_{kr}.

Ausgehend von diesem allgemeinen Fall sind praktisch wichtige Fälle zu untersuchen. Als Beispiel sei das Biegedrillknicken bei erzwungener Drehachse H angeführt. Dabei ist $B_x = B_y = \infty$. Die ersten zwei Gleichungen des Systems lauten

$$\xi - h_y^* \cdot \varphi = 0 \tag{IV 376}$$

$$\eta + h_x^* \cdot \varphi = 0 \tag{IV 377}$$

oder

$$\xi = h_y^* \cdot \varphi \tag{IV 378}$$

$$\eta = -h_x^* \cdot \varphi. \tag{IV 379}$$

Wir können auch nach den Gln. (IV 373) und (IV 374) schreiben:

$$B_x(\xi + h_y^* \cdot \varphi) = -E\,J_y\,\xi'''' - P\,\xi'' + P\,y_s^* \cdot \varphi'' \tag{IV 380}$$

$$B_y(\eta + h_x^* \cdot \varphi) = -E\,J_x\,\eta'''' - P\,\eta'' - P\,x_s^* \cdot \varphi''. \tag{IV 381}$$

Aus diesen Beziehungen (IV 378), (IV 379), (IV 380), (IV 381) und (IV 375) folgt

$$(E\,C_M + E\,J_y \cdot h_y^{*2} + E\,J_x \cdot h_x^{*2})\,\varphi'''' + (P\,i_c^2 - G\,J_D)\,\varphi'' + B_\varphi \cdot \varphi = 0, \tag{IV 382}$$

wobei

$$i_c = \sqrt{i_M^2 + h_x^{*\,2} + h_y^{*\,2} - 2h_x^* \cdot x_s^* - 2h_y^* \cdot y_s^*} \tag{IV 383}$$

der polare Trägheitsradius in bezug auf die Drehachse bedeutet.

[1] Dieses Gleichungssystem wurde zuerst von VLASOV aufgestellt. Siehe V. Z. VLASOV: Dünnwandige elastische Stäbe, Moskau 1940.

Mit dem Ansatz $\varphi = C_3 \cdot \sin \frac{n \pi z}{l}$ wird

$$P_{\mathrm{kr}} = \frac{1}{i_c^2}\left[(E\,C_M + E\,J_y \cdot h_y^{*2} + E\,J_x \cdot h_x^{*2})\frac{n^2\pi^2}{l^2} + G\,J_D + \frac{l^2}{n^2\pi^2}B_\varphi\right]. \quad \text{(IV 384)}$$

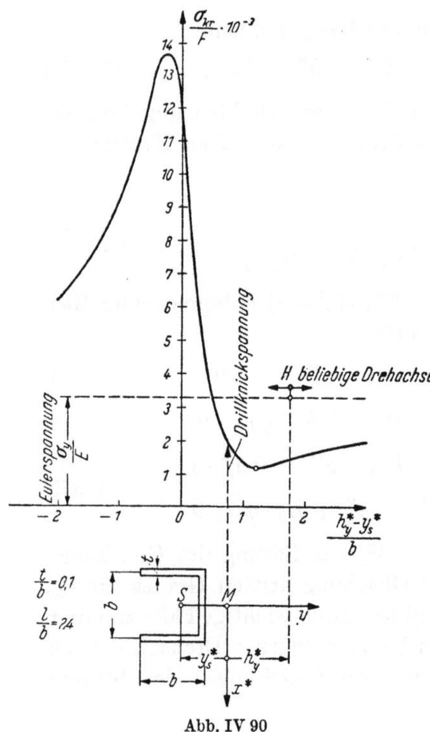

Abb. IV 90

Abb. IV 90 (nach KAPPUS) zeigt für ein [-Profil die Abhängigkeit der kritischen Spannung $\frac{P_{\mathrm{kr}}}{F}$ von der Lage h_y^* der erzwungenen Drehachse. Die Extremalwerte der Kurve sind gegeben durch die zwei Wurzeln der Gl. (IV 359) (freie zentrische Biegedrillknickung eines einfach-symmetrischen Querschnitts), während die Asymptote mit der EULERschen Biegeknicklast zusammenfällt. (Drehachse $\to \infty$.)

Man kann entsprechend andere Probleme studieren[1]: Zum Beispiel ist es möglich, daß an einem Punkt die Verschiebung in einer Richtung Null sein muß ($B_x = \infty$), während die andere Verschiebung und die Verdrehung sich frei ergeben können.

5. Biegedrillknickung exzentrisch gedrückter Stäbe

Wir wollen uns auf die einfach- und doppeltsymmetrischen Querschnitte beschränken, da sie ja in der Konstruktionspraxis häufiger vorkommen. Für beliebige Querschnitte ist ein sinngemäßes Verfahren anzuwenden.

a) Einfach-symmetrische Querschnitte mit Lastangriff in der Symmetrieebene. Das Profil sei symmetrisch zur y-Achse, also $x_s^* = x_s = 0$. Dazu liege der Kraftangriff auf der Symmetrieachse[2], also $e_x = 0$, während e_y^* beliebige Werte annehmen kann. Die Grundgleichungen (IV 323), (IV 324), (IV 325) werden:

$$E\,J_y \cdot \xi'''' + P\,\xi'' - P\,e_y^* \cdot \varphi'' = 0 \quad \text{(IV 385)}$$

$$E\,J_x \cdot \eta'''' + P\,\eta'' = 0 \quad \text{(IV 386)}$$

$$E\,C_M \cdot \varphi'''' + \left[P \cdot i_M^2 - G\,J_D + P(e_y^* - y_s^*)\frac{k_x^*}{J_x}\right]\varphi'' - P\,e_y^* \cdot \xi'' = 0. \quad \text{(IV 387)}$$

[1] Solche Probleme sind von GOODIER und TIMOSHENKO (s. Abschn. 1) ausführlich behandelt worden.

[2] Der Stab wird primär in der Symmetrieebene endlich verformt. Das Unstabilwerden infolge Biegedrillknicken findet in der dazu senkrechten Ebene statt und wird daher durch die primäre Verformung nicht übermäßig beeinflußt.

Gl. (IV 386) enthält nur die Unbekannte η, welche in den zwei anderen Gleichungen nicht vorkommt. Der Knickvorgang in der Richtung der Symmetrieachse ist drillungsfrei. Es handelt sich dabei um ein normales exzentrisches Knicken (s. Kap. IV, A, 2). Dagegen sind in den Gln. (IV 385) und (IV 387) die Verschiebung ξ und die Drillung φ gekoppelt. Man weiß auch, daß für einen zentrisch gedrückten Stab $e_y^* = y_s^*$ ist; das Gleichungssystem stimmt dann mit den Formeln (IV 353), (IV 354), (IV 355) überein.

Bei Gabellagerung an beiden Enden entsprechen die Lösungsansätze (IV 339) den Gln. (IV 385), (IV 387) und genügen auch den Randbedingungen. Sie führen zur folgenden Knickdeterminante:

$$\left| \begin{array}{cc} + E J_y \cdot n^2 \frac{\pi^2}{l^2} - P & + P \cdot e_y^* \\ + P \cdot e_y^* & E C_M \cdot n^2 \frac{\pi^2}{l^2} + G J_D - P(e_y^* - y_s^*) \frac{k_{x*}}{J_x} - P \cdot i_M^2 \end{array} \right| \qquad \text{(IV 388)}$$

Aus ihrer Nullsetzung ergibt sich die Gleichung zweiten Grades

$$(P_y - P_{\mathrm{kr}}) \left[i_M^2 (P_T - P_{\mathrm{kr}}) - P_{\mathrm{kr}} (e_y^* - y_s^*) \frac{k_{x*}}{J_x} \right] - P_{\mathrm{kr}}^2 \cdot e_y^{*2} = 0, \qquad \text{(IV 389)}$$

wobei P_y und P_T durch die Gln. (IV 341), (IV 343) ausgedrückt werden.

Die kleinste Wurzel P_{kr} ist immer kleiner als die EULERsche Knicklast P_y. Nur im wichtigen Sonderfalle, wo die Kraft durch den Schubmittelpunkt geht, wo also $e_y^* = 0$ wird, lauten die Wurzeln

$$P_{\mathrm{kr}} = P_y$$

$$P_{\mathrm{kr}} = \frac{P_T \cdot i_M^2}{i_M^2 - y_s^* \frac{k_{x*}}{J_x}}. \qquad \text{(IV 390)}$$

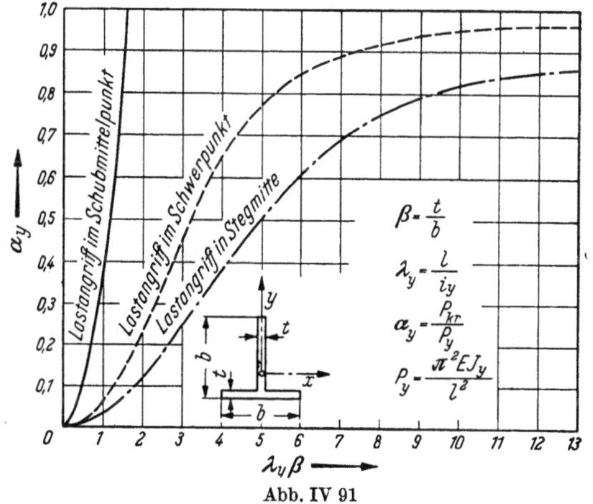

Abb. IV 91

Maßgebend ist die kleinere der beiden Lösungen. Die erste bezieht sich auf ein Biegeknicken um die y-Achse, die zweite auf ein Drillknicken um die Schubmittelpunktachse.

Der andere Sonderfall, zentrischer Druck, ist schon behandelt worden [Gl. (IV 359)].

Abb. IV 91[1] gibt die Verhältnisse $\alpha_y = \frac{P_{\mathrm{kr}}}{P_y}$ für einfach-symmetrische, verschieden dicke T-Querschnitte mit Lastangriff im Schwerpunkt, im Schubmittelpunkt und in der Stegmitte an. Für ein bestimmtes T-Profil zeigt Abb. IV 92[2]

[1] Abb. IV 91 ist entnommen aus CH. MASSONNET: Applications de la théorie du flambage des barres à parois minces à quelques types particuliers de sections droites. L'Ossature Métallique 1947, S. 529.

[2] Abb. IV 92 ist entnommen aus K. KLÖPPEL: Zur Einführung der neuen Stabilitätsvorschriften. Abh. aus dem Stahlbau 1952 H. 12, S. 134.

den Einfluß der Stablänge auf das Verhältnis $\frac{\lambda_{vi}}{\lambda_y}$. λ_y ist die klassische Schlankheit für Biegeknicken in der x-Richtung; λ_{vi} ist eine ideelle Schlankheit definiert als $\lambda_{vi} = \lambda_y \sqrt{\frac{P_y}{P_{\text{kr}}}}$; da, wie gesagt, P_y immer größer ist als P_{kr}, wird λ_{vi} auch größer als λ_y. Als Ordinaten sind die Lastangriffspunkte gewählt, und zwar im selben Maßstab wie das Profil daneben. Die Abbildung zeigt, daß bei größeren Längen der Einfluß der Biegedrillknickung kleiner wird.

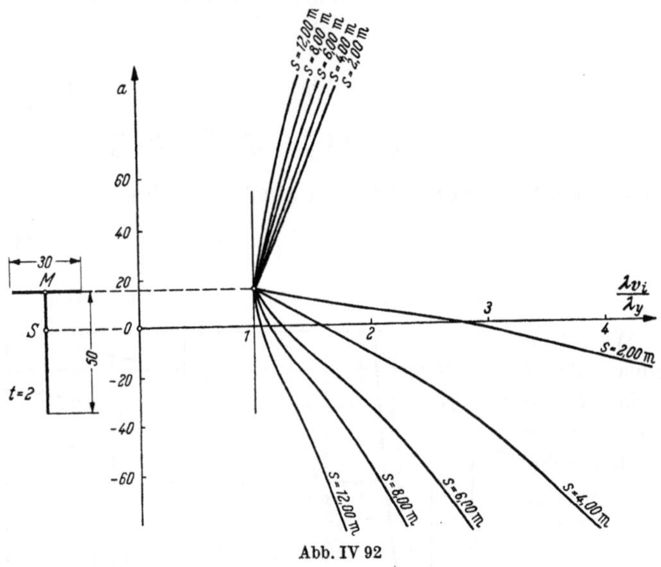

Abb. IV 92

Die Lage des Drehpunktes ergibt sich wie früher [(Gl. (IV 364)] zu

$$y_D = \frac{C_1}{C_3} = \frac{e_y^*}{1 - \frac{P_y}{P_{\text{kr}}}}. \tag{IV 391}$$

b) Doppelt-symmetrische Querschnitte mit Lastangriff in einer der Symmetrieebenen. Auch die x-Achse sei eine Symmetrieachse; Schwer- und Schubmittelpunkt fallen zusammen ($y_s^* = 0$) und Gl. (IV 320) zeigt, daß k_x^* auch Null wird.

Für die quadratische Gl. (IV 389) ergibt sich

$$i_M^2 (P_y - P_{\text{kr}})(P_T - P_{\text{kr}}) - P_{\text{kr}}^2 \cdot e_y^2 = 0 \tag{IV 392}$$

oder

$$P_{\text{kr}} = \frac{(P_y + P_T) \pm \sqrt{(P_y - P_T)^2 + 4 P_y \cdot P_T \left(\frac{e_y}{i_M}\right)^2}}{2\left[1 - \left(\frac{e_y}{i_M}\right)^2\right]}. \tag{IV 393}$$

Ist $e_y < i_M$, dann erhält man zwei positive Wurzeln; für $e_y > i_M$ dagegen auch eine negative Wurzel. Bei großer Exzentrizität kann der Stab also auch unter dem Einfluß einer Zugkraft ausknicken[1].

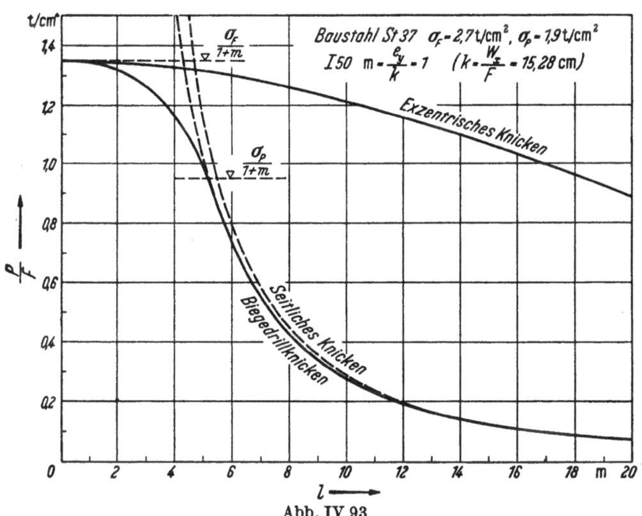

Abb. IV 93

Abb. IV 93[2] zeigt die Ergebnisse eines Zahlenbeispiels. Es handelt sich um einen Normalprofilträger I NP 50 mit einer Exzentrizität $e_y = 15{,}28$ cm in der Stegachse. Wie man sieht, ist P_{kr} nicht stark verschieden von P_y.

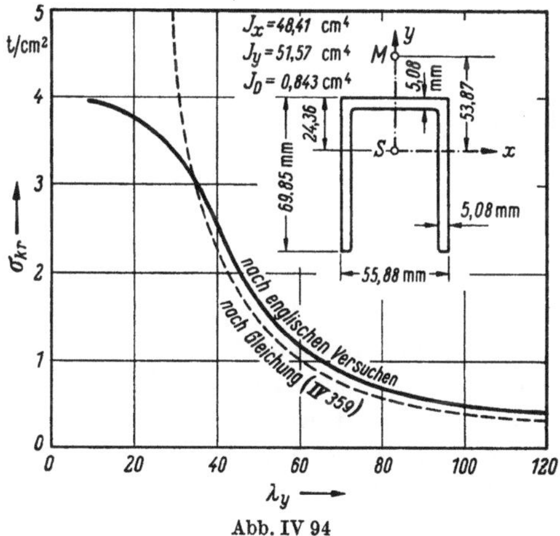

Abb. IV 94

Man kann auch andere Randbedingungen in Betracht ziehen. Bei vollständiger Einspannung erhält man die Bedingungen (IV 365). Die Ansätze sind dann

[1] Bei nur einfach-symmetrischen Querschnitten läßt sich eine entsprechende Bedingung auch aufstellen; s. K. Girkmann: Drillknicken in elementarer Darstellung. Öst. Bauzeitschr. 1951, S. 60.

[2] Abb. IV. 93 ist entnommen aus F. Stüssi: Über einige Knickfragen. Mitt. T. K. V. S. B., Nr. 8, Zürich: Leemann 1953, S. 233.

gegeben durch (IV 366). Man braucht nur l durch $\frac{l}{2}$ zu ersetzen, dann bleibt Gl. (IV 392) gültig.

Allgemeinere Probleme — Stab mit elastischer Querstützung und elastischer Drehbettung, usw. — können auch gelöst werden. Die Betrachtungen bleiben grundsätzlich dieselben wie im Abschn. 4d.

Abschließend sei noch auf die befriedigende Übereinstimmung der Theorie mit den Versuchen hingewiesen[1]. Abb. IV 94 bezieht sich auf einen zentrisch gedrückten [-Querschnitt mit Gabellagerung. Die Ergebnisse aus Gl. (IV 359) sind den Versuchswerten gegenübergestellt.

6. Grundgleichungen der Kippstabilität querbelasteter Druckstäbe mit einfachsymmetrischem Querschnitt

Wir betrachten einen prismatischen, offenen Stab mit *einfachsymmetrischem* Querschnitt. Die übrigen Voraussetzungen sind die gleichen wie im Abschn. 2. Das Koordinatensystem ist so gelegt, daß die z^*-Achse mit der Schubmittelpunktachse und die y^*-Achse mit der Symmetrieachse zusammenfallen (Abb. IV 95a).

In Richtung der y^*-Achse wirken alle Belastungen, und zwar eine stetig verteilte Querlast p, deren Angriffspunkte in einem auf der Biegedruckseite positiv

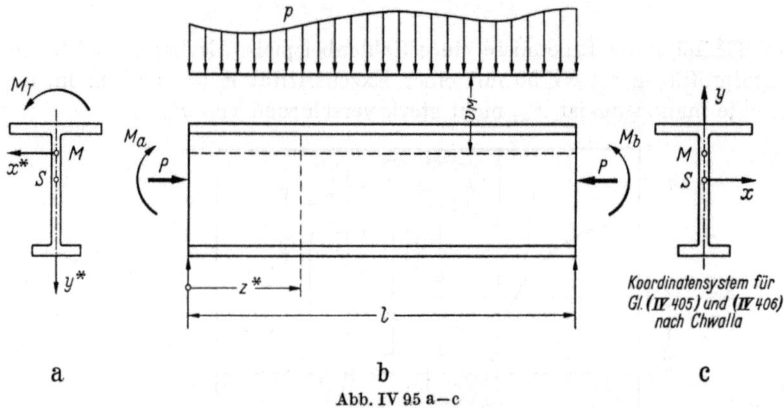

Abb. IV 95 a—c

gezählten Abstand v_M vom Schubmittelpunkt gelegen ist, eine Axialkraft P, verschieden große Endmomente M_a und M_b (Abb. IV 95). Alle Lasten behalten ihre Wirkungsrichtung während des Ausweichens bei, dagegen verschieben sich die Angriffspunkte mit den Querschnitten. Anderseits sollen alle Lasten verhältnisgleich anwachsen bis zum Eintritt des Kippens[2].

---

[1] Es seien nur einige neuere Versuche erwähnt, z. B. diejenigen der Flugtechnischen Versuchsanstalt in Prag (erwähnt in R. KAPPUS: Zentrisches und exzentrisches Drehknicken von Stäben mit offenem Profil. Stahlbau 1953, H. 1, S. 6), oder die zahlreichen englischen Versuche, s. z. B. A. MÜLLER: Aluminium als Baustoff. Stahlbau 1954, H. 3, S. 69 mit Angabe zahlreicher englischer, zuerst in der Z. Engineering 175 (1953) v. 12. und 19. Juni 1953, veröffentlichten Versuchen.

[2] Diese Voraussetzungen sind nicht in allen Fällen erfüllt. Es wäre auch möglich, daß die Wirkungsgeraden mitdrehen oder daß nur eine Belastung wächst, während die anderen gleich bleiben. In diesen Fällen würden die Resultate wesentlich anders ausfallen.

Die Belastungen erzeugen Verschiebungen in der y^*-Richtung. Wie im Abschn. 3 wird der Einfluß dieser Hauptkrümmung vernachlässigt. Die Querschnittsgestalt soll erhalten bleiben und der Verformungszustand am Anfang des seitlichen Ausweichens ist bestimmt durch die Verschiebung ξ des *Schubmittelpunktes* und die Drehung φ.

Als Kipplast bezeichnen wir den kritischen Wert der Belastung, bei welchem zwischen den äußeren Kräften und den inneren Widerständen gerade noch Gleichgewicht herrscht.

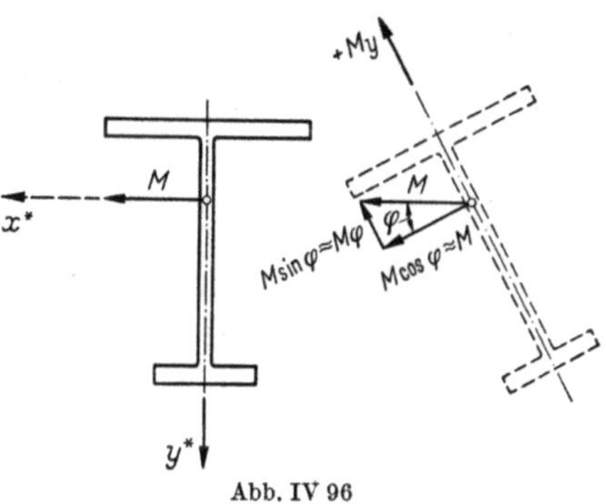

Abb. IV 96

Um die Bestimmungsgleichungen aufzustellen, gehen wir von den Gln. (IV 285) und (IV 306) aus. Die Belastungsglieder p_{x^*} und m_T werden durch die beim Ausweichen vorkommenden unendlich kleinen Verschiebungen verursacht.

Der Einfluß der Axialkraft wurde schon früher bestimmt [s. Gl. (IV 316), (IV 318)]. Es muß nur noch der Einfluß des Momentes M berücksichtigt werden. Dabei bedeutet M das ganze Moment aus den Endmomenten und der Querbelastung.

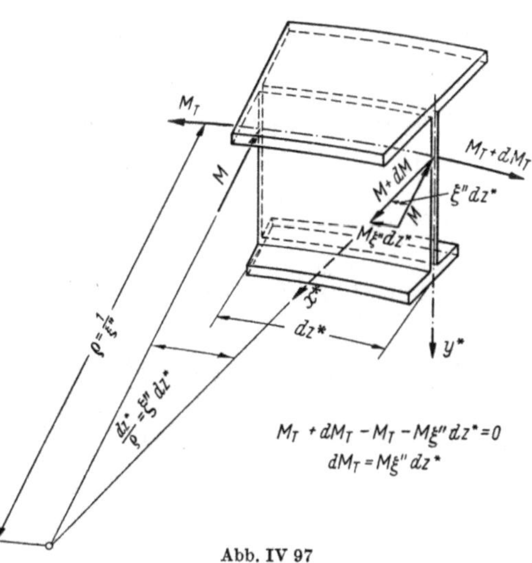

Abb. IV 97

Die Drehung φ bewirkt eine Komponente des Momentenvektors parallel zur y^*-Achse des verdrehten Querschnittes mit dem Wert $M \cdot \varphi$ (Abb. IV 96)[1] (der Momentenvektor bleibt voraussetzungsgemäß zu sich parallel); die zugehörige Belastung ist dann

$$p_{x^*} = -(M \cdot \varphi)''. \tag{IV 394}$$

Die erste Bestimmungsgleichung lautet

$$E J_y \cdot \xi'''' + P \xi'' - P y_s^* \cdot \varphi'' + (M \varphi)'' = 0. \tag{IV 395}$$

Die zweite Gleichung kann wie folgt angeschrieben werden:

$$\begin{aligned} &E C_M \cdot \varphi'''' + (P \cdot i_M^2 - G J_D)\varphi'' - P y_s^* \cdot \xi'' \\ &\quad + M \cdot \xi'' - \frac{k_{x^*}}{J_x}(M \varphi')' - p v_M \cdot \varphi = 0. \end{aligned} \tag{IV 396}$$

[1] Das Vorzeichen von M_y ist so gewählt, daß ein positives Moment positive Verschiebungen ξ verursacht und einer positiven Belastung p_{x^*} entspricht. So bleibt die Formel

$$p_{x^*} = -(M_y)''$$

erhalten.

Zu den der Axialkraft P entsprechenden Gliedern [Gl. (IV 355)] kommen folgende hinzu:

Einfluß der Querkrümmung (Abb. IV 97)

$$m_T = -\frac{dM_T}{dz^*} = -M \cdot \xi''. \qquad \text{(IV 397)}$$

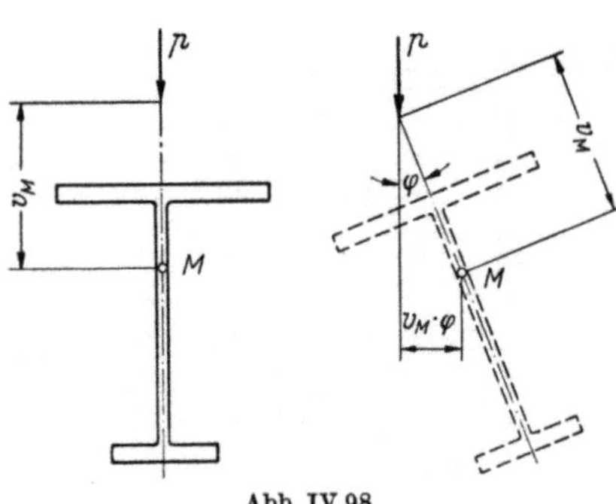

Abb. IV 98

Direkter Einfluß der Exzentrizität der Belastung (Abb. IV 98)

$$+p \cdot v_M \cdot \varphi \qquad \text{(IV 398)}$$

Einfluß der Normalspannungen auf die Verdrehung. Bei reiner Verdrehung verschiebt sich ein Punkt des Querschnittes mit den Koordinaten x^*, y^* um $r \cdot \varphi$, wenn $r = \sqrt{x^{*2} + y^{*2}}$ ist. Die Neigung der entsprechenden Längsfaser in der verformten Lage ist $r \cdot \varphi'$, daher eine Komponente der Normalspannungen σ in der Querschnittsebene gleich $\sigma \cdot r \cdot \varphi'$ und ein zugehöriges Drehmoment $\sigma \cdot r^2 \cdot \varphi'$. Bekanntlich ist $\sigma = -\frac{M}{J_x}(y^* - y_s^*)$, wenn eine Druckspannung als positiv und die Vorzeichenregel nach Abb. IV 95 gelten.

Das gesamte Drehmoment für den Querschnitt erhalten wir zu

$$M_T = \int_F \sigma \cdot r^2 \cdot \varphi' \cdot dF \qquad \text{(IV 399)}$$

$$M_T = -\int_F \frac{M}{J_x}(y^* - y_s^*)(x^{*2} + y^{*2})\,\varphi' \cdot dF \qquad \text{(IV 400)}$$

$$M_T = -\frac{M}{J_x}\varphi'\left[\int_F y^*(x^{*2} + y^{*2})\,dF - y_s^* \int_F (x^{*2} + y^{*2})\,dF\right]. \qquad \text{(IV 401)}$$

Mit dem Ansatz (IV 320) wird M_T zu

$$M_T = -\frac{k_{x^*}}{J_x} M \cdot \varphi' \qquad \text{(IV 402)}$$

daher

$$m_T = -(M_T)' = \frac{k_{x^*}}{J_x}(M \cdot \varphi')'. \qquad \text{(IV 403)}$$

Die Gln. (IV 395), (IV 396)[1] lassen sich nur mit sehr großem mathematischen Aufwand lösen. Es sei hier eine Gebrauchsformel angegeben, die CHWALLA[2] mit Hilfe der GALERKINschen Methode näherungsweise berechnet hat. Die Belastung besteht aus einer als Druckkraft positiv bezeichneten zentrischen Kraft P, zwei gegebenen Endmomenten M_a, M_b und einer gleichmäßig verteilten Belastung p,

---

[1] Gln. (IV 395) und (IV 396) lassen sich auch direkt aus den totalen Verschiebungen $\xi - y^* \cdot \varphi$ [Gl. (IV 309)] und den Spannungen $\sigma = \frac{P}{F} - \frac{M}{J_x}(y^* - y_s^*)$ eines beliebigen Punktes ableiten, wie dies im Abschn. 3 erfolgt ist.

[2] CHWALLA, E.: Über die Kippstabilität querbelasteter Druckstäbe mit einfach-symmetrischem Querschnitt. Beiträge zur angew. Mech. FEDERHOFER-GIRKMANN-Festschrift, Wien: F. Deuticke 1950, S. 125.

mit dem Abstand v_s von der Stabachse [und nicht vom Schubmittelpunkt wie in der Gl. (IV 396)].

Als Bezugsachsen nimmt CHWALLA die Achsen x und y durch den Schwerpunkt mit der nach oben gerichteten y-Achse (Abb. IV 95c) und als Unbekannte die Verschiebung u des Schwerpunktes in Richtung der x-Achse und die Verdrehung θ der Querschnittsfigur in ihrer Ebene an.

Mit den Transformationsformeln

$$\left.\begin{aligned} x^* &= -x \\ y^* &= -y + y_M \\ \xi &= -u + y_M \cdot \theta \\ \varphi &= \theta \end{aligned}\right\} \qquad \text{(IV 404)}$$

erhält man für die Gln. (IV 395) und (IV 396) nach einigen Zwischenrechnungen

$$E J_y \cdot u'''' - E J_y \cdot y_M \cdot \theta'''' + P u'' - (M \theta)'' = 0 \qquad \text{(IV 405)}$$

$$\begin{aligned} E C_M \cdot \theta'''' + E J_y \cdot y_M^2 \cdot \theta'''' - E J_y \cdot y_M \cdot u'''' - G J_D \cdot \theta'' \\ + P i_p^2 \cdot \theta'' + r_x (M \theta')' - M u'' - p v_s \cdot \theta = 0. \end{aligned} \qquad \text{(IV 406)}$$

Es bedeuten wie im Abschn. 3:

$i_p = \sqrt{\int_F \frac{(x^2 + y)^2 \, dF}{F}}$ den polaren, auf den Querschnittsschwerpunkt S bezogenen Trägheitsradius des Stabquerschnittes

y_M die Ordinate des Schubmittelpunktes M des Stabquerschnittes

$r_x = \frac{1}{J_x} \int_F y (x^2 + y^2) \, dF$ die „Querschnittsstrecke“.

$r_x = -\frac{k_{x^*}}{J_x} + 2 y_M$.

Die untersuchten Randbedingungen sind die folgenden (Gabellagerung):

$$u = \theta = 0 \qquad \text{für } z = 0 \text{ und } z = l$$

$$\left.\begin{aligned} u'' - y_M \cdot \theta'' &= 0 \\ (E C_M + E J_y \cdot y_M^2) \theta'' - E J_y \cdot y_M \cdot u'' &= 0 \end{aligned}\right\} \text{für } z = 0 \text{ und } z = l.$$

Bedeutet ν_k den gemeinsamen Multiplikator aller Lasten, so lautet die Gebrauchsformel:

$$\nu_k = \frac{\pi^2 \cdot E J_y}{G_1} \left(G_2 \pm \sqrt{G_2^2 + G_1 G_3} \right), \qquad \text{(IV 407)}$$

wobei

$$\left.\begin{aligned} G_1 &= \left(\frac{p l^2}{9{,}2} + \frac{M_a + M_b}{2} \right)^2 - P \left[P \cdot i_p^2 + p l^2 \left(\frac{v_s}{\pi^2} + \frac{r_x}{17{,}24} \right) + r_x \frac{M_a + M_b}{2} \right] \\ G_2 &= \frac{p l}{9{,}2} \left(\frac{y_M}{l} - 0{,}466 \frac{v_s}{l} - 0{,}267 \frac{r_x}{l} \right) - \frac{P i_p^2}{2 l^2} + \frac{M_a + M_b}{2 l^2} \left(y_M - \frac{r_x}{2} \right) \\ &\quad - \frac{P G J_D}{2 \pi^2 E J_y} \left(1 + \frac{\pi^2 \cdot E C_M}{G J_D \cdot l^2} + \frac{\pi^2 \cdot E J_y \cdot y_M^2}{G J_D \cdot l^2} \right) \\ G_3 &= \frac{G J_D}{\pi^2 l^2 E J_y} \left(1 + \pi^2 \frac{E C_M}{G J_D \cdot l^2} \right). \end{aligned}\right\} \qquad \text{(IV 408)}$$

Die Gln. (IV 395) und (IV 396) vereinfachen sich beträchtlich in den beiden folgenden wichtigen Sonderfällen:

a) Stab ohne Querbelastung, Endmomente gleich groß. Es handelt sich hier um den im Absatz 5 schon dargestellten planmäßig exzentrisch gedrückten Stab. Wenn e_y^* wie früher die Exzentrizität bezüglich des Schubmittelpunktes und y_s^* die Ordinate des Schwerpunktes auf denselben Bezugspunkt bedeuten, kann die exzentrische Druckkraft P durch eine Axialkraft P und ein Moment $-P(e_y^* - y_s^*)$ ersetzt werden. Man erhält dann aus den allgemeinen Gln. (IV 395), (IV 396) die Gln. (IV 385), (IV 387), die schon besprochen wurden.

b) Stab ohne Axialkraft. Wir wollen diesen Fall anschließend betrachten.

7. Kippen von Balken ohne Längskraft

Wird die Axialkraft zu Null, dann vereinfachen sich die Gln. (IV 395), (IV 396) zu

$$E\,J_y \cdot \xi'''' + (M\,\varphi)'' = 0 \tag{IV 409}$$

$$E\,C_M \cdot \varphi'''' - G\,J_D \cdot \varphi'' + M\,\xi'' - \frac{k_{x^*}}{J_x}(M\,\varphi')' - p\,v_M \cdot \varphi = 0. \tag{IV 410}$$

Bei zweimaliger Integration der Gl. (IV 409) erhält man

$$E\,J_y \cdot \xi'' + M\,\varphi + C_1 + C_2 \cdot z^* = 0. \tag{IV 411}$$

Daraus folgt

$$\xi'' = -\frac{M\,\varphi}{E\,J_y} - \frac{1}{E\,J_y}(C_1 + C_2 \cdot z^*). \tag{IV 412}$$

Dieser Ausdruck für ξ'' kann in Gl. (IV 410) eingesetzt werden. Da $p = -M''$ ist, wird die Gleichung[1]

$$\begin{aligned} &E\,C_M \cdot \varphi'''' - G\,J_D \cdot \varphi'' - \frac{k_{x^*}}{J_x}(M\,\varphi')' \\ &\quad - \left(\frac{M^2}{E\,J_y} - M'' \cdot v_M\right)\varphi - \frac{M}{E\,J_y}(C_1 + C_2 \cdot z^*) = 0. \end{aligned} \tag{IV 413}$$

Sind dazu folgende Randbedingungen an beiden Enden erfüllt

$$\xi = \xi'' = \varphi = 0, \tag{IV 414}$$

dann muß $C_1 = C_2 = 0$ werden und die Gleichung vereinfacht sich zu

$$E\,C_M \cdot \varphi'''' - G\,J_D \cdot \varphi'' - \frac{k_{x^*}}{J_x}(M\,\varphi')' - \left(\frac{M^2}{E\,J_y} - M'' \cdot v_M\right)\varphi = 0. \tag{IV 415}$$

---

[1] Wird nach CHWALLA die Koordinatenachse x durch den Schwerpunkt als Bezugsachse verwendet (Abb. IV 95c), so läßt sich mit $y^* = -y + y_M$, $v_M = v_s - y_M$ und daher $\frac{k_{x^*}}{J_x} = -r_x + 2\,y_M$, Gl. (IV 413) in folgender Form schreiben:

$$\begin{aligned} &E\,C_M \cdot \varphi'''' - y_M\;(M\,\varphi)'' - G\,J_D \cdot \varphi'' - y_M \cdot M\,\varphi'' \\ &\quad - \frac{M^2}{E\,J_y}\varphi + r_x(M\,\varphi')' - p\,v_s \cdot \varphi - \frac{M}{E\,J_y}(C_1 + C_2 \cdot z) = 0. \end{aligned}$$

Diese Formel kann auch direkt abgeleitet werden. Siehe E. CHWALLA: Kippung von Trägern mit einfach-symmetrischen, dünnwandigen und offenen Querschnitten. Sitzungsbericht Akad. Wiss. Wien, IIa 153 (1944).

Die Koeffizienten dieser Differentialgleichung sind nicht konstant, so daß die Integration im allgemeinen große Schwierigkeiten bereitet[1]. Eine Ausnahme bildet der Sonderfall, bei welchem die Querlast $p = - M''$ Null ist und die einzige Belastung durch zwei *gleiche Endmomente* M_a gegeben ist, also $M' = 0$.

Die Differentialgleichung (IV 415) lautet dann

$$E\,C_M \cdot \varphi'''' - G\,J_D \cdot \varphi'' - \frac{k_{x*}}{J_x} M_a \cdot \varphi'' - \frac{M_a^2}{E\,J_y} \varphi = 0. \qquad \text{(IV 416)}$$

Wenn der Träger in Gabeln gelagert ist, sind die Bedingungen (IV 414) erfüllt. Dazu muß auch $\varphi'' = 0$ sein. Der Ansatz $\varphi = C_3 \cdot \sin \frac{\pi z}{l}$ führt zu folgender Gleichung zweiten Grades für M_{kr}

$$E\,C_M \frac{\pi^2}{l^2} + G\,J_D + \frac{k_{x*}}{J_x} M_{\text{kr}} - \frac{M_{\text{kr}}^2}{E\,J_y} \frac{l^2}{\pi^2} = 0. \qquad \text{(IV 417)}$$

Mit den Beziehungen (IV 341), (IV 343) (für $n = 1$):

$$P_y = \frac{\pi^2 E\,J_y}{l^2} \qquad \text{(IV 418)}$$

$$P_T = \frac{1}{i_M^2}\left(G\,J_D + \frac{\pi^2}{l^2} E\,C_M\right) \qquad \text{(IV 419)}$$

kann auch geschrieben werden

$$\underline{\underline{M_{\text{kr}} = \frac{k_{x*}}{J_x} \frac{P_y}{2} \pm \sqrt{\left(\frac{k_{x*} \cdot P_y}{J_x \cdot 2}\right)^2 + P_T \cdot P_y \cdot i_M^2}\,.}} \qquad \text{(IV 420)}$$

Die Formel liefert eine positive und eine negative Wurzel für M_{kr}. Je nachdem der Träger nach unten (positiv nach unserer Vorzeichenregel) oder nach oben gekrümmt wird, ergeben sich zwei verschiedene kritische Werte.

Es hängt vom Vorzeichen k_{x*} ab, ob die positive oder die negative Wurzel absolut größer ausfällt. Das Glied $\frac{k_{x*}}{J_x} \frac{P_y}{2}$ drückt den Einfluß der Normalspannungen auf den Verdrillungsvorgang aus. Es ist nicht vernachlässigbar, wenn $\left(\frac{k_{x*}}{J_y} \frac{P_y}{2}\right)^2 \frac{1}{P_T \cdot P_y \cdot i_M^2} = \left(\frac{k_{x*}}{i_M \cdot J_x}\right)^2 \frac{P_y}{P_T}$ mit „eins“ vergleichbar ist. Da $\frac{k_{x*}}{i_M \cdot J_x}$ immer in dieser Größenordnung liegt, gilt das auch für $\frac{P_y}{P_T}$. Das ist der Fall bei Stäben mit torsionsweichem, dünnwandigem, offenem Profil.

Gl. (IV 420) zeigt auch, daß das kritische Kippmoment nur dann klein, also maßgebend für die Dimensionierung wird, wenn entweder P_y (geringe Quersteifigkeit) oder P_T (geringe Torsionsfestigkeit) klein ist.

---

[1] Für eine Lösung mit Hilfe des Ritzschen Verfahrens, s. z. B. F. Meissner: Einige Auswertungsergebnisse der Kipptheorie einfach-symmetrischer Balkenträger, Stahlbau 1955, S. 110. Die in dieser Arbeit angegebene Gleichung $E\,C_M\,\varphi^{\cdot\cdot\cdot\cdot} - l^2\,[G\,J_D + (2\,y_M - r_x)\,M]\,\varphi^{\cdot\cdot} - l^2\,(2\,y_M - r_x)\,M^{\cdot}\,\varphi^{\cdot} - l^4 \left(\frac{M^2}{E\,J_y} + M^{\cdot\cdot} \frac{y_M}{l^2} + p\,v_s\right) \varphi = 0$ läßt sich aus Gl. (IV 415) durch Einsetzen von $\frac{k_{x*}}{J_x} J_y = 2\,y_M - r_x$ und $v_M = v_s - y_M$ ableiten. Die Punkte bedeuten Ableitungen nach der dimensionslosen Veränderlichen $\zeta = \frac{z}{l}$.

Bei doppelt- oder punktsymmetrischen Querschnitten ist $k_{x*} = 0$ und man erhält[1]:

$$M_{\text{kr}} = i_M \sqrt{P_T \cdot P_y} = \frac{\pi}{l} \sqrt{E J_y \cdot G J_D} \sqrt{1 + \frac{\pi^2}{l^2} \frac{E C_M}{G J_D}}. \qquad \text{(IV 421)}$$

Diese Gleichung ist auch gültig beim einfach-symmetrischen Querschnitt, wenn der Momentenvektor parallel zur Symmetrieachse angreift ($k_{y*} = 0$). Als Beispiel sei das in Stegrichtung gebogene [-Profil erwähnt.

Beim doppelt-symmetrischen I-Profil ist $C_M \cong J_y \frac{h^2}{4}$ (Abschn. 8) und mit der Abkürzung

$$\chi = \frac{E J_y}{G J_D} \left(\frac{h}{2l}\right)^2 \qquad \text{(IV 422)}$$

wird Gl. (IV 421) zu

$$M_{\text{kr}} = \frac{\pi}{l} \sqrt{E J_y \cdot G J_D} \sqrt{1 + \pi^2 \cdot \chi}. \qquad \text{(IV 423)}$$

Die zugehörige kritische Kippspannung lautet

$$\sigma_{\text{kr}} = \frac{\pi}{l} \frac{\sqrt{E J_y \cdot G J_D}}{W_x} \sqrt{1 + \pi^2 \cdot \chi}. \qquad \text{(IV 424)}$$

Bei wölbfreien Querschnitten, z. B. beim schmalen *Rechteckquerschnitt*, ist $C_M = 0$ und

$$M_{\text{kr}} = \frac{\pi}{l} \sqrt{E J_y \cdot G J_D} \qquad \text{(IV 425)}$$

oder

$$\sigma_{\text{kr}} = \frac{\pi}{l W_x} \sqrt{E J_y \cdot G J_D}. \qquad \text{(IV 426)}$$

Der Einfluß des Wölbwiderstandes (oder anders gesagt der Flanschbiegung) macht sich beim doppelt-symmetrischen I-Profil durch den Vergrößerungsfaktor $\sqrt{1 + \pi^2 \cdot \chi}$ bemerkbar. Nach Gl. (IV 423) ist

$$(M_{\text{kr}})^2_{\text{I Träger}} = \left(\frac{\pi}{l} \sqrt{E J_y \cdot G J_D}\right)^2 \left[1 + \frac{\pi^2 E J_y}{l^2} \left(\frac{h}{2}\right)^2 \frac{1}{G J_D}\right] \qquad \text{(IV 427)}$$

$$(M_{\text{kr}})^2_{\text{I Träger}} = \left(\frac{\pi}{l} \sqrt{E J_y \cdot G J_D}\right)^2 + \left(\frac{P_y}{2}\right)^2 h^2. \qquad \text{(IV 428)}$$

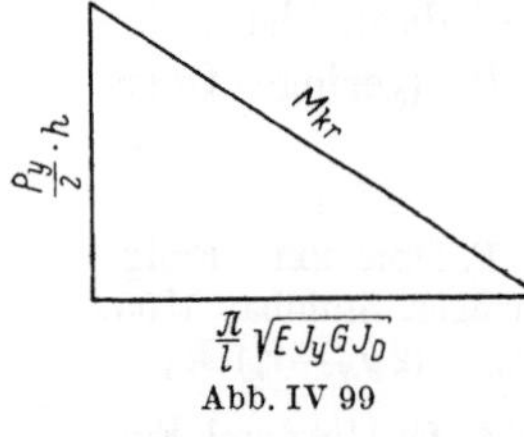

Abb. IV 99

$\frac{P_y}{2}$ ist die Eulersche Knicklast eines Flansches. Gl. (IV 428) ist in Abb. IV 99 graphisch dargestellt[2]. Zu der mit dem Flanschabstand multiplizierten Euler-schen Knicklast des Flansches addiert sich geometrisch das kritische Moment des als wölbfrei betrachteten Querschnittes. Für eine große Stablänge ist die Knicklast klein und das kritische Moment ist

[1] Bei doppelt-symmetrischen Querschnitten fallen Schwer- und Schubmittelpunkt zusammen.

[2] Diese Darstellung ist entnommen aus F. Stüssi: Baustatik I, 2. Aufl., Basel: Birkhäuser 1953, S. 348.

von der Flanschbiegung praktisch nicht beeinflußt. Ist dagegen die Stablänge sehr kurz und das Profil dünnwandig, dann wird der Flanschbiegungsanteil erheblich und die kritische Last im Flansch praktisch die EULERsche Knicklast[1].

Wir kommen jetzt zum allgemeinen Fall der Gl. (IV 415) zurück. Wie gesagt, ist keine einfache Lösung bekannt. Bei *doppelt- und punktsymmetrischen* Querschnitten mit $k_{x*} = 0$ vereinfacht sich wohl die Gleichung zu

$$E\,C_M \cdot \varphi'''' - G\,J_D \cdot \varphi'' - \left(\frac{M^2}{E\,J_y} - M'' \cdot v_M\right)\varphi = 0, \qquad \text{(IV 429)}$$

bleibt aber trotzdem sehr schwer zu integrieren, weil ja der Koeffizient des dritten Gliedes auch eine Funktion von z^* ist. Neben verschiedenen mathematischen Verfahren (besonders die Energiemethoden) leisten in diesem Fall die von STÜSSI entwickelten baustatischen Methoden[2] sehr gute Dienste. Als Beispiel seien die Resultate der Tab. IV 8 angegeben[3]. Sie gelten für doppelt-symmetrische I-Träger: χ hat dieselbe Bedeutung wie oben, also $\chi = \frac{E\,J_y}{G\,J_D}\left(\frac{h}{2l}\right)^2$. Der oben behandelte Fall (zwei gleiche Endmomente) ist auch angegeben. Der Flanschbiegungskoeffizient β_1 ist ungefähr gleich groß in allen Fällen, in erster Näherung gleich $\sqrt{1 + \pi^2 \cdot \chi}$. Bei verteilter Belastung und Einzelkraft in der Mitte ist der Einfluß des Abstandes v_M von Bedeutung, er wird ausgedrückt durch den Koeffizienten β_2 für die zwei Fälle Last oben und Last unten.

Setzt man im Vergrößerungsfaktor β_1 immer π^2, im Faktor β_2, $\left(\frac{5}{\pi}\right)^2$ statt 2,1 und 3,24, und $\frac{5}{\pi}$ statt 1,45 und 1,80, und bezeichnet man den ersten Koeffizienten als $\pi \cdot \zeta$, so wird

$$\sigma_{\text{kr}} = \frac{\zeta \cdot \pi}{l}\,\frac{\sqrt{E\,J_y \cdot G\,J_D}}{J_x}\,\frac{h}{2}\sqrt{1 + \pi^2 \cdot \chi} \times \left[\sqrt{1 + \left(\frac{5}{\pi}\right)^2 \frac{\chi}{1 + \pi^2 \cdot \chi}} \mp \frac{5}{\pi}\sqrt{\frac{\chi}{1 + \pi^2 \cdot \chi}}\right]. \qquad \text{(IV 430)}$$

Mit $\chi = \frac{E\,J_y}{G\,J_D}\left(\frac{h}{2l}\right)^2$ erhält man nach einfachen Zwischenrechnungen

$$\sigma_{\text{kr}} = \frac{\zeta\,\pi^2 E\,J_y}{l^2}\,\frac{h}{2J_x}\left[\sqrt{\left(\frac{5}{\pi^2}\,\frac{h}{2}\right)^2 + \frac{1}{J_y}\left(\frac{G\,J_D \cdot l^2}{\pi^2\,E} + \frac{J_y \cdot h^2}{4}\right)} \mp \frac{5}{\pi^2}\,\frac{h}{2}\right]. \qquad \text{(IV 431)}$$

Die Abkürzungen der DIN 4114

$$\left.\begin{aligned} S_{ki} &= \frac{\pi^2 E\,J_y}{l^2} \qquad \text{(früher mit } P_y \text{ bezeichnet)} \\ v &= \pm\frac{h}{2} \\ \frac{1}{J_y}\left(\frac{G\,J_D \cdot l^2}{\pi^2 \cdot E} + J_y\frac{h^2}{4}\right) &= \frac{1}{J_y}(0{,}039\,J_D \cdot l^2 + C_M) = c^2 \end{aligned}\right\} \qquad \text{(IV 432)}$$

[1] Die oft angewandte Rechnung eines Druckgurtes als Einzelstab nach dem ω-Verfahren gibt also einen unteren Grenzwert an.

[2] STÜSSI, F.: Die Stabilität des auf Biegung beanspruchten Trägers. Abh. I. V. B. H., dritter Band, Zürich 1935, S. 401. — Ausgewählte Kapitel aus der Theorie des Brückenbaues. Taschenbuch für Bauingenieure, Bd. I, S. 905, herausgegeben von F. SCHLEICHER, Berlin/Göttingen/Heidelberg: Springer 1955.

[3] Diese Tabelle ist entnommen aus F. STÜSSI: Baustatik I, 2. Aufl., Basel: Birkhäuser 1953. — Das Korrekturglied $\frac{J_x}{J_x - J_y}$ stellt den Einfluß der Hauptkrümmung dar; auf diese Frage wird im Abschn. 9 zurückgekommen.

(wenn die Poissonsche Zahl zu 0,3 angenommen wird) führen zu folgender Formel:

$$\sigma_{\mathrm{kr}} = \frac{\zeta \cdot S_{ki} \cdot h}{2 J_x} \left[\sqrt{\left(\frac{5v}{\pi^2}\right)^2 + c^2} - \frac{5v}{\pi^2} \right]. \quad \text{(IV 433)}$$

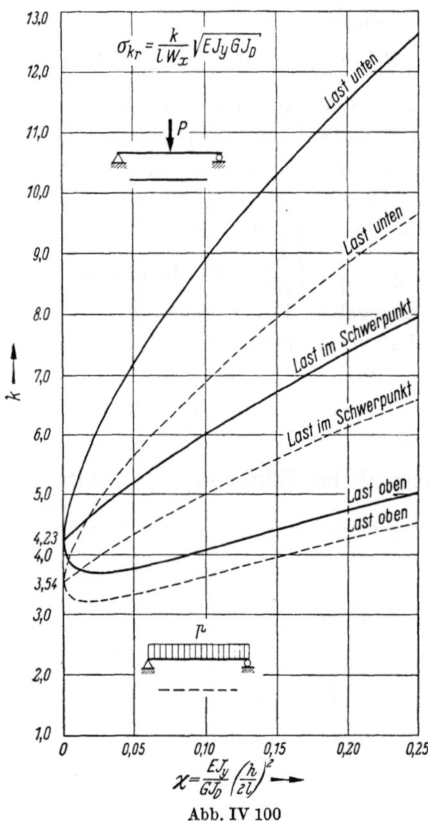

Abb. IV 100

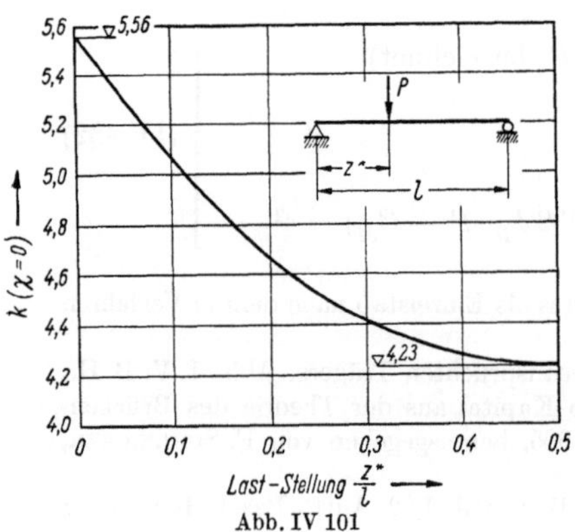

Abb. IV 101

Es ist dies die in den Richtlinien zur deutschen Norm 4114 (Ri. 15.15) angegebene Gleichung für den Fall der Gabellagerung ($x = \pi^2$). Für eine konzentrierte Einzellast in der Mitte der Spannweite wird ζ z. B. $\frac{4{,}23}{\pi} = 1{,}35$, wie in Abb. 24 der genannten Richtlinien angegeben.

Die kritische Spannung kann auch geschrieben werden als

$$\sigma_{\mathrm{kr}} = \frac{k}{W_x \cdot l} \sqrt{E J_y \cdot G J_D}. \quad \text{(IV 434)}$$

Der Beiwert $k = \pi \zeta \beta_1 \cdot \beta_2$ ist für zwei Belastungsfälle in der Abb. IV 100 angegeben.

Wirkt die Einzellast nicht in der Mitte der Spannweite, so wird der Koeffizient $k(\chi = 0)$ entsprechend Abb. IV 101 nach Flint[1] größer. Ist die Last in Trägermitte, so ergibt sich für $k(\chi = 0)$ der kleinste Wert 4,23; ist dagegen die Last nahe am Auflager, so entspricht dies einem Endmoment an diesem Auflager und man erhält nach Tab. IV 8 den Wert 5,56.

Wenn der Träger nicht in Gabeln gelagert ist, sondern am Auflager die Verwölbung und die Flanschenkrümmung behindert ist, dann wird der Einfluß der Flanschenbiegung und der Vergrößerungsfaktor β_1 größer. Flint hat diesen Einfluß mathematisch studiert und vorgeschlagen, den Vergrößerungsfaktor β_1 in der Form $\sqrt{1 + \alpha \pi^2 \cdot \chi}$ anzuschreiben. Bei totaler Einspannung wird α zu drei. Für praktische Verhältnisse (mehrere eingeschweißte Aussteifungen in der Nähe

[1] Flint, A. R.: The Lateral Stability of Unrestrained Beams. Engineering 173 (25. Januar 1952).

Tabelle IV 8

Belastungsfall	M_{max}	Rechteckbalken Last im Schwerpunkt	Flanschbiegung β_1	Last am $\genfrac{}{}{0pt}{}{\text{obern}}{\text{untern}}$ Flansch β_2
M l M	M	$M_{kr} = \pi \frac{\sqrt{A}}{l}$	$\sqrt{1 + \pi^2 \chi}$	
p	$\frac{p\, l^2}{8}$	$= 3{,}54 \frac{\sqrt{A}}{l}$	$\sqrt{1 + 10\chi}$	$\sqrt{1 + \frac{2{,}10\,\chi}{\beta_1^2} \mp \frac{1{,}15\sqrt{\chi}}{\beta_1}}$
P	$\frac{P\,l}{4}$	$= 4{,}23 \frac{\sqrt{A}}{l}$	$\sqrt{1 + 10{,}2\chi}$	$\sqrt{1 + \frac{3{,}24\,\chi}{\beta} \mp \frac{1{,}80\sqrt{\chi}}{\beta_1}}$
M	M	$= 5{,}56 \frac{\sqrt{A}}{l}$	$\sqrt{1 + 11{,}2\chi}$	
P	$P \cdot l$	$= 4{,}01 \frac{\sqrt{A}}{l}$	$\left(\frac{1 + 1{,}61\sqrt{\chi}}{1 + 0{,}32\sqrt{\chi}}\right)^2$	

Abkürzungen: $A = E\,J_y \frac{J_x}{J_x - J_y} \cdot G\,J_D$ $\qquad \chi = \frac{E\,J_y}{G\,J_D}\left(\frac{h}{2l}\right)^2$

$$\sigma_{kr} = c \frac{\sqrt{A}}{l\,W_x} \cdot \beta_1 \cdot \beta_2$$

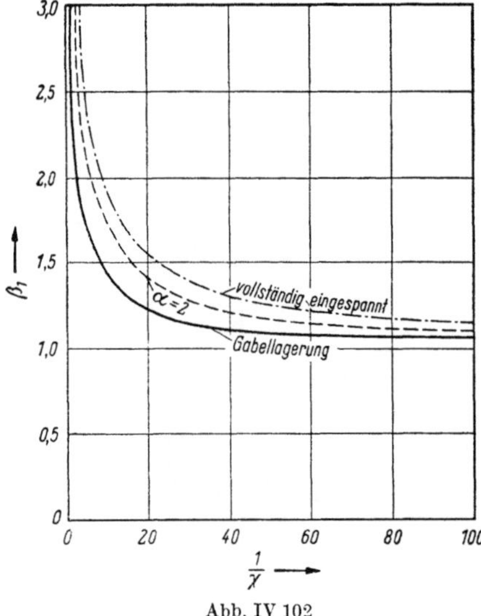

Abb. IV 102

der Auflager) kann α zu zwei angenommen werden. Abb. IV 102 gibt β_1 in Funktion von $\frac{1}{\chi}$ für verschiedene α an. Die Koeffizienten $\varkappa$, β und β_0 der erwähnten Richtlinien erlauben auch eine näherungsweise Berücksichtigung dieser Einflüsse.

Wie die Biegedrillknickung kann auch die Kippung eines Trägers mit elastischen Querstützungen und elastischer Drehbettung untersucht werden. Das Verfahren bleibt grundsätzlich dasselbe wie in Abschn. 4d. NYLANDER[1] hat solche Fälle eingehend betrachtet. In der aus seiner Arbeit entnommenen Abb. IV 103 wird der Wert des kritischen Momentes angegeben,

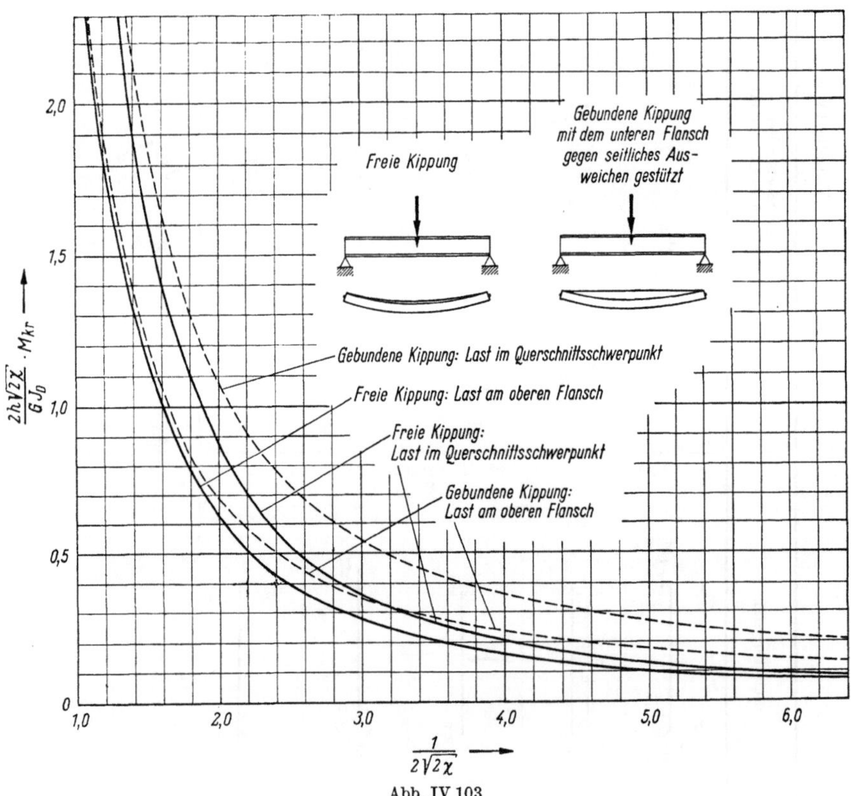

Abb. IV 103

[1] NYLANDER, H.: Drehungsvorgänge und gebundene Kippung bei geraden, doppeltsymmetrischen I-Trägern. Ing. Vetensk. Akad. Handl. Nr. 174, Stockholm 1943.

im Falle, wo der untere Flansch gegen seitliches Ausweichen gestützt ist. Der doppelt-symmetrische I-Träger ist belastet durch eine Einzelkraft in der Mitte. Daneben werden auch die entsprechenden Kurven für freie Kippung angegeben[1].

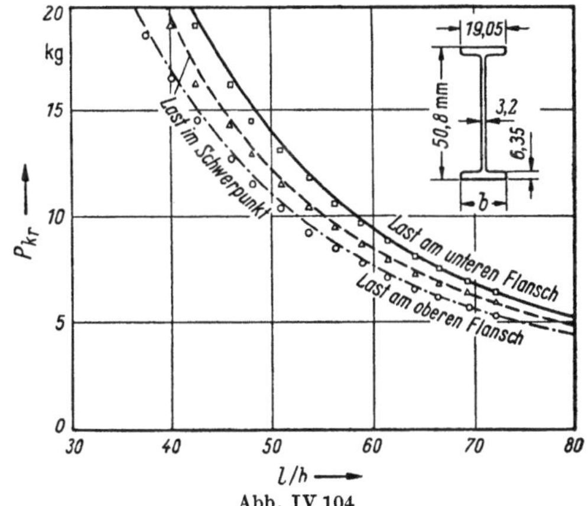

Abb. IV 104

Abschließend sei noch auf die befriedigende Übereinstimmung der Theorie mit den Versuchen, unter der Voraussetzung natürlich, daß den theoretischen Ausnahmen entsprechende Auflagerbedingungen und Kräfteeinleitungen experimentell verwirklicht werden, hingewiesen. Als Beispiel diene Abb. IV 104, die aus einer Arbeit von FLINT[2] entnommen ist.

8. Querschnittswerte einiger wichtiger Querschnittsformen

In den nachfolgenden Tab. IV 9, IV 10 und IV 11 werden die Werte der Koordinaten x_M und y_M des Schubmittelpunktes in bezug auf den Schwerpunkt, der Verwölbungswiderstand C_M und die „Querschnittsstrecken" r_y und r_x, für einige Querschnittsformen angegeben[3].

Als *quasi-wölbfreie* Querschnitte werden dabei solche Querschnitte bezeichnet, für welche C_M sich nach der Ableitung im Abschn. 2 zu Null ergibt. Dies ist der Fall bei Querschnitten, die nur aus zwei schmalen Rechteckscheiben zusammengesetzt sind. In diesem Fall schneiden sich immer die Scheibenquerkräfte $\mathfrak{Q}$ im Schnittpunkt der beiden Scheibenmittellinien; der Schubmittelpunkt fällt daher mit diesem Schnittpunkt zusammen und C_M wird zu Null, weil die beiden Querkräfte durch den Schubmittelpunkt gehen.

Die Ableitungen im Abschn. 2 fußen aber auf der Annahme einer gleichmäßigen Verteilung der Wölbspannungen und der zugeordneten Schubspannungen

---

[1] Da das kritische Moment bei freier Kippung in der Form $M_{\text{kr}} = \frac{k}{l} \sqrt{E J_y \cdot G J_D}$ (Abb. IV 100) angeschrieben werden kann, erhält man mit $\chi = \frac{E J_y}{G J_D} \left(\frac{h}{2l}\right)^2$:

$$\left(\frac{2h\sqrt{2\chi}}{G J_D} M_{\text{kr}}\right) = 4\sqrt{2} \cdot k \cdot \chi.$$

[2] FLINT, A. R.: The Lateral Stability of Unrestrained Beams. Engineering 173 (25. Januar 1952).

[3] Die in den Tabellen angegebenen Werte beziehen sich auf ein Koordinatensystem x, y durch den Schwerpunkt nach Abb. IV 95c. Wählt man statt dessen ein Koordinatensystem x^*, y^* durch den Schubmittelpunkt nach Abb. IV 95a, so lassen sich die entsprechenden Werte mit Hilfe der folgenden Transformationsformeln bestimmen:

$$\begin{aligned} x_s^* &= x_M & \qquad k_{y^*} &= J_y (2 x_M - r_y) \\ y_s^* &= y_M & \qquad k_{x^*} &= J_x (2 y_M - r_x). \\ C_M &= C_M \end{aligned}$$

Tabelle IV 9. *Quasiwölbfreie Querschnitte*

x_M	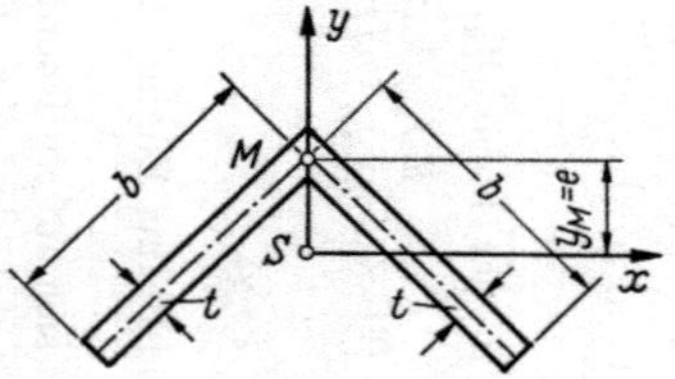 0	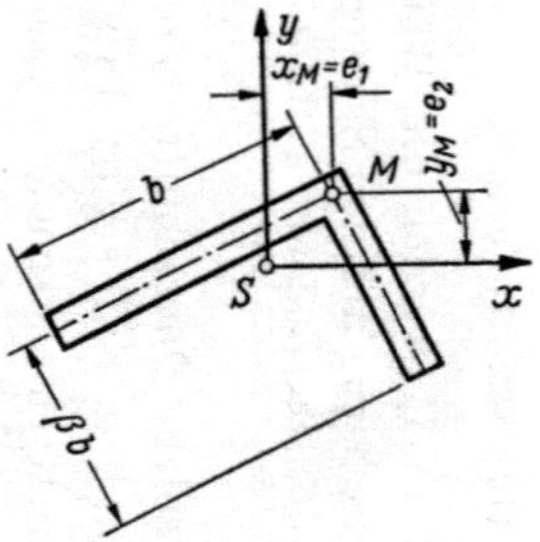 e_1	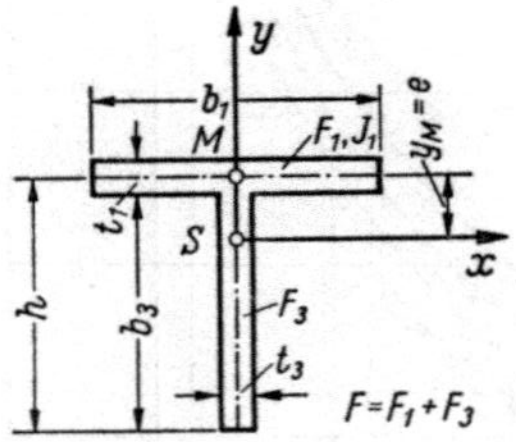 0
y_M	$e = \frac{b}{4}\sqrt{2}$	e_2	$e = \frac{b_3\,t_3}{2F}(b_3 + t_1)$
C_M	$\frac{(b\,t)^3}{18}$	$\frac{(b\,t)^3}{36}(1+\beta^3)$	$\frac{(b_1\,t_1)^3}{144} + \frac{(h\,t_3)^3}{36}$
r_y	0	Da das exzentrische Biegedrillknicken nur für symmetrische Querschnitte behandelt wurde, werden die Werte r_x und r_y hier nicht angegeben	0
r_x	$-\frac{b}{2}\sqrt{2}$		$\frac{1}{J_x}\left\{y_M\,J_y + F_1\,e^3 + \frac{t_3}{4}\left[e^4 - (h-e)^4\right]\right\}$

Tabelle IV 10. *Nicht wölbfreie Querschnitte*

	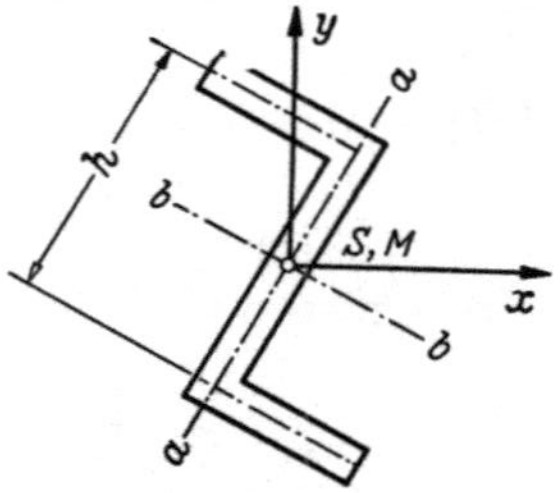	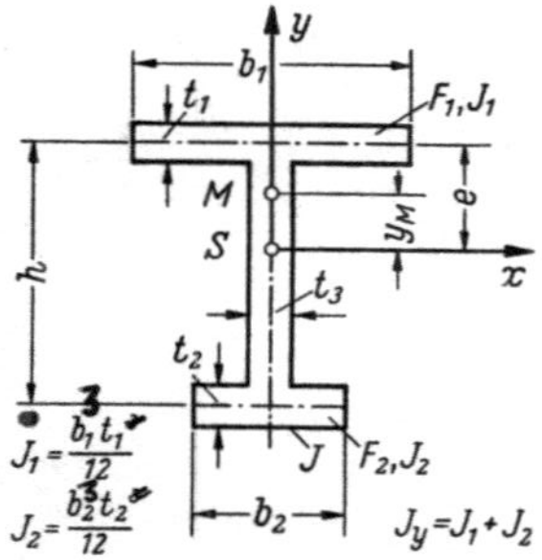 $J_1 = \frac{b_1 t_1^3}{12}$, $J_2 = \frac{b_2^3 t_2}{12}$, $J_y = J_1 + J_2$	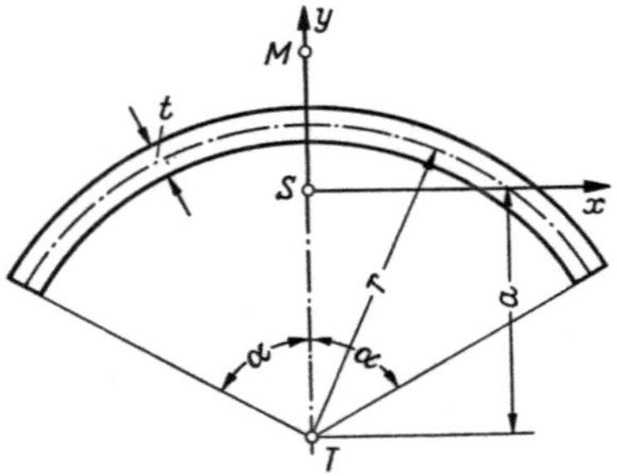
x_M	0	0	0
y_M	0	$\frac{1}{J_y}\,[e\,J_1 - (h-e)\,J_2]$	$r\left[\frac{2\,(\sin\alpha - \alpha\cos\alpha)}{\alpha - \sin\alpha\cos\alpha} - \frac{\sin\alpha}{\alpha}\right]$
C_M	$\frac{h^2}{4}\,J_{a-a} - \frac{J_{ab}^2}{F}$	$\frac{J_1\,J_2}{J_1 + J_2}\,h^2$	$t\,r^5\left[\frac{2}{3}\,\alpha^3 - \frac{4\,(\sin\alpha - \alpha\cos\alpha)^2}{\alpha - \sin\alpha\cos\alpha}\right]$
r_y	0	0	0
r_x	0	$\frac{1}{J_x}\{y_M\,J_y + F_1\,e^3 - F_2(h-e)^3 + \frac{t_3}{4}\,[e^4 - (h-e)^4]\}$	$-\frac{2\,r\sin\alpha}{\alpha}$

Tabelle IV 11. *Nicht wölbfreie Querschnitte*

	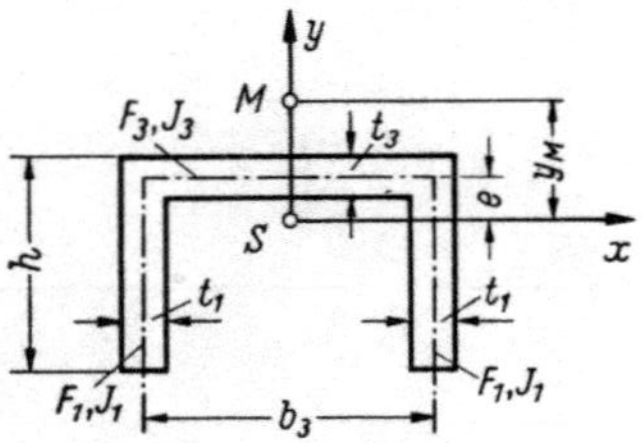 $J_1 = F_1 \left(\frac{b_3}{2}\right)^2$ $J_3 = \frac{t_3 b_3^3}{12}$ $J_y = 2J_1 + J_3$	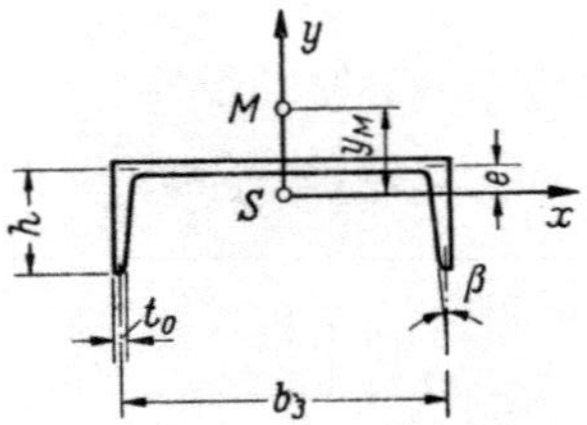	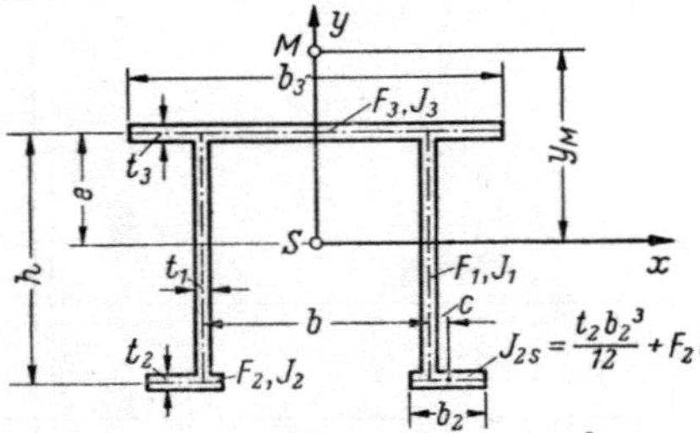 $J_1 = F_1 \left(\frac{b}{2}\right)^2$ $J_2 = \frac{t_2 b_2^3}{12} + F_2 \left(\frac{b}{2} + c\right)^2$ $J_3 = \frac{t_3 b_3^3}{12}$ $J_{2s} = \frac{t_2 b_2^3}{12} + F_2 c^2$ $J_y = 2J_1 + 2J_2 + J_3$
x_M	0	0	0
y_M	$e + \frac{J_1}{J_y} h$	$e\left[1 + \frac{F b_3^2}{4 J_y}\right]$	$e\left[1 + \frac{b^2 F}{4 J_y}\right] - 2h \frac{J_{2s}}{J_y}$
C_M	$\frac{h^2}{3} \frac{J_1^2 + 2 J_1 \cdot J_3}{J_y}$	$\frac{b_3^2}{4} [J_x - F e (y_M - 2e)]$	$\frac{b^2}{4}\left[J_x + e^2 F\left(1 - \frac{b^2 F}{4 J_y}\right)\right] + 2h^2 J_{2s}$ $- 2bch^2 F_2 + b^2 h e F \frac{J_{2s}}{J_y} - 4h^2 \frac{J_{2s}^2}{J_y}$
r_y	0	0	0
r_x	$\frac{1}{J_x}\{e(F_3 e^2 + J_3) + (2e - h) J_1$ $+ \frac{t_1}{2} [e^4 - (h-e)^4]\}$	$-\frac{1}{J_x}\left\{F e\left[\left(\frac{b_3}{2}\right)^2 - e^2\right] + \frac{h^4}{2}\left(t_0 + \frac{\beta}{5} h\right)\right.$ $\left. - e(3J_x + J_y)\right\}$	$\frac{1}{J_x}\{e(F_3 e^2 + J_3) + (2e - h) J_1$ $+ \frac{t_1}{2} [e^4 - (h-e)^4] - 2(h-e)[J_2 + F_2 (h-e)^2]\}$

über die Scheibenstärke t. Dies gilt streng nur bei einer sehr dünnen Scheibe, sonst verursachen die SAINT-VENANTschen Torsionsschubspannungen auch Verwölbungen über die Scheibenstärke und die Wölbspannungen verlaufen nicht gleichmäßig über die Scheibenstärke.

Es entsteht somit ein, allerdings sehr kleiner Wölbwiderstand C_M. Dieser Widerstand ist der dritten Potenz der Scheibenstärke proportional und fällt daher bei den vorausgesetzten schmalen Scheiben kaum ins Gewicht. Sein Wert ist in der Tab. IV 9 der Vollständigkeit halber doch angegeben.

9. Zusätzliche Einflüsse. Grenzen der Anwendung der Theorie des Biegedrillknickens und des Kippens

Im Abschn. 2 wurden als Grundlagen der Theorie einige beschränkende Voraussetzungen aufgestellt, deren Einfluß jetzt näher betrachtet werden soll.

a) Stab- und Querschnittsform. Gegenstand unserer Untersuchungen war immer ein prismatischer Stab. Bleibt der Querschnitt nicht mehr auf die ganze Länge konstant (veränderliche Höhe, usw.), oder ist die Stabachse gebogen, dann kompliziert sich das Problem zusehends. Es kann jedoch in einigen Fällen trotzdem gelöst werden[1].

b) Unelastischer Bereich. Entgegen unseren Voraussetzungen sind die Baumaterialien nicht ideal-elastisch. Überschreitet irgendwo die kritische Spannung σ_{kr} die Proportionalitätsgrenze σ_P, so vermindern sich an dieser Stelle der Elastizitätsmodul E und der Schubmodul G; die kritische Belastung fällt auch entsprechend kleiner aus.

Für das *Biegedrillknicken* liegen die Verhältnisse für die Berechnung insofern günstig, als sich normalerweise eine ideelle Schlankheit λ_i angeben läßt (s. Abschn. 4a, DIN 4114, Ri. 7.52,10.13, oder ÖNORM B 4300 4. Teil, 1,31 (8)). Die Relation zwischen Schlankheit und zulässiger Spannung kann dann näherungsweise wie beim Biegeknicken angenommen werden. Beim *Kippen* dagegen tritt die wesentliche Erschwernis hinzu, daß die Spannungsverteilung über die Balkenhöhe und die Spannweite ungleichförmig ist. Eine genauere Lösung ist kaum zu finden[2].

Auf alle Fälle ist eine obere Abgrenzung durch die Fließgrenze des Materials gegeben, wenn man vom Einfluß der Verfestigung absieht. Um einen Anhaltspunkt zu bekommen, kann angenommen werden, daß E und G überall im selben Verhältnis vermindert werden, und zwar entsprechend der maximalen Spannung an der meist beanspruchten Stelle. Dieses Verfahren ist bestimmt zu ungünstig, denn die maximale Verminderung trifft in Wirklichkeit nur an einer Stelle zu

[1] Siehe z. B. A. SCHLEUSNER: Kippsicherheit eines gleichmäßig belasteten Trägers mit linear veränderlicher Höhe. Stahlbau März 1953. — TIMOSHENKO, S.: Theory of Elastic Stability, New York: McGraw-Hill 1936, S. 279. — CHWALLA, E.: Über das Auskippen zweistäbiger Rahmen. Stahlbau 1938, S. 161. — FEDERHOFER, K.: Kippsicherheit des kreisförmig gekrümmten Trägers mit einfach-symmetrischem, dünnwandigem und offenem Querschnitt bei gleichmäßiger Radialbelastung. Öst. Ing.-Arch. IV (1950) S. 27. — ESSLINGER, M.: Kippen von Rahmenecken mit Rechteckquerschnitt. Stahlbau 1954, S. 53.

[2] Eine solche Untersuchung wurde für den I-Träger von BENTLEY angegeben. BENTLEY, K.: Lateral Stability of Beams. I. V. B. H., Vierter Kongreß, Cambridge und London 1952. Vorbericht S. 419. Die neueren Erkenntnisse von SHANLEY sind dabei nicht berücksichtigt.

und an allen anderen Stellen fällt sie kleiner aus. Für den doppelt-symmetrischen I-Träger z. B. kann die Tab. IV 8 gebraucht werden, wenn σ größer ist als die Proportionalitätsgrenze, indem man statt der in der Tabelle angegebenen „ideellen" kritischen Spannung $\sigma_{ki} = \sigma_{kr}$ die zugehörige abgeminderte Spannung σ_{kr} nach SHANLEY oder KÁRMÁN einsetzt[1]. Allgemein muß die Kurve σ_{kr} für kurze Stäbe horizontal in die Fließgrenze σ_F einmünden und bei der Proportionalitätsgrenze stetig in die elastische Kippspannungslinie übergehen.

c) Vereinfachungen bei der Aufstellung der Gleichungen. Wie gewöhnlich wurde von den linearisierten elastostatischen Gleichungen Gebrauch gemacht. Der Krümmungsradius der elastischen Linie wurde zu

$$\varrho = \frac{1}{\xi''} \quad \text{anstatt genau zu} \quad \frac{[1 + (\xi')^2]^{3/2}}{\xi''} \qquad \text{(IV 435)}$$

gesetzt. Dadurch wurde eine Verzweigungslast gefunden, die nur für sehr kleine Ausbiegungen gilt. Die Größe der Ausbiegungen selbst und der Rückhaltekräfte bei gebundener Knickung und Kippung bleiben unbestimmt.

Vernachlässigt wurde auch der Einfluß der Schubspannungen auf den Verformungszustand. Dies sollte bei nicht allzu gedrungenen Trägern mit offenem Querschnitt zulässig sein.

Dazu wurden die anfänglichen Krümmungen als von derselben Größenordnung angenommen, wie die zusätzlichen Verformungen beim Knick- oder Kippvorgang. In Wirklichkeit sind die anfänglichen Krümmungen endlich, währenddem die Verformungen beim Unstabilwerden unendlich klein bleiben. Anderseits ist die Spannungsverteilung durch diese endlichen Verformungen auch beeinflußt. Beim Kippen von doppelt-symmetrischen I-Trägern kann dieser Einfluß der endlich großen Hauptkrümmung näherungsweise berücksichtigt werden, indem man anstatt der seitlichen Biegesteifigkeit EJ_y den Wert $EJ_y \frac{J_x}{J_x - J_y}$ in die Formel einführt[2].

Für den exzentrisch gedrückten Stab wurde dieser Einfluß von KAPPUS[3] berücksichtigt. Eine darauf aufgebaute Formel findet sich in der deutschen Norm DIN 4114, Ri 10.12.

Außerdem ist, z. B. beim Kippproblem, der Balken nie mathematisch gerade und unverdreht, der Kraftangriff nie genau in der Hauptbiegungsebene. Es handelt sich dabei wieder um endlich große Verformungen. Der Gedanke liegt nahe, die kritische Last des Trägers für unvermeidbare, passend gewählte anfängliche Verformungen und Exzentrizitäten zu bestimmen, ähnlich wie dies bei exzentrisch gedrückten oder bei Stäben mit anfänglicher Ausbiegung gemacht werden kann. Die Bestimmung der kritischen Last stößt hier auf weit größere Schwierigkeiten als beim exzentrischen Knicken. Man wird sich deshalb darauf

[1] Eine solche Umrechnungstabelle enthält die deutsche Norm DIN 4114 in der Tafel 3 Ri. Bei der ÖNORM B 4300, 4. Teil, 2,1(6), wurde dagegen bei der Kippung eine kleinere Abminderung eingeführt als beim Knicken.

[2] Siehe unter andern: L. PRANDTL: Kipperscheinungen, Nürnberg 1899.

[3] KAPPUS, R.: Zentrisches und exzentrisches Drehknicken von Stäben mit offenem Profil. Stahlbau Januar 1953.

beschränken müssen die Aufgabe näherungsweise als Spannungsproblem zweiter Ordnung[1] zu behandeln (s. Unterkapitel A 3b).

Man stellt somit die Bedingung, daß das Tragwerk unter der mit dem Sicherheitskoeffizienten multiplizierten Belastung und unter Berücksichtigung der Verformung auf das Kräftespiel an keiner Stelle eine Spannung aufweist, die größer ist als die Fließgrenze.

d) Erhaltung der Querschnittsgestalt. Einfluß der Aussteifungen. Sind die einzelnen Scheiben des Querschnittes sehr dünn und werden nicht genügend viele Aussteifungen angebracht, so kann sich die Querschnittsform während der Verformung merklich ändern. Dabei seien zuerst Beulerscheinungen ausgeschlossen; sie werden im nächsten Abschnitt betrachtet.

Bei einem geschweißten doppelt-symmetrischen I-Träger mit dünnem Steg und wenig Aussteifungen ist der Steg nicht steif genug, um eine Drehung des Trägers als Ganzes zu erzwingen. Der Zuggurt bleibt ungefähr in Ruhe, währenddem der Druckgurt ausknickt und dabei der Steg mit ihm seitlich ausgebogen wird. Der Vorgang ist von der geringen Biegesteifigkeit des Steges kaum beeinflußt und die Berechnung des Druckgurtes als Knickstab stimmt mit der Wirklichkeit nicht schlecht überein. Es ist auch empfehlenswert, die Möglichkeit eines gebundenen Drillknickens des Gurtes um seine Längsachse zu untersuchen[2].

Dabei kann Gl. (IV 384) gebraucht werden. Die Koordinaten h_{x*} und h_{y*} der erzwungenen Drehachse sind Null. Wenn der Untergurt seine Lage beibehält und wenn man den Steg als einseitig eingespannten Balken betrachtet, wird der Winkel für $M = 1$ zu $\frac{h}{4E\,J_{\text{Steg}}}$ [3] und die Drehbettung entsprechend (Abb. IV 105)

$$B_\varphi = \frac{4E\,J_{\text{Steg}}}{h}. \qquad \text{(IV 436)}$$

Mit

$$J_{\text{Steg}} = \frac{t_3^3}{12} \qquad \text{(IV 437)}$$

wird

$$B_\varphi = \frac{E\,t_3^3}{3h}. \qquad \text{(IV 438)}$$

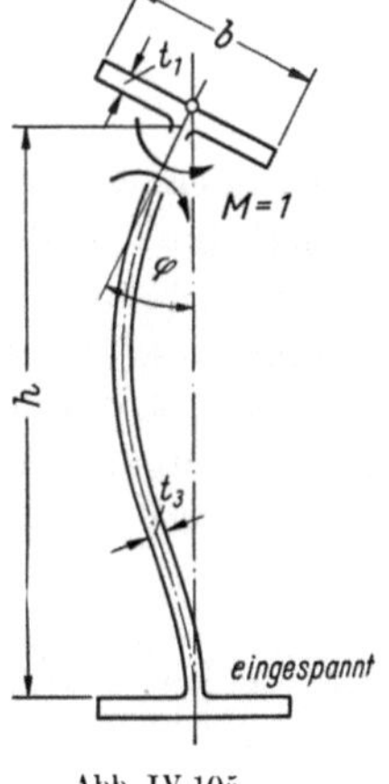

Abb. IV 105

[1] Stüssi, F.: Exzentrisches Kippen. Schweiz. Bauztg. 105 (16. 3. 1935) S. 123. — Nylander, H.: Torsional and Lateral Buckling of Excentrically Compressed I- and T-Columns. Acta Polytechnica 54 (1949). Civil Engineering and Building Construction, Series Bd. 1, No. 8. — Pettersson, O.: Combined Bending and Torsion by Simply Supported Beams of By-symmetrical Cross Section. Acta Polytechnica 55 (1949). Civil Engineering and Building Construction Series Bd. 1, No. 9. Combined Bending and Torsion of I Beams of Monosymmetrical Cross Section. A Non-Linear Theory Taking Into Account the Risk of Lateral Buckling, TH Stockholm 1952. — Dutheil, I.: Le flambement et le déversement. Bulletin trimestriel de la Société Royale Belge des Ingénieurs et des Industriels, Nr. 3, juill. 1950 oder: Théorie de l'instabilité par divergence d'équilibre. I. V. B. H., Vierter Kongreß, Cambridge und London 1952, Vorbericht S. 275.

[2] Esslinger, M., u. O. Krautwurst: Zur Stabilität von auf Biegung beanspruchten I-Trägern. Stahlbau 1950, S. 4.

[3] Siehe z. B. E. Suter: Methode der Festpunkte, Berlin: Springer 1932, S. 50.

Der Druckgurt hat einen schmalen Rechteckquerschnitt; Schwerpunkt, Schubmittelpunkt und Drehachse fallen zusammen und es wird

$$\left.\begin{aligned} J_c &= \frac{b^3 t_1}{12} \\ C_M &= \frac{b^3 t_1^3}{144} \\ J_D &= \frac{b\, t_1^3}{3}. \end{aligned}\right\} \qquad \text{(IV 439)}$$

Man erhält aus Gl. (IV 384)

$$\sigma_{\text{kr}} = \frac{P_{\text{kr}}}{F} = \frac{1}{J_c}\left(E\, C_M \frac{n^2 \pi^2}{l^2} + G\, J_D + \frac{l^2}{n^2 \pi^2} B_\varphi\right) \qquad \text{(IV 440)}$$

$$\sigma_{\text{kr}} = E\left(\frac{n\,\pi}{l}\right)^2 \frac{t_1^2}{12} + 4G\left(\frac{t_1}{b}\right)^2 + E\left(\frac{l}{n\,\pi}\right)^2 \frac{4 t_3^3}{h\, b^3 \cdot t_1}. \qquad \text{(IV 441)}$$

n muß so gewählt werden, daß σ_{kr} ein Minimum wird, also $\frac{d\sigma_{\text{kr}}}{dn} = 0$.

$$\left(\frac{n\,\pi}{l}\right)^2 = \sqrt{\frac{48 t_3^3}{h\, t_1^3 \cdot b^3}}. \qquad \text{(IV 442)}$$

Damit ergibt sich die maßgebende Drillknickspannung zu

$$\underline{\underline{\sigma_{\text{kr}} = 2E\sqrt{\frac{t_1 \cdot t_3^3}{3h\, b^3}} + 4G\left(\frac{t_1}{b}\right)^2.}} \qquad \text{(IV 443)}$$

Eingehendere Untersuchungen über diesen Einfluß der Stegverwindung hat Nylander[1] durchgeführt. Er kommt zum Schluß, daß bei normal ausgesteiften Trägern dieser Einfluß sehr klein ist. Wenn dagegen Aussteifungen an den Kraft- oder Drehmomenteneinführungsstellen fehlen, werden die Deformationen groß und nicht vernachlässigbar.

Die Aussteifungen üben noch einen zweiten Einfluß aus. Wie Abb. IV 106 zeigt, werden bei einer Verdrehung des Trägers die Aussteifungen auch verdrillt.

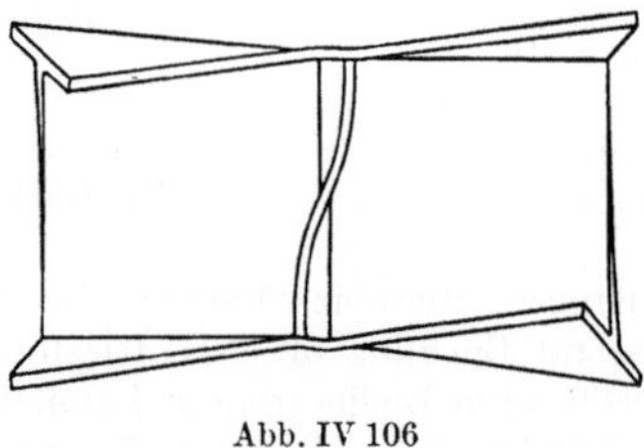

Abb. IV 106

Dadurch wird die Steifigkeit des Systems erhöht. Nach Nylander[2] kann diese wölbverhindernde Wirkung der Aussteifung bei einfach-symmetrischen I-Trägern näherungsweise so berücksichtigt werden, daß die Saint-Venantsche Torsions-

---

[1] Nylander, H.: Drehungsvorgänge und gebundene Kippung bei geraden, doppeltsymmetrischen I-Trägern. Ing. Vetensk. Akad. Handl. Nr. 174, Stockholm 1943.

[2] Nylander, H.: Eine Methode zur Vergrößerung der Verdrehungssteifigkeit der doppelflanschigen Balken. I. V. B. H., dritter Kongreß, Lüttich 1948, Schlußbericht S. 327.

steifigkeit GJ_D vergrößert wird nach der Formel

$$\frac{G\,J_D}{1-\dfrac{\dfrac{m}{2\varkappa}\,\dfrac{1}{\varkappa\,\lambda}}{1+\dfrac{m}{2\varkappa}\coth\varkappa\,\lambda}}\,, \tag{IV 444}$$

wobei

$$m=\frac{1}{h}\,\frac{E\,J_y}{E\,J_{y_o}\cdot E\,J_{yu}}\,C_A$$

$$\varkappa=\sqrt{\frac{G\,J_D}{E\,C_M}}\,.$$

2λ	Abstand zwischen den Aussteifungen,
h	Abstand der Flanschenschwerpunkte,
C_A	Verdrehungssteifigkeit der Aussteifung,
$E\,J_{y_o}$	seitliche Biegungssteifigkeit des Oberflansches,
$E\,J_{yu}$	seitliche Biegungssteifigkeit des Unterflansches,
$E\,J_y \cong E\,J_{y_o} + E\,J_{yu}$	seitliche Biegungssteifigkeit des Querschnittes.

e) Beulerscheinungen. Wenn der Stab nicht als Ganzes ausknickt, sondern die einzelnen Wandungen für sich allein unstabil werden, ohne daß dabei die Stabachse deformiert wird, dann spricht man vom Ausbeulen[1]. Oft ist eine scharfe Trennung der beiden Vorgänge nicht möglich; im Gegenteil, Biegedrillknicken und Ausbeulen kommen gekoppelt vor, so daß eine strenge Lösung auf erhebliche Schwierigkeiten stößt.[2]

Für einige einfache Profile, wie z. B. für Winkel, führen dagegen beide Untersuchungen fast zum selben Resultat.

Maßgebend für die Biegedrillknickung eines zentrisch gedrückten Winkels ist Gl. (IV 362). Wie schon vermerkt (Unterabschnitt 4c), ist P_{kr} normalerweise kaum verschieden von $P_T (P_y \gg P_T)$ und man erhält

$$P_{\text{kr}} \cong P_T = \frac{1}{i_M^2}\left(G\,J_D + \frac{n^2\,\pi^2}{l^2}\,E\,C_M\right). \tag{IV 445}$$

Für einen gleichschenkligen Winkel ist

$$\left.\begin{aligned} J_M &= 2\,\frac{t\,b^3}{3}\\ J_D &= 2\,\frac{b\,t^3}{3}\\ C_M &= \frac{b^3\cdot t^3}{18}\,. \end{aligned}\right\}\ \text{(Tab. IV 9)}. \tag{IV 446}$$

Mit $\nu = 0{,}3$ (POISSONsche Zahl) und $G = \dfrac{E}{2(1+\nu)}$ kann geschrieben werden für $n = 1$ bei Multiplikation des Zählers und des Nenners mit $1-\nu^2$

$$\sigma_{\text{kr}} = \frac{\pi^2\cdot E}{12(1-\nu^2)}\left(\frac{t}{b}\right)^2\left[(1-\nu^2)\,\frac{b^2}{l^2} + 0{,}425\right]. \tag{IV 447}$$

---

[1] KOLLBRUNNER, C. F., u. M. MEISTER: Ausbeulen, Berlin/Göttingen/Heidelberg: Springer 1958.

[2] Eine solche Untersuchung wurde für gewisse Profile unternommen. Siehe P. P. BIJLAARD u. G. P. FISHER: Interaction of Column and Local Buckling in Compression Members. N. A. C. A., Technical Note 2640, Washington 1952. — MASSONNET, CH.: Le flambage des barres à section ouverte et à parois minces, Liège: Georges Thone 1947.

Für das Ausbeulen würde man mit $\nu = 0{,}3$ erhalten[1].

$$\sigma_{kr} = \frac{\pi^2 \cdot E}{12(1-\nu^2)} \left(\frac{t}{b}\right)^2 \left[\frac{b^2}{l^2} + 0{,}425\right]. \qquad \text{(IV 448)}$$

Der einzige Unterschied zwischen den beiden Formeln besteht im ersten Glied der eckigen Klammer, bei welchem der Korrekturfaktor $\frac{1}{1-\nu^2}$, der den Einfluß des zweidimensionalen Spannungszustandes ausdrückt, in der Formel für das Ausbeulen nicht vorkommt.

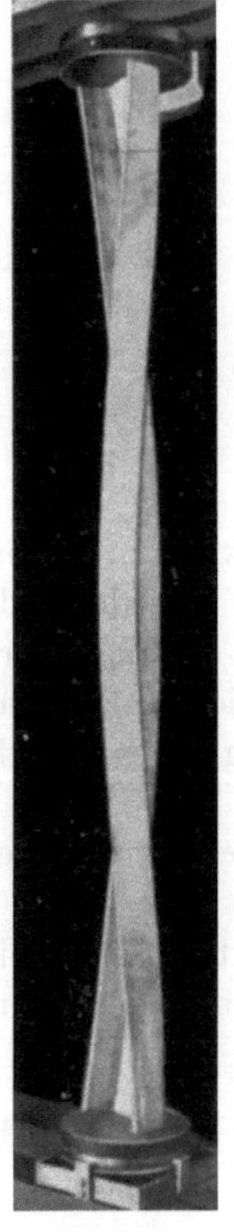

a

b

Abb. IV 107a u. b

Abb. IV 107a und Abb. IV 107b zeigen in prägnanter Weise den Unterschied zwischen Biegedrillknicken und Ausbeulen am Beispiel eines ⌊‾-Profils aus Aluminium[2].

f) Schwingungen. Bekanntlich besteht zwischen Schwingungs- und Knickvorgängen eines Stabes eine enge Verwandtschaft. Wächst nämlich bei einem schwingenden Stab die Druckkraft, so kommt ein Augenblick, bei welchem gerade Gleichgewicht zwischen den Ablenkungskräften und den innern elastischen Kräften besteht. In diesem Falle müssen die Trägheitskräfte verschwinden und

[1] Kollbrunner, C. F.: Das Ausbeulen des auf Druck beanspruchten freistehenden Winkels. Mitt. Nr. 4 aus dem Institut für Baustatik an der Eidg. Technischen Hochschule Zürich. Gl. (29), Zürich: Leemann 1934, S. 47.

[2] Diese Bilder wurden uns freundlicherweise von den Aluminium Laboratories Ltd., Banbury, England, zur Verfügung gestellt.

die Schwingungsdauer wird unendlich groß; der ausweichende Stab kehrt nicht mehr in seine Ausgangslage zurück. Es ist oft interessant, das Knickproblem von dieser Seite her zu beleuchten[1].

g) Die Energiemethode zur Lösung der Probleme der Biegedrillknickung und der Kippung. Anstatt die Grundgleichungen aus Gleichgewichtsbedingungen zu bestimmen, kann hierfür von der im Kap. III C erwähnten Energiemethode Gebrauch gemacht werden. Dieser Weg ist dann besonders empfehlenswert, wenn das RITZsche oder GALERKINsche Verfahren angewandt wird.

10. Schlußfolgerungen

Ein drillfreies Ausknicken (Biegeknicken) tritt bei *zentrisch* gedrückten Stäben mit beliebigem Querschnitt (ohne Symmetrie) niemals auf. Die kritische Last fällt immer kleiner als die EULERsche (oder ENGESSER-SHANLEYsche) Biegeknicklast aus. Dennoch brauchen nur Stäbe mit sehr geringem Torsionswiderstand (offene, dünnwandige Profile) auf Biegedrillknicken berechnet zu werden. Bei den Querschnitten mit genügender Verdrehungssteifigkeit ist die Biegeknicklast von der genaueren kritischen Last wenig verschieden und darf für die Dimensionierung als maßgebend erachtet werden. Bei einfach-symmetrischen Profilen liegen für das Ausweichen um die Symmetrieachse ähnliche Verhältnisse vor. Das Ausweichen in Richtung der Symmetrieachse ist dagegen streng ein Biegeknicken. Bei Stäben mit doppelt- oder punktsymmetrischem Querschnitt ist außer Biegeknicken in Richtung der Hauptachsen auch reines Drillknicken möglich.

Greift die Kraft im Schubmittelpunkt eines beliebigen Querschnittes (ohne Symmetrie) an, so kommt Biegeknicken (zentrisch oder exzentrisch) wie auch Biegedrillknicken vor. Bei beliebigem Kraftangriff hat man es bei einem solchen Querschnitt immer mit Biegedrillknicken zu tun. Bei einfach- oder doppeltsymmetrischen Querschnitten kann jedoch für Lastangriff auf einer Symmetrieachse sowohl exzentrisches Biegeknicken als auch Biegedrillknicken eintreten.

Für die Anwendung in der Stahlbaupraxis sind die T-, ⊏- und Kreuzquerschnitte durch Drehknicken gefährdet. Eine genauere Untersuchung ist dann empfehlenswert. Bei doppelt-symmetrischen I-Profilen ist dies, abgesehen von Spezialfällen (s. Abschn. 4a), nicht nötig. Dagegen ist die Kippsicherheit bei diesen I-Profilen nachzuweisen, im besonderen bei I NP-Trägern.

Im Stahlleichtbau und Leitmetallbau (auch Flugzeugbau) kommen dünnwandigere Querschnitte vor und dementsprechend spielt das Drehknicken hier eine bedeutend größere Rolle.

11. Drillkopplung zur Erzielung steifer Körper nach Hertel

Da dünnwandige, offene Profile nur geringe Drillsteifigkeit und Drillfestigkeit besitzen, und sofern die Querschnitte „wölbfrei“ sind, auch nicht durch Ein-

[1] Siehe u. a. E. CHWALLA: Über die gekoppelten Biegungs- und Torsionsschwingungen belasteter Stäbe mit offenem, einfach-symmetrischem Querschnitt. Öst. Bauzeitschr. 1950, S. 60. — HEILIG, R.: Torsions- und Biegeschwingungen von dünnwandigen Trägern mit beliebiger offener Profilform mit Vorlasten. Ing.-Arch. 1951, S. 231.

spannung versteift werden können, hat HERTEL[1] für den Leichtbau ein neues Verfahren, die Drillkopplung, entwickelt. Profile, deren Querschnitt sich beim Drillen verwölbt, hauptsächlich solche mit zwei parallelen Flanschen, können dabei gegen Drillung dadurch versteift werden, daß man die Querschnittsverwölbung behindert. Weil das Einspannen der Stabenden mit ausreichender Behinderung der Querschnittsverwölbung konstruktiv oft schwierig ist und zudem nicht immer zum gewünschten Erfolg führt, ist die von HERTEL vorgeschlagene Drillkopplung der Flanschen im Leichtbau eine neuzeitliche, konstruktiv interessante Möglichkeit, die Drillsteifigkeit zu vergrößern. Dabei werden die beiden Flanschen durch ein zu ihnen senkrechtes „Koppelglied" verbunden, damit sich die Flanschen an dieser Stelle nicht mehr frei gegeneinander verdrehen können. Diese Drillkopplung kann bei langen Baugliedern und zur Erzielung besonders hoher Steifigkeit nicht nur an den Enden, sondern auch über der Stablänge in beliebiger Zahl angebracht werden.

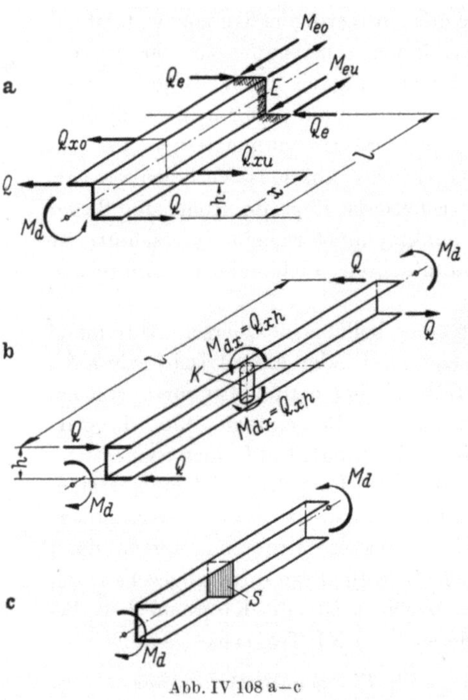

Abb. IV 108 a–c

Bei der Verwölbung drehen sich die Flanschen in ihren Ebenen gegeneinander. Die Verwölbung kann durch Einspannen der Flanschen in ihrer Ebene behindert werden. Den bei Drillung entstehenden Einspannmomenten M_e in den Flanschebenen sind Flanschquerkräfte Q zugeordnet. Werden die Werte für den einen Flansch mit dem Index o, diejenigen für den andern mit dem Index u bezeichnet, so folgt für jede Stelle x des Stabes (Abb. IV 108)

$$M_{xo} = M_{xu} = M_x \qquad \text{(IV 449)}$$

$$Q_{xo} = Q_{xu} = Q_x. \qquad \text{(IV 450)}$$

Die „Einspannmomente" der Wölbbehinderung werden zu „Koppelmomenten", die sich wegen

$$M_{eo} = M_{eu} \qquad \text{(IV 451)}$$

direkt über das Koppelglied ausgleichen.

Die einfachste Form des Koppelgliedes ist das Koppelröhrchen im [-Profil (Abb. IV 108b).

Die Querkräfte beider Flanschen bilden ein Kräftepaar mit dem Hebelarm h und somit ein Drillmoment

$$M_{dx} = Q_x h \qquad \text{(IV 452)}$$

um die Stabachse.

[1] HERTEL, H.: Die Drillkopplung, ein neues Verfahren des Leichtbaues zur Erzielung steifer Körper. Konstruktion 10 (1958) H. 10, S. 381. — Leichtbau, Berlin/Göttingen/Heidelberg: Springer 1960, S. 155.

Die ideale direkte Kopplung kann auf verschiedene Arten realisiert werden, entweder durch Röhrchen oder durch zwei oder drei Stege, die einen *Torsionskasten* bilden (Abb. IV 109).

Bei der Drillkopplung ist wesentlich, daß das Koppelglied eine hohe Torsionssteifigkeit besitzt. Schotten mit Blechstärken in der Größe des dünnwandigen Profiles des Stabes sind zu drillweich und können somit keinen Kopplungseffekt erzeugen.

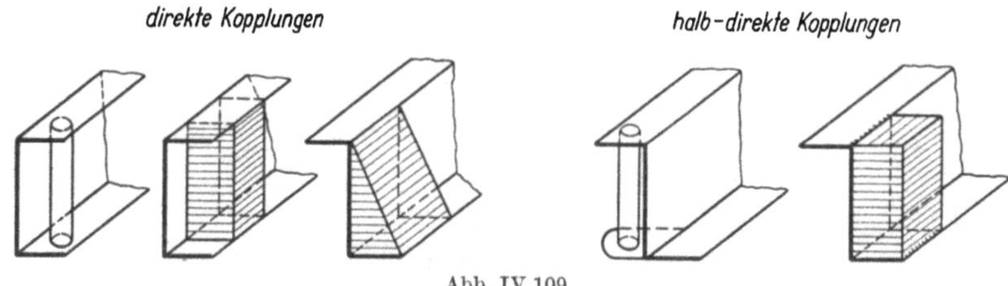

Abb. IV 109

Das Drillkoppelverfahren hat folgende Vorteile:

1. *Unabhängigkeit von der äußeren Lagerung.* Da die Flanschen mit den Kopplungsgliedern ein in sich geschlossenes System darstellen, können die Kopplungen an beliebiger Stelle und in beliebiger Zahl angeordnet werden, auf daß selbst bei großem Lagerabstand eine große Drillsteifigkeit erzielt wird.

2. *Geringster Aufwand.* (Kleine Kosten.)

3. *Konstruktive Klarheit.* Die an den Verbindungen des Koppelglieds mit einem Flansch auftretenden Zusatzspannungen aus der Kräfteeinleitung können berücksichtigt werden.

4. *Möglichkeiten des nachträglichen Einbaues.*

Abb. IV 110 zeigt die Auswirkung der Stützungen auf die Knickspannung nach theoretischen Untersuchungen[1].

Die Kurve OH für den Stab ohne Hautstützung ist nur zum Vergleich eingetragen und zeigt, daß ein freier Stab schon unter geringen Spannungen durch Biegedrillknicken versagt. Die Kurve $\frac{s_H}{s_P} = 0$ läßt den Einfluß der Stützung gegen Biegung parallel zur Haut erkennen. Die Knickspannung erreicht fast den zweifachen Wert des freien Profils. Die dabei auftretende Instabilitätsform ist ein fast reines Drillknicken um den Schnittpunkt von Haut und Profilsteg (s_H = Dicke der Haut, s_P = Dicke des Profilsteges, Abb. IV 110).

Die Kurve $\frac{s_H}{s_P} = 0{,}5$ zeigt den zusätzlichen Einfluß der Stützung gegen Drillung. Bis $\lambda_x = 40$, wo die Drillknickspannung ein Minimum erreicht, ist das Biegedrillknicken wieder ein fast reines Drillknicken. Bei Schlankheiten $\lambda_x > 40$ tritt jedoch eine Biegung senkrecht zur Haut s_H immer mehr in Erscheinung, bis der Stab bei $\lambda_x > 70$ in ein fast reines Biegeknicken übergeht.

[1] Argyris: Flexure-Torsion Failure of Panels. Aircraft Engineering 1954. — Ebner, H.: Z. Flugwiss. 4 (1956) H. 3/4, S. 118.—Hertel, H.: Leichtbau, Berlin/Göttingen/Heidelberg: Springer 1960, S. 178, Abb. 171.

Bei normalem Verhältnis $\frac{s_H}{s_P} = 1$ wirkt sich diese Drillstützung schon so beträchtlich aus, daß die Knickspannung über die Beulspannung gehoben wird.

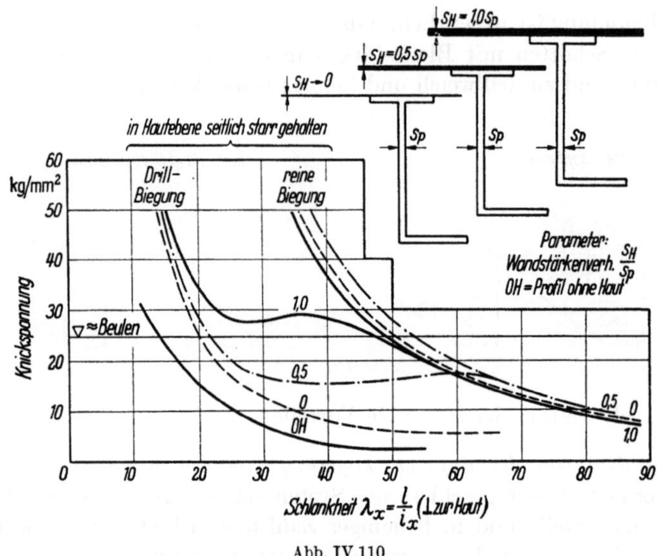

Abb. IV 110

Wir können festhalten, daß wenn ein dünnwandiger Stab mit offenem Profil fest mit einer Haut verbunden ist, die Haut sich im Sinne einer Erhöhung der Drillknickspannung auswirkt, und zwar logischerweise um so stärker, je dicker die Haut (s_H) ist.

Zusätzliche Literatur zum Unterkapitel D

BARBRÉ, R.: Ungleichförmige Torsion von gewalzten und zusammengesetzten Trägern mit I-Querschnitt. Torsion doppelsymmetrischer I-Träger. Bauingenieur 1955, H. 10, S. 373.

BECK, M.: Knickung gerader Stäbe durch Druck und konservative Torsion. Ing.-Arch. 23 (1955) H. 4, S. 231—253. Von der ETH Zürich genehmigte Promotionsarbeit.

CHERRY, S.: The Stability of Beams with Buckled Compression Flanges. The Structural Engineer XXXVIII (September 1960) No. 9, S. 277.

DUTHEIL, J.: Allgemeine Gleichungen des Drillknickens für Stahlträger mit doppelt symmetrischem Querschnitt. Bautechn. 1959, H. 1, S. 1; H. 2, S. 59. — Equations simplifiées pour la vérification de la stabilité au déversement et au flambement — torsion des poutres en acier à section doublement symétrique. Acier — Stahl — Steel 1959, H. 5, S. 243. — Vereinfachte Gleichungen zur Berechnung des Kippens und des Drillknickens von Stahlträgern mit doppelt symmetrischem Querschnitt. Acier — Stahl — Steel 1959, H. 5, S. 239 (deutsche Ausgabe).

GIANGRECO, E.: Association d'équilibres instables en présence de charges excentrées. Abh. I. V. B. H., Bd. XIV, Zürich: Leemann 1954, S. 37.

HAAIJER, G., u. B. THÜRLIMANN: On inelastic Buckling in Steel. Proc. Amer. Soc. civ. Engrs., J. Engng. Mechanics Division (Proc. Paper 1581), April 1958.

HECHTMANN, R. A., J. S. HATTRUP u. J. L. TIEDEMANN: Lateral Buckling of Rolled Steel Beams. Proc. Amer. Soc. civ. Engrs. 81 (September 1955) No. 797, S. 33.

HERRMANN, G., u. A. E. ARMENAKAS: Shear Buckling of Bars. Trans. Amer. Soc. mech. Engrs. Series E. J. Appl. Mech., September 1960, S. 455.

HORNE, M. R.: The Elastic Lateral Stability of Trusses. The Structural Engineer, Mai 1960, H. 5, S. 147.

HUI, E.: Knickung verwundener Stäbe unter Druck. Öst. Ing.-Arch. 1955, H. 4, S. 288.

KLÖPPEL, K. u. W. PROTTE: Ein Beitrag zum Kipp-Problem des kreisförmig gekrümmten Stabes. Stahlbau 1961, H. 1, S. 1.

KLÖPPEL, K., u. R. SCHARDT: Beitrag zur praktischen Ermittlung der Vergleichsschlankheit λ_{vi} von mittig gedrückten Stäben mit einfach symmetrischem offenem dünnwandigem Querschnitt. Stahlbau 1958, H. 2, S. 35; H. 10, S. 262.

KRAUS, L.: Die Integralgleichungen der Kippung gerader Träger mit dünnwandigen, offenen und doppeltsymétrischen Profilen. Ing.-Arch. 1958, S. 1. — Integralgleichungen gerader Kippträger mit dünnwandigen, offenen und quasi-wölbfreien Profilen. Ing.-Arch. 1960, H. 3, S. 187.

LANGHAAR, H. L.: Lateral Buckling of Asymmetrical Beams. J. Appl. Mech., September 1955, S. 335.

LEE, L. H. M.: On the lateral Buckling of a Tapered Narrow Rectangular Beam. J. Appl. Mech., September 1959, S. 457.

LUNDQUIST, E. E.: On the Strength of Columns that Fail by Twisting. J. Aeronaut. Sci. April 1937, S. 249.

MASSONNET, CH.: Déversement. C. E. C. M. Notes techniques B—10.56, März 1958. — Flambement spatial des barres droites. C. E. C. M. Notes techniques B—10.55, 1. September 1958. — Stability Considerations in the Design of Steel Columns. Proc. Amer. Soc. civ. Engrs., J. Structural Division, September 1959.

MAUNDER, L.: The Bending of Pretwisted Thin-Walled Beams of Symmetric Star-Shaped Cross Sections. J. Appl. Mech. 25 (March 1958) No. 1, S. 67.

MEISSNER, F.: Einige Auswertungsergebnisse der Kipptheorie einfach-symmetrischer Balkenträger. Stahlbau Mai 1955, S. 110.

MÜLLER, G.: Drillknicken und Biegedrillknicken bei mittig gedrückten Stäben aus gewalzten Regelprofilen. Bauingenieur 1960, H. 12, S.465. — Biegedrillknicken von geraden, planmäßig außermittig gedrückten Stäben aus gewalzten Regelprofilen. Bautechnik 1961, H. 1, S. 15.

NYLANDER, H.: Torsion, Bending and Lateral Buckling of I-Beams. (Kungl. Tekniska Högskolans Handlingar, Schweden, Nr. 102, Bulletin Nr. 22), Göteborg: Elanders Boktryckeri Aktiebolag 1956.

OPLADEN, K.: Zur praktischen Berechnung der Querschnittswerte nach DIN 4114. Stahlbau 1959, H. 2, S. 54.

RENTON, J. D.: A Direct Solution of the Torsional—Flexural Buckling of Axially Loaded Thin-Walled Bars. The Structural Engineer XXXVIII (September 1960) No. 9, S. 273.

ROIK, K.: Biegedrillknicken mittig gedrückter Stäbe mit offenem Profil im unelastischen Bereich. Stahlbau 1956, H. 1, S. 10. Nachtrag Stahlbau 1956, H. 3, S. 76.

SCHEER, J.: Die Berücksichtigung der Stegverformungen bei Wölbkrafttorsion von doppelsymmetrischen I-Profilen. Stahlbau Nov. 1955, S. 257. — Zum Problem der Gesamtstabilität von einfachsymmetrischen I-Trägern. Stahlbau 1959, H. 5, S. 113; H. 6, S. 165.

STEINBACH, W.: Beitrag zur Stabilität des Kragträgers. Bauingenieur 1958, H. 11, S. 414.

SYDNEY, M. G. DOS SANTOS: Flambage latéral des poutres avec liaison simple. Abh. I. V. B. H. Bd. XVII, Zürich: Leemann 1957, S. 197.

WANSLEBEN, F.: Die Theorie der Drillfestigkeit von Stahlbauteilen, Köln: Stahlbau GmbH., 1956.

WINTER, G.: Lateral Bracing of Columns and Beams. J. Structural Division, Proc. Amer. Soc. civ. Engrs., March 1958, Paper 1561.

WITTE, H.: Die Kippstabilität querbelasteter Druckstäbe mit einfach symmetrischem Querschnitt. Stahlbau 1957, H. 12, S. 380. — Der Einfluß der Drillkopplung auf das Biegedrillknicken und die Kippstabilität von Trägern mit doppelsymmetrischem Querschnitt. Stahlbau 1960, H. 1, S. 21.

ZICKEL, J.: Bending of Pretwisted Beams. J. Appl. Mech., September 1955, S. 348.

E. Knicken von Stabsystemen

1. Einleitung

Den vorherigen Untersuchungen lagen Stäbe zugrunde, deren Randbedingungen den Eulerschen Fällen II, III, IV (s. Abb. IV 1) entsprachen. Die Enden waren also gelenkig gelagert oder voll eingespannt. Bei den tatsächlich vorkommenden Konstruktionen sind diese Idealfälle kaum verwirklicht. Vielmehr bestehen die Tragwerke aus einer Anzahl zusammenhängender Elemente. Jeder Stab ist durch die anschließenden elastisch eingespannt, wobei der Einspannungsgrad durch die Steifigkeiten, Längen und Axialkräfte der Elemente gegeben ist.

Zu diesen Stabsystemen gehört auch das *Fachwerk*, soweit es — was die Regel ist — mit steifen Knoten ausgebildet ist. Entgegen der allgemein gebräuchlichen Gepflogenheit, die Fachwerkstäbe als Einzelelemente zu berechnen, wäre also hier eine Untersuchung des Gesamtsystems am Platze. Allerdings stößt eine solche Untersuchung des Gesamtsystems auf fast unüberwindliche Schwierigkeiten, so daß man sie kaum jemals durchführen wird. Die Einführung der Netzlänge als Knicklänge der Gurtung und des Abstandes der nach der Zeichnung geschätzten Schwerpunkte der Anschlußnietgruppen oder Schweißanschlüsse als Knicklänge der Streben und Pfosten dürfte den Bedürfnissen der Praxis entsprechen, allerdings eventuell auf Kosten der Wirtschaftlichkeit.

Bei *Rahmentragwerken* dagegen ist eine solche Abschätzung der Knicklänge nicht anwendbar, auf alle Fälle nicht bei Rahmen mit verschieblichen Knoten, weil die Lage der Wendepunkte und deren gegenseitiger Abstand, anders ausgedrückt die Knicklänge, auch nicht annähernd ohne Rechnung angegeben werden können. Ähnliche Verhältnisse herrschen auch bei Druckgurten mit federnder Querstützung.

Prinzipiell ist es möglich, alle diese Probleme durch Aufstellen der Differentialgleichung der elastischen Linie der verschiedenen Stäbe zu lösen und dabei die besonderen Randbedingungen zu berücksichtigen, die durch den gegenseitigen Zusammenhang der Stäbe gegeben sind. Diese Verträglichkeitsbedingungen an den Übergangsstellen führen zu Bestimmungsgleichungen für die in den Lösungsansätzen der elastischen Linien frei gebliebenen Größen. Es ergibt sich, daß diese Gleichungen kein Glied ohne die Unbekannten enthalten. Sie sind also homogen und die Determinante des Gleichungssystems muß verschwinden, damit überhaupt die Unbekannten von Null verschiedene Werte annehmen, oder anders gesagt, damit sich Ausbiegungen ergeben. Ein solches Verfahren wird am Schluß dieses Abschnittes für die Untersuchung der räumlichen Knickung eines Masteckpfostens angewandt, so daß eine nähere Untersuchung sich hier erübrigt.

Das Iterationsverfahren von Engesser-Vianello kann auch zur Lösung herangezogen werden. Besonders vorteilhaft wird es, wenn der generelle Verlauf der Knickfiguren von Anfang an bekannt ist. Bei beliebiger Lagerung und beliebiger Steifigkeit ist diese Methode ohne weiteres anwendbar und sehr übersichtlich, da sie auf den normalen Verfahren der Statik beruht. Die Heranziehung der Energiemethode ermöglicht, die Anzahl der sukzessiven Annäherungen auf ganz wenige zu beschränken.

Bei der Stabilitätsuntersuchung von Stabsystemen können auch die klassischen Methoden der Baustatik unbestimmter Systeme herangezogen werden.

Die Grundlagen dieses Verfahrens werden im nächsten Abschnitt behandelt. In den folgenden Abschnitten werden dann praktische Anwendungen untersucht.

2. Grundlagen

Wir betrachten ein statisches Gebilde, das aus geraden prismatischen Stäben besteht und nur in den Knoten belastet wird. Diese Belastung soll so beschaffen sein, daß vor Eintritt des Knickens die Stäbe nur durch Normalkräfte und nicht durch Momente beansprucht werden. Unter der Belastung herrscht normalerweise Gleichgewicht zwischen den inneren und den äußeren Kräften. Werden diese äußeren Kräfte verhältnisgleich vergrößert, so kommt ein Augenblick, wo das Gleichgewicht labil wird. Neben der gegebenen, momentenfreien Gleichgewichtsfigur ist noch eine zweite möglich, die dadurch gekennzeichnet wird, daß die Stäbe Momente und Querkräfte aufweisen. Durch die Verformung des Systems hat sich der Abstand zwischen den Stabachsen und den Kraftlinien verändert und dadurch ist diese Zusatzbeanspruchung zustande gekommen. Allerdings ist nur das Verhältnis der gegenseitigen Verschiebungen und nicht ihre Größe bekannt; dasselbe gilt naturgemäß für die dabei verursachten Momente und Querkräfte. Es genügt, eine infinitesimal ausgebogene Gleichgewichtsfigur zu untersuchen, so daß die Glieder höherer Ordnung vernachlässigt werden können.

Wie bei jedem Knickproblem, sind die Kräfte und Verformungen voneinander abhängig. Ihre Verknüpfung ist durch die Gleichung der elastischen Linie der einzelnen Stäbe ausgedrückt, wobei die Randbedingungen die Zusammenhänge an den Stabenden erfassen sollen. Dieser in der Einleitung schon beschriebene Lösungsweg ist recht mühsam und wird in der Baustatik der unbestimmten Systeme kaum angewandt. Ein durchlaufender Balken wird nie so berechnet, daß man die Differentialgleichung der elastischen Linie aufstellt und unter Berücksichtigung der Auflagerbedingungen integriert, sondern man betrachtet nach Clapeyron eine Reihe einfacher Balken und führt die Auflagermomente als unbestimmte Größen ein, zu deren Berechnung Elastizitätsgleichungen zur Verfügung stehen. Diese Gleichungen drücken die Verträglichkeit der Formänderungen, hier der Auflagerdrehwinkel aus. Man hätte aber ebensogut die Auflagerdrehwinkel selbst als Unbekannte einführen können, welche durch die Gleichgewichtsbedingungen der Momente am Auflager bestimmt würden. In diesem Falle sprechen wir von der *Deformationsmethode*, im ersten Fall von der *Kraftmethode*.

Diese Verfahren werden sinngemäß angewandt zur Aufstellung der Knickgleichungen, d. h. der Verknüpfungen zwischen Kräften und Verformungen im Augenblick des Knickens. Allerdings muß dabei der Einfluß der Axialkräfte auf die Verformungen mit berücksichtigt werden.

Als Beispiel sei ein prismatischer Stab untersucht, der auf Biegung und durch eine Axialkraft beansprucht ist (Abb. IV 111).

Gesucht seien die Auflagerdrehwinkel $\delta_{n,n}$ und $\delta_{n-1,n}$ in n resp. $n-1$ infolge eines Momentes $M_n = 1$ im Punkt n. Statt die Differentialgleichung aufzustellen und die ersten Ableitungen der elastischen Linie analytisch zu bestimmen, wollen wir hier die Arbeitsgleichung anwenden, welche auch bei der normalen Berechnung unbestimmter Systeme oft gebraucht wird. Im virtuellen Belastungszustand (oder im Verschiebungszustand) muß natürlich der Einfluß der Axialkräfte auf die Formänderungen berücksichtigt werden[1].

Berechnung des Momentes $\overline{M}_{M_n=1}$ im Belastungszustand[2]:

Nach Abb. IV 111 wird

$$\overline{M}_{M_n=1} = \frac{x}{s_{n-1,n}} + \nu_k \cdot N_{n-1,n} \cdot y. \tag{IV 453}$$

Unter $N_{n-1,\,n}$ verstehen wir die Druckkraft im Stab $n-1,\,n$ unter der Gebrauchslast. Die Axialkraft im Knickzustand ist $\nu_k \cdot N_{n-1,\,n}$, wobei ν_k die Knicksicherheitszahl darstellt.

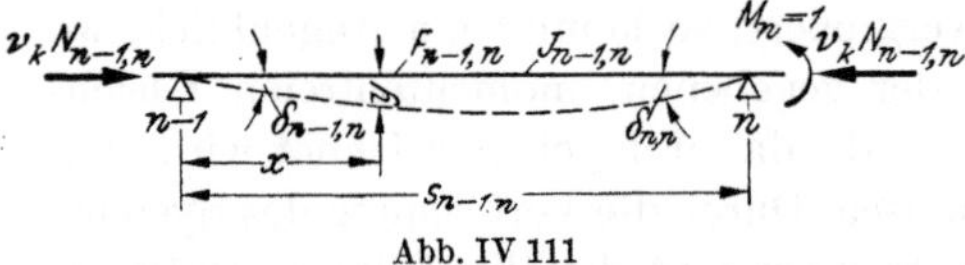

Abb. IV 111

Anderseits ist bekanntlich $M = -T_{n-1,\,n} \cdot J_{n-1,\,n} \cdot y''$, wenn der Einfluß der Querkräfte auf die Verformungen vernachlässigt wird und der Einfluß der Plastizität durch Einführung eines der Knickspannung $\sigma_{\text{kr}} = \sigma_{n-1,n} = \nu_k \frac{N_{n-1,n}}{F_{n-1,n}}$ zugeordneten Knickmoduls $T_{n-1,\,n}$ nach ENGESSER oder SHANLEY berücksichtigt wird.

Es wird daher

$$y'' + \frac{\nu_k \cdot N_{n-1,n}}{T_{n-1,n} \cdot J_{n-1,n}}\, y + \frac{x}{s_{n-1,n} \cdot T_{n-1,n} \cdot J_{n-1,n}} = 0. \tag{IV 454}$$

Da sich die ganze Ableitung auf den Stab $n-1,\,n$ bezieht, können wir N, F, T, J, s ohne Indizes schreiben.

Mit der Abkürzung

$$\varepsilon^2 = \frac{\nu_k \cdot N}{T J}\, s^2 \qquad \text{oder} \qquad \underline{\underline{\varepsilon = s \sqrt{\frac{\nu_k \cdot N}{T J}}}} \tag{IV 455}$$

erhält man die Differentialgleichung

$$y'' + \left(\frac{\varepsilon}{s}\right)^2 y + \frac{x}{s\, T J} = 0. \tag{IV 456}$$

Ihre Lösung lautet

$$y = C_1 \cdot \sin\left(\frac{\varepsilon}{s}\, x\right) + C_2 \cdot \cos\left(\frac{\varepsilon}{s}\, x\right) - \frac{x}{s \cdot \nu_k \cdot N}. \tag{IV 457}$$

Die Integrationskonstanten ergeben sich aus folgenden Randbedingungen:

Für

$$x = 0,\ y = 0{:}\ 0 = 0 + C_2 - 0,$$

daher

$$C_2 = 0.$$

[1] Siehe z. B. C. F. KOLLBRUNNER u. O. HAUETER: Dreimomentengleichung des kontinuierlichen Druckstabes mit Querbelastung. Mitt. über Forschung und Konstruktion im Stahlbau, Nr. 16, Zürich: Leemann 1953.

[2] Glieder mit Formänderungseinfluß werden in den folgenden Ableitungen der Ausdrücke für die Winkelgrößen mit einem über dem Buchstaben liegenden Querstrich bezeichnet, z. B. $\overline{M}$.

Für $x = s,\ y = 0:\quad 0 = C_1 \sin \varepsilon - \frac{1}{\nu_k \cdot N},$

daher

$$C_1 = \frac{1}{\nu_k \cdot N \sin \varepsilon}.$$

Damit wird

$$y = \frac{1}{\nu_k \cdot N \sin \varepsilon} \sin \left(\frac{\varepsilon}{s}\, x\right) - \frac{x}{s \cdot \nu_k \cdot N} \tag{IV 458}$$

und aus Gl. (IV 453)

$$\overline{M}_{M_n=1} = \frac{x}{s} + \frac{1}{\sin \varepsilon} \sin \left(\frac{\varepsilon}{s}\, x\right) - \frac{x}{s} \tag{IV 459}$$

$$\overline{M}_{M_n=1} = \frac{\sin \left(\frac{\varepsilon}{s}\, x\right)}{\sin \varepsilon} \tag{IV 460}$$

Berechnung des Auflagerdrehwinkels $\delta_{n,n}$ (Abb. IV 111):

Nach der Arbeitsgleichung kann man schreiben

$$\delta_{n,n} = \frac{1}{TJ} \int_0^s M_{M_n=1} \cdot \overline{M}_{M_n=1} \cdot dx \tag{IV 461}$$

$$M_{M_n=1} = \frac{x}{s}$$

$$\overline{M}_{M_n=1} = \frac{\sin \left(\frac{\varepsilon}{s}\, x\right)}{\sin \varepsilon} \quad \text{nach Gl. (IV 460)},$$

und es wird

$$\delta_{n,n} = \frac{1}{TJ \;\, s \sin \varepsilon} \int_0^s x \cdot \sin \left(\frac{\varepsilon}{s}\, x\right) \cdot dx. \tag{IV 462}$$

Die Rechnung ergibt

$$\frac{TJ}{s}\, \delta_{n,n} = \frac{1}{\varepsilon^2} \left(1 - \varepsilon \frac{\cos \varepsilon}{\sin \varepsilon}\right) = \varkappa(\varepsilon). \tag{IV 463}$$

Entsprechend mit $M_{M_{n-1}=1} = \frac{s-x}{s}$

erhält man

$$\frac{TJ}{s}\, \delta_{n-1,\, n} = \frac{1}{\varepsilon^2} \left(\frac{\varepsilon}{\sin \varepsilon} - 1\right) = \lambda(\varepsilon). \tag{IV 464}$$

Ist N eine Zugkraft, dann wird ε imaginär [Gl. (IV 455)]. Trotzdem behalten die Gln. (IV 463) und (IV 464) ihre Gültigkeit, wenn man die trigonometrischen Funktionen durch die entsprechenden hyperbolischen Funktionen ersetzt; also werden

$$\left.\begin{aligned} \varkappa(\varepsilon) &= \frac{1}{\varepsilon^2} \left(1 - \varepsilon \frac{ch\, \varepsilon}{sh\, \varepsilon}\right) \\ \lambda(\varepsilon) &= \frac{1}{\varepsilon^2} \left(\frac{\varepsilon}{sh\, \varepsilon} - 1\right) \end{aligned}\right\} \tag{IV 465}$$

für Zugglieder.

Wenn N null ist, ergibt sich $\varkappa = \frac{1}{3}$ und $\lambda = \frac{1}{6}$, wie bekannt aus der klassischen Theorie. Die Tab. IV 12 enthält Werte der Funktionen $\varkappa$ und λ, sowohl für Druck- als auch für Zugstäbe[1].

Ähnlich können andere Verschiebungen δ ermittelt werden, welche die Koeffizienten der Elastizitätsgleichungen der *Kraftmethode* darstellen.

Als weiteres Beispiel seien noch die Grundbeziehungen der *Deformationsmethode* entwickelt[2], die in den DIN 4114, Ri 7.8 angegeben sind.

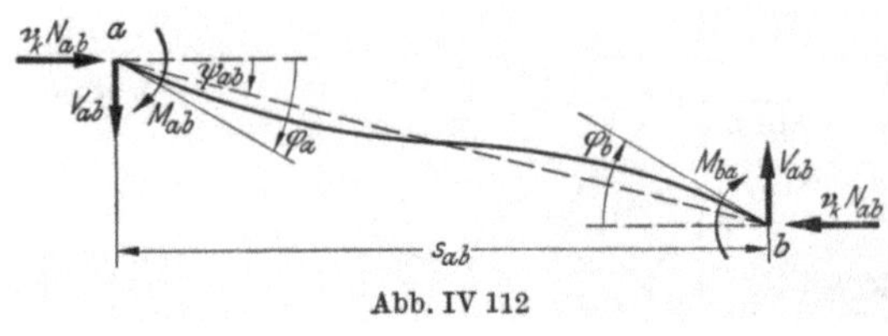

Abb. IV 112

Abb. IV 112 zeigt einen Stab $\overline{a\,b}$ vor und nach der Verformung. Die totale Winkeldrehung an den Enden beträgt $\varphi = \psi + \delta$ und nach den oben abgeleiteten Formeln (IV 463), (IV 464) erhält man ohne weiteres[3]

$$\varphi_a = \frac{s_{ab}}{T_{ab} \cdot J_{ab}} (M_{ab} \cdot \varkappa - M_{ba} \cdot \lambda) + \psi_{ab} \tag{IV 466}$$

$$\varphi_b = \frac{s_{ab}}{T_{ab} \cdot J_{ab}} (- M_{ba} \cdot \varkappa + M_{ab} \cdot \lambda) + \psi_{ab}. \tag{IV 467}$$

Das Auflösen nach M_{ab} und M_{ba} führt zu folgenden Ausdrücken

$$M_{ab} = \frac{T_{ab} \cdot J_{ab}}{s_{ab}(\varkappa^2 - \lambda^2)} [\varkappa \cdot \varphi_a + \lambda \cdot \varphi_b - \psi_{ab}(\varkappa + \lambda)] \tag{IV 468}$$

$$M_{ba} = \frac{T_{ab} \cdot J_{ab}}{s_{ab}(\varkappa^2 - \lambda^2)} [\lambda \cdot \varphi_a + \varkappa \cdot \varphi_b - \psi_{ab}(\varkappa + \lambda)]. \tag{IV 469}$$

Mit den Abkürzungen

$$\alpha = \frac{\varkappa}{\varkappa^2 - \lambda^2} = \frac{\varepsilon \sin \varepsilon - \varepsilon^2 \cos \varepsilon}{2(1 - \cos \varepsilon) - \varepsilon \sin \varepsilon} \tag{IV 470}$$

und

$$\beta = \frac{\lambda}{\varkappa^2 - \lambda^2} = \frac{\varepsilon^2 - \varepsilon \sin \varepsilon}{2(1 - \cos \varepsilon) - \varepsilon \sin \varepsilon} \tag{IV 471}$$

gelangt man zu folgenden Gleichungen

$$M_{ab} = \frac{T_{ab}\, J_{ab}}{s_{ab}} [\alpha_{ab} \cdot \varphi_a + \beta_{ab} \cdot \varphi_b - (\alpha_{ab} + \beta_{ab})\, \psi_{ab}] \tag{IV 472}$$

$$M_{ba} = \frac{T_{ab}\, J_{ab}}{s_{ab}} [\beta_{ab} \cdot \varphi_a + \alpha_{ab} \cdot \varphi_b - (\alpha_{ab} + \beta_{ab})\, \psi_{ab}] \tag{IV 473}$$

oder auch

$$M_{ab} = A_{ab} \cdot \varphi_a + B_{ab} \cdot \varphi_b - (A_{ab} + B_{ab})\, \psi_{ab} \tag{IV 474}$$

$$M_{ba} = A_{ab} \cdot \varphi_b + B_{ab} \cdot \varphi_a - (A_{ab} + B_{ab})\, \psi_{ab}, \tag{IV 475}$$

---

[1] Ähnliche Tafeln sind auch in anderen Werken enthalten. Siehe z. B. F. Bleich: Die Knickfestigkeit elastischer Stabverbindungen. Eisenbau 1919, S. 36. — Timoshenko, S.: Theory of Elastic Stability, New York und London: McGraw-Hill 1936, S. 499. — Ratzersdorfer, J.: Die Knickfestigkeit von Stäben und Stabwerken, Wien: Springer 1936, S. 321. — Stahlbau-Handbuch 1949/50, Bremen-Horn: W. Dorn, S. 120.

[2] Siehe E. Chwalla u. F. Jokisch: Über das ebene Knickproblem des Stockwerkrahmens. Stahlbau 1941, S. 33.

[3] Es sei auf die besondere Vorzeichenregelung der Deformationsmethode aufmerksam gemacht, wie sie aus Abb. IV 112 hervorgeht.

Tabelle IV 12 [s. Gln. (IV 463), (IV 464), (IV 465)]

	ε	$\varkappa$	λ	ε	$\varkappa$	λ
Druckstäbe	6,0	0,6005	−0,6243	3,0	2,4495	2,2509
	5,9	0,4492	−0,4821	2,9	1,5183	1,3224
	5,8	0,3583	−0,4008	2,8	1,1321	0,9386
	5,7	0,2967	−0,3494	2,7	0,9207	0,7294
	5,6	0,2513	−0,3148	2,6	0,7873	0,5982
	5,5	0,2157	−0,2908	2,5	0,6955	0,5084
	5,4	0,1864	−0,2739	2,4	0,6285	0,4433
	5,3	0,1613	−0,2623	2,3	0,5775	0,3940
	5,2	0,1390	−0,2547	2,2	0,5375	0,3556
	5,1	0,1185	−0,2502	2,1	0,5053	0,3249
	5,0	0,0992	−0,2486	2,0	0,4788	0,2999
	4,9	0,0804	−0,2494	1,9	0,4568	0,2792
	4,8	0,0617	−0,2525	1,8	0,4383	0,2618
	4,7	0,0426	−0,2581	1,7	0,4224	0,2472
	4,6	0,0227	−0,2660	1,6	0,4089	0,2346
	4,4934	0	−0,2775	1,5	0,3972	0,2239
	4,4	−0,0217	−0,2905	1,4	0,3870	0,2146
	4,3	−0,0477	−0,3079	1,3	0,3782	0,2066
	4.2	−0,0772	−0,3299	1,2	0,3705	0,1997
	4.1	−0,1118	−0,3576	1,1	0,3637	0,1936
	4,0	−0,1534	−0,3928	1,0	0,3579	0,1884
	3,9	−0,2049	−0,4386	0,9	0,3528	0,1839
	3,8	−0,2709	−0,4994	0,8	0,3485	0,1800
	3,7	−0,3596	−0,5831	0,7	0,3448	0,1767
	3,6	−0,4858	−0,7049	0,6	0,3416	0,1739
	3,5	−0,6811	−0,8961	0,5	0,3390	0,1717
	3,4	−1,0262	−1,2375	0,4	0,3369	0,1698
	3,3	−1,8051	−2,0128	0,3	0,3354	0,1684
	3,2	−5,2466	−5,4511	0,2	0,3342	0,1674
	π	$\pm\infty$	$\pm\infty$	0,1	0,3336	0,1669
	3,1	7,8553	7,6539	0,0	0,3333	0,1667
Zugstäbe	0,0	0,3333	0,1667	2,0	0,2687	0,1121
	0,1	0,3331	0,1665	2,1	0,2639	0,1084
	0,2	0,3324	0,1659	2,2	0,2592	0,1046
	0,3	0,3314	0,1649	2,3	0,2546	0,1010
	0,4	0,3298	0,1636	2,4	0,2500	0,0974
	0,5	0,3279	0,1619	2,5	0,2454	0,0939
	0,6	0,3256	0,1599	2,6	0,2410	0,0905
	0,7	0,3229	0,1576	2,7	0,2366	0,0872
	0,8	0,3199	0,1550	2,8	0,2322	0,0840
	0,9	0,3166	0,1522	2,9	0,2280	0,0808
	1,0	0,3130	0,1491	3,0	0,2239	0,0778
	1,1	0,3092	0,1458	3,1	0,2198	0,0749
	1,2	0,3052	0,1424	3,2	0,2159	0,0721
	1,3	0,3009	0,1388	3,3	0,2120	0,0694
	1,4	0,2966	0,1351	3,4	0,2083	0,0669
	1,5	0,2921	0,1313	3,5	0,2046	0,0644
	1,6	0,2875	0,1275	3,6	0,2010	0,0620
	1,7	0,2828	0,1237	3,7	0,1976	0,0597
	1,8	0,2781	0,1198	3,8	0,1942	0,0575
	1,9	0,2734	0,1160	3,9	0,1909	0,0554
	2,0	0,2687	0,1121	4,0	0,1877	0,0533

wobei die Hilfsgrößen durch folgende Formeln gegeben sind:

$$A_{ab} = \alpha_{ab} \frac{T_{ab} \cdot J_{ab}}{s_{ab}} \tag{IV 476}$$

$$B_{ab} = \beta_{ab} \frac{T_{ab} \cdot J_{ab}}{s_{ab}}. \tag{IV 477}$$

Die Momentengleichgewichtsbetrachtung liefert für den Stab die Bedingung (Abb. IV 112)

$$M_{ab} + M_{ba} + \nu_k \cdot N_{ab} \cdot s_{ab} \cdot \psi_{ab} - V_{ab} \cdot s_{ab} = 0 \tag{IV 478}$$

und daher den Wert der auf der ganzen Länge konstanten Querkraft V_{ab} zu

$$V_{ab} = \nu_k \cdot N_{ab} \cdot \psi_{ab} + \frac{1}{s_{ab}} (A_{ab} + B_{ab}) (\varphi_a + \varphi_b - 2\psi_{ab}). \tag{IV 479}$$

Ist ein Stabende gelenkig gelagert, z. B. a, dann muß M_{ab} verschwinden; man erhält aus Gl. (IV 474)

$$\varphi_a = \frac{A_{ab} + B_{ab}}{A_{ab}} \psi_{ab} - \frac{B_{ab}}{A_{ab}} \varphi_b \tag{IV 480}$$

und durch Einsetzen von φ_a in Gl. (IV 474), (IV 475), (IV 479)

$$M_{ab} = 0 \tag{IV 481}$$

$$M_{ba} = C_{ab}(\varphi_b - \psi_{ab}) \tag{IV 482}$$

$$V_{ab} = \nu_k \cdot N_{ab} \cdot \psi_{ab} + \frac{C_{ab}}{s_{ab}} (\varphi_b - \psi_{ab}). \tag{IV 483}$$

Dabei bedeutet

$$C_{ab} = \gamma_{ab} \frac{T_{ab} \cdot J_{ab}}{s_{ab}} \tag{IV 484}$$

und

$$\underline{\underline{\gamma = \frac{\alpha^2 - \beta^2}{\alpha} = \frac{1}{\varkappa}.}} \tag{IV 485}$$

Die Tab. IV 13 enthält die Werte von α, β, γ sowohl für Druck- als auch für Zugstäbe. Die Werte M und V sind die Koeffizienten der Gleichgewichtsgleichungen der Deformationsmethode.

Man kann natürlich die Deformationsmethode auch als *Iterationsverfahren* anwenden, wie dies durch CROSS[1] in der Form einer Iteration der Korrekturwerte[2] eingeführt wurde, oder auch nach KANI[3] als unmittelbare Iteration. Dieser letzte Weg wurde von SATTLER[4] beschritten, währenddem das CROSSsche Verfahren nach einer vorbereitenden Arbeit von JAMES[5] besonders durch LUND-

[1] CROSS, H.: Analysis of Continuous Frames by Distributing Fixed-End Moments. Trans. Amer. Soc. civ. Engrs. 96 (1932) S. 1.

[2] Eine eingehende Betrachtung der Deformationsmethode (Formänderungsgrößenverfahren), insbesondere der verschiedenen Möglichkeiten der Auflösung der Elastizitätsgleichungen durch Iteration, befindet sich bei G. WORCH: Rahmenberechnung so oder so. Stahlbautagung München, 1952. Abh. aus dem Stahlbau, H. 12, Bremen: W. Dorn, S. 10.

[3] KANI, G.: Die Berechnung mehrstöckiger Rahmen, Stuttgart: Wittwer 1949.

[4] SATTLER, K.: Das „Durchbiegungsverfahren" zur Lösung von Stabilitätsproblemen. Bautechn. 1953, S. 288.

[5] JAMES, B. W.: Principal Effects of Axial Load on Moment-Distribution Analysis of Rigid Structures. N. A. C. A. Techn. Note 534, 1935.

QUIST[1] auf die Lösung von Stabilitätsproblemen ausgedehnt wurde. Für die praktische Anwendung stehen auch verschiedene numerische Tafeln zur Verfügung[2].

Bei zahlreichen Aufgaben, unter anderem bei Tragwerken mit verschieblichen Knoten, führt oft eine Kombination der Kraft- und Deformationsmethode am besten zum Ziel. Dabei werden als Unbekannte sowohl Kraft- wie auch Formänderungsgrößen eingeführt. So enthält z. B. die bekannte *Viermomentengleichung* von F. BLEICH[3] neben Momenten auch Stabdrehwinkel.

Im Gegensatz zu den normalen Aufgaben der statisch unbestimmten Systeme suchen wir bei Knickproblemen nicht in erster Linie die inneren Kräfte, so daß die Einführung von Formänderungen als Unbekannte keine zusätzliche Arbeit verursacht. Die zweite Stufe, die Berechnung der inneren Kräfte aus den Formänderungen, fällt aus, und bei gleicher Zahl der Unbekannten sind somit Kraft- und Deformationsmethode ungefähr ebenbürtig.

Hat man sich bei einem bestimmten Problem für die eine oder die andere Methode entschieden, so bleibt der Vorgang grundsätzlich derselbe. Ein Gleichungssystem wird aufgestellt: Formänderungsgleichungen bei der Kraftmethode, Gleichgewichtsgleichungen bei der Deformationsmethode. Die Vorzahlen dieser Gleichungen müssen den Einfluß der Axialkräfte auf die Formänderungen enthalten; die Auflagerdrehwinkel z. B. bei der Kraftmethode sind nach den Gl. (IV 463) und (IV 464) zu berechnen und die Momente und Querkräfte bei der Deformationsmethode nach den Gln. (IV 474), (IV 479), (IV 482) und (IV 483) zu bestimmen. Wie schon am Anfang erwähnt, enthält das Gleichungssystem *keine Belastungsglieder*, denn neben den Axialkräften wirken voraussetzungsgemäß keine Lasten zwischen den Knoten. Die Gleichungen sind also homogen. Die Systemdeterminante Δ muß verschwinden, damit von Null verschiedene Lösungen bestehen. Ist diese Bedingung erfüllt, dann besitzen die Unbekannten

---

[1] LUNDQUIST, E. E.: Stability of Structural Members under Axial Load N. A. C. A. Techn. Note 617, 1937. — Principles of Moment Distribution Applied to Stability of Structural Members. Proc. of the Fifth International Congress of Appl. Mech., 1938, S. 145. — A Method of Estimating the Critical Buckling Load for Structural Members. N. A. C. A. Techn. Note 717, 1939.

[2] LUNDQUIST, E. E., u. W. D. KROLL: Tables of Stiffness and Carry-Over Factor for Structural Members under Axial Load. N. A. C. A. Techn. Note 652, 1938. — Extended Tables of Stiffness and Carry-Over Factor for Structural Members under Axial Load. N. A. C. A. Report 4b 24, 1944. — SATTLER, K.: Hilfstafeln für Stabilitätsberechnungen nach LUNDQUIST, Techn. Univ., Berlin-Charlottenburg, Lehrstuhl für Stahlbau, 1953. — Der Zusammenhang mit den Werten unserer Tab. IV 12 und IV 13 ist durch folgende Beziehungen bestimmt:

$$\varepsilon = \left[\left(\frac{L}{i}\right)_{\text{eff}}\right]_{\text{Sattler}}; \quad \varkappa = \frac{1}{4\left(\dfrac{S^{\text{II}}}{E\,J/L}\right)_{\text{Sattler}}}; \quad \lambda = \frac{(c)_{\text{Sattler}}}{4\left(\dfrac{S^{\text{II}}}{E\,J/L}\right)_{\text{Sattler}}}$$

$$\alpha = 4\left(\frac{S}{E\,J/L}\right)_{\text{Sattler}}; \quad \beta = 4\left(\frac{S}{E\,J/L}\cdot c\right)_{\text{Sattler}}; \quad \gamma = 4\left(\frac{S^{\text{II}}}{E\,J/L}\right)_{\text{Sattler}}$$

Die sehr ausführliche Tabelle von SATTLER kann also auch für die klassischen Methoden herangezogen werden.

[3] BLEICH, F.: Die Knickfestigkeit elastischer Stabverbindungen. Eisenbau 1919, S. 27. Ferner: Berechnung statisch unbestimmter Tragwerke nach der Methode des Viermomentensatzes, Berlin: Springer 1926.

Tabelle IV 13. [s. Gln. (IV 470), (IV 471), (IV 485)]

	ε	α	β	γ	ε	α	β	γ
Druckstäbe	6,0	−20,638	21,454	1,665	3,0	2,624	2,411	0,408
	5,9	−14,671	15,745	2,226	2,9	2,728	2,376	0,659
	5,8	−11,111	12,428	2,791	2,8	2,825	2,343	0,883
	5,7	− 8,721	10,269	3,370	2,7	2,918	2,312	1,086
	5,6	− 6,992	8,759	3,980	2,6	3,005	2,283	1,270
	5,5	− 5,673	7,647	4,636	2,5	3,088	2,257	1,438
	5,4	− 4,625	6,798	5,365	2,4	3,166	2,233	1,591
	5,3	− 3,769	6,130	6,200	2,3	3,240	2,210	1,732
	5,2	− 3,052	5,592	7,196	2,2	3,309	2,189	1,861
	5,1	− 2,439	5,151	8,439	2,1	3,375	2,170	1,979
	5,0	− 1,909	4,785	10,084	2,0	3,436	2,152	2,088
	4,9	− 1,443	4,475	12,439	1,9	3,494	2,135	2,189
	4,8	− 1,029	4,211	16,207	1,8	3,548	2,120	2,282
	4,7	− 0,658	3,984	23,456	1,7	3,599	2,106	2,367
	4,6	− 0,323	3,787	44,008	1,6	3,647	2,093	2,446
	4,4934	0	3,603	$\pm\infty$	1,5	3,691	2,081	2,518
	4,4	0,259	3,462	−45,982	1,4	3,732	2,070	2,584
	4,3	0,515	3,327	−20,984	1,3	3,769	2,059	2,644
	4,2	0,751	3,207	−12,947	1,2	3,804	2,050	2,699
	4,1	0,970	3,100	− 8,941	1,1	3,836	2,042	2,749
	4,0	1,173	3,004	− 6,518	1,0	3,865	2,034	2,794
	3,9	1,363	2,917	− 4,881	0,9	3,891	2,028	2,834
	3,8	1,540	2,838	− 3,691	0,8	3,914	2,022	2,870
	3,7	1,706	2,767	− 2,781	0,7	3,934	2,017	2,901
	3,6	1,862	2,702	− 2,059	0,6	3,952	2,012	2,927
	3,5	2,008	2,642	− 1,468	0,5	3,967	2,008	2,950
	3,4	2,146	2,588	− 0,974	0,4	3,979	2,005	2,968
	3,3	2,276	2,538	− 0,554	0,3	3,988	2,003	2,982
	3,2	2,399	2,492	− 0,191	0,2	3,995	2,001	2,992
	π	2,467	2,467	0	0,1	3,999	2,000	2,998
	3,1	2,515	2,450	0,127	0,0	4,000	2,000	3,000
Zugstäbe	0,0	4,000	2,000	3,000	2,0	4,508	1,881	3,722
	0,1	4,001	2,000	3,002	2,1	4,557	1,871	3,789
	0,2	4,005	1,999	3,008	2,2	4,608	1,860	3,858
	0,3	4,012	1,997	3,018	2,3	4,661	1,849	3,928
	0,4	4,021	1,995	3,032	2,4	4,716	1,837	4,000
	0,5	4,033	1,992	3,050	2,5	4,773	1,826	4,075
	0,6	4,048	1,988	3,071	2,6	4,831	1,814	4,150
	0,7	4,065	1,984	3,097	2,7	4,891	1,802	4,227
	0,8	4,085	1,979	3,126	2,8	4,953	1,790	4,306
	0,9	4,107	1,974	3,158	2,9	5,016	1,778	4,386
	1,0	4,132	1,968	3,195	3,0	5,081	1,766	4,467
	1,1	4,159	1,961	3,234	3,1	5,147	1,754	4,549
	1,2	4,188	1,954	3,277	3,2	5,214	1,742	4,632
	1,3	4,221	1,946	3,323	3,3	5,283	1,730	4,716
	1,4	4,255	1,938	3,372	3,4	5,353	1,718	4,801
	1,5	4,292	1,930	3,424	3,5	5,424	1,706	4,888
	1,6	4,331	1,921	3,478	3,6	5,497	1,694	4,974
	1,7	4,372	1,912	3,536	3,7	5,570	1,683	5,062
	1,8	4,415	1,902	3,595	3,8	5,645	1,671	5,150
	1,9	4,460	1,892	3,658	3,9	5,720	1,659	5,239
	2,0	4,508	1,881	3,722	4,0	5,797	1,648	5,329

von Null verschiedene Werte, die allerdings nur bis auf einen unbestimmten gemeinsamen Faktor bekannt sind.

Für $\Delta = 0$ kann neben der geraden Form auch eine Gleichgewichtslage mit Ausbiegungen, Momenten und Querkräften bestehen. Die Bedingung $\Delta = 0$ stellt somit die gesuchte *Knickbedingung* dar; Δ ist die Knickdeterminante.

Die Beiwerte dieser Knickdeterminante sind von den Größen abhängig, welche den labilen Zustand der Konstruktion bestimmen, das sind sämtliche Längen s, Trägheitsmomente J und andere Abmessungen, Axialkräfte N, Elastizitätsmodul E oder Knickmodul T, Sicherheitszahl ν_k usw. Durch die Bedingung $\Delta = 0$ kann aber nur *eine einzige Größe* bestimmt werden. Alle anderen müssen passend angenommen werden. Es sind zwei Hauptaufgaben zu unterscheiden:

a) Überprüfung einer bestehenden Konstruktion. Dabei sind die Abmessungen und die Axialkräfte N unter der Gebrauchsbelastung bekannt. Die vorhandene Knicksicherheit ν_k ist durch die Bedingung $\Delta = 0$ bestimmt. Allerdings erscheint ν_k in transzendenter Form ($\sin\varepsilon$, $\cos\varepsilon$) in den Beiwerten, denn $\varepsilon = s\sqrt{\frac{\nu_k \cdot N}{TJ}}$ [Gl. (IV 455)] und die Determinante läßt sich nun durch Probieren auflösen[1].

Bei elastisch gestützten Stäben (Druckgurt offener Brücken) kann dagegen ein einfacher Weg eingeschlagen werden. Die Axialkräfte werden mit dem gewünschten Sicherheitsgrad ν_k vervielfacht. Dividiert man die Querabstützungskräfte durch μ (wobei μ Stützensicherheitszahl genannt wird), dann bleibt μ als einzige Unbekannte übrig. Ergibt die kleinste Wurzel der Bedingung $\Delta = 0$ einen Wert $\mu \geq 1$, dann ist die angestrebte Sicherheit ν_k gewährleistet. Der wesentlich-Vorteil liegt dabei in der Tatsache, daß μ aus einer algebraischen Gleichung entnommen wird, weil μ nicht in der Funktion ε erscheint.

b) Entwurf einer Neukonstruktion. In diesem Fall sind die Gebrauchslasten N und die vorgeschriebene Knicksicherheitszahl ν_k, also auch die Knickkräfte $\nu_k \cdot N$ bekannt. Bei elastisch gestützten Stäben ist es am einfachsten, wenn man alle Stababmessungen annimmt. Als einzige Unbekannte bleibt dann wie oben die Stützensicherheitszahl μ zu bestimmen. Die Stabquerschnitte können mit einer Knicklänge $s_k = \beta \cdot s$ dimensioniert werden, wobei β erfahrungsgemäß zwischen 1,2 (schwache Gurte, steife Rahmen) und 3 (steife Gurte, schwache Rahmen) schwanken darf[2].

c) Allgemeines. Die Auswertung der Knickdeterminante ist meistens eine recht zeitraubende Arbeit. Oft läßt sich aber durch die Regeln der Determinantenlehre diese Arbeit stark reduzieren. In gewissen Fällen ermöglicht die Theorie der Differenzengleichungen[3] große Erleichterungen und führt sogar zu gebrauchsfertigen Formeln. Manchmal ist es ratsam, die Knickbedingung durch sukzessive

---

[1] Siehe F. Bleich: Die Knickfestigkeit elastischer Stabverbindungen. Eisenbau 1919, S. 35, oder K. Kriso: Ein Rechenschema zur Knickberechnung mehrfeldriger beliebig gestützter Druckstäbe. Stahlbau 1941, S. 117. — Knickberechnung mehrfeldriger, in den Feldgrenzen beliebig gestützter Stäbe. Abh. I. V. B. H., sechster Band, 1940/41, S. 139.

[2] DIN 4114, Ri 12.11.

[3] Bleich, F.: Die Knickfestigkeit elastischer Verbindungen. Eisenbau 1919, S. 72. — Bleich, F., u. E. Melan: Die gewöhnlichen und partiellen Differenzengleichungen der Baustatik, Berlin und Wien: Springer 1927.

Elimination der Unbekannten zu gewinnen[1]. Es kann auch nur ein Teil der Unbekannten durch die anderen ausgedrückt und in die Determinante eingeführt werden, so daß der Grad dieser Determinante entsprechend kleiner ausfällt. Es ist unmöglich, hier diese Fragen eingehend zu behandeln und wir müssen auf die in den Fußnoten angegebenen Artikel hinweisen.

Beim Verfahren von CROSS-LUNDQUIST und ähnlichen wird naturgemäß die Determinante gar nicht angeschrieben. Gleich wie die Winkel oder Momente in den klassischen Methoden sind auch die Steifigkeiten und Übertragungszahlen von den Axialkräften abhängig. Sind die Knoten unverschieblich gehalten und wird ein äußeres Moment „1“ in irgendeinem Knoten b (Abb. IV 113) eingeführt, so reduzieren die Zugkräfte die Verdrehung, die Druckkräfte vergrößern sie. Wird die kritische Last erreicht, dann beginnen die Verdrehungen sehr groß, theoretisch unendlich groß zu werden. Das Moment verteilt sich nach CROSS auf die vom Knoten abgehenden Stäbe entsprechend ihren Steifigkeiten. Für einen beliebigen angrenzenden Stab $b\,c_i$ ergibt sich das innere Moment in b zu $\frac{S'_{b c_i}}{\Sigma S'_{bc}}$, wobei S' die Steifigkeit der Stäbe bedeutet, die vom Zusammenhang aller Stäbe des Systems abhängig ist. Damit das innere Moment endlich groß bleibt, muß $\Sigma S'_{bc} > 0$ sein.

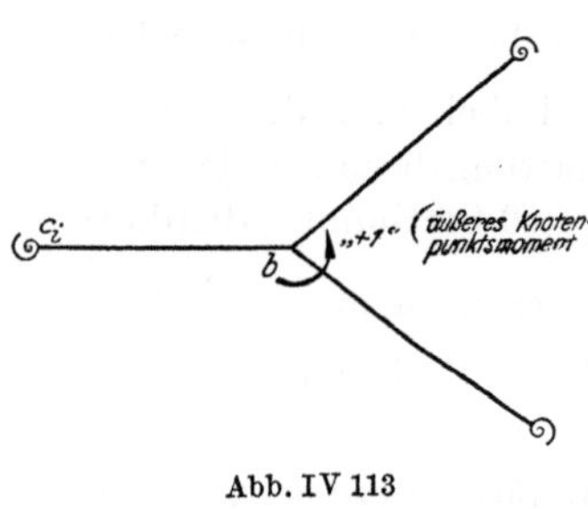

Abb. IV 113

Es lassen sich auch andere Stabilitätskriterien aufstellen[2], doch wollen wir darauf nicht näher eingehen, weil diese Untersuchungen bis jetzt mehr in das Gebiet der Flugzeugstatik gehören.

Im klassischen Stahlbau, besonders im Brückenbau, werden meistens gedrungene Stäbe verwendet, bei welchen der Einfluß einer elastischen Einspannung nicht so stark ausfällt, wie bei schlanken Stäben, weil bei den ersteren die σ—λ-Kurve flach verläuft. Im Stahlleichtbau dagegen, genau wie im Flugzeugbau, gewinnen diese Probleme stark an Bedeutung, wenn der entwerfende Ingenieur wirtschaftlich und sicher konstruieren will. Um die Rechenarbeit auf ein vernünftiges Maß zu beschränken, kann man oft, statt das ganze System, nur eine Gruppe von Stäben[3] untersuchen, denn entfernte Stäbe üben fast keinen Einfluß auf den Knickvorgang aus.

---

[1] DIN 4114, Ri 7.83.

[2] Siehe z. B. N. J. HOFF: Stable and Unstable Elquilibrium of Plane Frameworks. J. aeron. Sci. 8 (1941) S. 115. — Stress Analysis of Aircraft Frameworks. Proc. roy. aeron. Soc. 45 (1941) Nr. 367, S. 241. — KAVANAGH, T. C.: Instability of Plane Truss Frameworks. Doctor's Thesis. New York: University 1948. — SLAVIN, A.: Stability Studies of Structural Frames. Trans. of the New York Acad. of Sciences. Series II, 12 (1950) Nr. 3, S. 82. — SATTLER, K.: Die Stabilität von Stockwerkrahmen mit seitlich unverschieblichen Knotenpunkten. Nachr. d. öst. Betonver., Beilage z. öst. Bauzeitschr. 1953, S. 62. — SATTLER, K.: Das Verfahren SLAVIN zur Untersuchung der Stabilität ganzer Fachwerksysteme. Bautechn. 1953, S. 222.

[3] Siehe z. B. K. BORKMANN: Zur Berechnung der Stabilität von Stabgruppen bei Beanspruchung jenseits der Proportionalitätsgrenze. Z. Flugtechn. Motorluftsch. 24 (1933) S. 139. — Kurventafeln für den Stabilitätsnachweis ebener Stabgruppen. Luftf.-Forschg. 1936, S. 1, 1937, S. 86. — Vgl. auch DIN 4114, noch nicht endgültige Fassung, wiedergegeben im Stahlbau-Handbuch 1949/50, S. 275.

Anschließend werden als Anwendung der Theorie einige Probleme untersucht, die in der Konstruktionspraxis eine gewisse Rolle spielen.

3. Elastisch gestützte Stäbe

Es werden Stäbe betrachtet, die in gewissen Punkten elastisch aufgelagert sind. Von einer elastischen Einspannung in diesen Punkten soll Abstand genommen werden. Die elastische Stützung kann mehr oder weniger weich sein und als erster Sonderfall soll eine starre Stützung untersucht werden:

a) Mehrfach starr gestützter Stab. Es ist hier zweckmäßig, die CLAPEYRONsche Dreimomentengleichung zu benützen. Die einzigen Unterschiede gegenüber der klassischen Theorie sind, daß erstens keine Belastungsglieder vorkommen und zweitens die Auflagerdrehungen nach den Formeln (IV 463), (IV 464) aus-

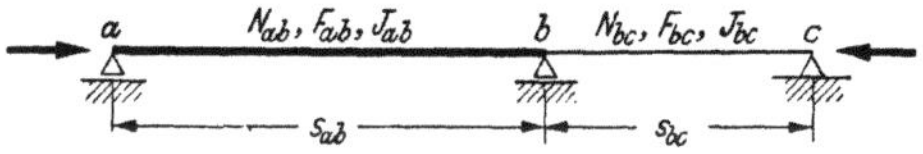

Abb. IV 114

gedrückt werden müssen, damit der Einfluß der Axialkräfte auf die Verformungen berücksichtigt werden kann. Diese Axialkräfte können von Feld zu Feld verschieden sein.

Die Knickgleichungen lassen sich sehr einfach schreiben. Sie lauten für das Zweifeld (Abb. IV 114)

$$M_b\left(\frac{s_{ab}}{T_{ab}\cdot J_{ab}}\varkappa_{ab}+\frac{s_{bc}}{T_{bc}\cdot J_{bc}}\varkappa_{bc}\right)=0 \qquad \text{(IV 486)}$$

und die entsprechende Knickbedingung[1] ergibt sich zu

$$s_{ab}\frac{\varkappa_{ab}}{T_{ab}\cdot J_{ab}}+s_{bc}\frac{\varkappa_{bc}}{T_{bc}\cdot J_{bc}}=0. \qquad \text{(IV 487)}$$

Für ein Dreifeld (Abb. IV 115) erhält man entsprechend folgende zwei Gleichungen

$$\left.\begin{aligned} M_b\left(\frac{s_{ab}}{T_{ab}\cdot J_{ab}}\varkappa_{ab}+\frac{s_{bc}}{T_{bc}\cdot J_{bc}}\varkappa_{bc}\right)+M_c\frac{s_{bc}}{T_{bc}\cdot J_{bc}}\lambda_{bc}&=0\\ M_b\frac{s_{bc}}{T_{bc}\cdot J_{bc}}\lambda_{bc}+M_c\left(\frac{s_{bc}}{T_{bc}\cdot J_{bc}}\varkappa_{bc}+\frac{s_{cd}}{T_{cd}\cdot J_{cd}}\varkappa_{cd}\right)&=0.\end{aligned}\right\} \qquad \text{(IV 488)}$$

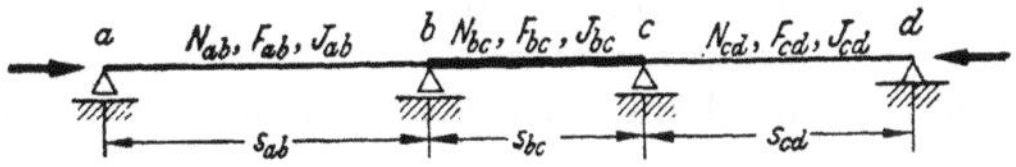

Abb. IV 115

Man setzt $\varkappa_{ab}\frac{s_{ab}}{J_{ab}\cdot T_{ab}}=K_{ab}$, $\lambda_{ab}\frac{s_{ab}}{J_{ab}\cdot T_{ab}}=L_{ab}$ usw. und die Determinante lautet

$$\begin{vmatrix} K_{ab}+K_{bc} & L_{bc}\\ L_{bc} & K_{bc}+K_{cd}\end{vmatrix}=0. \qquad \text{(IV 489)}$$

[1] Diese Knickbedingungen, allerdings ohne Ableitung, sind angegeben im Stahlbau-Handbuch 1949/50, S. 122, das auch Kurventafeln zur Auflösung enthält. — Im Anhang des Buches von A. PFLÜGER „Stabilitätsprobleme der Elastostatik", Berlin/Göttingen/Heidelberg: Springer 1950, findet sich eine Zusammenstellung ähnlicher Probleme mit Formeln und Kurventafeln.

Bei symmetrischer Ausbildung und symmetrischer Belastung ist $s_{ab} = s_{cd}$, $N_{ab} = N_{cd}$ usw. und die Determinante zerfällt in die zwei Bedingungen

$$\left.\begin{aligned} K_{ab} + K_{bc} + L_{bc} &= 0, \\ K_{ab} + K_{bc} - L_{bc} &= 0. \end{aligned}\right\} \qquad \text{(IV 490)}$$

Abb. IV 116

Beim Vierfeld (Abb. IV 116) ist der Aufbau der Determinante klar und lautet

$$\begin{vmatrix} K_{ab} + K_{bc} & L_{bc} & \\ L_{bc} & K_{bc} + K_{cd} & L_{cd} \\ & L_{cd} & K_{cd} + K_{de} \end{vmatrix} = 0. \qquad \text{(IV 491)}$$

Für den Sonderfall, bei welchem alle Felder denselben Wert $\varepsilon = s\sqrt{\frac{\nu_k \cdot N}{T J}} = \pi$ aufweisen, also wo jeder Stab für sich allein bis zur höchsten Grenze $\nu_k \cdot N = \frac{\pi^2 T J}{s^2}$ einer gelenkig gelagerten Stütze beansprucht ist, wird sowohl K wie auch $L \pm \infty$. Jeder Stab ist von den anderen unabhängig und die Knicklänge ist gleich dem Abstand der Auflager.

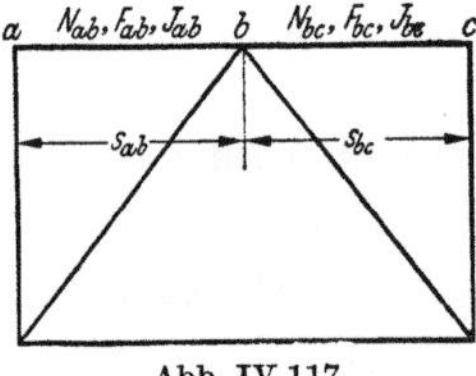

Abb. IV 117

Ist dagegen ein Stab nicht voll beansprucht oder sogar gezogen, dann reduziert sich die Knicklänge merklich. Als Beispiel sei das Knicken in der Fachwerkebene eines K-Fachwerkständers (Abb. IV 117) betrachtet.

Es handelt sich um ein Zweifeld mit der Bedingung (IV 487):

$$s_{ab} \frac{\varkappa_{ab}}{T_{ab} \cdot J_{ab}} + s_{bc} \frac{\varkappa_{bc}}{T_{bc} \cdot J_{bc}} = 0.$$

Mit $\mu = \frac{J_{ab} \cdot T_{ab} \cdot s_{bc}}{J_{bc} \cdot T_{bc} \cdot s_{ab}}$ erhält man

$$\underline{\underline{\varkappa_{ab} + \mu\,\varkappa_{bc} = 0.}} \qquad \text{(IV 492)}$$

Gewöhnlich sind Querschnitt und Länge der beiden Felder gleich und es wird $\mu = \frac{T_{ab}}{T_{bc}}$ und $\frac{\varepsilon_{ab}}{\varepsilon_{bc}} = \sqrt{\frac{\nu_k \cdot N_{ab} \cdot T_{bc}}{\nu_k \cdot N_{bc} \cdot T_{ab}}}$. Im elastischen Bereich ist $\mu = 1$ und $\frac{\varepsilon_{ab}}{\varepsilon_{bc}} = \sqrt{\frac{\nu_k \cdot N_{ab}}{\nu_k \cdot N_{bc}}}$.

Für $N_{bc} = 0$ ergibt Tab. IV 12 $\varkappa_{bc} = \frac{1}{3}$; aus Gl. (IV 492) folgt mit $\mu = 1$ $\varkappa_{ab} = -\frac{1}{3}$, was nach Tab. IV 12 einem $\varepsilon_{ab} = 3{,}73$ entspricht. Die Knicklänge berechnet sich zu $\frac{\pi}{3{,}73} s_{ab} = 0{,}84\, s_{ab}$[1]. Für $N_{ab} = -N_{bc}$ (Zug = Druck) muß

---

[1] Wenn man die Knicklänge als s_k bezeichnet, kann man schreiben $\nu_k \cdot N = \pi^2 \frac{T J}{s_k^2}$; da $\varepsilon = s\sqrt{\frac{\nu_k \cdot N}{T J}}$ ist, erhält man $\varepsilon = \pi \frac{s}{s_k}$ und $s_k = \frac{\pi}{\varepsilon} s$.

$(\varkappa_{ab})_{\text{Druck}} = -(\varkappa_{bc})_{\text{Zug}}$ sein; diese Bedingung ist nach Tab. IV 12 für $\varepsilon = 3{,}92$ erfüllt und die Knicklänge wird gleich $\frac{\pi}{3{,}92} s_{ab} = 0{,}80\, s_{ab}$.

Abb. IV 118[1] gibt nach Gl. (IV 492) und Tab. IV 12 den Verkleinerungsfaktor k der Knicklänge $s_k = k\, s_{ab}$ in Abhängigkeit von μ und für verschiedene Werte des Parameters $\varrho = \sqrt{\frac{\nu_k \cdot N_{bc} \cdot s_{bc}}{\nu_k \cdot N_{ab} \cdot s_{ab}}}$[2]; dabei kann N_{bc} sowohl eine Druckkraft als auch eine Zugkraft sein. Ist N_{bc} eine Zugkraft, dann kann die zugehörige Spannung $\sigma_{bc} = \frac{N_{bc}}{F_{bc}}$ die zulässige Zugspannung erreichen und der Wert $\nu_k : \sigma_{bc}$

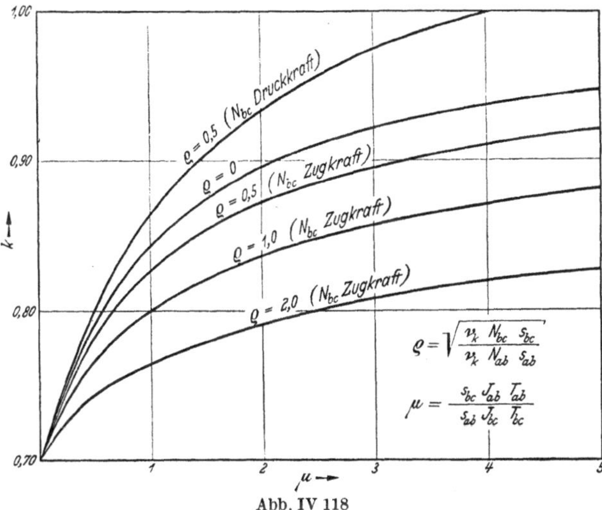

Abb. IV 118

gleich oder sogar größer ausfallen als die Fließgrenze, weil die Sicherheit ν_k bei Druckstäben oft größer gewählt wird als bei Zugstäben. In diesem Falle wird T_{bc} praktisch null und $k = 1$; die Zugkraft übt keinen Einfluß aus. Ist dagegen der Stab $\overline{b\,c}$ nicht ausgenützt, dann kann T_{bc} einen endlichen Wert besitzen und die Knicklänge kann aus Abb. IV 118 herausgelesen werden.

b) Einzelstab mit sprungweise veränderlichem Querschnitt und sprungweise veränderlicher Druckkraft. α) *Einführung.* Der betrachtete Stab besteht aus einzelnen Feldern mit konstantem Querschnitt und konstanter Druckkraft. Der Querschnitt und die Druckkraft sind also nicht wie in den früher behandelten Beispielen (Unterkapitel C) stetig längs der Stabachse veränderlich, sondern sie ändern sprungweise. Wir fassen dieses Problem als Extremfall eines elastisch gestützten Stabes auf, wobei die Stützkräfte gleich null sind. Angenommen sei

---

[1] Die Abb. IV 118 wurde zum Teil übernommen von F. Bleich: Buckling Strength of Metal Structures, New York, London und Toronto: McGraw-Hill 1952, S. 244.

[2] Daraus ergibt sich $\frac{\varepsilon_{bc}}{\varepsilon_{ab}} = \frac{s_{bc}}{s_{ab}} \sqrt{\frac{\nu_k \cdot N_{bc} \cdot T_{ab} \cdot J_{ab}}{\nu_k \cdot N_{ab} \cdot T_{bc} \cdot J_{bc}}}$ zu $\sqrt{\mu} \cdot \varrho$; man erhält $\varepsilon_{bc} = \sqrt{\mu} \cdot \varrho \cdot \varepsilon_{ab}$ und Gl. (IV 492) wird

$$\varkappa(\varepsilon_{ab}) + \mu\, \varkappa(\sqrt{\mu} \cdot \varrho \cdot \varepsilon_{ab}) = 0.$$

auch, daß die angreifenden Kräfte immer *parallel zur ursprünglichen Stabachse* bleiben. Es sei hier die Deformationsmethode für ein Zweifeld (Abb. IV 119) zur Anwendung gebracht. Als Unbekannte führen wir den Knotenwinkel φ_b und die

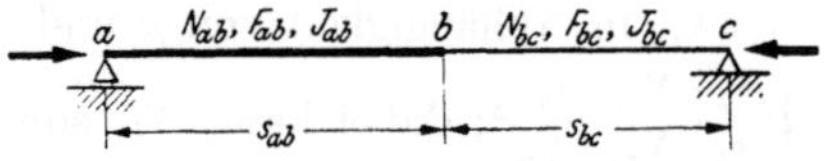

Abb. IV 119

zwei Stabdrehwinkel ψ_{ab} und ψ_{bc} ein. Die drei Gleichungen sind durch folgende drei Bedingungen gegeben:

1. $M_{ba} + M_{bc} = 0$ oder nach Gl. (IV 482) (Enden a, c gelenkig)

$$C_{ab}(\varphi_b - \psi_{ab}) + C_{bc}(\varphi_b - \psi_{bc}) = 0. \qquad \text{(IV 493)}$$

2. $V_{ab} = V_{bc}$ (da im Punkt b keine senkrechte Kraft angreift).

Die Formel (IV 483) führt zu

$$\nu_k \cdot N_{ab} \cdot \psi_{ab} + \frac{C_{ab}}{s_{ab}} (\varphi_b - \psi_{ab}) = \nu_k \cdot N_{bc} \cdot \psi_{bc} + \frac{C_{bc}}{s_{bc}} (\varphi_b - \psi_{bc}). \qquad \text{(IV 494)}$$

3. Geometrische Bedingung (Gleichheit der Durchbiegungen im Punkt b)

$$\psi_{ab} \cdot s_{ab} + \psi_{bc} \cdot s_{bc} = 0. \qquad \text{(IV 495)}$$

Es ist jetzt einfach, die Unbekannten zu eliminieren, um zur Knickbedingung zu gelangen. Wir werden jetzt diese Arbeit für den Sonderfall $s_{ab} = s_{bc} = s$ ausführen, wie es ja die Regel beim *Ständer von K-Fachwerken* ist. Es handelt sich dabei um das *Knicken aus der Ebene* des Fachwerkes.

Die Gl. (IV 495) gibt sofort $\psi_{ab} = -\psi_{bc} = -\psi$ und daraus folgt für die Gl. (IV 493) $\varphi = -\psi \dfrac{C_{ab} - C_{bc}}{C_{ab} + C_{bc}}$. Dieser Wert in die Gl. (IV 494) eingesetzt, führt nach einfachen Zwischenrechnungen zur folgenden Knickbedingung

$$\frac{C_{ab} + C_{bc}}{C_{ab} \cdot C_{bc}} = \frac{4}{s \cdot \nu_k (N_{ab} + N_{bc})}. \qquad \text{(IV 496)}$$

Für den elastischen Bereich wird $C_{ab} = \gamma_{ab} \dfrac{EJ}{s}$ und $C_{bc} = \gamma_{bc} \dfrac{EJ}{s}$. Man kann schreiben

$$\frac{\gamma_{ab} + \gamma_{bc}}{\gamma_{ab} \cdot \gamma_{bc}} = \frac{4EJ}{s^2 \cdot \nu_k (N_{ab} + N_{bc})}. \qquad \text{(IV 497)}$$

Diese Bedingung kann für verschiedene Verhältnisse $\dfrac{N_{bc}}{N_{ab}}$ erfüllt werden. Folgende Tab. IV 14 gibt die Resultate für Druck- und Zugkräfte, ausgedrückt als Reduktionsfaktor $k = \dfrac{\pi}{2\varepsilon_{ab}}$ der Knicklänge $2s$.

Mit $\nu_k \cdot N_{ab} = \dfrac{\pi^2 EJ}{(2ks)^2} = \dfrac{EJ\,\varepsilon_{ab}^2}{s^2}$ wird

$$\frac{\gamma_{ab} + \gamma_{bc}}{\gamma_{ab} \cdot \gamma_{bc}} = \frac{4}{\varepsilon_{ab}^2 \left(1 + \dfrac{N_{bc}}{N_{ab}}\right)}. \qquad \text{(IV 498)}$$

Tabelle IV 14

	N_{bc} Druck						N_{bc} Zug				
$\frac{N_{bc}}{N_{ab}}$	+ 1,0	+ 0,8	+ 0,6	+ 0,4	+ 0,2	0	− 0,2	−0,4	− 0,6	− 0,8	− 1,0
k	1,0	0,95	0,90	0,84	0,78	0,73	0,67	0,62	0,57	0,53	0,50

Diese Tabellenwerte lassen sich annähernd durch eine einfache Gleichung darstellen, nämlich $k = 0{,}75 + 0{,}25\,\frac{N_{bc}}{N_{ab}}$ (s. a. DIN 4114, 6.22 oder Ri. 6.47). Im plastischen Bereich liegen obige Werte auf der sicheren Seite.

Bei mehrfeldrigen Stäben ist die Aufstellung der Knickdeterminante mühsam und das Verfahren ENGESSER-VIANELLO vorzuziehen.

β) Sprungweise veränderlicher Querschnitt und konstante Druckkraft. Wir betrachten einen durch eine konstante Druckkraft P beanspruchten Stab mit sprungweise veränderlichem Trägheitsmoment[1]. Für jedes Teilstück i ($i = 1, 2 \ldots r$), Abb. IV 120, gilt die Differentialgleichung der Biegelinie, Gl. (III 6), welche für konstantes Trägheitsmoment lautet:

$$y^{\mathrm{IV}} + k_i^2\, y'' = 0 \qquad \text{(IV 499)}$$

mit

$$k_i^2 = \frac{P}{E\,J_i}. \qquad \text{(IV 500)}$$

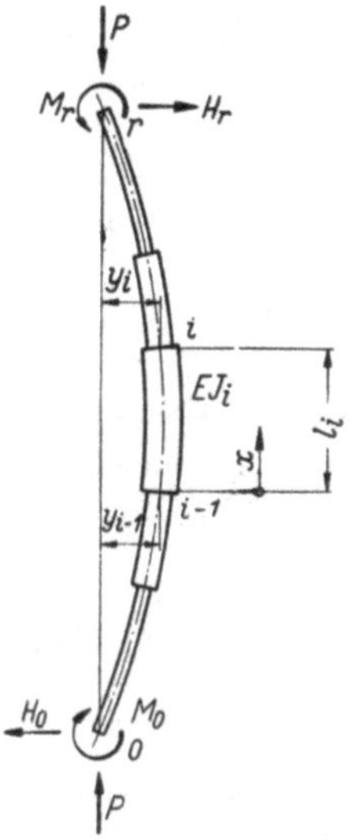

Abb. IV 120

In der allgemeinen Lösung von Gl. (IV 499) werden als Integrationskonstanten die Werte y_{i-1}, y'_{i-1}, $M_{i-1} = -E\,J_i\,y''_{i-1}$ und $Q_{i-1} = -E\,J_i\,y'''_{i-1}$ am Beginn des Intervalles $i-1$, i gewählt[2].

Mit diesen Integrationskonstanten kann die allgemeine Lösung von Gl. (IV 499) in folgender Form angeschrieben werden:

$$y(x) = y_{i-1} + y'_{i-1}\,x + [\cos(k_i\,x) - 1]\,\frac{M_{i-1}}{P} + [\sin(k_i\,x) - k_i\,x]\,\frac{Q_{i-1}}{P\,k_i}. \qquad \text{(IV 501)}$$

Die Ableitungen der Funktion y sind durch die Ausdrücke

$$y'(x) = y'_{i-1} - \frac{k_i \sin(k_i\,x)}{P}\,M_{i-1} + \frac{\cos(k_i\,x) - 1}{P}\,Q_{i-1} \qquad \text{(IV 502)}$$

$$-E\,J_1\,y''(x) = M(x) = \cos(k_i\,x)\,M_{i-1} + \frac{\sin(k_i\,x)}{k_i}\,Q_{i-1} \qquad \text{(IV 503)}$$

$$-E\,J_1\,y'''(x) = Q(x) = -k_i \sin(k_i\,x)\,M_{i-1} + \cos(k_i\,x)\,Q_{i-1} \qquad \text{(IV 504)}$$

gegeben.

---

[1] KOLLBRUNNER, C. F., S. MILOSAVLJEVIĆ, N. HAJDIN: Knickdiagramme für Stäbe mit sprungweise veränderlichem Trägheitsmoment (EULER-Fälle I und II). Mitt. über Forschung und Konstruktion im Stahlbau, Februar 1959, H. 24, Zürich: Leemann. — Knickdiagramme für Stäbe mit sprungweise veränderlichem Trägheitsmoment (EULER-Fälle III und IV). Mitt. über Forschung und Konstruktion im Stahlbau, Juli 1960, H. 27, Zürich: Leemann.

[2] FALK, S.: Die Knickformeln für den Stab mit n-Teilstücken konstanter Biegesteifigkeit. Ing.-Arch. XXIV (1956) H. 2, S. 85.

Für die Werte y, y', M und Q am Ende des Intervalls $i-1$, i gemäß den Gln. (IV 501) bis (IV 504) erhält man:

$$\left.\begin{aligned}
y_i &= y_{i-1} + l_i\, y'_{i-1} + \frac{\cos\varepsilon_i - 1}{P} M_{i-1} + \frac{\sin\varepsilon_i - \varepsilon_i}{P k_i} Q_{i-1}\\
y'_i &= y'_{i-1} - \frac{k_i \sin\varepsilon_i}{P} M_{i-1} + \frac{\cos\varepsilon_i - 1}{P} Q_{i-1}\\
M_i &= \cos\varepsilon_i\, M_{i-1} + \frac{\sin\varepsilon_i}{k_i} Q_{i-1}\\
Q_i &= -k_i \sin\varepsilon_i\, M_{i-1} + \cos\varepsilon_i\, Q_{i-1}
\end{aligned}\right\} \qquad \text{(IV 505)}$$

mit $\varepsilon_i = k_i\, l_i$, $i = 0, 1, 2 \ldots r$.

Beim Übergang von einer Abstufung zur nächsten bleiben die Werte y, y', M, Q bzw. Durchbiegung, Neigung, Biegemoment und Querkraft unverändert.

Ausgehend von einem Stabende, können wir unter sukzessiver Benutzung der Gln. (IV 505) die beliebigen Werte $y_i, \ldots, Q_i$ durch die Anfangswerte $y_0, \ldots, Q_0$ ausdrücken.

So sind z. B. die Werte $y_2, \ldots, Q_2$ am Ende der zweiten Abstufung, bzw. am Anfang der dritten Abstufung und die Werte $y_1, \ldots, Q_1$ durch die Gln. (IV 505) verknüpft. Ebenso sind die Werte $y_1, \ldots, Q_1$ linear mit den Werten $y_0, \ldots, Q_0$ verknüpft. Suchen wir jetzt den unmittelbaren Zusammenhang zwischen $y_2 \ldots, Q_2$ und $y_0, \ldots, Q_0$, so erhalten wir:

$$\begin{aligned}
y_2 &= y_0 + (l_1 + l_2)\, y'_0 + \frac{\left(c_1 c_2 - \frac{k_1}{k_2} s_1 s_2\right) - 1}{P} M_0 + \frac{\left(c_1 s_2 + \frac{k_2}{k_1} s_1 c_2\right) - k_2 (l_1 + l_2)}{P k_2} Q_0\\
y'_2 &= y'_0 + \frac{k_2\left(c_1 s_2 + \frac{k_1}{k_2} s_1 c_2\right)}{P} M_0 + \frac{\left(c_1 c_2 - \frac{k_2}{k_1} s_1 s_2\right) - 1}{P} Q_0\\
M_2 &= \left(c_1 c_2 - \frac{k_1}{k_2} s_1 s_2\right) M_0 + \frac{1}{k_2}\left(c_1 s_2 + \frac{k_2}{k_1} s_1 c_2\right) Q_0\\
Q_2 &= -k_2\left(c_1 s_2 + \frac{k_1}{k_2} s_1 c_2\right) M_0 + \left(c_1 c_2 - \frac{k_2}{k_1} s_1 s_2\right) Q_0
\end{aligned} \qquad \text{(IV 506)}$$

mit den Abkürzungen

$$\left.\begin{aligned}
c_i &= \cos\varepsilon_i\\
s_i &= \sin\varepsilon_i .
\end{aligned}\right\} \qquad \text{(IV 507)}$$

Man erkennt, daß die Koeffizienten der Unbekannten in den Gln. (IV 506) die gleiche Form haben, wie diejenigen in den Gln. (IV 505). Statt aus einfachen trigonometrischen Funktionen setzen sich jedoch die Koeffizienten aus komplizierteren Ausdrücken zusammen.

Die Werte y_r, y'_r, M_r, Q_r am anderen Stabende werden auch durch Gleichungen von derselben Form ausgedrückt:

$$\left.\begin{aligned}
y_r &= y_0 + l\, y'_0 + \frac{c_r - 1}{P} M_0 + \frac{\tilde{s}_r - k_r\, l}{P k_r} Q_0\\
y'_r &= y'_0 - \frac{k_r \hat{s}_r}{P} M_0 + \frac{\tilde{c}_r - 1}{P} Q_0\\
M_r &= \hat{c}_r M_0 + \frac{\tilde{s}_r}{k_r} Q_0\\
Q_r &= -k_r \hat{s}_r + \tilde{c}_r\, Q_0
\end{aligned}\right\} \qquad \text{(IV 508)}$$

wo $l = l_1 + l_2 + \cdots + l_r$ ist.

Die Funktionen $\hat{c}_i$, $\tilde{c}_i$, $\hat{s}_i$, $\tilde{s}_i$ für $i = 2, 3, \ldots, r$ können durch folgende einfache rekursive Formeln angegeben werden:

$$\left.\begin{aligned}\hat{c}_i &= \hat{c}_{i-1}\, c_i - \frac{k_{i-1}}{k_i}\, \hat{s}_{i-1}\, s_i\\ \tilde{c}_i &= \tilde{c}_{i-1}\, c_i - \frac{k_i}{k_{i-1}}\, \tilde{s}_{i-1}\, s_i\\ \hat{s}_i &= \hat{c}_{i-1}\, s_i + \frac{k_{i-1}}{k_i}\, \hat{s}_{i-1}\, c_i\\ \tilde{s}_i &= \tilde{c}_{i-1}\, s_i + \frac{k_i}{k_{i-1}}\, \tilde{s}_{i-1}\, c_i\,.\end{aligned}\right\} \quad \text{(IV 509)}$$

Insbesondere ist

$$\left.\begin{aligned}\hat{c}_0 &= \tilde{c}_0 = 1\\ \hat{s}_0 &= \tilde{s}_0 = 0\,.\end{aligned}\right\} \quad \text{(IV 510)}$$

Daraus folgt:

$$\begin{aligned}\hat{c}_1 &= \tilde{c}_1 = c_1 = \cos\varepsilon_1\\ \hat{s}_1 &= \tilde{s}_1 = s_1 = \sin\varepsilon_1.\end{aligned} \quad \text{(IV 511)}$$

Zwischen den Funktionen $\hat{c}_i$, $\tilde{c}_i$, $\hat{s}_i$, $\tilde{s}_i$ besteht die Beziehung

$$\begin{aligned}&\hat{c}_i\,\tilde{c}_i + \hat{s}_i\,\tilde{s}_i = 1\\ &i = 0, 1, 2, \ldots, r.\end{aligned} \quad \text{(IV 512)}$$

Auf Grund der Formeln (IV 509) erhält man für einen Stab mit zwei Abstufungen

$$\left.\begin{aligned}\hat{c}_2 &= c_1\, c_2 - \frac{k_1}{k_2}\, s_1\, s_2\\ \tilde{c}_2 &= c_1\, c_2 - \frac{k_2}{k_1}\, s_1\, s_2\\ \hat{s}_2 &= c_1\, s_2 + \frac{k_1}{k_2}\, s_1\, c_2\\ \tilde{s}_2 &= c_1\, s_2 + \frac{k_2}{k_1}\, s_1\, c_2\end{aligned}\right\} \quad \text{(IV 513)}$$

und für einen Stab mit drei Abstufungen:

$$\left.\begin{aligned}\hat{c}_3 &= \left(c_1\, c_2 - \frac{k_1}{k_2}\, s_1\, s_2\right) c_3 - \frac{k_2}{k_3}\left(c_1\, s_2 + \frac{k_1}{k_2}\, s_1\, c_2\right) s_3\\ \hat{s}_3 &= \left(c_1\, c_2 - \frac{k_1}{k_2}\, s_1\, s_2\right) s_3 + \frac{k_2}{k_3}\left(c_1\, s_2 + \frac{k_1}{k_2}\, s_1\, c_2\right) c_3\\ \tilde{c}_3 &= \left(c_1\, c_2 - \frac{k_2}{k_1}\, s_1\, s_2\right) c_3 - \frac{k_3}{k_2}\left(c_1\, s_2 + \frac{k_2}{k_1}\, s_1\, c_2\right) s_3\\ \tilde{s}_3 &= \left(c_1\, c_2 - \frac{k_2}{k_1}\, s_1\, s_2\right) s_3 + \frac{k_3}{k_2}\left(c_1\, s_2 + \frac{k_2}{k_1}\, s_1\, c_2\right) c_3.\end{aligned}\right\} \quad \text{(IV 514)}$$

Aus den vier Randbedingungen an den Stabenden erhält man ein System homogener linearer Gleichungen. Durch die Nullsetzung der Nennerdeterminante dieses Systems ergibt sich die Knickgleichung.

Für die vier Euler-Fälle I bis IV ist die Bestimmung der Knickgleichung sehr einfach. So erhält man z. B. für den Euler-Fall I mit den Randbedingungen

$$y_0 = y_0' = 0$$

und

$$M_r = 0;\ Q_r - P\,y_r' = 0$$

die folgenden Gleichungen:

$$\left.\begin{aligned} M_r &= \hat{c}_r M_0 + \frac{\tilde{s}_r}{k_r} Q_0 = 0 \\ Q_r - P\,y_r' &= 0 + Q_0 = 0. \end{aligned}\right\} \quad \text{(IV 515)}$$

Die Nullsetzung der Determinante ergibt

$$\begin{vmatrix} \hat{c}_r & \dfrac{\tilde{s}_r}{k_r} \\ 0 & 1 \end{vmatrix} = \hat{c}_r = 0. \quad \text{(IV 516)}$$

Auf ähnliche Weise ergeben sich auch die Knickgleichungen für die anderen Fälle:

EULER-Fall II:

$$\frac{\hat{s}_r}{k_r} = 0 \quad \text{(IV 517)}$$

EULER-Fall III:

$$\frac{\tilde{s}_r}{\tilde{c}_r} = k_r\,l \quad \text{(IV 518)}$$

EULER-Fall IV:

$$(\hat{c}_r - 1)(\tilde{c}_r - 1) + \hat{s}_r\,\tilde{s}_r = k_r\,l\,\hat{s}_r \quad \text{(IV 519)}$$

bzw. auf Grund von Beziehung (IV 512)

$$2 - (\hat{c}_r + \tilde{c}_r) = k_r\,l\,\hat{s}_r \quad \text{(IV 520)}$$

Für Stäbe mit drei Abstufungen sind im Anhang Diagramme für die vier EULER-Fälle gegeben, welche eine rasche Bestimmung der Knicklast ermöglichen[1].

Als Grundlage für die Berechnung dieser Diagramme sind die Knickgleichungen (IV 516) bis (IV 520) angenommen worden. Unter Benutzung der Formeln (IV 514) können die Gln. (IV 516) bis (IV 520) in folgender Form angeschrieben werden:

EULER-Fall I:

$$\frac{k_1}{k_2}\tan\varepsilon_1\tan\varepsilon_2 + \frac{k_2}{k_3}\tan\varepsilon_2\tan\varepsilon_3 + \frac{k_1}{k_3}\tan\varepsilon_1\tan\varepsilon_3 = 1. \quad \text{(IV 521)}$$

EULER-Fall II:

$$\frac{k_1}{k_2}\cot\varepsilon_1\cot\varepsilon_2 + \frac{k_3}{k_2}\cot\varepsilon_2\cot\varepsilon_3 + \frac{k_1 k_3}{k_2^2}\cot\varepsilon_1\cot\varepsilon_3 = 1 \quad \text{(IV 522)}$$

EULER-Fall III:

$$\begin{aligned} &\frac{\tan\varepsilon_1}{k_1} + \frac{\tan\varepsilon_2}{k_2} + \frac{\tan\varepsilon_3}{k_3} - \frac{k_2}{k_1 k_3}\tan\varepsilon_1\tan\varepsilon_2\tan\varepsilon_3 = \\ &\left(1 - \frac{k_1}{k_2}\tan\varepsilon_1\tan\varepsilon_2 - \frac{k_1}{k_3}\tan\varepsilon_1\tan\varepsilon_3 - \frac{k_2}{k_3}\tan\varepsilon_2\tan\varepsilon_3\right) l. \end{aligned} \quad \text{(IV 523)}$$

[1] KOLLBRUNNER, C. F., S. MILOSAVLJEVIĆ, N. HAJDIN: Knickdiagramme für Stäbe mit sprungweise veränderlichem Trägheitsmoment. Mitt. über Forschung und Konstruktion im Stahlbau (EULER-Fälle I und II) Februar 1959, H. 24; (EULER-Fälle III und IV) Juli 1960, H. 27; Zürich: Leemann.

EULER-Fall IV:

$$\frac{2}{\cos\varepsilon_1\cos\varepsilon_2\cos\varepsilon_3} - \left[2 - \left(\frac{k_1}{k_2} + \frac{k_2}{k_1}\right)\tan\varepsilon_1\tan\varepsilon_2 - \left(\frac{k_1}{k_3} + \frac{k_3}{k_1}\right)\tan\varepsilon_1\tan\varepsilon_3 - \left(\frac{k_2}{k_3} + \frac{k_3}{k_2}\right)\tan\varepsilon_2\tan\varepsilon_3\right] = \left(k_1\tan\varepsilon_1 + k_2\tan\varepsilon_2 + k_3\tan\varepsilon_3 - \frac{k_1 k_3}{k_2}\tan\varepsilon_1\tan\varepsilon_2\tan\varepsilon_3\right) l. \tag{IV 524}$$

c) Knickstab von Zug- oder Druckstäben gekreuzt. (Mehrfache Fachwerke.) Der Knickstab sei belastet durch die Stabkraft S und habe die Länge s, der kreuzende Stab mit der Länge s_Z bzw. $\bar{s}$ sei belastet durch die Zugkraft S_Z, bzw. die Druckkraft $\bar{S}$.

Die beiden Stäbe seien in ihrer Mitte miteinander verbunden und ihre Endpunkte gelenkig gehalten (Abb. IV 121). Gesucht sei die Knicklänge s_k für das Knicken aus der Fachwerkebene. Der Knickstab stellt einen Träger auf drei Stützen dar, der an beiden Enden starr und in der Mitte elastisch gestützt ist.

Es sind zwei Knickfiguren möglich. Die erste ist symmetrisch in bezug auf die Mitte und wird in der Folge untersucht; die zweite ist antimetrisch, weist also einen Wendepunkt in der Mitte auf, wodurch sich $s_k = \frac{s}{2}$ ergibt. Dies ist die kleinstmögliche Knicklänge und wenn sich aus der Annahme einer symmetri-

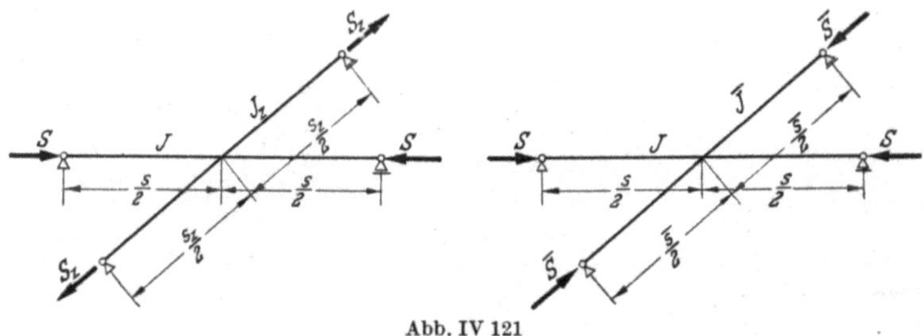

Abb. IV 121

schen Biegelinie eine noch kleinere Länge berechnen läßt, dann wird sich in Wirklichkeit die antimetrische Figur ausbilden.

Die Grundgleichungen für den Knickstab sind dieselben wie im vorherigen Abschn. b, nur die Gl. (IV 494) wird um ein Zusatzglied erweitert. Es ist $V_{ab} = V_{bc} + A$, wobei A den vom kreuzenden Stab ausgeübten Stützendruck bedeutet. Gl. (IV 494) lautet

$$\nu_k \cdot S \cdot \psi_{ab} + \frac{C_{ab}}{s_{ab}}(\varphi_b - \psi_{ab}) = \nu_k \cdot S \cdot \psi_{bc} + \frac{C_{bc}}{s_{bc}}(\varphi_b - \psi_{bc}) + A. \tag{IV 525}$$

Die sukzessive Elimination der Unbekannten aus den Gln. (IV 493), (IV 525), (IV 495) führt zu folgender Knickbedingung

$$2\nu_k \cdot S - \frac{4C}{s} - B\,\frac{s}{2} = 0, \tag{IV 526}$$

wobei davon Gebrauch gemacht wurde, daß $s_{ab} = s_{bc} = \frac{s}{2}$ und $C_{ab} = C_{bc} = C$ sind (beide Stabhälften gleich ausgebildet und gleich beansprucht) und

$A = B\,\psi\,\frac{s}{2}$ gesetzt wurde. B bedeutet also die der Durchbiegung „Eins" entsprechende Stützkraft des kreuzenden Stabes.

Mit $C = \gamma\,\frac{2\,T\,J}{s}$ und $\gamma = \frac{1}{\varkappa} = \frac{\varepsilon^2}{1 - \varepsilon \cot \varepsilon} = \frac{s^2 \cdot \nu_k \cdot S}{4\,T\,J\,(1 - \varepsilon \cot \varepsilon)}$ [1] erhält man aus Gl. (IV 526)

$$4\nu_k \cdot S - 4\,\frac{\nu_k \cdot S}{1 - \varepsilon \cot \varepsilon} - B\,s = 0. \qquad \text{(IV 527)}$$

Um die Aufgabe eindeutig lösen zu können, muß man noch die Einheitsstützkraft bestimmen. Ist z. B. der kreuzende Stab auf Zug beansprucht und an der Kreuzungsstelle gelenkig angeschlossen, während der Knickstab durchläuft, so ergibt sich die Stützkraft nach Abb. IV 122 zu $4\nu_k\,\frac{S_Z}{s_Z}$ und die Gl. (IV 527) wird zu

$$\nu_k \cdot S\left(1 - \frac{1}{1 - \varepsilon \cot \varepsilon}\right) - \nu_k \cdot S_Z\,\frac{s}{s_Z} = 0 \qquad \text{(IV 528)}$$

$$S\,\frac{\varepsilon}{\varepsilon - \tan \varepsilon} - S_Z\,\frac{s}{s_Z} = 0. \qquad \text{(IV 529)}$$

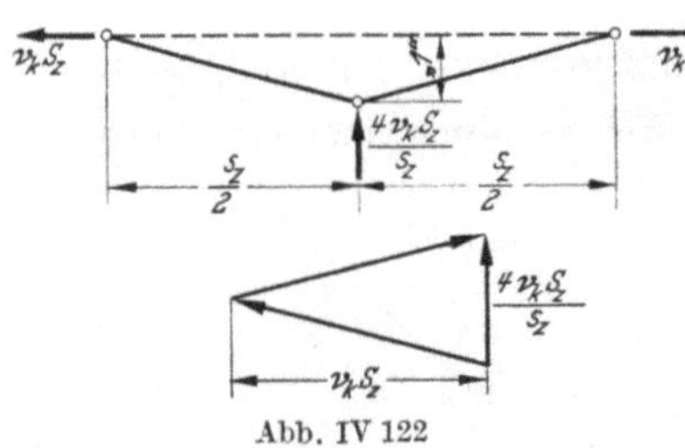

Abb. IV 122

Im Bereiche $\frac{\pi}{2} < \varepsilon < \pi$ läßt sich die transzendente Funktion $\frac{\varepsilon}{\varepsilon - \tan \varepsilon}$ durch folgenden Näherungsausdruck ersetzen[2]:

$$\frac{\varepsilon}{\varepsilon - \tan \varepsilon} = \frac{4}{3} - \frac{\pi^2}{3\varepsilon^2}. \qquad \text{(IV 530)}$$

Damit erhält man

$$S\left(\frac{4}{3} - \frac{\pi^2}{3\varepsilon^2}\right) - S_Z\,\frac{s}{s_Z} = 0. \qquad \text{(IV 531)}$$

Da $\varepsilon^2 = \frac{s^2 \cdot \nu_k\;S}{4\,T\,J} = \frac{s^2}{4\,T\,J}\,\frac{\pi^2\,T\,J}{s_k^2} = \frac{\pi^2}{4}\left(\frac{s}{s_k}\right)^2$ ist, folgt:

$$s_k = s\,\sqrt{1 - 0{,}75\,\frac{S_Z \cdot s}{S \cdot s_Z}}. \qquad \text{(IV 532)}$$

Ist dagegen der kreuzende Stab durchlaufend, so wäre, wie bekannt für einen Nullstab, die Durchbiegung $y = \frac{P\,s^3}{48\,E\,J}$, also würde die Kraft B für $y = 1$, $B = \frac{48\,E\,J}{s^3}$ betragen. Ist der Stab auf Druck beansprucht, so lautet die ent-

---

[1] Unter S, S_Z oder $\bar{S}$ werden die Normalkräfte unter der Gebrauchslast verstanden. Wachsen alle Lasten verhältnisgleich, so erhält man im Knickzustand $\nu_k \cdot S$, $\nu_k \cdot S_Z$ oder $\nu_k \cdot \bar{S}$. Es wird dann z. B. $\varepsilon = \frac{s}{2}\sqrt{\frac{\nu_k\,S}{T\,J}}$.

[2] Siehe F. Bleich: Theorie und Berechnung der eisernen Brücken. Berlin: Springer 1924, S. 182. Der Fehler bleibt $< 10\%$.

sprechende Formel nach Gl. (IV 127)[1] mit $\bar{\varepsilon} = \frac{\bar{s}}{2}\sqrt{\frac{\nu_k \bar{S}}{T\bar{J}}}$

$$B = \frac{4\nu_k \cdot \bar{S} \cdot \bar{\varepsilon}}{\bar{s}(\tan\bar{\varepsilon} - \bar{\varepsilon})}, \qquad \text{(IV 533)}$$

wobei $\bar{J}$, $\bar{s}$, $\bar{S}$ Trägheitsmoment, Länge und Kraft des Druckstabes bedeuten (Abb. IV 121).

Bei einem Zugstab erhält man entsprechend

$$B = \frac{4\nu_k \cdot S_z \cdot \varepsilon_z}{s_z(\varepsilon_z - \operatorname{th}\varepsilon_z)}. \qquad \text{(IV 534)}$$

Nach einigen Zwischenrechnungen und mit folgenden Näherungsausdrücken

$$-\frac{\bar{\varepsilon}}{\tan\bar{\varepsilon} - \bar{\varepsilon}} \cong \frac{4}{3} - \frac{\pi^2}{3\bar{\varepsilon}^2}\left(\text{für } 0 < \bar{\varepsilon} < \frac{\pi}{2}\right) \qquad \text{(IV 535)}$$

$$\frac{\varepsilon_z}{\varepsilon_z - \operatorname{th}\varepsilon_z} \cong 1 + \frac{\pi^2}{3\varepsilon_z^2} \qquad \text{(IV 536)}$$

erhält man bei einer Zugkraft S_z mit $\varepsilon_z^2 = \frac{s_z^2 \cdot \nu_k \cdot S_z}{4EJ_z}$

$$s_k = s\sqrt{1 - \frac{S_z \cdot \bar{s}}{\bar{S} \cdot s_z}\left(0{,}75 + \frac{\pi^2 EJ_z}{s_z^2 \cdot \nu_k \cdot S_z}\right)} \qquad \text{(IV 537)}$$

und bei einer Druckkraft $\bar{S}$ entsprechend mit $\bar{\varepsilon}^2 = \frac{\bar{s}^2 \cdot \nu_k \cdot \bar{S}}{4T\bar{J}}$

$$s_k = s\sqrt{1 + \frac{\bar{S} \cdot s}{S \cdot \bar{s}}\left(1 - \frac{\pi^2 T\bar{J}}{\bar{s}^2 \cdot \nu_k \cdot \bar{S}}\right)}. \qquad \text{(IV 538)}$$

In diesen Formeln (IV 532), (IV 537) (IV 538), die in den DIN 4114, Ri. 6.4 enthalten sind[2], müssen die *Gebrauchskräfte* mit ihrem absoluten Wert eingeführt werden.

Läuft der Zugstab an der Kreuzungsstelle durch, während der Druckstab gelenkig angeschlossen ist, so muß die Ablenkungskraft aus dem Knick des Druckstabes an der Kreuzungsstelle (Abb. IV 121) mit Druck statt Zug kleiner sein als die mögliche Stützkraft des Zugstabes. Diese Bedingung ist ohne weiteres erfüllt, wenn die Stützkraft $4\frac{\nu_k S_z}{s_z}$ des gelenkig gedachten Zugstabes größer ist als die Ablenkungskraft $4\frac{\nu_k \bar{S}}{\bar{s}}$ des Knickstabes, also $\frac{S_z}{\bar{S}} \cdot \frac{\bar{s}}{s_z} > 1$ ist. Ist diese Bedingung nicht erfüllt, so muß die Biegesteifigkeit des Zugstabes herangezogen werden. Die Stützkraft B wird in diesem Falle $B = \frac{4\nu_k \cdot S_z \cdot \varepsilon_z}{s_z(\varepsilon_z - \operatorname{th}\varepsilon_z)}$. Mit dem Näherungswert $\frac{\varepsilon_z}{\varepsilon_z - \operatorname{th}\varepsilon_z} \cong 1 + \frac{\pi^2}{3\varepsilon_z^2}$ erhält man

$$\frac{\nu_k S_z}{s_z}\left(1 + \frac{4\pi^2 EJ_z}{3s_z^2 \cdot \nu_k \cdot S_z}\right) > \frac{\nu_k \bar{S}}{\bar{s}} \qquad \text{(IV 539)}$$

[1] In Gl. (IV 127) sind $Q = B$, $P = \nu_k \bar{S}$, $y_m = 1$ und $\frac{kl}{2} = \frac{l}{2}\sqrt{\frac{P}{EJ}} = \bar{\varepsilon}$ zu setzen.

[2] Allerdings fehlt in den Formeln der DIN 4114 und auch in der ÖNORM B 4300, 4. Teil die Sicherheitszahl ν_k. Laut einer persönlichen Mitteilung von Herrn Prof. CHWALLA wird jedoch erwogen ν_k in die obigen Formeln einzuführen, da sonst deren Herleitung unlogisch wirkt.

oder

$$E\,J_Z \geq \nu_k \frac{3}{4\pi^2}\frac{S\,s_Z^3}{s}\left(1-\frac{S_Z\cdot s}{S\cdot s_Z}\right) \cong \nu_k \frac{S\,s_Z^3}{12\,s}\left(1-\frac{S_Z\cdot s}{S\cdot s_Z}\right)^1. \qquad \text{(IV 540)}$$

Sind die obigen Bedingungen erfüllt, so kann der Knickstab mit einer Knicklänge $= 0{,}5\,s$ berechnet werden.

d) Druckgurte offener Brücken (ohne oberen Querverband). Eine sehr interessante, aber schwierige Knickaufgabe bildet die Untersuchung des seitlichen Ausknickens der Druckgurte offener Brücken. (Allerdings hat jetzt dieses Problem an Bedeutung eingebüßt, weil eine solche Ausbildung gewöhnlich nur für Spannweiten unter etwa 50 m in Frage kommt und die Stahlbeton- und vorgespannte Bauweise diesen Bereich immer mehr für sich beansprucht.)

Darum werden im folgenden neben der klassischen Lösung von ENGESSER nur prinzipielle Betrachtungen gebracht.

Beim Druckgurt einer offenen Brücke handelt es sich beim seitlichen Ausknicken um einen mehrfeldrigen Durchlaufstab, der in den Knoten elastisch quergestützt ist. Normalerweise ist sowohl die Druckkraft wie der Querschnitt von Feld zu Feld verschieden, allerdings jedoch symmetrisch in bezug auf die Mitte. Die elastische Stützung ist durch den Widerstand der Halbrahmen (Querträger und Pfosten) bestimmt. Wir haben hier somit den allgemeinen Fall eines elastisch gestützten Stabes und das Problem ist recht verwickelt.

Unter Heranziehung stark vereinfachender Annahmen wurde dieses Problem zuerst von ENGESSER[2] gelöst. Da diese Lösung wegen ihrer unübertrefflichen Einfachheit sich heute noch einer großen Beliebtheit erfreut, sei sie hier ausführlicher dargestellt.

ENGESSER fußt auf folgenden Voraussetzungen:

1. Stabkraft S, Fläche F und Steifigkeit EJ des Gurtes sind konstant. Diese Annahmen gleichen sich zum Teil aus, weil die Druckspannung auch in Wirklichkeit nahezu unveränderlich bleibt.
2. Die Endpunkte der Obergurte sind gelenkig festgehalten.
3. Die Rahmenwiderstände sind gleich groß und stetig verteilt[3].

Wenn H_0 der Widerstand eines einzelnen Halbrahmens ist und s deren Abstand, dann ist der gleichmäßig verteilte Widerstand $\frac{H_0}{s}$. Unter Rahmenwiderstand verstehen wir die Kraft, die nötig ist, um die Knoten der Gurtung waagerecht in der Rahmenebene um die

---

[1] Im Grenzfall, wo die Zugkraft S_Z verschwindet, ist bekanntlich $B = \frac{48\,E\,J_Z}{s_Z^3}$. Die Bedingung lautet $\frac{48\,E\,J_Z}{s_Z^3} \geq 4\,\frac{\nu_k\cdot S}{s}$ oder $E\,J_Z \geq \nu_k\,\frac{S\cdot s_Z^3}{12\,s}$, was auch durch Nullsetzen von S_Z in Gl. (IV 540) erhalten wird.

[2] ENGESSER, F.: Die Sicherung offener Brücken gegen Ausknicken. Zbl. Bauverw. 1884, S. 415; 1885, S. 93. — Die seitliche Standfestigkeit offener Brücken. Zbl. Bauverw. 1892, S. 349. — Die Zusatzkräfte und Nebenspannungen eiserner Fachwerkbrücken, Bd. II, Berlin: 1892, S. 151.

[3] Das Problem des Stabes mit kontinuierlicher, elastischer Stützung wird hier an einem einfachen Fall gelöst. Für weitere Auskunft siehe man u. a. H. ZIMMERMANN: Der gerade Stab mit stetiger, elastischer Stützung und beliebig gerichteten Einzellasten. Sitzungsberichte d. Kgl. Preussischen Akademie der Wissenschaft. 1905, S. 898. — Die Knickfestigkeit eines Stabes mit elastischer Querstützung, Berlin: Springer 1906. — CHWALLA, E.: Die Stabilität eines elastisch gebetteten Druckstabes. Z. angew. Math. Mech. 1927, S. 276. — RATZERSDORFER, J.: Die Knickfestigkeit von Stäben und Stabwerken, Wien: Springer 1936, S. 141.

Längeneinheit 1 cm zu verschieben; anders gesagt, wenn die waagerechten Kräfte 1 am oberen Ende des Rahmens wirken und eine Ausbiegung $y_{H=1}$ ergeben, dann ist $H_0 = \frac{1}{y_{H=1}}$.

Der Rahmenwiderstand ist von der Steifigkeit der Querträger und Pfosten abhängig und läßt sich nach den Regeln der Baustatik leicht ausrechnen (Abb. IV 123). Gegebenenfalls ist der Einfluß einer Normalkraft im Pfosten mit zu berücksichtigen.

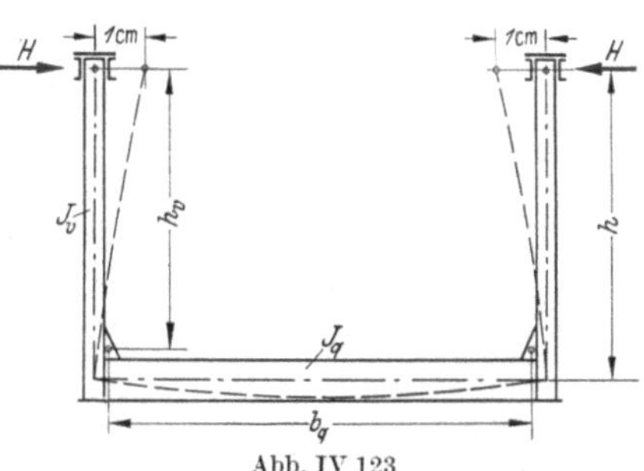

Abb. IV 123

Um die Aufgabe zu lösen, schreiben wir die Gleichheit der inneren und äußeren Momente, oder, was auf das gleiche herauskommt, des inneren Widerstandes und der äußeren Belastung an (Abb. IV 124).

Innere Kräfte

$$p_i = E\,J\,y'''' \qquad (M_i = -\,E\,J\,y''). \tag{IV 541}$$

Äußere Kräfte

$$p_a = -\,S_{\mathrm{kr}} \cdot y'' - \frac{H_0}{s}\,y \quad \left[M_a = y\,S_{\mathrm{kr}} + M\left(\frac{H_0}{s}\,y\right)\right]. \tag{IV 542}$$

Abb. IV 124

Die äußere Belastung setzt sich aus dem Einfluß der Ablenkungskraft $-S_{\mathrm{kr}} \cdot y''$, der Axialkraft und der Abstützkräfte zusammen, die das Produkt von Rahmenwiderstand und Durchbiegung sind. Diese Bedingung $p_i = p_a$ führt zu folgender Gleichung

$$E\,J\,y'''' + S_{\mathrm{kr}} \cdot y'' + \frac{H_0}{s}\,y = 0. \tag{IV 543}$$

Da die Koeffizienten konstant sind, ist die Lösung eine Sinusfunktion und lautet

$$y = y_0 \sin\left(n\,\frac{\pi\,x}{l}\right). \tag{IV 544}$$

Dabei bedeutet n die Anzahl der Halbwellen. In die Differentialgleichung (IV 543) eingesetzt, führt dieser Ansatz zu folgender Gleichung

$$E\,J\,\frac{n^4\,\pi^4}{l^4} - S_{\mathrm{kr}}\,\frac{n^2\,\pi^2}{l^2} + \frac{H_0}{s} = 0 \tag{IV 545}$$

oder

$$S_{\mathrm{kr}} = \frac{n^2\,\pi^2}{l^2}\,E\,J + \frac{H_0}{s}\,\frac{l^2}{n^2\,\pi^2}. \tag{IV 546}$$

Das erste Glied ist gleich der Eulerschen Knicklast, während das zweite den Einfluß des Rahmenwiderstandes enthält.

Maßgebend ist natürlich das kleinste S_{kr}. Wir müssen somit noch n aus dieser Minimumbedingung bestimmen.

S_{kr} wird ein Minimum für $\frac{dS_{\text{kr}}}{dn} = 0$ oder nach Gl. (IV 546)

$$0 = 2n \frac{\pi^2}{l^2} E J - \frac{2}{n^3} \frac{H_0}{s} \frac{l^2}{\pi^2}. \qquad \text{(IV 547)}$$

Daraus folgt

$$n^2 = \frac{l^2}{\pi^2} \sqrt{\frac{H_0}{s E J}}. \qquad \text{(IV 548)}$$

In Gl. (IV 546) eingeführt, ergibt dieser Wert folgendes Schlußergebnis

$$S_{\text{kr}} = 2 \sqrt{E J \frac{H_0}{s}}. \qquad \text{(IV 549)}$$

Da $S_{\text{kr}} = \pi^2 \frac{E J}{s_k^2}$ ist, ergibt sich die Knicklänge s_k zu

$$s_k = \pi \sqrt[4]{\frac{1}{4} E J \frac{s}{H_0}}. \qquad \text{(IV 550)}$$

Diese Formel findet sich z. B. in den schweizerischen Vorschriften[1].

Man kann weiter schreiben $H_{0\,\text{erf}} = \frac{S_{\text{kr}}^2 \cdot s}{4 E J}$, das ist die ENGESSER-Formel, oder auch

$$H_0 = \frac{\pi^2 E J}{s_k^2} S_{\text{kr}} \frac{s}{4 E J} \qquad \text{(IV 551)}$$

$$H_0 = \frac{\pi^2}{4} \frac{S_{\text{kr}}}{s} \left(\frac{s}{s_k}\right)^2. \qquad \text{(IV 552)}$$

Mit $\frac{\pi^2}{4} \cong 2{,}5$, $S_{\text{kr}} = \nu_k \cdot \max S$ erhält man daraus die in den DIN 4114, 12.1 angegebene Formel. Diese[2] hat den Vorteil, daß sie den Elastizitätsmodul nicht mehr enthält, so daß sie auch im plastischen Bereich gültig bleibt. Ist die Stabkraft unter der Gebrauchslast bekannt, dann genügt es, sie mit dem gewünschten Sicherheitsfaktor zu multiplizieren und daraus die Knickspannung und die zugehörige Schlankheit, also auch s_k zu bestimmen.

Wie am Anfang erwähnt, beruhen obige Formeln auf gewissen Vereinfachungen. Die erste ist nicht schwerwiegend, die beiden anderen dagegen müssen näher untersucht werden. Wie Vergleichsrechnungen nach genauen Theorien[3] und Versuche zeigen, muß die Halbwellenlänge s_w (Abb. IV 124) der Knickfigur $\geq 1{,}8 s$ sein, damit die Rahmenwiderstände als gleichmäßig verteilt angenommen werden können.

Da nach den Gln. (IV 548), (IV 550) $n^2 = \left(\frac{l}{s_w}\right)^2 = \frac{l^2}{\pi^2} \sqrt{\frac{H_0}{s E J}}$ und $s_k = \pi \sqrt[4]{\frac{1}{4} E J \frac{s}{H_0}}$ sind, wird $s_w = s_k \cdot \sqrt{2}$ und es muß $s_k > \frac{1{,}8}{\sqrt{2}} s$ sein, somit $\frac{s_k}{s} > 1{,}25$.

[1] S. I. A.-Normen Nr. 161, (1956), Art. 18[8].

[2] Sie wurde von HARTMANN vorgeschlagen. Z. öst. Ing.- u. Archit.-Ver. 1925.

[3] Siehe z. B. F. BLEICH: Theorie und Berechnung der eisernen Brücken. Berlin: Springer 1924, S. 207. — SCHIBLER, W.: Das Tragvermögen der Druckgurte offener Fachwerkbrücken mit parallelen Gurtungen. Mitt. aus dem Inst. für Baustatik an der E. T. H., Nr. 19, Zürich: Leemann 1946, S. 39. — HARTMANN, F.: Knickung, Kippung, Beulung. Leipzig und Wien: Deuticke 1937, S. 132.

Auch sind gewöhnlich die Endpunkte nicht unverschieblich gehalten, wie unter Abschn. 2 angenommen, sondern man hat nachgiebige Endrahmen. Diese Aufgabe wurde von SCHWEDA[1] und CHWALLA behandelt und die DIN 4114, 12.1 enthalten fertige Formeln, so daß sich eine nähere Untersuchung erübrigt.

Näherungsweise können auch krummgurtige Träger nach demselben Verfahren untersucht werden.

Die Grundlagen der strengen Berechnung wurden von ZIMMERMANN[2] und MÜLLER-BRESLAU entwickelt und von anderen Autoren weiter ausgebaut[3]. Es handelt sich dabei, wie oben erwähnt, um die Berechnung eines Druckstabes mit feldweise veränderlicher Normalkraft, feldweise veränderlichem Querschnitt und federnder Querstützung. Die im Abschn. 2 „Grundlagen" vorgebrachten Methoden kommen hier in Betracht. Je nachdem, ob die Deformations-, Kraft- oder die gemischte Methode angewandt wird, wird die Form der Determinante und ihr Grad verschieden. Es ist das Verdienst mehrerer Autoren, möglichst einfache Determinanten aufgestellt zu haben. Es seien hier unter andern die erwähnten Arbeiten von KRISO, SCHIBLER und die DIN 4114, Ri 12,25, 12.26 genannt.

Einige Vereinfachungen können auch erzielt werden durch den Gebrauch der Energiemethode[4] (RITZsches Verfahren). Es wurde auch vom Verfahren ENGESSER-VIANELLO Gebrauch gemacht[5].

[1] SCHWEDA, F.: Die Bemessung des Endrahmens offener Brücken. Sitzungsberichte der Akademie der Wissenschaften in Wien, IIa 137 (1928) H. 1/2, S. 71, oder: Die Bemessung des Endquerrahmens offener Brücken. Bauingenieur 1928, S. 535. — CHWALLA, E.: Die Seitensteifigkeit offener Parallel- und Trapezträgerbrücken. Bauingenieur 1929, S. 443.

[2] ZIMMERMANN, H.: Der gerade Stab auf elastischen Einzelstützen mit Belastung durch längsgerichtete Kräfte. Sitzungsberichte der Kgl. Preussischen Akademie der Wissenschaften 1907. — Die Knickfestigkeit des geraden Stabes mit mehreren Feldern. Sitzungsberichte der Kgl. Preussischen Akademie der Wissenschaften 1909. — Die Knickfestigkeit der Druckgurte offener Brücken. Berlin: W. Ernst und Sohn 1910. — Knickfestigkeit der Stabverbindungen. Berlin: W. Ernst und Sohn 1925. — Lehre vom Knicken auf neuer Grundlage. Berlin: W. Ernst und Sohn 1930. — MÜLLER-BRESLAU, H.: Die graphische Statik der Bau-Konstruktionen. Bd. II-2, Leipzig: Kröner 1908.

[3] Neben den schon in den vorhergehenden Fußnoten erwähnten Arbeiten seien noch u. a. angeführt A. OSTENFELD: Seitensteifigkeit offener Brücken. Beton u. Eisen 1916, S. 123. — KRISO, K.: Die Knicksicherheit der Druckgurte offener Fachwerkbrücken. Abh. I. V. B. H., dritter Band, 1935, S. 271. — Einfluß der Quersteifigkeit des Brückenendrahmens auf die Knickberechnung des Druckgurtes offener Brücken. Beiträge z. angew. Mech. (FEDERHOFER-GIRKMANN-Festschrift), Wien: F. Deuticke 1952, S. 219. — BLEICH, F.: Die Knickfestigkeit elastischer Stabverbindungen. Eisenbau 1919, S. 117.

[4] Siehe u. a. S. TIMOSHENKO: Bull. Polytechn. Inst. Kiew 1910, oder Theory of Elastic Stability. New York und London: McGraw-Hill 1936, S. 122. — KASARNOWSKY, S., u. D. ZETTERHOLM: Zur Theorie der Seitensteifigkeit offener Fachwerkbrücken. Bauingenieur 1927, S. 760. — BLEICH, F. u. H.: Beitrag zur Stabilitätsuntersuchung des punktweise elastisch gestützten Stabes. Stahlbau 1937, S. 17. — SCHLEUSNER, A.: Die Stabilität des mehrfeldrigen elastisch gestützten Stabes. Forschungsheft aus dem Gebiete des Stahlbaues 1938, H. 1.

[5] KEELHOFF, M.: La stabilité des membrures comprimées des ponts métalliques. Ann. Ponts Chauss. 1920, S. 193. — BAŽANT, Z.: Die Knicksicherheit der Druckgurte offener Brücken. Abh. I. V. B. H., siebenter Band, 1943/44, S. 48.

Beim seitlichen Ausknicken der Gurtung treten Nebeneinflüsse auf, von denen hier einige kurz angedeutet werden.

Eine besondere Rolle spielt die Torsionsfestigkeit der Gurtung, denn diese weist meistens einen offenen Querschnitt mit nur einer Symmetrieachse auf und das Knicken erfolgt in der dazu senkrechten Richtung. Wir haben also den Fall eines Biegedrillknickens, wie im Unterkapitel D behandelt. Dagegen verhindert die starre Verbindung der Gurtung mit den Pfostenköpfen eine zu große Verdrehung[1] und die Rahmensteifigkeit wird durch die Torsionssteifigkeit der Gurtung erhöht (Abb. IV 125).

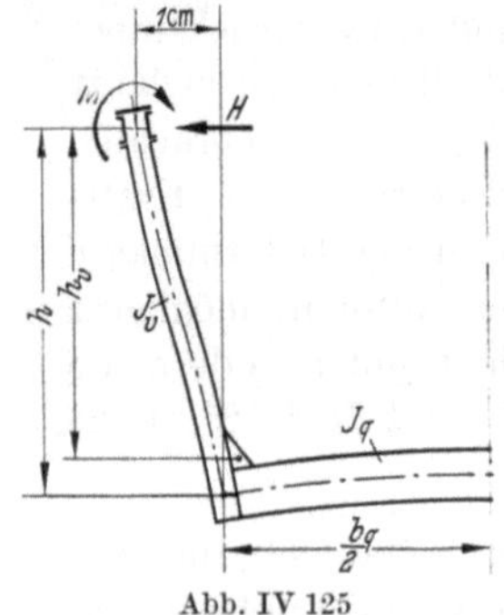

Abb. IV 125

F. Bleich[2] hat das Problem unter ähnlichen Voraussetzungen wie Engesser studiert und ist zu folgender Schlußfolgerung gekommen:

Bei torsionsweichen Querschnitten (z. B. T) kann der erforderliche Rahmenwiderstand 10—20% größer werden als nach der normalen Berechnung. Bei torsionssteifen Querschnitten (z. B. Kastenquerschnitt) kann dieser dagegen kleiner ausfallen.

Auch die Biege- und Torsionssteifigkeit der Streben spielt eine gewisse Rolle.

Einen weit größeren Einfluß üben die verschiedenen Durchbiegungen der Querträger unter der Belastung aus. Es handelt sich aber dabei nicht mehr um ein Stabilitätsproblem mit Verzweigungslast. In einem besonderen Unterkapitel G wird dies näher betrachtet.

4. Rahmen

Im weiten Gebiete des Knickens der Rahmen wollen wir uns auf die Untersuchungen von Rechteckrahmen beschränken. Dabei werden wir uns der Deformationsmethode bedienen. Die Lasten sollen so beschaffen sein, daß die Rahmenlinie ein Seilpolygon zu den äußern Kräften bildet. Die Rahmenstäbe sind also anfänglich nur durch Axialkräfte und nicht auf Biegung beansprucht.

In waagerechter Richtung soll der Rahmen nur rechtwinklig zur Rahmenebene festgehalten werden. In diesem Falle ist, auch bei symmetrischer Ausbildung und Belastung, neben einer symmetrischen Knickfigur eine antimetrische[3] möglich, wie dies an Hand der Abb. IV 126[4] deutlich zu ersehen ist.

Es soll hier die Knickung des einstöckigen Zweigelenkrahmens und des total eingespannten Rahmens untersucht und die des Stockwerkrahmens skizziert werden.

---

[1] Hrennikoff, A.: Elastic Stability of a Pony Truss. Abh. I. V. B. H., dritter Band, 1935, S. 192.

[2] Bleich, F.: Buckling Strength of Metal Structures, New York, Toronto und London: McGraw-Hill 1952, S. 295.

[3] Diese Möglichkeit haben Hertwig und Pohl erwähnt: Die Stabilität des Brückenendrahmens. Stahlbau 1936, S. 129.

[4] Diese Abbildung ist entnommen aus dem Artikel von E. Chwalla u. C. F. Kollbrunner: Beiträge zum Knickproblem des Bogenträgers und des Rahmens. Stahlbau 1938, S. 96.

a) Der einstöckige, rechteckige Zweigelenkrahmen. Abb. IV 127 zeigt die betrachteten Abmessungen und Kräfte des Rahmens. Es herrscht also Symmetrie in Form und Belastung; wir untersuchen zuerst die *symmetrische Knickfigur*. Die einzige Unbekannte ist die Winkeldrehung φ_c, und aus der Gleichgewichtsbedingung $M_{ca} + M_{cc'} = 0$ erhält man nach den Gln. (IV 474), (IV 482) mit $\varphi_c = -\varphi_{c'}$[1]

$$C_{ca} \cdot \varphi + (A_{cc'} - B_{cc'})\,\varphi = 0 \tag{IV 553}$$

oder

$$\frac{TJ}{h}\,\gamma \cdot \varphi + \frac{T_0 \cdot J_0}{b}(\alpha_0 - \beta_0)\,\varphi = 0. \tag{IV 554}$$

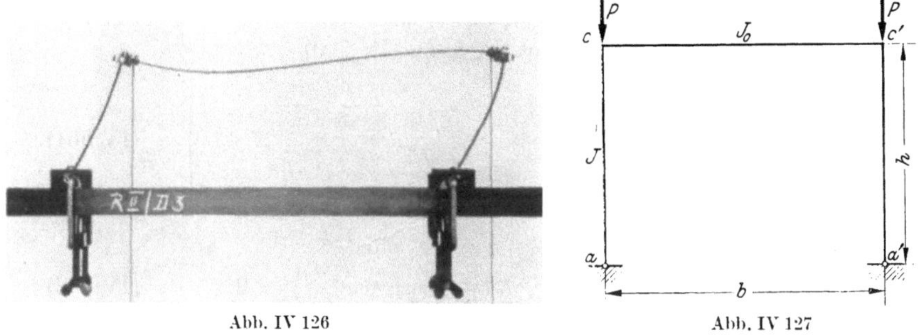

Abb. IV 126 Abb. IV 127

Da der Stab $c\,c'$ ein Nullstab ist, so wird nach Tab. IV 13 $\alpha_0 = 4$, $\beta_0 = 2$.

Die Knickbedingung lautet daher

$$\gamma + 2\,\frac{T_0 \cdot J_0 \cdot h}{TJ\,b} = 0. \tag{IV 555}$$

γ ist nach Formel (IV 485) eine transzendente Funktion des Faktors $\varepsilon = h\sqrt{\frac{\nu_k \cdot P}{TJ}}$ und ist in Tab. IV 13 angegeben. Die Lösung der Gl. (IV 555) für verschiedene Verhältnisse $\frac{TJb}{T_0 \cdot J_0 \cdot h}$ ist aus der Tab. IV 15 zu entnehmen, sowie auch der Reduktionsfaktor $k = \frac{\pi}{\varepsilon}$[2], der die Knicklänge $l_k = k \cdot h$ der Rahmenstiele bestimmt. Wegen der teilweisen Einspannung durch den Riegel ist die Knicklänge immer kleiner als 1. Wenn J_0 sehr groß wird, dann konvergiert k gegen 0,7 (Euler-Fall III).

Antimetrische Knickfigur. In diesem Fall (Abb. IV 128) sind zwei Unbekannte, φ und ψ nötig, um die Verschiebung zu bestimmen.

Da $\varphi_c = \varphi_{c'} = \varphi$ ist, nimmt nach den Formeln (IV 474) und (IV 482) die Momentengleichgewichtsbedingung folgende Form an

$$C_{ca}(\varphi - \psi) + (A_{cc'} + B_{cc'})\,\varphi = 0 \tag{IV 556}$$

[1] Dies ist gegeben durch die besondere Vorzeichenregelung der Deformationsmethode.

[2] Wenn man $\nu_k \cdot P = \frac{\pi^2\,TJ}{l_k^2} = \frac{\pi^2\,TJ}{(k \cdot h)^2}$ setzt, erhält man $\varepsilon = h\,\frac{\pi}{k \cdot h}$, also $k = \frac{\pi}{\varepsilon}$.

oder, entsprechend dem symmetrischen Knicken,

$$\frac{TJ}{h}\gamma(\varphi-\psi)+\frac{T_0 J_0}{b}(4+2)\varphi=0. \qquad \text{(IV 557)}$$

Wenn angenommen wird, daß die Kräfte P während des Knickens ihre Richtung beibehalten, dann lautet die Querkraftbedingung für den Stab $\overline{a\,c}$

$$V_{ac}=0 \qquad \text{(IV 558)}$$

oder nach Gl. (IV 483)

$$\nu_k\cdot P\cdot\psi+\frac{C_{ac}}{h}(\varphi-\psi)=0 \qquad \text{(IV 559)}$$

$$\nu_k\cdot P\cdot\psi+\gamma\frac{TJ}{h^2}(\varphi-\psi)=0. \qquad \text{(IV 560)}$$

Die Knickdeterminante lautet aus Gln. (IV 557), (IV 560)

$$\left.\begin{vmatrix}\gamma\frac{TJ}{h}+6\frac{T_0 J_0}{b} & -\gamma\frac{TJ}{h}\\ \gamma\frac{TJ}{h} & -\gamma\frac{TJ}{h}+\nu_k\cdot P\cdot h\end{vmatrix}\right\} \qquad \text{(IV 561)}$$

und ihre Nullsetzung ergibt

$$-6\gamma\frac{T_0 J_0}{b}\frac{TJ}{h}+\nu_k\cdot P\cdot h\left(\gamma\frac{TJ}{h}+6\frac{T_0 J_0}{b}\right)=0. \qquad \text{(IV 562)}$$

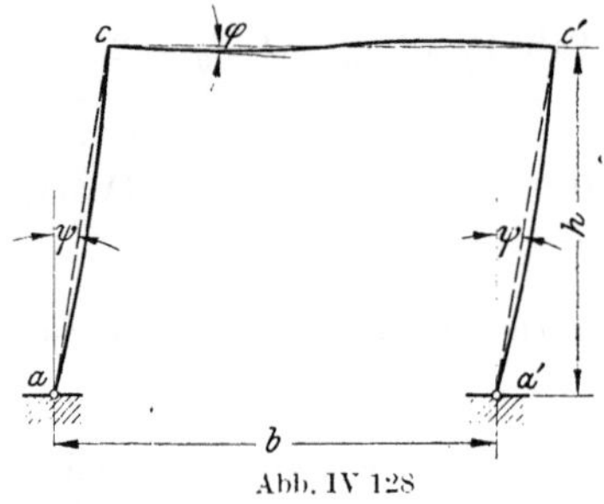

Abb. IV 128

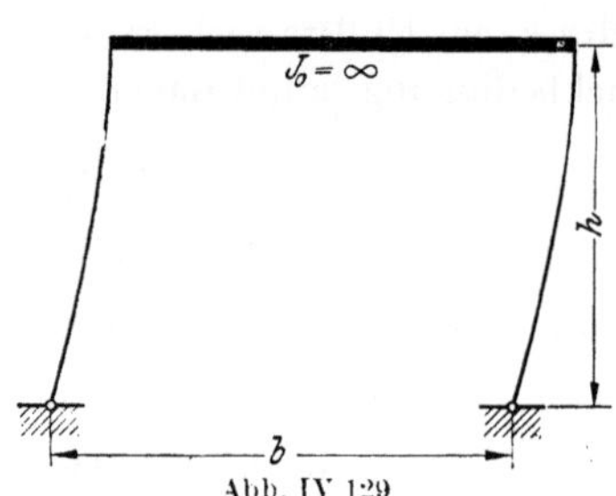

Abb. IV 129

Mit $\nu_k\cdot P\cdot h=\varepsilon^2\frac{TJ}{h}$ erhält man

$$-6\gamma+\varepsilon^2\left(\gamma\frac{TJb}{T_0\cdot J_0\cdot h}+6\right)=0. \qquad \text{(IV 563)}$$

Da aber nach Gl. (IV 485) $\gamma=\frac{1}{\varkappa}=\frac{\varepsilon^2\sin\varepsilon}{\sin\varepsilon-\varepsilon\cos\varepsilon}$ ist, ergibt sich die Bedingung

$$\underline{\underline{\frac{\cot\varepsilon}{\varepsilon}-\frac{TJb}{6T_0\cdot J_0\cdot h}=0.}} \qquad \text{(IV 564)}$$

Die Lösung dieser Gleichung wird auch angegeben in der Tab. IV 15. k ist immer größer als 2, nur wenn J_0 unendlich groß ist, erreicht k die untere Grenze 2 (Euler-Fall I), wie man sich leicht an Hand der Abb. IV 129 vergewissern kann.

Der Vergleich der Werte k für symmetrisches und antimetrisches Knicken lehrt, daß das letztere immer viel größere Knicklängen ergibt, also immer maßgebend ist, wenn der Rahmen gegen seitliches Ausweichen nicht gehalten ist.

Tabelle IV 15

$\frac{TJb}{T_0 \cdot J_0 \cdot h}$		0	0,1	0,3	0,5	1,0	4,0	∞
Symmetrisches Knicken	ε	4,493	4,29	4,01	3,83	3,59	3,29	π
	k	0,700	0,732	0,784	0,820	0,875	0,956	1,0
Antimetrisches Knicken	ε	$\frac{\pi}{2}$	1,545	1,496	1,450	1,350	0,988	—
	k	2,00	2,03	2,10	2,17	2,33	3,18	—

Der Koeffizient k für das antimetrische Knicken kann, bis $\frac{TJb}{T_0 \cdot J_0 \cdot h} = 10$, durch folgende, in den DIN 4114, 14.3 angegebene Formel ausgedrückt werden:

$$k = \sqrt{4 + 1{,}4 \frac{TJb}{T_0 J_0 h} + 0{,}02 \left(\frac{TJb}{T_0 J_0 h}\right)^2}. \qquad \text{(IV 565)}$$

Sind die beiden angreifenden Kräfte verschieden groß, dann zeigen nähere Untersuchungen, daß die Gesamtknickkraft ΣP kaum vom Verhältnis der beiden Kräfte beeinflußt wird. Die Gesamtknickkraft wird also mit dem obigen Wert k gerechnet und im Verhältnis der äußeren Kräfte auf die Knoten verteilt. Sind die gegebenen Kräfte P und P_1 und ist $P > P_1$, so wird die auf P bezogene, maßgebende Knicklängenvergrößerung[1]

$$k = \sqrt{\frac{1 + \frac{P_1}{P}}{2}} \sqrt{4 + 1{,}4 \frac{TJb}{T_0 \cdot J_0 \cdot h} + 0{,}02 \left(\frac{TJb}{T_0 \cdot J_0 \cdot h}\right)^2}. \qquad \text{(IV 566)}$$

Sind die angreifenden Lasten nicht richtungs- sondern sehnentreu, dann wird die Knicklänge bei der antimetrischen Knickfigur anders. Die Querkraftbedingung (IV 560) lautet nämlich

$$V_{ac} = \nu_k \cdot P \cdot \psi \qquad \text{oder} \qquad C_{ac} = 0,$$

was für $\varepsilon = \pi$ erfüllt ist, somit wird $k = 1$. Die Knicklänge ist gleich der Rahmenhöhe. Ein solcher Fall liegt bei der Untersuchung der Pfosten von Endrahmen geschlossener Fachwerkbrücken vor[2].

b) Der einstöckige, rechteckige, an den Stielfüßen fest eingespannte Rahmen. Der einzige Unterschied gegenüber dem Zweigelenkrahmen besteht darin, daß die Stielfüße nicht mehr gelenkig sind, so daß auch für sie die Koeffizienten A (und nicht mehr C) in Frage kommen.

Unter denselben Voraussetzungen wie unter a) erhält man hier nach Abb. IV 130 für die *symmetrische Knickfigur*

$$A_{ca} \cdot \varphi + (A_{cc'} - B_{cc'})\,\varphi = 0 \qquad \text{(IV 567)}$$

[1] Puwein, M. G.: Zuschrift zum Aufsatz von Bültmann. Stahlbau 1942, S. 24.

[2] Siehe u. a. P. P. Bijlaard: Over de zidelingsche stabiliteit van de eindportalen van vakwerkbruggen. De Ingenieur in Nederlandsch Indie, 1939. — Hoening, K.: Die Knicksicherheit der Halbrahmen in den Endfeldern der Druckgurtverbände von Brückentragwerken. Bautechn. 1942, S. 176. — Puwein, M. G.: Der wirtschaftliche Knickbeiwert. Bautechn. 1942, S. 151.

oder die Knickbedingung

$$\alpha + 2\,\frac{T_0 \cdot J_0 \cdot h}{T \cdot J \cdot b} = 0. \qquad \text{(IV 568)}$$

Tab. IV 16 enthält die Werte von ε und des Knicklängenfaktors k.

Bei der *antimetrischen Knickfigur* ergeben sich aus den Formeln (IV 474), (IV 479) entsprechend folgende zwei Gleichungen

$$A_{ca} \cdot \varphi - (A_{ca} + B_{ca})\,\psi + (A_{cc'} + B_{cc'})\,\varphi = 0 \quad \text{Momentengleichgewicht} \qquad \text{(IV 569)}$$

$$\nu_k \cdot P \cdot \psi + \frac{1}{h}\,(A_{ca} + B_{ca})\,(\varphi - 2\psi) = 0 \quad \text{Querkraftgleichgewicht.} \qquad \text{(IV 570)}$$

Nach Einführen der Werte für A, B und $\nu_k \cdot P$, wie unter a), folgt die Knickdeterminante

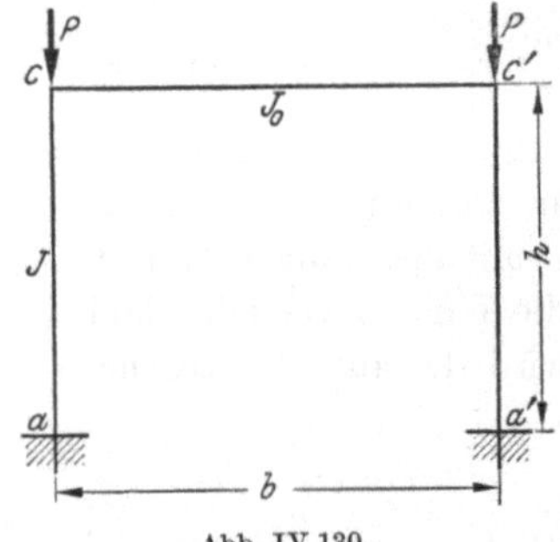

Abb. IV 130

$$\begin{vmatrix} \alpha + 6\,\dfrac{T_0 \cdot J_0 \cdot h}{T J b} & -(\alpha + \beta) \\ \alpha + \beta & \varepsilon^2 - 2\,(\alpha + \beta) \end{vmatrix} = 0. \qquad \text{(IV 571)}$$

Einige Zwischenrechnungen und das Einsetzen der Funktionswerte für α und β führen zu folgender Endgleichung

$$\frac{\tan\varepsilon}{\varepsilon} + \frac{T J b}{6 T_0 \cdot J_0 \cdot h} = 0. \qquad \text{(IV 572)}$$

Die Tab. IV 16 enthält die entsprechenden Werte von ε und k.

Tabelle IV 16

$\frac{TJb}{T_0 \cdot J_0 \cdot h}$		0	0,1	0,3	0,5	1,0	4,0	∞
Symmetrisches	ε	2π	5,99	5,58	5,33	5,02	4,65	4,493
Knicken	k	0,500	0,524	0,563	0,589	0,626	0,675	0,700
Antimetrisches	ε	π	3,090	2,993	2,904	2,717	2,175	$\frac{\pi}{2}$
Knicken	k	1,000	1,016	1,050	1,082	1,156	1,445	2,00

Bei Einspannung der Stützenfüße sind also die Knicklängen beträchtlich kleiner. Bei der symmetrischen Knickfigur ändern sie zwischen den Werten für Euler-Fall III und IV und bei der antimetrischen Figur zwischen den Werten für Euler-Fall I und II.

c) **Der Stockwerkrahmen.** Im Prinzip ist die für die einfachen Rahmenformen gebrauchte Methode auch hier anwendbar. Nur ist die Zahl der Unbekannten bedeutend höher, so daß die Aufstellung und die Auflösung der Determinante entsprechend schwieriger ausfällt[1].

[1] Chwalla, E., u. F. Jokisch: Über das ebene Knickproblem des Stockwerkrahmens. Stahlbau 1941, S. 33.

Oft kann aber die Arbeit durch geschickte Vereinfachungen auf ein erträgliches Maß reduziert werden[1].

d) Nebeneinflüsse. Bei der normalen Rahmenberechnung ist es üblich, die Systemverformungen infolge der durch die Axialkräfte hervorgerufenen Längenänderungen zu vernachlässigen. Dies kann bei sehr hohen Rahmen zu groben Fehlern führen. Bei der Knickuntersuchung haben wir auch *axial undehnbare Stäbe* angenommen. Bei Anwendung der Kraftmethode, z. B. mit der Arbeitsgleichung, kann man die Zusatzglieder infolge der Normalkräfte (eventuell auch der Querkräfte) ohne weiteres berücksichtigen. Die Deformationsmethode dagegen erschwert eine solche Berücksichtigung stark.

Die strengeren Knickwerte sind naturgemäß immer kleiner als die unter Vernachlässigung der Dehnbarkeit gewonnenen Werte[2] und dies um so mehr, je kleiner die Riegellänge b im Vergleich zur Stiellänge h ist und je gedrungener die Stäbe werden. Eine Vernachlässigung des Einflusses der elastischen Stablängenänderungen ist also bei Stockwerkrahmen mit verhältnismäßig kurzen, gedrungenen Riegeln nicht zulässig. Beim einstöckigen Rahmen dagegen ist der Einfluß der Normalkräfte auf die Rahmenknickung gewöhnlich vernachlässigbar klein.

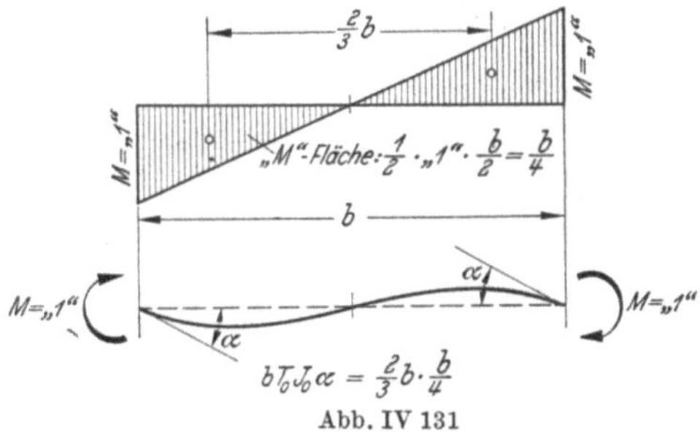

Abb. IV 131

Als Beispiel greifen wir auf den unter b) behandelten total eingespannten Rahmen zurück. Die unter Vernachlässigung der durch die Axialkräfte verursachten Längenänderungen abgeleitete Schlußformel (IV 572) lautete für den antimetrischen Fall

$$\frac{\tan \varepsilon}{\varepsilon} + \frac{T J b}{6 T_0 \cdot J_0 \cdot h} = 0.$$

Wie man sich bei der Betrachtung der Abb. IV 131 vergewissern kann, stellt das Glied $\frac{T J b}{6 T_0 \cdot J_0 \cdot h}$ den $\frac{T J}{h}$-fachen Wert des Riegelauflagerdrehwinkels für $M = \pm 1$ bei der vorhandenen antimetrischen Knickfigur dar[3].

Die Momente verursachen (Abb. IV 132) Zug im linken und Druck im rechten Pfosten, mit der absoluten Größe $\frac{2M}{b}$. Die diesbezügliche Längenänderung[4] der Pfosten wird $\frac{2M}{b} \frac{h}{FT}$, wobei F die Pfostenfläche bedeutet.

[1] In dieser Hinsicht seien unter andern die folgenden Arbeiten erwähnt: M. G. PUWEIN: Die Knicksicherheit des Stockwerkrahmens. Stahlbau 1936, H. 26; 1937, H. 1; 1938, H. 14/15. — SIEVERS, H.: Die Knickfestigkeit elastisch eingespannter Stäbe. Stahlbau 1940, S. 48. — Über einige Stabilitätsprobleme des Stahlbaues. Stahlbau 1943, S. 22. — SCHMIDT, G.: Knickuntersuchung von Rahmenstielen. Stahlbau 1942, S. 45.

[2] Siehe Fußnote 1 Seite 226.

[3] Siehe auch S. TIMOSHENKO: Theory of Elastic Stability, New York und London: McGraw-Hill 1936, S. 153.

[4] Die primären Normalkräfte $N = P$ erzeugen keinen Drehwinkel, da sie symmetrisch sind. Es ist daher nur der Einfluß der zusätzlichen, antimetrischen Normalkräfte $M = \pm \frac{2M}{b}$ von Bedeutung.

Der Auflagerdrehwinkel vergrößert sich um $\frac{2Mh}{bFT} \cdot \frac{2}{b}$ und wird für $M =$ „1"

$$\frac{b}{6J_0 \cdot T_0} + \frac{4h}{b^2 \cdot FT}.$$

Die Schlußformel für das Rahmenknicken lautet

$$\frac{\tan \varepsilon}{\varepsilon} + \frac{TJb}{6T_0 \cdot J_0 \cdot h}\left(1 + \frac{24h J_0 \cdot T_0}{F b^3 \cdot T}\right) = 0. \qquad \text{(IV 573)}$$

Der Faktor $24 \frac{h J_0 \cdot T_0}{F b^3 \cdot T}$ ist für normale Verhältnisse h/b sehr klein, weil J_0 gewöhnlich vernachlässigbar ist gegenüber $F b^2$.

Die Berücksichtigung der Längenänderungen ergibt die *allgemeine Stabwerktheorie.* Bei der Annahme, daß die einzelnen Stäbe keiner Dehnung fähig, aber biegesteif verbunden sind, erhält man die unter a, b und c skizzierte Theorie der *reinen Rahmenknickung.* Wird dagegen ein Stabsystem mit reibungslosen Gelenken (ideales Fachwerk), aber dehnbaren Stäben, betrachtet, so liegt der Fall der *reinen Fachwerkknickung* vor. Dieses Problem läßt sich durch Aufstellen von Dehnungsgleichungen und Nullsetzen der Koeffizientendeterminante lösen[1]. Eine Anwendung dieser Theorie stellt die strenge Untersuchung von Gitterstäben dar, welche im Unterkapitel B unter vereinfachenden Annahmen behandelt wurde.

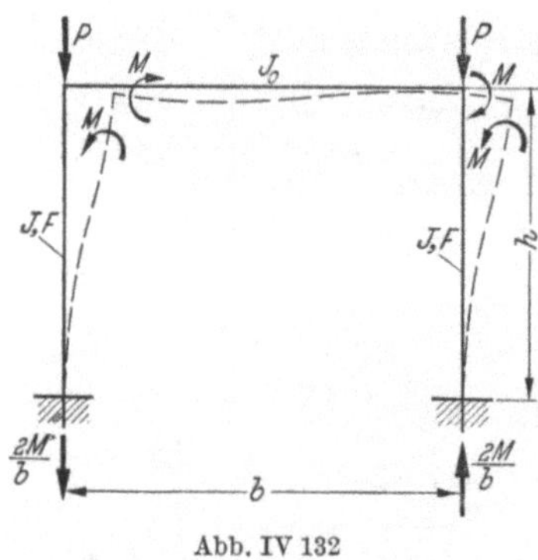

Abb. IV 132

Es wäre auch der Einfluß der zwischen den Knoten wirkenden Belastung, anders gesagt, der schon vor dem Knicken wirkenden Biegungsmomente zu untersuchen. Dies wird im Unterkapitel G behandelt.

5. Knicken der Eckpfosten von Gittermasten

Gegenstand der Untersuchung ist ein Gittermast nach Abb. IV 133 mit abwechselnd gestützten Eckstäben. Solche Raumtragwerke sind bei Freileitungsbauten oft zu finden. Der Vorteil dieser Verstrebung gegenüber der Anordnung nach Abb. IV 134 ist sowohl statischer (Verminderung der Knicklänge), als auch konstruktiver Art (ebene Knoten).

Die Berechnung der kritischen Last oder der Knicklänge führt zu einem räumlichen Knickproblem und ist darum keineswegs einfach.

Es sei zuerst der strenge Lösungsweg[2] unter folgenden Annahmen skizziert:

a) Die Stabkraft ist nicht auf der ganzen Höhe konstant, sondern feldweise beliebig veränderlich. Während des Knickvorganges ändert sich das gegenseitige Verhältnis der Kräfte nicht, so daß die Angabe der größten Kraft P_n genügt.

---

[1] Siehe z. B. eine zusammenfassende Darstellung bei J. RATZERSDORFER: Die Knickfestigkeit von Stäben und Stabwerken, Wien: Springer 1936, S. 162.

[2] Diese Lösung wurde entwickelt von K. GIRKMANN: Die Knickfestigkeit der Eckstäbe von Raumtragwerken mit ebenen Knoten. Z. VDI 72 (1928) S. 588. — Siehe auch K. GIRKMANN u. E. KÖNIGSHOFER: Die Hochspannungsfreileitungen, Wien: Springer 1952, S. 199.

b) Die ganze Länge L des Stabes ist durch die Vergitterung in n gleiche Felder der Länge l geteilt (Abb. IV 135). Die Endpunkte sind allseitig drehbar gelagert. Die Streben sind am durchgehenden Eckpfosten gelenkig angeschlossen.

c) Die Stabilität des Mastes als Ganzes ist gesichert und seine Formänderungen bleiben unberücksichtigt; die Stützungen durch die Streben sind also als starr zu betrachten. Die längs der Pfostenachse sich schneidenden Wände stehen aufeinander senkrecht; die Hauptschwerachsen ξ, η des Querschnittes schließen mit diesen Wänden einen Winkel von 45° ein.

Abb. IV 133

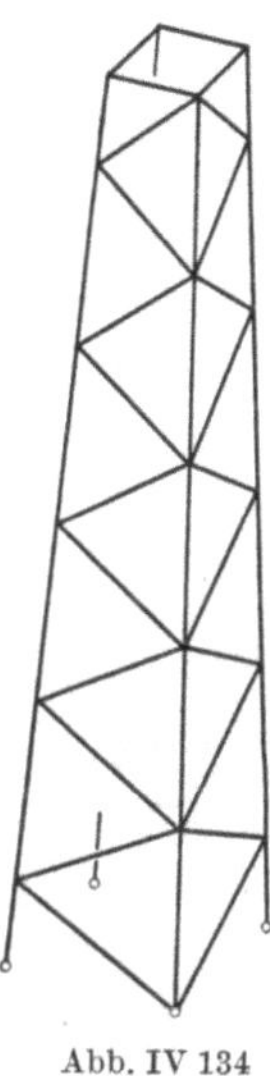

Abb. IV 134

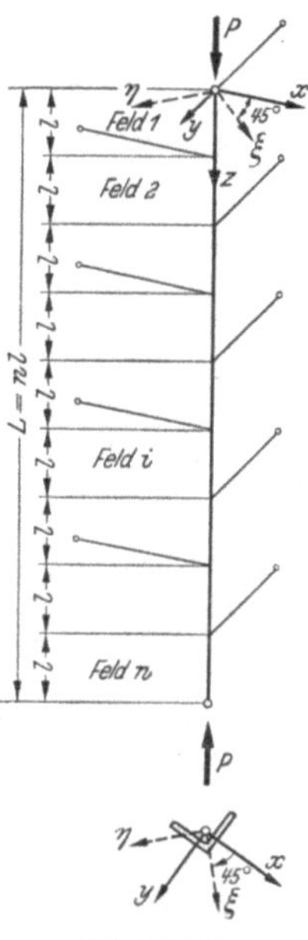

Abb. IV 135

d) Die z-Achse des rechtwinkligen Koordinatensystems fällt mit der Stabachse zusammen, die x- und y-Achsen liegen in den Strebenwänden. Dazu wird noch ein zweites System ξ, η, z eingeführt, mit den Achsen ξ und η als Hauptachsen des Pfostenquerschnittes (Abb. IV 135).

e) Der Stab wird nur seitlich ausgebogen und nicht verdrillt. Die Angabe der Durchbiegungen ξ und η des Schwerpunktes genügt zur vollständigen Bestimmung der räumlichen Knicklinie[1].

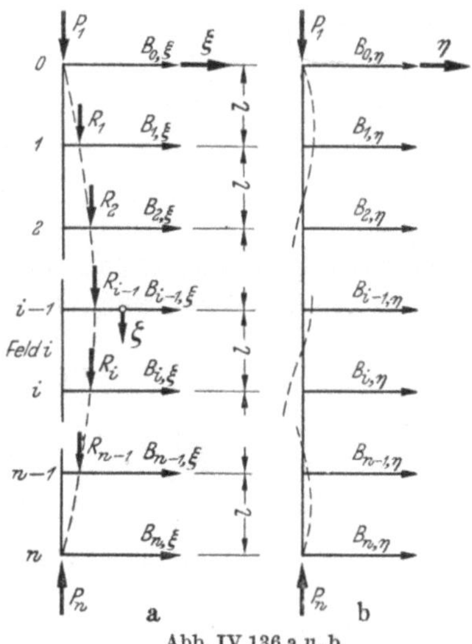

Abb. IV 136 a u. b

Abb. IV 136 zeigt einen möglichen Verlauf der Durchbiegungen ξ und η. Dabei sind auch die wirkenden Kräfte eingetragen, und zwar die äußeren Kräfte P_1, $P_2 = P_1 + R_1$, $P_3 = P_2 + R_2$ usw. und die Strebenrückhaltekräfte: $B_{0,\xi}$, $B_{1,\xi}$ usw., $B_{0,\eta}$, $B_{1,\eta}$ usw. Die Bestimmungsgleichung für ξ schreibt sich

$$E J_\eta \frac{d^2\xi}{dz^2} + M_\eta = 0. \qquad \text{(IV 574)}$$

[1] Strenggenommen haben wir es hier mit einem Biegedrillknicken zu tun, da die Innenkräfte auch Drillmomente verursachen. Dieser Einfluß ist in der Ableitung vernachlässigt.

Im Querschnitt ζ des i-ten Stabfeldes ist (Abb. IV 136a)

$$\begin{aligned} M_\eta = P_i \cdot \xi - (R_1 \cdot \xi_1 + R_2 \cdot \xi_2 + \cdots + R_{i-1} \cdot \xi_{i-1}) \\ - [B_{0,\xi}(i-1)\,l + B_{1,\xi}(i-2)\,l + \cdots + B_{i-2,\xi} \cdot l] \\ - \zeta\,(B_{0,\xi} + B_{1,\xi} + \cdots + B_{i-1,\xi}). \end{aligned} \qquad \text{(IV 575)}$$

Für η erhält man eine entsprechende Gleichung.

Die Randbedingungen müssen auch angegeben werden, sie lauten im x, y, z-System (Abb. IV 135)

$$\text{An den Enden } z = 0,\; z = L:\; x = y = 0. \qquad \text{(IV 576)}$$

Für die ungeradzahligen Stützpunkte

$$z = (2i-1)\,l:\; x = 0 \qquad (i = 1, 2, 3, \ldots). \qquad \text{(IV 577)}$$

Für die geradzahligen Stützpunkte

$$z = 2i\,l:\; y = 0 \qquad (i = 1, 2, 3, \ldots). \qquad \text{(IV 578)}$$

In bezug auf das Koordinatensystem ξ, η, z mit

$$x = \frac{1}{\sqrt{2}}(\xi - \eta)$$

$$y = \frac{1}{\sqrt{2}}(\xi + \eta)$$

(Drehung um 45°)

erhält man entsprechend

$$\text{für } z = 0 \text{ und } z = L:\; \xi = \eta = 0 \qquad \text{(IV 579)}$$

$$\text{für } z = (2i-1)\,l:\; \xi - \eta = 0 \qquad \text{(IV 580)}$$

$$\text{für } z = 2i\,l:\; \xi + \eta = 0. \qquad \text{(IV 581)}$$

Die Rückhaltekräfte müssen folgende Bedingungen erfüllen (Abb. IV 136).

Aus der Momentengleichung für den Endpunkt erhält man:

$$\begin{aligned} n\,B_{0,\xi} = - [(n-1)\,B_{1,\xi} + (n-2)\,B_{2,\xi} + \cdots + B_{n-1,\xi}] \\ - \left(R_1 \frac{\xi_1}{l} + R_2 \frac{\xi_2}{l} + \cdots + R_{n-1} \frac{\xi_{n-1}}{l}\right) \end{aligned} \qquad \text{(IV 582)}$$

$$\begin{aligned} n\,B_{0,\eta} = - [(n-1)\,B_{1,\eta} + (n-2)\,B_{2,\eta} + \cdots + B_{n-1,\eta}] \\ - \left(R_1 \frac{\eta_1}{l} + R_2 \frac{\eta_2}{l} + \cdots + R_{\eta-1} \frac{\eta_{n-1}}{l}\right). \end{aligned} \qquad \text{(IV 583)}$$

Aus einer Komponentengleichung im Knoten folgt:

$$\text{Für } z = (2i-1)\,l:\; B_y = B_\xi + B_\eta = 0 \qquad \text{(IV 584)}$$

$$\text{für } z = 2i\,l:\; B_x = B_\xi - B_\eta = 0. \qquad \text{(IV 585)}$$

Für das Stabfeld i kann folgender Ansatz gemacht werden

$$\left.\begin{aligned}\xi &= C_1 \sin \zeta\, \omega_i + C_2 \sin \zeta\, \omega_i \\ &+ \frac{1}{P_i}(R_1 \cdot \xi_1 + R_2 \cdot \xi_2 + \cdots + R_{i-1} \cdot \xi_{i-1}) \\ &+ \frac{l}{P_i}[B_{0,\xi}(i-1) + B_{1,\xi}(i-2) + \cdots + B_{i-2,\xi}] \\ &+ \frac{\zeta}{P_i}[B_{0,\xi} + B_{1,\xi} + \cdots + B_{i-1,\xi}],\end{aligned}\right\} \quad \text{(IV 586)}$$

worin $\omega_i = \sqrt{\frac{P_i}{E J_\eta}}$ bedeutet.

Eine entsprechende Gleichung kann für η angeschrieben werden.

Die Integrationskonstanten können durch die Randbedingungen, also durch die Anfangsordinaten ξ_{i-1}, ξ_i, η_{i-1}, η_i ausgedrückt werden.

Unbekannt sind für alle Felder $n - 1$ Knotendurchbiegungen ξ, $n - 1$ Knotendurchbiegungen η, n Rückhaltekräfte B_ξ, n Rückhaltekräfte B_η.

Die Bedingungen (IV 580), (IV 581), (IV 582), (IV 583), (IV 584), (IV 585) lassen die Zahl der Unbekannten auf $2(n-1)$ zusammenschrumpfen, z. B. $B_{1,\xi}$, $B_{2,\xi}, \ldots, B_{n-1,\xi}, \xi_1, \xi_2, \ldots, \xi_{n-1}$. Zur Verfügung stehen uns aber auch $2(n-1)$ Kontinuitätsbedingungen, nämlich:

Für $z = i\, l$

$$\left(\frac{d\xi}{dz}\right)_{\text{Feld } i+1} = \left(\frac{d\xi}{dz}\right)_{\text{Feld } i} \quad \text{(IV 587)}$$

$$\left(\frac{d\eta}{dz}\right)_{\text{Feld } i+1} = \left(\frac{d\eta}{dz}\right)_{\text{Feld } i}. \quad \text{(IV 588)}$$

Im Punkt mit $z = i\, l$ müssen nämlich die Neigungen der Biegelinien für das Feld oberhalb und unterhalb des Punktes übereinstimmen.

Man erhält für die zurückgebliebenen $2(n-1)$ Unbekannten $2(n-1)$ lineare, homogene Gleichungen[1]. Ihre Determinante[2] muß verschwinden, damit die Unbekannten von Null verschiedene Werte annehmen, also ein Knicken überhaupt eintritt. Die Bedingung, daß die Knickdeterminante zu Null wird, liefert eine Bestimmungsgleichung für die Stabkraft P_n; die anderen Stabkräfte sind durch die Verhältnisse $\frac{P_1}{P_n}, \frac{P_2}{P_n} \ldots$ auszudrücken. Die kleinste Lösung stellt die gesuchte Knickkraft $P_{n\,\text{kr}}$ dar.

Sind die Stabkräfte längs der Pfostenachse unveränderlich, so führt eine Näherungslösung von H. Bleich[3] rasch zu genügend genauen Resultaten. Für

[1] Diese Gleichungen sind hier aus Platzgründen nicht wiedergegeben. Man findet sie ausführlich in der Arbeit von K. Girkmann: Die Knickfestigkeit der Eckstäbe von Raumtragwerken mit ebenen Knoten. Z. VDI 72 (1928) S. 588.

[2] Wie in der Einleitung bemerkt, handelt es sich hier um die direkte Aufstellung der Knickdeterminante an Hand der Gleichungen der elastischen Linie. Die Anwendung der Kraft- oder: Deformationsmethode ist aber auch möglich. Siehe J. Ratzersdorfer: Die Knickfestigkeit von Stäben und Stabwerken, Wien: Springer 1936, S. 301.

[3] Bleich, H.: Das Ausknicken der Eckstiele von Gittermasten. Bauingenieur 1936, S. 557, oder: Le flambage des montants de pylônes. L'Ossature Métallique 1937, S. 84. — Ein anderer Weg findet sich bei F. u. H. Bleich: Die Stabilität räumlicher Stabverbindungen. Z. öst. Ing.- u. Archit.-Ver. 1928, S. 345; siehe auch F. Bleich: Stahlhochbauten, Berlin: Springer 1932.

die Durchbiegungen ξ und η werden folgende Ansätze gewählt.

$$\xi = \sin \pi (1 - a) \frac{z}{l} \qquad \text{(IV 589)}$$

$$\eta = \sin \pi a \frac{z}{l} . \qquad \text{(IV 590)}$$

Ist $a = \frac{i}{n}$ und i ganzzahlig, so genügen diese Ansätze den Randbedingungen (IV 579), (IV 580), (IV 581). Dagegen ist die Differentialgleichung nicht befriedigt.

Wie der Vergleich mit der genauen Lösung von GIRKMANN zeigt, führen dennoch die Ansätze von H. BLEICH bei Anwendung der Energiemethode zu bemerkenswert genauen Resultaten.

Es besteht eine Analogie mit den Methoden von RITZ oder TIMOSHENKO. Nur ist hier ein einziger Parameter a frei, der so bestimmt werden muß, daß die Knickkraft ein Minimum wird (III. Kapitel, C).

Die Formänderungsenergie eines Stabes bei Biegung um beide Hauptachsen lautet [vgl. Gl. (III 16)]

$$A = \frac{1}{2} \int_0^L E J_\eta \left(\frac{\partial^2 \xi}{\partial z^2}\right)^2 dz + \frac{1}{2} \int_0^L E J_\xi \left(\frac{\partial^2 \eta}{\partial z^2}\right)^2 dz \qquad \text{(IV 591)}$$

und die potentielle Energie der Axialkraft [vgl. Gl. (III 17)]

$$V_P = - \frac{P}{2} \int_0^L \left[\left(\frac{\partial \xi}{\partial z}\right)^2 + \left(\frac{\partial \eta}{\partial z}\right)^2\right] dz. \qquad \text{(IV 592)}$$

Für den Knickbeginn muß die Energiesumme erhalten bleiben, und die kritische Last ergibt sich zu [vgl. Gl. (III 25)]

$$P_{\text{kr}} = \frac{\int_0^L E J_\eta \left(\frac{\partial^2 \xi}{\partial z^2}\right)^2 dz + \int_0^L E J_\xi \left(\frac{\partial^2 \eta}{\partial z^2}\right)^2 dz}{\int_0^L \left[\left(\frac{\partial \xi}{\partial z}\right)^2 + \left(\frac{\partial \eta}{\partial z}\right)^2\right] dz} \qquad \text{(IV 593)}$$

Werden die Ansätze (IV 589) und (IV 590) in die Gl. (IV 593) eingeführt, so erhält man nach einigen Zwischenrechnungen

$$\underline{\underline{P_{\text{kr}} = \frac{\pi^2 \cdot E [J_\xi \cdot a^4 + J_\eta (1 - a)^4]}{l^2 [a^2 + (1 - a)^2]}}}, \qquad \text{(IV 594)}$$

wobei wie gesagt $a = \frac{i}{n}$ $(i = 1, 2, \ldots)$ eingesetzt werden kann. Dieser Parameter a bestimmt die Anzahl der Halbwellen, in welchen der Stab ausknickt. Von den möglichen Werten von a ist derjenige maßgebend, für welchen P_{kr} am kleinsten wird. Aus der Bedingung $\frac{dP_{\text{kr}}}{da} = 0$ folgt die Bestimmungsgleichung für a

$$J_\xi [2a^3 (1 - a)^2 + a^4)] = J_\eta [2a^2 (1 - a)^3 + (1 - a)^4]. \qquad \text{(IV 595)}$$

Aus der Auflösung dieser Gleichung fünften Grades folgt der maßgebende Wert für a. Anderseits ist aber $a = \frac{i}{n}$, wobei i eine ganze Zahl und n die Felderzahl bedeutet. Es wird der Wert a in die Gl. (IV 594) eingeführt, welcher der Lösung der Gl. (IV 595) am nächsten liegt. Wenn die Felderzahl n nicht groß ist, erübrigt sich die etwas umständliche Lösung der Gl. (IV 595); durch Probieren wird der Wert a bestimmt, der P_{kr} zu einem Minimum macht.

Wenn J_η das kleinere Trägheitsmoment bedeutet, kann P_{kr} auch in der Form

$$P_{\text{kr}} = \frac{\pi^2 E J_\eta}{(2 k l)^2} = \frac{\pi^2 E J_\eta}{(k s)^2} \qquad \text{(IV 596)}$$

angeschrieben werden. Dabei bedeutet $s = 2l$ die Stablänge zwischen zwei in derselben Ebene liegenden Knoten und k den Reduktionsfaktor für diese Stablänge.

Abb. IV 137 gibt die Werte k für verschiedene Verhältnisse $\frac{J_\xi}{J_\eta}$ und eine Felderzahl $n = 2$ und n groß. Die Kurven für $n > 2$ liegen dazwischen, die Kurve für $n = 3, 5, 6$ usw. (aber nicht $n = 4$) allerdings sehr nahe bei der Kurve für n groß. Vereinfachend kann also einheitlich für alle Werte $n > 2$ die Kurve für n groß benutzt werden.

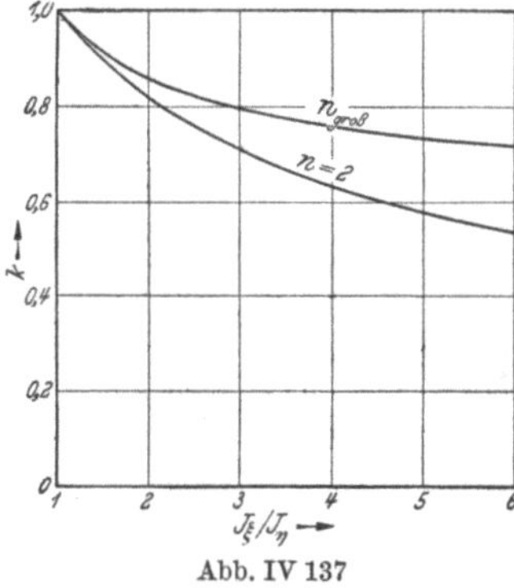

Abb. IV 137

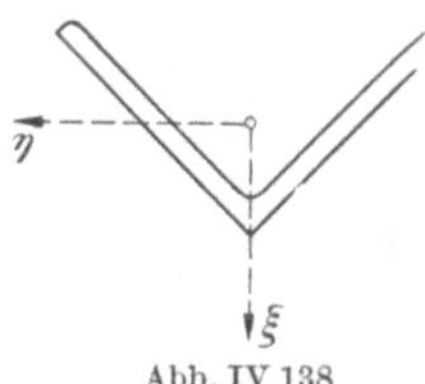

Abb. IV 138

Wenn die Pfostenstabkraft von unten nach oben abnimmt, liegen die Verhältnisse günstiger. Es seien hier einige Resultate aus der Arbeit von Girkmann[1], die sich alle auf den Sonderfall $\frac{J_\xi}{J_\eta} = 3{,}933$ beziehen, der für gleichschenklige Winkel zutrifft (Abb. IV 138), angegeben.

Für die Felderzahl $n = 2$ und $n = 5$ ergeben sich nach Girkmann die Werte der Tab. IV 17.

Tabelle IV 17

<table>
<tr><td rowspan="2">$n = 2$</td><td>$P_1 : P_2$</td><td>1</td><td>19:20</td><td>9:10</td><td>1:2</td></tr>
<tr><td>$k = \frac{s_k}{s}$</td><td>0,64</td><td>0,63</td><td>0,62</td><td>0,56</td></tr>
<tr><td rowspan="2">$n = 5$</td><td>$P_1 : P_2 : P_3 : P_4 : P_5$</td><td>1</td><td colspan="2">6:7:8:9:10</td><td>1:2:3:4:5</td></tr>
<tr><td>$k = \frac{s_k}{s}$</td><td>0,75</td><td colspan="2">0,68</td><td>0,64</td></tr>
</table>

Die Näherungslösung von H. Bleich ergibt für P konstant (Abb. IV 137) $k = 0{,}64$ für $n = 2$ und für $n = 5$, $k = 0{,}75$, somit genau dasselbe.

Eine abgestufte Pfostenkraft führt also zu einer wesentlich kleineren Knicklänge. Darum unterscheidet die deutsche Norm DIN 4114 zwischen Gittermasten

[1] Girkmann, K.: Die Knickfestigkeit der Eckstäbe von Raumtragwerken mit ebenen Knoten. Z. VDI 72 (1928) S. 588.

mit überwiegender Druckbeanspruchung (Pfostenkraft nahezu konstant) und den überwiegend auf Biegung beanspruchten Gittermasten (Pfostenkraft nimmt in den Halbfeldern der Länge l um mindestens 10% des größten, an einem Ende auftretenden Wertes ab). Dazu werden die Ausfachungen nach Abb. IV 139 ($n > 2$) und nach Abb. IV 140 ($n = 2$) gesondert betrachtet.

Für den einfachen gleichschenkligen Winkel werden in den Vorschriften die obigen Werte von GIRKMANN aufgerundet auf 0,7 und 0,6 für $n = 2$, resp. 0,8 und 0,7 für $n > 2$. Für den Freileitungsbau darf auch mit einer Knicklänge s und mit J_x gerechnet werden. Da

$$J_x = \frac{1}{2}(J_\xi + J_\eta) = \frac{1}{2}(3{,}933 + 1)\, J_\eta = 2{,}47 J_\eta \tag{IV 597}$$

ist, wird die entsprechende Knicklänge für J_η, $\frac{s}{\sqrt{2{,}47}} = 0{,}64\, s$, was z. B. bei $n = 5$ einer Abnahme der Stabkraft in jedem Knoten um 20% des größten

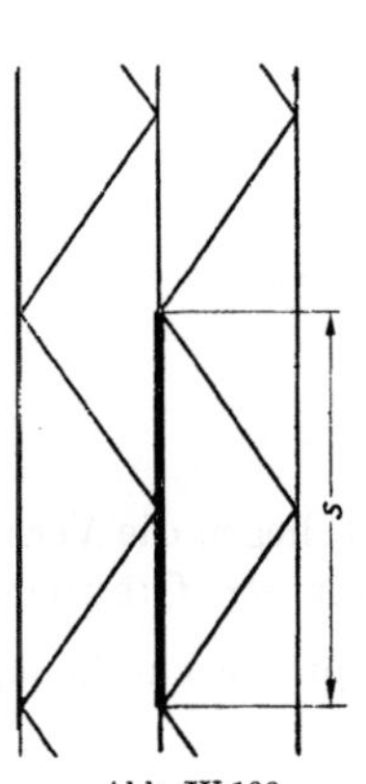

Abb. IV 139

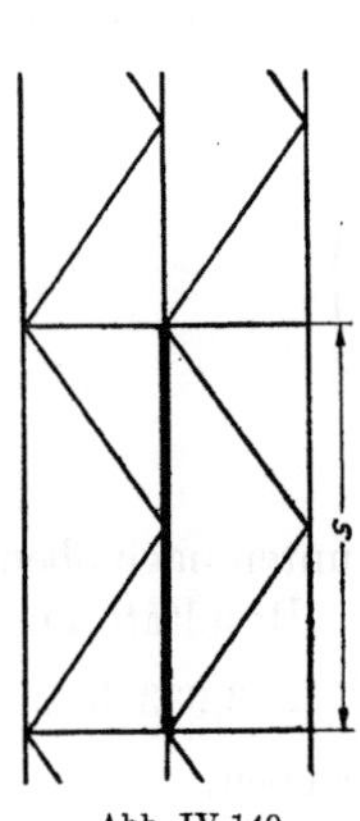

Abb. IV 140

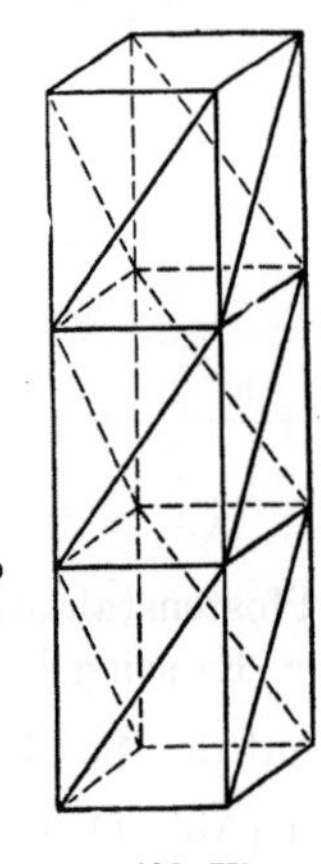
Abb. IV 141

Wertes entspricht. Bei $n = 2$ dagegen ergibt schon eine konstante Pfostenkraft dieses Resultat.

Für den Kreuzquerschnitt wird $\frac{J_\xi}{J_\eta}$ ungefähr gleich 1,8, wenn die Knotenblechdicke gleich der Schenkeldicke gewählt wird. Abb. IV 137 ergibt für den Fall einer konstanten Pfostenkraft $s_k = 0{,}85\, s$ für $n = 2$ und $s_k = 0{,}88\, s$ für $n > 2$. DIN 4114 schreibt entsprechend $s_k = 0{,}85\, s$ und $s_k = 0{,}9\, s$ vor. Wenn $J_\xi = J_\eta$ ist (z. B. beim Rohrprofil), so wird die Knicklänge s_k unabhängig von n und gleich s (Abb. IV 137). Die Knickung ist nicht räumlich, sondern findet in der Ebene einer der Strebenwände statt. Das gleiche gilt auch, wenn die Hauptachsen in die Fachwerkebenen fallen ($x, y = \xi, \eta$). Der Pfosten knickt in der Ebene, die der größten Schlankheit entspricht.

Es wurde am Anfang schon erwähnt, daß das Problem eigentlich ein Biegedrillknicken ist. Im Abschn. Biegedrillknicken (IV. Kapitel, D), ergab sich bereits, daß die Drillknicklast P_T bei schlanken Stäben gegenüber den EULERschen Lasten groß wird und an Bedeutung verliert. Bei den normalen Schlankheitsverhältnissen im Mastbau dürfte daher der Einfluß der Drillung meistens vernachlässigbar sein. Bei gedrungenen Stäben dagegen ist Vorsicht geboten.

Die Stabilität des Mastes als Ganzes war nicht Gegenstand der obigen Untersuchung. Für einen Gittermast nach Abb. IV 141 mit biegesteifen Gurtungen und gelenkig angeschlossenen Diagonalen wurde das Problem streng gelöst[1]. Auch liegen die Ergebnisse einer Näherungsberechnung vor[2].

Zusätzliche Literatur zum Unterkapitel E

ABBASSI, MOHAMMED, M.: Buckling of Struts of Variable Bending Rigidity. J. Appl. Mech. 25 (1958) Nr. 4, S. 537.

ALTENBACH, J., u. K. F. GARZ: Der elastisch eingespannte Druckstab und seine Anwendung zur Ermittlung von Knicklängen für Stabsysteme. Wiss. Z. der Hochschule für Schwermaschinenbau, Magdeburg, Juli 1959, S. 19.

APPELTAUER, J.: Näherungsverfahren zur Bestimmung der Grundfrequenzen frei schwingender Rahmen. Stahlbau 1959, H. 5, S. 131.

APPELTAUER, J., u. TH. BARTA: Beitrag zur Knicklängenberechnung lotrechter Rahmenstiele im Falle geknickter und bogenförmiger Riegel. Bauingenieur 1959, H. 8, S. 320.

BACHE u. W. B. KLEMPERER: J. Aeronaut. Sci., Februar 1937.

BEER, H.: Stabilitätsberechnung der geknickten, mittleren Portale von durchlaufenden Fachwerkbrücken mit Rhombenausfachung. Stahlbau 1944, S. 23.

Stabilitäts- und Festigkeitsuntersuchung der geknickten Endportale von Fachwerkbrücken mit Rhombenausfachung. Öst. Bauztg. 1947, S. 157.

BIEZENO, C. B., u. J. J. KOCH: On the Buckling of a Girder, Elastically Supported and Elastically Clamped in a Number of Equidistant Points. Appl. Sci. Res. A., Niederlanden 1 (1949) Nr. 4.

BLEICH, F.: Einige Aufgaben über die Knickfestigkeit elastischer Stabverbindungen. Eisenbau 1922, S. 34.

BOLEY, B. A.: Numerical Methods for the Calculation of Elastic Instability; Paper presented at the Institute of Aeronautical Sciences, Januar 1947.

BOOBNOV, J. G.: Théorie de la construction des navires, Bd. 1, St.-Pétersbourg 1913, S. 259.

BOROS, P.: Verallgemeinerte Grundformeln der EULERschen Knickfälle. Stahlbau 1934, S. 10.

BRUNNER, J.: Knickstabilität. Einfluß der Einspannungsverhältnisse bei zentrischer Belastung. Schweiz. Bauztg. 1947, S. 379.

Knickstabilität des Obergurtes oben offener Brücken. Schweiz. Bauztg. 1951, S. 541.

BUDIANSKY, B., P. SEIDE u. R. A. WEINBERGER: The Buckling of a Column on Equally Spaced Deflectional and Rotational Springs. N. A. C. A. Techn. Note 1519, 1948.

BÜLTMANN, W.: Die Stabilität des Dreigelenkrechteckrahmens. Stahlbau 1941, S. 3.

Die Stabilität der Drei- und Zweigelenkrechteckrahmen mit Eckstreben und Fachwerkriegeln. Stahlbau 1941, S. 24.

Druckstäbe mit federnder Querstützung. Stahlbau 1942, S. 38.

Lösung des ebenen Knickproblems durch Iteration. Stahlbau 1952, S. 112.

CASSENS, J.: Der elastisch eingespannte Knickstab. Luftf.-Forschg. XIV (1937) S. 501.

CORNELIUS, W.: Zur Berechnung der Druckgurte und Querrahmen von Tragbrücken. Bautechnik, 1947, H. 2.

CZITARY, E.: Knickung verspannter Stäbe. Öst. Bauzeitschr. 1957, H. 1, S. 14.

DABROWSKI, R.: Stateczność mostu Jednodźwigarowego (Stabilität der Mittelträgerbrücke). Rozprawy inżynierskie LXXXVI, 1956. — Knicksicherheit des Portalrahmens bei eintretender Richtungsänderung im Lastangriff. Bauingenieur 1960, H. 5, S. 178.

---

[1] KOCHANOWSKY, W.: Über die Stabilität des Gleichgewichtes und der Knickfestigkeit eines räumlichen Gittermastes. Inaugural-Dissertation. Berlin 1933; s. a. J. RATZERSDORFER: Die Knickfestigkeit von Stäben und Stabwerken, Wien: Springer 1936, S. 248.

[2] FÖPPL, L.: Über das Ausknicken von Gittermasten, insbesondere von hohen Funktürmen. Z. angew. Math. Mech. 13 (1933) S. 1.

DIEDRICHS, L.: Nomogramme zur Bestimmung der Knicklänge von Rahmen. Stahlbau 1954, S. 239.

DIMITROV, N.: Ermittlung konstanter Ersatz-Trägheitsmomente für Druckstäbe mit veränderlichen Querschnitten. Bauingenieur 1953, S. 208.

DJUBEK, J.: Stabilita Tankostenného Pruta, Stievado opretého v dvoch Rovinach. Abh. der Tschechoslovakischen Akademie der Wissenschaften 1959, H. 6. — Die Stabilität eines dünnwandigen, abwechselnd in zwei Ebenen gestützten Stabes. Stahlbau 1960, H. 7, S. 218.

DULACSKA, E., u. L. KOLLAR: Angenäherte Berechnung des Momentenzuwachses und der Stabilität von gedrückten Rahmenstielen. Bautechn. 1960, H. 3, S. 98.

EB, W. J. VAN DER: Some Special Cases of Buckling. I. V. B. H., Vierter Congress, Cambridge und London 1952, S. 219.

ELLINGTON, J. P.: The Buckling of a Beam on a Number of Elastic Restraints. J. Appl. Mech., March 1960, S. 210.

ELWITZ, E.: Die Knickkraft in Stäben mit sprungweise veränderlichem Trägheitsmoment. Zbl. Bauverw. 1917, S. 517.

Die Lehre von der Knickfestigkeit. Bd. 1, Düsseldorf 1918, S. 222.

ENGESSER, F.: Versuche und Untersuchungen über den Knickwiderstand des seitlich gestützten Stabes. Eisenbau 1918, S. 28.

ENNEPER, P.: Die Stabilität der Rahmenträger. Bauingenieur 1951, S. 300.— Der Rahmenträger, Stabilität und Berechnung nach der Spannungstheorie II. Ordnung. Techn. Mitt. Krupp 15 (Dezember 1957) Nr. 8, S. 231.

FALK, S.: Biegen, Knicken und Schwingen des mehrfeldrigen geraden Balkens. Abh. Braunschweig. Wiss. Ges. 7 (Braunschweig 1955). — Die Knickbiegung ebener Rahmen. Bauingenieur 1956, H. 8, S. 305.

Besprechung von LIVESKY, R. K.: The Application of an Electronic Digital Computer to Some Problems of Structural Analysis. The Structural Engineer 34 (1956) Nr. 1, S. 1.

FALTUS, F.: Stabilités des membrures comprimées. Acier, Stahl, Steel Nr. 11 (1956) S. 457.

FRANCKE, A.: Z. Math. u. Phys. 49 (1901).

FRISCH-FAY, R.: The Buckling of Struts with Suddenly Changing Cross Sections. Civ. Engng., Lond. März 1960, S. 363.

GAEDE, K.: Die Knicksicherheit des Stützenrostes. Bauingenieur 1942, S. 166.

GALAMBOS, Th. V.: Influence of Partial Base Fixity on Frame Stability. Journal of the Structural Division, Proceedings of the American Society of Civil Engineers, No. 2480, ST 5, Mai 1960.

GASSER, HANS-H.: Knicken eines gestreckten Gelenkstabzuges. Z. ange w. Math.u. Phys. (ZAMP) VIII (1957) H. 1, S. 64.

GODER, W.: Knicken von Stäben mit veränderlichem Querschnitt im plastischen Bereich. Stahlbau Juli 1958, H. 7, S. 188. — Beitrag zur praktischen Berechnung von Rahmentragwerken nach der Stabilitätsvorschrift DIN 4114. Stahlbau Oktober 1959, H. 10, S. 265; H. 11, S. 304.

GOLDBERG, J. E., J. L. BOGDANOFF u. HSU LO: Inelastic Buckling of non uniform Columns. Proc. Amer. Soc. civ. Engrs., Paper 943, April 1956.

GOLDBERG, J. E.: General Instability of Low Framed Buildings. Abh. I. V. B. H. 18. Bd., Zürich: Leemann 1958, S. 15.

GRANHOLM, H.: On the Elastic Stability of Piles Surrounded by a Supporting Medium. Stockholm 1929.

GREGORY, M.: Elastic Buckling of Columns in Structures (Elastisches Knicken von Druckgliedern von Fachwerken). Civil Engineering and Public Works Review 55 (Juli 1960) Nr. 648, S. 910.

GRÜNING, M.: Die Statik des ebenen Tragwerks. Berlin 1925, S. 697.

HANGAN, M.: Die Bestimmung der Säulenknicklänge bei Stockwerkrahmen durch schrittweise Näherung. Bautechnik, 1958, H. 8, S. 303.

HECKEROTH, H.: Knickung von zwei sich gegenseitig abstützenden Stäben. Stahlbau 1954, S. 242.

HEINTZELMANN, F.: Jb. dtsch. Luftf.-Forschg. 1940, S. 825.

HERBER, KARL-HEINZ: Vereinfachte Berechnung von Knickproblemen für Stäbe mit starrer Lagerung und Rahmentragwerke. Bautechn. 1956, H. 5, S. 157; H. 9, S. 326; H. 10, S. 358.

HOENING, K.: Beitrag zur Berechnung der Knicksicherheit von Stäben mit veränderlichem Querschnitt. Eisenbau 1915, S. 241.

HOFF, N. J.: The Proportioning of Aircraft Frameworks. J. Aeronaut. Sci. 8 (1941) S. 319.

HOFF, N. J., B. A. BOLEY, S. V. NARDO u. S. KAUFMANN: Summary of Buckling of Rigid Jointed Plane Trusses. Trans. Amer. Soc. civ. Engrs. 1951.

HOYDEN, A., u. W. F. WILKESMANN: Die numerische Behandlung der Rahmenknickung nach einem statisch gedeuteten Verfahren der schrittweisen Näherungen. Bauingenieur 1953, S. 75.

JASINSKI, F. S.: La flexion des pièces comprimées. Ann. Ponts Chauss. 1894, zweiter Teil, S. 233.

KAUL, H.: Zur Knicklast einer Zweistabgruppe. Luftf.-Forschg. 1934, S. 53.

Die Spannziffer eines Zugstabes mit abgestufter Biegesteifigkeit. Luftf.-Forschg. 1936, S. 181.

KIRSTE, LEO: Simplified Calculus of the Stability of Multi-Story Frames. Abh. I. V. B. H. 16. Bd., Zürich: Leemann 1957, S. 295.

KLEMENT, R.: Knickuntersuchungen von Rahmentragwerken nach DIN 4114 Ri 10.2 mit Hilfe des Ausgleichsverfahrens von KANI. Stahlbau 1957, H. 12, S. 372.

KLEMPERER, W. B., u. H. B. GIBBONS: Über die Knickfestigkeit eines auf elastischen Zwischenstützen gelagerten Balkens. Z. angew. Math. Mech. 1933, S. 251.

KLITCHIEFF, J. M.: Buckling of Continuous Beams on Elastic Supports. Journal of Applied Math., 1949, H. II, S. 257.

KLITCHIEFF, J. M.: Quelques applications de séries à des problèmes de stabilité élastique. Bulletin de la Suisse Romande 1952, H. 21.

KUANG-HAN-CHU: Secondary Moments, End Rotations, Inflection Points and Elastic Buckling Loads of Truss Members. Abh. I. V. B. H., Bd. XIX, Zürich: Leemann 1960, S. 17.

KULKA, L.: Ermittlung der Knicklast von Stäben mit stufenweise veränderlichem Trägheitsmoment. Bautechn. 1923, S. 500.

Berechnung elastisch gestützter Druckgurte auf seitliches Ausknicken. Bautechn. 1926, S. 621.

LAZARD, A.: Flambement en milieu élastique discontinu. Ann. Ponts Chauss. 116 (1946) S. 289.

Compte rendu d'essais sur le flambage d'une tige posée sur supports élastiques équidistants. Annales de l'Institut technique du bâtiment et des travaux publics. Essais et mesures Nr. 12, September 1949.

LEE, S. L., u. R. W. CLOUGH: Stability of Pony-Truss Bridges. Abh. I. V. B. H. 18. Bd., Zürich: Leemann 1958, S. 91.

LEIPHOLZ, H.: Die Knickung der tordierten Welle mit Einzelkraft und kontinuierlicher Längskraft. Ingenieur-Archiv, 1960, Erstes Heft, S. 42.

LIN, T. H., u. K. S. CHING: Buckling of a Column with Elastic Supports. J. aeron. Sci 1948.

LÖSCHNER, S.: Knickfestigkeit der Fachwerkstäbe bei K-Systemen. Bauingenieur 1932, S. 584.

MAYER, R.: Knickfestigkeit, Berlin: Springer 1921.

MERCHANT, W., u. A. H. SALEM: The use of Stability Functions in the Analysis of Rigid Frames. Vorbericht zum sechsten Kongreß der I. V. B. H., Stockholm 1960, Zürich: Leemann 1960, S. 457.

MIESEL, KURT: Die Berechnung mehrfach abgespannter Mastgruppen. 4. Abschn.: Knicksicherheit der Mastgruppe, Köln: Stahlbau-Verlag 1956.

MUDRAK, W.: Die Knickbedingung für den geraden Stab von festem Querschnitte, der an beiden Enden elastisch eingespannt und elastisch gehalten ist. Bauingenieur 1941, S. 153.

MÜLLER, E.: Knicken eines Bockes aus seiner Ebene heraus. Bautechn. 1955, H. 9, S. 301.

NAKAGAWA,: Relation between the Stiffness of Both Ends of a Long Column and its Buckling Load. Jap.-engl. Trans. Soc. Mech. Engrs. 1938, S. 3.

NEUKIRCH, N.: Die elastisch gestützte Druckgurtung. Stahlbau 1936, S. 1.

NILES, A. S., u. J. S. NEWELL: Airplane Structures, Bd. II New York: John Wiley & Sons 1943.

NOWACKI, W.: Vibrations transversales et flambage des systèmes en portique traités comme problème commun de stabilité. Abh. I. V. B. H., neunter Band, Zürich 1949, S. 367.

NUTT, J. G.: The Collapse of Triangulated Trusses by Buckling within the Plane of the Truss. The Structural Engineer XXXVII (May 1959) Nr. 5, S. 141. — The Collapse of Triangulated Trusses by Buckling within the Plane of the Truss. Written discussion on the paper by J. G. NUTT. The Structural Engineer 1960, H. 6, S. 206.

OSGOOD, W. R.: Contribution to the Design of Compression Members in Aircraft. Natl. Bur. Standards. (U. S.) J. Research, Research Paper RP 698, 1934.

OXFORT, J.: Über die Begrenzung der Traglast eines statisch unbestimmten biegesteifen Stabwerkes aus Baustahl durch das Instabilwerden des Gleichgewichtes. Stahlbau, 1961, H. 2, S. 33.

POHL, K.: Näherungslösungen für besondere Fälle von Knickbelastung. Stahlbau 1933, S. 137.

PRAGER, W.: Elastic Stability of Plane Frameworks. J. aeron. Sci. 1936, S. 388.

The Buckling of an Elastically Encastred Strut. J. roy. aeron Soc. 1936, S. 833.

RAMBØLL, B. J.: Berechnung von Rahmensystemen mit Berücksichtigung der Säulenausbiegungen. Abh. I. V. B. H., neunter Band, Zürich 1949, S. 428.

RADOMSKI, B.: Knickstäbe mit sprungweise veränderlichem Trägheitsmoment. Luftf.-Forschg. 1937, S. 438.

RATZERSDORFER, J.: Die Berechnung der Tragflächenholme. Öst. Flugztschr. 1919, H. 6—7.

Durchgehende Balken mit beliebig vielen Öffnungen, bei Beanspruchung durch längs- und querwirkende Kräfte. Eisenbau 1919, S. 93.

A Buckling Problem; The Case of an Elastically Supported Beam. Aircraft Engrs. 1945, S. 348.

A Buckling Problem. The Case of a Beam Resting on a Continuous Elastic Foundation with Concentrated Elastic End Supports. Aircraft Engrs. 1946.

REINITZHUBER, F.: Formeln für das Knicken von Stäben mit linear veränderlicher Druckkraft. Techn. Mitt. Krupp 15 (Dezember 1957) H. 8, S. 226.

REUTTER, F.: Z. angew. Math. Mech. 1948, S. 1.

RIVIÈRE, H.: Calcul des poutres comprimées encastrées élastiquement à leurs extrémitées. Flambage des barres de treillis assemblées rigidement. L'Aéronautique 1936, S. 7.

SAHMEL, P.: Näherungsweise Berechnung der Knicklängen von Stockwerkrahmen. Stahlbau April 1955, S. 89. — Näherungsweise Berechnung von Knickstäben mit veränderlicher Normalkraft. Stahlbau 1956, H. 8, August 1956, S. 194.

SCHABER, E.: Beitrag zur Stabilitätsberechnung ebener Stabwerke (Diss.), Köln 1960. — Beitrag zur Stabilitätsberechnung ebener Stabwerke, Köln: Stahlbauverlagsgesellschaft 1960.

SCHIBLER, W.: Stabilität der Druckgurte offener Brücken unter Berücksichtigung der Plastizität der Querträger. Abh. I. V. B. H., neunter Band, Zürich 1949, S. 452.

SCHINEIS, M.: Die Stabilität des Dreigelenkrechteckrahmens bei Riegelbelastung. Bautechnik, 1960, H. 12, S. 453.

SCHMIDT, G.: Die Stabilität des Zweigelenkrahmens mit ungleich langen Stielen. Stahlbau 1944, S. 69.

SCHWARTZ, E. W., u. BOGERT: N. A. C. A., Techn. Note Nr. 529, Mai 1935.

SIEVERS, H.: Die Stabilität drehfedernd gestützter Druckstäbe. Bauingenieur 1951, S. 38.

SMITH, R. B. L., u. W. MERCHANT: Critical Loads of Tall Building Frames (Part II). The Structural Engineer 1956, H. 8, S. 284.

TEICHMANN, A.: Das räumliche Knicken einiger Stabverbindungen des Flugzeugbaues. Z. Flugtechn. Motorluftsch. 22 (1931) S. 525, sowie Jb. V. D. L. 1932, I, S. 31.

THALAU, K., u. A. TEICHMANN: Aufgaben aus der Flugzeugstatik. Kapitel IV: Stabilitätsaufgaben. Berlin: Springer 1933.

TÖLKE, F.: Über die Bemessung von Druckstäben mit veränderlichem Querschnitt. Bauingenieur 1929, S. 600.

TU, S. N.: Columns with Equal Spaced Elastic Supports. J. aeron. Sci. 1944, S. 67.

WAGNER, HANS: Die Stabilitätsberechnung abgesetzter Knickstäbe mit Hilfe der LAPLACE-Transformation und der Matrizenrechnung. Z. VDI 99 (1. September 1957) Nr. 25, S. 1251ff.

WEGNER, U.: Luftf.-Forschg. 1942, S. 374.

WEYEL, E.: Näherungsverfahren für die Berechnung von Knickstäben mit stufenweise veränderlichem Trägheitsmoment. Stahlbau 1951, S. 64.

WILLERT, R.: Über die Stabilität des elastisch gestützten Druckstabes. Diss. Hannover 1944.

WINTER, G., P. T. HSU, B. KOO u. M. H. LOH: Buckling of Trusses and Rigid Frames. Cornell Univ. Eng. Expt. Sta. Bull. 36, Ithaca, New York 1948.

WNUK, M. und M. ŻYCZKOWSKI: Influence of Weakening of a Bar on the Critical Force in the Elastic — plastic Range. Bulletin de l' Académie Polonaise des Sciences, Série des sciences techniques, Bd. VII, Nr. 7—8, 1959.

ZAHORSKI: J. aeron. Sci. Oktober 1944.

ZIMMER, A.: Numerisches Verfahren zur Berechnung von allgemein belasteten und biegesteif veränderlichen Knickstäben. Bauingenieur Juli 1958, H. 7, S. 224.

F. Knicken von gekrümmten Stäben

Im vorherigen Abschn. E haben wir uns mit den Stabsystemen befaßt, unter anderm auch mit dem Stabzug. Einen Sonderfall eines solchen Stabzuges stellt der stetig gekrümmte Stab dar. Im Prinzip können die oben gebrachten Methoden auch hier Anwendung finden[1]. Als Ersatzsystem für den stetig gekrümmten Stab wird ein Stabpolygon untersucht. Um eine genügende Genauigkeit zu erreichen, muß aber die Anzahl der Polygonseiten nicht zu klein gewählt werden; die Arbeit ist dadurch sehr erschwert, so daß eine solche Lösung nur im Ausnahmefall angewandt wird.

Wir wollen uns daher auf die Darstellung einfacher Probleme des Knickens von gekrümmten Stäben und auf die Wiedergabe einiger Lösungen von komplizierteren Fällen beschränken.

1. Kreisring

Es wird ein dünner Stab mit kreisförmiger Achse (Abb. IV 142) untersucht. Bezeichnet r den Anfangskrümmungsradius und ϱ den Krümmungsradius des verformten Stabes, so gilt zwischen dem Biegemoment M und der Krümmungsänderung folgende Beziehung

$$E\,J\left(\frac{1}{r}-\frac{1}{\varrho}\right)=-M, \qquad \text{(IV 598)}$$

wobei EJ die Biegesteifigkeit des Stabes in der Ebene der Anfangskrümmung darstellt. Das Minuszeichen ist dadurch bedingt, daß die Momente positiv zu zählen sind, wenn sie eine Krümmungsvergrößerung verursachen.

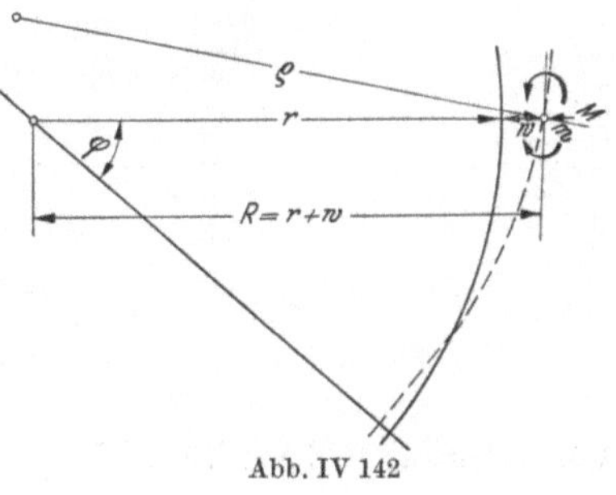

Abb. IV 142

Bei Anwendung der Polarkoordinaten lautet die Formel für die Krümmung[2]

$$\frac{1}{\varrho}=\frac{R^2+2\left(\frac{dR}{d\varphi}\right)^2-R\frac{d^2R}{d\varphi^2}}{\left[R^2+\left(\frac{dR}{d\varphi}\right)^2\right]^{3/2}}, \qquad \text{(IV 599)}$$

---

[1] Siehe auch DIN 4114, Ri 13.13.

[2] Siehe z. B. Hütte Bd. I, 26. Aufl., Berlin: Ernst & Sohn 1931, S. 113.

wobei $R = r + w$ und φ die Lage des Punktes in der verformten Stabachse bezeichnen. In Wirklichkeit wird sich der Punkt m nicht nur radial (Verschiebung w), sondern auch tangential verschieben. Diesen Einfluß wollen wir vernachlässigen.

Genau wie dies beim geraden Stabe üblich ist, können hier die Quadrate der ersten Ableitungen als Größen höherer Ordnung vernachlässigt werden. Die Krümmung ergibt sich also zu

$$\frac{1}{\varrho} = \frac{R - \frac{d^2R}{d\varphi^2}}{R^2} = \frac{r + w - \frac{d^2w}{d\varphi^2}}{(r + w)^2}. \tag{IV 600}$$

Da $\frac{w}{r}$ sehr klein ist, kann man schreiben

$$\frac{1}{(r + w)^2} = \frac{1}{r^2}\left(1 - 2\frac{w}{r}\right) \tag{IV 601}$$

und erhält bei Vernachlässigung der Glieder höherer Ordnung die Formel

$$\frac{1}{r} - \frac{1}{\varrho} = \frac{1}{r^2}\left(w + \frac{d^2w}{d\varphi^2}\right) \tag{IV 602}$$

oder aus Gl. (IV 598)

$$\underline{\underline{\frac{d^2w}{d\varphi^2} + w = -\frac{M\,r^2}{EJ}}}. \tag{IV 603}$$

Das ist die Differentialgleichung[1] der elastischen Linie eines dünnen Stabes mit kreisförmiger Achse.

Es wird jetzt das Knicken eines Kreisringes unter einer gleichmäßig radial verteilten Belastung p untersucht (Abb. IV 143). Die Belastung ist eine Stützlinienbelastung und im Ring wirkt anfänglich nur die tangential gerichtete Druckkraft $p \cdot r$.

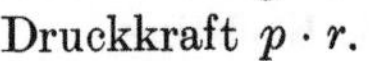

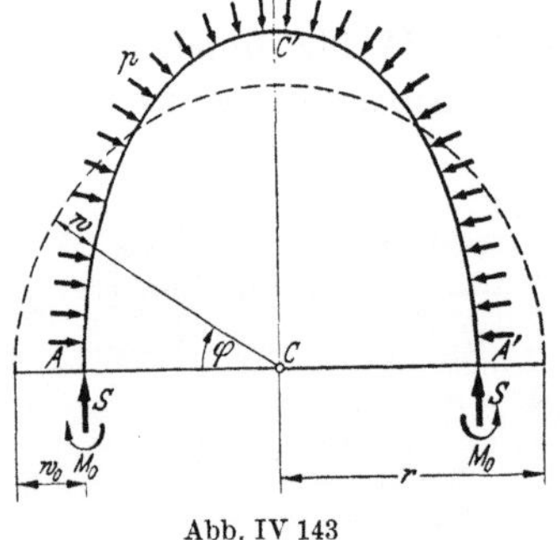

Abb. IV 143

Beim Erreichen der kritischen Belastung p_{kr} ist aber auch eine Gleichgewichtslage mit verformter Achsenlage möglich, wobei Biegemomente infolge der Exzentrizität der Ringkraft entstehen. Die Knickfigur sei symmetrisch, wie in Abb. IV 143 angegeben, so daß AA' und CC' Symmetrieachsen der verformten Figur sind. Wenn M_0 das Moment im Mittelschnitt AA' bezeichnet, so wird allgemein

$$M = M_0 - S(w_0 - w) \cong M_0 - p \cdot r(w_0 - w), \tag{IV 604}$$

wenn der Einfluß der Verschiebung auf die Höhe der Ringkraft unberücksichtigt bleibt.

Die Differentialgleichung des Knickproblems lautet daher nach Gl. (IV 603)

$$\frac{d^2w}{d\varphi^2} + w = -\frac{r^2}{EJ}[M_0 - p \cdot r(w_0 - w)] \tag{IV 605}$$

[1] Die Gleichung wurde durch J. Boussinesq aufgestellt: Résistance d'un anneau à la flexion. C. R. Acad. Sci., Paris 97 (1883) S. 843.

oder

$$\frac{d^2w}{d\varphi^2} + w\left(1 + \frac{p\,r^3}{EJ}\right) = \frac{p\,r^3 \cdot w_0 - M_0 \cdot r^2}{EJ}. \qquad \text{(IV 606)}$$

Setzt man

$$k^2 = 1 + \frac{p\,r^3}{EJ}, \qquad \text{(IV 607)}$$

so erhält man als allgemeine Lösung

$$w = A \sin\varphi\, k + B \cos\varphi\, k + \frac{p\,r^3 \cdot w_0 - M_0 \cdot r^2}{EJ + p\,r^3}. \qquad \text{(IV 608)}$$

Aus Symmetriegründen müssen folgende Bedingungen erfüllt werden

$$\left.\begin{aligned} \left(\frac{dw}{d\varphi}\right)_{\varphi=0} &= 0 \\ \left(\frac{dw}{d\varphi}\right)_{\varphi=\frac{\pi}{2}} &= 0. \end{aligned}\right\} \qquad \text{(IV 609)}$$

Es folgt daher $A = 0$ und aus der zweiten Bedingung

$$\sin k\frac{\pi}{2} = 0 \qquad \text{also} \qquad k\frac{\pi}{2} = n\,\pi.$$

Die kleinste Wurzel ist $k = 2$ und die Knickbedingung lautet nach Gl. (IV 607)

$$4 = 1 + \frac{p_{\mathrm{kr}} \cdot r^3}{EJ}$$

oder

$$\underline{\underline{p_{\mathrm{kr}} = 3\,\frac{EJ}{r^3}}} \qquad \text{(IV 610)}$$

und entsprechend

$$\underline{\underline{S_{\mathrm{kr}} = 3\,\frac{EJ}{r^2}}}\,. \qquad \text{(IV 611)}$$

Diese Formel[1] ist auch bei langen Rohren der Dicke t anwendbar, nur ist dann der Elastizitätsmodul durch den für ebene Spannungsprobleme maßgebenden Modul $\frac{E}{1-\nu^2}$ zu ersetzen, so daß die Gleichung lautet

$$\underline{\underline{p_{\mathrm{kr}} = \frac{3E}{1-\nu^2}\,\frac{t^3}{12\,r^3}}} \qquad \text{(IV 612)}$$

oder

$$\underline{\underline{\sigma_{\mathrm{kr}} = \frac{E}{1-\nu^2}\left(\frac{t}{2r}\right)^2}}. \qquad \text{(IV 613)}$$

Bei den obigen Betrachtungen wurde die stillschweigende Voraussetzung gemacht, daß die Knickfigur doppelsymmetrisch ist, so daß sich als kleinste Wurzel $k = 2$ ergeben hat. Tatsächlich entspricht der Wert $k = 1$ einer Verschiebung des Ringes als Ganzes und stellt keine Lösung des Problemes dar. Die Werte $k > 2$ können nur, wie dies auch bei dem Euler-Fall II der Fall ist, durch Festhaltung erzwungen werden.

---

[1] Diese Lösung wurde von M. Lèvy: Mémoire sur un nouveau cas intégrable du problème de l'élastique et l'une de ses applications. J. Math. pures appl. 10 (1884) serie 3, S. 5, aufgestellt. — Dabei wurde vorausgesetzt, saß die Belastung immer senkrecht zur Stabachse bleibt. Behält dagegen die Belastung ihre Richtung bei, so ergibt sich $p_{\mathrm{kr}} = 4\,\frac{EJ}{r^3}$.

2. Zweigelenkbogen und eingespannter Bogen

Es wird zuerst der Fall eines Bogens mit kreisförmiger Achse, konstantem Querschnitt und radialer Gleichlast p (Abb. IV 144) untersucht. Wir nehmen an, die Belastung sei derart, daß vor dem Knicken nur eine Axialkraft $S = p \cdot r$ und keine Biegemomente entstehen[1]. Aus Gl. (IV 603) erhält man hier im Zeitpunkt des Knickens mit $M = S \cdot w$

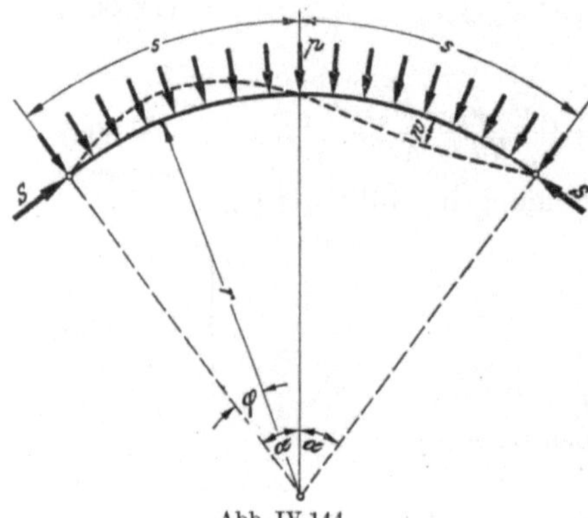

Abb. IV 144

$$\frac{d^2 w}{d\varphi^2} + w = -\frac{r^2}{EJ} S\, w = -\frac{r^3}{EJ} p\, w. \tag{IV 614}$$

Man setzt wie früher [Gl. (IV 607)]

$$k^2 = 1 + \frac{p\, r^3}{EJ}.$$

Es gilt folgende Differentialgleichung

$$\frac{d^2 w}{d\varphi^2} + k^2 \cdot w = 0, \tag{IV 615}$$

deren Lösung durch den Ansatz

$$w = A \sin k\,\varphi + B \cos k\,\varphi \tag{IV 616}$$

gegeben ist.

Um die linke Randbedingung ($w = 0$ für $\varphi = 0$) zu erfüllen, muß $B = 0$ gesetzt werden. Die rechte Randbedingung ($w = 0$ für $\varphi = 2\alpha$) erfordert dann, daß

$$\sin 2\alpha\, k = 0$$

ist. Die kleinste Lösung wäre $k = \frac{\pi}{2\alpha}$, aber dann hätte w auf der ganzen Länge das gleiche Vorzeichen und diese Verformung ist nur möglich, wenn die Stabachse Längenänderungen erfährt, was im Augenblick des Knickens nicht der Fall ist[2]. Die maßgebende Lösung[3] ist somit $k = \frac{\pi}{\alpha}$ oder

$$\underline{\underline{S_{\text{kr}} = \frac{EJ}{r^2}\left(\frac{\pi^2}{\alpha^2} - 1\right).}} \tag{IV 617}$$

Für $\varphi = \alpha$ ist $w = 0$, der Bogen knickt somit antimetrisch in zwei Halbwellen. Wenn $\alpha = \frac{\pi}{2}$ ist, erhält man die Formel (IV 610) für den biegesteif geschlossenen

---

[1] Bei den statisch unbestimmten Bogenträgern ist eine solche Stützlinienbelastung grundsätzlich unmöglich; wegen der Achsenverkürzungen treten nämlich unvermeidliche Biegemomente auf. Wie im Abschn. 1 wollen wir aber diesen Einfluß unberücksichtigt lassen, oder auch annehmen, daß der Bogen erst nach erfolgter Verkürzung in seine Gelenke eingesetzt wird. Siehe z. B. S. Timoshenko: Theory of Elastic Stability, New York und London: McGraw-Hill, S. 227.

[2] Die Längenänderungen der Bogenachse beim Übergang von der anfänglich unverformten Lage zur Knickfigur sind bei nicht zu flachen Bögen vernachlässigbar. Die Verformung ist durch die Biegung bestimmt und der Knickfigur kann die Eigenschaft der Dehnungslosigkeit zugeschrieben werden. Siehe E. Chwalla u. C. F. Kollbrunner: Beiträge zum Knickproblem des Bogenträgers und des Rahmens. Stahlbau 1938, S. 73. Vgl. auch Lord Rayleigh: Theory of Sound, Kap. X.

[3] Gl. (IV 617) wurde von E. Hurlbrink aufgestellt: Schiffbau 9 (1907/08) S. 640.

Kreisring, dessen Knickfigur zwei Wendepunkte aufweist. Der Grenzfall $\alpha = \pi$ entspricht dagegen dem gelenkig geschlossenen Kreisring, dessen Gleichgewicht indifferent ist, da der Ring sich als fester Körper um das Gelenk drehen kann.

Wenn α klein ist, kann 1 gegenüber $\frac{\pi^2}{\alpha^2}$ vernachlässigt werden und die Formel wird

$$S_{\mathrm{kr}} = \frac{\pi^2 E J}{(\alpha\, r)^2} = \frac{\pi^2 E J}{s^2}, \tag{IV 618}$$

wobei s die halbe Bogenlänge bedeutet. Dieses Ergebnis darf aber nicht auf sehr kleine Winkel α ausgedehnt werden (natürlich auch nicht auf den geraden Stab!). Wenn die Krümmung nämlich sehr flach ist, darf der *Einfluß der Längenänderung* der Achse nicht mehr vernachlässigt werden. Das Unstabilwerden ist nicht mehr ein unsymmetrisches Knicken, sondern ein Durchschlagsproblem (s. I. Kapitel), auf das wir hier nicht näher eintreten wollen[1].

Ist dagegen α groß, dann ist der *Einfluß der Tangentialverschiebungen* spürbar und Gl. (IV 603) ist nicht mehr anwendbar. An ihre Stelle kommt eine Differentialgleichung sechster Ordnung[2]. Das Verhalten der Belastung während des Ausknickens muß auch genau festgesetzt werden[3]. Stehen die Wirkungsgeraden z. B. auch während des Ausknickens senkrecht auf dem zugeordneten Achsenelement, so führt die strenge Knickbedingung auf Formel (IV 617), die in diesem Falle ihre volle Gültigkeit besitzt.

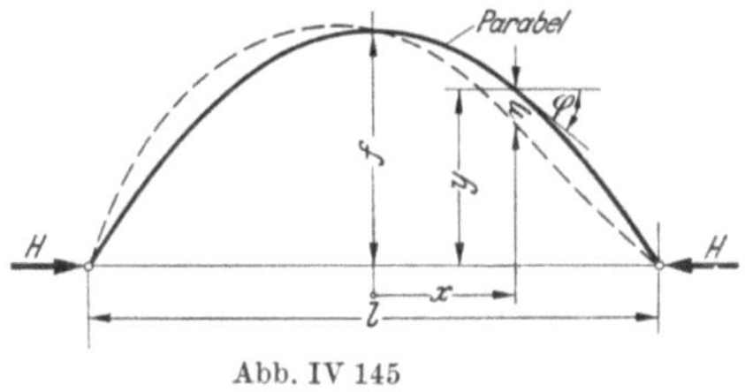

Abb. IV 145

Wenn die Bogenachse der Gleichung $y = f\left[1 - \left(2\frac{x}{l}\right)^2\right]$ gehorcht (Abb. IV 145, Parabelbogen), dann kann auch eine Näherungsformel aufgestellt werden[4]. Die Krümmungsänderung wird in diesem Fall

$$-\frac{d^2\eta}{dx^2}\cos\varphi, \tag{IV 619}$$

[1] Siehe z. B. C. B. BIEZENO: Z. Ang. Math. 18 (1938) S. 21. — TIMOSHENKO, S.: Theory of Elastic Stability, New York und London: McGraw-Hill, S. 230.

[2] Siehe E. CHWALLA u. C. F. KOLLBRUNNER: Beiträge zum Knickproblem des Bogenträgers und des Rahmens. Stahlbau 1938, S. 73. — FEDERHOFER, K.: Über die Querknickung gleichmäßig gedrückter Kreisringe. Eisenbau 1921, S. 291. — FUNK, P.: Über die Stabilität eines Kreisbogens unter gleichmäßigem radialem Druck. Z. angew. Math. Mech. 1924, S. 143. — RATZERSDORFER, J.: Die Knickfestigkeit von Stäben und Stabwerken. Wien: Springer 1936, S. 311. — WOINOWSKY-KRIEGER, S.: Über die Stabilität des Kreisbogenträgers mit Zwischengelenken. Stahlbau 1937, S. 185.

[3] Siehe E. CHWALLA u. C. F. KOLLBRUNNER: Beiträge zum Knickproblem des Bogenträgers und des Rahmens. Stahlbau 1938, S. 73. — RAHER, W.: Allgemeine Stabilitätsbedingung für krumme Stäbe. Öst. Ing.-Arch. VI (1952) S. 236.

[4] CHWALLA, E., u. C. F. KOLLBRUNNER: Über das Ausknicken symmetrischer Bogenträger unter symmetrisch verteilten Belastungen. Stahlbau 1937, S. 138. Andere Näherungsformeln wurden z. B. von K. FEDERHOFER: Über Eigenschwingungen und Knicklasten des parabolischen Zweigelenkbogens. Sitzungsberichte d. Akad. d. Wiss. Wien, Abt. IIa 1934, S. 131, oder: Über die Berechnung der kleinsten Knickbelastung des flachen parabolischen Zweigelenkbogens. Bautechn. 1936, S. 600, dargestellt.

wobei η die senkrechte Verschiebung und φ den Neigungswinkel bedeuten. Die Knickgleichung lautet daher

$$\frac{d^2\eta}{dx^2}\cos\varphi - \frac{M}{EJ} = 0. \qquad \text{(IV 620)}$$

Setzen wir für cos y den Wert am Auflager

$$\cos\varphi = \frac{1}{\sqrt{1+16\left(\frac{f}{l}\right)^2}} \cong 1 - 8\left(\frac{f}{l}\right)^2, \qquad \text{(IV 621)}$$

so erhalten wir bei einer Stützlinienbelastung:

$$\frac{d^2\eta}{dx^2}\left[1 - 8\left(\frac{f}{l}\right)^2\right] = \frac{M}{EJ} = -\frac{H\,\eta}{EJ}. \qquad \text{(IV 622)}$$

Dabei wurde das Moment nur aus dem Einfluß der senkrechten Verschiebung η berechnet und der Einfluß der waagrechten Verschiebung wurde vernachlässigt. H bedeutet den Horizontalschub.

Für EJ = konstant darf man setzen

$$k^2 = \frac{H}{EJ\left[1 - 8\left(\frac{f}{l}\right)^2\right]} \qquad \text{(IV 623)}$$

und man erhält folgende Differentialgleichung

$$\frac{d^2\eta}{dx^2} + k^2\,\eta = 0. \qquad \text{(IV 624)}$$

Mit dem Ansatz $\eta = A\sin k\,x + B\cos k\,x$ und den Randbedingungen $\eta = 0$ für $x = \pm\frac{l}{2}$ folgt der kritische Bogenschub mit $k_{\text{maßgebend}} = \frac{2\pi}{l}$ zu

$$\underline{\underline{H_{\text{kr}} = \frac{4\pi^2\,EJ}{l^2}\left[1 - 8\left(\frac{f}{l}\right)^2\right]}}. \qquad \text{(IV 625)}$$

Bei steilen Bogen wird der Einfluß der waagerechten Verschiebungskomponenten immer größer und darf daher nicht vernachlässigt werden[1]. Die ersten Untersuchungen nach dieser genauen Theorie wurden von russischen Wissenschaftern[2] aufgestellt. Die Integration der strengen Differentialgleichung für das Ausknicken eines beliebig steilen Parabelbogens (Abb. IV 145) wurde dabei nach dem Verfahren ADAMS-STÖRMER[3] durchgeführt, und zwar sowohl für J konstant als auch für $J_x = J_{\text{Scheitel}}/\cos\varphi$ (sogar auch für $J_x = J_{\text{Scheitel}}/\cos^2\varphi$). Wir beschränken uns hier auf die Wiedergabe einiger Resultate für den kritischen Bogenschub in der Form (Tab. IV 18)

$$\underline{\underline{H_{\text{kr}} = \alpha\,\frac{E\,J_{\text{Scheitel}}}{l^2}}} \qquad \text{(IV 626)}$$

---

[1] Interessant in dieser Hinsicht ist der Vergleich der Ergebnisse, die F. DISCHINGER, einmal ohne diesen Einfluß: Untersuchung über die Knicksicherheit, die elastische Verformung und das Kriechen des Betons bei Bogenbrücken, Bauingenieur 1937, S. 508, und einmal mit diesem Einfluß erhalten hat: Elastische und plastische Verformungen der Eisenbetontragwerke und insbesondere der Bogenbrücken. Bauingenieur 1939, S. 290.

[2] LOKSCHIN, A.: C. R. Acad. Sci., Paris 195 (1932) oder Z. angew. Math. Mech. 16 (1936) S. 49. — HILMAN, L.: Nachrichten des Polytechn. Inst. Leningrad, Bd. XXXIII.

[3] Siehe E. KAMKE: Differentialgleichungen I, Gewöhnliche Differentialgleichungen. Leipzig: Becker und Erler 1942, S. 150.

oder auch

$$H_{\text{kr}} = \frac{\pi^2 E J_{\text{Scheitel}}}{(\gamma l)^2} \qquad \text{(IV 627)}$$

mit der Bedingung $\gamma = \frac{\pi}{\sqrt{\alpha}}$.

Die zweite Formel mit der Einführung einer Vergleichsknicklänge γl ermöglicht ohne weiteres den Anschluß an die Formel für das Knicken des geraden gelenkig gelagerten Stabes.

Ein zweiter Weg, der auch dem praktischen Ingenieur gangbar ist, besteht in der Anwendung des Verfahrens Engesser-Vianello für statisch unbestimmte Systeme (Kap. III D). Dies kann sowohl mit Hilfe normaler baustatischer Methoden, wie bei Stüssi[1], als auch unter Heranziehung mathematischer Verfahren, wie bei Dischinger[2], erfolgen (allerdings für den mathematisch einfachen Fall $J_x = \frac{J_{\text{Scheitel}}}{\cos\varphi}$). Diese Resultate sind auch in der Tab. IV 18 enthalten.

Tabelle IV 18. *Zweigelenkbogen. Stützlinienbelastung. Bogenachse parabolisch* (Abb. IV 145)

	f/l	0	0,1	0,2	0,3	0,4	0,5	
$J_x =$ konstant	α	$4\pi^2$	35,6	28,4	19,4	13,7	9,6	Lockschin
		$4\pi^2$	36,2	28,2	19,8	13,6		Stüssi
	γ	0,50	0,526	0,590	0,713	0,849	1,01	
$J_x = \frac{J_{\text{Scheitel}}}{\cos\varphi}$	α	$4\pi^2$	37,2	31,6	25,1	19,4	15,0	Hilman
		$4\pi^2$	37,22	31,59	25,11	19,43	15,02	Dischinger
	γ	0,50	0,516	0,559	0,627	0,713	0,811	

Sind die Form der Bogenachse und die Änderung des Trägheitsmomentes beliebig, dann stößt das Verfahren Engesser-Vianello auf keine Schwierigkeiten, besonders bei Anwendung der baustatischen Methoden. Der allgemeine Verlauf der Knickfigur ist bekannt, maßgebend ist ja eine antimetrische Biegelinie. Zudem kann die Knicklast im plastischen Bereich bestimmt werden[3].

Analoge Verhältnisse liegen bei der Untersuchung eingespannter Bogen vor[4]. Die maßgebende Knickfigur ist auch antimetrisch, nur müssen ihre Endtangenten

[1] Stüssi, F.: Aktuelle baustatische Probleme der Konstruktionspraxis. Schweiz. Bauztg. 106 (1935) S. 119. Für die Bestimmung der lotrechten und waagrechten Biegelinien, siehe z. B.: Baustatik II, Basel: Birkhäuser 1954.

[2] Dischinger, F.: Untersuchung über die Knicksicherheit, die elastische Verformung und das Kriechen des Betons bei Bogenbrücken. Bauingenieur 1937, S. 503. — Elastische und plastische Verformungen der Eisenbetontragwerke und insbesondere der Bogenbrücken. Bauingenieur 1939, S. 290.

[3] Siehe F. Stüssi: Aktuelle baustatische Probleme der Konstruktionspraxis. Schweiz. Bauztg. 106 (1935) S. 119, oder A. Pucher: Über die Stabilität der Stützenlinienbogen im plastischen Bereich. Öst. Bauztschr. 1953, S. 53.

[4] Für den Kreisbogenträger s. z. B. E. Chwalla u. F. Jokisch: Über das Ausknicken statisch unbestimmt gelagerter Kreisbogenträger von veränderlichem Querschnitt. Stahlbau 1941, S. 73.

verschwinden. Wir beschränken uns daher auf die Wiedergabe einiger Ergebnisse in Tabellenform [Gl. (IV 626), (IV 627); (Tab. IV 19)].

Es sei noch die gute Übereinstimmung der Modellversuche mit der strengen Theorie erwähnt[1] (Abb. IV 146).

Abb. IV 147 zeigt eine typische Knickfigur für einen Zweigelenkbogen.

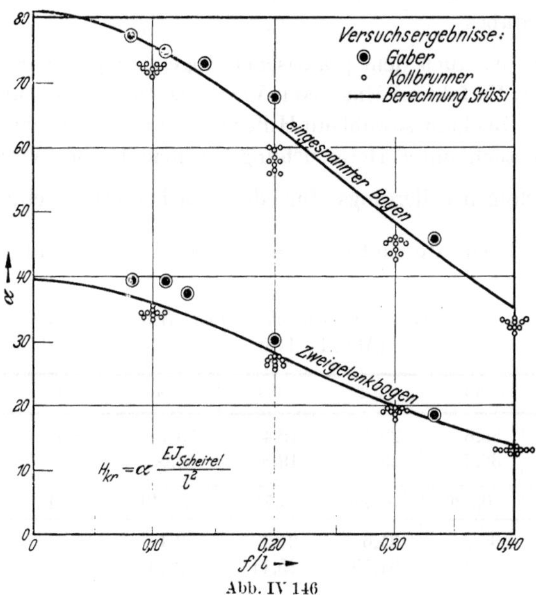

Abb. IV 146

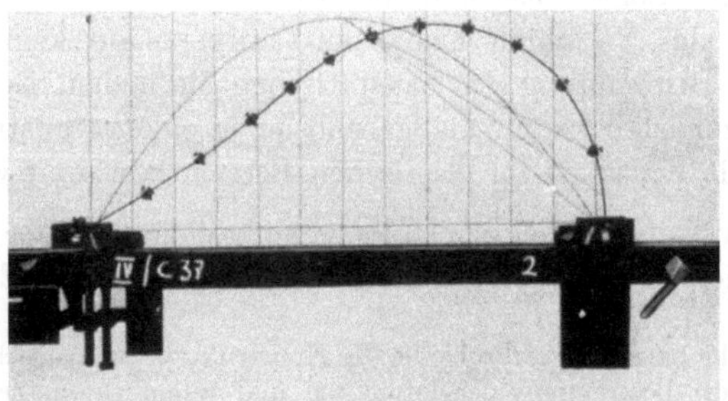

Abb. IV 147

[1] Kollbrunner, C. F.: Versuche über die Knicksicherheit und die Grundschwingungszahl vollwandiger Bogen. Bautechn. 1936, S. 186. — Chwalla, E., u. C. F. Kollbrunner: Über das Ausknicken symmetrischer Bogenträger unter symmetrisch verteilten Belastungen. Stahlbau 1937, S. 139. — Beiträge zum Knickproblem des Bogenträgers und des Rahmens. Stahlbau 1938, S. 81. — Als ältere Versuche seien die von E. Gaber: Über die Knicksicherheit vollwandiger Bögen, Bautechn. 1934, S. 646, erwähnt, die allerdings infolge Gelenkreibung etwas zu hohe Werte angeben. Es wurden auch Bogenträger mit veränderlichem Trägheitsmoment versuchsmäßig untersucht. Siehe B. Busch: Knicksicherheit vollwandiger Bögen. Bauingenieur 1937, S. 812.

Tabelle IV 19. *Eingespannter Bogen. Stützlinienbelastung. Bogenachse parabolisch*

	f/l	0	0,1	0,2	0,3	0,4	0,5	
$J_x =$ konstant	α	80,8	75,8	63,1	47,9	34,8		STÜSSI
	γ	0,350	0,361	0,395	0,454	0,533		
$J_x = \frac{J_{\text{Scheitel}}}{\cos\varphi}$	α	80,8 80,8	78,2 78,4	71,0 70,8	61,3 61,1	51,1 51,1	41,9 41,8	HILMAN DISCHINGER
	γ	0,350	0,355	0,373	0,401	0,439	0,485	

3. Dreigelenkbogen

Obwohl sich im Scheitel bei der Knickung von Zweigelenk- und eingespannten Bogen ein Wendepunkt, also ein Momentennullpunkt, befindet, weist der Dreigelenkbogen, der von Haus aus einen solchen Momentennullpunkt im Scheitel besitzt, nicht eine solche antimetrische Knickfigur auf, mindestens nicht bei kleinen Verhältnissen f/l. Abb. IV 148 zeigt, daß sich beim Dreigelenkbogen auch eine symmetrische Figur ausbilden kann, die sich durch einen scharfen Knick im Scheitelgelenk auszeichnet und größere senkrechte Verformungen aufweist. Die Knicklast fällt also entsprechend kleiner aus.

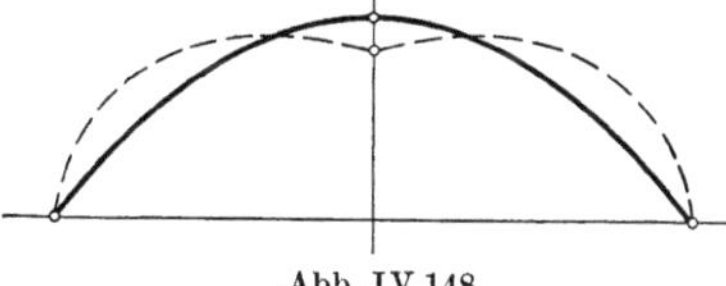

Abb. IV 148

Eine angenäherte Lösung dieses Problems hat ENGESSER[1] angegeben. Kreisförmige, in radialer Richtung gleichmäßig belastete Dreigelenkbogen[2] und solche mit gleichbleibendem Querschnitt und Stützlinienbelastung unter der Voraussetzung kleiner Pfeilverhältnisse[3] wurden mehrfach untersucht. Aber auch hier führte das Verfahren ENGESSER-VIANELLO auf die vollständige Lösung[4]. In der Tab. IV 20 sind die entsprechenden Werte α und γ für den Dreigelenkbogen mit parabolischer Achse und Stützlinienbelastung angegeben.

---

[1] Veröffentlicht durch R. MAYER-MITA: Die Knicksicherheit in sich versteifter Hängebrücken, sowie des Zwei- und Dreigelenkbogens innerhalb der Tragwandebene. Eisenbau 1913, S. 423.

[2] FUCHSSTEINER, W.: Beitrag zur Knickfestigkeit des Dreigelenkbogens. Stahlbau 1935, S. 118. — NASAROW, A.: Zur Frage der Knicksicherheit eines Bogens. Bautechn. 1936, S. 114. — WOINOWSKY-KRIEGER, S.: Über die Stabilität des Kreisbogenträgers mit Zwischengelenken. Stahlbau 1937, S. 185.

[3] BLEICH, F.: Theorie und Berechnung der eisernen Brücken. Berlin: Springer 1924, S. 213. — FRITSCHE, J.: Zur Berechnung der Knickbelastung von Bogenträgern. Bautechn. 1925, S. 465. — ERICSSON, A.: Tekn. Tidskrift 1931, H. 43, 1934, H. 51/52.

[4] DISCHINGER, F.: Ermittlung der Knicksicherheit von Massivbogen bei Berücksichtigung der Veränderlichkeit des Trägheitsmomentes. Bautechn. 1934, S. 739. In dieser Untersuchung ist der Einfluß der waagrechten Verschiebungen vernachlässigt. — DISCHINGER, F.: Elastische und plastische Verformungen der Eisenbetontragwerke und insbesondere der Bogenbrücken. Bauingenieur 1939, S. 290. — KOLLBRUNNER, C. F.: Versuche über die Knicksicherheit und die Grundschwingungszahl vollwandiger Dreigelenkbogen. Schweiz. Bauztg. 120 (1942) S. 113. In diesem Art. sind die von STÜSSI nach seiner baustatischen Methode für den Dreigelenkbogen gerechneten Werte enthalten.

Tabelle IV 20. *Dreigelenkbogen. Stützlinienbelastung. Bogenachse parabolisch. Symmetrisches Knicken* (Abb. IV 145 u. IV 148)

	f/l	0	0,1	0,2	0,3	0,4	0,5	
$J_x =$ konstant	$\varkappa$	29,8	28,5	24,9	20,2 (19,8)	15,4 (13,6)		STÜSSI
	γ	0,575	0,588	0,630	(0,713)	(0,849)	(1,01)	
$J_x = \dfrac{J_{\text{Scheitel}}}{\cos\varphi}$	$\varkappa$	29,7	29,4	27,7	25,3 (25,1)	22,6 (19,4)	19,8 (15,0)	DISCHINGER
	γ	0,576	0,579	0,597	(0,627)	(0,713)	(0,811)	

Die Klammern enthalten die Werte für das antimetrische Knicken, es sind natürlich dieselben wie beim Zweigelenkbogen, weil ja bei dieser Form der Scheitel sowieso Momentennullpunkt ist. Wie man aus der Tab. IV 20 oder aus der Abb. IV 149 leicht einsieht, ist bis ungefähr $\frac{f}{l} = 0{,}3$ symmetrisches Knicken maßgebend, für größere Verhältnisse $\frac{f}{l}$ dagegen antimetrisches, wie beim Zweigelenk- und eingespannten Bogen. Dies wird auch durch die Versuche[1] sehr schön

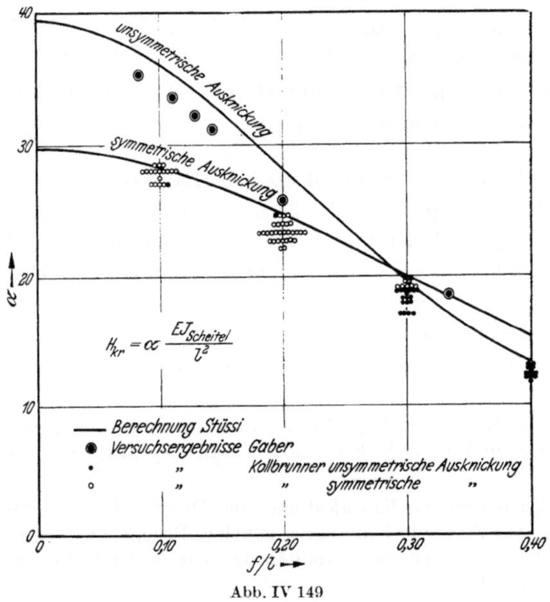

Abb. IV 149

bestätigt, wie die Abb. IV 150, IV 151, IV 152 zeigen: für $\frac{f}{l} = 0{,}3$ sieht man hier zwei symmetrische und eine antimetrische Knickfigur. Dieses Verhalten des Dreigelenkbogens läßt sich leicht erklären: die symmetrische Figur weist größere senkrechte Verschiebungen, dagegen fast keine waagrechten Verschiebungen auf. Bei der antimetrischen Figur wachsen dagegen diese waagrechten Verschiebungen

[1] KOLLBRUNNER, C. F.: Versuche über die Knicksicherheit und die Grundschwingungszahl vollwandiger Dreigelenkbogen. Schweiz. Bauztg. 120 (1942) S. 113.

rasch mit dem Verhältnis $\frac{f}{l}$ und verursachen ein fühlbares Abnehmen des Knickwiderstandes. Ein Dreigelenkbogen mit großem Pfeilverhältnis wird also auch antimetrisch knicken. In diesem Bereich sind Zwei- und Dreigelenkbogen, was die Knicklast anbelangt, vollkommen gleichwertig, für kleinere $\frac{f}{l}$ ist dagegen der Dreigelenkbogen ungünstiger.

Abb. IV 150

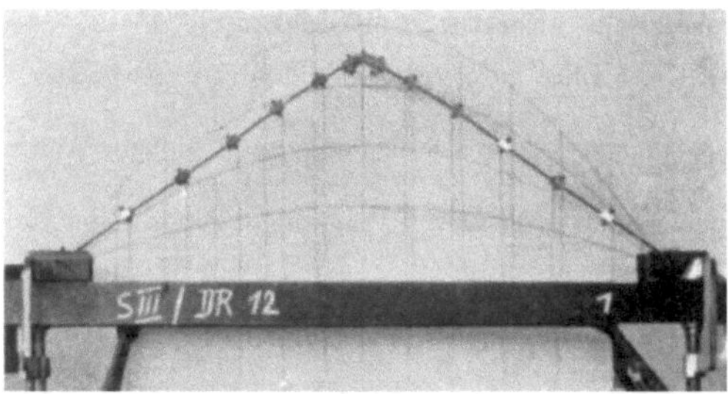

Abb. IV 151

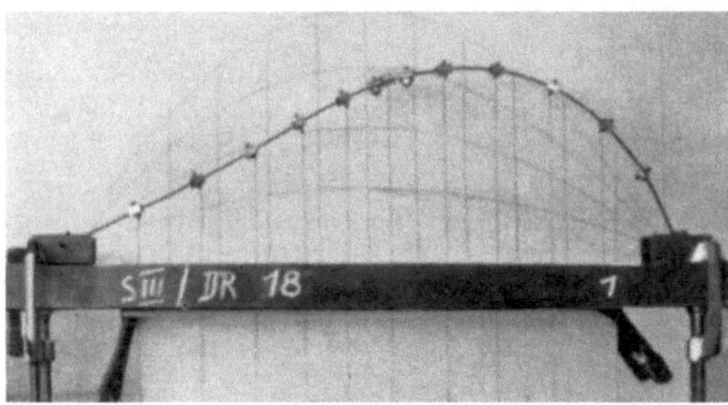

Abb. IV 152

4. Zusätzliche Einflüsse

Beim ebenen Ausknicken des Bogenträgers wirkt mehr oder weniger der Aufbau auch mit. Ein solcher Fall wurde von SCHIBLER untersucht[1]. Der Einfluß des Aufbaues ist einerseits durch die Schiefstellungen der Säulen beim Ausknicken, andrerseits durch die Steifigkeit des Fahrbahnträgers gegeben.

[1] SCHIBLER, W.: Ebenes Knicken von Zweigelenkbogen unter Berücksichtigung des Aufbaues. Schweiz. Bauztg. 1948, S. 482.

Hier sei auch erwähnt, daß die obigen Theorien auf Stabbogen[1] mit Versteifungsträgern und in sich verankerte Bogenträger mit Hängestangen nicht angewandt werden dürfen.

Es wäre auch hier der Einfluß der primären (schon vor der Knickung) auftretenden Momente zu untersuchen. Bei statisch unbestimmten Bogenträgern mit Stützlinienbelastung bleiben diese symmetrischen Momente stets klein, und da die Knickfigur antimetrisch ist, fallen sie nicht in Betracht. Weicht dagegen die Mittelkraftlinie von Anfang an von der Bogenachse ab, so ist nicht immer eine Verzweigungsstelle des Gleichgewichtes vorhanden. Diese Frage wird im Unterkapitel G untersucht.

5. Seitliches Ausknicken von Bogenträgern

Bei dieser Form des Unstabilwerdens wird der Bogenquerschnitt seitlich verschoben und gleichzeitig verdrillt. Es handelt sich somit um ein Kippproblem. Eine allgemeine Lösung auf Grund des Verfahrens ENGESSER-VIANELLO hat STÜSSI[2] angegeben und wir wollen uns auf diesen Hinweis beschränken.

Zusätzliche Literatur zum Unterkapitel F

BATICLE, E.: Arcs encastrés à fibre moyenne parabolique très surbaissée. Le Génie Civil 1929, Nr. 5.

BLAISE, M. P.: Le flambement des arcs articulés à plan moyen. Ann. Ponts Chauss. novembre/décembre 1954.

BORESI, A. P.: A Refinement of the Theory of Buckling of Rings under Uniform Pressure. J. Appl. Mech. März 1955, S. 95.

CHAMBAUD, R.: Le rôle des théories du second ordre dans le calcul des ponts en arc de grande portée. Annales de l'Institut technique du bâtiment et des travaux publics. Centre d'Etudes supérieures 1941.

CHWALLA, E.: Das ebene Stabilitätsproblem des Kreisbogens. Sitzungsberichte d. Akad. d. Wiss. Wien, IIa 136 (1927) S. 645.

DEUTSCH, E.: Das Knicken von Bogenträgern bei unsymmetrischer Belastung. Bauingenieur 1940, S. 353.

FEDERHOFER, K.: Die Knicklast des gleichmäßig gedrückten Zweigelenkbogens mit exponentiell veränderlichem Trägheitsmoment. Bauingenieur 1941, S. 340.

GREENHILL, A. G.: The Elastic Curve, under Uniform Normal Pressure. Math. Ann. 52 (1899) S. 465.

GUILLOT, R.: Flambcment des Arcs et des poutres à inertie variable. Le Génie civil, Tome 135, 15. Mai 1958.

HAHN, L.: Flambage des anneaux circulaires dans un milieu élastique. Abh. I. V. B. H., elfter Band, Zürich 1951, S. 227.

HALPHEN, M.: Sur une courbe élastique. C. R. Acad. Sci., Paris 1884, S. 422.

MAYER, R.: Über Elastizität und Stabilität des geschlossenen und offenen Kreisbogens. Z. Math. u. Phys. 61 (1913) S. 246.

MESNAGER, A.: Arcs circulaires surbaissés ou non. Le Génie Civil 1929, Nr. 5.

---

[1] MAYER-MITA, R.: Die Knicksicherheit in sich versteifter Hängebrücken, sowie des Zwei- und Dreigelenkbogens innerhalb der Tragwandebene. Eisenbau 1913, S. 423. — ENGESSER, F.: Die Knickfestigkeit eines mit einem gleichwertigem Zugstab durch undehnbare Querstäbe verbundenen Druckstabes. Eisenbau 1914, S. 45. — STÜSSI, F.: Der Formänderungseinfluß beim versteiften Stabbogen. Schweiz. Bauztg. 108 (1936) S. 57. — PFLÜGER, A.: Ausknicken des Parabelbogens mit Versteifungsträger. Stahlbau 1951, S. 117.

[2] STÜSSI, F.: Kippen und Querschwingungen von Bogenträgern. Abh. I. V. B. H., siebenter Band, Zürich 1943/44, S. 327. — Siehe auch DIN 4114, 13.2.

MESNAGER, A., E. BATICLE u. R. CHAMBAUD: Le flambement des arcs. Le Génie Civil 1929, Nr. 8.

NICOLAI, E. L.: Stabilitätsprobleme der Elastizitätstheorie. Z. angew. Math. Mech. 3 (1923) S. 227; oder Ber. d. Polytechn. Inst. St. Petersburg 27 (1918) S. 323.

PIGEAUD, G.: Note sur le flambement des arcs. Le Génie Civil 1929, Nr. 8.

ROOS, E.: Spannungstheorie II. Ordnung und Durchschlagbelastung für den kreisförmig gekrümmten Zweigelenkbogen. Dissertation, Darmstadt 1959.

STEUERMANN, I. J.: Stabilité des arcs. Kiev. 1929; Ber. d. Polytechn. Inst., Kiew 1929, S. 25; Bull. Sci. Univ. Kiev, Rec. math. 1 (1935) S. 76.

TAGLIACOZZO, C.: Le flambement des arcs. Abh. I. V. B. H., fünfter Band, Zürich 1937/38, S. 333.

TIMOSHENKO, S.: Stabilität elastischer Systeme. Bull. Polytechn. Inst. Kiev 1910.

TOURNAYRE, L.: Note sur le flambement des arcs surbaissés. Le Génie Civil 1929, Nr. 8, 9.

USINGER, P.: Beiträge zur Knicktheorie. Eisenbau 1918, S. 200.

WÄSTLUND, G.: Stability Problems of Compressed Steel Members and Arch Bridges. J. Structural Division, Proc. Amer. Soc. civ. Engrs. June 1960, S. 47.

WEIHERMÜLLER, H.: Zur Berechnung der Kipplast von Bogenträgern. Dissertation, Darmstadt 1959.

G. Stabilitätsprobleme mit und ohne Gleichgewichtsverzweigung. Spannungsprobleme

1. Allgemeines

Das Ziel einer Stabilitätsuntersuchung besteht in der Feststellung, ob das Gleichgewicht zwischen den äußeren und inneren Kräften stabil ist. An Hand des im I. Kapitel (Abb. I 7) schon betrachteten Beispieles wollen wir uns zunächst einen Einblick in diesen Fragenkomplex verschaffen[1].

Wie schon im I. Kap. erwähnt, wird vorausgesetzt, daß die Federkennlinie des untersuchten starren Systems linear verläuft. Ist dies erfüllt, so zeigt Abb. I 8, daß für von Null verschiedene Verhältnisse $\frac{e}{l}$ die Kurven φ in Funktion von $\frac{P}{P_{kr}}$ bis $\frac{P}{P_{kr}} = 1$ stetig, ohne Knick verlaufen[2]. Ist dagegen $\frac{e}{l} = 0$, dann bleibt φ Null von $\frac{P}{P_{kr}} = 0$ bis 1. Für $\frac{P}{P_{kr}} < 1$ beschreibt also die Gerade $\varphi = 0$ die stabile Gleichgewichtslage. An der Stelle 1 stellt aber auch der waagerechte Ast einen möglichen Gleichgewichtszustand dar. An der Stelle $\frac{P}{P_{kr}} = 1$ ist eine *Verzweigungsstelle des Gleichgewichts* vorhanden. Die Lösungskurve φ in Funktion von $\frac{P}{P_{kr}}$ besteht aus zwei Ästen, die aufeinander senkrecht stehen.

Wir kehren jetzt zum allgemeinen Fall $\frac{e}{l} \neq 0$ zurück, wollen aber voraussetzen, daß der Zusammenhang zwischen der Federrückhaltekraft H und der Verlängerung $l \cdot \varphi$ nicht mehr linear ist, sondern durch die in Abb. IV 153 dargestellte Kurve festgelegt sei. Dabei wurden für das vorliegende Beispiel sowohl

[1] Statt dies erst jetzt zu tun, wäre es auch möglich gewesen, diese Betrachtungen am Anfang aufzustellen, man hätte aber dann die praktische Anwendung vermißt.

[2] Die Kurven in Abb. I 8 gelten strenggenommen nur für kleine Werte φ, denn in der Ableitung wurde $\sin\varphi$ durch φ ersetzt, das ändert aber an den grundsätzlichen Betrachtungen nichts. Siehe z. B. eine ähnliche Betrachtung von K. MARGUERRE: Knick- und Beulvorgänge. Neuere Festigkeitsprobleme des Ingenieurs. Berlin: Springer 1950, S. 191.

der Verlauf als auch die numerischen Werte willkürlich angenommen. Die dazu gehörigen Abmessungen des untersuchten Systems sind in Abb. IV 154 angegeben, $\frac{e}{l}$ ist somit 0,05.

Die Bedingung, daß das Moment $P(e + l\varphi)$ der äußern Kraft gleich groß ist wie das Moment $H \cdot l$ der Rückhaltekraft, ermöglicht ohne weiteres die Aufstellung der Abb. IV 155, die den funktionalen Zusammenhang zwischen der Last P und der zugehörigen Verschiebung $l\varphi$ festlegt[1]. Vergleicht man Abb. I 8 und Abb. IV 155, dann fällt sofort ein wesentlicher Unterschied auf. Die Kurve

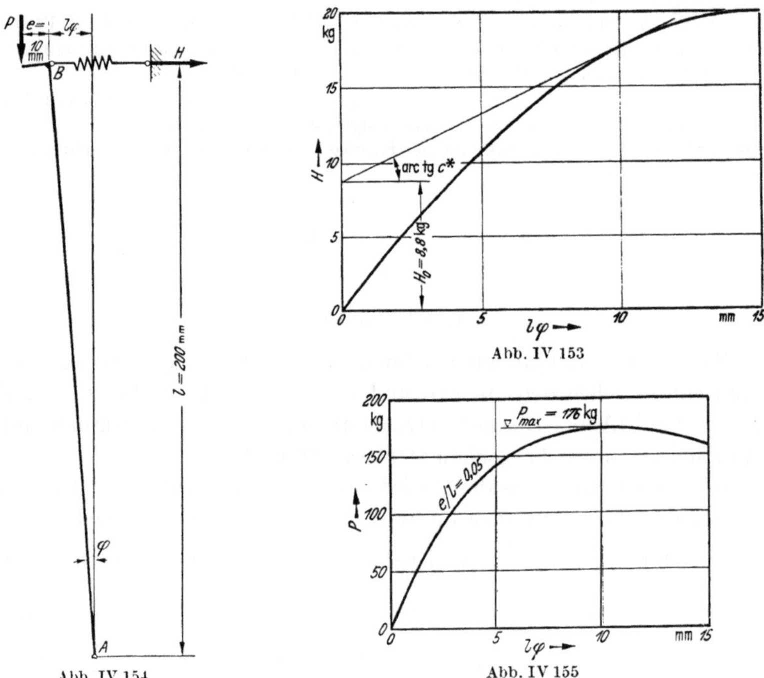

Abb. IV 154

Abb. IV 153

Abb. IV 155

der Abb. IV 155 zeigt einen eindeutigen Extremalwert $P_{\max}$. Für jede Laststufe $P < P_{\max}$ existieren zwei Gleichgewichtslagen, wovon eine einer schwachen, die andere dagegen einer stärkeren Neigung entspricht. Die erste Lage ist dabei stabil (mindestens „beschränkt stabil"[2], denn eine gewisse, zwar große Störungsarbeit kann das System in die zweite Lage bringen), die zweite Lage dagegen ist labil, weil für den Übergang zur geneigteren Lage eine negative Arbeit nötig ist. Wächst die Kraft P und nähert sie sich dem Wert $P_{\max}$, dann rücken die beiden Gleichgewichtslagen immer näher zusammen, bis sie für $P = P_{\max}$ zusammenfallen. In dieser Lage ist das Gleichgewicht indifferent, das Stabilitäts-

[1] Nimmt man für $l\varphi$ einen bestimmten Wert A, so liest man direkt aus Abb. IV 153 den zugehörigen H-Wert heraus, alsdann ist $P = \frac{H\,l}{e + A}$ einfach zu bestimmen.

[2] Dieselben Zusammenhänge, direkt am Knickstab angewandt, wurden von E. CHWALLA dargestellt: Über die Probleme und Lösungen der Stabilitätstheorie des Stahlbaues. Stahlbau 1939, S. 1.

maß, also der Aufwand an Störungsarbeit, um den labilen Zustand, das heißt, den Zusammenbruch herbeizuführen, ist null. Es handelt sich hier somit auch um ein Stabilitätsproblem, aber, da die Lösungskurve nur aus einem einzigen Ast ohne Verzweigungsstelle (jedoch mit einer Extremalstelle) besteht, um ein *Stabilitätsproblem ohne Gleichgewichtsverzweigung.*

Die analytische Untersuchung führt zum folgenden Ergebnis: Wird die Federkraft nach Abb. IV 153 mit

$$H = H_0 + c^* \cdot l\,\varphi \tag{IV 628}$$

bezeichnet, dann lautet die der Gl. (I 1) entsprechende Gleichgewichtsbedingung

$$(H_0 + c^* \cdot l\,\varphi)\,l = P(e + l\,\varphi) \tag{IV 629}$$

oder

$$\varphi(c^* l - P) = P\,\frac{e}{l} - H_0. \tag{IV 630}$$

Wenn $P = c^* \cdot l$ und $H_0 = P\,\frac{e}{l} = c^* \cdot e$ sind, ist Gl. (IV 630) identisch erfüllt und φ nimmt die Form $\frac{0}{0}$ an, bleibt aber nach Abb. IV 155 trotzdem bestimmt. In unserem Zahlenbeispiel ergibt sich $H_0 = 8{,}8$ kg, $c^* = 0{,}88\,\frac{\text{kg}}{\text{mm}}$ also $P_{\max} = 0{,}88\,\frac{\text{kg}}{\text{mm}} \cdot 200\,\text{mm} = 176\,\text{kg}$, wie direkt aus Abb. IV 155 ersichtlich und die Bedingung $H_0 = c^* \cdot e = 0{,}88 \cdot 10 = 8{,}8$ kg ist erfüllt.

Bei diesem Beispiel sind die Beziehungen einfach, weil es sich um ein System mit nur einem Freiheitsgrad handelt. Ein biegungssteifer Stab stellt aber ein System mit „unendlich vielen Freiheitsgraden" dar und statt eine algebraische Gleichung erhält man eine Differentialgleichung als Ausdruck des Gleichgewichts jedes infinitesimal kleinen Elementes [z. B. Gl. (III 4)]. Trotzdem bleiben die grundsätzlichen Zusammenhänge ähnlich wie in unserem einfachen Beispiel.

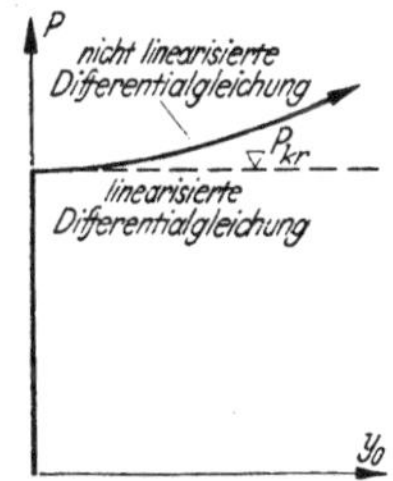

Abb. IV 156

Wir betrachten jetzt einen lotrechten, zentrisch gedrückten, oben und unten gelenkig gelagerten Stab (EULER-Fall II). Der Stab bestehe aus einem HOOKE*schen Idealwerkstoff,* wie die Feder im Beispiel des I. Kapitels. Tragen wir die Ausbiegung y_0 in der Mitte als Abszisse und die Kraft P als Ordinate auf, so erhalten wir ein unserer Abb. I 8 für $\frac{e}{l} = 0$ entsprechendes Diagramm (Abb. IV 156). Wird für $\frac{1}{\varrho}$ näherungsweise y'' gesetzt, was nur für kleine Verformungen gültig ist, dann ergibt sich bei $P = P_{\text{kr}}$ ein unbestimmter Wert für y_0 (s. auch II. Kap. A); arbeitet man dagegen mit der strengen Differentialgleichung der elastischen Linie, so ist y_0 bestimmt [Gl. (II 4)]. Bei P_{kr} liegt aber in beiden Fällen eine Verzweigungsstelle des Gleichgewichts; die Laststufe P_{kr} ist gekennzeichnet durch das Vorhandensein zweier möglicher Gleichgewichtslagen, eine mit unausgebogener, und die andere mit gebogener Stabachse.

Besteht jetzt der Stab aus einem *plastischen Werkstoff,* dann bleibt bis $P = P_{\text{kr}}$ der Verlauf der Kurve gleich. Nur ist die Gleichgewichtslage mit $y_0 = 0$ „beschränkt stabil", weil für dieselbe Laststufe $P < P_{\text{kr}}$ auch eine stark ausgebogene labile Figur möglich ist, die allerdings nur unter Anwendung einer großen Störungsarbeit erreicht werden kann. Wird dagegen nur eine kleine Störung angebracht, so ist der Stab bestrebt, von selbst zur ursprünglichen Lage mit $y_0 = 0$ zurückzukehren. Nähert sich P dem Wert P_{kr}, dann wird der Stab für seitliche Ausbiegungen immer weicher, bis zuletzt bei $P = P_{kr}$ eine sehr kleine Störung genügt, um den Zusammenbruch des Stabes herbeizuführen. Der grundsätzliche Verlauf der Kurve (Abb. IV 157) bleibt aber derselbe wie in Abb. IV 156. Neben dem lotrechten, mit der P-Achse zusammenfallenden Ast besteht ein bei P_{kr} rechtwinklig zum ersten abzweigender Ast, der allerdings hier abfällt. Dieser Abfall ist die Folge der Plastifizierung. Wenn die maximale Spannung die Proportionalitätsgrenze erreicht hat, wächst nämlich das Moment der inneren Widerstände weniger als bei unbeschränkter Gültigkeit des HOOKEschen Gesetzes. Die Kraft P_{kr} ist dennoch eine Verzweigungslast.

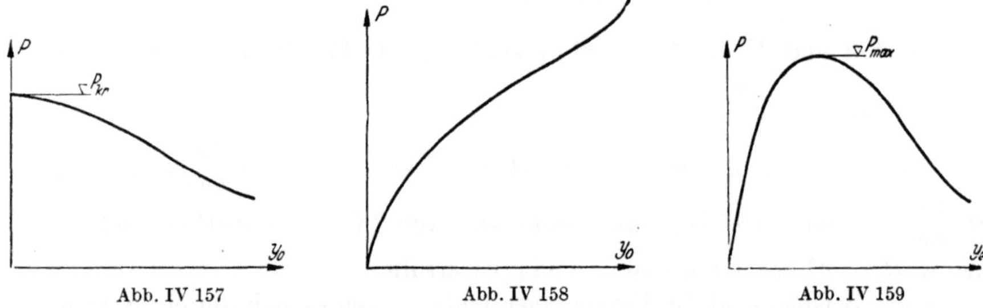

Abb. IV 157 Abb. IV 158 Abb. IV 159

Wird jetzt der untersuchte Stab exzentrisch gedrückt, dann ist für einen HOOKEschen Idealwerkstoff der Verlauf der Kurve P-y_0 durch Abb. IV 158 gegeben (vgl. auch Abb. IV 4). Es besteht zwischen Last und Verformung ein eindeutiger Zusammenhang; die Kurve weist weder eine Verzweigungs- noch eine Extremalstelle auf, es liegt hier, wie in unserem Beispiel für die elastische Feder, kein Stabilitätsproblem vor (s. IV. Kap., A 2b).

Bei plastischem Material dagegen verläuft die Kurve (Abb. IV 159) grundsätzlich wie die des Beispiels mit der plastischen Feder (Abb. IV 155; vgl. auch Abb. IV 14). Sie weist eine Extremalstelle[1] auf, die allerdings je nach Größe der Exzentrizität mehr oder weniger stark ausgeprägt ist. Es bestehen hier alle möglichen Stadien zwischen der Kurve mit Verzweigung (Abb. IV 157) für den zentrischen Druckstab und der nach der Extremstelle fast waagrecht verlaufenden Kurve, die dem plastischen Biegeträger eigen ist.

Beim exzentrisch gedrückten Stab hat man es somit nur dann mit einem Stabilitätsproblem, allerdings ohne Verzweigungslast, zu tun, wenn man die plastischen Eigenschaften des Systems in Betracht zieht, sonst liegt ein Spannungsproblem vor.

Bei den Stabilitätsproblemen ohne Verzweigungslast stellt die kritische Last P_{max}, die der indifferenten Gleichgewichtslage zugeordnet ist, auch die obere Grenze der Last, also die Traglast, dar. Bei Stabilitätsproblemen mit Verzweigungslast dagegen ist es möglich, wie Abb. IV 156 zeigt, daß der obere Grenzwert des Tragvermögens höher liegt als die Verzweigungslast. Dies ist aber nur

[1] Bei den Durchschlagproblemen (Abb. I 10a) weist die Lösungskurve auch eine Maximalstelle auf, sinkt aber nachher nicht monoton, sondern steigt wieder an.

der Fall bei praktisch nicht vorkommenden Schlankheitsgraden; auch sonst ist eine Traglast, die mit großen Verformungen[1] verknüpft ist, nicht zulässig.

Vom mathematischen Standpunkt aus führt ein Stabilitätsproblem mit Verzweigungslast auf ein *Eigenwertproblem*, wobei gewöhnlich nur die Höhe der Verzweigungslast zu bestimmen ist, da die Form der zugehörigen Figur weniger interessiert und ihre Größe unbestimmt bleibt. Bei den Stabilitätsproblemen ohne Verzweigungslast muß dagegen die Biegungslinie ihrer Form und Größe nach bestimmt werden und außerdem hängt die Biegesteifigkeit in einem Querschnitt vom ganzen Spannungsverlauf über diesem Querschnitt ab und ist über die Stablänge veränderlich. Mathematisch stößt also das Problem auf sehr große Schwierigkeiten und kann nur numerisch ausgewertet werden[2].

Es wäre natürlich nützlich, ein allgemeines *Kriterium* zu besitzen, welches Antwort auf die Frage gäbe, ob ein System mit einer gegebenen Belastung eine Unstabilität mit Verzweigungsstelle aufweisen kann oder nicht. Nach dem vorher Gesagten könnte man meinen, nur Systeme, bei denen von Haus aus keine Biegemomente auftreten, könnten Gegenstand eines Stabilitätsproblemes mit Gleichgewichtsverzweigung sein. Dies ist aber, wie ein von KLÖPPEL und LIE aufgestelltes Kriterium[3] zeigt, nicht der Fall.

Um dieses Kriterium mathematisch formulieren zu können, müssen wir auf Energiebetrachtungen zurückgreifen. Wir bezeichnen mit $A = A_i + A_a$ die gesamte potentielle Energie eines Systemes bei irgendeiner Gleichgewichtslage. Wird jetzt das System durch eine virtuelle Verformung δ_v in eine Nachbarlage gebracht, so entsteht dabei ein von erster Ordnung kleiner Energiebetrag $\delta A = \delta A_i + \delta A_a$. War der Anfangszustand eine Gleichgewichtslage, so muß nach dem Prinzip der virtuellen Arbeit δA verschwinden[4]. Die Bedingung $\delta^2 A = 0$ bezeichnet die indifferente Gleichgewichtslage, denn in diesem Fall wird bei einer kleinen Störung weder Energie gefordert noch frei gemacht. Wird $\delta^2 A < 0$, so wird bei der Störung Energie frei, das Gleichgewicht ist labil[5].

---

[1] Verursachen die Verformungen wichtige Änderungen (Verfestigungen) des Tragsystems, so daß nach Überschreitung der Verzweigungslast das Tragvermögen noch stark ansteigt, ohne daß die Verformungen unzulässig groß werden, so darf man diese Vergrößerung in Anspruch nehmen. Ein solcher Fall liegt beim Ausbeulen von Platten vor. Im überkritischen (oberhalb der Verzweigungsstelle) Bereich werden die Ablenkungskräfte nicht nur durch die Biegesteifigkeit, sondern auch durch die Membranwirkung der Platte aufgenommen.

[2] Siehe IV. Kap. A 2c.

[3] KLÖPPEL, K., u. K. LIE: Das hinreichende Kriterium für den Verzweigungspunkt des elastischen Gleichgewichts. Stahlbau 1943, S. 17. — KLÖPPEL, K.: Zur Einführung der neuen Stabilitätsvorschriften. Abh. aus dem Stahlbau 1952, H. 12, S. 88.

[4] Siehe z. B. C. B. BIEZENO u. R. GRAMMEL: Technische Dynamik. Berlin: Springer 1939, S. 73.

[5] Bei den Untersuchungen im III. Kap. C, über die Energiemethode wurde als Kriterium für das Erreichen des indifferenten Gleichgewichtes nicht $\delta^2 A = 0$ gefordert, sondern $\delta A^* = 0$. [Gl. (III 13): $\delta(A + V_p) = \delta A^* = 0$]. Bei einem Stabsystem ohne primäre Verformungen (keine Biegungsmomente vor dem Eintritt des Knickvorganges) ist eine Gleichgewichtslage schon bekannt, nämlich die unverformte Lage. Da der indifferente Gleichgewichtszustand auch dadurch gekennzeichnet werden kann, daß unter derselben Belastung zwei unmittelbar benachbarte Gleichgewichtslagen möglich sind, genügt es hier, die Bedingung für die Existenz einer der unverformten Lage benachbarten Gleichgewichtslage zu formulieren. Wird die entsprechende Verformung mit δ^* bezeichnet, so lautet die Gleichgewichtsbedingung $\delta A^* = 0$ und dies ist in dem besonderen Fall auch die Stabilitätsbedingung.

Die mathematische Formulierung des Kriteriums von KLÖPPEL und LIE lautet

$$\delta A_i = 0 \qquad \text{(IV 631)}$$

oder

$$\delta A_a = 0. \qquad \text{(IV 632)}$$

Dabei müssen natürlich die primären Systemverformungen klein sein, damit die linearisierten Differentialgleichungen noch gültig bleiben. Dies setzt aber voraus, daß die virtuellen Verformungen δ_v nicht höheren Eigenfunktionen des Systems angehören, denn das System würde beim Erreichen der der niedrigsten Eigenfunktion entsprechenden Lasten schon so stark verformt sein, daß die Anwendung der linearisierten Gleichungen nicht mehr zulässig wäre. Die obigen Bedingungen (IV 631) oder (IV 632) müssen somit nicht für eine beliebige virtuelle Verformung δ_v, sondern für die Verformung, die der niedrigsten Eigenfunktion des Systems entspricht, erfüllt werden. Die Verformungen des gegebenen primären Gleichgewichtszustandes müssen also keine Komponente der niedrigsten Eigenfunktion des Systems enthalten, oder anders gesagt, die gegebene Biegelinie darf nur den Verlauf einer Eigenfunktion höherer Ordnung des Tragsystems aufweisen[1].

Für einen Stab der Länge l kann geschrieben werden

$$\delta A_i = \int_0^l M \cdot \delta M \frac{dx}{EJ}, \qquad \text{(IV 633)}$$

wobei M das gegebene, von der äußeren Belastung erzeugte Biegemoment und δM das Moment aus der virtuellen Verformung δ_v bedeuten. δA_i wird dann zu Null, wenn das eine Moment symmetrisch und das andere antimetrisch verläuft.

Auch die zweite Bedingung $\delta A_a = \Sigma P \cdot \delta_v$ führt zu einem ähnlichen Resultat. Wenn alle P dasselbe Vorzeichen haben, muß δ_v einen Vorzeichenwechsel erfahren und umgekehrt.

Alle klassischen Stabilitätsfälle (keine Biegemomente vor dem Knicken) erfüllen ohne weiteres die Bedingung (IV 633), weil M identisch ist mit 0. Für sie hat aber das Kriterium keinen großen Wert, weil man von Anfang an weiß, daß dabei eine Verzweigungsstelle des Gleichgewichts vorliegt. Anders liegen die Verhältnisse bei Stäben und Stabsystemen, die von Haus aus Biegungsmomente aufweisen. Es hängt von der Art der Belastung und vom Verlauf der tiefsten Eigenfunktion ab, ob ein Stabilitätsproblem mit oder ohne Gleichgewichtsverzweigung vorliegt. Nachstehend wird auf schon behandelte Trägerformen zurückgegriffen, um die Zusammenhänge an Hand der gewonnenen Erkenntnisse zu untersuchen.

2. Stabilitätsprobleme mit Gleichgewichtsverzweigung

Es werden Stabsysteme untersucht, die von Haus aus Biegemomente aufweisen, weil die anderen schon in den früheren Abschnitten behandelt wurden.

a) Einfache Systeme: Ein gerader Stab mit verschränkt angreifenden Druckkräften, der sogenannte „ZIMMERMANN-Stab" (Abb. IV 160), weist eine anti-

[1] KLÖPPEL, K., u. K. LIE: Das hinreichende Kriterium für den Verzweigungspunkt des elastischen Gleichgewichts. Stahlbau 1943, S. 17. — Zur Einführung der neuen Stabilitätsvorschriften. Abh. aus dem Stahlbau 1952, H. 12, S. 88.

metrische Momentenfläche auf. Dagegen ist der Verlauf der niedrigsten Eigenfunktion δ_v oder des zugehörigen Momentes δM symmetrisch. Diese Eigenfunktion kann man sich gut vorstellen, wenn man sich erinnert, daß sie die Form des mit der kleinsten Frequenz schwingenden Systems ist. In unserem Fall ist es eine halbe Sinuswelle. Die Bedingung $\delta A_i = 0$ ist also erfüllt. Das Knicken des Stabes stellt ein Stabilitätsproblem mit Verzweigungslast dar, dessen Verzweigungslast annähernd gleich groß ist wie die EULERsche Knicklast $\frac{\pi^2 E J}{l^2}$. Ist der Stab aber gedrungen gebaut, dann können vor Erreichen der Stabilitätsgrenze örtliche Plastifizierungen auftreten, die eine große Senkung der Knicklast bewirken[1].

Abb. IV 160

Die Untersuchung des gedrückten Stabes mit gleichen Exzentrizitäten an beiden Stabenden führt dagegen zu keiner Verzweigungslast, weil die M- und δM-Kurven symmetrisch verlaufen.

Ähnliche Verhältnisse herrschen auch bei der *Drill-* und *Biegedrillknickung.* Bei der Berechnung von δA_i müssen natürlich auch die Torsionsmomente mit berücksichtigt werden.

Als einfaches Beispiel eines Stabsystemes sei ein Durchlaufträger auf drei festen Stützen untersucht (Abb. IV 161). Der Träger ist querbelastet und zugleich auf Druck beansprucht. Die Momentenfläche unter der Belastung verläuft symmetrisch und die entsprechende Biegelinie weist zwei Wendepunkte auf. Die der niedrigsten Eigenfunktion entsprechende Verformung δ_v verläuft dagegen antimetrisch mit nur einem Wendepunkt. Die Bedingung (IV 631) ist somit erfüllt. Die Höhe der Verzweigungslast wurde berechnet[2]; sie ist praktisch gleich der EULER-Last $\pi^2 \frac{E J}{l^2}$. Für gedrungene Stäbe gelten aber dieselben Beschränkungen wie für den „ZIMMERMANN-Stab".

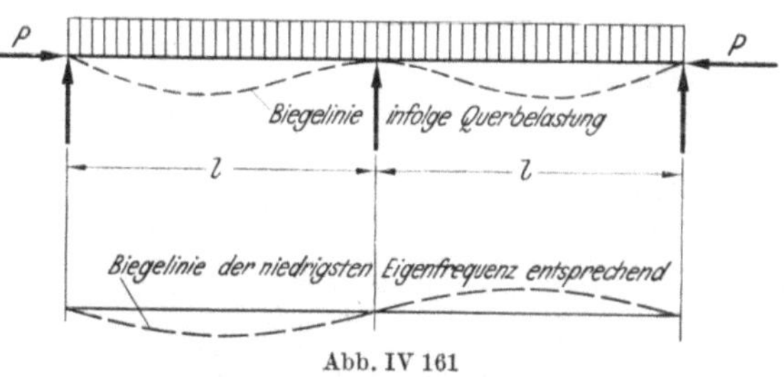

Abb. IV 161

b) Rahmen und Bogen. Ähnliche Verhältnisse liegen bei den *Rahmen* und *Bogen* vor. Wir betrachten zunächst einen symmetrischen einstöckigen Rechteck-

[1] FRITSCHE, J.: Der Einfluß einer Ungleichartigkeit der Fehlerhebel auf die Tragfähigkeit außermittig gedrückter Stahlstützen. Stahlbau 1936, S. 188. — CHWALLA, E.: Außermittig gedrückte Baustähle mit elastisch eingespannten Enden und verschieden großen Angriffshebeln. Stahlbau 1937, S. 58.

[2] GIRKMANN, K.: Traglasten gedrückter und zugleich querbelasteter Stäbe und Platten. Stahlbau 1942, S. 57.

rahmen (Abb. IV 162), dessen Riegel durch lotrechte, zur Mitte symmetrisch liegende Kräfte belastet wird. Die Momentenfläche und die Biegelinie sind also anfänglich auch symmetrisch. Diese symmetrische Gleichgewichtslage kann aber unstabil werden, indem unter Verschiebung der Eckpunkte ihr eine antimetrische Deformation (Abb. IV 163) überlagert wird. Der Zusammenhang zwischen der seitlichen Verschiebung y_0 eines bestimmten Punktes des Rahmenstiels und der entsprechenden Kraft P wird bei der symmetrischen Gleichgewichtslage durch den Ast a der Abb. IV 164 dargestellt[1]. Die Kurve weist eine Extremalstelle auf und zeigt, daß ein Stabilitätsproblem ohne Gleichgewichtsverzweigung vorliegt, wenn der Rahmen seitlich festgehalten ist. Ist dagegen diese seitliche Festhaltung nicht vorhanden, dann kann ein seitliches, antimetrisches Knicken entstehen, wie dies durch den Ast b der Abb. IV 164 dargestellt ist. Da die symmetrische Figur auch für $P > P_{kr}$ die Gleichgewichts- und Deformationsbedingungen erfüllt, ist der Last P_{kr} eine Verzweigungsstelle zugeordnet, wie das Kriterium (IV 631) auch verlangt. Die Knickverformung verläuft nämlich antimetrisch, die primäre dagegen symmetrisch. Die Last P_{kr} ist dadurch gekennzeichnet, daß sowohl eine rein symmetrische als auch eine überlagerte unsymmetrische Figur möglich ist. Diese Bedingung ermöglicht die Bestimmung von P_{kr}. Für den Zweigelenkrahmen wurde die Berechnung von Chwalla[2] durchgeführt. Der Rechenaufwand für die strenge Lösung ist beträchtlich, und wir beschränken uns auf die Wiedergabe zweier numerischer Resultate.

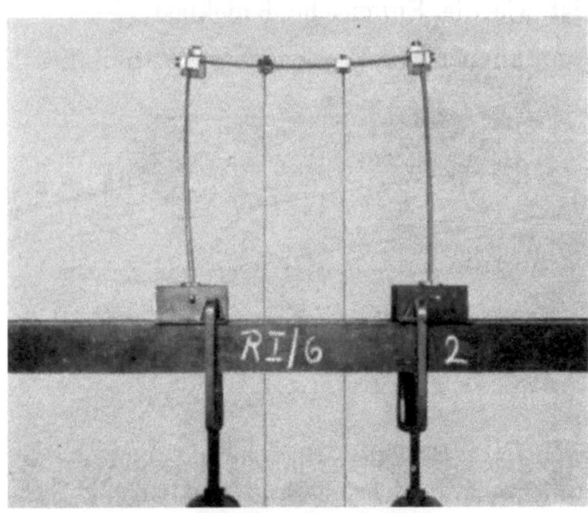

Abb. IV 162

Abb. IV 163

Bezeichnet J das konstante Trägheitsmoment von Pfosten und Riegel, h die Pfostenhöhe und b die Riegellänge, dann wird für eine Belastung durch zwei

[1] Die dargestellte Kurve bezieht sich auf einen plastischen Werkstoff, sonst hätte der Ast keine Extremalstelle (s. Abb. IV 158 u. IV 159).

[2] Chwalla, E.: Die Stabilität lotrecht belasteter Rechteckrahmen. Bauingenieur 1938, S. 69.

gleiche Lasten P im Drittel des Riegel (Abb. IV 165):

$$\text{Für } \frac{b}{h} = 1 \quad : \quad P_{kr} = 1{,}775 \frac{EJ}{h^2}$$

$$\text{Für } \frac{b}{h} = 3 \quad : \quad P_{kr} = 1{,}058 \frac{EJ}{h^2}.$$

Statt das genaue System zu untersuchen, kann man ein Ersatzsystem betrachten (Abb. IV 166). Die Normalkräfte der

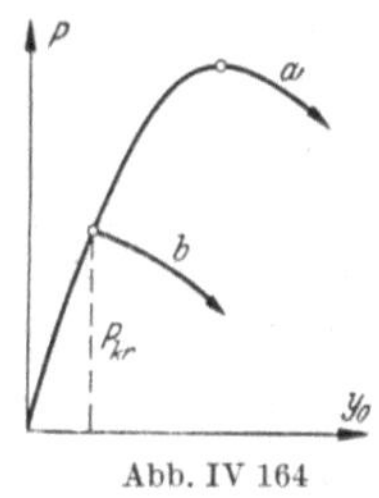

Abb. IV 164

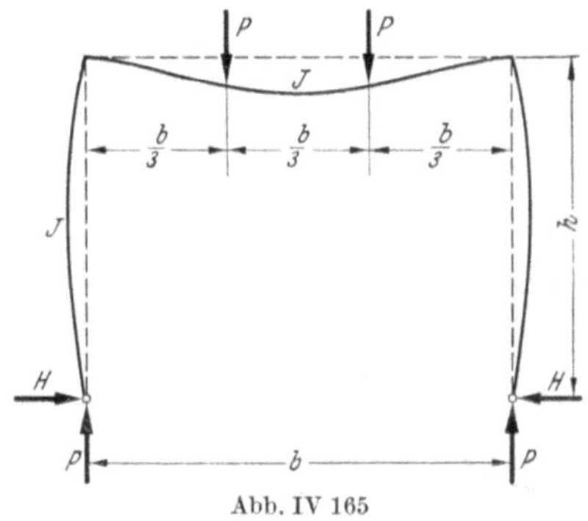

Abb. IV 165

Pfosten und des Riegels werden dabei als äußere Kräfte an den Stabenden angenommen. Dieser Fall, der eine Stützlinienbelastung darstellt[1], kann nach der im Unterkapitel E 4 dargestellten Methode ohne weiteres gelöst werden. Es ergibt sich:

$$\text{Für } \frac{b}{h} = 1 \quad : \quad P_{kr} = 1{,}816 \frac{EJ}{h^2} \quad \text{(Fehler 2\%)}$$

$$\text{Für } \frac{b}{h} = 3 \quad : \quad P_{kr} = 1{,}090 \frac{EJ}{h^2} \quad \text{(Fehler 3\%)}.$$

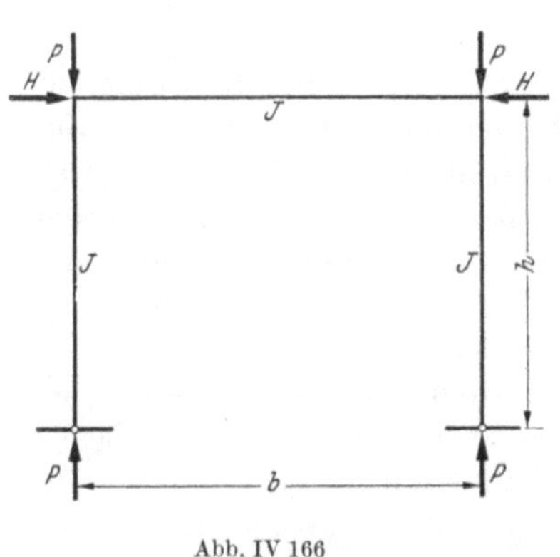

Abb. IV 166

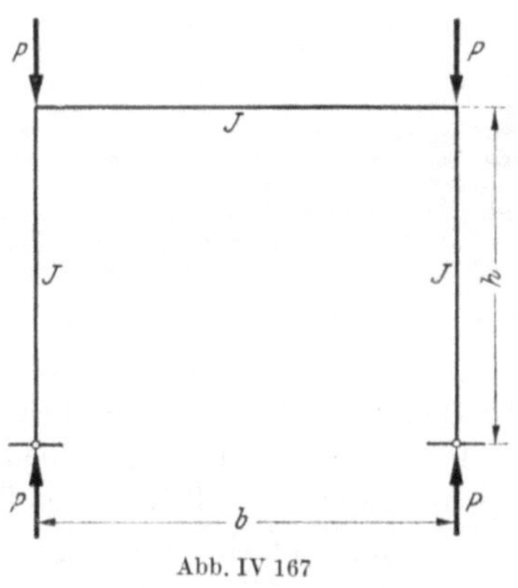

Abb. IV 167

Wird als weitere Vereinfachung noch der Riegel als unbelastet betrachtet (Abb. IV 167), so kann unsere Tab. IV 15 herangezogen werden und die Resultate lauten

$$\text{Für } \frac{b}{h} = 1 \quad P_{kr} = 1{,}82 \frac{EJ}{h^2} \quad \text{(Fehler 3\%)}$$

$$\text{Für } \frac{b}{h} = 3 \quad P_{kr} = 1{,}16 \frac{EJ}{h^2} \quad \text{(Fehler 10\%)}.$$

Wenn der Riegel schlank ist, so daß die Riegeldruckkraft einen schon merkbaren Einfluß auf die Stabilitätsgrenze auszuüben vermag, kann die Verzweigungslast

[1] Die durch die Längenänderung infolge der Normalkräfte verursachten Systemverformungen werden dabei vernachlässigt. Der Horizontalschub H wird nach der klassischen Theorie berechnet, also nicht nach der Theorie 2. Ordnung.

mit praktisch genügender Genauigkeit durch einen einfachen „Ersatzbelastungsfall“[1] berechnet werden, der dadurch gekennzeichnet ist, daß die Druckkräfte, die unter der gegebenen Belastung in den beiden Pfosten und im Riegel auftreten, als äußere Kräfte an den Enden dieser drei Stäbe zentrisch angreifend gedacht werden. Bei Rahmen mit relativ kurzen Riegeln läßt sich diese Näherungsrechnung durch Vernachlässigung der Riegeldruckkraft weiter vereinfachen.

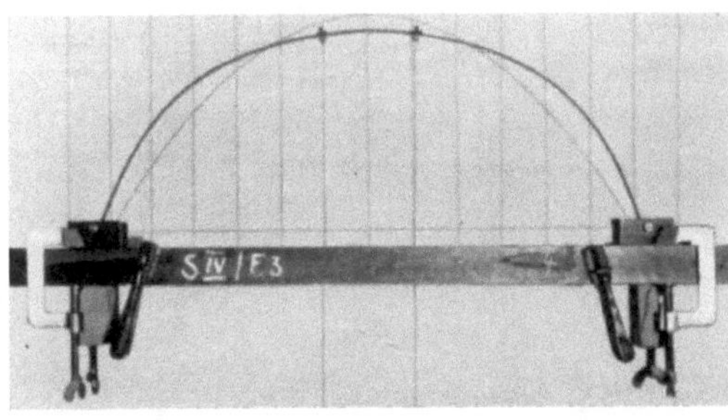

Abb. IV 168

Bei Zweigelenk- und eingespannten Bogen (auch Dreigelenkbogen mit großem Pfeilverhältnis) liegen die Verhältnisse gleich, weil bei symmetrischer Belastung die Biegelinie symmetrisch verläuft, währenddem die überlagerte Knickfigur antimetrisch ist (Abb. IV 168 und IV 169). Das Kriterium für das Vorhandensein einer Verzweigungsstelle ist also erfüllt.

Zur Mitte symmetrisch gebaute, gelenkig gelagerte oder eingespannte Bogenträger mit lotrechten zur Mitte symmetrisch verteilten Belastungen knicken aus, wenn eine bestimmte kritische Laststufe erreicht wird. Der Bogenschub, der unter dieser Belastung zur Geltung kommt und bei Zugrundelegung der elementaren baustatischen Theorie erster Ordnung (Vernachlässigung des Einflusses der Verformung) leicht berechnet werden kann, stimmt näherungsweise mit dem kritischen Horizontalschub H_{kr} überein, der sich auf den Sonderfall der Stützlinienbelastung bezieht und sich in einfacher Weise (Unterkapitel F, Tab. IV 18, IV 19, IV 20) ermitteln läßt.

Abb. IV 169

Dieser Tatbestand wurde für die Rahmen und Bogen experimentell nachgewiesen[2]: Für einen Rahmen mit $\frac{b}{h} = 1$ ist z. B. P_{kr} für den vereinfachten Ersatzbelastungsfall $1{,}82\,\frac{EJ}{h^2} = 1003$ g, unabhängig von der Lage der Last auf dem Riegel. Der Versuch ergab für verschiedene Werte $\frac{b}{n}$ (Abb. IV 170) die Zahlen der Tab. IV 21.

[1] Chwalla, E., u. C. F. Kollbrunner: Beiträge zum Knickproblem des Bogenträgers und des Rahmens. Stahlbau 1938, S. 94.

[2] Chwalla, E., u. C. F. Kollbrunner: Über das Ausknicken symmetrischer Bogenträger unter symmetrisch verteilten Belastungen. Stahlbau 1937, S. 139. — Beiträge zum Knickproblem des Bogenträgers und des Rahmens. Stahlbau 1938, S. 81.

Tabelle IV 21

$\frac{b}{n}$	Versuch-Nr					Mittel
	1	2	3	4	5	
1/10	988	975	956	990	972	976
1/5	968	968	972			969
1/4	972	954	974			967
1/3	936	935	962	958	945	948
1/2	925	967	934	955	960	948

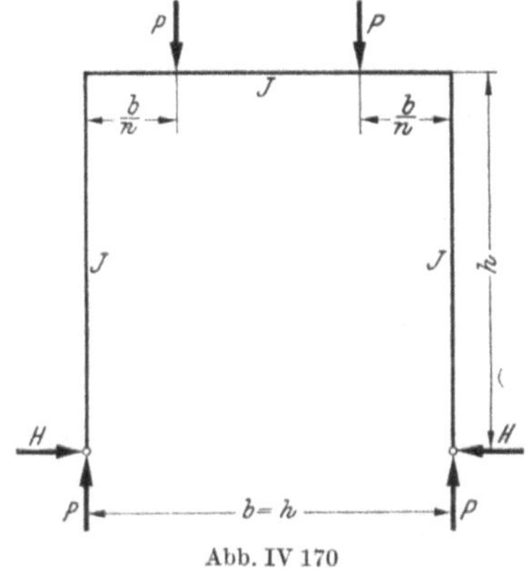

Abb. IV 170

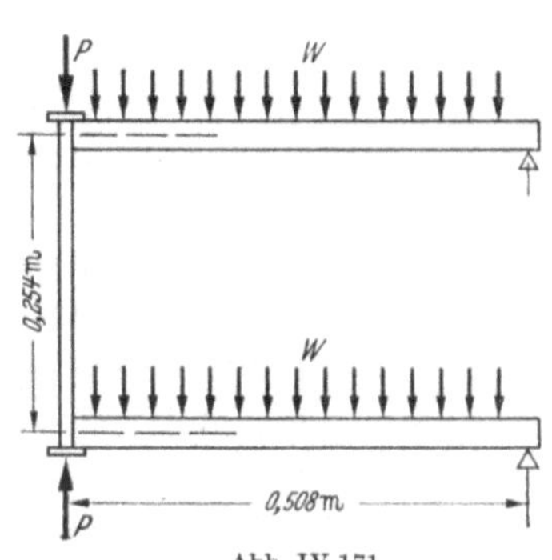

Abb. IV 171

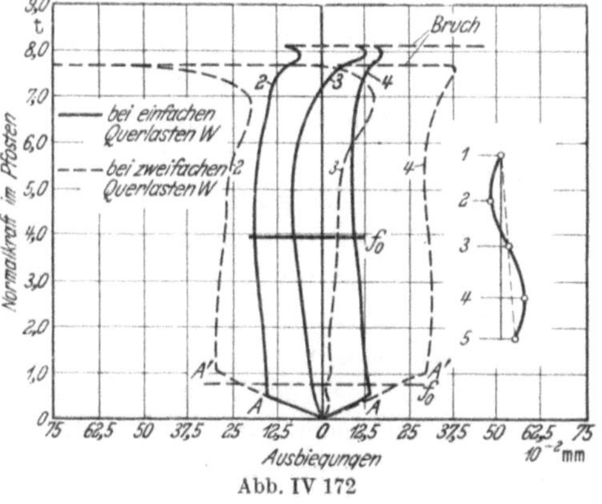

Abb. IV 172

Der Abfall der Knicklast mit zunehmender primärer Verformung bleibt also gering[1]. Bei der baupraktischen Anwendung dieses Ergebnisses ist allerdings zu beachten, daß bei gedrungenen Rahmen und Bogen noch vor Erreichen der Verzweigungslast als Folge der vorkritischen symmetrischen Verbiegungen *örtliche Plastifizierungen* auftreten können, die eine merkbare Senkung der kritischen Belastung bewirken können.

Es sei in dieser Hinsicht auf englische Versuche von Baker hingewiesen[2]. Der Rahmenpfosten nach Abb. IV 171, der im primären Zustande eine S-förmige Verformung aufweist, schlägt nach einer Seite durch und geht zu Bruch mit einer einfach gekrümmten Biegelinie (Abb. IV 172) (Gleichgewichtsverzweigung). Erwähnt sei noch, daß die DIN 4114 für Rahmen und Bogen mit primären

[1] Die Möglichkeit des Biegedrillknickens (Kippen mit Längskraft) muß natürlich auch untersucht werden.

[2] Baker, J. F.: A Review of Recent Investigations into the Behavior of Steel Frames in the Plastic Range. J. Instn. civ. Engrs. 31 (1948/49) S. 185; oder Barbré, R.: Englische Untersuchungen über plastisch beanspruchte Stahlrahmen. Bauingenieur 1950, S. 22. Die Abb. IV 171 u. IV 172 sind dieser Arbeit entnommen.

Momenten die Anwendung der Formel für exzentrisch gedrückte Stäbe vorschreibt (13.12, 14.5).

Es sei darauf hingewiesen, daß sich das Knickproblem des symmetrisch belasteten Bogenträgers bei der Bemessung von Bogen mit beweglicher Last nur in beschränktem Maße als maßgebend erweist. Im nächsten Abschnitt werden wir darauf zurückkommen.

3. Stabilitätsprobleme ohne Gleichgewichtsverzweigung und Spannungsprobleme zweiter Ordnung

Der gerade, exzentrisch gedrückte Stab mit konstantem Querschnitt und Gabellagerung stellt ein Stabilitätsproblem ohne Gleichgewichtsverzweigung dar, wenn er aus einem plastischen Material besteht. Die Behandlung dieses Falls im Unterkapitel A 2c hat die Schwierigkeiten einer exakten Lösung gezeigt. Kompliziertere Fälle dieser Art wurden bis jetzt kaum behandelt. CHWALLA[1] hat krumme Stäbe, Stäbe mit elastischer Einspannung und den Dreigelenkbogen untersucht. Genau wie im Unterkapitel A 2c kann die Heranziehung eines idealelastisch-idealplastischen Spannungsdehnungsgesetzes die Arbeit erleichtern[2].

Eine weitere, grundlegende Vereinfachung ergibt sich, wenn man darauf verzichtet, die genaue Traglast zu ermitteln. Das Stabilitätsproblem wird durch das Spannungsproblem zweiter Ordnung, somit eine statische Berechnung unter Berücksichtigung des Einflusses der Verformungen auf das Kräftespiel, ersetzt. Statt die kritische Belastung zu bestimmen, für welche das Gleichgewicht indifferent ist, weist man einfach nach, daß die bei der ν_{kr}-fachen Belastung auftretende größte Randspannung die Fließgrenze nicht überschreitet[3].

ν_{kr} ist die erforderliche, durch die Vorschriften festgelegte Sicherheit. Das Material wird als idealplastisch (Abb. IV 17) vorausgesetzt, damit das HOOKEsche Gesetz bis zur Fließgrenze gültig bleibt. Dieselben Gedankengänge haben wir schon im Unterkapitel A 3b dargelegt; auch dort wurde die Lösung des Stabilitätsproblems näherungsweise durch Spannungsprobleme zweiter Ordnung ersetzt. Dieses Verfahren vernachlässigt aber den günstigen Einfluß der Plastifizierung des ganzen Querschnittes, was je nach Querschnittsform und nach dem Grad der statischen Unbestimmtheit des Tragwerkes eine mehr oder weniger große Rolle spielen kann. Auf der anderen Seite führt der Gebrauch des idealisierten Spannungsgesetzes zu einer Überschätzung der kritischen Last, so daß sich beide Einflüsse zum Teil kompensieren.

Ein Stabilitätsproblem ohne Verzweigungslast als Spannungsproblem zweiter Ordnung zu lösen, bleibt somit ein, allerdings unentbehrlicher Notbehelf, weil die

---

[1] CHWALLA, E.: Drei Beiträge zur Frage des Tragvermögens statisch unbestimmter Stahltragwerke. Abh. I. V. B. H., zweiter Band, 1933/34, S. 108. — Außermittig gedrückte Baustahlstäbe mit elastisch eingespannten Enden und verschieden großen Angriffshebeln. Stahlbau 1937, S. 49. — Die Tragfähigkeit stählerner Dreigelenkbogen. Stahlbau 1935, S. 121. — Das Tragvermögen gedrückter Baustahlstäbe mit krummer Achse und zusätzlicher Querbelastung. Stahlbau 1935, S. 43.

[2] HEISTER, F.: Die Traglast elastisch eingespannter Stahlstützen. Dissertation, TH Darmstadt 1947.

[3] Siehe DIN 4114, Ri 7.9, Ri 10.2.

Bestimmung der Traglast auf einem mehr oder weniger willkürlichen[1] Kriterium beruht und das Wesen der Untersuchung als Stabilitätsproblem nicht in Erscheinung tritt.

Abschließend sei noch auf einen Zusammenhang zwischen Stabilitätsproblem mit Gleichgewichtsverzweigung und Spannungsproblem zweiter Ordnung hingewiesen. Die Erhöhung des Biegemomentes durch den Einfluß der Verformungen kann näherungsweise durch den Ausdruck $\frac{1}{1-\frac{N}{N_{kr}}}$ bestimmt werden[2], unter der Voraussetzung allerdings, daß die Momentenfläche des untersuchten Spannungsproblemes und die maßgebende Knickfigur ähnlich verlaufen[3]. Dabei bedeuten N_{kr} die Verzweigungslast und N die durch die ν_{kr}-fache Belastung hervorgerufene entsprechende Kraft. Der Beweis kann an Hand des Verfahrens ENGESSER-VIANELLO leicht erbracht werden (s. Unterkapitel A 3a). Die Methode kann z. B. für die Untersuchung eines Zweigelenkbogens unter halbseitiger Nutzlast gebraucht werden. Die Momentenfläche verläuft nämlich in diesem Falle ungefähr antimetrisch wie auch die maßgebende Knickfigur. Wie schon erwähnt, kann bei Bogenträgern mit großen Pfeilverhältnissen f/l dieser Fall gegenüber dem Knicken unter Vollbelastung maßgebend werden.

Das Stabilitätsproblem mit Verzweigungslast, das glücklicherweise mathematisch und numerisch am einfachsten zu lösen ist, spielt somit eine hervorragende Rolle. Weist die Biegelinie für die untersuchte Belastung nur den Verlauf einer Eigenfunktion höherer Ordnung des Tragsystems auf, dann liegt ein Stabilitätsproblem mit Gleichgewichtsverzweigung vor. Verlaufen dagegen Momentenfläche und Knickfigur ähnlich, dann liegt ein Problem ohne Gleichgewichtsverzweigung vor und die Untersuchung als Spannungsproblem zweiter Ordnung kann näherungsweise mit Hilfe des Wertes der Verzweigungslast durchgeführt werden.

---

[1] In dieser Hinsicht sei aber betont, daß bei der gewöhnlichen Biegung die plastische Tragfähigkeitsreserve auch nicht berücksichtigt wird. Beim Traglastverfahren nach DIN 1050 wird bei der Ausnützung der Tragfähigkeitsreserve infolge der statischen Unbestimmtheit auch nur das Erreichen der Fließgrenze an der meistbeanspruchten Randfaser berücksichtigt und nicht die Plastifizierung des ganzen Querschnittes.

[2] LJUNGBERG, K.: Probleme beim Entwurf von Kraftleitungsmasten und Bogenkonstruktionen aus Stahl. Bauingenieur 1934, S. 430. — STÜSSI, F.: Aktuelle baustatische Probleme der Konstruktionspraxis. Schweiz. Bauztg. 106 (1935) S. 132. — DISCHINGER, F.: Untersuchungen über die Knicksicherheit, die elastische Verformung und das Kriechen des Betons bei Bogenbrücken. Bauingenieur 1937, S. 487. — LJUNGBERG, K.: Sicherheit bei Druck, Knickung und Biegung. Bauingenieur 1939, S. 347. — HOYDEN, A., u. F. W. WILKESMANN: Die numerische Behandlung der Rahmenknickung. Bauingenieur 1953, S. 79.

[3] Sind beide Kurven nicht genau affin, dann kommt noch ein Korrekturfaktor δ vor und der Vergrößerungsfaktor lautet nach Gl. (IV 140)

$$\frac{1+\delta\frac{N}{N_{kr}}}{1-\frac{N}{N_{kr}}},$$

δ ist von der Belastungsart abhängig, aber gewöhnlich klein (s. Tab. IV 3).

4. Rück- und Ausblick

Früher wurde von den Mathematikern verlangt, daß beim „Knicken" nur jene Fälle berücksichtigt werden sollten, in denen die mathematische Behandlung der Aufgabe zu einem Eigenwertproblem führt. Heute versteht der Ingenieur unter den Begriffen „Knicken", „Biegedrillknicken" und „Kippen" jedoch das sofort einsetzende Ausweichen und den Zusammenbruch, wobei der Zusammenbruch je nach System und Baustoff mit einer Verzögerung gegenüber dem Ausweichen auftreten kann.

Heute sieht man das starke Zurückbleiben des inneren Widerstandes gegenüber dem äußeren Kraftangriff, somit den „Kollaps" als das wesentliche an, gleichgültig, ob das Zurückbleiben des inneren Widerstandes an eine Gleichgewichtsverzweigung anschließt oder nicht, wie auch gleichgültig, ob dieses Zurückbleiben durch das Verhalten des Systems oder des Werkstoffes bedingt ist[1].

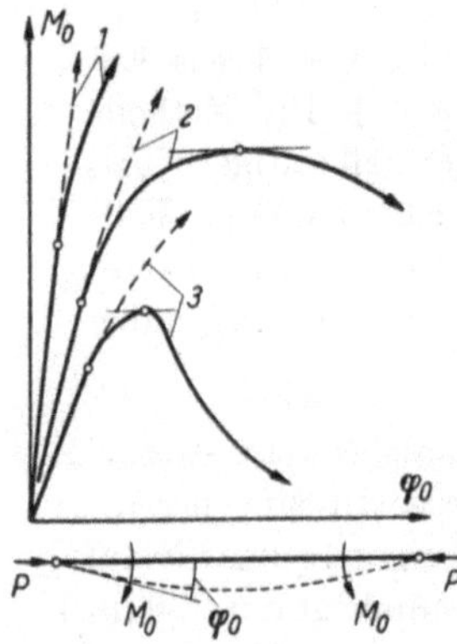

Abb. IV 173. Zusammenhang zwischen Endmoment und Endverdrehung bei Hinzutritt einer axialen Druckkraft; gestrichelte Kurven für HOOKEschen Idealwerkstoff und volle Kurven für Baustahl geltend

Die Lösungsform wird dabei durch den Verlauf der Kurven gekennzeichnet, die den funktionalen Zusammenhang zwischen der den Gleichgewichtszustand bildenden Last und einer Verschiebungsgröße, z. B. der seitlichen Ausbiegung in Stabmitte oder der Sehnenverkürzung am Stabende, festlegen. Dabei nimmt die Verschiebungsgröße endlich große Werte an.

Der praktisch tätige Ingenieur arbeitet bei der Prüfung der Gleichgewichtslage eines belasteten Konstruktionsteiles nicht nur mit gedachten infinitesimalen Formänderungen, sondern meist mit endlich großen, gewaltsamen Störungen. Bei der Beurteilung der Sicherheit ist die Frage, wie die belastete Konstruktion auf gewaltsame Störungen ihrer Gleichgewichtslage reagiert, von großer Bedeuung.

Hervorzuheben ist, daß eine *scharfe* Abgrenzung der „Kollaps"-Probleme von den bedeutend einfacheren Spannungsproblemen nicht leicht ist. Das Absinken des Tragvermögens der belasteten Bauteile nach dem Erreichen der kritischen Last kann starke graduelle Unterschiede aufweisen.

Abb. IV 173 zeigt verschiedene Kurven eines Stahlstabes.

Kurve 1. Stab, welcher durch gegengleiche Endmomente M_0 auf reine Biegung beansprucht ist. Ein seitliches Ausweichen ist verhindert, so daß ein gewöhnliches Spannungsproblem vorliegt. Besteht der Stab aus einem HOOKEschen Idealwerkstoff, so ist der funktionale Zusammenhang zwischen dem Moment M_0 und der Endverdrehung φ_0 linear (gestrichelte Linie *1* in Abb. IV 173). Wenn beim Baustahl die Spannungen die Proportionalitätsgrenze überschreiten, steigt die Linie monoton an (ausgezogene Linie *1* in Abb. IV 173).

Bei Aufbringung einer *störenden Querlast* zeigt sich, daß der planmäßig belastete Stab dieser nicht planmäßigen, gewaltsamen Vergrößerung der Ausbiegung einen monoton mit der Ausbiegung wachsenden Widerstand entgegensetzt und daß der Stab bestrebt ist, zur Ausgangslage zurückzukehren, wenn die Störlast entfernt wird. Sofern allerdings *plastische* Verformungen stattgefunden haben, ist dies nicht mehr möglich.

Kurve 2. Sofern wir den Stab durch eine gleichbleibende Druckkraft P belasten und dem von Null anwachsenden Endmomentenpaar M_0 unterwerfen, so zeigt sich, daß die End-

[1] CHWALLA, E.: Über die Behandlung der Stabilitätsfragen in den deutschen und österreichischen Stahlbaunormen. Stahlbau 1953, H. 4, S. 73.

verdrehungen φ_0 größer als bei der Kurve *1* sind. Als Folge seiner axialen Druckbelastung ist der Stab somit „biegeweicher". Hier muß der Einfluß, den die Ausbiegung des Stabes auf das Kräftespiel nimmt, berücksichtigt werden. — Im Rahmen der gewöhnlichen elastostatischen Theorie erster Ordnung werden die Gleichgewichtsbedingungen näherungsweise für den unverformten Zustand angeschrieben. Bei der Theorie zweiter Ordnung wird jedoch, wie früher gezeigt, der Einfluß der Verformung auf das Kräftespiel berücksichtigt. Dabei werden relativ kleine Ausbiegungen vorausgesetzt. Bei festgehaltenen Werten der axialen Druckkraft P führt diese Theorie zweiter Ordnung zu einem linearen Zusammenhang zwischen φ_0 und M_0, wobei der Proportionalitätsfaktor um so größer ist, je größer der Wert P ist. Bei der Theorie dritter Ordnung wird, um auch relativ große Ausbiegungen in die Untersuchung einbeziehen zu können, mit der strengen nichtlinearen Differentialgleichung der Biegelinie gearbeitet. Der funktionale Zusammenhang zwischen φ_0 und M_0, bei festgehaltenem Wert P, wird hier durch ein elliptisches Normalintegral erster Gattung festgelegt.

Die voll gezeichnete Kurve 2 für einen Baustahlstab besitzt eine waagerechte Scheiteltangente, somit eine Maximalstelle des inneren Widerstandes. Bei zu groß gewählter Störlast kann dieser durch P und M_0 belastete Stab zusammenbrechen, denn die Gleichgewichtslagen, die zum abfallenden Ast der Lösungskurve 2 gehören, sind labil.

Kurve 3. Hier ist die primär aufgebrachte, konstant gehaltene Druckkraft P relativ groß; der Abfall der voll gezeichneten für den Baustahlstab geltenden Kurve, somit steil; es tritt ein „Kollaps" ein.

Bei den voll gezeichneten Lösungskurven *2* und *3* der Abb. IV 173 existieren waagrechte Scheiteltangenten. Hier gibt es Belastungszustände, denen mehr als nur eine Gleichgewichtsfigur zugeordnet sind. Es liegt ein Stabilitätsproblem vor.

Zwischen Knicken, Biegedrillknicken, Kippen[1] und Ausbeulen[2] gibt es ein stetiges Ineinanderfließen und Überschneiden der Erscheinungen und daher für kompliziertere Fälle keine eindeutige Begriffsfestsetzung.

Wenn wir für Abb. IV 173 einen einfach symmetrischen, drillweichen Querschnitt voraussetzen, so gelangen wir bei gleichzeitiger Belastung durch P und M_0, sofern wir die konstante Druckkraft P auf Null absinken lassen, vom Biegedrillknickproblem des planmäßig außermittig gedrückten Stabes allmählich zum Kipp-Problem eines Trägers mit Endmomentenbelastung. Auch hier läßt sich keine scharfe Grenze zwischen diesen Problemen ziehen. Festzuhalten ist, daß es teilweise auch zwischen dem Biegedrillknicken und dem Ausbeulen[2] keine scharfen Grenzen gibt, ein Stabilitätsproblem kann ohne feste Grenzen in das andere übergehen.

Die Theorie der Biegedrillknickung setzt die Erhaltung der Querschnittsform während des Ausweichvorganges voraus. Ist dies nicht mehr gewährleistet, so handelt es sich um Ausbeulprobleme.

Heute wissen wir, daß es sich bei den Stabilitätsproblemen nicht um rein mathematisch festgelegte Formeln handelt, sondern daß diese Formeln auch stets durch Versuche überprüft werden müssen[3].

---

[1] Chwalla, E.: Über die Behandlung der Stabilitätsfragen in den deutschen und österreichischen Stahlbaunormen. Stahlbau 1953, H. 4, S. 73.

[2] Kollbrunner, C. F., u. M. Meister: Ausbeulen, Berlin/Göttingen/Heidelberg: Springer 1958.

[3] Kollbrunner, C. F.: Zentrischer und exzentrischer Druck von an beiden Enden gelenkig gelagerten Rechteckstäben aus Avional M und Baustahl. Stahlbau 1938, H. 4, 5, 6. — Versuche über die Knicksicherheit und die Grundschwingungszahl vollwandiger Bogen. Bautechn. 1936, H. 12, S. 186. — Versuche über die Knicksicherheit und die Grundschwingungszahl vollwandiger Dreigelenkbogen. Schweiz. Bauztg. 120 (1942) Nr. 10, S. 113.

Chwalla, E., u. C. F. Kollbrunner: Über das Ausknicken symmetrischer Bogenträger unter symmetrisch verteilten Belastungen. Stahlbau 1937, H. 15 u. 17/18. — Beiträge zum Knickproblem des Bogenträgers und des Rahmens. Stahlbau 1938, H. 10, 11 u. 12.

Der genaue Verlauf des abfallenden Kurvenastes $P_{Gl.} - y_0$ ($P_{Gl.}$ = Gleichgewichtslast, s. Kap. I) hängt bei zentrisch gedrückten Baustählen ebenso wie die Größe der Verzweigungslast von der Schlankheit und der Querschnittsform des Stabes, wie auch vom Werkstoffverhalten außerhalb des HOOKEschen Bereiches ab. Für verschiedene Schlankheitsgrade sind in Abb. IV 174 einige $P_{Gl.} - y_0$-Diagramme aufgezeichnet (verschiedene Maßstäbe!).

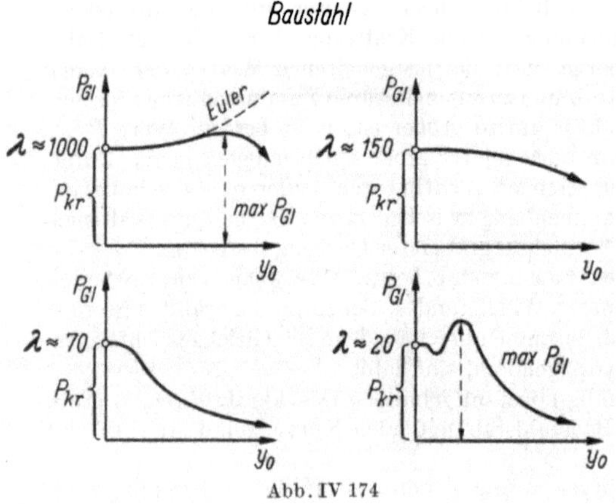

Abb. IV 174

Das zweite und dritte Diagramm zeigt, daß die Traglast des Baustahlstabes bei den baupraktisch vorkommenden Schlankheitsgraden mit der Verzweigungslast zusammenfällt. Das Erreichen der Verzweigungsstelle ist gleichbedeutend mit der Einleitung des Zusammenbruches[1].

Für weitere Aufklärung sei auf die in der Fußnote angegebene Literatur hingewiesen[2].

Zusätzliche Literatur zum Unterkapitel G

BOTTEMA, O.: On the Stability of the Equilibrium of a Linear Mechanical System. Z. A. M. P. VI (1955) Fasc. 2, S. 97.

CORNELIUS, W.: Stabilitätsproblem — Festigkeitsproblem. Bautechnik, 1949, H. 9, S. 257.

FORKERT, L.: Über nicht lineare Formänderungen bei gedrückten Stäben. Öst. Bauztschr. 1957, H. 7/8, S. 164.

FRIEDRICH, E.: Die zusätzlichen Momente beim frei aufliegenden Balken infolge der elastischen Verformung. Öst. Ing.-Arch. 1955, H. 2/3, S. 94.

NYLANDER, H.: Torsion, Bending and Lateral Buckling of I-Beams. (Kungl. Tekniska Högskolans Handlingar: No. 102.) Mit zahlreichen Textabb., 140 S., Stockholm 1956. Besprech. in Öst. Bauztschr. 1956, H. 9, S. 219 durch E. CHWALLA.

PETTERSSON, O.: Einige Stabilitätsprobleme und Spannungsprobleme der Theorie zweiter Ordnung bei Balken, Rahmen, Bogen und Platten. In schwedischer Sprache mit einer englischen Zusammenfassung. (Institut für Festigkeitslehre an der Kgl. Technischen Hochschule in Stockholm: Publikation Nr. 113.) Mit Abb und Kurventafeln, 113 S., Stockholm 1955. Besprechung in Öst. Bauztschr. 1956, H. 9, S. 219 durch E. CHWALLA.

RESINGER, F.: Beitrag zur Lösung von Stahlwerksproblemen der Theorie II. Ordnung. Stahlbau 1959, H. 3, S. 75; H. 4, S. 102.

[1] CHWALLA, E.: Über die Probleme und Lösungen der Stabilitätstheorie des Stahlbaues. Stahlbau 1939, H. 1, S. 1.

[2] CHWALLA, E.: Die neuen Hilfstafeln zur Berechnung von Spannungsproblemen der Theorie zweiter Ordnung und von Knickproblemen. Bauingenieur 1959, H. 4, 6 u. 8. — *Deutscher Stahlbau-Verband*: Hilfstafeln zur Berechnung von Spannungsproblemen der Theorie zweiter Ordnung und von Knickproblemen, Köln: Stahlbau-Verlag 1959. — BÜRGERMEISTER, G., u. H. STEUP: Stabilitätstheorie mit Erläuterungen zu DIN 4114, Berlin: Akademie-Verlag 1957. — VETTER, H.: Stabwerkknickung, Berlin: VEB Verlag Technik 1960.

RESINGER, F., u. H. STEINER: Näherungslösung von statischen Problemen der Theorie II. Ordnung und der Wölbkrafttorsion mit Hilfe der Torsionsmethode. Öst. Ing.-Z. 1959, H. 5, S. 172.

WICKA, B.: Das bedingte Kraftverhältnis am querbelasteten Druckstab aus einer Fehlerbegrenzung zwischen der Stabverformung nach der Theorie I. und II. Ordnung. Stahlbau 1958, H. 1, S. 19.

H. Einfluß von Eigenspannungen auf das Knicken von Stahlstützen

1. Einführung

Am *Fritz Engineering Laboratory der Lehigh University, Bethlehem (Penna, USA)*, wurden in den Jahren 1952 bis 1957 umfangreiche Versuche über den Einfluß von Eigenspannungen auf das Knicken von Stahlstützen durchgeführt, über welche THÜRLIMANN[1] ausführlich berichtet.

THÜRLIMANN beschreibt dabei die Messungen der Eigenspannungszustände von Walzprofilen und geschweißten Trägern, stellt die Resultate in graphischer Form dar und gibt zwei Verfahren zur rechnerischen Bestimmung von Knickspannungskurven unter Berücksichtigung der Eigenspannungen. Die Knickversuche von Walzprofilen und geschweißten Stützen zeigen dabei gute Übereinstimmung mit diesen Kurven.

Die Versuche wurden mit dem amerikanischen Baustahl A 7—55 T, welcher weitgehend dem St 42 entspricht, durchgeführt.

Währenddem SCHLEICHER[2] im Taschenbuch für Bauingenieure, 1. Aufl., noch schreibt: „Der Einfluß der Schweißspannungen auf die elastische Stabilität ist noch nicht ganz abgeklärt. Bei den bisherigen Knickversuchen konnte kein merklicher Einfluß der Schweißungen auf die Knicklast festgestellt werden“[3], hält er in der 2. Aufl.[4] folgendes fest: „Der Einfluß von Schweißspannungen auf die Höhe der Stabilitätsgrenze dürfte im allgemeinen nicht größer sein als der von Walzspannungen. In manchen Fällen können die Schweißspannungen aber wohl auch schon für verhältnismäßig kleine Belastungen merklichen Einfluß auf die Größe der Formänderungen haben.“

Obwohl das Vorhandensein von Eigenspannungen in Walzprofilen und geschweißten Konstruktionen allgemein bekannt ist, hat man ihren Einfluß auf die Stabilität bis vor kurzem entweder übersehen oder nicht richtig erkannt. Sogar die neuesten Fachbücher erwähnen nicht einmal die Möglichkeit eines Einflusses.

Da die am *Fritz Engineering Laboratory der Lehigh University* durchgeführten Versuche zu denken geben und evtl. den Stabilitätsproblemen im Stahlbau eine

---

[1] THÜRLIMANN, B.: Der Einfluß der Eigenspannungen auf das Knicken von Stahlstützen. Schweizer Arch. angew. Wiss. Techn. 1957, H. 12, S. 388.

[2] SCHLEICHER, F.: Taschenbuch für Bauingenieure, Kapitel: Stahlbau. 1. Aufl. Neudruck, Berlin/Göttingen/Heidelberg: Springer 1949, S. 1639.

[3] BIERETT, G., u. G. GRÜNING: Untersuchungen über den Einfluß von Schrumpfdruckspannungen in geschweißten Druckgliedern auf die Knickfestigkeit bei mittiger und außermittiger Belastung. Berichte des Deutschen Ausschusses für Stahlbau, Ausgabe B, H. 6, Berlin 1936.

[4] SCHLEICHER, F.: Taschenbuch für Bauingenieure. Bd. I, Kapitel: Stahlbau. 2. Aufl., Berlin/Göttingen/Heidelberg: Springer 1955, S. 645.

neue Richtung weisen, soll im letzten Unterkapitel H des Kapitels IV die Publikation von THÜRLIMANN[1] ausführlich dargestellt werden.

Dieses Unterkapitel hätte selbstverständlich auch im Kap. II (Knicktheorien) aufgenommen werden können (s. Fußnote im Kap. II H). Wir haben es jedoch vorgezogen, die Ausführungen von THÜRLIMANN direkt vor das Kap. V (Knickvorschriften) zu setzen.

Das Spannungs—Dehnungs-Diagramm des untersuchten Stahles ist in Abb. IV 175 dargestellt.

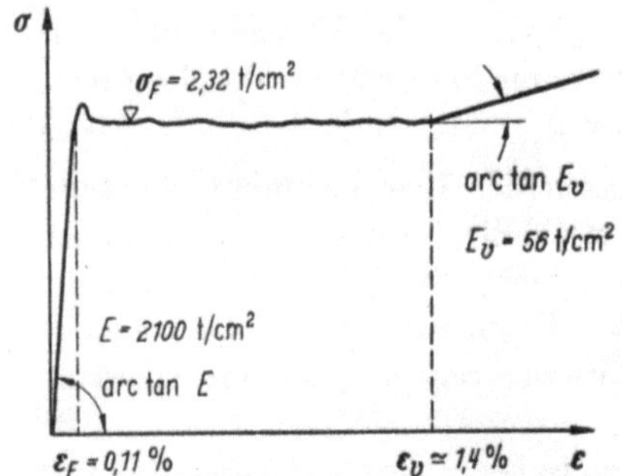

Abb. IV 175. σ-ε-Diagramm für amerikanischen Baustahl A 7-55 T (entspricht weitgehend St. 42)

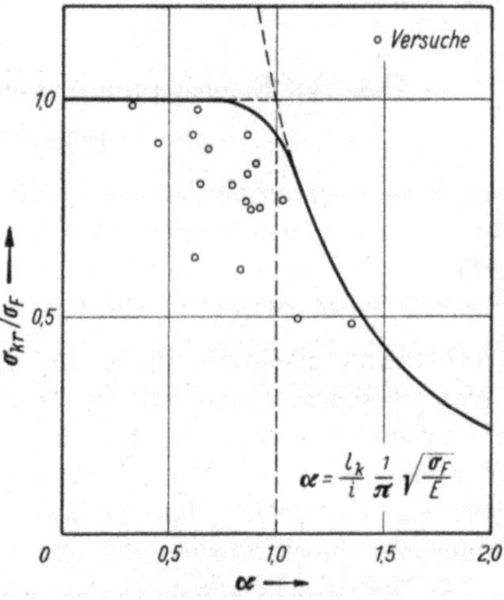

Abb. IV 176. Vergleich zwischen theoretischer Knickspannung (ohne Berücksichtigung von Eigenspannungen) und Versuchsresultaten

Beim untersuchten amerikanischen Stahl A 7—55 T sind folgende Punkte von Wichtigkeit: Die Proportionalitätsgrenze liegt hoch und sehr nahe der Fließgrenze. Die obere Fließspannung ist eine reine Funktion der Dehnungsgeschwindigkeit während des Versuchs und verschwindet bei statischen Verhältnissen. Die untere Fließgrenze σ_F ist sehr ausgedehnt. Verfestigung tritt nach einer Dehnung von etwa 1,4% ein, währenddem der Bruch erst nach über 22% erfolgt. Das Fließen erfolgt in Bändern und sprungweise[2]. Tatsächlich hat das Probestück keine Dehnung zwischen ε_F und ε_V (Abb. IV 175). Vielmehr springt die Dehnung ε_F nach ε_V im Moment, wo sich ein Fließband durch diesen Punkt formt. Das Spannungs—Dehnungs-Diagramm hingegen zeigt $\varepsilon_F < \varepsilon < \varepsilon_V$, da die Dehnungen aus Messungen über eine endliche Meßlänge hergeleitet sind. Wenn auch dieses Verhalten für die vorliegende Untersuchung nicht von Bedeutung ist, so ist sie doch von großer Wichtigkeit zur Erklärung der Tatsache, daß Druckglieder von genügend kleinem Schlankheitsgrad Spannungen über der Fließgrenze σ_F erreichen können, ohne zu knicken[3].

[1] THÜRLIMANN, B.: Der Einfluß der Eigenspannungen auf das Knicken von Stahlstützen. Schweizer Arch. angew. Wiss. Techn. 1957, H. 12, S. 388.

[2] Siehe auch C. F. KOLLBRUNNER: Schichtenweises Fließen in Balken aus Baustahl. Abh. I. V. B. H., 3. Bd., Zürich 1935, S. 222.

[3] Dieses Problem bedarf noch der weiteren Abklärung; es kann mit dem Siedeverzug von Flüssigkeiten verglichen werden. Siehe z. B. A. THUM u. F. WUNDERLICH: Die Fließgrenze bei behinderter Formänderung. Forsch.-Arb. Ing.-Wes. 3 (1932) Nr. 6, S. 261. — PRAGER, W.: Die Fließgrenze bei behinderter Formänderung. Forsch.-Arb. Ing.-Wes. 4 (1933) Nr. 2, S. 95. — KOLLBRUNNER, C. F.: Schichtenweises Fließen in Balken aus Baustahl. Abh. I. V. B. H., 3. Bd., Zürich 1935, S. 222. — HAAIJER, G., u. B. THÜRLIMANN: Fritz Engineering Laboratory, Report Nr. 205 E g. Lehigh University 1957.

THÜRLIMANN berechnete auf der Basis des in Abb. IV 175 dargestellten Spannungs-Dehnungs-Diagrammes die Knickspannungskurve nach EULER und ENGESSER—SHANLEY (Abb. IV 176). Dabei wurde von einer dimensionslosen Darstellungsweise Gebrauch gemacht, indem die kritische Spannung σ_{kr} durch die Fließspannung σ_F dividiert, und der Schlankheitsgrad $\lambda_k = \frac{l_k}{i}$ durch den ideellen Schlankheitsgrad $\frac{l_k}{i} = \alpha\pi\sqrt{\frac{E}{\sigma_F}}$ (Fließspannung) ersetzt wurde.

Die EULER-Hyperbel schneidet die Fließgerade $\frac{\sigma_{kr}}{\sigma_F} = 1$ in

$$\alpha = \frac{l_k}{i}\frac{1}{\pi}\sqrt{\frac{\sigma_F}{E}} = 1. \qquad \text{(IV 634)}$$

Für den untersuchten Stahl (Abb. IV 175) führt die kleine Ausrundung des Spannungs—Dehnungs-Diagramms zu einer ebenfalls nur kleinen Ausrundung der Knickspannungslinie (Abb. IV 176).

Die Versuchsresultate, welche in Abb. IV 176 eingetragen sind, folgen jedoch der theoretischen Kurve im Bereich $\frac{\sigma_{kr}}{\sigma_F} > \frac{1}{2}$ nicht mehr. Es tritt eine starke Abweichung nach unten und gleichzeitig eine überraschend große Streuung ein.

Im folgenden soll daher der Einfluß der Eigenspannungen auf die Stabilität von Stahlstützen nach THÜRLIMANN rechnerisch und experimentell nachgewiesen werden.

Zur Einführung in das Problem soll an Hand eines einfachen Modells der Einfluß von Eigenspannungen auf das Knicken demonstriert werden.

2. Modell für den Einfluß von Eigenspannungen auf das Knicken

Nach Abb. IV 177 besteht das Modell aus drei individuellen Stäben. Starre Querstücke halten die Enden zusammen. Die Lagerung ist so, daß das ganze Gebilde an den Auflagern frei um die x—x-Achse drehen kann. Außerdem sind die Stäbe so miteinander verbunden, daß sie jederzeit gleiche Ausbiegungen y erleiden (Abb. IV 177b).

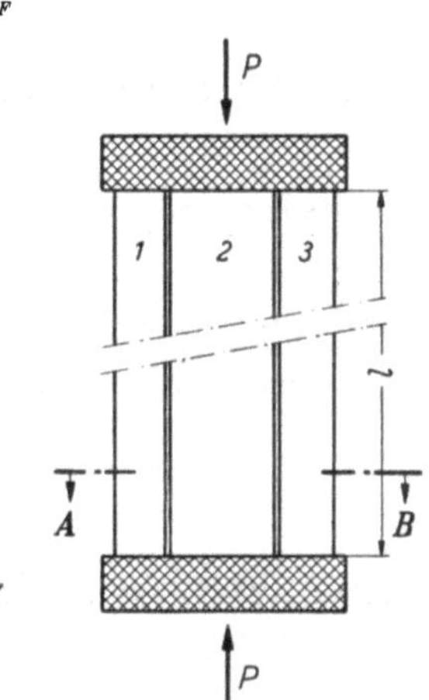

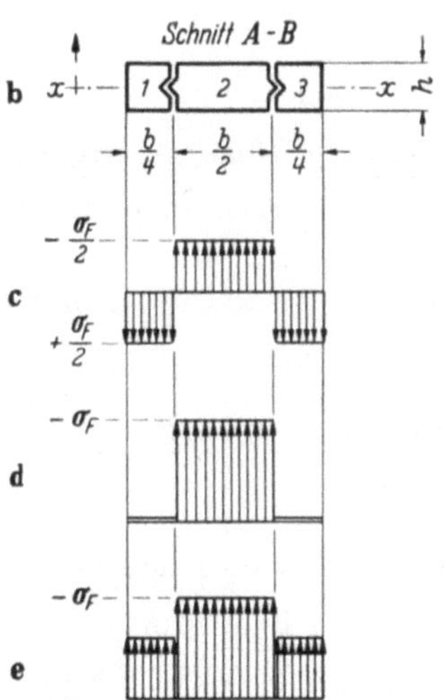

Abb. IV 177a—e. Modell mit Eigenspannungen

Das Spannungs—Dehnungs-Diagramm des Stahles entspricht der Abb. IV 175 mit der Idealisierung, daß die Kurve durch eine elastische Gerade, eine horizontale Fließgrenze und eine Verfestigungsgerade ersetzt wird.

Am Modell seien folgende Eigenspannungen σ_R im unbelasteten Zustand vorhanden (Abb. IV 177):

$$\begin{aligned} &\text{Stäbe 1 und 3:} \quad \sigma_{R_1} = \sigma_{R_3} = + \frac{\sigma_F}{2} \quad \text{(Zug)} \\ &\text{Stab 2:} \quad \sigma_{R_2} = - \frac{\sigma_F}{2} \quad \text{(Druck)} \end{aligned} \tag{IV 635}$$

Die entsprechenden Kräfte:

$$\left.\begin{aligned} K_1 = K_3 &= + \frac{b\,h\,\sigma_F}{8} \\ K_2 &= - \frac{b\,h\,\sigma_F}{4} \end{aligned}\right\} \tag{IV 636}$$

bilden zusammen ein Gleichgewichtssystem:

$$K_1 + K_2 + K_3 = 0. \tag{IV 637}$$

Für das Knicken unter einer äußeren Last P müssen drei Fälle unterschieden werden:

a) Elastischer Bereich. Mit $J_x = J_{x_1} + J_{x_2} + J_{x_3} = \frac{b\,h^3}{12}$ erhält man die bekannte Lösung der kritischen Last zu:

$$P^E_{\mathrm{kr}} = \frac{\pi^2\,E\,J_x}{l^2} = P_E \tag{IV 638}$$

(EULERsche Knicklast)

und für die kritische Spannung

$$\sigma^E_{\mathrm{kr}} = \frac{P^E_{\mathrm{kr}}}{F} = \frac{\pi^2\,E}{\left(\frac{l}{i}\right)^2} \tag{IV 639}$$

mit

$$i = \frac{h}{\sqrt{12}}.$$

Die elastische Grenze ist erreicht, wenn die Summe der Eigenspannungen $\sigma_{R_2} = \frac{\sigma_F}{2}$ und der kritischen Spannung σ^E_{kr} im Stab 2 die Fließgrenze σ_F erreicht:

$$\sigma_{R_2} + \sigma^E_{\mathrm{kr}} = \frac{\sigma_F}{2} + \sigma^E_{\mathrm{kr}} = \sigma_F, \tag{IV 640}$$

$$\sigma^E_{\mathrm{kr}} = \frac{\sigma_F}{2}. \tag{IV 641}$$

Mit Gl. (IV 639) folgt:

$$\lambda_a = \left(\frac{l}{i}\right)_a = \pi \sqrt{\frac{2E}{\sigma_F}}. \tag{IV 642}$$

Die zugehörige Spannungsverteilung ist in Abb. IV 177 aufgezeichnet. Die Überlagerung der Eigenspannungen (Abb. IV 177c) mit den Lastspannungen $\frac{\sigma_F}{2}$ führt im mittleren Stab 2 zu Fließspannungen und verschwindenden Spannungen in den äußeren Stäben 1 und 3.

b) Elastisch-plastischer Bereich. Ist der Schlankheitsgrad genügend unter $\lambda_a = \left(\frac{l}{i}\right)_a$, so kann die Knickspannung über den Wert der Gl. (IV 641) anwachsen. Dabei ist zu beachten, daß der Stab 2 seine Biegesteifigkeit vollkommen verloren hat. Der Fließspannung entspricht der Tangentenmodel $T = 0$. Die kritische Last ist:

$$P_{\mathrm{kr}}^{P} = \frac{\pi^2 (E J_{x_1} + E J_{x_2})}{l^2} = \frac{1}{2} \frac{\pi^2 E J_x}{l^2} \qquad \text{(IV 643)}$$

oder

$$\sigma_{\mathrm{kr}}^{P} = \frac{P_{\mathrm{kr}}^{P}}{F} = \frac{1}{2} \frac{\pi^2 E}{\left(\frac{l}{i}\right)^2}. \qquad \text{(IV 644)}$$

Der Schlankheitsgrad, dem eine kritische Spannung $\sigma_{\mathrm{kr}} = \sigma_F$ entspricht, berechnet sich zu:

$$\lambda_b = \left(\frac{l}{i}\right)_b = \pi \sqrt{\frac{E}{2\sigma_F}}. \qquad \text{(IV 645)}$$

c) Verfestigungsbereich. Bei sehr kleinen Schlankheitsgraden können die kritischen Lasten über die Fließgrenze anwachsen. Dies tritt ein, wenn

$$\lambda_c = \left(\frac{l}{i}\right)_c = \pi \sqrt{\frac{E_V}{\sigma_F}}. \qquad \text{(IV 646)}$$

d) Zusammenfassung. Die Ergebnisse der Untersuchungen von THÜRLIMANN sind in Abb. IV 178 aufgetragen.

Dabei wurden folgende Materialkonstanten eingesetzt:

Fließspannung	$\sigma_F =$	2,4 t/cm²
Elastizitätsmodul	$E =$	2100 t/cm²
Verfestigungsmodul	$E_V =$	56 t/cm².

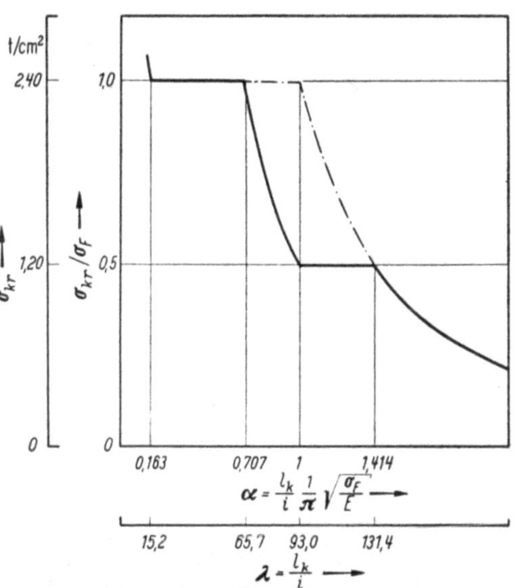

Abb. IV 178. Knickspannungsdiagramm für Modell mit Eigenspannungen; innere Achsbeschriftung: dimensionslos; äußere Achsbeschriftung: für $E = 2100$ t/cm², $E_V = 56$ t/cm² $\sigma_F = 2,4$ t/cm²

Für Schlankheitsgrade $\lambda = \frac{l}{i} > 131,4$ gilt die EULER-Hyperbel. Mit dem Fließen des Stabes 2 ist ein plötzlicher Abfall von $\lambda = 131,4$ auf $\lambda = 93,0$ verbunden. Darauf steigt die Knickspannungskurve gemäß Gl. (IV 644) wieder an. Bei $\lambda = 65,7$ erreicht die Kurve die Fließgrenze. Durch die Wiederverfestigung tritt für $\lambda = 15,2$ ein Anwachsen über die Fließspannung ein.

Die theoretischen Untersuchungen haben gezeigt, daß ein Eigenspannungszustand einen bedeutenden Spannungsabfall in der Knickspannung eines Druckgliedes verursachen kann (Abb. IV 178).

3. Eigenspannungen von Walzprofilen und geschweißten Stützen

Im folgenden werden nur Eigenspannungszustände, die für jeden Querschnitt des Stabes ein Gleichgewichtssystem bilden, untersucht.

Man unterscheidet:

1. Walzspannungen,
2. Schweißspannungen,
3. Richt- und Kaltformspannungen.

a) Walzspannungen. Die Walzträger werden unter Rotglut gewalzt und zur Abkühlung auf einem Bett gelagert. Die Flanschenden und der mittlere Teil des Steges kühlen dabei rascher ab, da sie ein größeres Verhältnis von Oberfläche zu Volumen haben als die Nahtteile von Flansch und Steg. Somit werden sich die ersteren Teile mit abnehmender Temperatur zuerst verfestigen. Da sich jedoch die Nahtpartien weiterhin zusammenziehen wollen, bildet sich ein Eigenspannungszustand aus, der in den Flanschen Druck und in den Nähten Zug erzeugt.

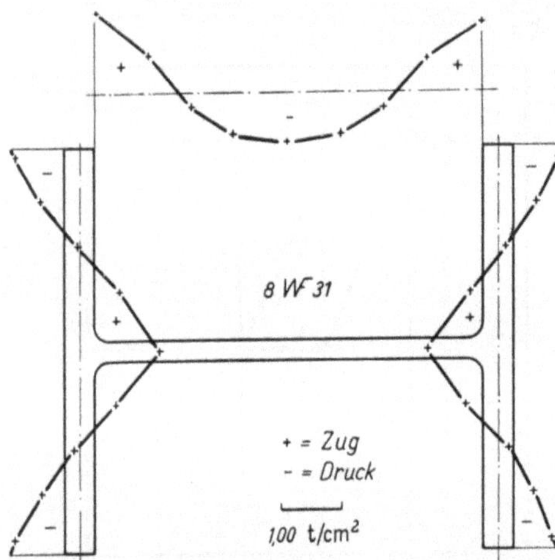

Abb. IV 179. Eigenspannungen eines 8 WF 31 (≈ DIE 20) im Anlieferungszustand

Abb. IV 179 zeigt die Eigenspannungen nach THÜRLIMANN an einem Breitflanschträger. Die Verteilung der Spannungen ist ziemlich genau symmetrisch.

Die Flanschenden haben Druckspannungen, die im Durchschnitt etwas mehr als 40% der Fließspannung erreichen. Durch Ausglühen des Profiles können diese Eigenspannungen praktisch zum Verschwinden gebracht werden.

b) Schweißspannungen. Das Vorhandensein hoher Eigenspannungen in geschweißten Trägern ist bekannt[1]. Wie neuere Versuche zeigen, ergibt die Schweißung bedeutend höhere Spannungen als diejenigen der Walzprofile[2].

c) Richt- und Kaltformspannungen. Richten und Kaltverformen verursachen meist eine überelastische Beanspruchung und führen zu Eigenspannungszuständen. Im allgemeinen werden sich diese Spannungen mit den Walz- und Schweißspannungen überlagern.

4. Einfluß von Eigenspannungen auf die Knicklast zentrisch belasteter Stützen

THÜRLIMANN macht folgende Annahmen:

1. Der Querschnitt des Trägers ist doppelt symmetrisch, so daß Schwerpunkt und Schubmittelpunkt zusammenfallen.
2. Die Eigenspannungen weisen gleiche Symmetrie auf.
3. Der Eigenspannungszustand ist konstant über die ganze Stützenlänge.
4. Die Querschnitte bleiben eben (NAVIER-BERNOULLIsche Hypothese).
5. Das Spannungs—Dehnungs-Diagramm ist an einem Prüfstück bestimmt (Abb. IV 175) Zur rechnerischen Vereinfachung wird dieses Diagramm als ideal elastisch-plastisch an genommen.

---

[1] STÜSSI, F., u. C. F. KOLLBRUNNER: Schrumpfspannungen und Dauerfestigkeit geschweißter Trägerstöße. Mitt. über Forschung und Konstruktion im Stahlbau, H. 4, Mai 1946. Zürich: Leemann. Siehe auch: Heft 18 der Mitteilungen aus dem Institut für Baustatik an der E. T. H., Zürich, 1946.

[2] HUBER, A. W.: Fritz Engineering Laboratory Report Nr. 220 A. 25. Lehigh University 1956. — THÜRLIMANN, B.: Der Einuß der Eigenspannungen auf das Knicken von Stahlstützen. Schweizer Arch. angew. Wiss. Techn. 1957, H. 12, S. 388.

a) Bestimmung des Knickspannungs-Diagrammes aus bekanntem Eigenspannungszustand. Wir untersuchen den Querschnitt der Abb. IV 180a mit den Eigenspannungen $\sigma_R(x)$ (Abb. IV 180b). Wird nun eine Last P angebracht, so addieren sich die entsprechenden Lastspannungen $\sigma_L = \frac{P}{F}$, zuerst rein elastisch, bis die Proportionalitätsgrenze erreicht ist, d. h., bis $\sigma_R + \sigma_L = \sigma_F$ (Abb. IV 180c). Obwohl unter weiterer Laststeigerung der Querschnitt voraussetzungsgemäß eben bleibt, wird die Verteilung der Lastspannungen durch das Fließen geändert.

Wie es Abb. IV 180d zeigt, setzt das Fließen von den Flanschenden her ein. Die Verteilung der Lastspannungen entspricht folgenden Bedingungen:

$$\begin{aligned} &\text{für } x = x_0\text{:} && \sigma_L(x) = \sigma_F - \sigma_R(x_0) \\ &\text{für } x > x_0\text{:} && \sigma_L(x) = \sigma_F - \sigma_R(x) \qquad \text{(IV 647)} \\ &\text{für } x < x_0\text{:} && \sigma_L(x) = \sigma_L(x_0). \end{aligned}$$

Der Parameter x_0 bestimmt dabei die Grenze des plastischen Teils. Aus Gl. (IV 647) kann die Last P berechnet werden:

$$P[x_0, \sigma_R(x)] = \int_F \sigma_L(x)\, dF. \qquad \text{(IV 648)}$$

Für das elastische Knicken gilt die Gl. (II 3)

$$P_{\text{kr}} = \frac{\pi^2 E J}{l^2}. \qquad \text{(IV 649)}$$

Wenn jedoch ein Zustand erreicht ist, wie ihn Abb. IV 180d zeigt, so haben die Teile unter der Fließspannung einen Verformungs- oder Elastizitätsmodul $E = 0$ und werden somit zur Biegesteifigkeit nichts mehr beitragen. In Gl. (IV 649) muß das Trägheitsmoment J durch das wirksame Trägheitsmoment J_w ersetzt werden, welches die geflossenen Teile unberücksichtigt läßt. Man erhält

$$P_{\text{kr}}^T = \frac{\pi^2 E J_w}{l^2}. \qquad \text{(IV 650)}$$

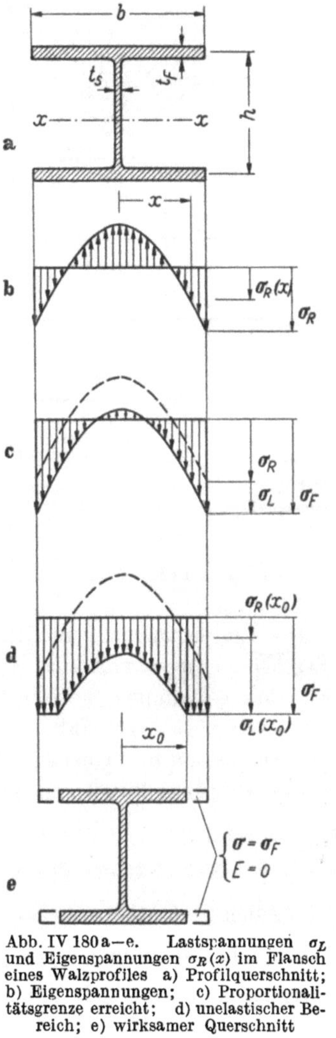

Abb. IV 180a—e. Lastspannungen σ_L und Eigenspannungen $\sigma_R(x)$ im Flansch eines Walzprofiles a) Profilquerschnitt; b) Eigenspannungen; c) Proportionalitätsgrenze erreicht; d) unelastischer Bereich; e) wirksamer Querschnitt

Mit

$$\frac{l_k}{i} = \pi \sqrt{\frac{E J_w}{\sigma_{\text{kr}} J}} \qquad \text{(IV 651)}$$

folgt

$$\alpha = \frac{l_k}{i} \frac{1}{\pi} \sqrt{\frac{\sigma_F}{E}} = \sqrt{\frac{J_w}{J} \frac{\sigma_E}{\sigma_{\text{kr}}}}. \qquad \text{(IV 652)}$$

Zur Veranschaulichung der Verhältnisse ist der Einfluß der Eigenspannungen für ein einfaches Profil mit vernachlässigter Stegstärke und einer linearen Eigenspannungsverteilung durch THÜRLIMANN berechnet und in Abb. IV 181 aufgetragen worden.

Der bedeutende Abfall der Knickspannung im Bereich $\alpha < \sqrt{2}$ ist klar ersichtlich. (Der Verfestigungsbereich für kleine Schlankheiten wurde dabei nicht berücksichtigt.)

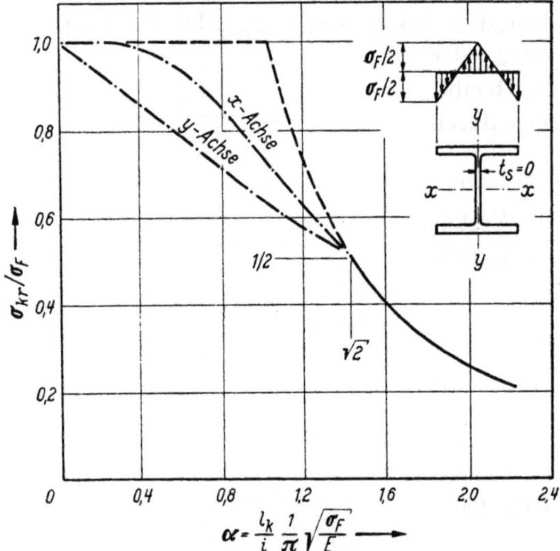

Abb. IV 181. Knickspannungsdiagramm eines I-Profiles mit vernachlässigbar dünnem Steg und einem Eigenspannungszustand, wie er rechts oben dargestellt ist

Es ist leicht einzusehen, daß die Bestimmung eines Knickspannungs-Diagrammes für ein gegebenes Profil erhebliche Arbeit erfordert.

b) Bestimmung des Knickspannungs-Diagrammes mit Hilfe eines Querschnittsversuches. Sofern ein Spannungs—Dehnungs-Diagramm eines kurzen Profilstückes, das die wichtigsten Eigenspannungen enthält, gemessen wurde, sprechen wir von einem „Querschnittsversuch". Dieses Verfahren führt rascher und viel direkter zum Ziel.

Ein kurzes Stück eines Walzprofiles wird in einer Presse axial gedrückt, wobei folgenden Bedingungen Rechnung getragen werden muß:

1. Die Verkürzung soll nur im Mittelstück gemessen werden, wo einerseits die Eigenspannungen voll ausgebildet sind, und anderseits Unregelmäßigkeiten in den Endbedingungen keinen Einfluß mehr haben. Nach dem Prinzip von ST. VENANT ist dies der Fall, wenn die Länge der Endstücke mindestens der größten Dimension des Querschnittes entsprechen.

2. Das Probestück soll genügend kurz sein, so daß kein Biegeknicken auftritt, d. h. etwa $\frac{l_k}{i} < 10$. Die Enden werden mit Vorteil eingespannt, um trotzdem eine genügende Länge des Versuchsstückes zu erhalten.

Anfänglich verhalten sich Spannung und Dehnung linear. Erreicht aber die Summe der Lastspannung $\sigma_L = \frac{P}{F}$ und der maximalen Eigenspannung σ_R die Fließgrenze, so bilden sich Fließgebiete von den Flanschenden her aus. Eine Laststeigerung um dP wird dann nur noch vom wirksamen Querschnitt F_w absorbiert.

Mit

$$dP = E\, d\varepsilon\, F_w \tag{IV 653}$$

folgt für die mittlere Spannungssteigerung:

$$d\sigma_m = \frac{dP}{F} = E\, d\varepsilon\, \frac{F_w}{F}\,. \tag{IV 654}$$

σ_m bedeutet dabei den Mittelwert der Lastspannungen. Die Neigung der Spannungs—Dehnungs-Linie entspricht dem Tangentenmodul

$$T = \frac{d\sigma_m}{d\varepsilon} = E \frac{F_w}{F}. \qquad \text{(IV 655)}$$

Ist aus einem „Querschnittsversuch" eine solche Spannungs—Dehnungs-Linie (Spannungs—Dehnungs-Diagramm) oder der entsprechende Tangentenmodul T bekannt, so läßt sich die wirksame Fläche F_w aus Gl. (IV 655) bestimmen. Nach Abb. IV 180e ist diese Fläche aber auch durch den Parameter x_0 fixiert:

$$F_w = h\, t_s + 4 t_F\, x_0 = F \frac{T}{E}. \qquad \text{(IV 656)}$$

Daraus folgt mit $\tau = \frac{T}{E}$ (Reduktionskoeffizient):

$$x_0 = \frac{1}{4 t_F} (\tau F - h\, t_s). \qquad \text{(IV 657)}$$

Nach einigen Zwischenrechnungen erhält man für die kritischen Schlankheitsgrade unter Vernachlässigung des Stegquerschnittes:

$$\lambda_{\mathrm{kr}\,x} = \frac{l_k}{i_x} = \pi \sqrt{\frac{\tau E}{\sigma_{\mathrm{kr}}}} \qquad \text{(IV 658)}$$

$$\lambda_{\mathrm{kr}\,y} = \frac{l_k}{i_y} = \pi \sqrt{\frac{\tau^3 E}{\sigma_{\mathrm{kr}}}}. \qquad \text{(IV 659)}$$

5. Schlußfolgerungen

Heute wissen wir, daß die Eigenspannungen, gleichgültig ob es Walz-, Schweiß-, Richt- oder Kaltformspannungen sind, die Knickspannungen reduzieren. Wie Abb. IV 181 zeigt, ist die Reduktion dabei größer, wenn Knicken um die Stegachse, d. h. die y-Achse erfolgt. Da die Sicherheitszahl für Stahlkonstruktionen jedoch sehr vorsichtig gewählt wurden, können alle Stahlkonstruktionen nach den heute gültigen Normen berechnet und ausgeführt werden.

Der Ingenieur muß nur wissen, daß die Eigenspannungen die Knickspannungen reduzieren und je nach den gegebenen Verhältnissen ein Ausglühen gewisser Konstruktionsteile verlangen.

Betreffend Eigenspannungsverteilung verschiedener Walzprofile und Eigenspannungen einer geschweißten Stütze verweisen wir auf die Publikation von Thürlimann[1], betreffend durchgeführte Versuche auf die in der Fußnote angegebenen Veröffentlichungen[2].

Festzuhalten ist, daß der Einfluß der Eigenspannungen auf die Traglast bei exzentrischem Druck mit zunehmender Exzentrizität der Last abnimmt[3].

---

[1] Thürlimann, B.: Der Einfluß von Eigenspannungen auf das Knicken von Stahlstützen. Schweizer Arch. angew. Wiss. Techn. 1957, H. 12, S. 388 (Abb. 10 u. 11).

[2] Fujita, Y.: Ph. D. Dissertation. Lehigh University 1956. — Huber, A. W., u. L. S. Beedle: Residual Stress and the Compressive Properties of Steel. Welding Journal 33 (1954) S. 589—s. — Huber, A. W.: Ph. D. Dissertation. Lehigh University 1956.

[3] Huber, A. W.: Ph. D. Dissertation. Lehigh University 1956. — Ketter, R. L.: Trans. Amer. Soc. civ. Engrs. 120 (1955) S. 1028.

Auch beim Kippen können im Querschnitt die geflossenen Gebiete vernachlässigt werden, da dort $E = 0$ ist. Wir verweisen auf den Einfluß von Axialspannungen auf den Schubmodul im überelastischen Bereich[1].

Durch THÜRLIMANN wird rechnerisch und experimentell ein progressiver Abfall der Knicklast von Stützen festgestellt. Dabei ergaben sich für einen Schlankheitsgrad $\lambda_k = \frac{l_k}{i} = 90$ experimentell im Mittel folgende kritische Spannungen für Knicken um die Stegachse:

Ausgeglühte Walzprofile	$\sigma_{\text{kr}} = 0{,}90\ \sigma_F$
Genietete Stützen	$\sigma_{\text{kr}} = 0{,}85\ \sigma_F$
Angelieferte Walzprofile	$\sigma_{\text{kr}} = 0{,}75\ \sigma_F$
Geschweißte Stützen	$\sigma_{\text{kr}} = 0{,}60\ \sigma_F$

Zusätzliche Literatur zum Unterkapitel H

BOYD, G. M.: Effects of Residual Stresses in Welded Structures. British Welding Journal 12 (Dez. 1954) S. 560.

HUBER, A. W., u. L. S. BEEDLE: Effects of Residual Stresses in Welded Structures. Welding Journal 34 (1955) 11, R. S., S. 575—s.

HUBER, A. W., u. R. KETTER: The Influence of Residual Stress on the Carrying Capacity of Eccentrically Loaded Columns. Publications Intern. Ass. for Bridges and Structural Engineering XVIII (1958) S. 37.

KETTER, R., E. KAMINSKY u. L. S. BEEDLE: Plastic Deformation of Wide Flange Beam-Columns. Trans. Amer. Soc. civ. Engrs. 120 (1955) p. 1028.

OKERBLOM, N. O.: Schweißspannungen in Metallkonstruktionen. Halle/Saale: VEB Marhold 1959.

RÜHL, K.: Die Sprödbruchsicherheit von Stahlkonstruktionen. Düsseldorf: Werner 1958, S. 18.

WECK, R.: Kritische Betrachtungen über Schrumpfspannungen, ihre Entstehung, Messung und Einfluß auf die Sicherheit. Schweißen und Schneiden 5 (1953) Sonderheft, S. 141.

V. Knickvorschriften

A. Einleitung

Im Kap. IV wurden wenn möglich die Knickprobleme auf die Bestimmung der Knickkraft des beiderseits gelenkig gelagerten, zentrisch gedrückten, geraden Stabes mit konstantem Querschnitt und konstanter Normalkraft (EULER-Fall II) zurückgeführt[2]. Dies geschah durch Einführung des Begriffes der Knicklänge, das ist die Länge jenes gelenkig gelagerten Stabes, der bei gleichen Querschnittsabmessungen die gleiche EULERsche Knicklast wie der untersuchte Stab aufweist. Tab. IV 15 und IV 16 enthalten z. B. die Knicklängen für rechteckige Rahmen, Tab. IV 18, IV 19 und IV 20 für Parabelbogen.

---

[1] HAAIJER, G., u. B. THÜRLIMANN: Fritz Engineering Laboratory, Report Nr. 205 E 9. Lehigh University 1957. — HAAIJER, G.: Proc. Amer. Soc. civ. Engrs., Proc. Paper Nr. 1212, 1957.

[2] Auf die Zulässigkeit dieses Verfahrens werden wir später noch zurückkommen.

Eine Hauptaufgabe jeder Knickvorschrift besteht darin, die Kurve der zulässigen Knickspannung für den EULER-Fall II, den wir als Normalfall bezeichnen wollen, anzugeben. Die Aufstellung einer solchen Kurve kann auf verschiedene Arten erfolgen, deren wichtigste untenstehend angeführt werden.

B. Verschiedene Aufstellungsarten für die Kurve der zulässigen Knickspannungen

Der analytischen Untersuchung eines Stabilitätsproblems liegen immer Voraussetzungen und Annahmen verschiedener Art zugrunde, welche die wirklichen Tragwerke nicht oder nur teilweise erfüllen. Die meisten dieser Abweichungen sind bei gedrückten Stäben nicht schwerwiegenderer Art als bei den Biegeträgern oder gezogenen Elementen. Dagegen vermindern kleine Ungenauigkeiten der Stabform (anfängliche Krümmungen) oder des Kraftangriffspunktes (anfängliche Exzentrizitäten) usw. die Widerstandsfähigkeit eines Druckstabes beträchtlich. Diese Abminderung ist aber nicht etwa vom Schlankheitsgrad λ unabhängig. Abb. V 1, die das Verhältnis der Kurven $m = 0$ zu $m = 2$ der Abb. IV 13 wiedergibt, zeigt, daß die Einbuße der Tragfähigkeit mittelschlanker Stäbe ($\lambda \approx 80$ bis 100) am größten ist.

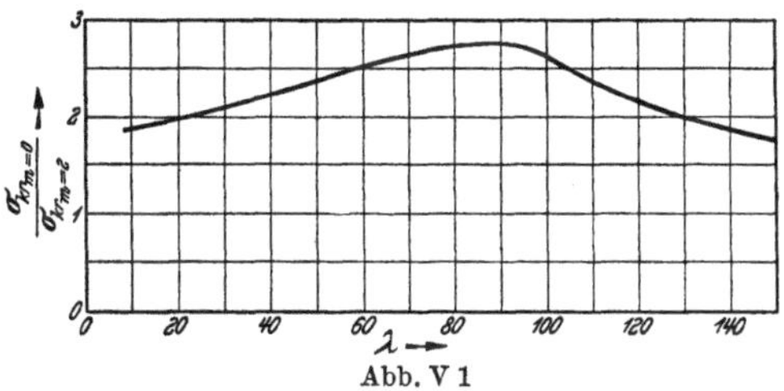

Abb. V 1

Wegen diesem besonderen Verhalten der Druckstäbe gibt es verschiedene Aufstellungsarten für die Kurve der zulässigen Knickspannungen, deren drei wichtigste nachfolgend erläutert werden.

1. Aufstellung der Kurve nach den Ergebnissen der Untersuchung eines zentrisch gedrückten Idealstabes. (Stab mit Gleichgewichtsverzweigung)

Zuerst muß bestimmt werden, was unter Idealstab[1] zu verstehen ist. Dieser Stab besteht aus einem isotropen Werkstoff, seine Achse ist gerade und die Krafteinleitung genau zentrisch; beide Enden sind vollkommen einspannungsfrei gelagert. Die Lösung dieses Stabilitätsproblemes mit Verzweigungslast ist wohl bekannt, sie lautet, wenn man an Stelle des Knickmoduls T_k den Tangentenmodul T einsetzt [Gln. (II 30) und (II 31)]:

$$P_{\mathrm{kr}} = \pi^2 \frac{TJ}{l^2}$$

oder

$$\sigma_{\mathrm{kr}} = \pi^2 \frac{T}{\lambda^2}.$$

Bleibt die Knickspannung σ_{kr} kleiner als die Proportionalitätsgrenze σ_P, dann ist $T = E$, währenddem für $\sigma_P < \sigma_{\mathrm{kr}} < \sigma_F$ der Knickmodul oder Tangentenmodul vom Verlauf des Spannungs—Dehnungs-Diagrammes abhängt. Bei der

[1] Die DIN 4114 gibt dem Wort ideal einen etwas anderen Sinn.

Aufstellung der Kurve muß man von ungünstigen Voraussetzungen ausgehen, damit auch in Extremfällen der gewünschte Sicherheitsgrad erreicht wird. Es liegt daher nahe, die Knickspannung im plastischen Bereich nach der Theorie ENGESSER-SHANLEY zu bestimmen, weil diese ja einen unteren Grenzwert bedeutet. Dabei wird eine ungünstige Form des Spannungs—Dehnungs-Diagrammes angenommen.

Eine solche, allerdings stark idealisierte Kurve lag den früheren Knickvorschriften DIN 1050 zugrunde (Abb. V 2). Die zulässige Knickspannung wird durch Dividieren der Spannung σ_{kr} durch den Sicherheitsfaktor ν_k erhalten. Darin liegt aber die große Schwierigkeit. Der Sicherheitsgrad muß nämlich zwei verschiedene Gruppen von Einflüssen decken: auf der einen Seite eine mögliche Erhöhung der Belastung, eine nicht ganz genaue Berechnung, eine Verkleinerung der Querschnittsfläche, usw., auf der anderen Seite den Einfluß der ungewollten Exzentrizitäten, Verkrümmungen der Stabachse, Inhomogenität des Werkstoffes usw. Während die erste Gruppe von der Schlankheit unabhängig ist, ist die zweite davon stark beeinflußt (Abb. V 1). Nach dem vorher Gesagten sollte also die Sicherheit ungefähr bei $\lambda = 100$ ein Maximum aufweisen. Meistens läßt man aber die Sicherheit mit der Schlankheit im plastischen Bereich ansteigen und behält sie konstant im elastischen Bereich. Abb. V 3 zeigt z. B. den Verlauf der Sicherheit nach der DIN 1050. Da sehr schlanke Stäbe selten verwendet werden, würde ein Absteigen des Sicherheitsfaktors im elastischen Bereich kaum große wirtschaftliche Gewinne bringen. Auch muß man sich erinnern, daß ein Fehler im Abschätzen der Knicklänge für große Schlankheiten einen größeren Einfluß ausübt.

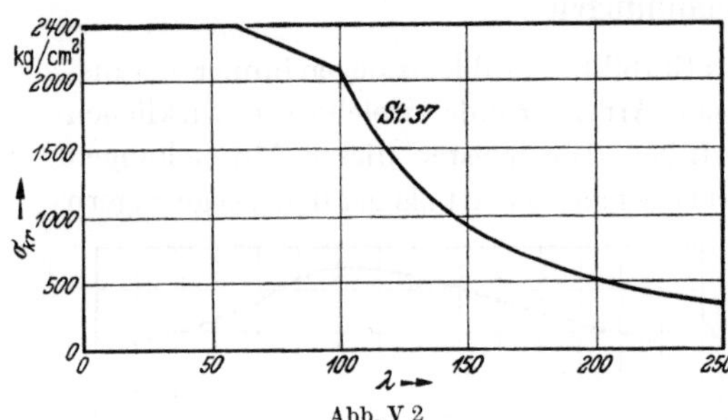

Abb. V 2

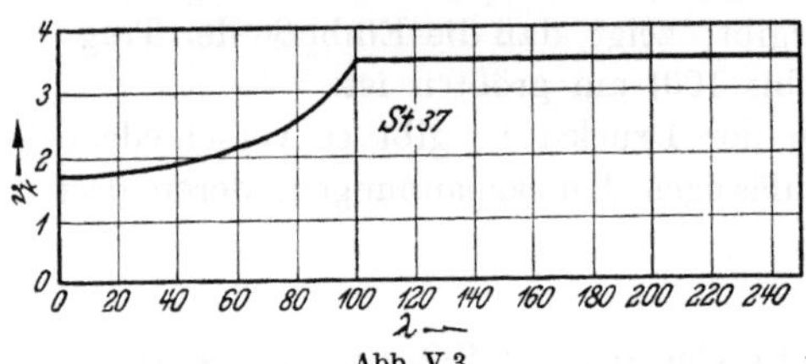

Abb. V 3

Es wurde auch vorgeschlagen[1], mit einem konstanten Sicherheitsgrad, z. B. $\nu_k = 2{,}5$, zu arbeiten. Will man aber bei mittelschlanken Stäben eine genügende Sicherheit haben, so werden die zulässigen Spannungen für gedrungene Stäbe nicht mehr wirtschaftlich.

2. Aufstellung der Kurve nach Versuchsergebnissen

Neben älteren Formeln, die jetzt keine große Rolle mehr spielen, sei hier besonders die Geradenformel von TETMAJER erwähnt (Abb. II 1). Die aus den

[1] Siehe F. HARTMANN: Knickung, Kippung, Beulung. Leipzig und Wien: F. Deuticke 1937, S. 21. — BLEICH, F.: Buckling Strength of Metal Structures, New York/London/Toronto: McGraw-Hill 1952, S. 54.

Versuchen abgeleitete Knickspannungslinie besteht in diesem Fall aus einer Geraden im plastischen und einer Hyperbel im elastischen Bereich. Die Kurve der zulässigen Spannungen zeigt einen ähnlichen Verlauf.

3. Aufstellung der Kurve nach den Ergebnissen einer Traglastuntersuchung. (Stab ohne Verzweigung des Gleichgewichtes)

Um den Schwierigkeiten in der Bestimmung des Sicherheitsgrades auszuweichen, wurde schon sehr früh vorgeschlagen, nicht mehr den Idealstab, sondern einen Stab mit einer, zwar ungewollten, Exzentrizität oder Vorkrümmung (s. II. Kap. B, Navier, Schwarz, Rankine) zu betrachten. Dabei wird die zweite Gruppe der Einflüsse, die wir im V. Kap. B 1 erwähnt haben, schon von vornherein mitberücksichtigt und der Sicherheitsgrad muß nur noch die erste, vom Schlankheitsgrad unabhängige Gruppe decken.

Diese zweite Gruppe umfaßt im wesentlichen folgende störende Einflüsse: unvermeidbare Exzentrizität des Kraftangriffes, Abweichung der Stabachse von der Geraden, Inhomogenität des Werkstoffes, unvorhergesehene Querlasten. Um die Aufgabe zu vereinfachen, werden diese vier Einflüsse durch einen im Wesen gleichwertigen Normaleinfluß ersetzt: es wird entweder eine beiderseits gleich große Exzentrizität des Kraftangriffes oder eine anfängliche Ausbiegung in Stabmitte angenommen (Abb. V 4). In beiden Fällen liegt ein Stabilitätsproblem ohne Verzweigungslast vor, das oft annähernd als Spannungsproblem zweiter Ordnung gelöst wird.

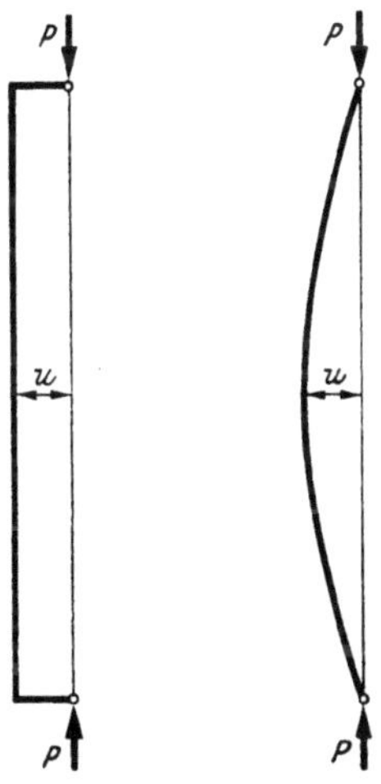

Abb. V 4

Die große Schwierigkeit bei dieser Formulierung ist die Wahl des Wertes *u* und dies sowohl in der Größe als in der Form. Ein Überblick der verschiedenen Möglichkeiten der Ausdrücke für *u* wird z. B. von Campus[1] gegeben. Wir können uns hier mit dieser Frage nicht näher auseinandersetzen und begnügen uns in der Folge mit den Angaben der einigen heutigen Knickvorschriften zugrunde liegenden Werte. Wird die Traglastspannung bestimmt, dann genügt es, sie durch einen *konstanten* Sicherheitsfaktor zu dividieren.

C. Deutsche Vorschriften DIN 4114 und einige europäische Vorschriften

1. Deutsche Vorschriften DIN 4114

Diese Vorschriften verlangen einen Doppelnachweis, nämlich

$$P \leqq \frac{P_{\mathrm{kr}}}{\nu_{\mathrm{kr}}} \tag{V 1}$$

und

$$P \leqq \frac{P_E}{\nu_E}. \tag{V 2}$$

[1] Campus, F.: Réflexions sur la méthode de Dutheil pour le calcul des pièces comprimées et fléchies. L'Ossature Métallique 1951, S. 33.

P_{kr} ist die Traglast eines ungewollt exzentrisch gedrückten Stabes (Unterkapitel B, 3), $P_E = \pi^2 \frac{EJ}{l^2}$ ist die EULERsche Knicklast.

Für ν_E ist 2,5 vorgeschrieben (Belastungsfall 1, Hauptkräfte), für ν_{kr} dagegen nur $0{,}6 \cdot 2{,}5 = 1{,}5$.

Die EULERsche Knickspannung ist

$$\sigma_E = \frac{\pi^2 E}{\lambda^2} = \frac{\pi^2}{\lambda^2} 2100 \text{ t/cm}^2. \qquad \text{(V 3)}$$

Die Tragspannung σ_{kr} wird auf Grund folgender Annahmen ermittelt[1]:

I. Der gleichbleibende Stabquerschnitt hat die in Abb. V 5a dargestellte Form, die bei der eingezeichneten Lage des Kraftangriffpunktes für das Tragvermögen sehr ungünstig ist.

II. Die Druckkraft greift an den Enden des gelenkig gelagerten Stabes an und behält ihre Richtung während der Ausknickung des Stabes bei. Der Angriffspunkt der Druckkraft liegt auf der Symmetrieachse des Querschnittes in der Entfernung u vom Schwerpunkt. Die Größe u stellt den planmäßig nicht vorgesehenen, praktisch jedoch „*unvermeidbaren*" Angriffshebel der Druckkraft dar, der sich im allgemeinen aus einem von der *Stablänge unabhängigen* und einem mit der *Stablänge anwachsenden* Anteil zusammensetzt. Es wird willkürlich angenommen, daß u mit dem Trägheitshalbmesser i des Stabquerschnittes und der Netzlänge s des Stabes nach dem Gesetz $u = \frac{i}{20} + \frac{s}{500}$ anwächst, so daß man die Beziehung $\frac{u}{i} = 0{,}05 + \frac{\lambda}{500}$ erhält.

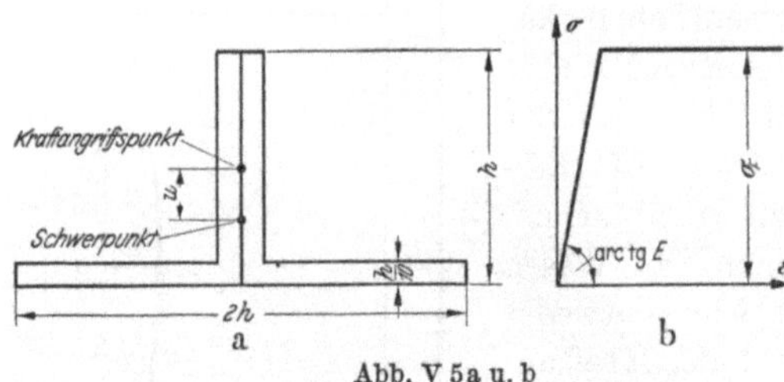

Abb. V 5a u. b

III. Die Voraussetzungen der technischen Biegungslehre gelten auch außerhalb des HOOKEschen Formänderungsbereiches. Der Baustahl gehorcht hierbei einem idealelastisch-idealplastischen *Spannungsdehnungsgesetz*[2] (Abb. V 5b), wobei $E = 2100000 \text{ kg/cm}^2$, und folgende tief liegende, für größere Querschnittsbereiche geltende Mittelwerte der Fließspannung angenommen werden: Für den Stahl 00, den Handelsbaustahl und den Baustahl St 37 der Wert $\sigma_F = 2300 \text{ kg/cm}^2$ und für den Baustahl St 52 der Wert $\sigma_F = 3400 \text{ kg/cm}^2$. Bei der Beurteilung dieser Zahlen ist zu beachten, daß beim St 00 die Möglichkeit eines noch stärkeren Absinkens von σ_F durch die Vorschreibung eines kleineren Wertes σ_{zul} ausgewogen wird. Die Biegelinien (Gleichgewichtsfiguren der Stabachse) werden näherungsweise durch Sinushalbwellen ersetzt.

IV. Die unter I bis III genannten, für das Tragvermögen des Stabes ungünstigen Einflüsse werden *gleichzeitig wirksam* gedacht; alle günstigen Einflüsse bleiben demgegenüber unberücksichtigt. Im Hinblick auf diese, vom untersuchten Einzelfall unabhängige, sehr ungünstige Voraussetzung, wird die Trag-

[1] DIN 4114, Ri 7.22.

[2] JÄGER, K. (JEŽEK): Die Festigkeit von Druckstäben aus Stahl, Wien 1937. — FRITSCHE, J.: Stahlbau 1941, S. 37 u. 96.

sicherheitszahl im Belastungsfall 1 von $\nu_{kr} = 1{,}71$ ausnahmsweise auf $\nu_{kr} = 1{,}5$ herabgesetzt.

Bei Zugrundelegung der Annahmen I bis IV können die den Schlankheitsgraden λ zugeordneten, in kg/cm² ausgedrückten *Tragspannungen* $\sigma_{kr} = \frac{P_{kr}}{F}$ für die angeführten Fließspannungswerte σ_F aus der Gleichung

$$\lambda^2 = \frac{\pi^2 \cdot E}{\sigma_{kr}} \left[1 - \frac{m \cdot \sigma_{kr}}{\sigma_F - \sigma_{kr}} + 0{,}25 \left(\frac{m \cdot \sigma_{kr}}{\sigma_F - \sigma_{kr}}\right)^2 - 0{,}005 \left(\frac{m \cdot \sigma_{kr}}{\sigma_F - \sigma_{kr}}\right)^3\right] \qquad \text{(V 4)}$$

berechnet werden, wobei

$$m = 2{,}317 \left(0{,}05 + \frac{\lambda}{500}\right). \qquad \text{(V 5)}$$

Die theoretische Grundlage bildet also die analytische Lösung von JEŽEK für den exzentrisch gedrückten ⊥-Querschnitt (Kapitel IV, Unterkapitel A 2cβ). Die Größe der Exzentrizität u wurde nicht auf Grund von zahlreichen Messungen bestimmt, sondern so ermittelt, daß auf einer Seite die zulässigen Spannungen von den früher geltenden nicht zu stark abwichen und auf der anderen Seite die Exzentrizitäten sich in solchen Grenzen hielten, daß sie noch als „ungewollt" gelten können. Auf Grund dieser Voraussetzungen wurde die in Abb. V 6a angegebene Kurve der Traglastspannungen σ_{kr} für St 37 berechnet. Abb. V 6a enthält auch die EULERschen Knickspannungen σ_E. Teilt man σ_E durch $\nu_E = 2{,}5$ und σ_{kr} durch $\nu_{kr} = 1{,}5$, so ist nun jener der beiden Werte maßgebend, der das kleinere $\sigma_{d\,zul}$ ergibt. Die Berechnung zeigt, daß für $\lambda < 114{,}8$ die Bedingung $\frac{\sigma_{kr}}{\nu_{kr}}$, wogegen für $\lambda > 114{,}8$, $\frac{\sigma_E}{\nu_E}$ ausschlaggebend ist (Abb. V 6b).

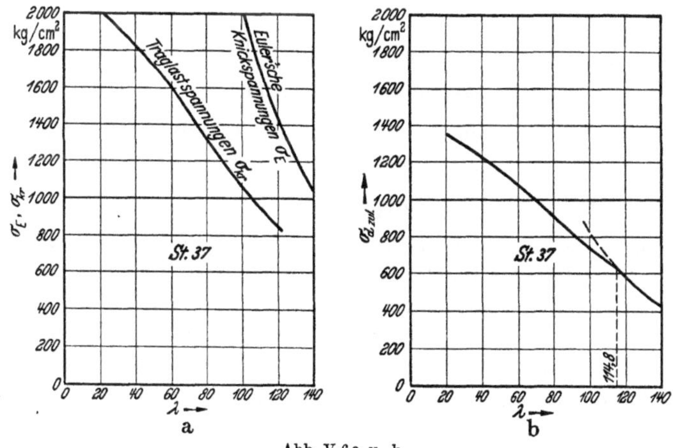

Abb. V 6a u. b

Statt nun die Bedingung

$$\frac{P}{F} \leqq \sigma_{d\,zul} \qquad \text{(V 6)}$$

vorzuschreiben, setzt man

$$\frac{P}{F} \leqq \frac{\sigma_{d\,zul}}{\sigma_{zul}}\, \sigma_{zul} \qquad \text{(V 7)}$$

oder mit

$$\frac{\sigma_{zul}}{\sigma_{d\,zul}} = \omega \tag{V 8}$$

$$\omega \frac{P}{F} \leqq \sigma_{zul}. \tag{V 9}$$

Dabei bedeutet σ_{zul} die dem untersuchten Belastungsfall und der gewählten Baustahlsorte zugeordnete zulässige Zugspannung[1].

Die DIN 4114 enthält auch eine Knickspannungskurve, die nach dem Prinzip (1) (Zentrisch gedrückter Idealstab) aufgebaut ist (Abb. V 7). Allerdings wurde hier der ENGESSER-KÁRMÁNsche — und nicht der ENGESSER-SHANLEYsche Knickmodul verwendet. (Für Baustähle ist aber der Unterschied gering.) Für die angenommene Form des Druckspannungsstauchungsgesetzes und die Ableitung der Knickspannungen sei auf die DIN 4114, Ri 7.4 verwiesen. Ist die σ_{kr}-Kurve bekannt, dann kann die entsprechende Sicherheit $\nu_{kr} = \frac{\sigma_{kr}}{\sigma_{d\,zul}}$ leicht berechnet werden.

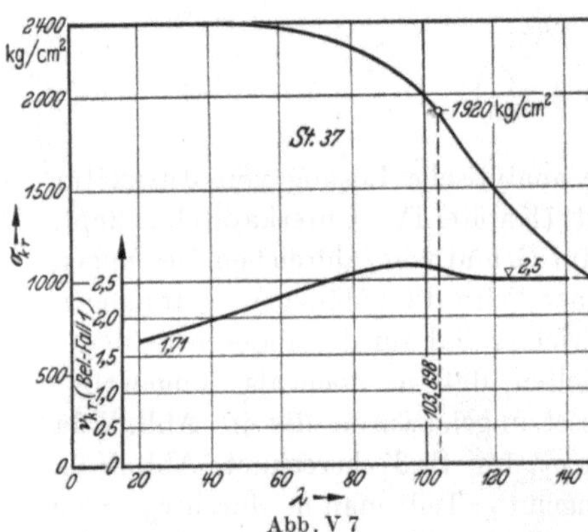

Abb. V 7

Abb. V 7 zeigt, daß ν_{kr} ein Maximum ungefähr bei $\lambda = 90$ aufweist, wie es auch sein muß (Abb. V 1).

2. Einige andere europäische Vorschriften, die auf Grund von Traglastspannungen aufgestellt sind

a) Österreichische Vorschriften (ÖNORM, B 4300, 4. Teil). Diese Vorschriften sind mit den deutschen verwandt. Insbesondere ist auch die Bestimmung der Knickzahl ω an die Doppelforderung $\sigma_{d\,zul} < \frac{\sigma_E}{\nu_E}$, $\sigma_{d\,zul} < \frac{\sigma_{kr}}{\nu_{kr}}$ geknüpft, wobei ν_E mindestens gleich 2,5 betragen muß und ν_{kr} ebenso groß wie die Sicherheit eines Zugstabes gegen Erreichen der Fließgrenze sein muß. Die Traglastspannung σ_{kr} wird aber auf etwas andere Art bestimmt. Die Untersuchung wird nicht als Stabilitätsproblem ohne Verzweigungslast durchgeführt, sondern als Spannungsproblem zweiter Ordnung bei Annahme eines idealelastisch-idealplastischen Spannungs—Dehnungs-Gesetzes (Abb. V 5b). Die Traglast ist dadurch gekennzeichnet, daß die größte Randspannung die Fließgrenze des Baustahls erreicht. Als baupraktisch unvermeidbare Exzentrizität u wird ein Tausendstel der Stablänge l angesehen und „der gleichbleibende Stabquerschnitt wird — um auch in dieser Hinsicht einen sehr ungünstigen Fall zu berücksichtigen — durch die

[1] Diesem sog. ω-Verfahren haftet der Nachteil an, daß die Spannung $\omega \frac{P}{F}$ nicht vorhanden ist und keinerlei statische Bedeutung besitzt.

Annahme gekennzeichnet, daß der Abstand „h_d" des biegedruckseitigen Randes gleich dem 2,65fachen in gleicher Richtung gemessenen Trägheitshalbmesser ist."[1]

Da nach der Sekantenformel Gl. (IV 41) beim exzentrischen Druck

$$\sigma_{\max} = \frac{P}{F}\left[1 + m \sec\left(\frac{\pi}{2}\sqrt{\frac{P}{P_{\text{Euler}}}}\right)\right] \quad \text{(V 10)}$$

ist, lautet die Fließbedingung

$$\sigma_F = \sigma_{kr}\left[1 + m \sec\left(\frac{\pi}{2}\sqrt{\frac{\sigma_{kr}}{\sigma_E}}\right)\right]. \quad \text{(V 11)}$$

Nun ist [Gln. (IV 39), (IV 40)]

$$m = u\,\frac{F}{W} = \frac{l}{1000}\,\frac{F}{W} = \frac{\lambda \cdot i}{1000}\,\frac{F \cdot h_d}{J}.$$

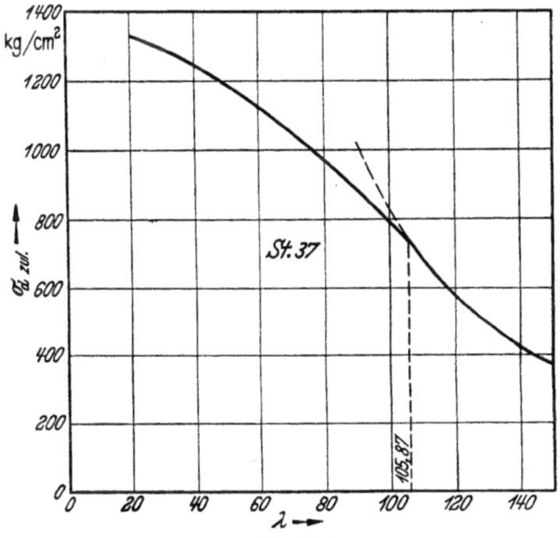

Abb. V 8

Da $h_d = 2{,}65\,i$ ist, erhält man $m = 0{,}00265\lambda$, und σ_{kr} ergibt sich aus folgender Gleichung [s. a. Gl. (IV 43)]

$$\sigma_F = \sigma_{kr}\left[1 + 0{,}00265\lambda \cdot \sec\left(\frac{\lambda}{2}\sqrt{\frac{\sigma_{kr}}{E}}\right)\right]. \quad \text{(V 12)}$$

Für St 37 S ist nach ÖNORM B 4300, 2. Teil, $\sigma_F = 2220\ \text{kg/cm}^2$, $\sigma_{zul} = 1400\ \text{kg/cm}^2$, also $\nu_{kr} = 1{,}586$. Die Division der Lösungen σ_{kr} der Gl. (V 12) durch $\nu_{kr} = 1{,}586$ und der Eulerschen Knickspannungen $\sigma_E = \frac{\pi^2}{\lambda^2}\,2100000\ \text{kg/cm}^2$ durch $\nu_E = 2{,}5$ ergibt die Kurve der Abb. V 8.

b) Englische Vorschriften BRITISH STANDARD 449: 1959. Im Gegensatz zu den deutschen und österreichischen Vorschriften werden hier die Traglastspannungen erst für $\lambda > 80$ als maßgebend angenommen, dann aber für den ganzen elastischen Bereich. Die Formel zur Bestimmung der Traglastspannung lautet mit den englischen Bezeichnungen

$$K_2\,p_c = \frac{Y_s + (\eta + 1)\,C_0}{2} - \sqrt{\left(\frac{Y_s + (\eta + 1)\,C_0}{2}\right)^2 - Y_s\,C_0}. \quad \text{(V 13)}$$

Dabei bedeuten:

p_c = zulässige Spannung in tons/sq.in. (1 ton/sq.in. = 0,157488 t/cm²),

K_2 = Sicherheitsfaktor, gleich 2 für die Vorschrift,

Y_s = gewährleistete Mindestfließgrenze in tons/sq.in. (für St 37: 2,36 t/cm²),

C_0 = Eulersche Knickspannung $\dfrac{\pi^2 E}{\left(\frac{l}{r}\right)^2} = \dfrac{13000\,\pi^2}{\left(\frac{l}{r}\right)^2}$ tons/sq.in. $= \dfrac{2047\,\pi^2}{\left(\frac{l}{r}\right)^2}$ t/cm²,

$\eta = 0{,}003\,\dfrac{l}{r}$

$\dfrac{l}{r}$ = Schlankheitsgrad = Knicklänge/Trägheitsradius.

[1] ÖNORM B 4300, 4. Teil, 1,221.

Formel (V 13) entspricht genau unserer Gl. (IV 178). Statt eine genaue Traglast zu bestimmen, wird also hier das Spannungsproblem zweiter Ordnung eines anfänglich sinusförmig gekrümmten Stabes untersucht. Dabei wird das Exzentrizitätsmaß $\eta = \frac{u}{k_e}$ auf 0,003 λ festgelegt, es ist also direkt proportional zur Stablänge.

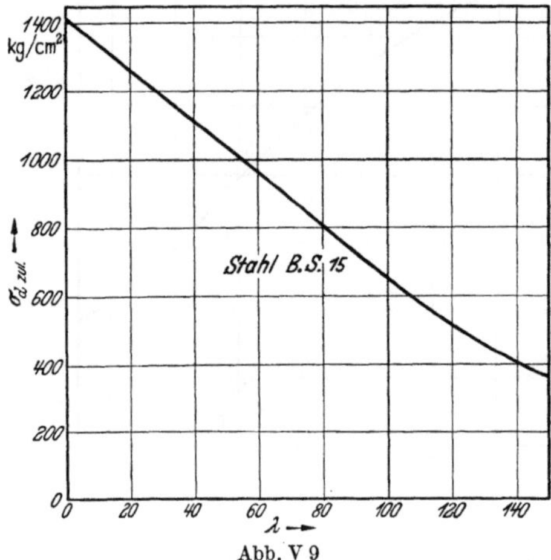

Abb. V 9

Für Schlankheiten kleiner als 80 wird eine Gerade zwischen dem Wert $\lambda = 80$ und $\lambda = 0$ (9 tons/sq.in.) eingeschaltet, dies wahrscheinlich in Anlehnung an die TETMAJERsche Gerade (Abb. V 9).

c) Französische Vorschriften, Règles C. M. 1956. Diese Vorschriften arbeiten im ganzen Schlankheitsbereich mit einer Traglastspannung. Diese wird nach derselben Formel wie in den oben angeführten englischen Vorschriften berechnet. Nur der Ausdruck für die Exzentrizität lautet anders, nämlich

$$m = \frac{u}{k_e} = \frac{0{,}3\sigma_F}{\sigma_E} \qquad \text{(V 14)}$$

oder, anders ausgedrückt

$$m = \frac{0{,}3\sigma_F\,\lambda^2}{\pi^2 E}. \qquad \text{(V 15)}$$

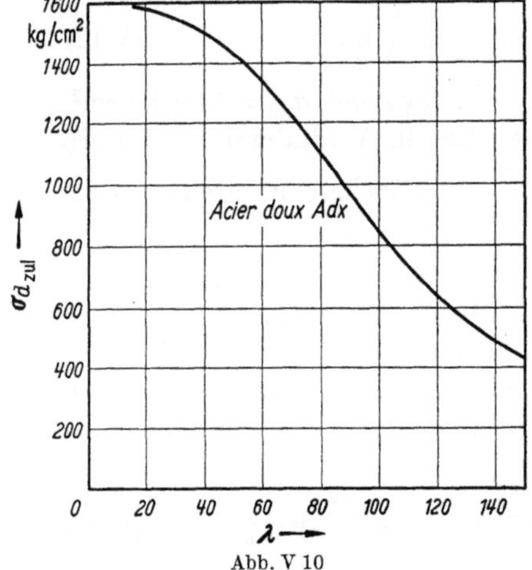

Abb. V 10

Für St 37 (acier Adx) ist $\sigma_F = 2{,}4\,\text{t/cm}^2$, $E = 2100\,\text{t/cm}^2$, also wird $m = 0{,}348\left(\frac{\lambda}{100}\right)^2$ [1]. Die Exzentrizität wächst somit mit dem Quadrat der Länge. Als Sicherheit wird dieselbe gewählt wie für Zugstäbe und Biegeträger, also

$$\nu_{kr} = \frac{3}{2} = 1{,}5.$$

Die zulässige Knickspannung berechnet sich dann aus der Formel

$$\frac{3}{2}\sigma_{d\,zul} = \frac{1{,}3\,\sigma_F + \sigma_E}{2} - \sqrt{\left(\frac{1{,}3\,\sigma_F + \sigma_E}{2}\right)^2 - \sigma_F\,\sigma_E} \qquad \text{(V 16)}$$

und ist in der Abb. V 10 angegeben.

[1] Beim ersten Entwurf der DIN 4114 war das Exzentrizitätsmaß auf $0{,}75\left(\frac{\lambda}{100}\right)^2$ festgesetzt.

3. Schweizerische Vorschriften, SIA-Norm Nr. 161, 1956

Diese Vorschriften beruhen auf den Versuchsergebnissen von TETMAJER im plastischen Bereich. Im elastischen Breich wird eine Sicherheit $\nu_E = 2{,}59$ auf die EULERsche Knickspannung $\sigma_E \left(\sigma_{d\,\text{zul}} = \frac{8000}{\lambda^2}\right)$ (Abb. V 11) für den Hauptbelastungsfall verlangt. Man kann aber auch einen Vergleich nach ENGESSER-SHANLEY durchführen, indem nach dieser Theorie die Knickspannungen für ungünstige Annahmen ermittelt werden. Es ergibt sich daraus ein Sicherheitsgrad ν_k, der einen ähnlichen Verlauf hat, wie derjenige der DIN 4114 (Abb. V 12)[1].

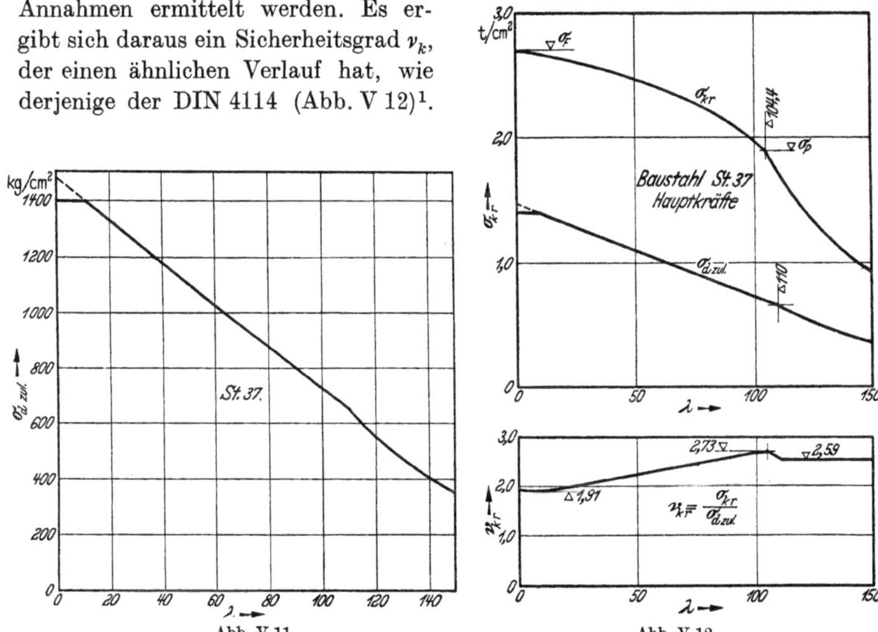

Abb. V 11 Abb. V 12

4. Vergleich der verschiedenen Vorschriften

Abb. V 13 zeigt, daß die auf $\sigma_{d\,\text{zul}} = 1{,}4\,\text{t/cm}^2$ für $\lambda = 0$ reduzierten zulässigen Knickspannungen nach den verschiedenen Vorschriften nicht sehr voneinander abweichen. Immerhin ist bemerkenswert, daß z. B. die österreichischen und die französischen Vorschriften, die auf ähnlichen Überlegungen beruhen, einen ganz anderen Verlauf zeigen, wogegen deutsche und schweizerische Vorschriften, deren theoretisches Aufstellungsprinzip ganz anders ist, nicht so stark voneinander abweichen (Unterschied höchstens 5%).

Die Berücksichtigung der unvermeidbaren Exzentrizitäten, Vorkrümmungen und Inhomogenitäten eines Druckstabes bei der Aufstellung der Kurve der zulässigen Knickspannungen für zentrischen Druck bedeutet zweifelsohne eine bessere Anpassung der Berechnung an die Wirklichkeit, weil dadurch die tatsächliche Sicherheit des Stabes sich besser angeben läßt. Man arbeitet nämlich mit einer Sicherheit ν_{kr}, die sich auf die tatsächliche Traglast des Stabes bezieht, und nicht mehr auf eine ideelle Verzweigungslast, die wohl theoretisch von höchstem Interesse ist, aber auch in den mit peinlicher Genauigkeit ausgeführten

[1] Abb. V 12 ist entnommen aus F. STÜSSI: Über einige Knickfragen. Mitt. T. K. V. S. B., Nr. 8, Zürich: Leemann 1953, S. 224.

Versuchen nicht erreicht werden kann. Abb. V 14[1] ist in dieser Hinsicht sehr lehrreich; sie zeigt die gemessenen Ausbiegungen u in Funktion der Last für verschiedene Versuche. (Man vgl. Abb. V 14 und Abb. IV 4.)

Der durch die Berücksichtigung der Traglast erzielte Fortschritt ist aber mehr prinzipieller Natur. In der Annahme der Größe der unvermeidbaren Exzentrizität liegt nämlich eine gewisse Willkür; auch die Wahl einer Querschnittsform, die

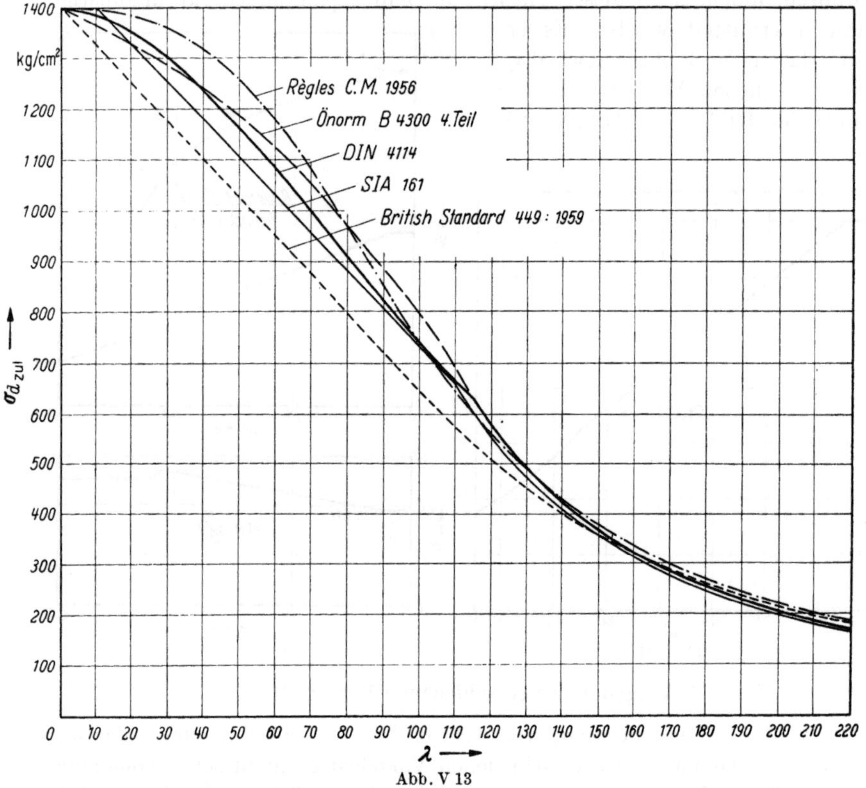

Abb. V 13

für eine genaue Traglastberechnung erforderlich ist, kann die Resultate beeinflussen. Die Bestimmung der einzuführenden Exzentrizität sollte auf der statistischen Auswertung zahlreicher Versuche beruhen[2]; es liegt aber in diesem Falle nahe, direkt die zulässigen Spannungen aus dem Versuche zu ermitteln, ohne den Umweg über die Exzentrizität.

Abschließend kann gesagt werden, daß die Art der Festlegung der zulässigen Knickspannungen praktisch nicht sehr ins Gewicht fällt. Wichtiger ist es, die Voraussetzungen und Grenzen der Vorschriften genau zu kennen. Dies gilt ins-

[1] Abb. V 14 ist aus S. Timoshenko: Theory of Elastic Stability, New York und London: McGraw-Hill 1936, S. 174, entnommen.

[2] Siehe z. B. F. Campus: Réflexions sur la méthode de M. Dutheil pour le calcul des pièces comprimées et fléchies. L'Ossature Métallique 1951, S. 33; oder Massonnet, Ch.: Réflexions concernant l'établissement de prescriptions rationelles sur le flambage des barres en acier. L'Ossature Métallique 1950, S. 358.

besondere für Systeme, die vom Normalfall (EULER II) weit entfernt sind. Bei vielen dieser Systeme kann die EULERsche Knicklast und daraus eine entsprechende Knicklänge berechnet werden. Die Anwendung des ω-Verfahrens

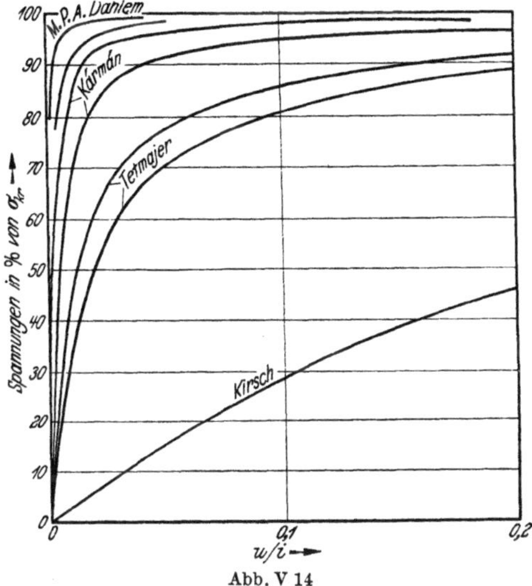

Abb. V 14

z. B. auf diese Fälle stellt aber nur eine grobe Näherung dar, weil, obwohl die EULERschen Knicklasten des untersuchten Systems und des Normalfalles übereinstimmen, die Traglasten stark verschieden sein können. Die Zulässigkeit eines Verfahrens muß in jedem Einzelfall vom entwerfenden Ingenieur geprüft werden.

D. Zusammenstellung der heute im Stahlbau zulässigen Knickspannungen verschiedener Länder

Die deutsche DIN 4114 und die österreichische ÖNORM B 4300/4 sind sehr erschöpfende Stabilitätsvorschriften, wobei die Ergebnisse der Theorie und der Versuche einfach und klar wiedergegeben werden[1]. Auch die französischen Vorschriften „Règles pour le calcul et l'exécution des constructions métalliques — Règles C. M. 1956" enthalten mehrere Kapitel über Stabilitätsfälle. Die Knickformeln beruhen hier auf der Methode J. DUTHEIL, bei welcher in der Ausbiegung in Stabmitte neben den geometrischen Unregelmäßigkeiten auch die Inhomogenität des Materials inbegriffen ist. Die anfängliche Ausbiegung des Druckstabes wird mit einer konventionellen Verkrümmung erweitert, die von der Fließgrenze, dem Elastizitätsmodul und einer experimentellen Konstanten abhängig ist[2].

[1] KLÖPPEL, K.: Zur Einführung der neuen Stabilitätsvorschriften. Abhandlungen aus dem Stahlbau, H. 12. Köln: Deutscher Stahlbauverband (Stahlbau-Tagung, München 1952). — CHWALLA, E.: Über die Behandlung der Stabilitätsfragen in den deutschen und österreichischen Stahlbaunormen. Stahlbau 1953, H. 4, S. 73.

[2] DUTHEIL, J.: La conception nouvelle de la sécurité dans les problèmes de flambement des pièces comprimées en acier doux. L'Ossature Métallique 1949, S. 308. — Discussion sur le flambement des pièces comprimées axialement. L'Ossature Métallique 1951, S. 315. — CAMPUS, F.: Réflexions sur la méthode de M. DUTHEIL pour le calcul des pièces comprimées et fléchies. L'Ossature Métallique 1951, S. 33.

In Abb. V 15 sind nach Carmen Jež-Gala[1] die kritischen und zulässigen Knickspannungen nach verschiedenen Vorschriften für St 37 (Belastungsfall 1) aufgetragen. Dabei wurden folgende Vorschriften verwendet:

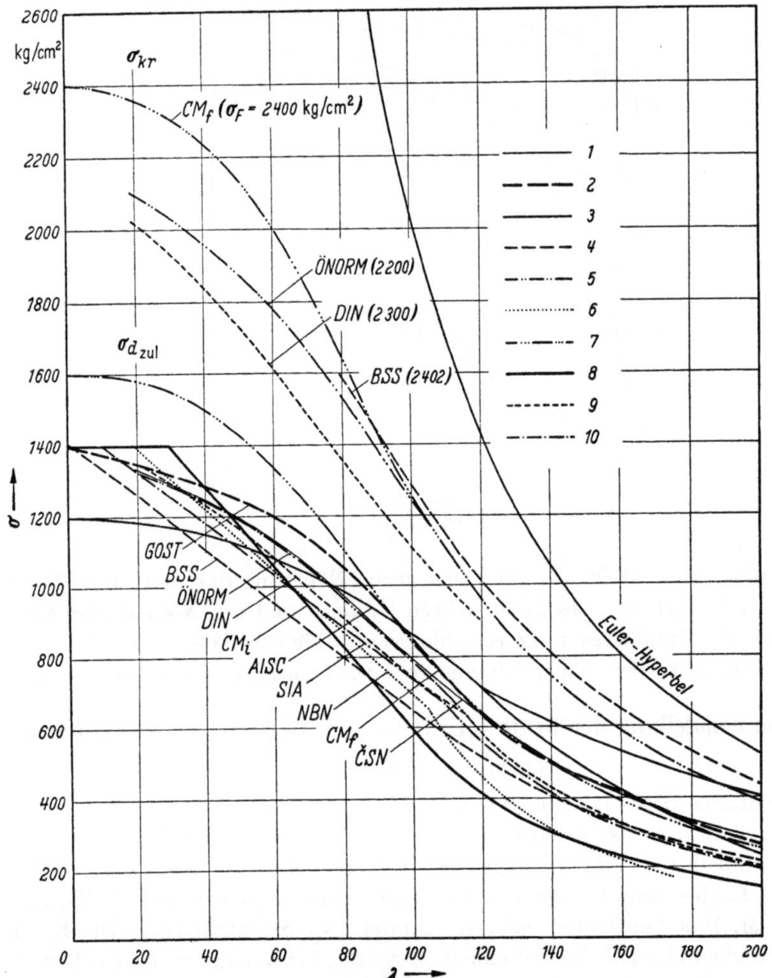

Abb. V 15. Die kritischen und zulässigen Knickspannungen nach verschiedenen Vorschriften für St 37. *1* Tschechoslowakei; *2* USSR; *3* USA; *4* Großbritannien; *5* Österreich; *6* Belgien; *7* Frankreich; *8* Italien; *9* Deutschland; *10* Schweiz

1. *ČSN* 050110 — 1949 (tschechoslowakische Vorschrift): Navrhováni ocelovych konstrukci pozemniho stavitelstvi.
2. *GOST* 960 — 1946 (russische Vorschrift).
3. *AISC* — 1946 (amerikanische Vorschrift): American Institute of Steel Construction: Specification for the Design, Fabrication and Erection of Structural Steel for Buildings.
4. *BSS* 449 — 1959 (englische Vorschrift): British Standard: The Use of Structural Steel in Building.

[1] Jež-Gala, Carmen: Die derzeit zulässigen Knickspannungen in Stahlbauvorschriften verschiedener Länder. Acier-Stahl-Steel 1959, H. 4. Deutsche Ausgabe S. 187; französische Ausgabe S. 191.

5. *ÖNORM* B 4300/4 — 1953 (österreichische Vorschrift): Berechnung und Ausführung der Tragwerke — Stahlbau. Knickung, Kippung, Beulung.

6. *NBN* — 1952 (belgische Vorschrift): Institut belge de Normalisation: Règlement pour la construction des ponts métalliques.

7. CM_f — 1956 (französische Vorschrift): Règles pour le calcul et l'exécution des constructions métalliques.

8. CM_i — 1955 (italienische Vorschrift): Consiglio nazionale delle ricerche: Istruzioni per il calcolo, l'esecuzione e la manutenzione delle costruzioni metalliche.

9. *DIN* 4114 — 1953 (deutsche Vorschrift): Berechnungsgrundlagen für Stabilitätsfälle im Stahlbau, Knickung, Kippung, Beulung.

10. *SIA* Nr. 161 — 1956 (schweizerische Vorschrift): Normen für die Berechnung und die Ausführung von Stahlbauten.

Obwohl im elastischen Bereich die EULER-Knickspannung in zahlreichen Vorschriften die Grundlage zur Bestimmung der zulässigen Spannungen eines zentrisch gedrückten Stabes bildet, sind gerade im elastischen Bereich die Unterschiede sehr bedeutend (Abb. V 15). So gebrauchen z. B. die DIN 4114 und die ÖNORM eine Sicherheitszahl $\nu_E = 2{,}5$, die SIA Nr. 161 $\nu_E = 2{,}59$ und die italienischen Vorschriften $\nu_E = 3{,}5$. Die nach den englischen und französischen Vorschriften zulässigen Knickspannungen sind dagegen mit einer Sicherheit 2,0 bzw. 1,5, aus den kritischen Spannungen des nach einer Sinushalbwelle gekrümmten Stabes berechnet.

Es darf auch nicht außer acht gelassen werden, daß der Einfluß der Eigen- oder Restspannungen eine niedrigere Knickspannung zur Folge hat (s. Kap. IV H). Bis heute wurde allerdings der Einfluß dieser Eigenspannungen[1] noch nicht in die Vorschriften und Normen aufgenommen. Da die Sicherheiten hoch genug gewählt wurden, stellt dieser Einfluß jedoch keine Gefahr dar; es ist jedoch gut, wenn man daran denkt.

In der Tab. V 1, die von CARMEN JEŽ-GALA aufgestellt wurde, sind die Beziehungen zur Bestimmung der kritischen und zulässigen Knickspannungen, sowie die Sicherheitszahlen, Exzentrizitätsmaße und Fließgrenzen nach den verschiedenen Vorschriften für St 37 übersichtlich dargestellt, wobei selbstverständlich nicht alle Details und Eigenarten der einzelnen Normen behandelt werden konnten.

Die Sicherheiten nach verschiedenen Vorschriften mit Bezug auf die ENGESSER SHANLEYsche und die EULERsche Knickspannung sind in Abb. V 16 aufgetragen[2]

Wenn man sich in die verschiedenen Knickspannungs-Vorschriften und Normen vertieft, sieht man, daß trotz der großen Unterschiede derselben ein guter Ingenieur immer noch einen Weg finden kann, welcher es ihm gestattet, sicher und ökonomischer zu konstruieren als es das sture Festhalten an teilweise veralteten Vorschriften bedingt. Dazu braucht es jedoch einen neuzeitlich denkenden Ingenieur mit Intuition, großem Können, Beherrschung der Stabilitätsprobleme und viel Erfahrung.

[1] YANG, BEEDLE u. JOHNSTON: Residual Stress and the Yield Strength of Steel Beams. Welding Journal 1952, S. 205. — HUBER, A. W., u. L. S. BEEDLE: Residual Stress and the Compressive Strength of Steel. Welding Journal 1954, S. 589. — Effect of Residual Stresses in Welded Structures. Welding Journal 1955, S. 575. — THÜRLIMANN, B.: Der Einfluß der Eigenspannungen auf das Knicken von Stahlstützen. Schweizer Arch. angew. Wiss. Techn. 1957, H. 12, S. 388.

[2] Diese Abbildung ist aus der oben angegebenen Publikation von CARMEN JEŽ-GALA entnommen.

Tabelle V 1

Vorschriften	Kritische Knickspannung	Zulässige Knickspannung kg/cm²	Sicherheit	σ_F kg/cm²
DIN 4114 (1953)	$\lambda^2 = \frac{\pi^2 E}{\sigma_{kr}}\left[1 - \frac{m\,\sigma_{kr}}{\sigma_F - \sigma_{kr}} + 0{,}25\left(\frac{m\,\sigma_{kr}}{\sigma_F - \sigma_{kr}}\right)^2 - 0{,}005\left(\frac{m\,\sigma_{kr}}{\sigma_F - \sigma_{kr}}\right)^3\right]$ $m = 2{,}317\left(0{,}05 + \frac{\lambda}{500}\right)$ $\sigma_E = \frac{\pi^2 E}{\lambda^2}$ $e = \frac{i}{20} + \frac{l}{500}$	$\sigma_{d\,zul} = \frac{\sigma_{kr}}{\nu_{kr}}$	$\nu_{kr} = 1{,}5$	2300
		$\sigma_{d\,zul} = \frac{\sigma_E}{\nu_E}$	$\nu_E = 2{,}5$	
ÖNORM B 4300/4 (1953)	$\sigma_F = \sigma_{kr}\left[1 + 0{,}00265\,\lambda\,\sec.\left(\frac{\lambda}{2}\sqrt{\frac{\sigma_{kr}}{E}}\right)\right]$ $m = 0{,}00265\,\lambda$ $e = \frac{l}{1000}$ $\sigma_E = \frac{\pi^2 E}{\lambda^2}$ $E = 2\,100\,000$ kg/cm²	$\sigma_{d\,zul} = \frac{\sigma_{kr}}{\nu_{kr}}$	$\nu_{kr} = 1{,}586$	2220
		$\sigma_{d\,zul} = \frac{\sigma_E}{\nu_E}$	$\nu_E = 2{,}5$	
SIA No. 162 (1956)		$10 < \lambda < 110$ $\sigma_{d,\,zul} = 1480 - 7{,}5\,\lambda$		2400
	$\sigma_E = \frac{\pi^2 E}{\lambda^2}$	$\lambda > 110$ $\sigma_{d\,zul} = \frac{8 \cdot 10^6}{\lambda^2}$	$\nu_E = 2{,}59$	
CM_i (1955)		$30 < \lambda < 101$ $\sigma_{d\,zul} = 1746 - 11{,}54\,\lambda$		
	$\sigma_E = \frac{\pi^2 E}{\lambda^2}$	$\lambda > 110$ $\sigma_{d\,zul} = \frac{592{,}18 \times 10^4}{\lambda^2}$	$\nu_E = 3{,}5$	
NBN 5 (1952)		$\lambda \leqq 20$ $\sigma_{d\,zul} = 1400$ $20 < \lambda \leqq 105$ $\sigma_{d\,zul} = 1578{,}4 - 8{,}92\,\lambda$ $105 < \lambda < 175$ $\sigma_{d\,zul} = \frac{2122 \times 10^4}{(1{,}516 + 0{,}0142\,\lambda)\,\lambda^2}$		

BSS 449 (1948)	$\sigma_E = \frac{\pi^2 E}{\lambda^2}$; $E = 2047000$ kg/cm² $\sigma_{kr} = \frac{\sigma_F + (1+m)\,\sigma_E}{2} - \sqrt{\left[\frac{\sigma_F + (1+m)\,\sigma_E}{2}\right]^2 - \sigma_E\,\sigma_F}$ $m = 0{,}003\,\lambda$	$\lambda < 80$ Gerade ($\lambda = 0$, $\sigma_{d\,zul} = 0{,}59\,\sigma_F$) $\lambda > 80$ $\sigma_{d\,zul} = \frac{\sigma_{kr}}{\nu_{kr}}$	$\nu_{kr} = 2$	2402
Règles CM$_f$ (1956)	$\sigma_{kr} = \frac{1{,}3\,\sigma_F + \sigma_E}{2} - \sqrt{\left[\frac{1{,}3\,\sigma_F + \sigma_E}{2}\right]^2 - \sigma_E\,\sigma_F}$ $m = \frac{0{,}3\,\sigma_F}{\sigma_E} = \frac{0{,}3\,\sigma_F\,\lambda^2}{\pi^2 E} = 0{,}348 \times 10^{-4}\,\lambda^2$ $\sigma_E = \frac{\pi^2 E}{\lambda^2}$ $E = 2100000$ kg/cm²	$\sigma_{d\,zul} = \frac{\sigma_{kr}}{\nu_{kr}}$	$\nu_{kr} = 1{,}5$	2400
ČSN 050110 (1949)	$\sigma_{kr}^2 - \frac{\sigma_E(1+m) + \sigma_F}{1 - 0{,}234\,m}\,\sigma_{kr} + \frac{\sigma_E\,\sigma_F}{1 - 0{,}234\,m} = 0$ $m = 0{,}0025\,\lambda$ $\sigma_E = \frac{\pi^2 E}{\lambda^2}$ $e = \frac{l}{700}$	$\sigma_{d\,zul} = \frac{\sigma_{kr}}{\nu_{kr}}$	$\nu_{kr} = \frac{\sigma_F}{\sigma_{zul}} = 1{,}642$	2300
AISC (1946)		$\lambda < 120$ $\sigma_{d\,zul} = 1195 - 0{,}034\,\lambda^2$ $\lambda > 120$ Sekundäre Druckstäbe $\sigma_{d\,zul} = \frac{1265{,}4}{1 + \frac{\lambda^2}{18000}}$ Primäre Druckstäbe $\sigma_{d\,zul} = \left(1{,}6 - \frac{\lambda}{200}\right)\frac{1265{,}4}{1 + \frac{\lambda^2}{18000}}$		$\sigma_F = 0{,}5\,\sigma_B$ > 2320

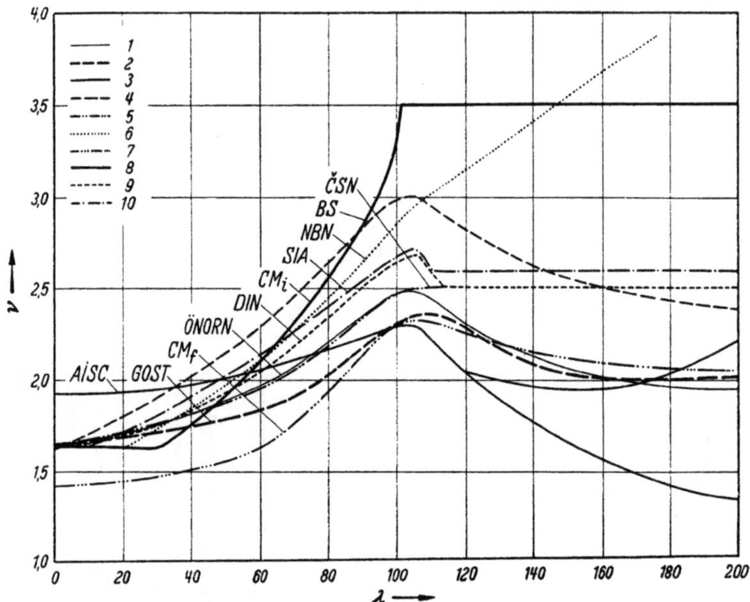

Abb. V 16. Die Sicherheit nach verschiedenen Vorschriften mit Bezug auf die ENGESSER-SHANLEYsche und EULERsche Knickspannung. *1* Tschechoslowakei; *2* UdSSR; *3* USA; *4* Großbritannien; *5* Österreich; *6* Belgien; *7* Frankreich; *8* Italien; *9* Deutschland; *10* Schweiz

E. Versuch zur Vereinheitlichung der Stahlbau-Knickvorschriften auf europäischer Basis

Am 17. Oktober 1955 wurde in Zürich die *Europäische Konvention der Stahlbau-Verbände* gegründet. Diese Konvention bezweckt die gegenseitige Orientierung über die Gesamtheit der Probleme, die direkt oder indirekt die Entwicklung der Stahlbauindustrie betreffen. Für die technische Forschung hat sie einen gemeinsamen Plan aufgestellt, wobei für die praktische Durchführung die Arbeiten aufgeteilt und der Vorsitz der Unterkommissionen von einzelnen Landesverbänden übernommen wurde[1].

Die *Europäische Konvention der Stahlbau-Verbände* strebt eine weitmöglichste Vereinheitlichung der technischen Vorschriften und Normen für den Stahlbau in den verschiedenen Ländern an. In der Kommission 8 (Stabilitätsfälle, Vorsitz: H. BEER) wurde große Arbeit geleistet, so daß in kurzer Zeit eine Vereinheitlichung der verschiedenen Normen erwartet werden darf; denn wir konstruieren schließlich alle mit denselben Stahlsorten und sollten somit auch mit gleichen Sicherheiten bauen dürfen, ist doch der Baustoff Stahl nicht an politische Grenzen gebunden.

Von der Kommission 8 der *Europäischen Konvention der Stahlbau-Verbände* wurden vier grundsätzliche Berechnungsmethoden in den Vordergrund der Betrachtung gestellt[2]:

---

[1] KOLLBRUNNER, C. F.: Begrüßung und Einführung. Zweite Schweizerische Stahlbautagung, Zürich 1956. Mitt. der Technischen Kommission, H. 16. Verlag Schweizer Stahlbauverband, Februar 1957.

[2] BEER, H.: Europäische Konvention der Stahlbauverbände, Kommission Nr. 8. Tätigkeitsbericht für das Berichtsjahr 1959/60.

1. Methode A: die dem Traglastverfahren entspricht.

2. Methode B: die unter Voraussetzung der Gültigkeit des HOOKEschen Gesetzes bis zum Erreichen der Fließgrenze das Spannungsproblem nach der Theorie zweiter Ordnung betrachtet.

3. Methode C: die die reine Gleichgewichtsverzweigung behandelt.

4. Methode D: die von DUTHEIL stammt; mit Imperfektionen arbeitet, die von der jeweiligen Spannung abhängen.

Zu diesen vier Punkten kann folgendes festgehalten werden:

Punkt 1. Die Anwendung der Methode A, die als Traglastverfahren angesprochen werden kann, ist nur sehr begrenzt möglich, da der Rechenaufwand bei mehrfach statisch unbestimmten Systemen untragbar groß wird. Diese Methode hat jedoch den Vorteil, daß die Imperfektionen berücksichtigt werden.

Punkt 2. Die Methode B nimmt die Gültigkeit des HOOKEschen Gesetzes über den eigentlich zulässigen Bereich (Proportionalitätsgrenze) an; man erhält mit ihr eine untere Grenzlast für die Erschöpfung des Tragvermögens.

Punkt 3. Die Methode C ist die klassische Methode der Gleichgewichtsverzweigung. Sie setzt ein idealisiertes Stabsystem mit achsrechter Belastung der Stäbe voraus und erfordert daher im allgemeinen das Arbeiten mit Ersatzbelastungen. Allerdings ist es mit dieser Methode nicht möglich, Imperfektionen zu berücksichtigen; dieselben müssen mit dem Sicherheitskoeffizienten erfaßt werden.

Punkt 4. Die Methode D stammt von DUTHEIL[1] und setzt in den einzelnen Abschnitten eine sinusförmige Knickbiegelinie voraus, rechnet mit Imperfektionen, die von den in den einzelnen Querschnitten auftretenden Druckspannungen abhängen. Damit ermöglicht diese Methode, die maximale Druckspannung und die maximale Deformation des Systems unter einer gegebenen Druckbelastung zu bestimmen.

Bevor endgültig zu den oben erwähnten vier Punkten Stellung genommen werden kann, müssen die jetzt durch die *Europäische Konvention der Stahlbau-Verbände* in Angriff genommenen Versuche und ihre Resultate abgewartet werden. Dabei sind wir jetzt schon sicher, daß eine Vereinheitlichung der europäischen Normen erreicht werden kann.

Ein weiteres Eingehen auf die in den letzten Jahren rein intern herausgegebenen Schriften der *Europäischen Konvention der Stahlbau-Verbände* erübrigt sich; muß doch heute noch jedes Land nach seinen Normen berechnen und konstruieren. Wir sind jedoch sicher, daß in einigen Jahren die schon längst angestrebte Vereinheitlichung der Normen verwirklicht werden kann.

F. Andere Knickprobleme

Neben der Festsetzung der zulässigen Spannungen für den Normalfall (EULER-Fall II) müssen die Vorschriften auch Bestimmungen über andere Knickfragen enthalten. Eine wichtige ist die des *exzentrischen Knickens* oder des auf *Druck und Biegung* beanspruchten Trägers.

---

[1] DUTHEIL, J.: L'évolution des règles d'utilisation de l'acier. Annales de l'Institut Technique du Bâtiment et des Travaux Publics, No. 84, Décembre 1954. Construction métallique (18) S. 2. — Discussion sur l'équilibre des barres comprimées axialement en phase élastoplastique. Annales de l'Institut Technique du Bâtiment et des Travaux Publics, No. 102, Juin 1956. Théories et méthodes du calcul (24). — La stabilité des colonnes en acier soumises au flambement-déversement. Annales de l'Institut Technique du Bâtiment et des Travaux Publics, No. 115—116, Juillet—Août 1957. Construction métallique (25).

Einige Vorschriften, insbesondere die deutschen, schreiben in diesem Fall eine mehr oder weniger empirische[1] Formel vor. Sie lautete in der früheren Vorschrift DIN 1050

$$\omega\,\frac{P}{F} + \frac{M}{W} \leqq \sigma_{\text{zul}} \tag{V 17}$$

Die englische Vorschrift B. S. 449: 1948 enthält eine ähnliche Regelung, mit der Formulierung

$$\frac{\frac{P}{F}}{\sigma_{d\,\text{zul}}} + \frac{\frac{M}{W}}{\sigma_{b\,\text{zul}}} \leqq 1 \quad \text{oder} \quad \frac{P}{F}\,\frac{\sigma_{b\,\text{zul}}}{\sigma_{d\,\text{zul}}} + \frac{M}{W} \leqq \sigma_{b\,\text{zul}}. \tag{V 18}$$

$\frac{\sigma_{b\,\text{zul}}}{\sigma_{d\,\text{zul}}}$ ist die Knickzahl ω, $\sigma_{b\,\text{zul}}$ die zulässige Biegedruckspannung.

In der DIN 4114 und der ÖNORM B 4300, 4. Teil, wurde die Formel ein wenig abgeändert und lautet

$$\omega\,\frac{P}{F} + 0{,}9\,\frac{M}{W_d} \leqq \sigma_{\text{zul}}\,. \tag{V 19}$$

Bei Stabquerschnitten, deren Schwerpunkt dem Biegedruckrand näher als dem Biegezugrand liegt, muß noch die zusätzliche Bedingung

$$\omega\,\frac{P}{F} + \frac{300 + 2\lambda}{1000}\,\frac{M}{W_z} \leqq \sigma_{\text{zul}} \tag{V 20}$$

erfüllt werden, wobei W_d und W_z die auf den Biegedruck- bzw. Biegezugrand bezogenen Widerstandsmomente des unverschwächten Querschnittes bedeuten. Daneben muß auch die gewöhnliche Spannungsuntersuchung durchgeführt werden.

Nach DIN 4114 ist es auch erlaubt, dieses Stabilitätsproblem als Spannungsproblem zweiter Ordnung aufzufassen. Unter der ν_{kr}-($\nu_{\text{kr}} = 1{,}71$)-fachen Belastung und unter Berücksichtigung des Einflusses der Verformung darf dann die auftretende größte Randdruckspannung die Fließgrenze σ_F ($\sigma_F^{37} = 2{,}4\,\text{t/cm}^2$) nicht überschreiten. Ein gleiches Verfahren wird auch in den schweizerischen Vorschriften empfohlen. Neben dem Mangel dieser Berechnung, der im IV. Kap. G 3 schon erwähnt wurde, kommt hier der erschwerende Umstand hinzu, daß für verschwindende Exzentrizität der Zusammenhang mit dem Normalfall (zentrisch gedrückter Stab) nicht hergestellt ist. Die französische Vorschrift hingegen weist diese Unstimmigkeit nicht auf. Zentrisch und exzentrisch gedrückte Stäbe erhalten, neben der planmäßigen, noch eine ungewollte Exzentrizität, so daß ein stetiger Übergang vom Fall des zentrischen Knickens zu dem des exzentrischen Knickens gewährleistet ist.

Die Vorschriften enthalten gewöhnlich noch Angaben über die Knicklängen der Fachwerkstäbe, über die Sicherheiten beim Kippen, usw. Es herrscht auf diesem Gebiete die mannigfaltigste Verschiedenheit: eine Vorschrift beschränkt sich auf grundsätzliche Erwägungen, währenddem die andere sich auch auf Einzelheiten bezieht. Im einen wie im anderen Fall muß sich aber der entwerfende Ingenieur seiner Verantwortung voll bewußt bleiben. Wichtig ist, daß die Vorschriften nach dem Sinn und Geiste verstanden, und nicht nur dem Buchstaben

[1] Für den Vergleich der Formel mit den Werten von JEŽEK siehe K. KLÖPPEL: Zur Einführung der neuen Stabilitätsvorschriften. Abh. aus dem Stahlbau 1952, H. 12, S. 109.

nach ausgelegt werden. Nur auf diese Weise werden Rückschläge vermieden und der Weg für die Weiterentwicklung und Verbesserung der bestehenden Theorien und Erkenntnisse bleibt offen.

Zusätzliche Literatur zum V. Kapitel

BEER, H.: Studie zur Festlegung einer Kurve der zulässigen Knickspannungen. Stahlbau Rundschau, H. 18, 1960, S. 24.

CHWALLA, E., u. W. GEHLER: Erläuterungen zum Normblattentwurf DIN E 4114, Beilagen zur Zeitschrift „Stahlbau" 1939, H. 25/26; 1940, H. 1/2, 16/18.

CHWALLA, E.: Über die Behandlung der Stabilitätsfragen in den deutschen und österreichischen Stahlbaunormen. Stahlbau 1953, S. 73.

COMMENTAIRES des règles d'utilisation de l'acier applicables aux travaux dépendant du Ministère de la reconstruction et de l'urbanisme et aux travaux privés (Commentaires Règles C. M. 1946). Institut technique du bâtiment et des travaux publics. Paris 1948.

DUTHEIL, J.: La conception nouvelle de la sécurité dans les problèmes de flambement des pièces comprimées en acier doux. L'Ossature Métallique 1949, S. 308.

Discussion sur le flambement des pièces comprimées axialement. L'Ossature Métallique 1951, S. 315.

Théorie de l'instabilité par divergence d'équilibre. I. V. B. H., vierter Kongreß, Vorbericht. Cambridge und London 1952, S. 275.

L'évolution des règles d'utilisation de l'acier. Acier (früher L'Ossature Métallique) 1955, S. 127.

FRITSCHE, J.: Bemerkungen zu DIN E 4114. Stahlbau April 1941, S. 37.

HARTMANN, F.: Knickberechnung und Knicksicherheit. Bautechn. 1941, S. 554.

KLÖPPEL, K., u. W. GODER: Die neuen ω-Zahlen für Rohrquerschnitte. Stahlbau 1959, H. 8, S. 205.

MASON, J., u. M. J. STRUTT: A Comentary on the New British Standard 449 (1959): The use of Structural Steel in Building. Discussion on the paper by J. MASON and M. J. STUTT. The Structural Engineer 1960, H. 6, S. 200.

SENFT, A.: Die Knicksicherheit der Druckstäbe in den amtlichen Vorschriften. Bautechn. 1943, S. 273.

WÄSTLUND, G., u. S. BERGSTRÖM: Buckling of Compressed Steel Members. Kungl. Tekniska Högskolans Handlingar, Göteborg 1949, Nr. 30.

WINTER, G.: Commentary on the 1956 Edition Light Gage Cold-Formed Steel Design Manual, prepared for American Iron and Steel Institute.

VI. Anhang

A. Knickdiagramme für Stäbe mit sprungweise veränderlichem Trägheitsmoment

Die im Kap. IV E 3 $b\beta$ für sprungweise veränderlichen Querschnitt und konstante Druckkraft angegebenen Formeln dienen dazu, dem praktisch tätigen Ingenieur Diagramme in die Hand zu geben, die es ihm erlauben, den Zeitaufwand für die Lösung dieser Aufgaben auf ein Minimum zu reduzieren.

Folgende Knickdiagramme[1] sind diesem Buche zur praktischen Verwendung beigelegt und nicht beigeheftet:

EULER-Fall I: Diagramme I.1, I.2, I.3, I.4, I.5, I.6.
EULER-Fall II: Diagramme II.1, II.2, II.3, II.4.
EULER-Fall III: Diagramme III.1, III.2, III.3, III.4, III.5, III.6.
EULER-Fall IV: Diagramme IV.1, IV.2, IV.3, IV.4.

[1] KOLLBRUNNER, C. F., S. MILOSAVLJEVIĆ, N. HAJDIN: Knickdiagramme für Stäbe mit sprungweise veränderlichem Trägheitsmoment. Mitt. Forschung und Konstruktion im Stahlbau. Zürich: Leemann. — EULER-Fälle I und II: H. 24, Februar 1959; EULER-Fälle III und IV: H. 27, Juli 1960.

1. Aufbau der Diagramme

a) Euler-Fall I (und „symmetrischer“ Euler-Fall II). Wir führen folgende Bezeichnungen ein (Abb. VI 1):

$$\left.\begin{aligned} \frac{l_i}{l} &= \eta_i; & i &= 1, 2, 3, \\ \sqrt{\frac{J_2}{J_1}} &= n_{21}; & \sqrt{\frac{J_3}{J_1}} &= n_{31}. \end{aligned}\right\} \tag{VI 1}$$

Die Knicklast kann in folgender Form angeschrieben werden[1].

$$\underline{\underline{P_{\mathrm{kr}}}} = \frac{\pi^2 E J_1}{(\varkappa l)^2} = \underline{\underline{\frac{\pi^2 E J_1}{l_k^2}}}. \tag{VI 2}$$

In diesem Ausdruck ist $l_k = \varkappa\, l$ die maßgebende Knicklänge eines Stabes mit dem konstanten Trägheitsmoment J_1 und der Wert

$$\underline{\underline{\varkappa = \frac{l_k}{l}}} \tag{VI 3}$$

stellt das Verhältnis der maßgebenden Knicklänge zur Stablänge dar.

Für ε_i erhält man den Ausdruck

$$\varepsilon_i = k_i\, l_i = \sqrt{\frac{P}{E J_i}}\, l_i = \frac{\pi\, \eta_i}{\varkappa\, n_{i1}}. \tag{VI 4}$$

Mit den eingeführten Bezeichnungen kann dann Gl. (IV 521) in folgender Form angeschrieben werden:

$$n_{21} \tan \varepsilon_1 \tan \varepsilon_2 + \frac{n_{21}}{n_{31}} \tan \varepsilon_2 \tan \varepsilon_3 + n_{31} \tan \varepsilon_3 \tan \varepsilon_1 = 1. \tag{VI 5}$$

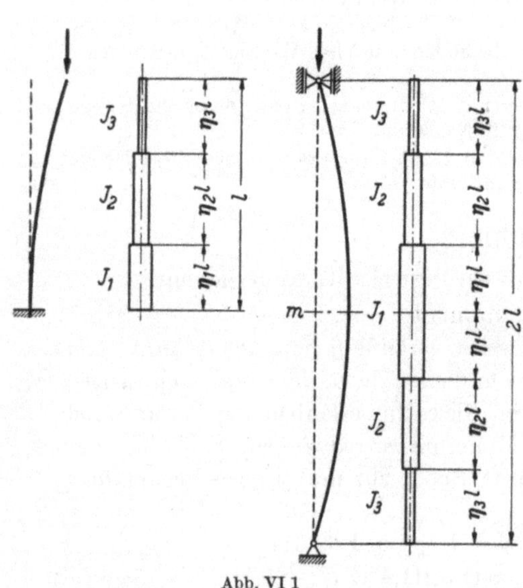

Abb. VI 1

Für die vier gegebenen Parameter η_2, η_3, n_{21} und n_{31}[2] wird aus Gl. (VI 5) $\varkappa$ berechnet. Damit ist sowohl die maßgebende Knicklänge aus Gl. (VI 3) als auch die Knicklast aus Gl. (VI 2) bestimmt.

Für die einzelnen Teillängenverhältnisse η_1, η_2 und η_3 sind Diagramme aufgestellt worden.

Die Längenabstufungen wurden so gewählt, daß einerseits die Anzahl der Diagramme in vernünftigen Grenzen gehalten werden konnte, andrerseits für alle übrigen möglichen Längenabstufungen die maßgebende Knicklänge mit einer praktisch erforderlichen Genauigkeit ermittelt werden kann.

---

[1] Für den plastischen Bereich ist an Stelle von E der Knickmodul T_k oder der Tangentenmodul T (Engesser-Shanley) zu setzen, worauf am Ende des Kap. VI A 1e noch Bezug genommen wird.

[2] Der Wert η_1 ist bei gegebenen η_2 und η_3 durch $\eta_1 = 1 - \eta_2 - \eta_3$ bestimmt.

Auf diese Weise ergaben sich für den EULER-Fall I sechs Diagramme mit den folgenden Abstufungen (Abb. VI 2):

Diagramm I.1:	$\eta_1 = \frac{l_1}{l} = 0{,}2;$	$\eta_2 = \frac{l_2}{l} = 0{,}2;$	$\eta_3 = \frac{l_3}{l} = 0{,}6$
Diagramm I.2:	$\eta_1 = 0{,}2;$	$\eta_2 = 0{,}4;$	$\eta_3 = 0{,}4$
Diagramm I.3:	$\eta_1 = 0{,}2;$	$\eta_2 = 0{,}6;$	$\eta_3 = 0{,}2$
Diagramm I.4:	$\eta_1 = 0{,}4;$	$\eta_2 = 0{,}2;$	$\eta_3 = 0{,}4$
Diagramm I.5:	$\eta_1 = 0{,}4;$	$\eta_2 = 0{,}4;$	$\eta_3 = 0{,}2$
Diagramm I.6:	$\eta_1 = 0{,}6;$	$\eta_2 = 0{,}2;$	$\eta_3 = 0{,}2.$

Dem EULER-Fall I mit drei Abstufungen entspricht auch der „symmetrische" EULER-Fall II mit fünf Abstufungen, weshalb die ersten sechs Diagramme für diese beiden Fälle angewendet werden können.

„Symmetrisch" heißt in diesem Fall, daß sowohl die η- als auch die n-Werte symmetrisch zur Mittellinie $m - m$ sind (Abb. VI 1).

Jedem Diagramm ist eine Systemskizze und eine Skizze der Abstufungen mit den erforderlichen Bezeichnungen beigegeben, damit Irrtümer vermieden werden.

Für die gewählten Abstufungen η_1, η_2 und η_3 sind in der Gl. (VI 5) zwei Parameter n_{21} und n_{31} enthalten, durch welche der Wert $\varkappa$ bestimmt ist.

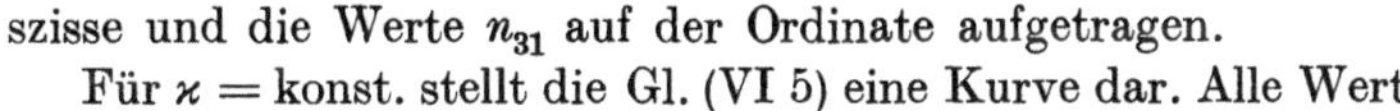

Abb. VI 2

Die Werte n_{21} wurden auf der Abszisse und die Werte n_{31} auf der Ordinate aufgetragen.

Für $\varkappa =$ konst. stellt die Gl. (VI 5) eine Kurve dar. Alle Wertepaare (n_{21}, n_{31}), welche sich auf einer solchen $\varkappa$-Kurve befinden, ergeben dieselbe Knicklast.

Die praktische Ermittlung der Ordinaten der einzelnen $\varkappa$-Kurven für die angenommenen Abszissen erfolgte durch die Lösung der Gl. (VI 5) in der Form:

$$\frac{\tan \varepsilon_3}{\varepsilon_3} = \frac{\varkappa}{\eta_3 \pi} \frac{1 - n_{21} \tan \varepsilon_1 \tan \varepsilon_3}{\tan \varepsilon_1 + \frac{\tan \varepsilon_2}{n_{21}}}. \qquad \text{(VI 6)}$$

Aus dem Ausdruck $\frac{\tan \varepsilon_3}{\varepsilon_3}$ erhält man ε_3 und daraus aus Gl. (VI 4) den Wert

$$n_{31} = \frac{\pi \eta_3}{\varkappa \varepsilon_3}. \qquad \text{(VI 7)}$$

Die Asymptoten der $\varkappa$-Kurven sind durch die folgenden Gleichungen bestimmt:

für $n_{21} \to \infty$

$$\frac{\tan \varepsilon_3}{\varepsilon_3} = \frac{\varkappa}{\eta_3 \pi}\left(\frac{1}{\tan \varepsilon_1} - \eta_2 \frac{\pi}{\varkappa}\right), \qquad \text{(VI 8)}$$

für $n_{31} \to \infty$

$$\frac{\tan \varepsilon_2}{\varepsilon_2} + \frac{\eta_3}{\eta_2} \frac{\varkappa}{\eta_2 \pi} \frac{1}{\tan \varepsilon_1} \varepsilon_2 \tan \varepsilon_2 = \frac{\varkappa}{\eta_2 \pi} \frac{1}{\tan \varepsilon_1} - \frac{\eta_3}{\eta_2}. \qquad \text{(VI 9)}$$

Der singuläre Punkt für $n_{21} \to \infty$, $n_{31} \to \infty$ ist durch den Ausdruck

$$\frac{\eta_1 \pi}{\varkappa} \tan \frac{\eta_1 \pi}{\varkappa} = \frac{\eta_1}{\eta_2 + \eta_3} \qquad \text{(VI 10)}$$

gegeben.

Die Werte der $\varkappa$-Kurven, für die $n_{21} = n_{31}$ ist und welche daher den Sonderfall des Stabes mit nur zwei Abstufungen (Euler-Fall I) bzw. nur drei Abstufungen („symmetrischer" Euler-Fall II) beschreiben, werden aus

$$n_{21} \tan \varepsilon_1 \tan \varepsilon_2 = 1 \qquad \text{(VI 11)}$$

erhalten.

b) Euler-Fall II. Es wird auch hier die Bezeichnung

$$\frac{l_i}{l} = \eta_i; \quad i = 1, 2, 3$$

eingeführt. Als Bezugsträgheitsmoment wird das Trägheitsmoment J_2 der mittleren Abstufung gewählt (Abb. VI 3), und für die Verhältnisse der Wurzeln der Trägheitsmomente folgende Bezeichnungen eingeführt:

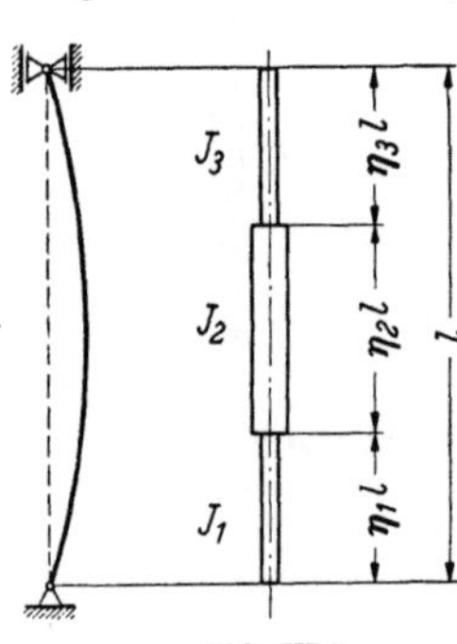

Abb. VI 3

$$\left.\begin{aligned} \sqrt{\frac{J_1}{J_2}} &= n_{12}, \\ \sqrt{\frac{J_3}{J_2}} &= n_{32}. \end{aligned}\right\} \qquad \text{(VI 12)}$$

Die Knicklast kann wieder in der Form

$$\underline{\underline{P_{\text{kr}}}} = \frac{\pi^2 E J_2}{(\varkappa l)^2} = \underline{\underline{\frac{\pi^2 E J_2}{l_k^2}}} \qquad \text{(VI 13)}$$

angeschrieben werden. Für ε_i erhält man:

$$\varepsilon_i = k_i l_i = \frac{\pi \eta_i}{\varkappa n_{i2}}. \qquad \text{(VI 14)}$$

Die Gl. (IV 522) geht über in:

$$\frac{1}{n_{32}} \cot \varepsilon_2 \cot \varepsilon_3 + \frac{1}{n_{12}} \frac{1}{n_{32}} \cot \varepsilon_1 \cot \varepsilon_2 + \frac{1}{n_{12}} \cot \varepsilon_1 \cot \varepsilon_3 = 1. \qquad \text{(VI 15)}$$

Für den Euler-Fall II wurde die Anzahl der Diagramme auf Grund der früher erwähnten Erwägungen auf vier festgesetzt (Abb. VI 2):

Diagramm II.1: $\eta_1 = \frac{l_1}{l} = 0{,}2$; $\eta_2 = \frac{l_2}{l} = 0{,}4$; $\eta_3 = \frac{l_3}{l} = 0{,}4$

Diagramm II.2: $\eta_1 = 0{,}2$; $\eta_2 = 0{,}6$; $\eta_3 = 0{,}2$

Diagramm II.3: $\eta_1 = 0{,}4$; $\eta_2 = 0{,}2$; $\eta_3 = 0{,}4$

Diagramm II.4: $\eta_1 = 0{,}6$; $\eta_2 = 0{,}2$; $\eta_3 = 0{,}2$.

Die Werte n_{12} wurden auf der Abszisse und die Werte n_{32} auf der Ordinate aufgetragen.

Die Ordinaten n_{32} der einzelnen $\varkappa$-Kurven wurden für die angenommenen Abszissen n_{12} aus der Gleichung

$$\frac{\cot \varepsilon_3}{n_{32}} = \frac{1 - \frac{1}{n_{12}} \cot \varepsilon_1 \cot \varepsilon_2}{\cot \varepsilon_2 + \frac{\cot \varepsilon_1}{n_{12}}} \qquad \text{(VI 16)}$$

ermittelt.

Die Asymptoten sind durch die folgenden Ausdrücke bestimmt:

für $n_{12} \to \infty$

$$\frac{\cot \varepsilon_3}{n_{32}} = \frac{1 - \frac{\varkappa}{\pi} \frac{1}{\eta_1} \cot \varepsilon_2}{\cot \varepsilon_2 + \frac{\varkappa}{\pi} \frac{1}{\eta_1}} \tag{VI 17}$$

und für $n_{32} \to \infty$

$$\frac{\cot \varepsilon_1}{n_{12}} = \frac{1 - \frac{\varkappa}{\pi} \frac{1}{\eta_3} \cot \varepsilon_2}{\cot \varepsilon_2 + \frac{\varkappa}{\pi} \frac{1}{\eta_3}}. \tag{VI 18}$$

Der singuläre Punkt für $n_{12} = n_{32} \to \infty$ ist durch den Ausdruck

$$\frac{\varkappa}{\pi} \left[(\eta_1 + \eta_3) \cot \varepsilon_2 + \frac{\varkappa}{\pi} \right] = \eta_1 \eta_3 \tag{VI 19}$$

gegeben.

Die Punkte auf der Diagonale, d. h. für die $n_{12} = n_{32}$ ist, werden aus

$$\frac{\cot \varepsilon_3}{n_{12}} = \frac{1 - \frac{1}{n_{12}} \cot \varepsilon_1 \cot \varepsilon_2}{\cot \varepsilon_2 + \frac{\cot \varepsilon_1}{n_{12}}} \tag{VI 20}$$

ermittelt.

c) Euler-Fall III. Für den EULER-Fall III (Abb. VI 4) werden die gleichen Bezeichnungen wie für den EULER-Fall I eingeführt.

Mit diesen Bezeichnungen kann die Gl. (IV 523) in folgender Form angeschrieben werden:

$$\begin{aligned} &\frac{\varkappa}{\pi} \left(\tan \varepsilon_1 + n_{21} \tan \varepsilon_2 + n_{31} \tan \varepsilon_3 - \frac{n_{31}}{n_{21}} \tan \varepsilon_1 \tan \varepsilon_2 \tan \varepsilon_3 \right) \\ &= 1 - n_{21} \tan \varepsilon_1 \tan \varepsilon_2 - n_{31} \tan \varepsilon_1 \tan \varepsilon_3 - \frac{n_{31}}{n_{21}} \tan \varepsilon_2 \tan \varepsilon_3. \end{aligned} \tag{VI 21}$$

Für den EULER-Fall III sind, ebenso wie für den EULERFall I, sechs Diagramme mit derselben Anordnung von Abstufungen aufgestellt worden.

Die Werte n_{21} wurden auf der Abszisse und die Werte n_{31} auf der Ordinate aufgetragen.

Die praktische Ermittlung der Ordinaten der einzelnen $\varkappa$-Kurven für die angenommenen Aszissen erfolgte durch die Lösung der Gl. (VI 21) in der Form:

$$\frac{\tan \varepsilon_3}{\varepsilon_3} = \frac{1}{\eta_3} \frac{\left(1 - \frac{\varkappa}{\pi} \tan \varepsilon_1\right) - \left(1 + \frac{\pi}{\varkappa} \tan \varepsilon_1\right) \frac{\varkappa}{\pi} n_{21} \tan \varepsilon_2}{\left(1 - \frac{\varkappa}{\pi} \tan \varepsilon_1\right) \frac{\pi}{\varkappa} \frac{1}{n_{21}} \tan \varepsilon_2 + \left(1 + \frac{\pi}{\varkappa} \tan \varepsilon_1\right)} \tag{VI 22}$$

Abb. VI 4

Die Asymptoten der $\varkappa$-Kurven sind durch folgende Gleichungen bestimmt:

für $n_{21} \to \infty$

$$\frac{\tan \varepsilon_3}{\varepsilon_3} = \frac{1}{\eta_3} \left(\frac{1 - \frac{\varkappa}{\pi} \tan \varepsilon_1}{1 + \frac{\pi}{\varkappa} \tan \varepsilon_1} - \eta_2 \right), \tag{VI 23}$$

für $n_{31} \to \infty$

$$\frac{\tan\varepsilon_2}{\varepsilon_2} = \frac{1}{\eta_2} \frac{\left(1 - \frac{\varkappa}{\pi}\tan\varepsilon_1\right) - \eta_3\left(1 + \frac{\pi}{\varkappa}\tan\varepsilon_1\right)}{\left(1 + \frac{\pi}{\varkappa}\tan\varepsilon_1\right) + \eta_3\left(1 - \frac{\varkappa}{\pi}\tan\varepsilon_1\right)\frac{\pi^2}{\varkappa^2}\frac{1}{n_{21}^2}}. \tag{VI 24}$$

Der singuläre Punkt für $n_{21} \to \infty$, $n_{31} \to \infty$ ist durch den Ausdruck:

$$\frac{\tan\varepsilon_1}{\varepsilon_1} = \frac{1}{1 + \left(\frac{\pi}{\varkappa}\right)^2 (1 - \eta_1)} \tag{VI 25}$$

gegeben.

Die Werte der $\varkappa$-Kurven, für die $n_{21} = n_{31}$ ist, und welche daher den Sonderfall des Stabes mit nur zwei Abstufungen beschreiben, werden aus

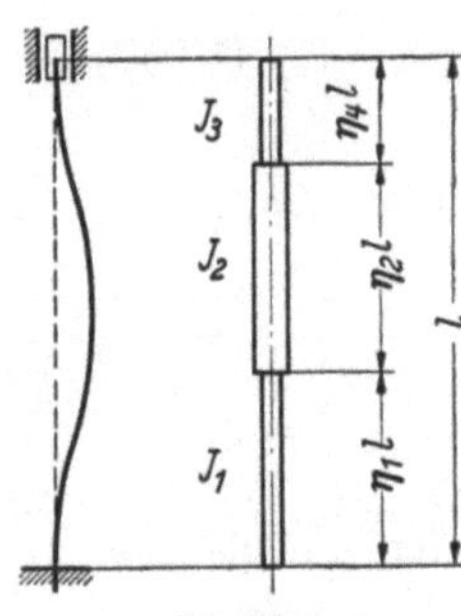

Abb. VI 5

$$\frac{\tan\varepsilon_{23}}{\varepsilon_{23}} = \frac{1}{(1 - \eta_1)} \frac{1 - \frac{\varkappa}{\pi}\tan\varepsilon_1}{1 + \frac{\pi}{\varkappa}\tan\varepsilon_1} \tag{VI 26}$$

erhalten, wo $\varepsilon_{23} = \frac{\pi}{\varkappa}\frac{\eta_2 + \eta_3}{n_{21}}$ ist.

d) Euler-Fall IV. Die Diagramme für diesen Euler-Fall (Abb. VI 5) werden in gleicher Weise wie beim Euler-Fall II aufgestellt.

Mit den eingeführten Bezeichnungen (VI 3) und (VI 12) geht die Gl. (IV 524) über in

$$\begin{aligned} &\frac{2}{\cos\varepsilon_1\cos\varepsilon_2\cos\varepsilon_3} - 2 + \left(\frac{1}{n_{12}} + n_{12}\right)\tan\varepsilon_1\tan\varepsilon_2 + \\ &+ \left(\frac{n_{32}}{n_{12}} + \frac{n_{12}}{n_{32}}\right)\tan\varepsilon_1\tan\varepsilon_3 + \left(n_{32} + \frac{1}{n_{32}}\right)\tan\varepsilon_2\tan\varepsilon_3 = \\ &= \frac{\pi}{\varkappa}\left(\frac{1}{n_{12}}\tan\varepsilon_1 + \tan\varepsilon_2 + \frac{1}{n_{32}}\tan\varepsilon_3 - \frac{1}{n_{12}}\frac{1}{n_{32}}\tan\varepsilon_1\tan\varepsilon_2\tan\varepsilon_3\right). \end{aligned} \tag{VI 27}$$

Die Ordinaten n_{32} der einzelnen $\varkappa$-Kurven ergeben sich für die angenommenen Abszissen n_{12} aus der Gleichung

$$\begin{aligned} &\frac{1}{n_{32}}\tan\varepsilon_3 = \\ &\frac{\left(1 - \frac{1}{n_{12}}\tan\varepsilon_1\tan\varepsilon_2\right) + (1 - n_{12}\tan\varepsilon_1\tan\varepsilon_2) + \frac{\pi}{\varkappa}\left(\frac{1}{n_{12}}\tan\varepsilon_1 + \tan\varepsilon_2\right) - \frac{2}{\cos\varepsilon_1\cos\varepsilon_2\cos\varepsilon_3}}{-\frac{\pi}{\varkappa}\left(1 - \frac{1}{n_{12}}\tan\varepsilon_1\tan\varepsilon_2\right) + n_{32}^2\left(\frac{1}{n_{12}}\tan\varepsilon_1 + \tan\varepsilon_2\right) + (n_{12}\tan\varepsilon_1 + \tan\varepsilon_2)} \end{aligned} \tag{VI 28}$$

Die Asymptoten sind durch folgende Ausdrücke bestimmt:

für $n_{12} \to \infty$

$$\frac{1}{n_{32}}\tan\varepsilon_3 = \frac{2 + \frac{\pi}{\varkappa}\tan\varepsilon_2(1 - \eta_1) - \frac{2}{\cos\varepsilon_2\cos\varepsilon_3}}{(1 + n_{32}^2)\tan\varepsilon_2 - \frac{\pi}{\varkappa}(1 - \eta_1)}, \tag{VI 29}$$

für $n_{32} \to \infty$

$$\frac{1}{n_{12}}\tan\varepsilon_1 = \frac{2 + \frac{\pi}{\varkappa}\tan\varepsilon_2(1 - \eta_3) - \frac{2}{\cos\varepsilon_1\cos\varepsilon_2}}{(1 + n_{12}^2)\tan\varepsilon_2 + \frac{\pi}{\varkappa}(1 - \eta_3)}. \tag{VI 30}$$

Der singuläre Punkt für $n_{12} \to \infty$ ist durch folgenden Ausdruck gegeben:

$$2 - \frac{2}{\cos \varepsilon_1} + \frac{\pi}{\varkappa} \eta_2 \tan \varepsilon_2 = 0; \quad \text{bzw.} \quad \varkappa = \frac{\eta_2}{2}. \qquad \text{(VI 31)}$$

Die Punkte auf der Diagonale, d. h. für die $n_{12} = n_{32}$ ist, werden aus:

$$\frac{1}{n_{12}} \tan \varepsilon_3 = \qquad \text{(VI 32)}$$

$$\frac{\left(1 - \frac{1}{n_{12}} \tan \varepsilon_1 \tan \varepsilon_2\right) + (1 - n_{12} \tan \varepsilon_1 \tan \varepsilon_2) + \frac{\pi}{\varkappa}\left(\frac{1}{n_{12}} \tan \varepsilon_1 + \tan \varepsilon_2\right) - \frac{2}{\cos \varepsilon_1 \cos \varepsilon_2 \cos \varepsilon_3}}{-\frac{\pi}{\varkappa}\left(1 - \frac{1}{n_{12}} \tan \varepsilon_1 \tan \varepsilon_2\right) + (n_{12} \tan \varepsilon_1 + \tan \varepsilon_2) + n_{12}^2 \left(\frac{1}{n_{12}} \tan \varepsilon_1 + \tan \varepsilon_2\right)}$$

bestimmt.

e) Bereiche der Diagramme. Nachstehend werden noch einige Gesichtspunkte in bezug auf die Wahl der Bereiche der Diagramme und der Maßstäbe, sowie einige für den Gebrauch wichtige Merkmale beschrieben.

Der Bereich jedes einzelnen Diagrammes ist folgender:

Die beiden n-Werte, also n_{21}, n_{31} bei den Diagrammen 1 und 3, wie auch n_{12}, n_{32} bei den Diagrammen 2 und 4, durchlaufen den ganzen Bereich von $0 - \infty$.

Die $\varkappa$-Kurven sind in den einzelnen Diagrammen für kleinste Werte bis $n \cong 0{,}1$ eingerechnet, was einem Verhältnis der Trägheitsmomente zum Bezugsträgheitsmoment von $n^2 \cong 0{,}01$ entspricht.

Diejenige ganzzahlige $\varkappa$-Kurve, welche dem Punkt mit den Koordinaten $n_{21} = n_{31} = 0{,}1$ (bzw. $n_{12} = n_{32} = 0{,}1$) am nächsten gelegen ist, wurde als Kurve mit dem größten $\varkappa$-Wert in das betreffende Diagramm eingetragen. Noch größere $\varkappa$-Werte dürften in der Praxis kaum vorkommen, können aber nötigenfalls mit den angegebenen Formeln berechnet werden.

Der $\varkappa$-Wert, der sich als singulärer Punkt für die Koordinaten $n = \infty$ ergibt, ist der absolut kleinste $\varkappa$-Wert. Er ist in den einzelnen Diagrammen in der rechten oberen Ecke eingetragen.

Die dick gezeichnete Kurve in den Diagrammen ist der geometrische Ort aller Verhältnispaare n_{21}, n_{31} (bzw. n_{12}, n_{32}), für welche der Stab dieselbe Knicklänge hat wie ein Stab gleicher Länge mit dem konstanten Trägheitsmoment J_1 (Diagramme I, III) bzw. J_2 (Diagramme II, IV). Diese $\varkappa$-Kurve enthält in allen Fällen die Koordinaten

$$n_{21} = n_{31} = 1, \quad \text{bzw.} \quad n_{12} = n_{32} = 1.$$

Zwischen diesen für jedes Diagramm charakteristischen $\varkappa$-Kurven, bzw. den singulären $\varkappa$-Stellen, sind die übrigen Kurven derart eingeschaltet, daß die Übersichtlichkeit nicht leidet und die Interpolation genügend genau vorgenommen werden kann.

Die Wahl des Maßstabes ist für den praktischen Gebrauch von großer Bedeutung, um einerseits zwischen den eingezeichneten Koordinaten-Linien die benötigten Stellen genau ablesen zu können, andererseits, um die Bereiche von 0 bis ∞ auf der Abszisse und auf der Ordinate gut unterzubringen (Abb. VI 6 bis VI 9). Es wurden, sowohl auf der Abszisse als auch auf der Ordinate, zwei Maßstäbe verwendet:

a) Für $0 < n \leq 1$

x (bzw. y) cm $= 10n$, also ist z. B. für $n = 0{,}1$ x (bzw. y) $= 1$ cm

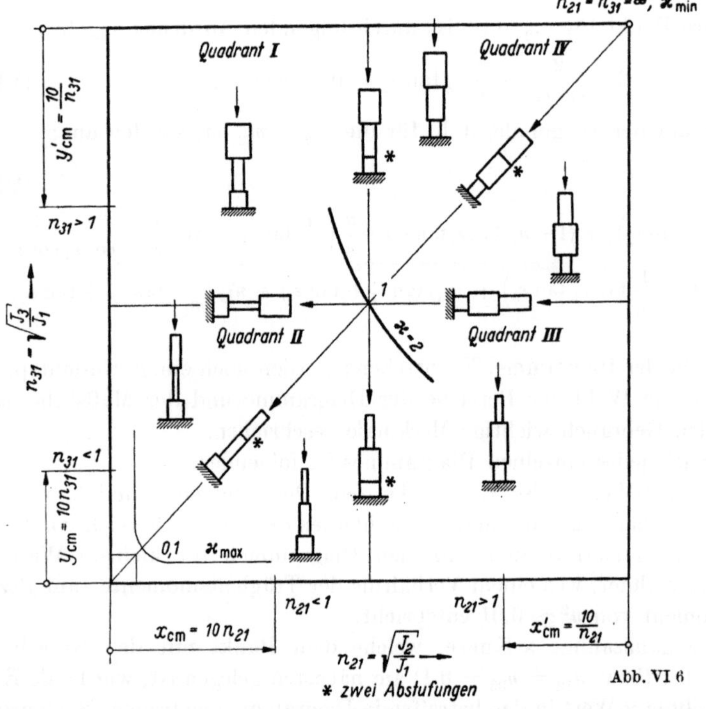

Abb. VI 6

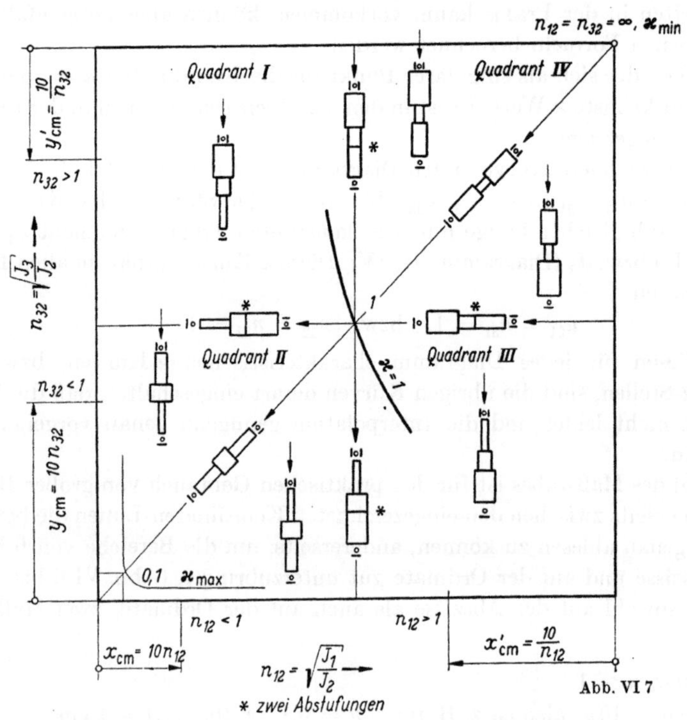

Abb. VI 7

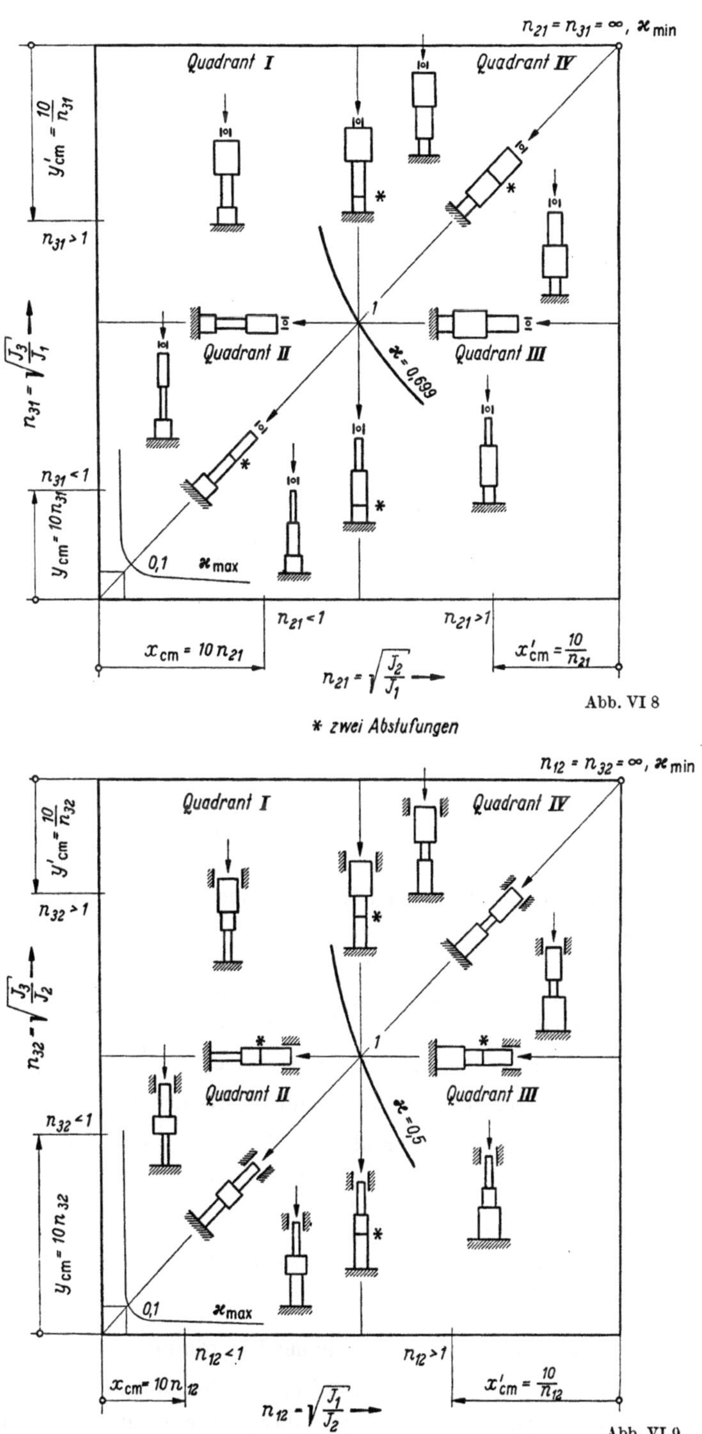

Abb. VI 8

Abb. VI 9

b) Für $1 \leqq n < \infty$

$$x \text{ (bzw. } y) \text{ cm} = \left(20 - \frac{10}{n}\right) = \left(2 - \frac{1}{n}\right) \cdot 10,$$

also ist z. B. für $n = 5$

$$x \text{ (bzw.) } y = \left(2 - \frac{1}{n}\right) \cdot 10 = 18 \text{ cm}.$$

In diesem Fall kann man n ebenfalls sehr genau ablesen oder auftragen, indem man den reziproken Wert vom Außenrand gegen innen aufträgt, denn es ist

$$x' = 20 \text{ cm} - x \text{ (bzw. } y' = 20 \text{ cm} - y) = 10 \frac{1}{n}$$

(s. Abb. VI 6 bis VI 9).

In den Abb. VI 6 bis VI 9 sind die Bereiche der Trägheitsmomentenverhältnisse veranschaulicht.

Das Verhältnis $\varkappa = \frac{l_x}{l}$ wurde den Diagrammen deshalb als maßgebender, gesuchter Wert zugrunde gelegt, da mit dessen Hilfe entweder die Knicklast gefunden werden, oder die Bemessung, ohne Kenntnis derselben, nach einer der in den verschiedenen Normen vorgeschriebenen $\sigma_{\text{zul}} - \lambda_k$-Linien vorgenommen werden kann.

Für ein Bezugsträgheitsmoment J_1 findet man aus den Diagrammen I bzw. III:

$$\underline{\underline{\varkappa = \frac{l_k}{l}}}, \quad \underline{\underline{\lambda_k = \frac{l_k}{i_1}}}, \quad \text{wobei} \quad \underline{\underline{i_1 = \sqrt{\frac{J_1}{F_1}}}}$$

und daraus

$$\underline{\underline{\sigma_{\text{kr}}}} = \frac{P_{\text{kr}}}{F_1} = \underline{\underline{\frac{\pi^2}{\lambda_k^2} T_k}} \quad \text{bzw.} \quad \underline{\underline{\frac{\pi^2}{\lambda_k^2} T}},$$

wobei T_k der Knickmodul nach Engesser-Kármán, oder T der Tangentenmodul nach Engesser-Shanley ist. Dieser Modul kann auch aus einem linearen (Tetmajer), elliptischen (Hartmann), parabolischen (Bleich) oder sonstwie angenommenen Verlauf der σ_{kr}—λ_k-Linie im plastischen Bereich gefunden werden. Für den elastischen Bereich $\sigma_{\text{kr}} < \sigma_P$ wird $T_k = E$ bzw. $T = E$.

Wenn eine σ_{kr}—λ_k-Linie vorgeschrieben ist, wobei $\sigma_{\text{zul}} = \frac{\sigma_{\text{kr}}}{\nu_E}$ bzw. $\sigma_{\text{zul}} = \frac{\sigma_{\text{kr}}}{\nu_T}$ (ν_E, ν_T Sicherheitskoeffizienten im elastischen und plastischen Bereich), wie dies in den Knickvorschriften der meisten Länder der Fall ist, wird mit dem $\lambda_k = \frac{l_k}{i_1}$ sofort σ_{zul} gefunden, bzw. bei vorliegenden ω-Werten (Deutschland, Österreich) zuerst ein $\omega = f(\lambda_k)$ und daraus $\sigma_{\text{zul}} = \omega \frac{P}{F}$.

Für die Diagramme II und IV sind in den obigen Formeln statt J_1, i_1 und F_1 die Werte J_2, i_2 und F_2 zu setzen.

2. Gebrauch und Anwendung der Diagramme

a) Übereinstimmung der Abstufungen. Bei Übereinstimmung der Abstufungen geht die Anwendung der Diagramme aus den obigen Ausführungen hervor. Da der Gebrauch in diesen Fällen natürlich viel einfacher ist, wird man, besonders für Vorberechnungen, danach trachten, den vorliegenden Stab möglichst den in den Diagrammen behandelten Abstufungen anzupassen, wobei man bei einiger Übung mit geringfügigen Fehlern die Knicklängen richtig abschätzen kann.

Beispiel 1. Es liege ein eingespannter Stab mit den Abstufungen 0,4, 0,2, 0,4 vor. Die Verhältnisse der Trägheitsmomente seien

$$\frac{J_2}{J_1} = 0{,}55, \qquad \frac{J_3}{J_1} = 0{,}11.$$

Es kommt das Diagramm I.4 zur Anwendung.

Mit $n_{21} = \sqrt{0{,}55} = 0{,}74$ und $n_{31} = \sqrt{0{,}11} = 0{,}33$ wird unmittelbar $\varkappa = 3$ gefunden.

Beispiel 2. Für einen gelenkig gelagerten Stab mit 5 Abstufungen 0,4, 0,4, 0,4, 0,4, 0,4 sei

$$\frac{J_3}{J_1} = 0{,}64 \quad \text{und} \quad \frac{J_2}{J_1} = 4.$$

Es kommt das Diagramm I.2 zur Anwendung.

Mit $n_{31} = \sqrt{0{,}64} = 0{,}8$ und $n_{21} = \sqrt{4} = 2$ findet man

$$1{,}8 < \varkappa < 1{,}6.$$

Eine geradlinige Interpolation auf einer Strecke, wie in Abb. V I 10 angegeben, ergibt

$$\varkappa = 1{,}6 + \frac{0{,}7}{2{,}4} \cdot 0{,}2 = 1{,}66.$$

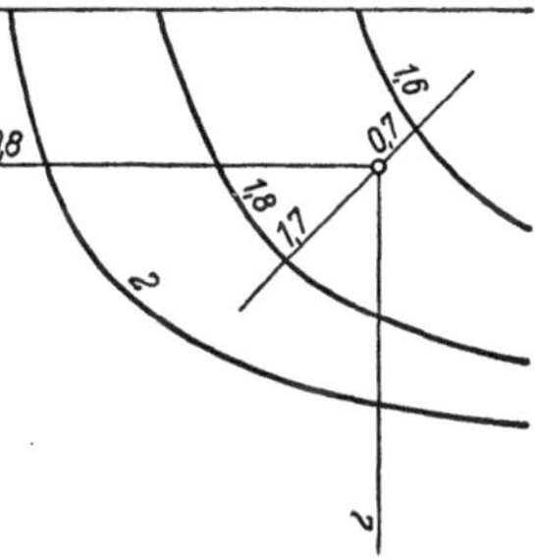

Abb. VI 10

Da die Abstände der $\varkappa$-Kurven mit wachsendem $\varkappa$ kleiner werden (1,8 liegt näher an 2 als an 1,6), rechnet man mit einer einfachen, linearen Interpolation etwas zu ungünstig.

b) Die Abstufungen des gegebenen Stabes stimmen nicht mit denjenigen der Diagramme überein. α) *Euler-Fälle I und II.* Wenn eine Übereinstimmung der Längenabstufungen auch nicht näherungsweise vorliegt, kann der gesuchte Wert $\varkappa$ rasch unter Anwendung von Hilfswerten gefunden werden, welche aus den Tab. VI 1 und VI 2 für die Diagramme I und II entnommen werden.

Die folgende Betrachtung, sowie die nachstehenden Beispiele erläutern den Vorgang.

Wir gehen von der Differentialgleichung der Biegelinie

$$\frac{d^2y}{dx^2} = -\frac{M}{EJ} \tag{VI 33}$$

aus.

Nach Mohr können die Biegelinien als Momentenlinien der reduzierten Momentenbelastung $p = -\frac{M}{EJ}$ unter Beachtung der Randbedingungen erhalten werden.

Einen Stab mit einer beliebigen Anzahl von Abstufungen ersetzen wir durch einen mit nur drei Abstufungen, welcher dem gegebenen in bezug auf die Anordnung derselben am besten entspricht.

Es werden zuerst die Trägheitsmomente J_1, J_2 und J_3 dieses „Bezugstabes" bestimmt, mit deren Hilfe der Wert $\varkappa$ aus dem Diagramm gefunden wird.

Der gegebene Stab möge im Bereich der Abstufung i ($i = 1, 2, 3$) des Bezugstabes p Abstufungen haben.

Tabelle VI 1

ξ	$\sin \frac{\pi}{2} \xi$	ξ	$\sin \frac{\pi}{2} \xi$	ξ	$\sin \frac{\pi}{2} \xi$	ξ	$\sin \frac{\pi}{2} \xi$	ξ	$\sin \frac{\pi}{2} \xi$
0,00	0,00000	0,2	0,30902	0,4	0,58779	0,6	0,80902	0,8	0,95106
0,01	0,01571	0,21	0,32392	0,41	0,60042	0,61	0,81815	0,81	0,95579
0,02	0,03141	0,22	0,33874	0,42	0,61291	0,62	0,82708	0,82	0,96029
0,03	0,04711	0,23	0,35347	0,43	0,62524	0,63	0,83581	0,83	0,96455
0,04	0,06279	0,24	0,36812	0,44	0,63742	0,64	0,84433	0,84	0,96858
0,05	0,07846	0,25	0,38268	0,45	0,64945	0,65	0,85264	0,85	0,97237
0,06	0,09411	0,26	0,39715	0,46	0,66131	0,66	0,86074	0,86	0,97592
0,07	0,10974	0,27	0,41152	0,47	0,67301	0,67	0,86863	0,87	0,97922
0,08	0,12533	0,28	0,42578	0,48	0,68455	0,68	0,87631	0,88	0,98229
0,09	0,14090	0,29	0,43994	0,49	0,69591	0,69	0,88376	0,89	0,98510
0,1	0,15643	0,3	0,45399	0,5	0,70711	0,7	0,89101	0,9	0,98769
0,11	0,17193	0,31	0,46793	0,51	0,71813	0,71	0,89803	0,91	0,99002
0,12	0,18738	0,32	0,48175	0,52	0,72897	0,72	0,90483	0,92	0,99211
0,13	0,20279	0,33	0,49546	0,53	0,73963	0,73	0,91140	0,93	0,99396
0,14	0,21814	0,34	0,50904	0,54	0,75011	0,74	0,91775	0,94	0,99556
0,15	0,23375	0,35	0,52250	0,55	0,76040	0,75	0,92388	0,95	0,99692
0,16	0,24869	0,36	0,53583	0,56	0,77051	0,76	0,92978	0,96	0,99803
0,17	0,26387	0,37	0,54902	0,57	0,78043	0,77	0,93544	0,97	0,99889
0,18	0,27899	0,38	0,56208	0,58	0,79016	0,78	0,94088	0,98	0,99951
0,19	0,29404	0,39	0,57500	0,59	0,79968	0,79	0,94608	0,99	0,99987

Tabelle VI 2

ξ	$\cos \pi \xi$	ξ	$\cos \pi \xi$	ξ	$\cos \pi \xi$	ξ	$\cos \pi \xi$	ξ	$\cos \pi \xi$
0,00	1,00000	0,2	0,80902	0,4	0,30902	0,6	−0,30902	0,8	−0,80902
0,01	0,99951	0,21	0,79016	0,41	0,27899	0,61	−0,33874	0,81	−0,82708
0,02	0,99803	0,22	0,77051	0,42	0,24869	0,62	−0,36812	0,82	−0,84433
0,03	0,99556	0,23	0,75011	0,43	0,21814	0,63	−0,39715	0,83	−0,86074
0,04	0,99211	0,24	0,72897	0,44	0,18738	0,64	−0,42578	0,84	−0,87631
0,05	0,98769	0,25	0,70711	0,45	0,15643	0,65	−0,45399	0,85	−0,89101
0,06	0,98229	0,26	0,68455	0,46	0,12533	0,66	−0,48175	0,86	−0,90483
0,07	0,97592	0,27	0,66131	0,47	0,09411	0,67	−0,50904	0,87	−0,91775
0,08	0,96858	0,28	0,63742	0,48	0,06279	0,68	−0,53583	0,88	−0,92978
0,09	0,96029	0,29	0,61291	0,49	0,03141	0,69	−0,56208	0,89	−0,94088
0,1	0,95106	0,3	0,58779	0,5	0,00000	0,7	−0,58779	0,9	−0,95106
0,11	0,94088	0,31	0,56208	0,51	−0,03141	0,71	−0,61291	0,91	−0,96029
0,12	0,92978	0,32	0,53583	0,52	−0,06279	0,72	−0,63742	0,92	−0,96858
0,13	0,91775	0,33	0,50904	0,53	−0,09411	0,73	−0,66131	0,93	−0,97592
0,14	0,90483	0,34	0,48175	0,54	−0,12533	0,74	−0,68455	0,94	−0,98229
0,15	0,89101	0,35	0,45399	0,55	−0,15643	0,75	−0,70711	0,95	−0,98769
0,16	0,87631	0,36	0,42578	0,56	−0,18738	0,76	−0,72897	0,96	−0,99211
0,17	0,86074	0,37	0,39715	0,57	−0,21814	0,77	−0,75011	0,97	−0,99556
0,18	0,84433	0,38	0,36812	0,58	−0,24869	0,78	−0,77051	0,98	−0,99803
0,19	0,82708	0,39	0,33874	0,59	−0,27899	0,79	−0,79016	0,99	−0,99951

Die Abszissen des Beginns bzw. des Endes jeder einzelnen Abstufung j $j = (1, 2 \ldots p)$ werden mit

$$x_{i,j-1} = \xi_{i,j-1}\, l$$

zw.

$$x_{i,j} = \xi_{i,j}\, l$$

bezeichnet (Abb. VI 11a).

Die reduzierte Momentenlinie wird mit $\frac{M^*}{E J^*_{ij}}$ (Abb. VI 11b) und die Biegelinie mit y^* bezeichnet.

Der Bezugstab hat im Bereich der Abstufung i das konstante Trägheitsmoment J_i, die Ordinaten der reduzierten Momentenlinie sind $\frac{M}{E J_i}$ (Abb. VI 11d) und die Ordinaten der Biegelinie sind y.

Die als fiktive Belastung aufgefaßte reduzierte Momentenlinie $\frac{M^*}{E J^*_{ij}}$ wird durch die Linie $\frac{M}{E J_i}$ ersetzt, und zwar auf die Art, daß die Resultierenden dieser beiden fiktiven Belastungen einander gleichgesetzt werden:

$$\frac{1}{E} \int\limits_{\xi_{i-1}}^{\xi_i} \frac{M^*}{J^*_{ij}}\, d\xi = \frac{1}{E J_i} \int\limits_{\xi_{i-1}}^{\xi_i} M\, d\xi. \qquad \text{(VI 34)}$$

Wir können dann annehmen, daß die Ordinaten der Momentenlinien im Bereich i einander näherungsweise gleichgesetzt werden können, d. h.

$$M^* = M.$$

Aus Gl. (VI 34) kann dann J_i bestimmt werden:

$$\sum_{j=1}^{p} \frac{1}{J^*_{ij}} \int\limits_{\xi_{i,j-1}}^{\xi_{ij}} M\, d\xi = \frac{1}{J_i} \int\limits_{\xi_{i-1}}^{\xi_i} M\, d\xi$$

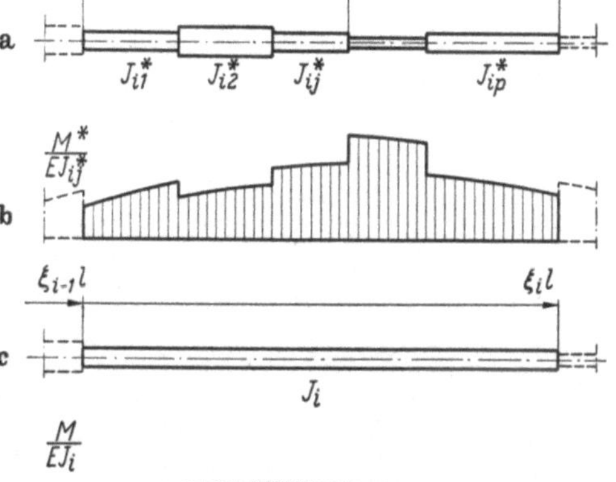

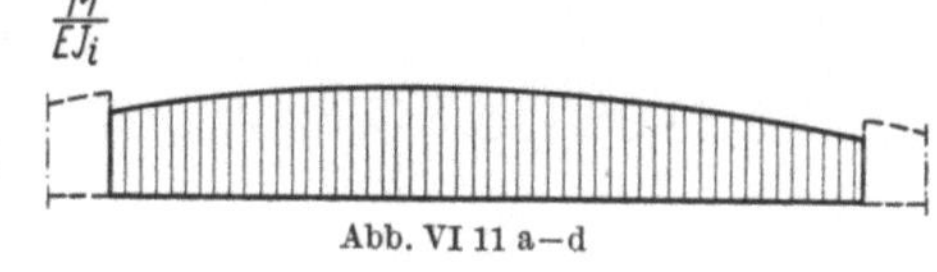

Abb. VI 11 a–d

bzw.

$$J_i = \frac{\int\limits_{\xi_{i-1}}^{\xi_i} M\, d\xi}{\sum\limits_{j=1}^{p} \frac{1}{J^*_{ij}} \int\limits_{\xi_{i,j-1}}^{\xi_{ij}} M\, d\xi} \qquad i = 1, 2, 3. \qquad \text{(VI 35)}$$

Um das Trägheitsmoment aus Gl. (VI 35) bestimmen zu können, müssen wir den Verlauf der Momentenlinien festsetzen.

Für den Euler-Fall I nehmen wir zu diesem Zwecke an, daß die Momentenlinie genügend genau durch den Ausdruck:

$$M = -P\, y_0 \cos \frac{\pi \xi}{2}$$

und für den Euler-Fall II durch den Ausdruck

$$M = -P\, y_0 \sin \pi \xi$$

bestimmt ist.

Auf Grund von Gl. (VI 35) erhalten wir dann für den Euler-Fall I:

$$J_i = \frac{\sin\frac{\pi\,\xi_i}{2} - \sin\frac{\pi\,\xi_{i-1}}{2}}{\sum\limits_{j=1}^{p} \frac{1}{J_{ij}^*}\left(\sin\frac{\pi\,\xi_{ij}}{2} - \sin\frac{\pi\,\xi_{i,j-1}}{2}\right)} \qquad i = 1, 2, 3 \qquad \text{(VI 36)}$$

und für den Euler-Fall II

$$J_i = \frac{\cos\pi\,\xi_{i-1} - \cos\pi\,\xi_i}{\sum\limits_{j=1}^{p} \frac{1}{J_{ij}^*}\left(\cos\pi\,\xi_{i,j-1} - \cos\pi\,\xi_{ij}\right)} \qquad i = 1, 2, 3. \qquad \text{(VI 37)}$$

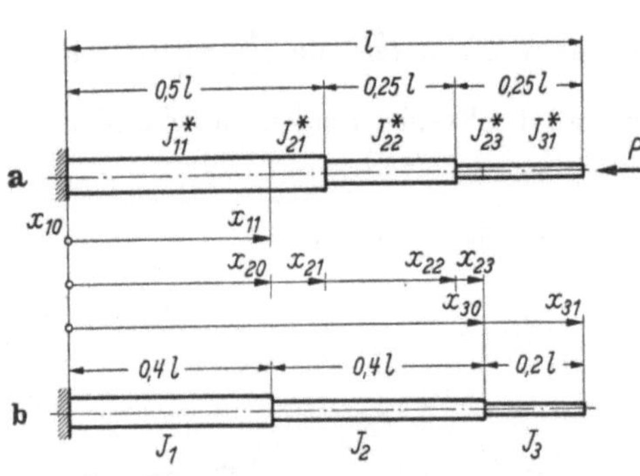

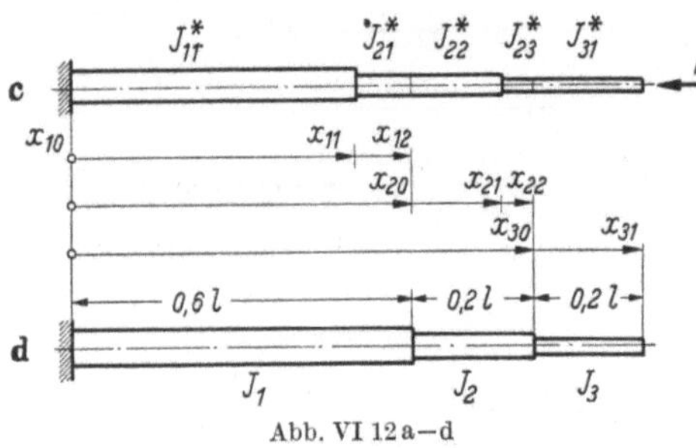

Abb. VI 12a–d

Die Werte $\sin\frac{\pi\,\xi}{2}$ und $\cos\pi\,\xi$ sind, wie erwähnt, aus den Tab. VI 1 und VI 2 zu entnehmen.

Beispiel 3. Wir untersuchen einen Stab mit drei Abstufungen gemäß Abb. VI 12a bzw. Abb. VI 12c. Die Abstufungen und die Trägheitsmomente betragen

$$\eta_{1,2,3}^* = 0{,}5,\ 0{,}25,\ 0{,}25$$

$$J_{1,2,3}^* = 1,\ 0{,}1,\ 0{,}02.$$

Da der Euler-Fall I vorliegt, wählen wir eines der Diagramme I, zunächst Diagramm I.5, mit den Abstufungen

$$\eta_{1,2,3} = 0{,}4,\ 0{,}4,\ 0{,}2.$$

Die für den Euler-Fall I aufgestellte Gl. (VI 36) zur Bestimmung der Trägheitsmomente J_1, J_2 und J_3 ergibt unter Beachtung der Abb. VI 12a und Abb. VI 12b:

$$J_1 = \frac{\sin\frac{\pi}{2}0{,}4 - \sin\frac{\pi}{2}\cdot 0}{\frac{1}{1}\left(\sin\frac{\pi}{2}0{,}4 - \sin\frac{\pi}{2}\cdot 0\right)}$$

$$J_2 = \frac{\sin\frac{\pi}{2}0{,}8 - \sin\frac{\pi}{2}0{,}4}{\frac{1}{1}\left(\sin\frac{\pi}{2}0{,}5 - \sin\frac{\pi}{2}0{,}4\right) + \frac{1}{0{,}1}\left(\sin\frac{\pi}{2}0{,}75 - \sin\frac{\pi}{2}0{,}5\right) + \frac{1}{0{,}02}\left(\sin\frac{\pi}{2}0{,}8 - \sin\frac{\pi}{2}0{,}75\right)}$$

und

$$J_3 = \frac{\sin\frac{\pi}{2}1{,}0 - \sin\frac{\pi}{2}0{,}8}{\frac{1}{0{,}02}\left(\sin\frac{\pi}{2}1{,}0 - \sin\frac{\pi}{2}0{,}8\right)}.$$

Aus diesen Gleichungen erhält man zunächst unmittelbar:

$$J_1 = 1 \qquad \text{und} \qquad J_3 = 0{,}02.$$

Das gesuchte J_2 berechnet sich, unter Benützung der Tab. VI 1, zu:

$$J_2 = \frac{0{,}95106 - 0{,}58779}{\frac{1}{1}(0{,}70711 - 0{,}58779) + \frac{1}{0{,}1}(0{,}92388 - 0{,}70711) + \frac{1}{0{,}02}(0{,}95106 - 0{,}92386)}$$

$$J_2 = 0{,}0995$$

mit

$$n_{21} = \sqrt{\frac{0{,}0995}{1}} = 0{,}316 \quad \text{und} \quad n_{31} = \sqrt{\frac{0{,}02}{1}} = 0{,}141$$

erhält man aus dem Diagramm I.5

$$\varkappa = 4{,}625; \quad \varkappa^2 = 21{,}39$$

und

$$P_{\text{kr}} = \frac{\pi^2 T J_1}{\varkappa^2 l^2} = 0{,}0469 \frac{\pi^2 T}{l^2}.$$

Wir wählen nun das Diagramm I.6 und erhalten auf Grund der Abb. VI 12c und VI 12d:

$$J_1 = \frac{\sin\frac{\pi}{2}0{,}6 - \sin\frac{\pi}{2}0}{\frac{1}{1}\left(\sin\frac{\pi}{2}0{,}5 - \sin\frac{\pi}{2}0\right) + \frac{1}{0{,}1}\left(\sin\frac{\pi}{2}0{,}6 - \sin\frac{\pi}{2}0{,}5\right)}$$

$$J_2 = \frac{\sin\frac{\pi}{2}0{,}8 - \sin\frac{\pi}{2}0{,}6}{\frac{1}{0{,}1}\left(\sin\frac{\pi}{2}0{,}75 - \sin\frac{\pi}{2}0{,}6\right) + \frac{1}{0{,}02}\left(\sin\frac{\pi}{2}0{,}8 - \sin\frac{\pi}{2}0{,}75\right)}$$

$$J_3 = \frac{\sin\frac{\pi}{2}1{,}0 - \sin\frac{\pi}{2}0{,}8}{\frac{1}{0{,}02}\left(\sin\frac{\pi}{2}1{,}0 - \sin\frac{\pi}{2}0{,}8\right)}.$$

Man erhält zunächst unmittelbar $J_3 = 0{,}02$, ferner lt. Tab. VI 1:

$$J_1 = \frac{0{,}80902}{0{,}70711 + \frac{1}{0{,}1}(0{,}80902 - 0{,}70711)} = 0{,}469,$$

$$J_2 = \frac{0{,}95106 - 0{,}80902}{\frac{1}{0{,}1}(0{,}92388 - 0{,}80902) + \frac{1}{0{,}02}(0{,}95106 - 0{,}92388)} = 0{,}0567.$$

Mit

$$n_{21} = \sqrt{\frac{0{,}0567}{0{,}469}} = 0{,}348$$

und

$$n_{31} = \sqrt{\frac{0{,}02}{0{,}469}} = 0{,}207$$

erhält man aus dem Diagramm I.6:

$$\varkappa = 3{,}1; \quad \varkappa^2 = 9{,}61$$

und

$$P_{\text{kr}} = \frac{\pi^2 T J_1}{\varkappa^2 l^2} = \frac{\pi^2 T\, 0{,}469}{9{,}61\, l^2} = 0{,}0487 \frac{\pi^2 T}{l^2}.$$

Die genaue Lösung aus der Gl. (VI 6) ergibt:

$$P_{\text{kr}} = 0{,}0494 \frac{\pi^2 T}{l^2}.$$

Man erhält somit, wenn man nach Diagramm I.5 rechnet, einen um etwa 5%, und wenn man nach Diagramm I.6 rechnet, einen um etwa 1% zu ungünstigen Wert.

β) *Euler-Fälle III und IV.* Bei den Diagrammen III und IV kann zum Unterschied von den Diagrammen I und II der Wert $\varkappa$ nicht mit einer genügenden Genauigkeit für alle Fälle bestimmt werden. Dieser Umstand ist darauf zurückzuführen, daß in diesen beiden statisch unbestimmten Fällen der Verlauf sowohl der Biegelinie als auch der Momentenlinie im Hinblick auf den Wendepunkt der

Biegelinie für verschiedene Trägheitsmomentenverhältnisse sehr empfindlichen Schwankungen unterworfen ist.

Es ist, besonders in Fällen, in welchen die Trägheitsmomente große Unterschiede aufweisen, empfehlenswert, den gegebenen Stab durch einen solchen zu ersetzen, dessen Abstufungen mit denjenigen eines Diagrammes übereinstimmen, welches Werte liefert, die auf der sicheren Seite liegen.

Wie für die ersten beiden Euler-Fälle werden Tabellen angegeben, welche es ermöglichen, einen gegebenen Stab auf Bezugstäbe mit den Abstufungen der Diagramme zurückzuführen. Die daraus erhaltenen Werte ermöglichen eine Abschätzung der kritischen Last, welche um so näher an den genauen Wert herankommt, je geringer die Trägheitsmomente der einzelnen Abstufungen variieren.

Wir gehen von dem aus der Energiemethode gewonnenen Ausdruck für die kritische Last [Gl. (III 25)]

$$P_{\mathrm{kr}} = \frac{\int\limits_0^l E J_x \, y''^2 \, dx}{\int\limits_0^l y'^2 \, dx} \tag{VI 38}$$

aus.

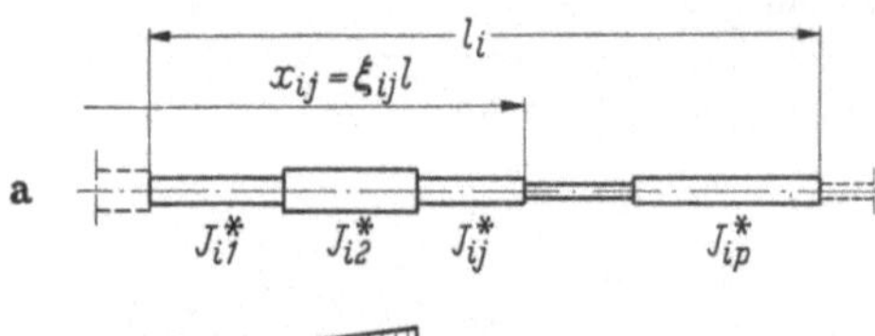

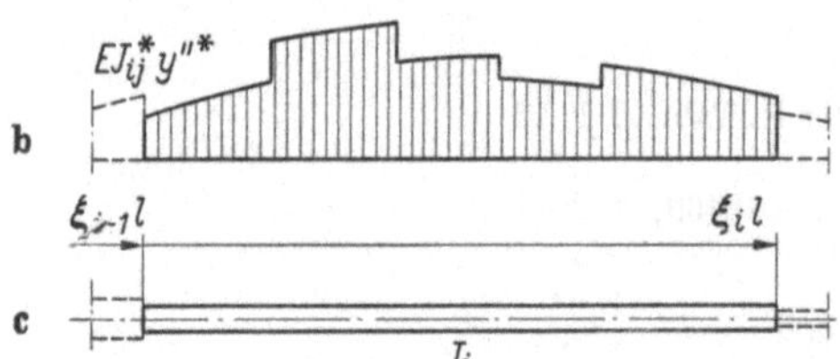

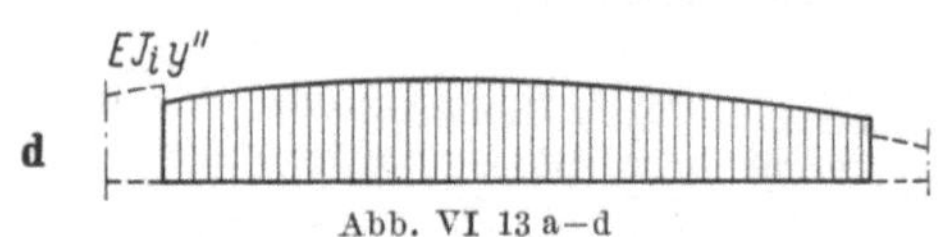

Abb. VI 13 a–d

Einen Stab mit einer beliebigen Anzahl von Abstufungen ersetzen wir, wie unter Abschn. α), durch einen mit nur drei Abstufungen, welcher dem gegebenen in bezug auf die Anordnung derselben am besten entspricht.

Wir stellen nun die Bedingung, daß der Wert des bestimmten Integrals im Zähler der Gl. (VI 38) in den Grenzen von $x_{i=1}$ bis x_i (Abb. VI 13) des gegebenen Stabes angenähert gleich demjenigen des „Bezugstabes" ist, d. h.

$$\sum_{j=1}^{p} J^*_{ij} \int\limits_{\xi_{i,j-1}}^{\xi_{i,j}} y^{*''2} \, d\xi = J_i \int\limits_{\xi_{i-1}}^{\xi_i} y''^2 \, d\xi . \tag{VI 39}$$

Wir setzen $y^{*''} \approx y''$, und erhalten:

$$J_i = \frac{\sum\limits_{j=1}^{p} J^*_{ij} \int\limits_{\xi_{i,j-1}}^{\xi_{i,j}} y''^2 \, d\xi}{\int\limits_{\xi_{i-1}}^{\xi_i} y''^2 \, d\xi} . \tag{VI 40}$$

Für den Euler-Fall III nehmen wir zu diesem Zwecke an, daß die Biegelinie näherungsweise durch den Ausdruck

$$y = \frac{C}{(k\,l)^2} \left\{ [\cos (k\,l)\,\xi - 1] - \left[\frac{\sin (k\,l)\,\xi}{k\,l} - \xi \right] \right\} \tag{VI 41}$$

bestimmt ist, in welchem $k\,l = 4{,}4934$ die kleinste Wurzel der Gleichung $\tan k\,l = k\,l$ bedeutet.

Auf Grund von Gl. (VI 41) erhält man ferner:

$$\int_0^\xi y''^2\,d\xi = \frac{C^2}{2}\left\{\left(1 + \frac{1}{(k\,l)^2}\right)\xi + \frac{1}{2}\left(\frac{1}{k\,l} - \frac{1}{(k\,l)^3}\sin 2(k\,l)\,\xi - \frac{1}{(k\,l)^2}\,(1-\cos 2(k\,l)\,\xi\right)\right\}.$$

Bezeichnen wir den Ausdruck in der geschwungenen Klammer mit $\varphi(\xi)$, so erhalten wir, unter Einsetzen des Wertes für $k\,l$:

$$\varphi(\xi) = \frac{2}{C^2}\int_0^\xi y''^2\,d\xi = 1{,}04953\;\xi + 0{,}10576\sin 2(k\,l)\,\xi - 0{,}04953\;[1 - \cos 2(k\,l)\,\xi].$$

Die Werte $\varphi(\xi)$ sind in der Tab. VI 3 zusammengestellt. Aus der Gl. (VI 40) ergibt sich dann die Größe des Trägheitsmomentes des Bezugstabes im Bereich der Abstufung i zu

$$J_i = \frac{\sum\limits_{j=1}^{p} J^*_{i,j}\,(\varphi_{i,j} - \varphi_{i,j-1})}{\varphi_i - \varphi_{i-1}}, \tag{VI 42}$$

wobei $\varphi_{i,j}$ für $\varphi(\xi_{i,j})$ gesetzt wird.

Für den EULER-Fall IV sei die Biegelinie durch die Funktion

$$y = C\left(\frac{l}{2\pi}\right)^2\cos\pi\,\xi \tag{VI 43}$$

bestimmt.

Dann ist

$$\int_0^\xi y''^2\,d\xi = \frac{C^2}{2}\left(\xi + \frac{\sin 4\pi\,\xi}{4\pi}\right) = \frac{C^2}{2}\,\varphi(\xi).$$

Das Trägheitsmoment J_i wird aus der Gleichung

$$J_i = \frac{\sum\limits_{j=1}^{p} J^*_{i,j}\,(\psi_{i,j} - \psi_{i,j-1})}{\psi_i - \psi_{i-1}} \tag{VI 44}$$

erhalten, wobei wieder $\psi_{i,j}$ für $\psi(\xi_{i,j})$ gesetzt wird.

Die Werte der Funktion $\psi(\xi)$ sind durch die Tab. VI 4 gegeben.

Beispiel 4. Wir untersuchen einen Stab mit drei Abstufungen gemäß Abb. VI 14a bzw. Abb. VI 14c. Die Abstufungen der Trägheitsmomente betragen:

$$\eta^*_{1,2,3} = 0{,}5,\; 0{,}25,\; 0{,}25$$

$$J^*_{1,2,3} = 1,\; 0{,}1,\; 0{,}05.$$

Da der EULER-Fall III vorliegt, wählen wir eines der Diagramme III, zunächst Diagramm III.5 mit den Abstufungen

$$\eta_{1,2,3} = 0{,}4,\; 0{,}4,\; 0{,}2.$$

Die für den EULER-Fall III aufgestellte Gl. (VI 42) zur Bestimmung der Trägheitsmomente J_1, J_2 und J_3 ergibt unter Beachtung der Abb. VI 14a und Abb. VI 14b

$$J_1 = \frac{1{,}0\;[\varphi(0{,}4) - \varphi(0)]}{\varphi(0{,}4) - \varphi(0)}$$

$$J_2 = \frac{1{,}0\;[\varphi(0{,}5) - \varphi(0{,}4)] + 0{,}1\;[\varphi(0{,}75) - \varphi(0{,}5)] + 0{,}05\;[\varphi(0{,}8) - \varphi(0{,}75)]}{\varphi(0{,}8) - \varphi(0{,}4)}$$

$$J_3 = \frac{0{,}05\;[\varphi(1{,}0) - \varphi(0{,}8)]}{\varphi(1{,}0) - \varphi(0{,}8)}.$$

Tabelle VI 3

ξ	$\varphi(\xi)$	ξ	$\varphi(\xi)$	ξ	$\varphi(\xi)$	ξ	$\varphi(\xi)$	ξ	$\varphi(\xi)$
0,00	0,00000	0,2	0,25231	0,4	0,27950	0,6	0,52906	0,8	0,90381
0,01	0,01979	0,21	0,25597	0,41	0,28372	0,61	0,54919	0,81	0,91628
0,02	0,03910	0,22	0,25894	0,42	0,28878	0,62	0,56966	0,82	0,92774
0,03	0,05787	0,23	0,26129	0,43	0,29467	0,63	0,59036	0,83	0,93827
0,04	0,07602	0,24	0,26308	0,44	0,30142	0,64	0,61125	0,84	0,94783
0,05	0,09345	0,25	0,26438	0,45	0,30906	0,65	0,63222	0,85	0,95647
0,06	0,11025	0,26	0,26526	0,46	0,31762	0,66	0,65320	0,86	0,96419
0,07	0,12622	0,27	0,26580	0,47	0,32712	0,67	0,67410	0,87	0,97099
0,08	0,14136	0,28	0,26608	0,48	0,33755	0,68	0,69485	0,88	0,97697
0,09	0,15564	0,29	0,26620	0,49	0,34893	0,69	0,71532	0,89	0,98209
0,1	0,16902	0,3	0,26621	0,5	0,36124	0,7	0,73547	0,9	0,98643
0,11	0,18149	0,31	0,26622	0,51	0,37447	0,71	0,75522	0,91	0,99003
0,12	0,19302	0,32	0,26631	0,52	0,38860	0,72	0,77449	0,92	0,99295
0,13	0,20362	0,33	0,26656	0,53	0,40360	0,73	0,79319	0,93	0,99525
0,14	0,21327	0,34	0,26711	0,54	0,41943	0,74	0,81131	0,94	0,99699
0,15	0,22199	0,35	0,26788	0,55	0,43608	0,75	0,82873	0,95	0,99825
0,16	0,22979	0,36	0,26910	0,56	0,45341	0,76	0,84541	0,96	0,99910
0,17	0,23668	0,37	0,27080	0,57	0,47146	0,77	0,86131	0,97	0,99962
0,18	0,24271	0,38	0,27305	0,58	0,49013	0,78	0,87638	0,98	0,99988
0,19	0,24790	0,39	0,27591	0,59	0,50935	0,79	0,89108	0,99	0,99998

$\varphi(1) = 1,00000$

Tabelle VI 4

ξ	$\psi(\xi)$	ξ	$\psi(\xi)$	ξ	$\psi(\xi)$	ξ	$\psi(\xi)$	ξ	$\psi(\xi)$
0,00	0,00000	0,2	0,24677	0,4	0,32432	0,6	0,67568	0,8	0,75323
0,01	0,01997	0,21	0,24834	0,41	0,33800	0,61	0,68817	0,81	0,75553
0,02	0,03979	0,22	0,24955	0,42	0,35281	0,62	0,69942	0,82	0,75868
0,03	0,05929	0,23	0,24979	0,43	0,36868	0,63	0,70942	0,83	0,76281
0,04	0,07834	0,24	0,24997	0,44	0,38553	0,64	0,71817	0,84	0,76800
0,05	0,09677	0,25	0,25000	0,45	0,40323	0,65	0,72568	0,85	0,77432
0,06	0,11447	0,26	0,25003	0,46	0,42166	0,66	0,73200	0,86	0,78183
0,07	0,13132	0,27	0,25021	0,47	0,44071	0,67	0,73719	0,87	0,79058
0,08	0,14719	0,28	0,25045	0,48	0,46021	0,68	0,74132	0,88	0,80058
0,09	0,16200	0,29	0,25166	0,49	0,48003	0,69	0,74447	0,89	0,81183
0,1	0,17568	0,3	0,25323	0,5	0,50000	0,7	0,74677	0,9	0,82432
0,11	0,18817	0,31	0,25553	0,51	0,51997	0,71	0,74834	0,91	0,83800
0,12	0,19942	0,32	0,25868	0,52	0,53979	0,72	0,74955	0,92	0,85281
0,13	0,20942	0,33	0,26281	0,53	0,55929	0,73	0,74979	0,93	0,86868
0,14	0,21817	0,34	0,26800	0,54	0,57834	0,74	0,74997	0,94	0,88553
0,15	0,22568	0,35	0,27432	0,55	0,59677	0,75	0,75000	0,95	0,90323
0,16	0,23200	0,36	0,28183	0,56	0,61447	0,76	0,75003	0,96	0,92166
0,17	0,23719	0,37	0,29058	0,57	0,63132	0,77	0,75021	0,97	0,94071
0,18	0,24132	0,38	0,30058	0,58	0,64719	0,78	0,75045	0,98	0,96021
0,19	0,24447	0,39	0,31183	0,59	0,66200	0,79	0,75166	0,99	0,98003

$\psi(1) = 1,00000$

Aus diesen Gleichungen erhält man zunächst unmittelbar:

$$J_1 = 1{,}0 \quad \text{und} \quad J_3 = 0{,}05.$$

Das gesuchte J_2 berechnet sich, unter Benutzung der Tab. VI 3, zu:

$$J_2 = \frac{1{,}0\,(0{,}36124 - 0{,}27950) + 0{,}1\,(0{,}82873 - 0{,}36124) + 0{,}05\,(0{,}90389 - 0{,}82873)}{0{,}90389 - 0{,}27950}$$

$$J_2 = 0{,}212.$$

Mit $n_{21} = \sqrt{\frac{0{,}212}{1{,}0}} = 0{,}460$ und $n_{31} = \sqrt{\frac{0{,}05}{1{,}0}} = 0{,}224$ erhält man aus dem Diagramm III.5

$$\varkappa = 1{,}56 \qquad \varkappa^2 = 2{,}43$$

und

$$P_{\text{kr}} = \frac{1}{2{,}43}\,\frac{\pi^2\,T}{l^2} = 0{,}41\,\frac{\pi^2\,T}{l^2}.$$

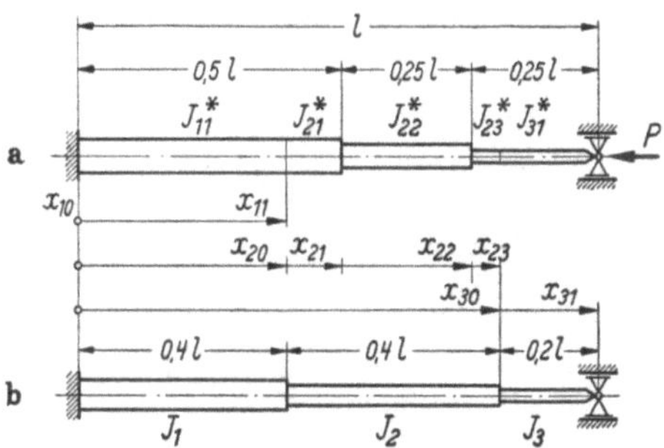

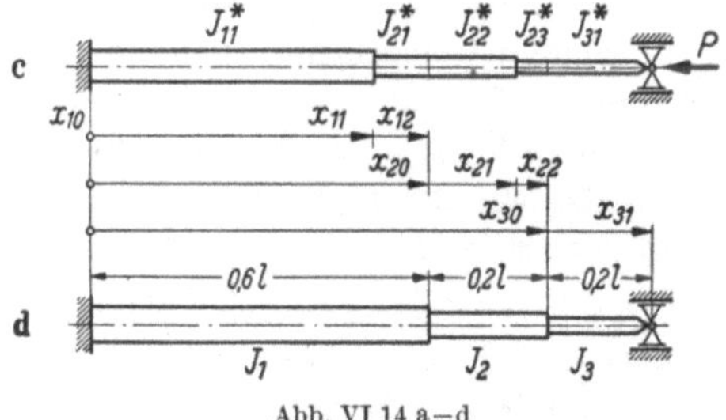

Abb. VI 14 a–d

Wir wählen nun das Diagramm III.6 und erhalten auf Grund der Abb. VI 14c und VI 14d

$$J_1 = \frac{1{,}0\,[\varphi(0{,}5) - \varphi(0)] + 0{,}1\,[\varphi(0{,}6) - \varphi(0{,}5)]}{\varphi(0{,}6) - \varphi(0)}$$

$$J_2 = \frac{0{,}1\,[\varphi(0{,}75) - \varphi(0{,}6)] + 0{,}05\,[\varphi(0{,}8) - \varphi(0{,}75)]}{\varphi(0{,}8) - \varphi(0{,}6)}$$

$$J_3 = \frac{1{,}0\,[\varphi(1{,}0) - \varphi(0{,}8)]}{\varphi(1{,}0) - \varphi(0{,}8)}.$$

Man erhält zunächst unmittelbar $J_3 = 0{,}1$, ferner lt. Tab. VI 3

$$J_1 = \frac{1{,}0\,(0{,}36124 - 0) + 0{,}1\,(0{,}52906 - 0{,}36124)}{0{,}52906} = 0{,}715$$

$$J_2 = \frac{0{,}1\,(0{,}82873 - 0{,}52906) + 0{,}05\,(0{,}90389 - 0{,}82873)}{0{,}90389 - 0{,}52906} = 0{,}090.$$

Mit

$$n_{21} = \sqrt{\frac{0{,}090}{0{,}715}} = 0{,}355 \qquad \text{und} \qquad n_{31} = \sqrt{\frac{0{,}05}{0{,}715}} = 0{,}265$$

erhält man aus dem Diagramm III.6

$$\varkappa = 1{,}50, \qquad \varkappa^2 = 2{,}25$$

und

$$P_{\mathrm{kr}} \doteq \frac{9{,}715}{2{,}25} \frac{\pi^2 T}{l^2} = 0{,}32 \frac{\pi^2 T}{l^2}.$$

Die genaue Lösung aus der Gl. (VI.22) ergibt:

$$P_{\mathrm{kr}} = 0{,}34 \frac{\pi^2 T}{l^2}.$$

3. Zusammenfassung

Die beigelegten Diagramme gestatten dem Praktiker, den Zeitaufwand für die Lösung dieser Probleme auf ein Minimum zu reduzieren. Die Möglichkeit, bei Fällen, deren Abstufungen nicht mit denjenigen der Diagramme übereinstimmen (wozu insbesondere auch alle jene mit mehr als drei Abstufungen gehören), die Rechnung mit zwei verschiedenen Diagrammen durchzuführen, ergibt eine gute Kontrolle.

a) **Euler-Fälle I und II.** Die kritische Last wird für praktische Verhältnisse mit einer genügend großen Genauigkeit erhalten. Die Ablesegenauigkeit ist um so größer, je kleiner der $\varkappa$-Wert ist. Da sehr große $\varkappa$-Werte ohnedies unwirtschaftlich sind, wird in den in der Praxis am häufigsten vorkommenden Fällen die Genauigkeit in der Grenze von 3% bleiben.

Außerdem ermöglichen die Diagramme recht augenscheinlich zu beurteilen, wie sich bei einem gewählten oder gegebenen Längenabstufungsverhältnis die Änderung der Trägheitsmomente der einzelnen Stufen auf die kritische Last des Stabes auswirkt. So wird man z. B. in den Bereichen, in welchen die $\varkappa$-Kurven fast parallel zur Abszisse (oder Ordinate) verlaufen, eine Erhöhung der kritischen Last erreichen, wenn man das auf der Ordinate (oder Abszisse) aufgetragene Trägheitsmomentenverhältnis vergrößert.

Man kann aber auch rasch feststellen, wie sich die kritische Last ändert, wenn man bei angenommenen Trägheitsmomenten die Längenabstufungen variiert. Dadurch ist die Möglichkeit gegeben, sich in einem vorliegenden Fall über die Wirtschaftlichkeit der Anordnung Klarheit zu verschaffen, ohne mühsame Berechnungen aufstellen zu müssen.

Die Beispiele wurden auf die zum Verständnis der Anwendung der Diagramme mindeste Zahl beschränkt, wobei möglichst ungünstige Verhältnisse gewählt wurden (große Unterschiede der Trägheitsmomente).

Es möge noch erwähnt werden, daß bei nicht übereinstimmenden Abstufungen (unabhängig von deren Anzahl) die Anwendung der Diagramme genauere Werte liefert als die üblichen Näherungsmethoden, da sich die Näherung jeweils nur auf eine Abstufung und nicht auf die ganze Stablänge bezieht.

b) **Euler-Fälle III und IV.** In den Fällen, bei welchen die Abstufungen des gegebenen Stabes nicht genau mit denjenigen der beigelegten Diagramme übereinstimmen, ist eine Abschätzung der Knicklast nicht mehr mit derselben Genauigkeit möglich, wie bei den Euler-Fällen I und II.

In Fällen, in welchen die Abstufungen des gegebenen Stabes genau mit denjenigen der Diagramme übereinstimmen, kann mittels dieser Diagramme die Knicklast mit einer Genauigkeit, welche in der Grenze von etwa 6% bleibt, bestimmt werden.

Es ist daher zu empfehlen, den praktisch vorliegenden Fall womöglich den Abstufungen der Diagramme anzupassen oder zumindest mit diesen Abstufungen zu berechnen, derart, daß die tatsächlichen Abstufungen auf der sicheren Seite bleiben. In Anbetracht der vorliegenden Zahl der Diagramme sollte das in den meisten Fällen möglich sein.

Soviel uns bekannt ist, bestanden bisher Tabellen und Diagramme nur für symmetrische Abstufungen der beiden ersten EULER-Fälle, während für die EULER-Fälle III und IV durch Diagramme das erste Mal die Möglichkeit gegeben ist, die Knicklast rasch abzuschätzen, ohne eine umfangreiche Berechnung durchzuführen.

Durch die angegebenen Gleichungen ist es ferner auch stets möglich, die Zahl der Diagramme oder der $\varkappa$-Kurven zu vergrößern für Fälle, wo sich dies als notwendig erweisen sollte.

B. Schlußwort

Die Probleme des Knickens, Biegedrillknickens und Kippens sind überaus umfangreich. Wir wollten durch diese zweite Auflage des Buches „Knicken" dem praktisch tätigen Ingenieur, der leider oft nicht mehr die Zeit hat, sich in die neuesten Veröffentlichungen der technischen Zeitschriften zu vertiefen, einen möglichst einfach abgefaßten Leitfaden in die Hand geben, nach welchem er, ohne viel Zeitverlust, seine statischen Berechnungen durchführen kann. Wenn auch für gewisse Probleme fertige Formeln angegeben werden können, kann für kompliziertere Aufgaben nur der Weg gezeigt werden, wie dieselben zu lösen sind, denn diese Stabilitätsprobleme gehören, obwohl allgemein gelöst, zu den schwierigsten Problemen des Ingenieurs, wobei allerings festgehalten werden muß, daß das Ausbeulen[1] noch bedeutend mehr mathematische Schulung und Kenntnis, Intuition und Beherrschung der technischen Literatur erfordert als die Stabilitätsprobleme des Stabes.

Wir haben das bisher Erreichte festgehalten, teilweise vervollkommnet und dem Konstrukteur in der ihm verständlichen Form übermittelt. Zudem haben wir diesem Buche 20 Knickdiagramme für Stäbe mit sprungweise veränderlichem Trägheitsmoment beigelegt (EULER-Fälle I, II, III, IV).

Um dem Ingenieur seine Arbeit abzukürzen, sollten in Zukunft noch über weitere Gebiete der Stabilitätsprobleme Diagramme oder Nomogramme herausgegeben werden, denn beim heutigen Mangel an Ingenieuren muß alles unternommen werden, um die rein routinemäßige Arbeit auf ein Minimum zu reduzieren. — Selbstverständlich sind jedoch solche Diagramme nur für gut vorgeschulte Leute da, die wissen, um was es sich handelt.

---

[1] KOLLBRUNNER, C. F., u. M. MEISTER: Ausbeulen (Theorie und Berechnung von Blechen), Berlin/Göttingen/Heidelberg: Springer 1958.

Auch heute müssen für komplizierte Probleme, sofern man leicht konstruieren will, noch umfangreiche Rechenarbeiten geleistet werden. Auch in nächster Zukunft gibt es nur den Weg der rein persönlichen Vertiefung in die verwickelten Probleme der Stabilität, um die Zusammenhänge der verschiedenen Theorien, Versuche, Größen und Imperfektionen zu erfassen, zu kennen, richtig auszuwerten und anzuwenden.

Nur mit der mathematisch einwandfreien Theorie, der baustatischen Berechnung, der Kenntnis und Auswertung von Versuchen, Intuition, Einfühlungsvermögen, Beherrschung der neuesten technischen Veröffentlichungen, wie auch harter, nie nachlassender Arbeit kommt man zum Erfolg.

Dieses Buch kann nicht für alle im Titel festgehaltenen Probleme gebrauchsfertige Formeln angeben, und es wird nie ein Buch geben, auch wenn es drei Bände umfassen würde, welches für jedes Teilproblem eine fertige Formel enthält.

Was wir wollten, war den Weg zu zeigen, wie die verschiedenen Fälle gelöst werden können, und mit den von uns gegebenen Unterlagen ist es ohne weiteres möglich, daß jeder gut geschulte Ingenieur die Probleme des Knickens, Biegedrillknickens und Kippens berechnen und mit diesen Berechnungen neuzeitlich und ökonomisch konstruieren kann.

Namenverzeichnis

Sachverzeichnis

721/71/60

Diagramm I 1

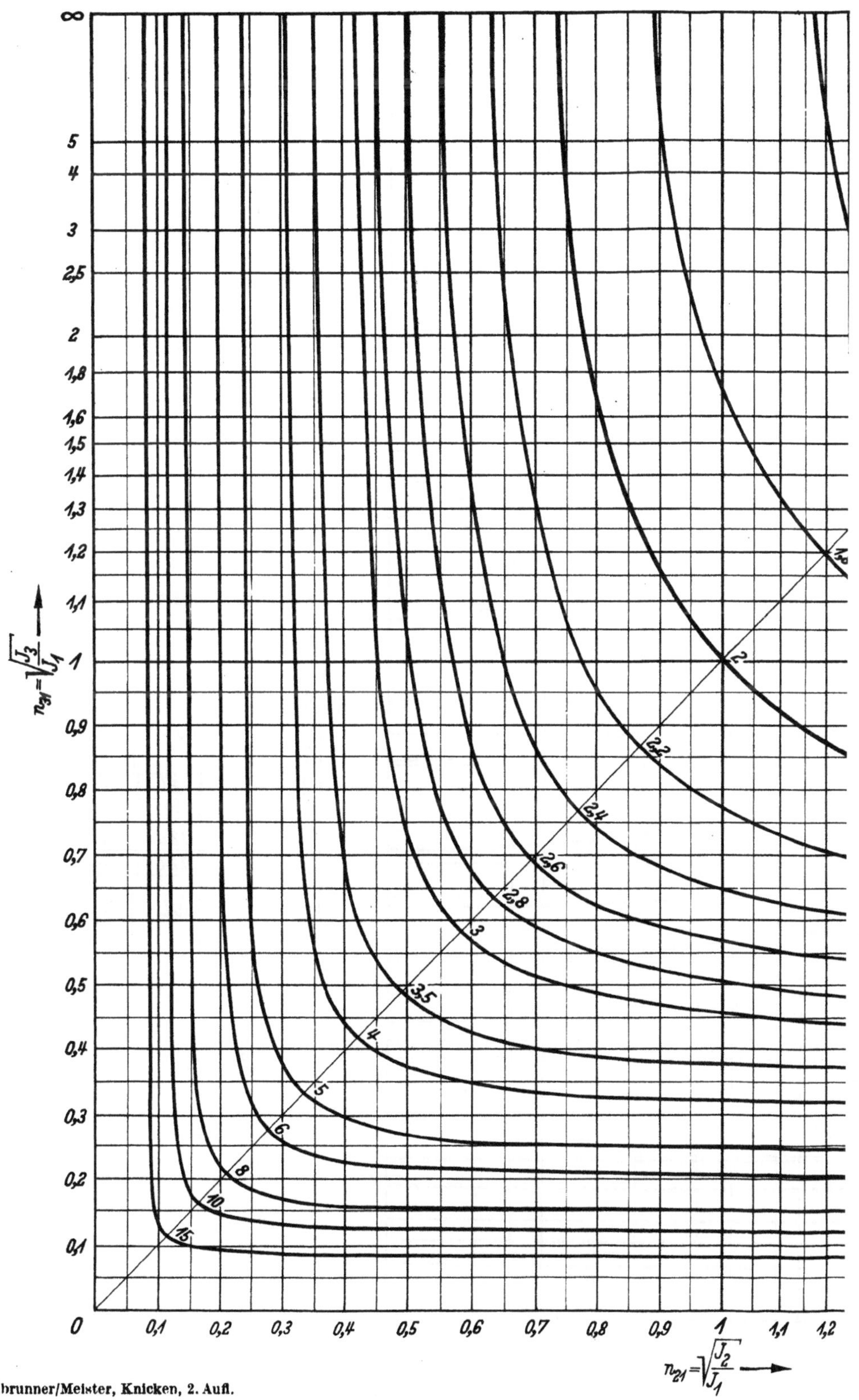

Kollbrunner/Meister, Knicken, 2. Aufl.

Diagramm I 1

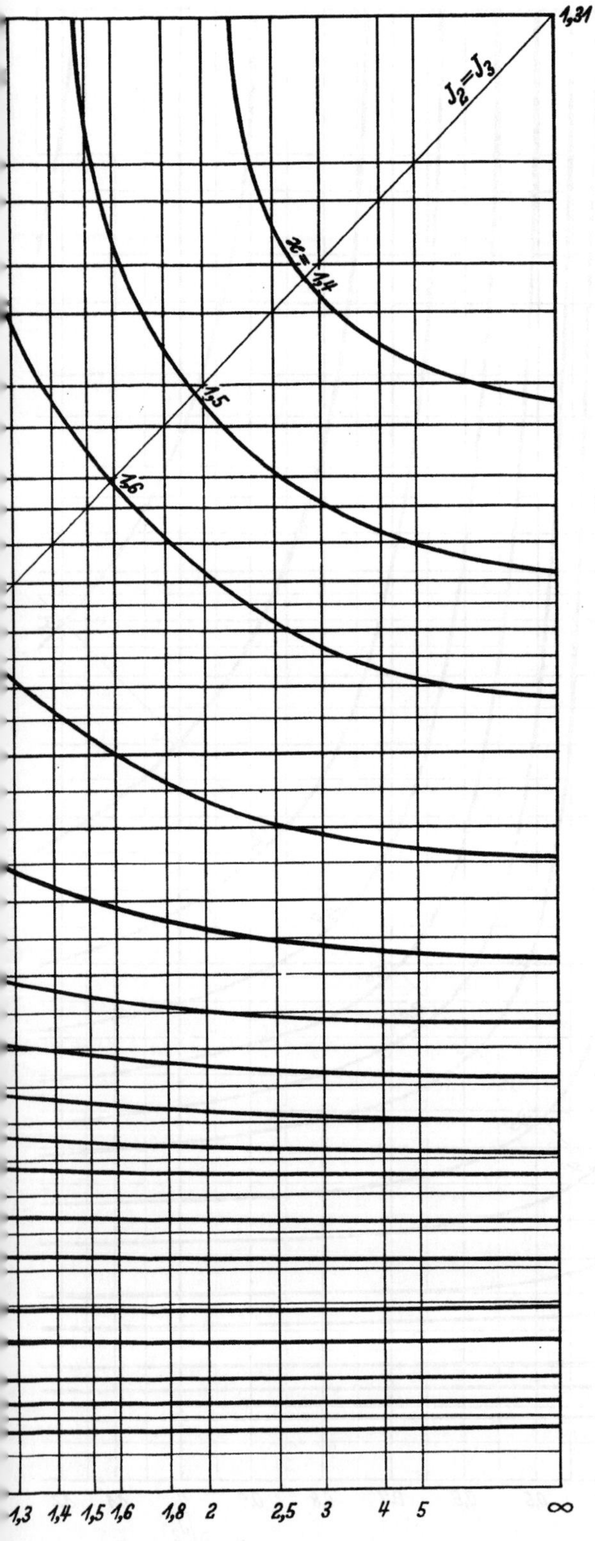

1,31
$J_2=J_3$
$\varkappa=1,4$
1,5
1,6
1,3 1,4 1,5 1,6 1,8 2 2,5 3 4 5 ∞

Eulerfall I

P_k
l
$0,6l$
$0,2l$
$0,2l$
J_3
J_2
J_1

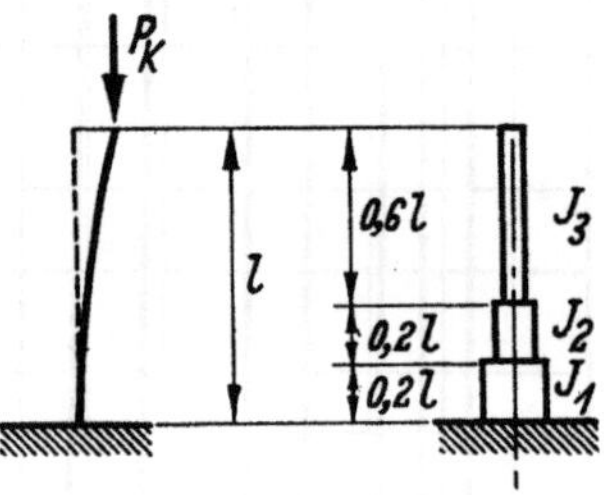

symmetrischer Eulerfall II

P_k
$2l$
$0,6l$
$0,2l$
$0,2l$
$0,2l$
$0,2l$
$0,6l$
J_3
J_2
J_1
J_1
J_2
J_3

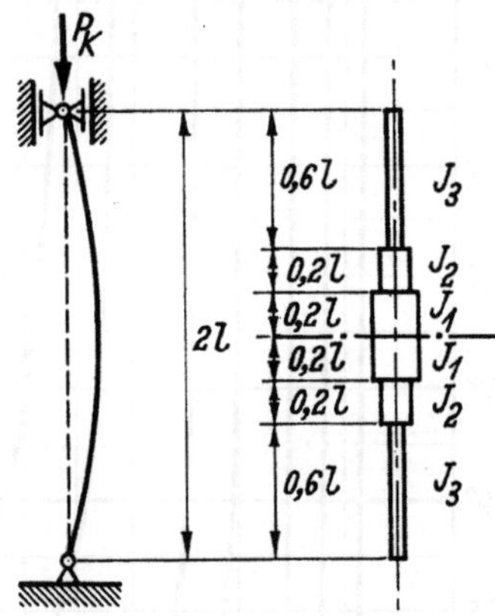

$$l_k = \varkappa l$$

$$\lambda_k = \frac{l_k}{i_y}$$

Springer-Verlag, Berlin/Göttingen/Heidelberg

Diagramm I 2

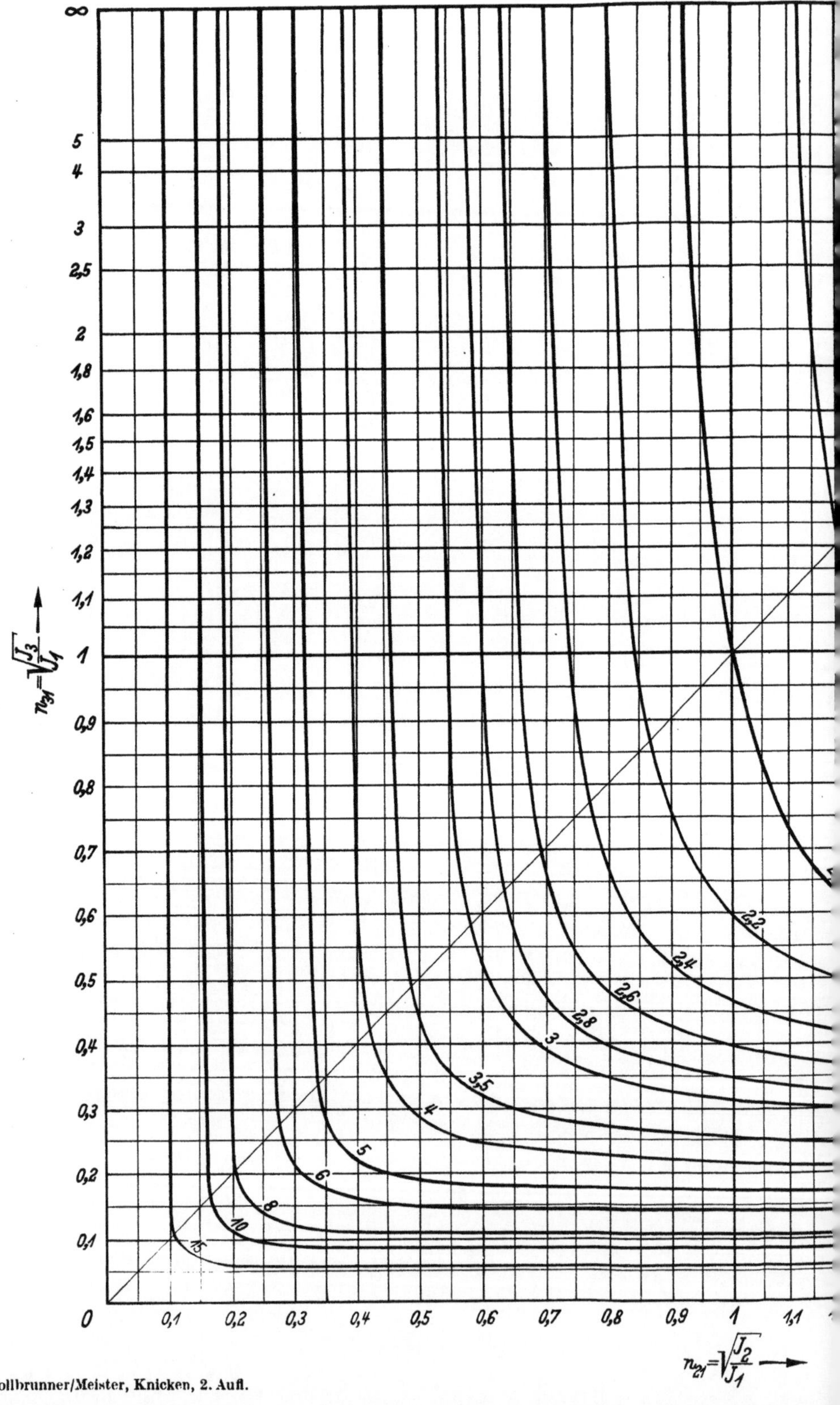

∞
5
4
3
2,5
2
1,8
1,6
1,5
1,4
1,3
1,2
1,1
1
0,9
0,8
0,7
0,6
0,5
0,4
0,3
0,2
0,1
0
$n_{31}=\sqrt{\frac{J_3}{J_1}}$
0,1
0,2
0,3
0,4
0,5
0,6
0,7
0,8
0,9
1
1,1
$n_{21}=\sqrt{\frac{J_2}{J_1}}$
2,2
2,4
2,6
2,8
3
3,5
4
5
6
8
10
15

Diagramm I 2

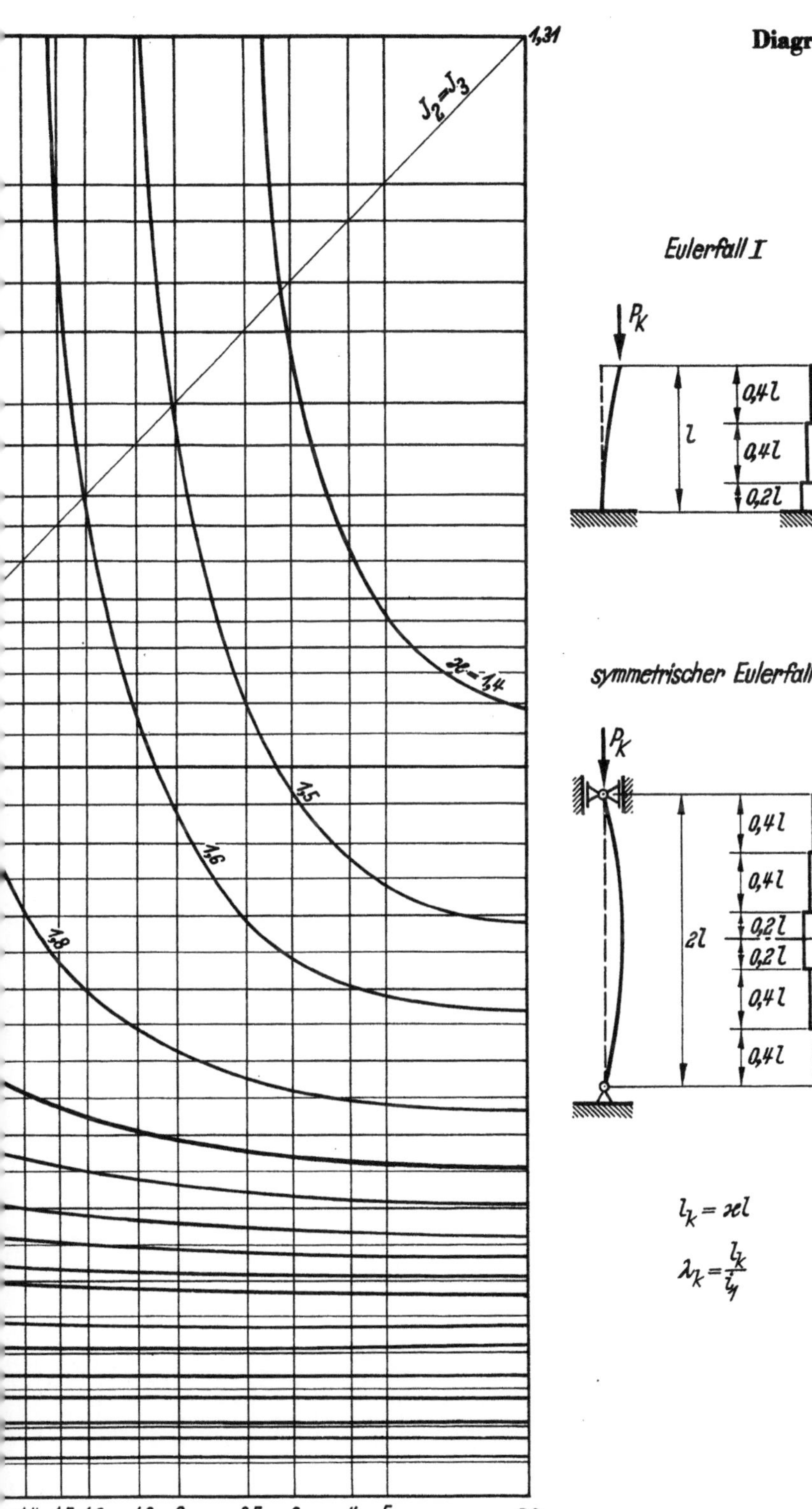

Eulerfall I

P_K

l — $0{,}4\,l$ J_3 — $0{,}4\,l$ J_2 — $0{,}2\,l$ J_1

symmetrischer Eulerfall II

P_K

$2l$ — $0{,}4\,l$ J_3 — $0{,}4\,l$ J_2 — $0{,}2\,l$ J_1 — $0{,}2\,l$ J_1 — $0{,}4\,l$ J_2 — $0{,}4\,l$ J_3

$$l_k = \varkappa l$$

$$\lambda_k = \frac{l_k}{i_1}$$

Springer-Verlag, Berlin/Göttingen/Heidelberg

Diagramm I 3

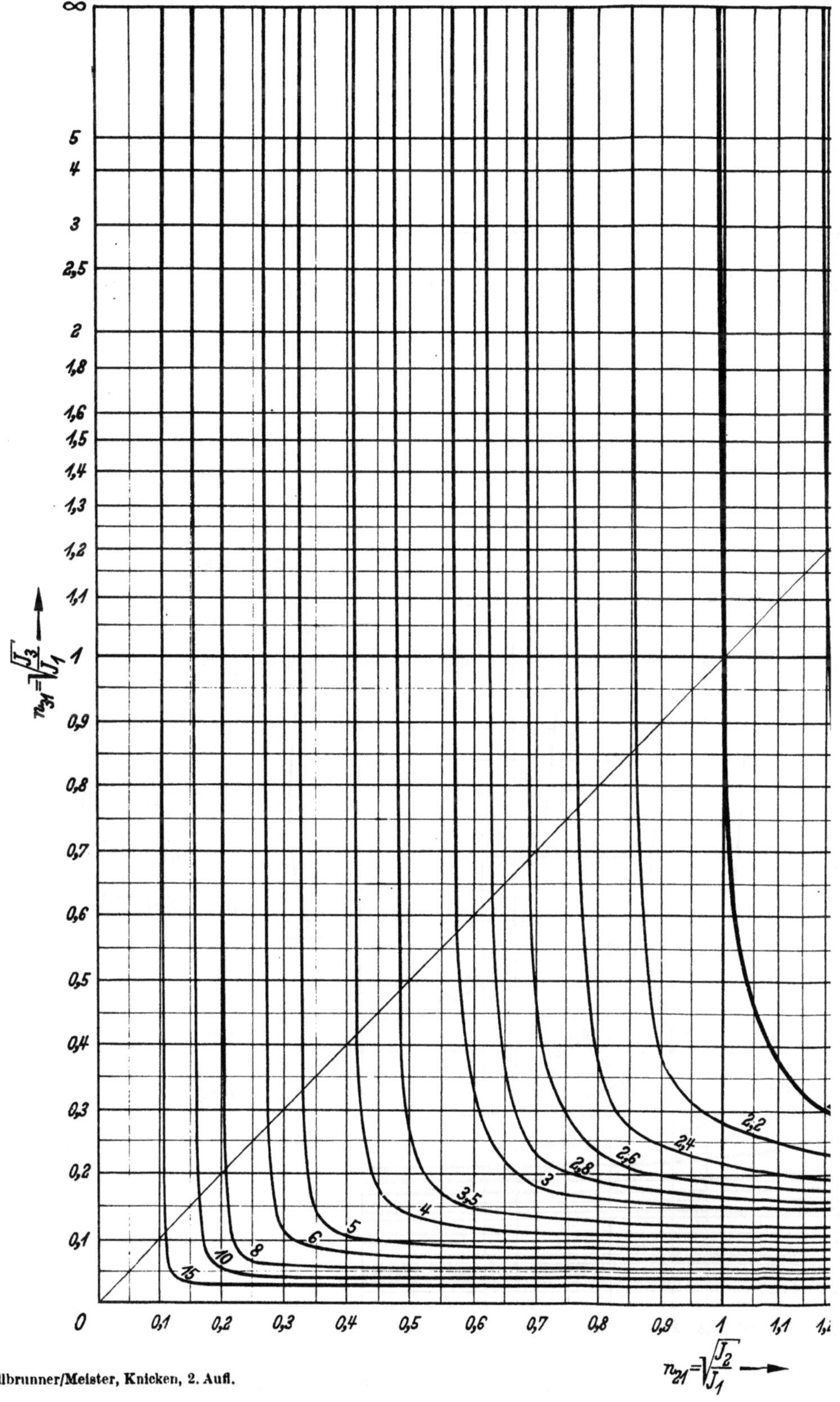

∞
5
4
3
2,5
2
1,8
1,6
1,5
1,4
1,3
1,2
1,1
1
0,9
0,8
0,7
0,6
0,5
0,4
0,3
0,2
0,1
0
$n_{31} = \sqrt{\frac{J_3}{J_1}}$
15
10
8
6
5
4
3,5
3
2,8
2,6
2,4
2,2
0,1
0,2
0,3
0,4
0,5
0,6
0,7
0,8
0,9
1
1,1
$n_{21} = \sqrt{\frac{J_2}{J_1}}$

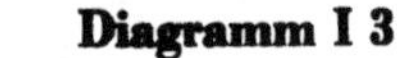

Diagramm I 3

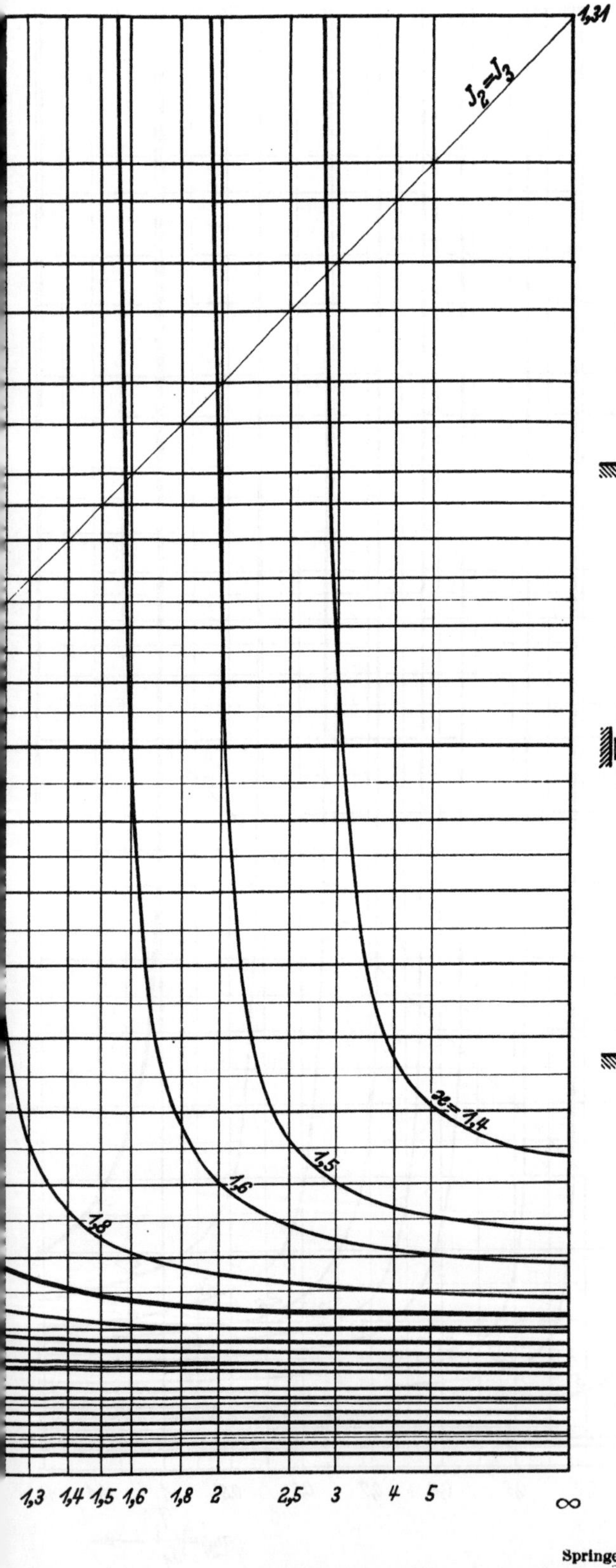

1,31
$J_2 = J_3$
$\varkappa = 1,4$
1,5
1,6
1,8
1,3 1,4 1,5 1,6 1,8 2 2,5 3 4 5 ∞

Eulerfall I

P_K
l
0,2l
0,6l
0,2l
J_3
J_2
J_1

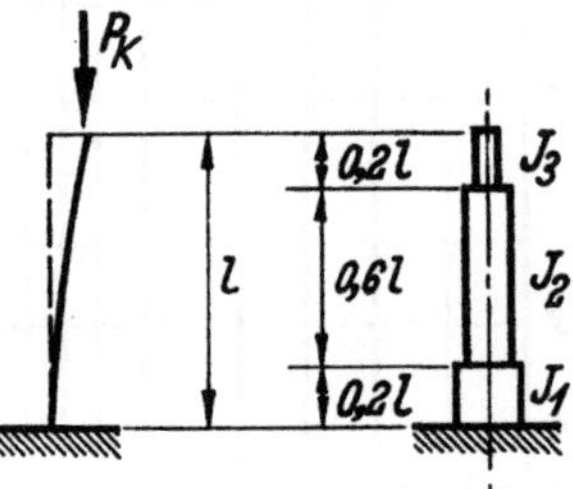

symmetrischer Eulerfall II

P_K
2l
0,2l
0,6l
0,2l
0,2l
0,6l
0,2l
J_3
J_2
J_1
J_1
J_2
J_3

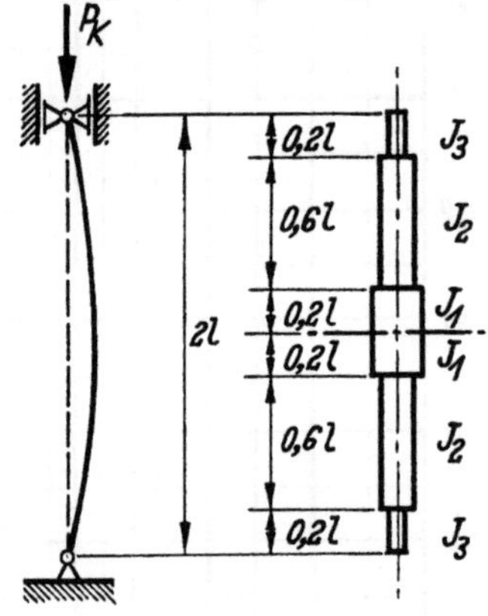

$$l_k = \varkappa l$$

$$\lambda_k = \frac{l_k}{i_1}$$

Springer-Verlag, Berlin/Göttingen/Heidelberg

Diagramm I 4

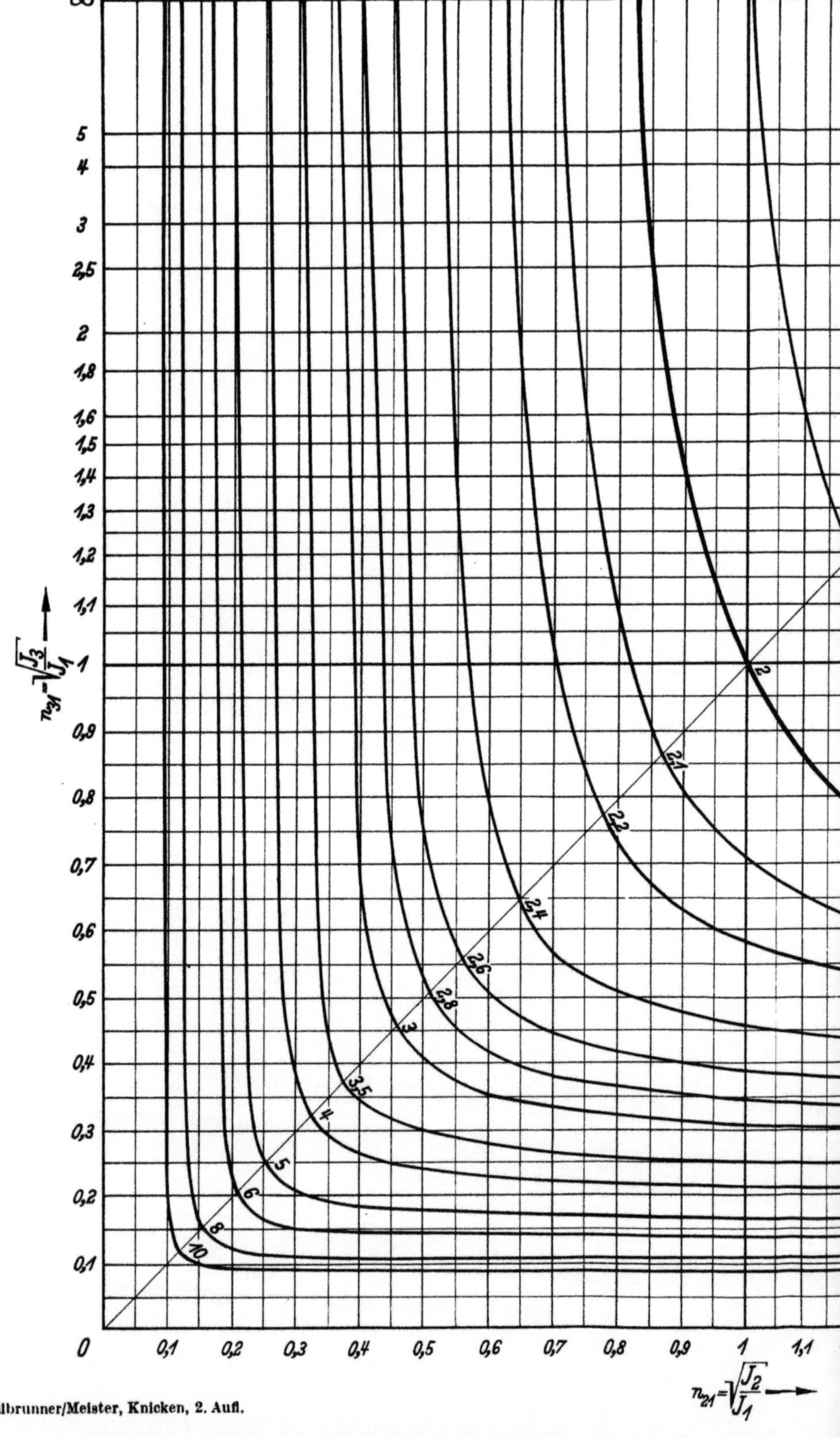
∞
5
4
3
2,5
2
1,8
1,6
1,5
1,4
1,3
1,2
1,1
1
0,9
0,8
0,7
0,6
0,5
0,4
0,3
0,2
0,1
0
$n_{31} = \sqrt{\frac{J_3}{J_1}}$
0,1
0,2
0,3
0,4
0,5
0,6
0,7
0,8
0,9
1
1,1
$n_{21} = \sqrt{\frac{J_2}{J_1}}$
2
2,1
2,2
2,4
2,6
2,8
3
3,5
4
5
6
8
10

Diagramm I 4

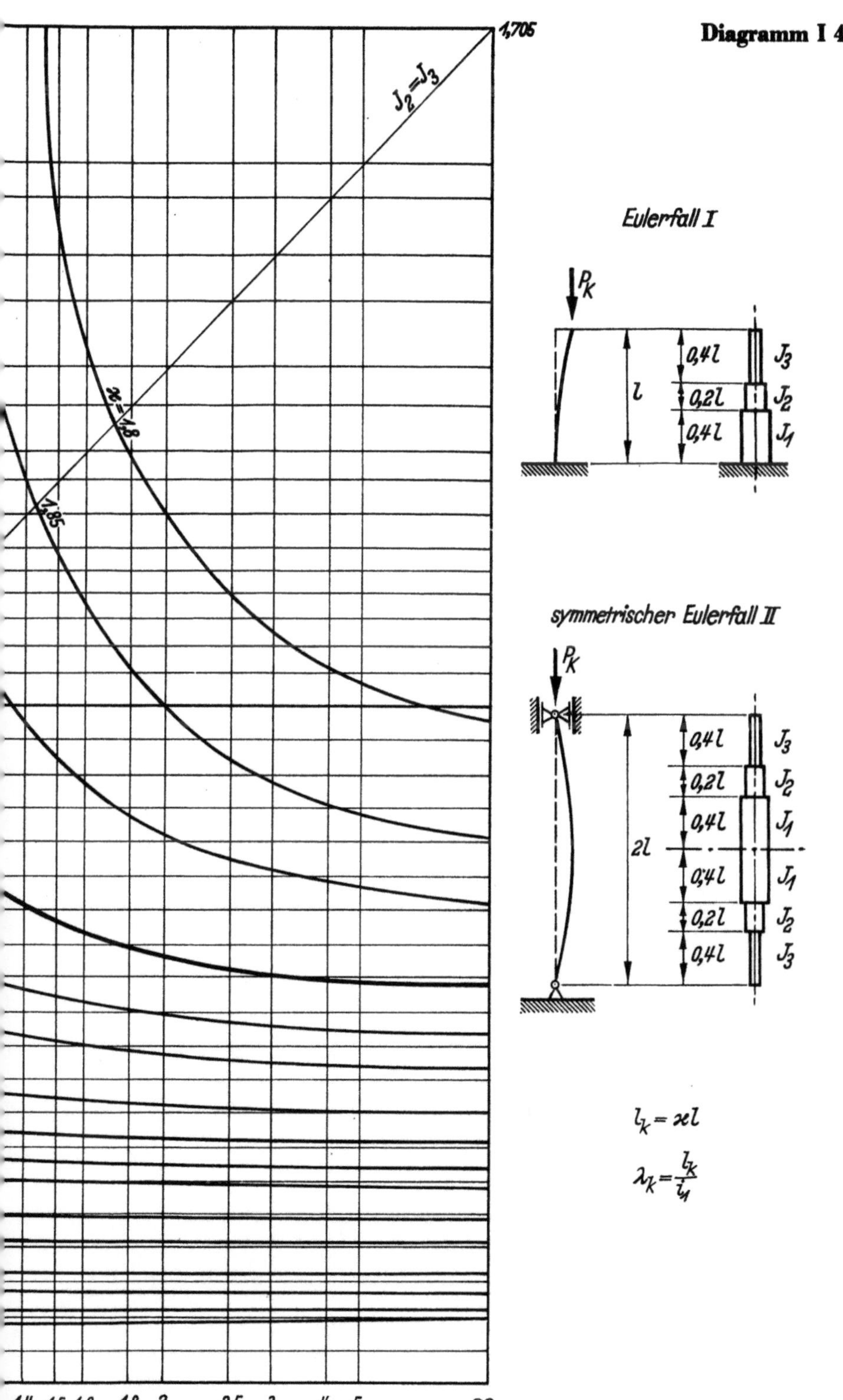

Springer-Verlag, Berlin/Göttingen/Heidelberg

Diagramm I 5

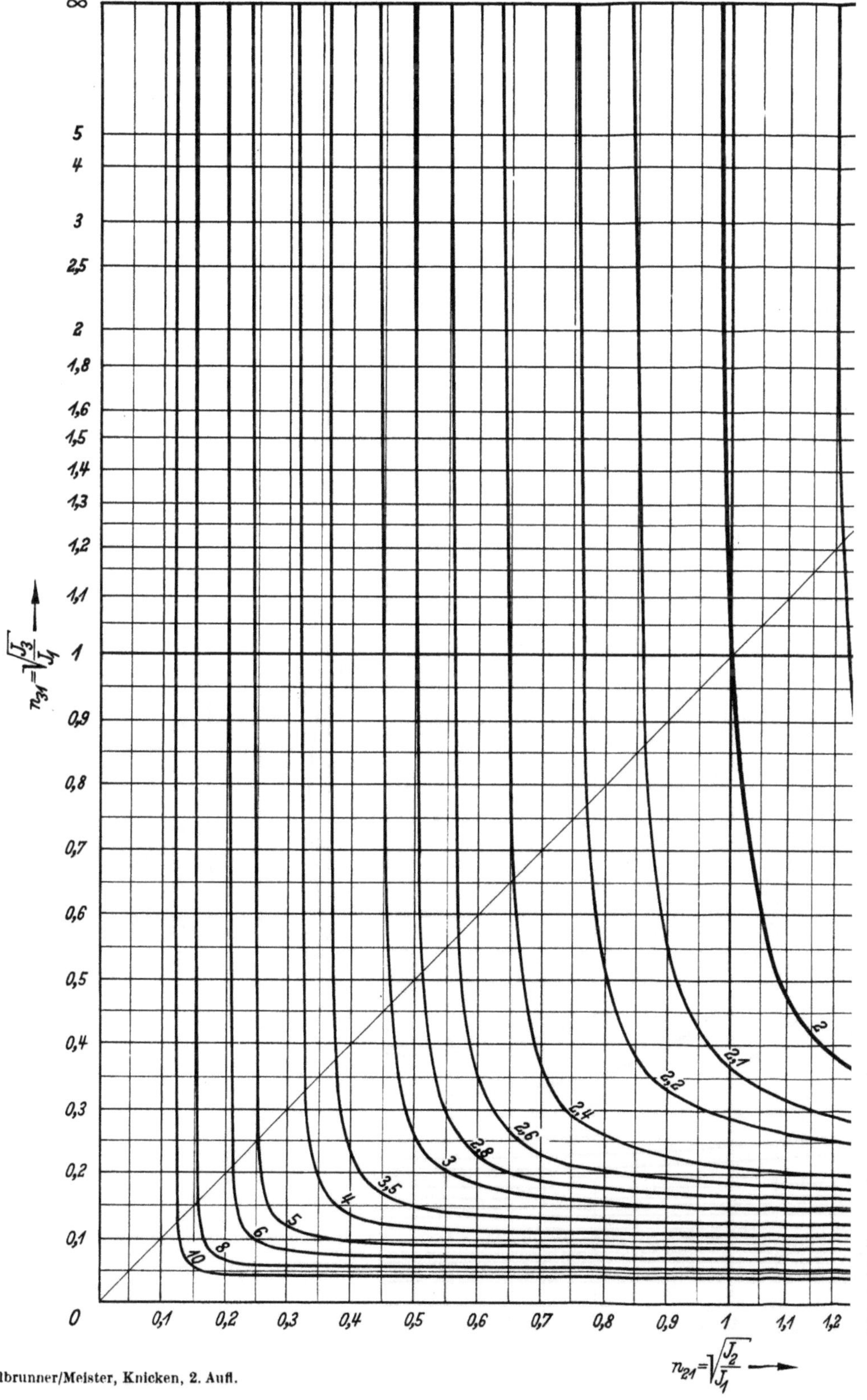

∞
5
4
3
2,5
2
1,8
1,6
1,5
1,4
1,3
1,2
1,1
1
0,9
0,8
0,7
0,6
0,5
0,4
0,3
0,2
0,1
0
$n_{31} = \sqrt{\frac{J_3}{J_1}}$
0,1
0,2
0,3
0,4
0,5
0,6
0,7
0,8
0,9
1
1,1
1,2
$n_{21} = \sqrt{\frac{J_2}{J_1}}$
10
8
6
5
4
3,5
3
2,8
2,6
2,4
2,2
2,1
2

Diagramm I 5

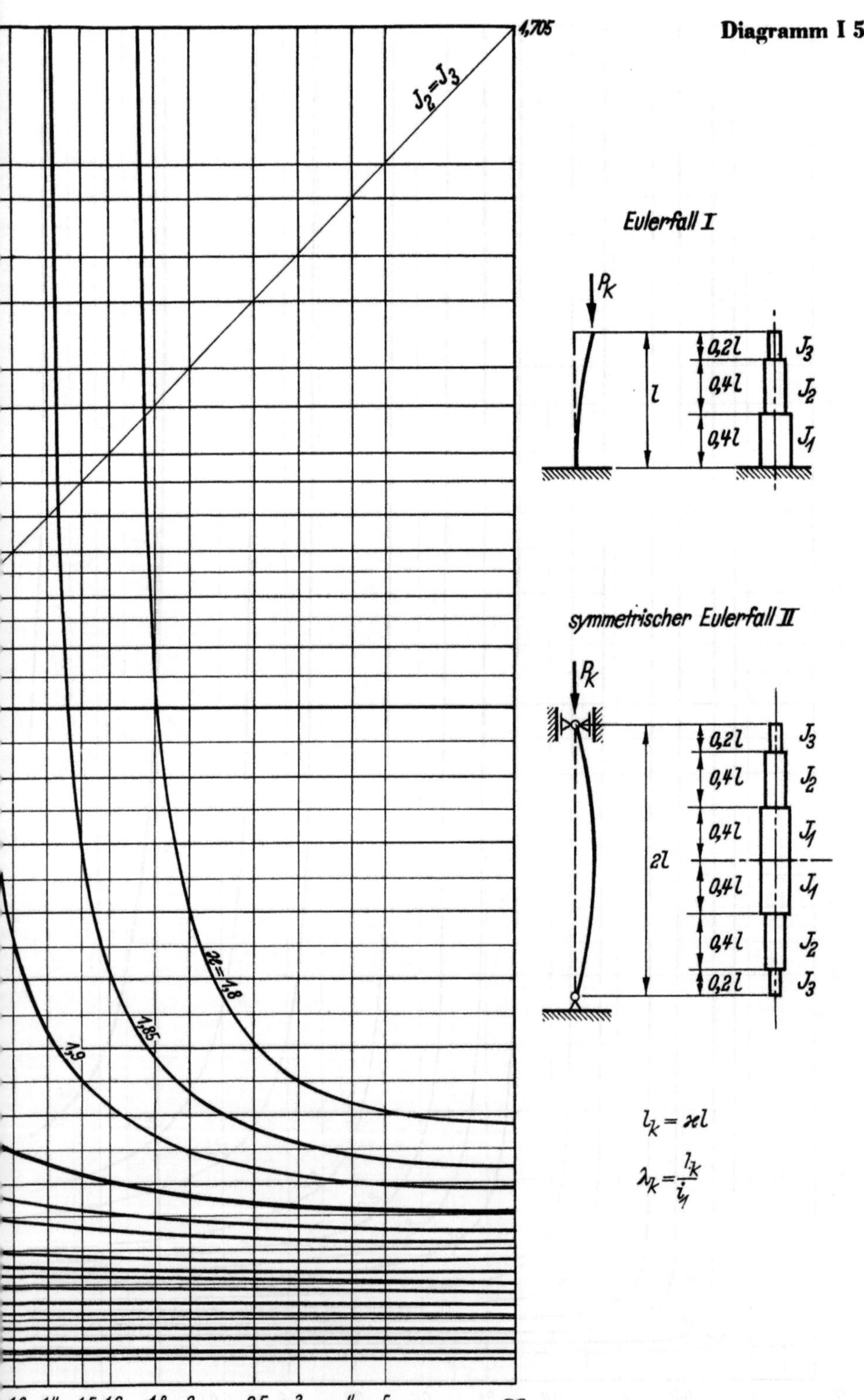

Springer-Verlag, Berlin/Göttingen/Heidelberg

Diagramm I 6

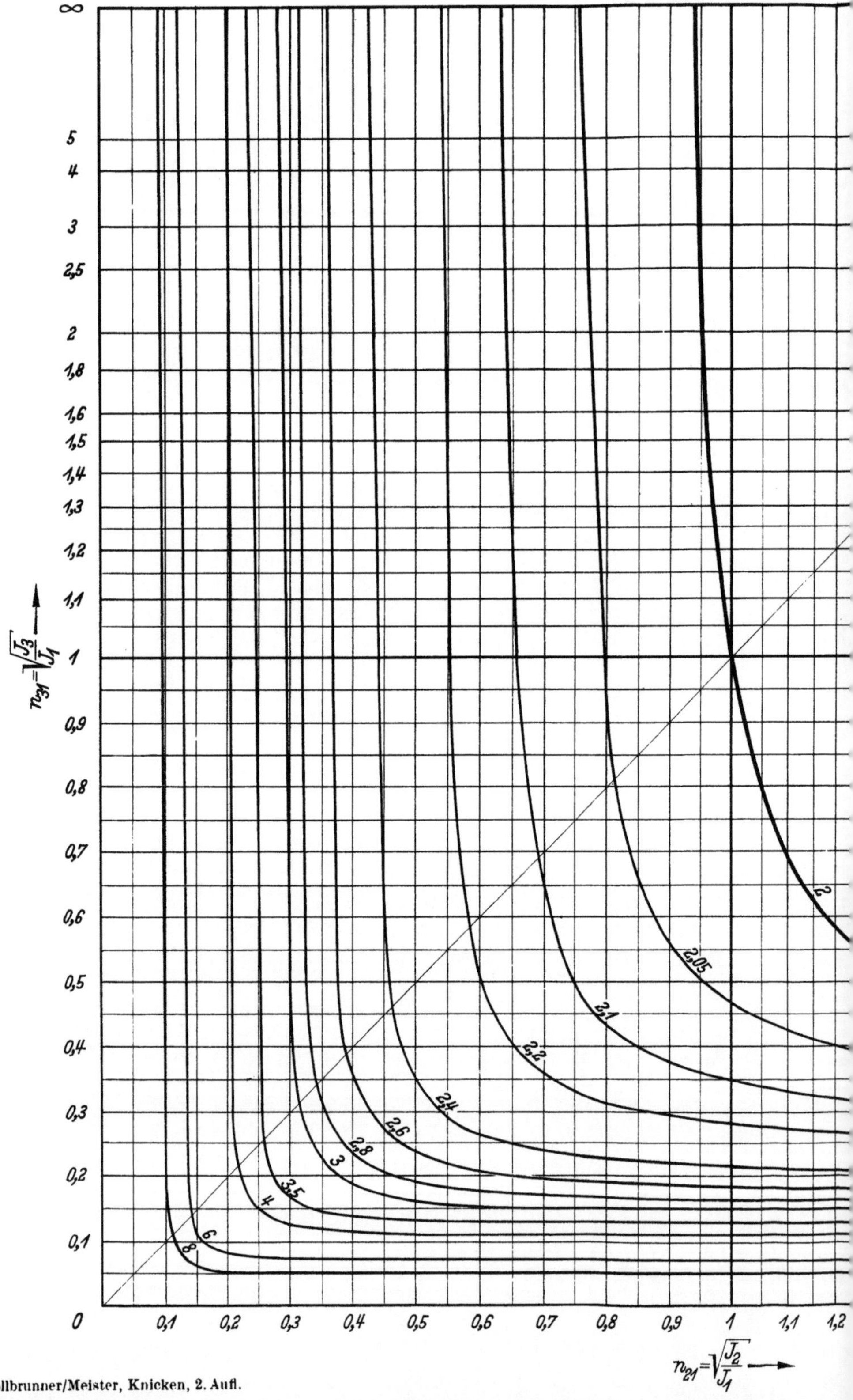
∞
5
4
3
2,5
2
1,8
1,6
1,5
1,4
1,3
1,2
1,1
1
0,9
0,8
0,7
0,6
0,5
0,4
0,3
0,2
0,1
0
$n_{31}=\sqrt{\frac{J_3}{J_1}}$
2
2,05
2,1
2,2
2,4
2,6
2,8
3
3,5
4
6
8
0,1
0,2
0,3
0,4
0,5
0,6
0,7
0,8
0,9
1
1,1
1,2
$n_{21}=\sqrt{\frac{J_2}{J_1}}$

Diagramm I 6

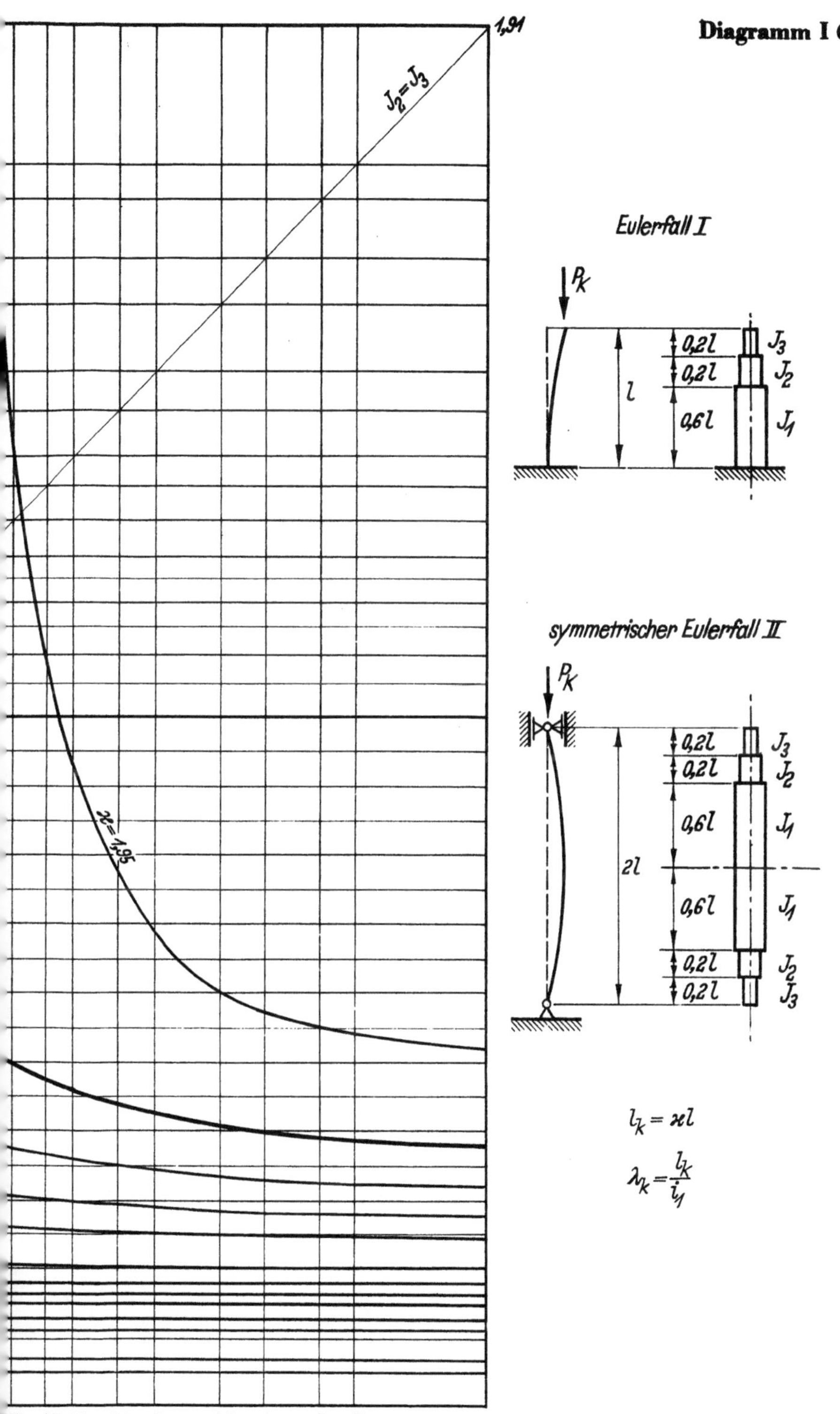

Springer-Verlag, Berlin/Göttingen/Heidelberg

Diagramm II 1

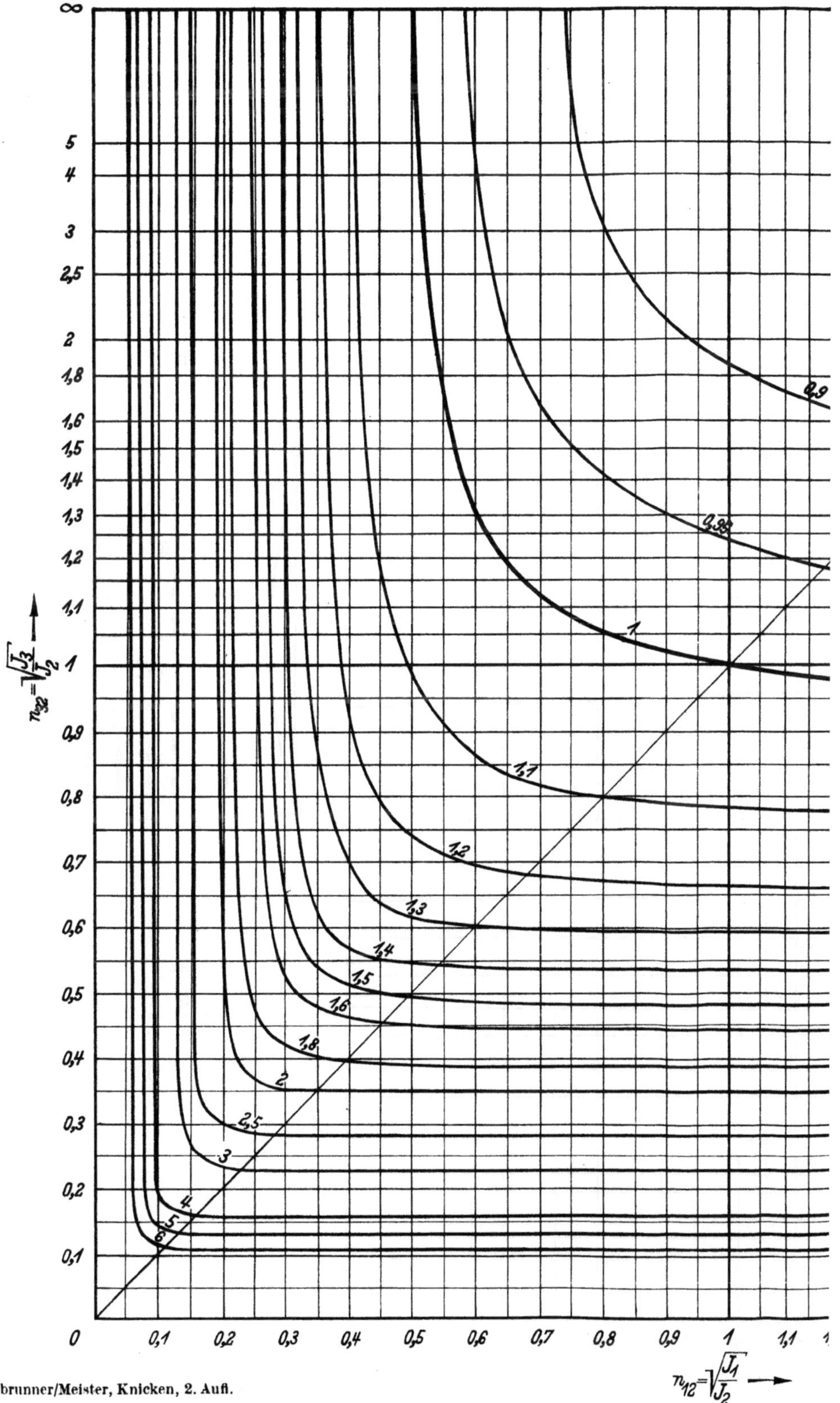

Kollbrunner/Meister, Knicken, 2. Aufl.

Diagramm II 1

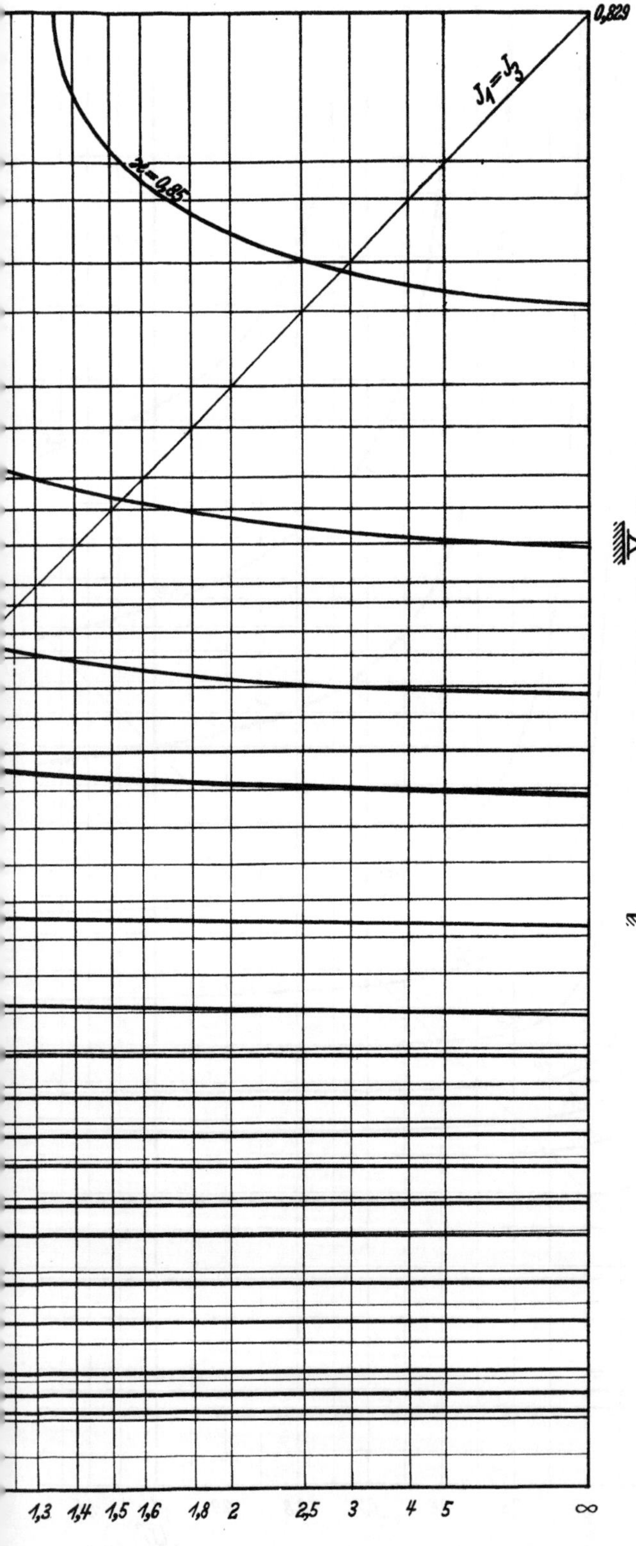

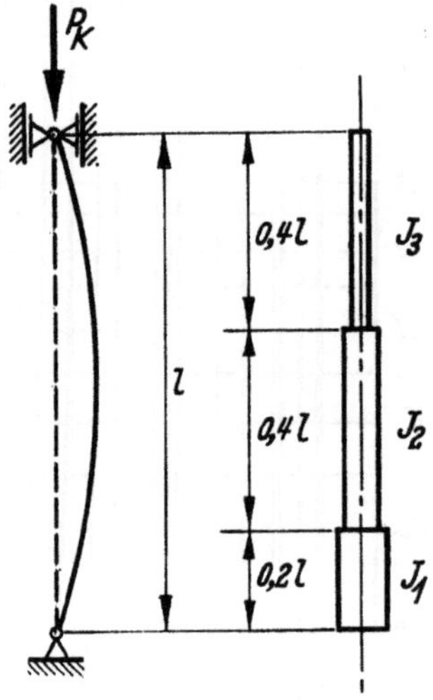

0,829
$J_1 = J_3$
$\varkappa = 0,85$
1,3
1,4
1,5
1,6
1,8
2
2,5
3
4
5
∞

Eulerfall II

P_k
0,4l
0,4l
0,2l
l
J_3
J_2
J_1

$$l_k = \varkappa l$$

$$\lambda_k = \frac{l_k}{i_2}$$

Springer-Verlag, Berlin/Göttingen/Heidelberg

Diagramm II 2

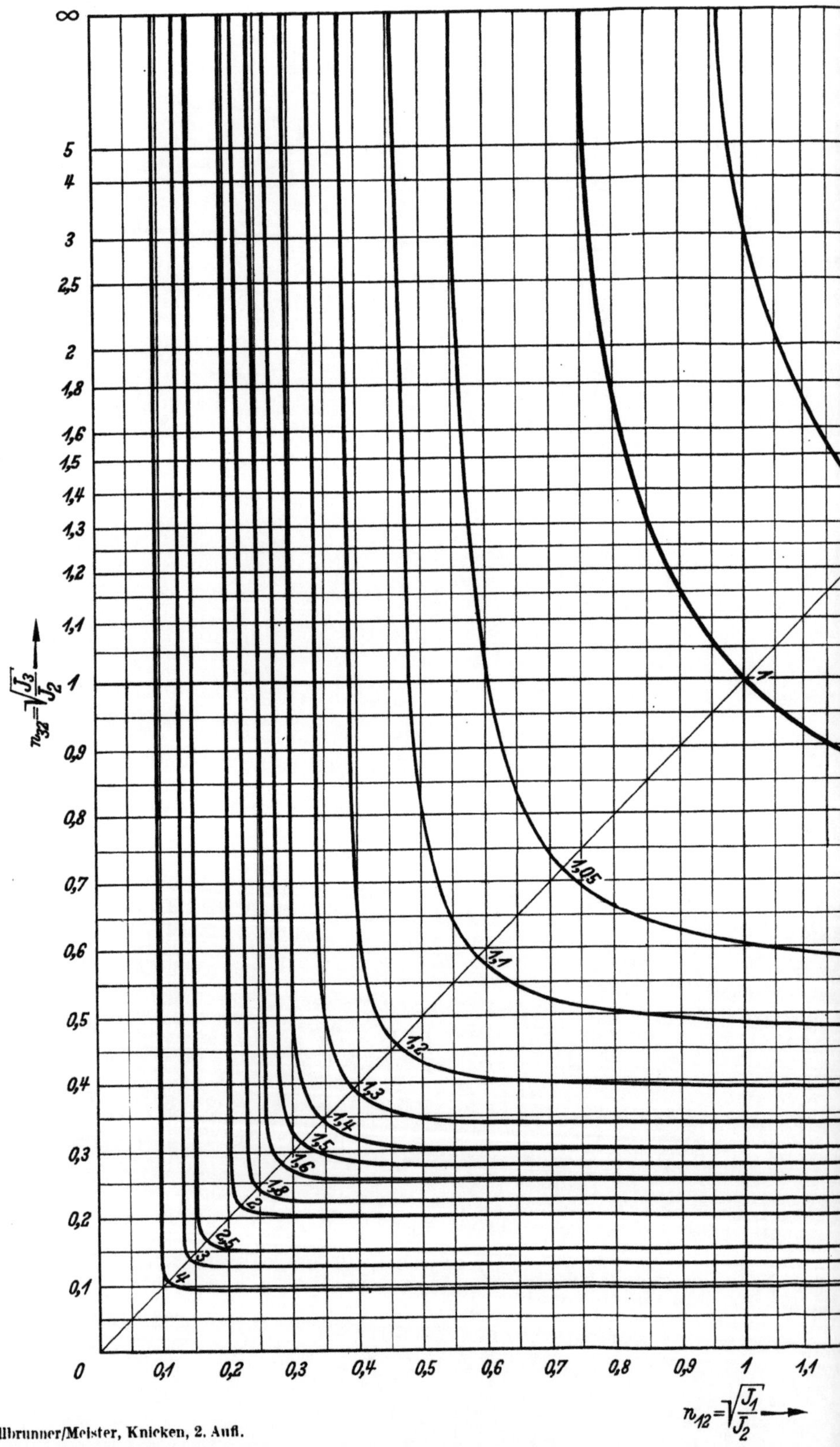

∞
5
4
3
2,5
2
1,8
1,6
1,5
1,4
1,3
1,2
1,1
1
0,9
0,8
0,7
0,6
0,5
0,4
0,3
0,2
0,1
0
$n_{32}=\sqrt{\frac{J_3}{J_2}}$
0,1
0,2
0,3
0,4
0,5
0,6
0,7
0,8
0,9
1
1,1
$n_{12}=\sqrt{\frac{J_1}{J_2}}$
1
1,05
1,1
1,2
1,3
1,4
1,5
1,6
1,8
2
2,5
3
4

Diagramm II 2

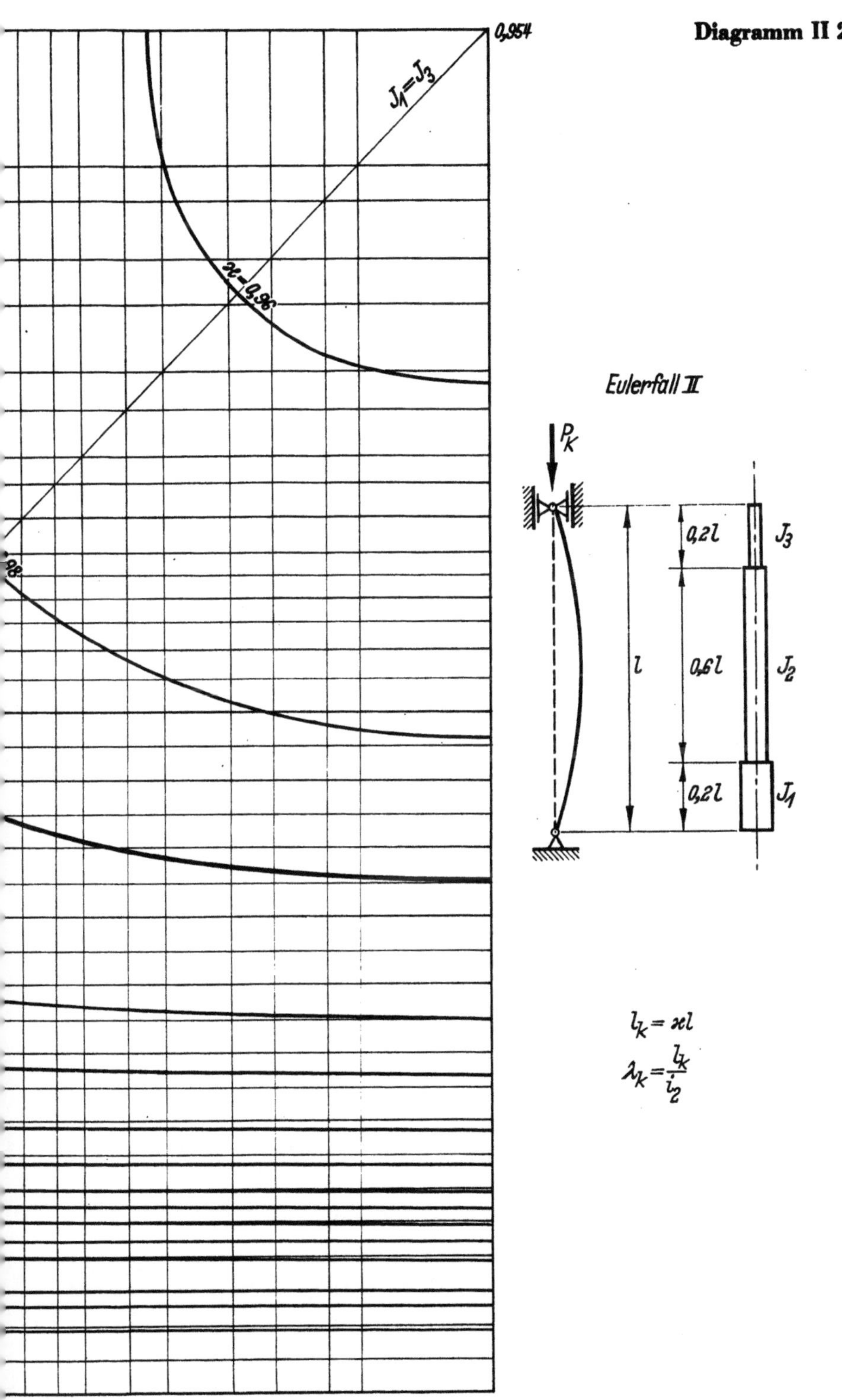

Springer-Verlag, Berlin/Göttingen/Heidelberg

Diagramm II 3

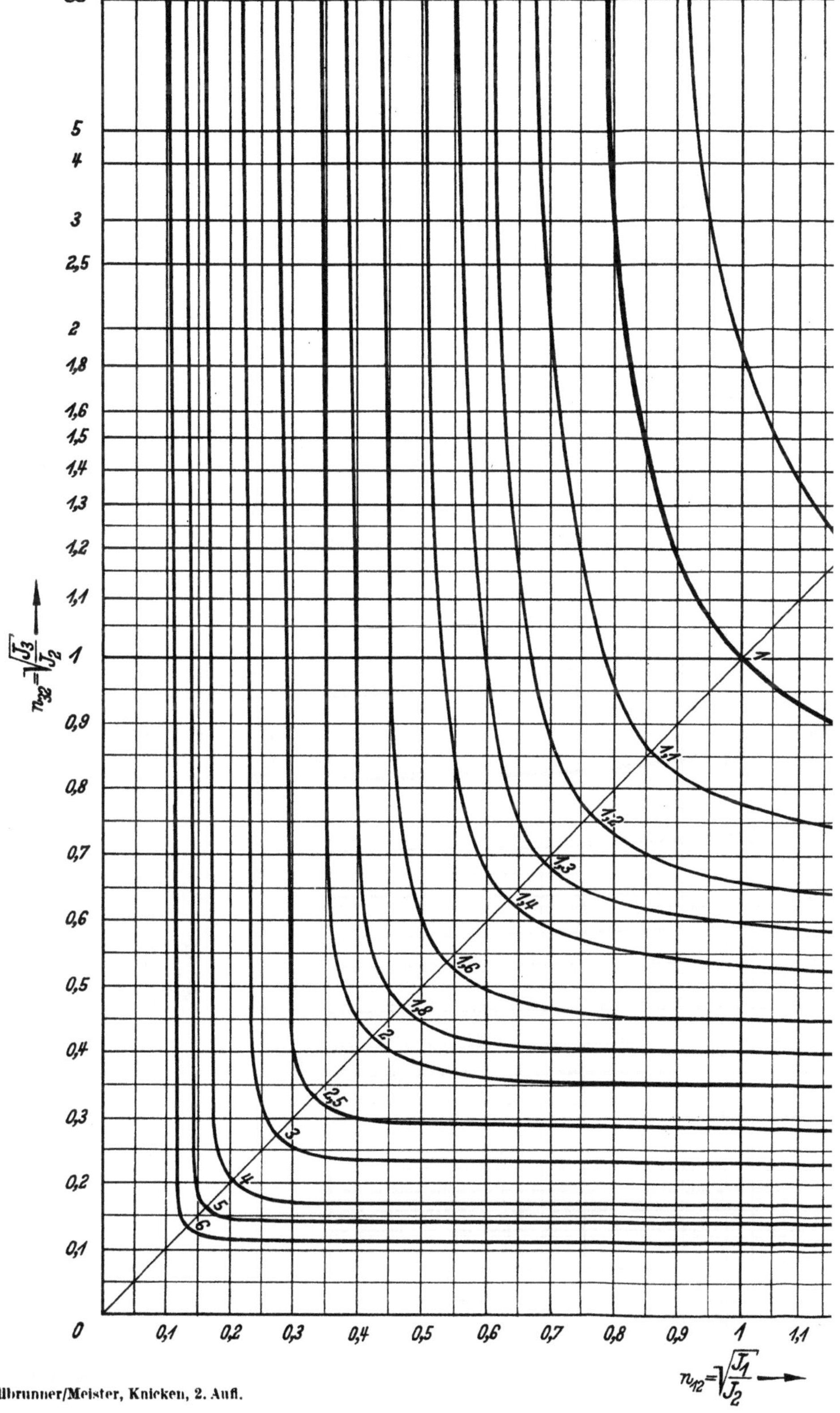
∞
5
4
3
2,5
2
1,8
1,6
1,5
1,4
1,3
1,2
1,1
1
0,9
0,8
0,7
0,6
0,5
0,4
0,3
0,2
0,1
0
$n_{32} = \sqrt{\frac{J_3}{J_2}}$
0,1
0,2
0,3
0,4
0,5
0,6
0,7
0,8
0,9
1
1,1
$n_{12} = \sqrt{\frac{J_1}{J_2}}$
1
1,1
1,2
1,3
1,4
1,6
1,8
2
2,5
3
4
5
6

0,654

$J_1 = J_3$

$\varkappa = 0{,}7$

0,8

0,9

1,2 1,3 1,4 1,5 1,6 1,8 2 2,5 3 4 5 ∞

Eulerfall II

l

0,4 l | J_3

0,2 l | J_2

0,4 l | J_1

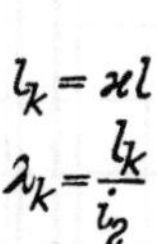

Springer-Verlag, Berlin/Göttingen/Heidelberg

Diagramm II 4

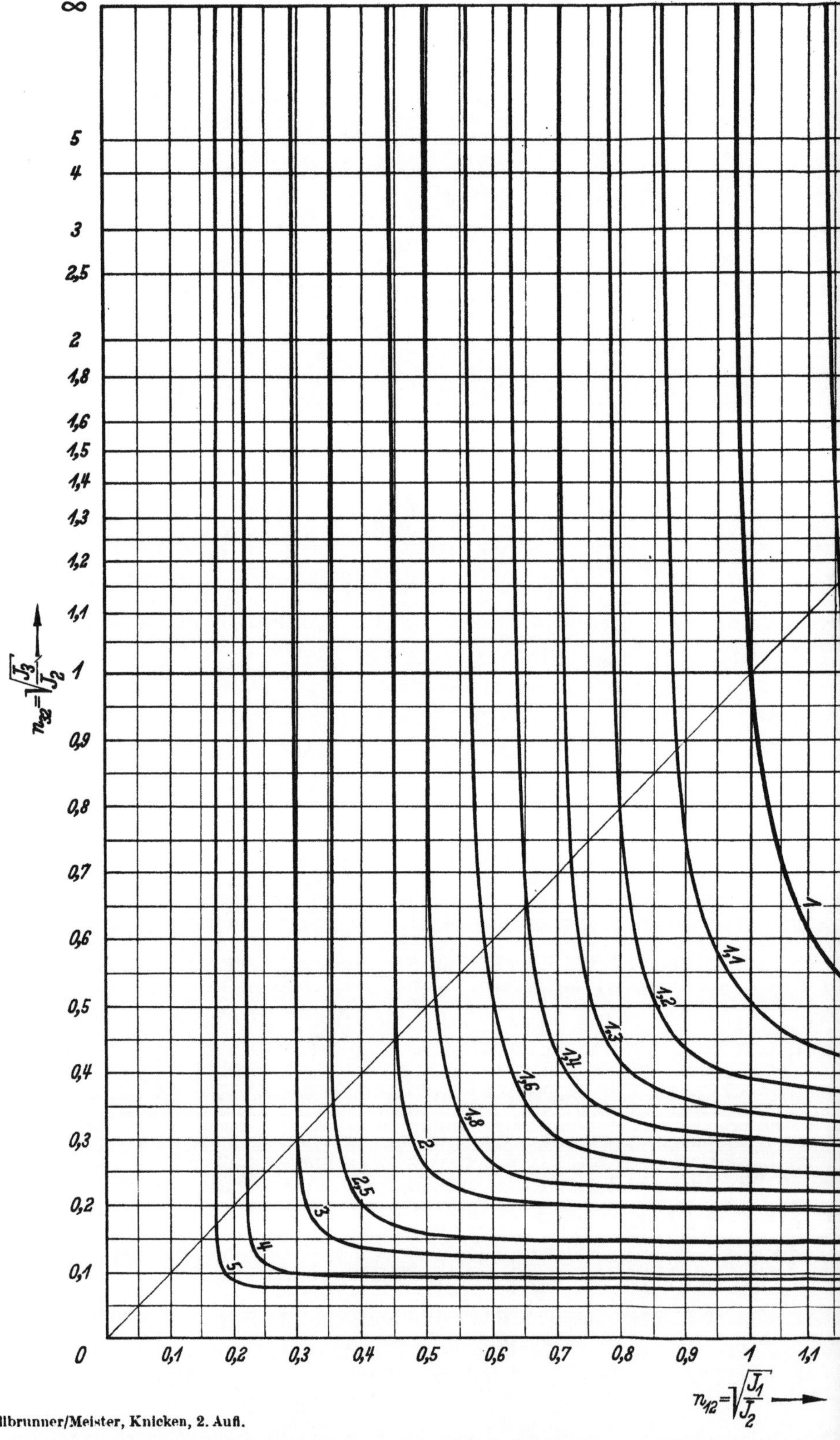

Kollbrunner/Meister, Knicken, 2. Aufl.

Diagramm II 4

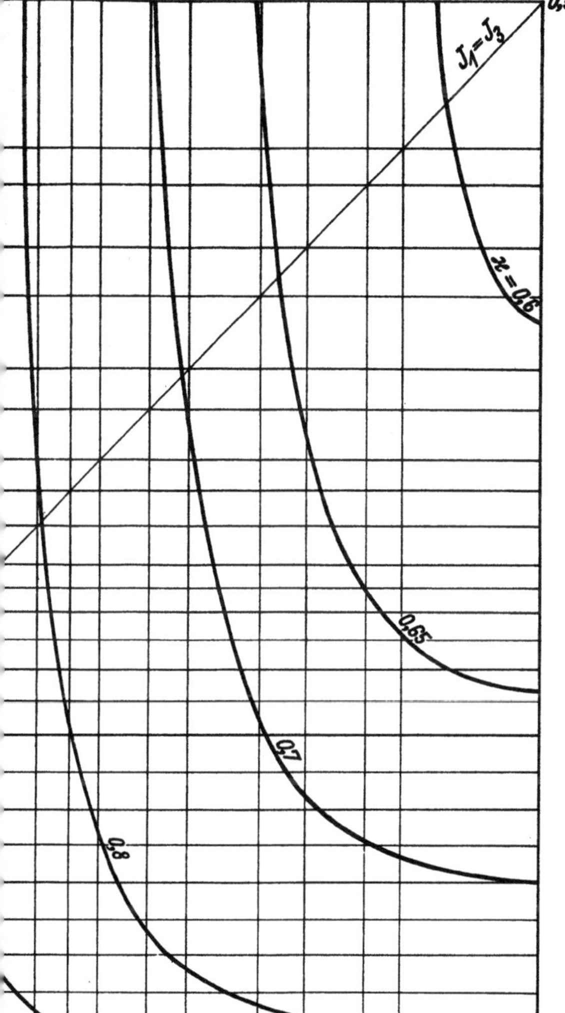

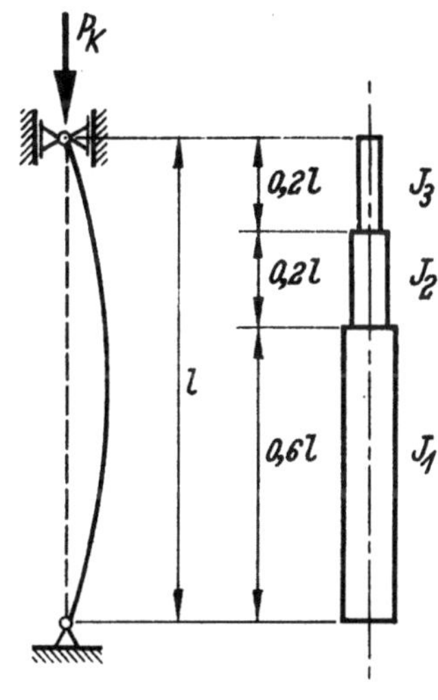

$l_k = \varkappa l$

$\lambda_k = \frac{l_k}{i_2}$

Springer-Verlag, Berlin/Göttingen/Heidelberg

Diagramm III 1

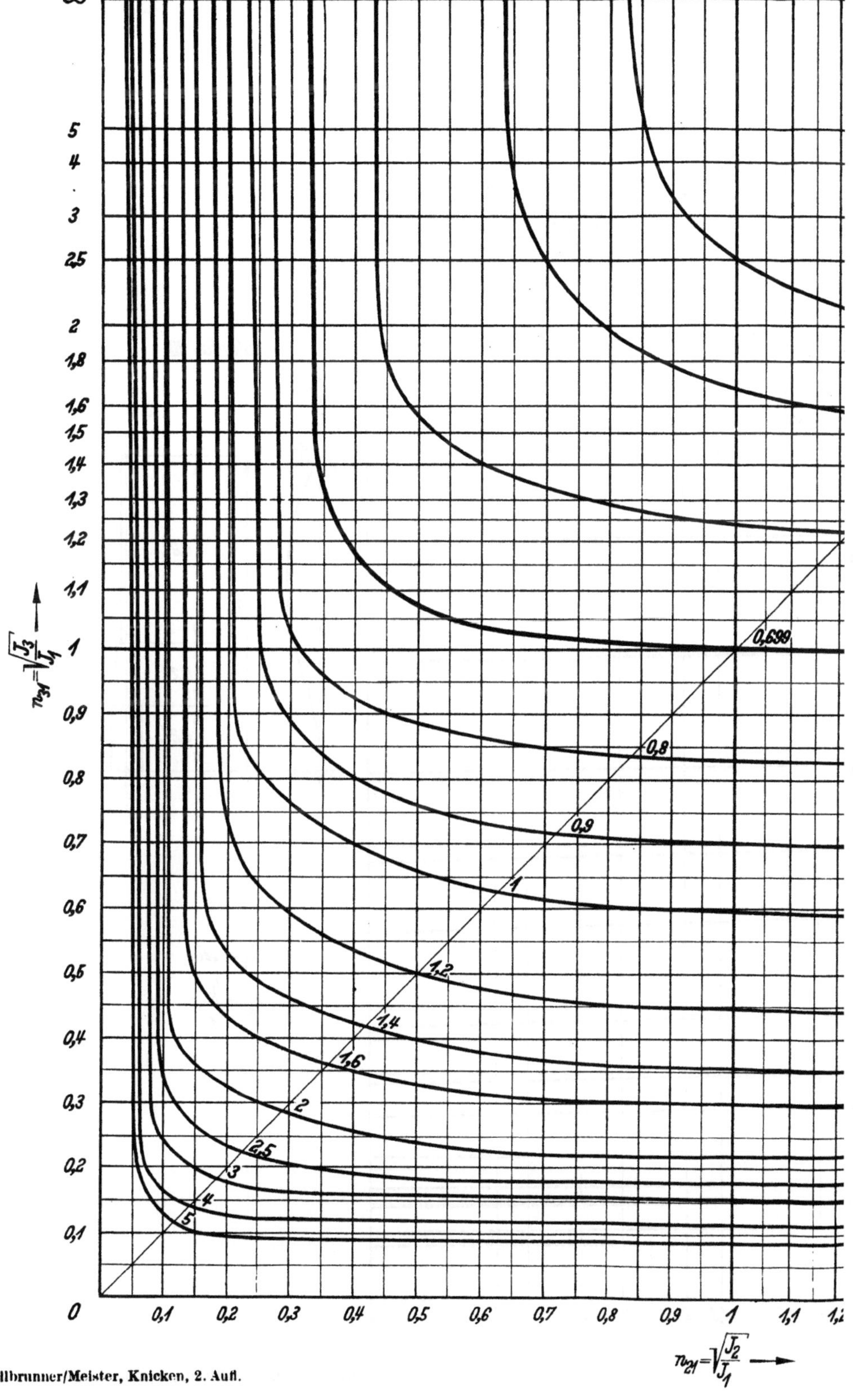
∞
5
4
3
2,5
2
1,8
1,6
1,5
1,4
1,3
1,2
1,1
1
0,9
0,8
0,7
0,6
0,5
0,4
0,3
0,2
0,1
0
$n_{31}=\sqrt{\frac{J_3}{J_1}}$ →
0,1
0,2
0,3
0,4
0,5
0,6
0,7
0,8
0,9
1
1,1
1,2
$n_{21}=\sqrt{\frac{J_2}{J_1}}$ →
0,699
0,8
0,9
1
1,2
1,4
1,6
2
2,5
3
4
5

Diagramm III 1

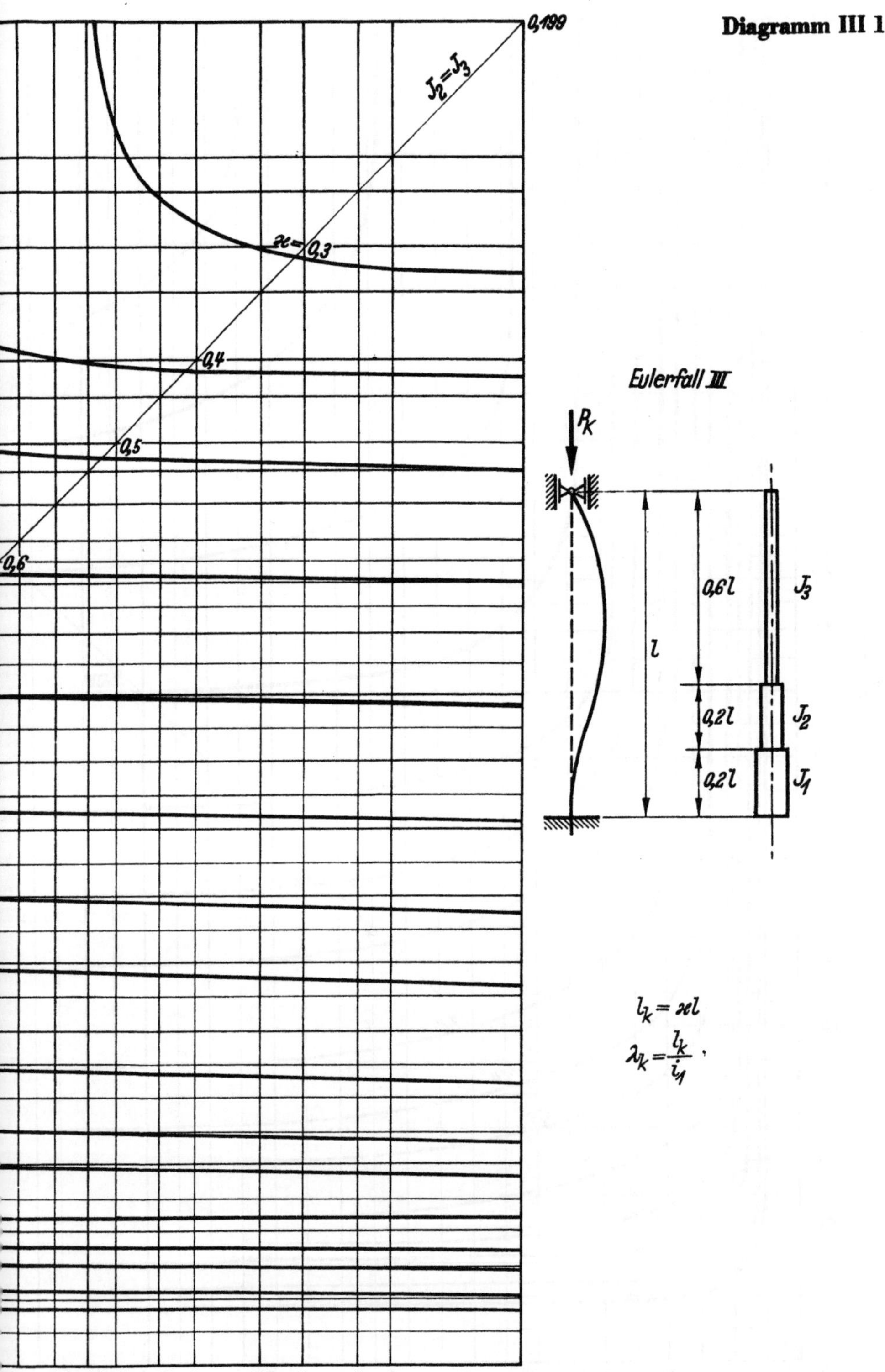

Springer-Verlag, Berlin/Göttingen/Heidelberg

Diagramm III 2

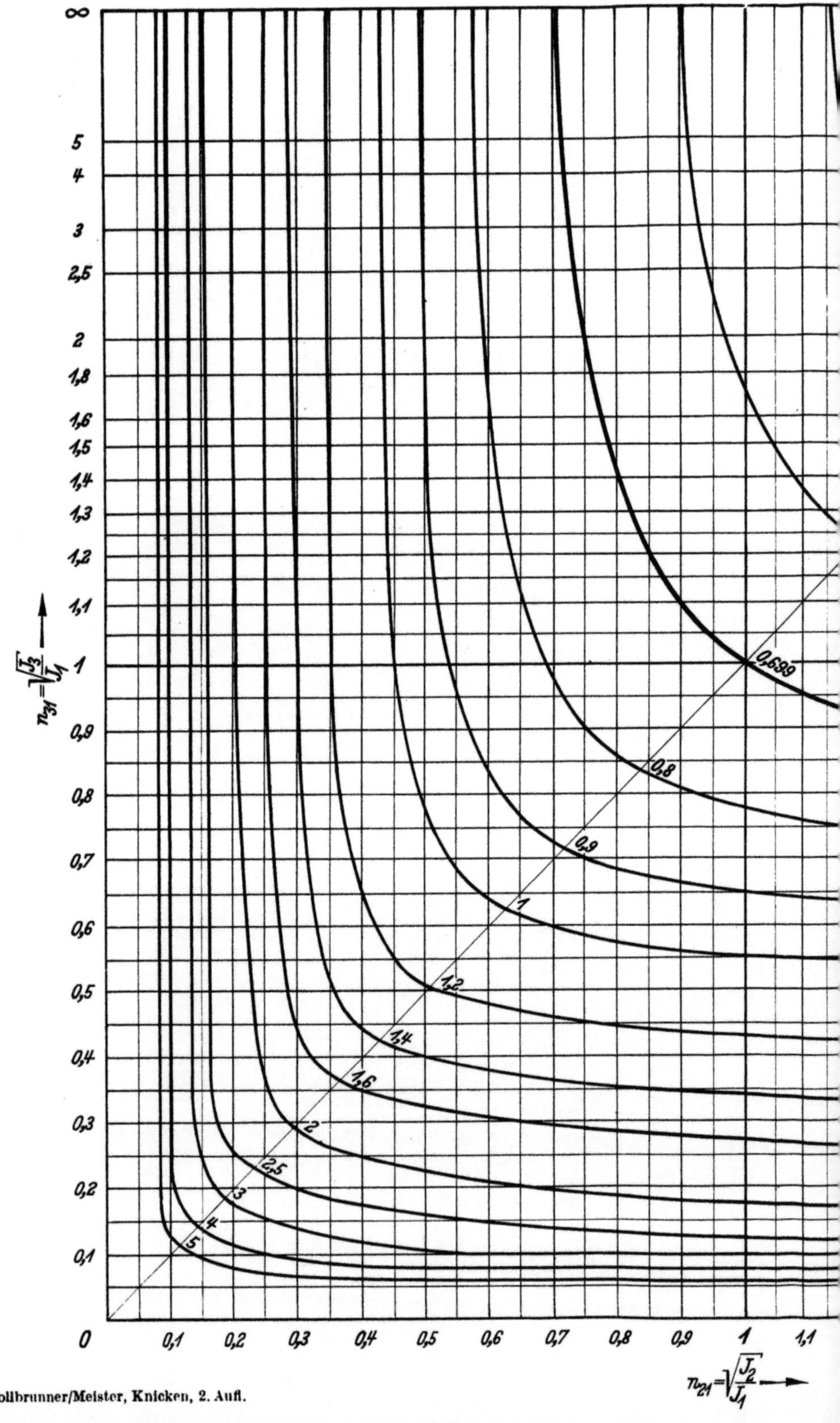

∞
5
4
3
2,5
2
1,8
1,6
1,5
1,4
1,3
1,2
1,1
1
0,9
0,8
0,7
0,6
0,5
0,4
0,3
0,2
0,1
0
$n_{31} = \sqrt{\frac{J_3}{J_1}}$
0,1
0,2
0,3
0,4
0,5
0,6
0,7
0,8
0,9
1
1,1
$n_{21} = \sqrt{\frac{J_2}{J_1}}$
0,689
0,8
0,9
1
1,2
1,4
1,6
2
2,5
3
4
5

Diagramm III 2

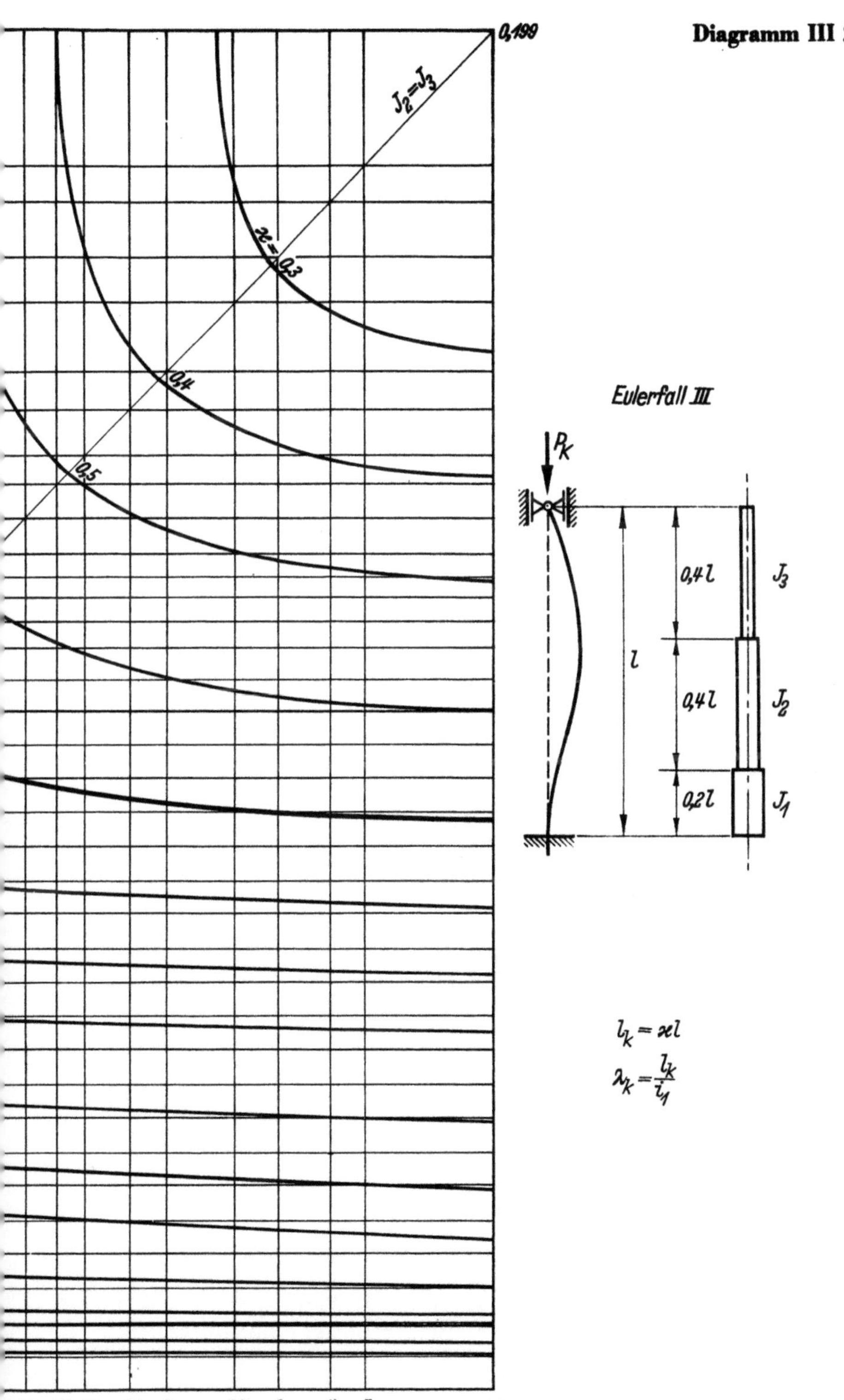

Springer-Verlag, Berlin/Göttingen/Heidelberg

Diagramm III 3

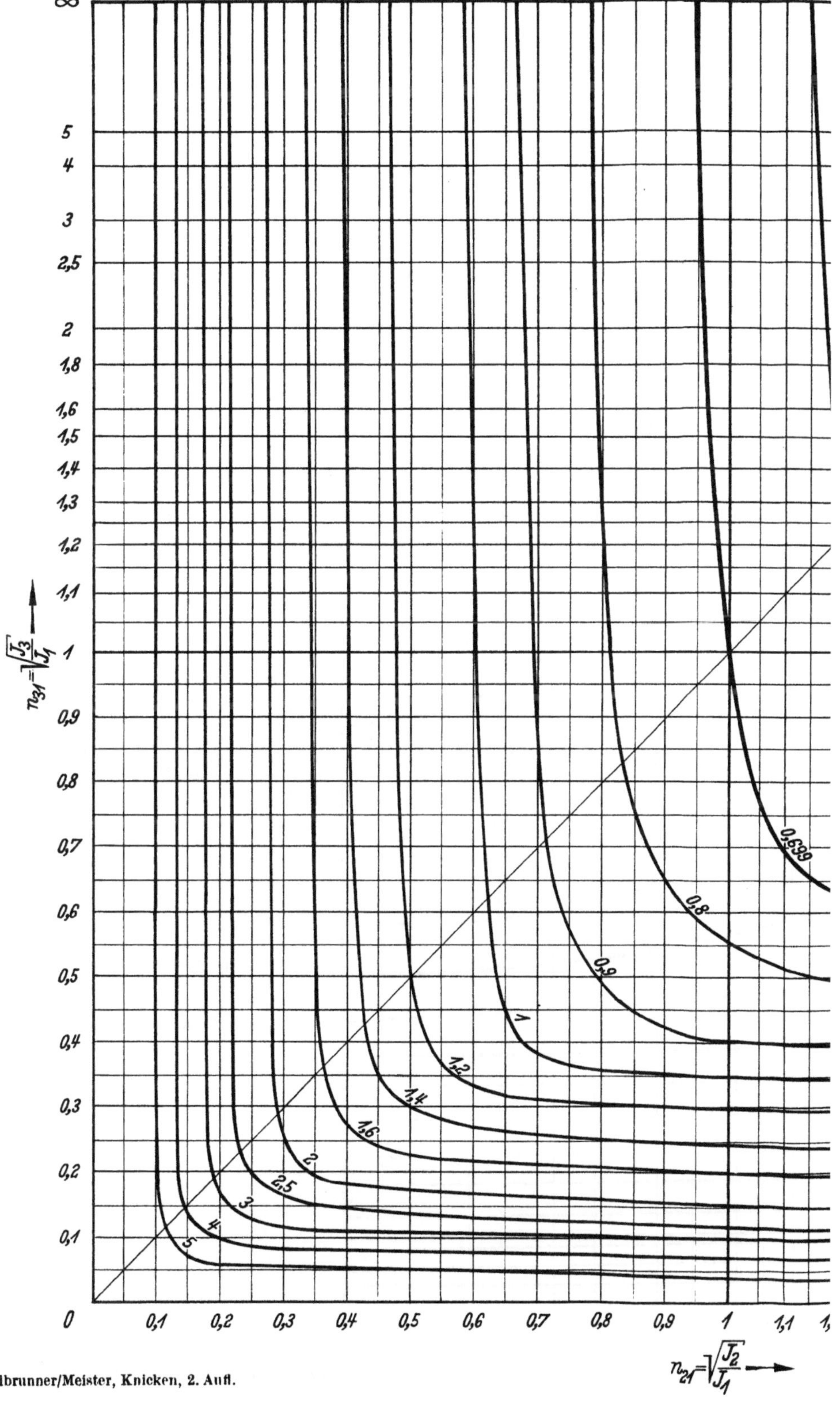

∞
5
4
3
2,5
2
1,8
1,6
1,5
1,4
1,3
1,2
1,1
1
0,9
0,8
0,7
0,6
0,5
0,4
0,3
0,2
0,1
0
$n_{31}=\sqrt{\frac{J_3}{J_1}}$
0,1
0,2
0,3
0,4
0,5
0,6
0,7
0,8
0,9
1
1,1
$n_{21}=\sqrt{\frac{J_2}{J_1}}$
0,699
0,8
0,9
1
1,2
1,4
1,6
2
2,5
3
4
5

Diagramm III 3

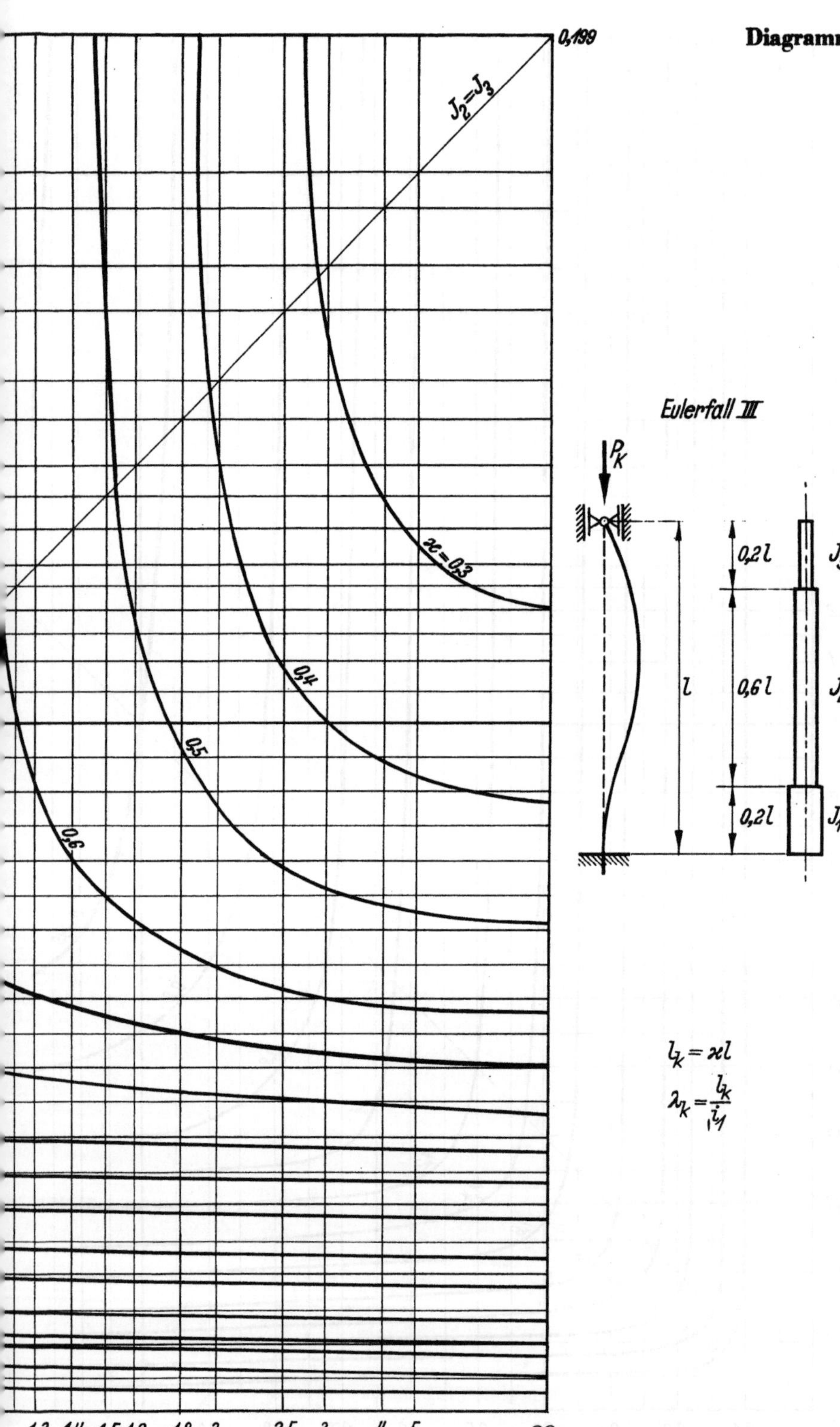

$l_k = \varkappa l$

$\lambda_k = \frac{l_k}{i_1}$

Springer-Verlag, Berlin/Göttingen/Heidelberg

Diagramm III 4

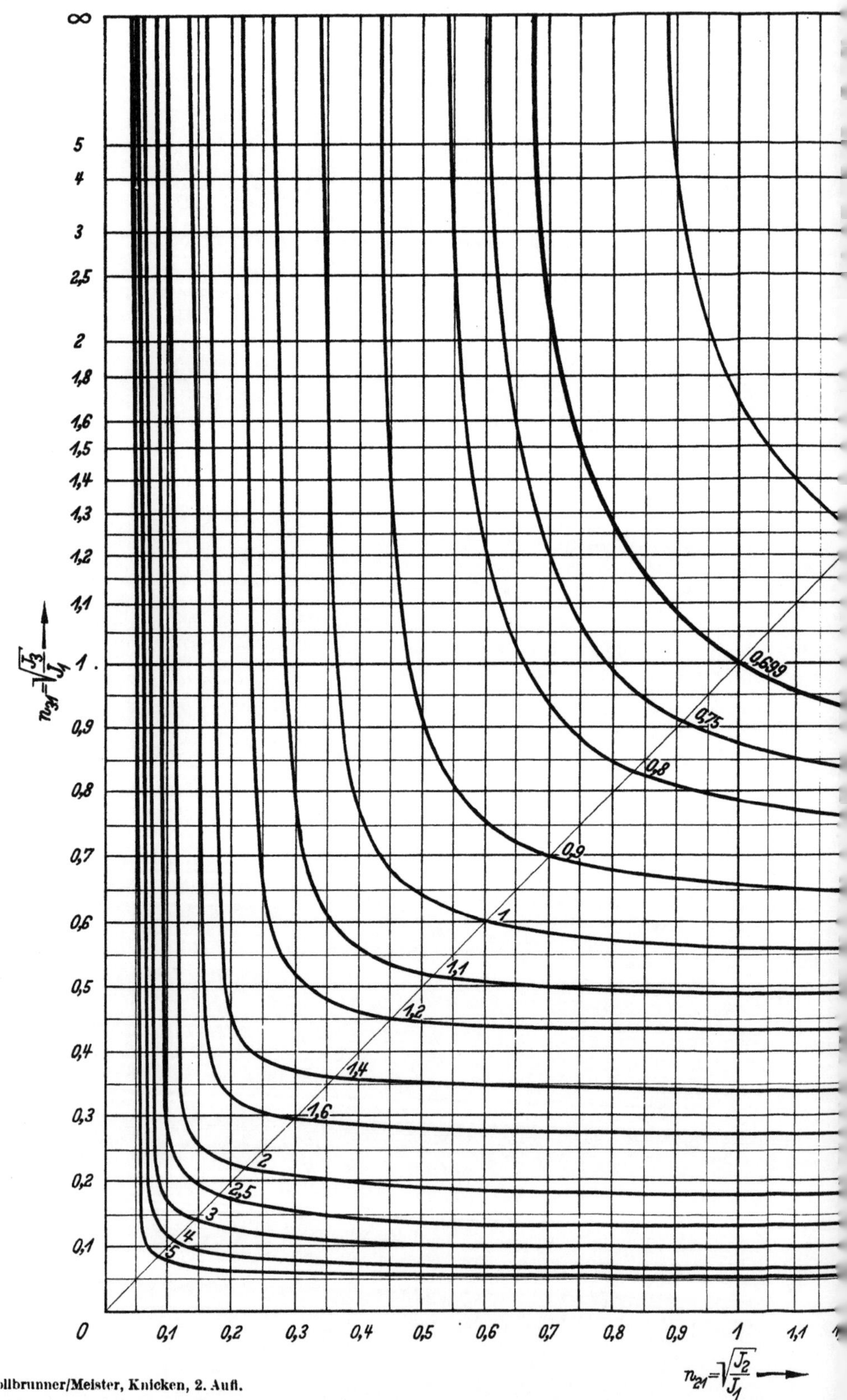
∞
5
4
3
2,5
2
1,8
1,6
1,5
1,4
1,3
1,2
1,1
1
0,9
0,8
0,7
0,6
0,5
0,4
0,3
0,2
0,1
0
$n_{31} = \sqrt{\frac{J_3}{J_1}}$
0,699
0,75
0,8
0,9
1
1,1
1,2
1,4
1,6
2
2,5
3
4
5
0,1
0,2
0,3
0,4
0,5
0,6
0,7
0,8
0,9
1
1,1
$n_{21} = \sqrt{\frac{J_2}{J_1}}$

Diagramm III 4

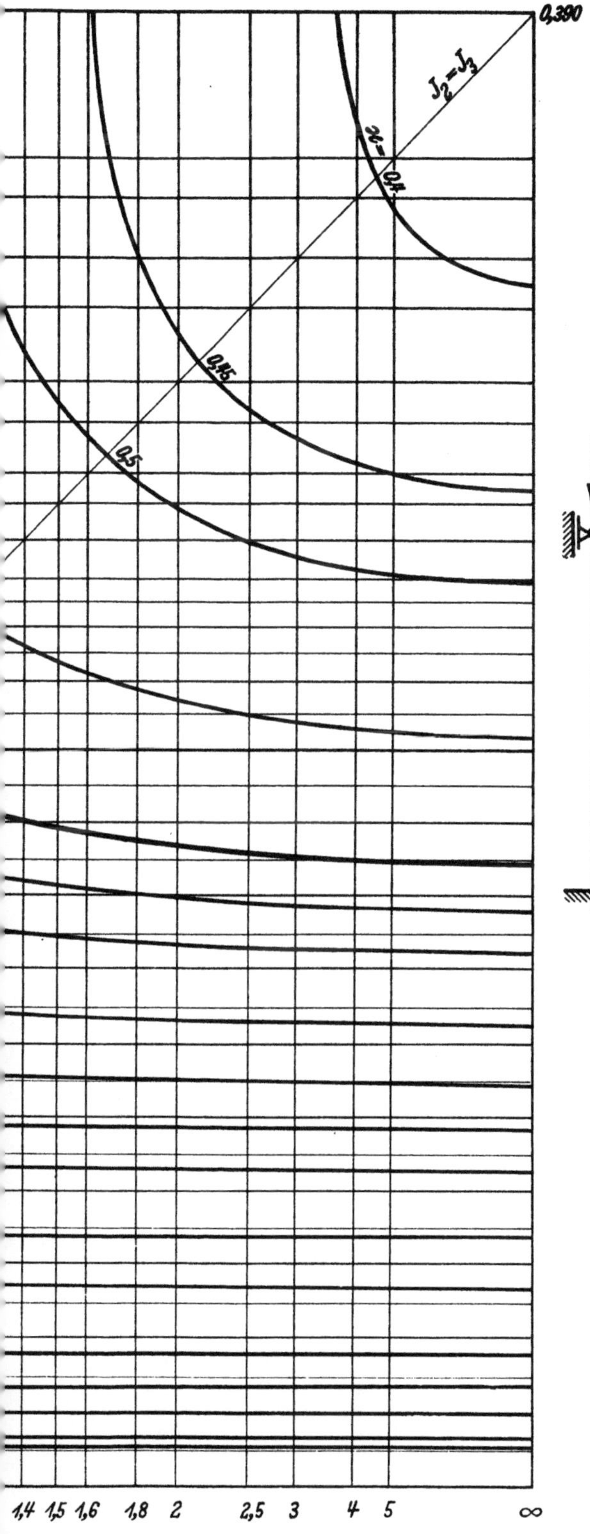

0,390
$J_2 = J_3$
$\varkappa =$
0,4
0,45
0,5
1,4 1,5 1,6 1,8 2 2,5 3 4 5 ∞

Eulerfall III
P_K
l
0,4 l
0,2 l
0,4 l
J_3
J_2
J_1

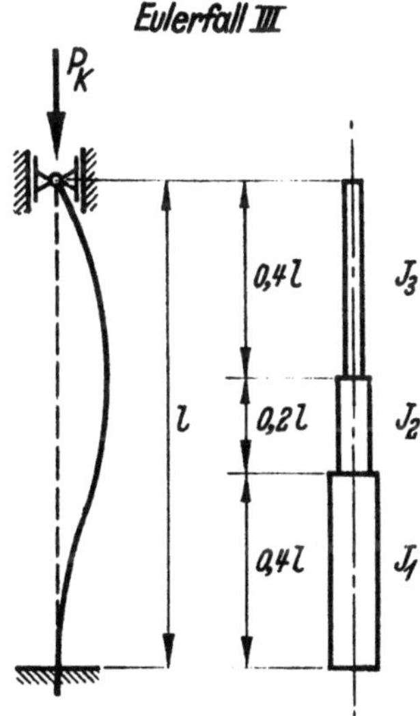

$l_K = \varkappa l$

$\lambda_K = \frac{l_K}{i_1}$

Springer-Verlag, Berlin/Göttingen/Heidelberg

Diagramm III 5

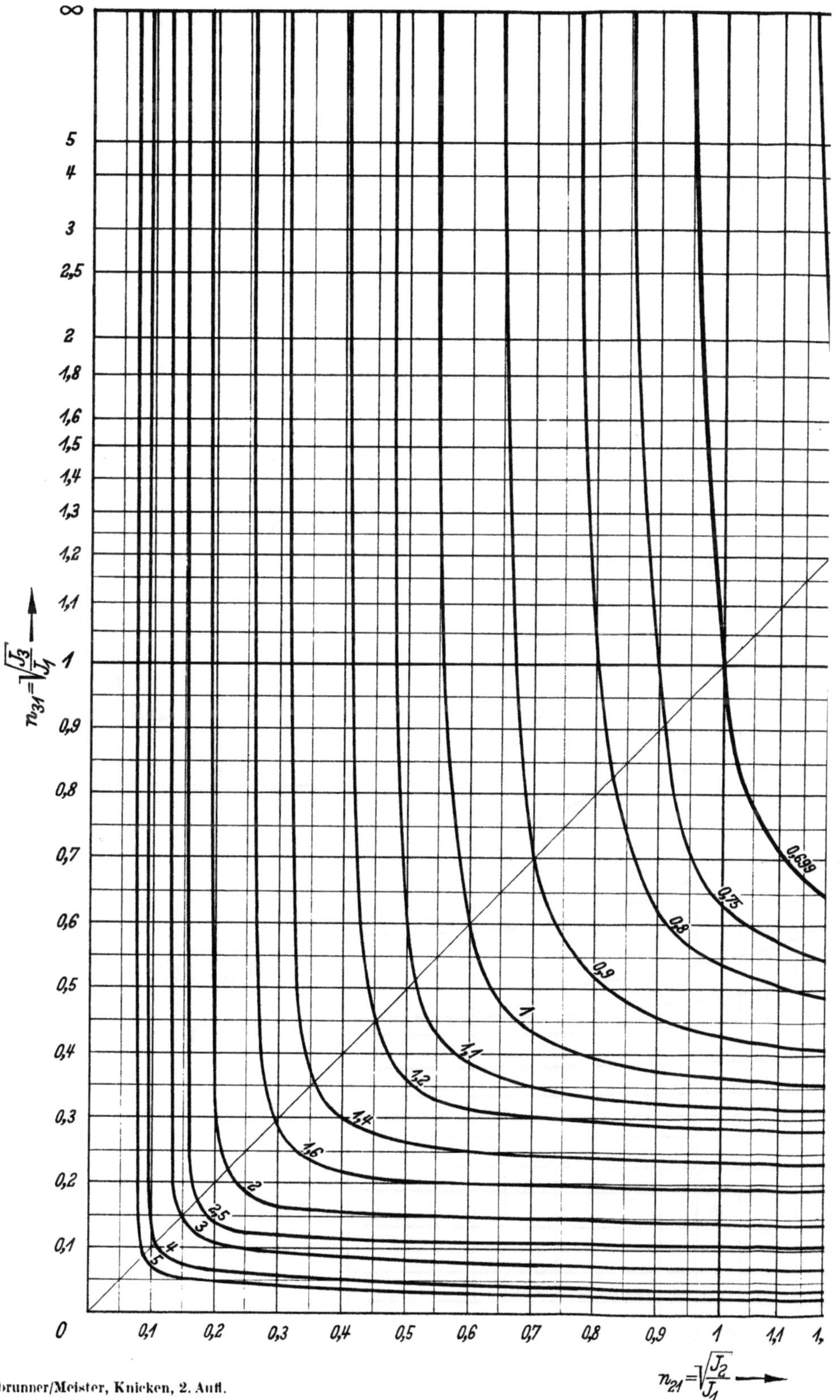

Kollbrunner/Meister, Knicken, 2. Aufl.

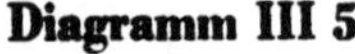

Diagramm III 5

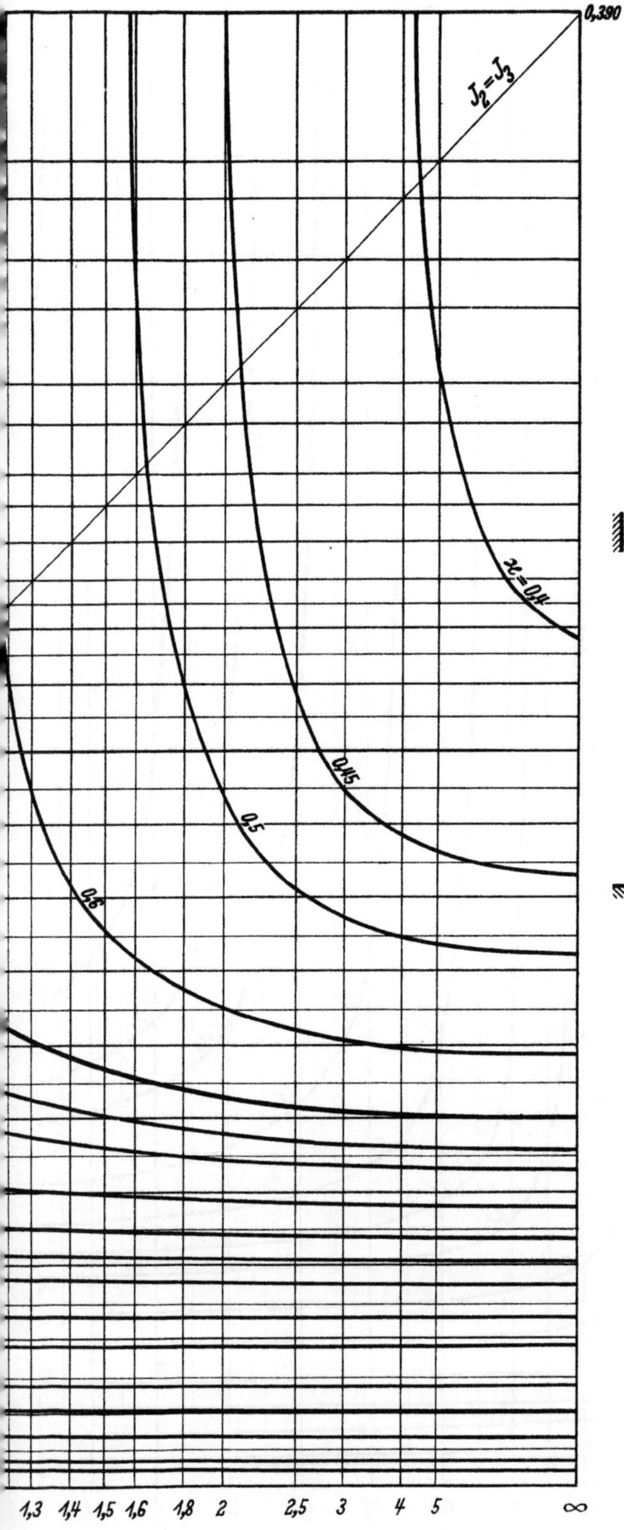

0,390
$J_2 = J_3$
$\varkappa = 0,4$
0,45
0,5
0,6
1,3
1,4
1,5
1,6
1,8
2
2,5
3
4
5
∞

Eulerfall III
P_K
l
0,2 l
0,4 l
0,4 l
J_3
J_2
J_1

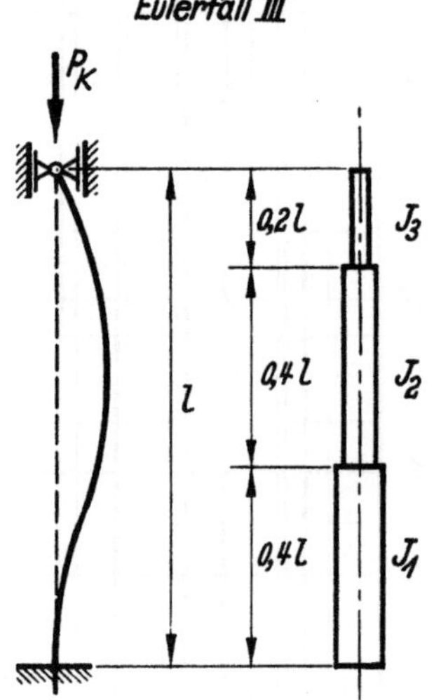

$$l_k = \varkappa l$$

$$\lambda_k = \frac{l_k}{i_1}$$

Springer-Verlag, Berlin/Göttingen/Heidelberg

Diagramm III 6

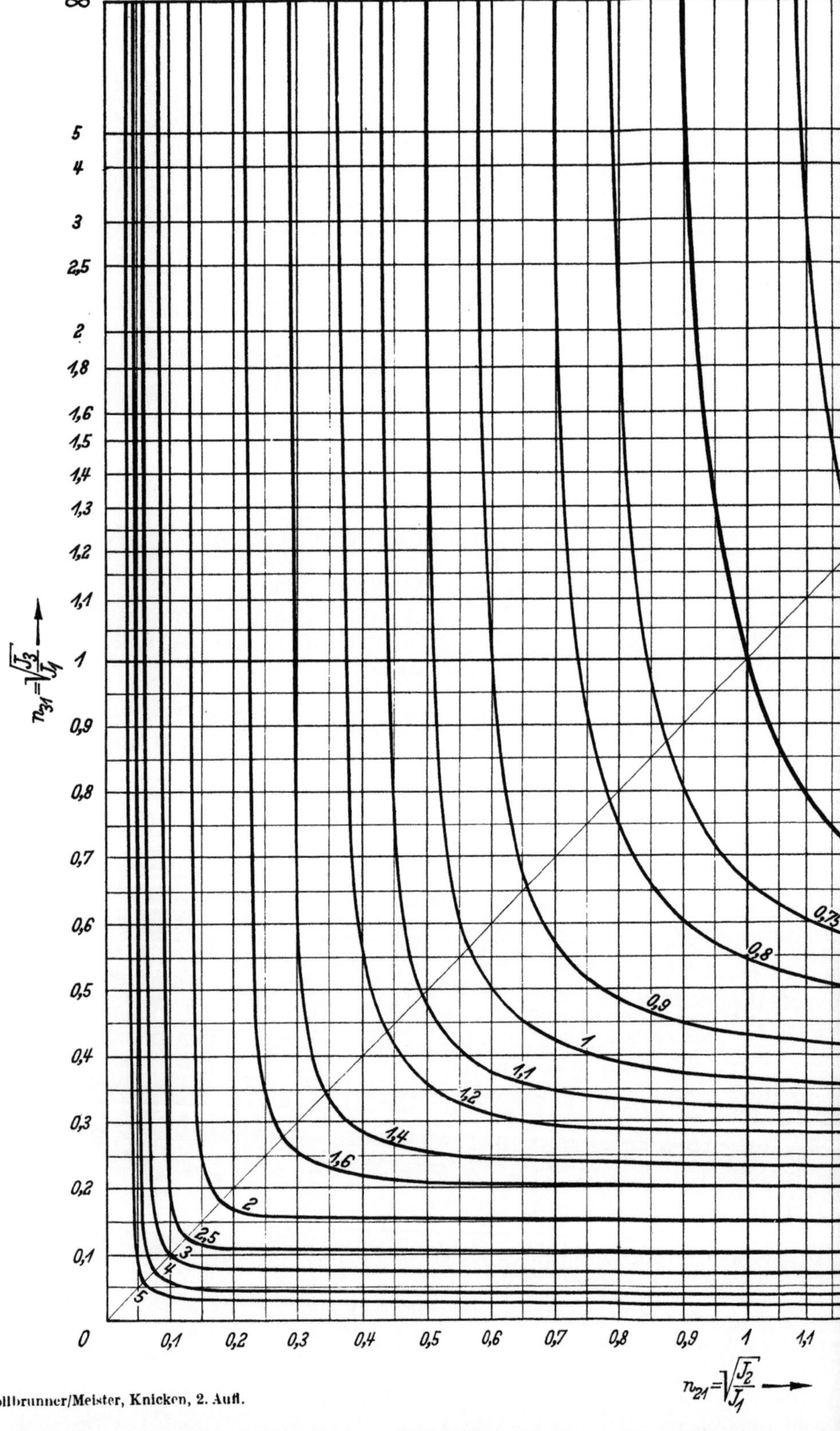
∞
5
4
3
2,5
2
1,8
1,6
1,5
1,4
1,3
1,2
1,1
1
0,9
0,8
0,7
0,6
0,5
0,4
0,3
0,2
0,1
0
$n_{31}=\sqrt{\frac{J_3}{J_1}}$
0,1
0,2
0,3
0,4
0,5
0,6
0,7
0,8
0,9
1
1,1
$n_{21}=\sqrt{\frac{J_2}{J_1}}$
0,75
0,8
0,9
1
1,1
1,2
1,4
1,6
2
2,5
3
4
5

Diagramm III 6

0,558
$J_2=J_3$
$\varkappa=0,6$
0,65
0,699
1,4
1,5
1,6
1,8
2
2,5
3
4
5
∞

Eulerfall III
P_K
0,2 l
0,2 l
0,6 l
l
J_3
J_2
J_1

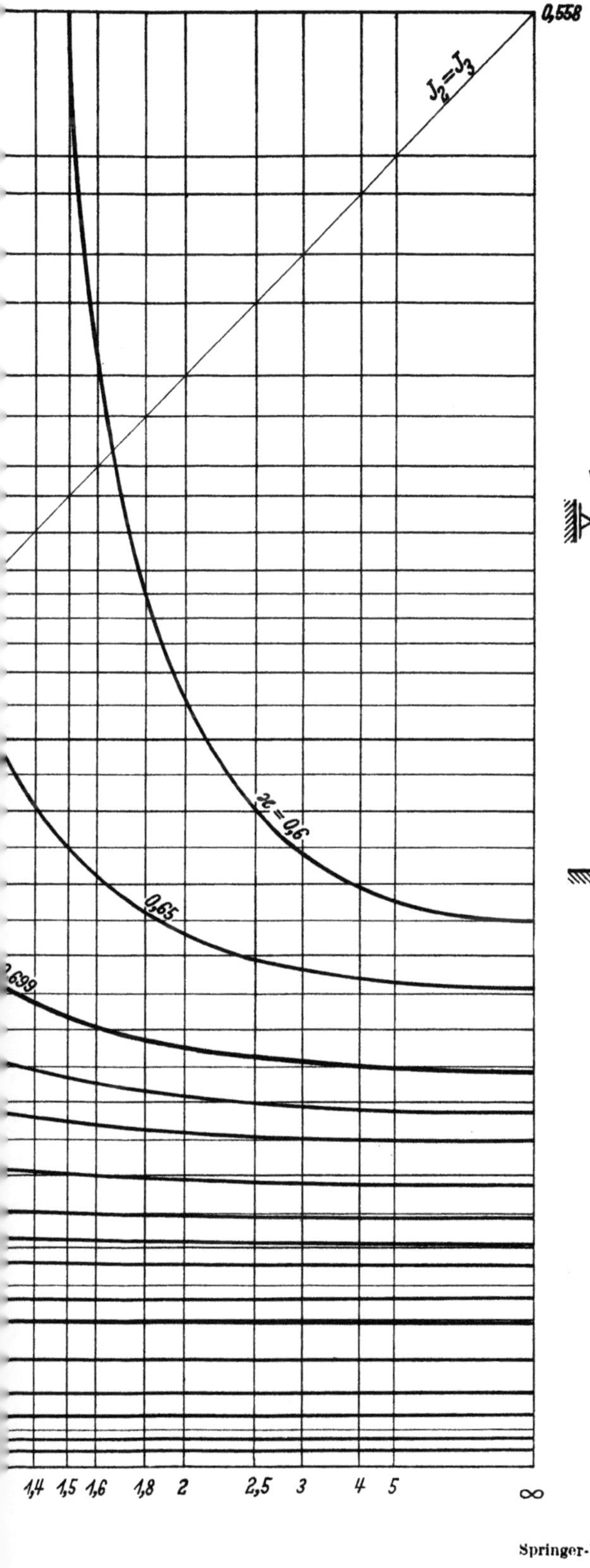

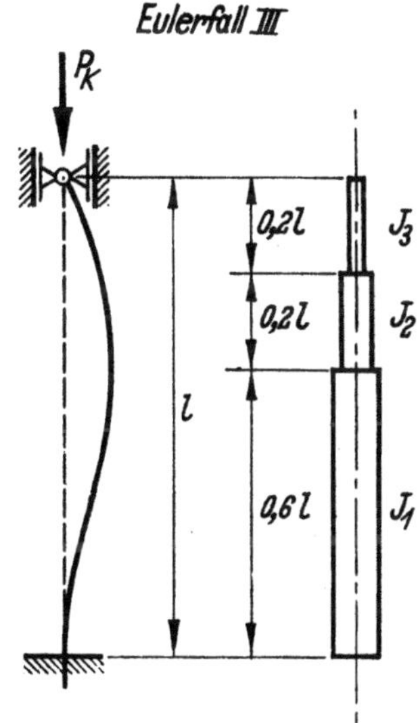

$l_k = \varkappa l$

$\lambda_k = \frac{l_k}{i_1}$

Springer-Verlag, Berlin/Göttingen/Heidelberg

Diagramm IV 1

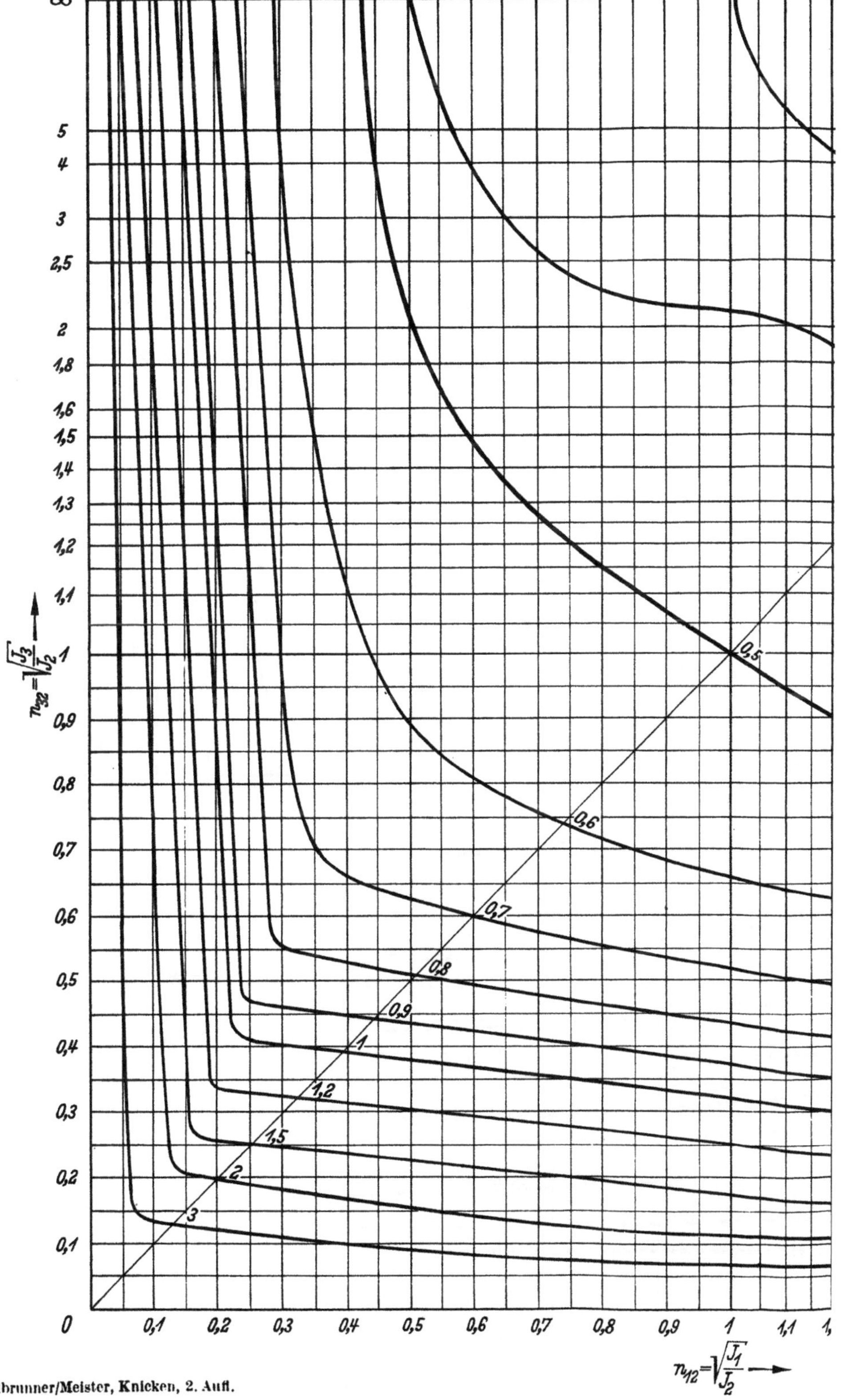
∞
5
4
3
2,5
2
1,8
1,6
1,5
1,4
1,3
1,2
1,1
$n_{32}=\sqrt{\frac{J_3}{J_2}}$
1
0,9
0,8
0,7
0,6
0,5
0,4
0,3
0,2
0,1
0
0,1
0,2
0,3
0,4
0,5
0,6
0,7
0,8
0,9
1
1,1
0,5
0,6
0,7
0,8
0,9
1
1,2
1,5
2
3
$n_{12}=\sqrt{\frac{J_1}{J_2}}$

Diagramm IV 1

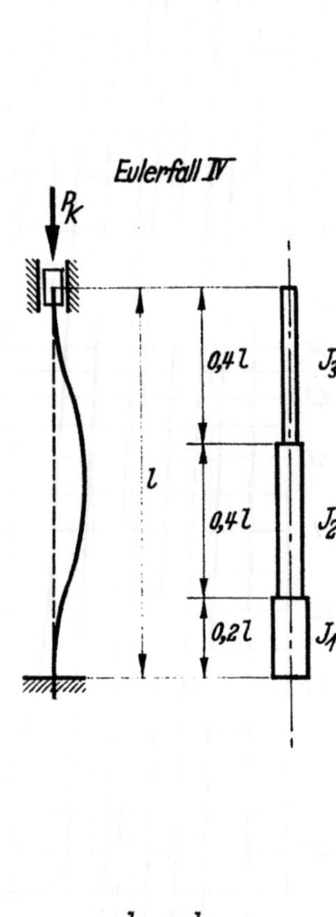

$$l_k = \varkappa l$$

$$\lambda_k = \frac{l_k}{i_2}$$

Springer-Verlag, Berlin/Göttingen/Heidelberg

Diagramm IV 2

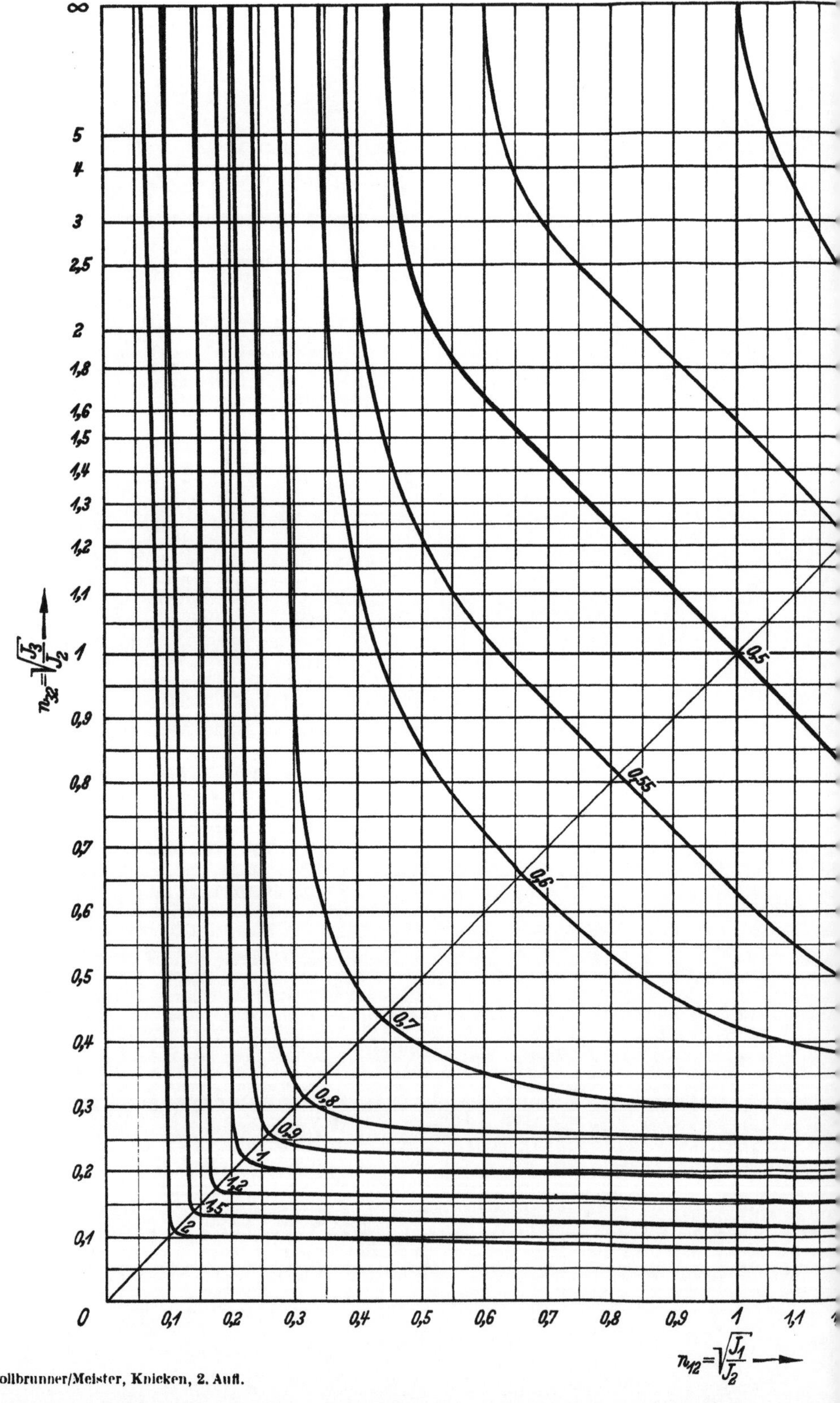
∞
5
4
3
2,5
2
1,8
1,6
1,5
1,4
1,3
1,2
1,1
1
0,9
0,8
0,7
0,6
0,5
0,4
0,3
0,2
0,1
0
$n_{32}=\sqrt{\frac{J_3}{J_2}}$
0,1
0,2
0,3
0,4
0,5
0,6
0,7
0,8
0,9
1
1,1
$n_{12}=\sqrt{\frac{J_1}{J_2}}$
0,5
0,55
0,6
0,7
0,8
0,9
1
1,2
1,5
2

Diagramm IV 2

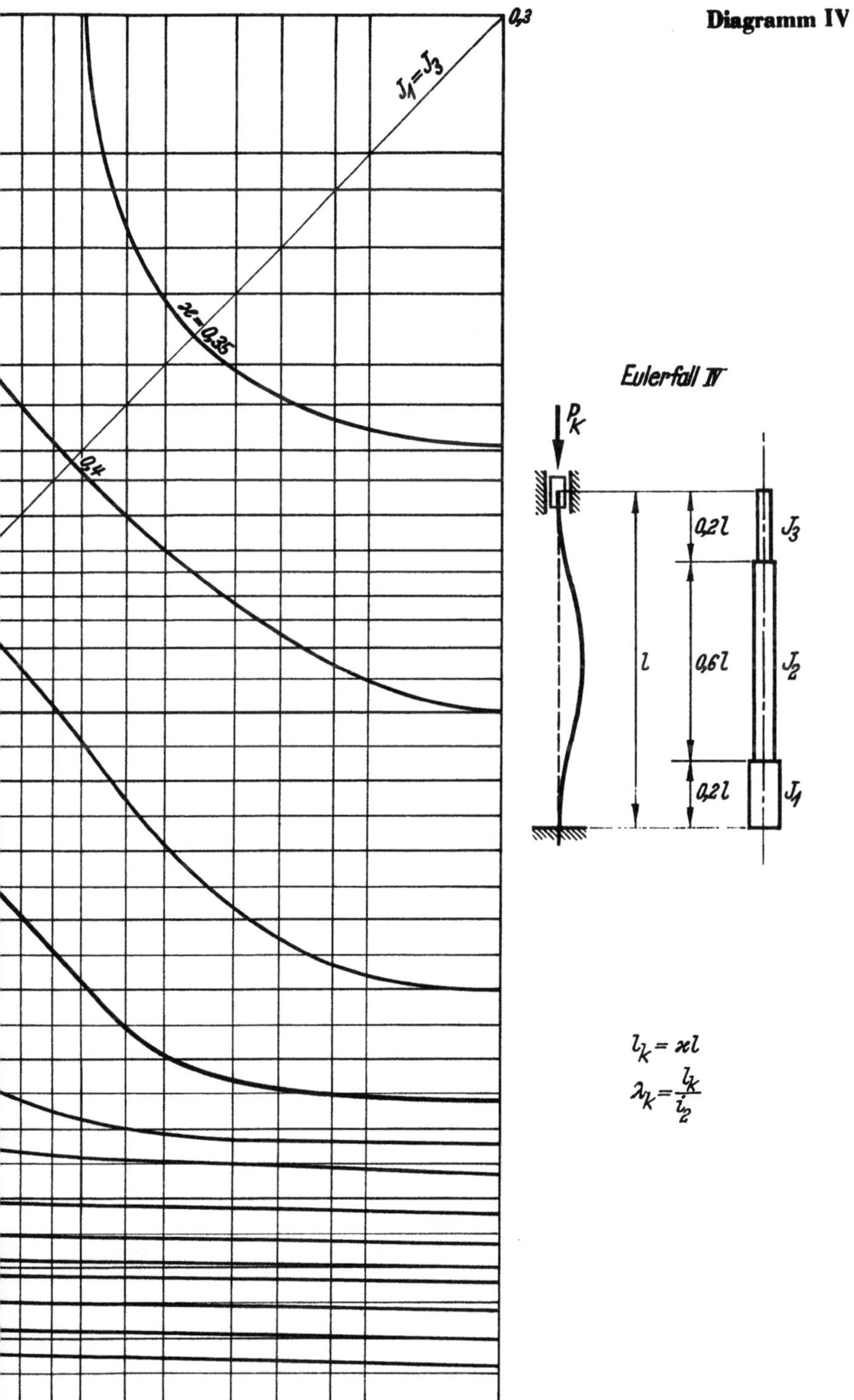

Springer-Verlag, Berlin/Göttingen/Heidelberg

Diagramm IV 3

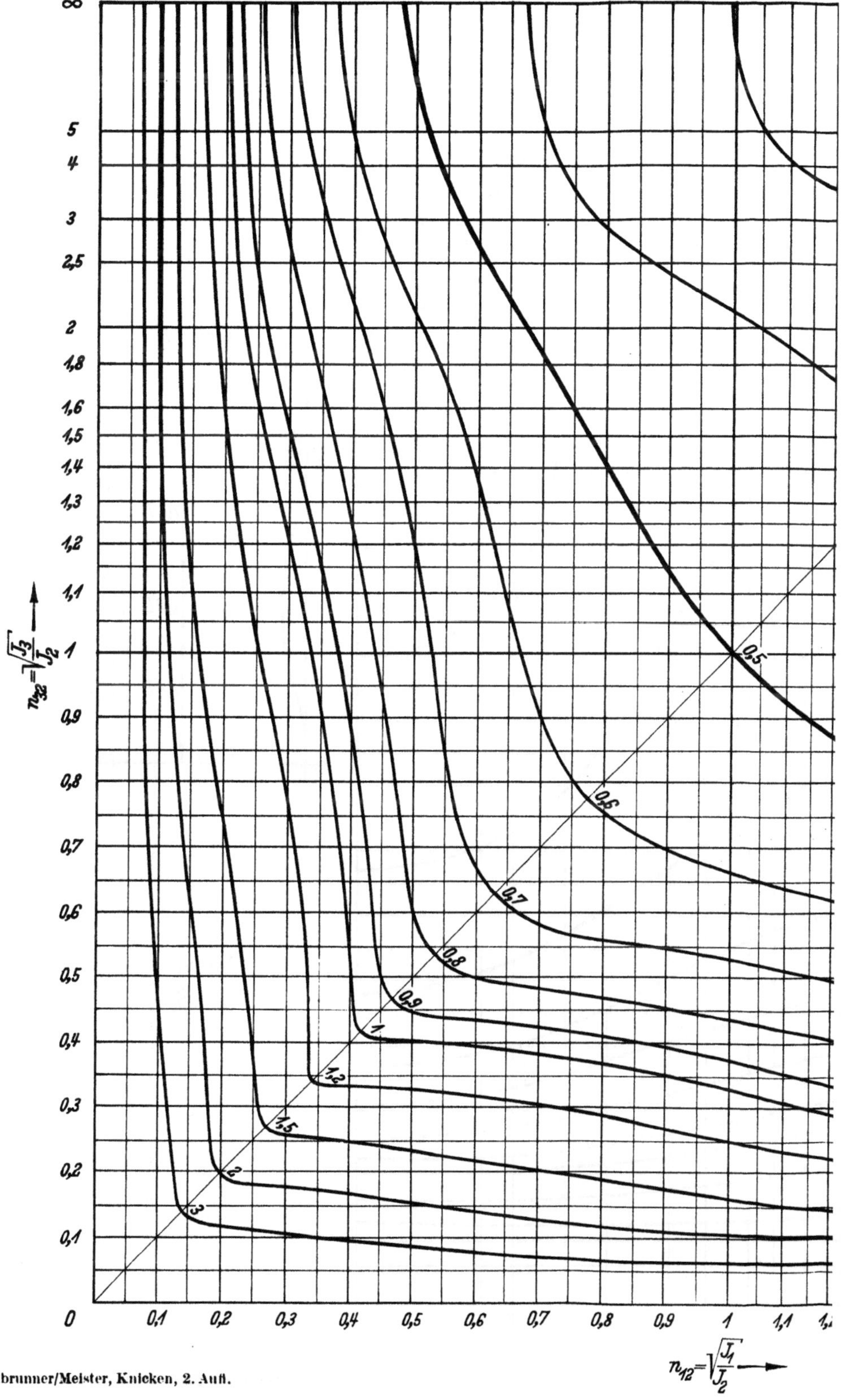

Kollbrunner/Meister, Knicken, 2. Aufl.

Diagramm IV 3

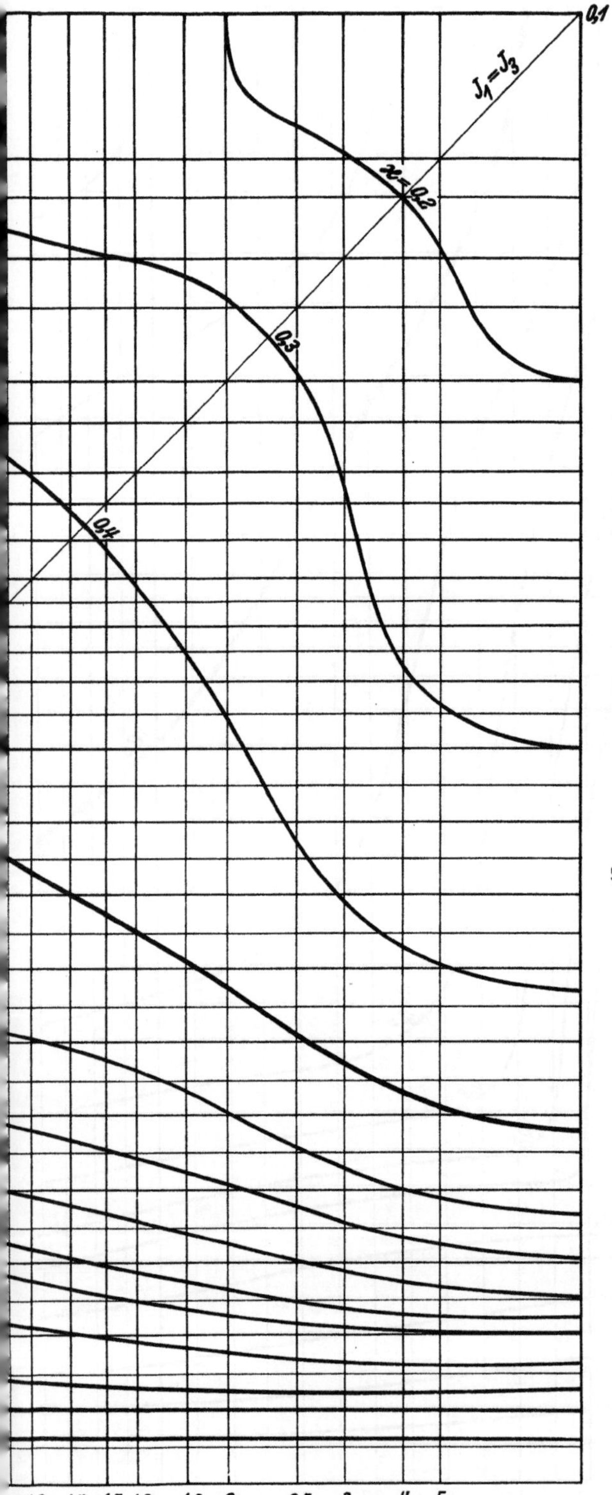

0,1

$J_1 = J_3$

$\varkappa = 0,2$

0,3

0,4

1,3 1,4 1,5 1,6 1,8 2 2,5 3 4 5 ∞

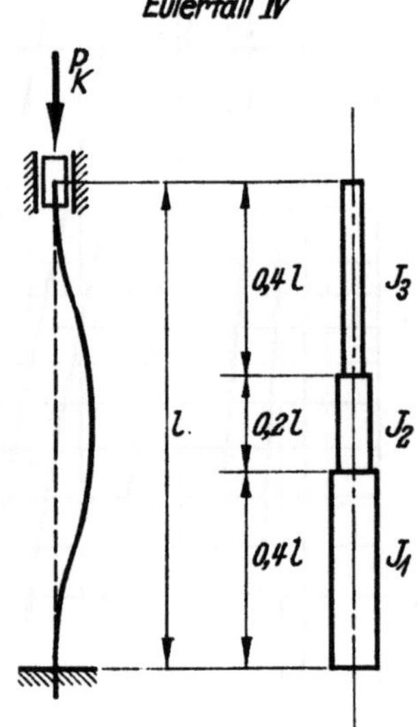

$$l_k = \varkappa l$$

$$\lambda_k = \frac{l_k}{i_2}$$

Springer-Verlag, Berlin/Göttingen/Heidelberg

Diagramm IV 4

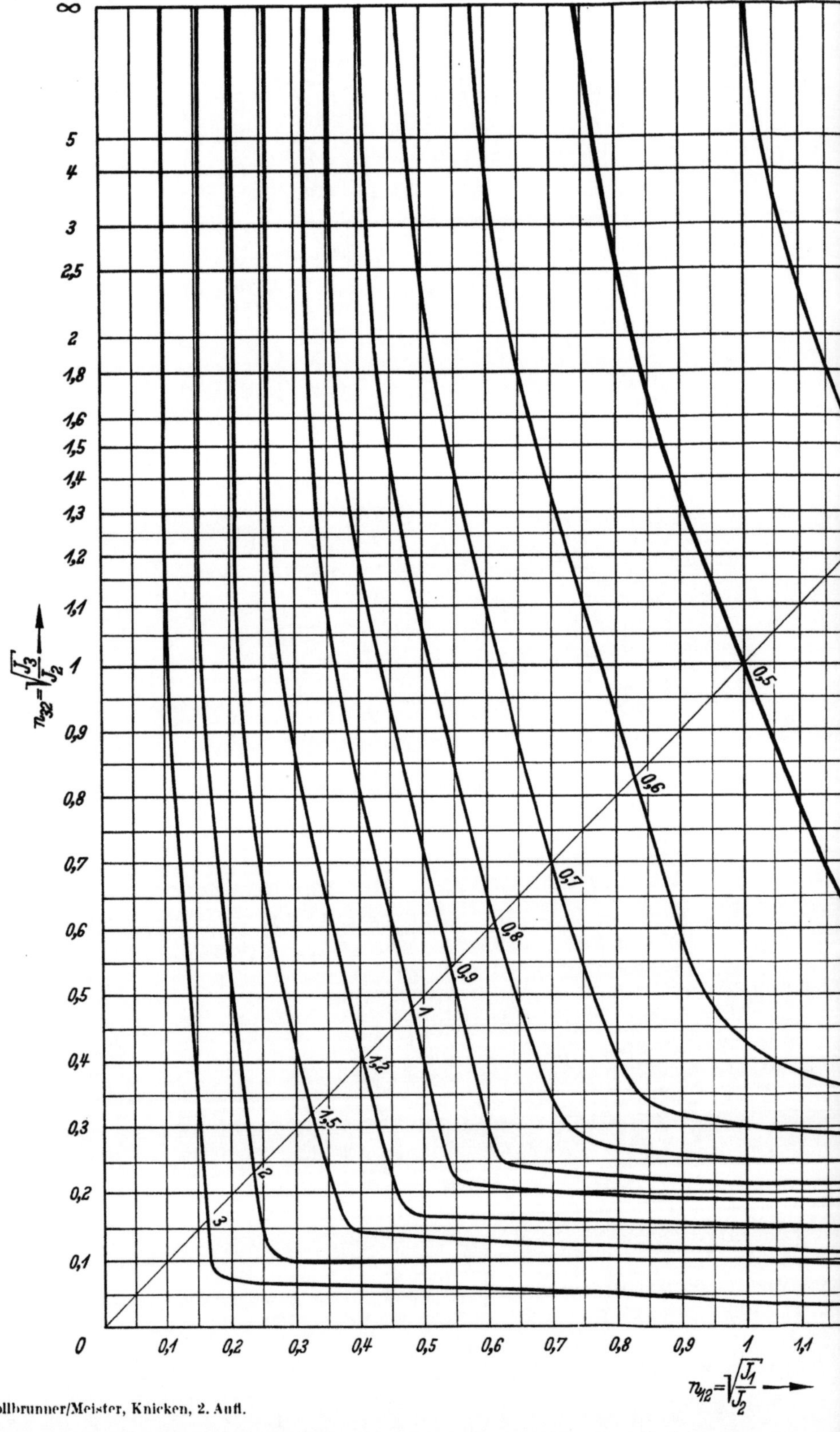
$n_{32} = \sqrt{\frac{J_3}{J_2}}$
∞
5
4
3
2,5
2
1,8
1,6
1,5
1,4
1,3
1,2
1,1
1
0,9
0,8
0,7
0,6
0,5
0,4
0,3
0,2
0,1
0
0,1
0,2
0,3
0,4
0,5
0,6
0,7
0,8
0,9
1
1,1
$n_{12} = \sqrt{\frac{J_1}{J_2}}$
0,5
0,6
0,7
0,8
0,9
1
1,2
1,5
2
3

Diagramm IV 4

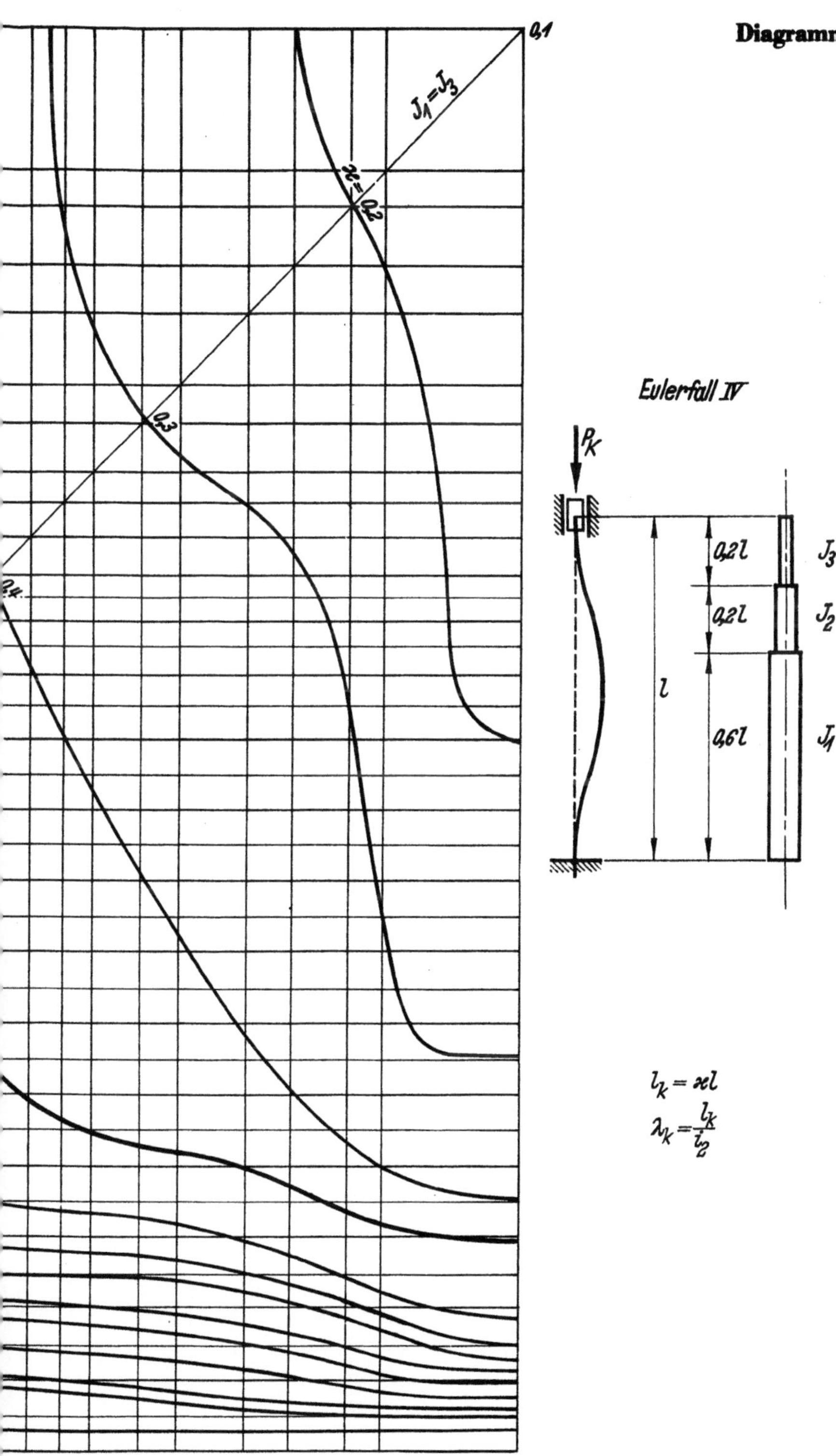

Springer-Verlag, Berlin/Göttingen/Heidelberg

If you have [illegible]
[illegible]
ProductSafety[illegible]
In case Publisher [illegible]
the EU [illegible]
Springer Nature Customer Service Center GmbH
Europaplatz 3, 69115 Heidelberg, [illegible]
Printed by [illegible] GmbH
in Hamburg, Germany

MIX
Papier aus verantwortungsvollen Quellen
Paper from responsible sources
FSC® C105338

If you have any concerns about our products,
you can contact us on
ProductSafety@springernature.com

In case Publisher is established outside the EU,
the EU authorized representative is:
Springer Nature Customer Service Center GmbH
Europaplatz 3, 69115 Heidelberg, Germany

Printed by Libri Plureos GmbH
in Hamburg, Germany